Benno Kunz

Lexikon der Lebensmittel-technologie

Mit 220 Abbildungen

Springer-Verlag
Berlin Heidelberg New York
London Paris Tokyo
Hong Kong Barcelona
Budapest

Professor Dr. Benno Kunz
Institut für Lebensmitteltechnologie
und Biotechnologie der Universität Bonn
Römerstraße 164, 5300 Bonn 1

ISBN 3-540-56215-X Springer-Verlag Berlin Heidelberg New York

Die Deutsche Bibliothek – CIP-Einheitsaufnahme

Kunz, Benno:
Lexikon der Lebensmitteltechnologie / Benno Kunz. – Berlin ;
Heidelberg ; New York ; London ; Paris ; Tokyo ; Hong Kong ;
Barcelona ; Budapest : Springer, 1993
    ISBN 3-540-56215-X (Berlin ...)
    ISBN 0-387-56215-X (New York ...)
NE: HST

Satz: Danny L. Lewis, Berlin mit TeX
Druck: Color-Druck Dorfi GmbH, Berlin; Bindearbeiten: Lüderitz & Bauer, Berlin
52/3020 5 4 3 2 1 0 Gedruckt auf säurefreiem Papier

Vorwort

Die Lebensmittelindustrie zählt zu den bedeutendsten Bereichen der Volkswirtschaft. Allein in der Bundesrepublik Deutschland sind etwa 550 000 Beschäftigte in 5.500 Betrieben der Lebensmittelindustrie tätig. Dazu kommen noch eine Vielzahl Handwerksbetriebe. Mit über 200 Mrd. DM Gesamtumsatz unterstreicht die Ernährungsindustrie ihre führende volkswirtschaftliche Rolle.

Der jährliche Investitionsbedarf im lebensmittelverarbeitenden Bereich liegt bei über 70 Mrd. DM und zeigt somit direkte Auswirkungen auf den Maschinen- und Anlagenbau sowie die zugehörige Zulieferindustrie der Meß- und Regelungstechnik.

Neben der wachsenden volkswirtschaftlichen Bedeutung der Ernährungsindustrie ist eine beeindruckende wissenschaftliche und technische Entwicklung zu verzeichnen. Das bezieht sich insbesondere auf die Nutzung biotechnologischer Verfahren, die Integration umweltschonender Verfahrensstufen in die Lebensmittelverarbeitung, die Entwicklung neuer, ernährungsphysiologischer wertvollerer Lebensmittel, z.B. von Convenience Produkten.

Die Lebensmitteltechnologie trägt interdisziplinären Charakter und wird so von zahlreichen Grundlagen- und angewandten Wissenschaftsdisziplinen beeinflußt und geprägt. Erfreulicherweise sind in den letzten Jahren eine Reihe von Fachbüchern aus dem Gebiet der Lebensmitteltechnologie, -mikrobiologie und -chemie national und international erschienen, so daß man in den meisten Bereichen über gute Fachliteratur verfügt. Darüber hinaus benötigt man aber häufig eine rasche Informationsmöglichkeit, ohne erst zeitaufwendig suchen zu müssen.

Mit dem Lexikon Lebensmitteltechnologie wurde diesem Anliegen entsprochen. Dabei sind bei der Auswahl der Stichworte auch angrenzende, in unmittelbarem Zusammenhang zur Lebensmitteltechnologie stehende Begriffe aufgenommen und erläutert worden. Das vorliegende Nachschlagewerk beinhaltet deshalb neben den Stichworten zu den Lebensmittelherstellungsprozessen die wichtigsten Begriffe aus den Bereichen Lebensmittelmikrobiologie und -hygiene, Verarbeitungsmaschinen und -anlagen, Verpackung, Lebensmittelbiotechnologie und -chemie. Es kann jedoch nicht Aufgabe eines Lexikons sein, spezielle Fachliteratur zu den einzelnen Branchen innerhalb der Lebensmitteltechnologie zu ersetzen. Vielmehr ist es das Anliegen des Buches, sich rasch zu einem Stichwort informieren zu können, was durch zahlreiche Querverweise unterstützt wird. Es sei an dieser Stelle auf die Spezialliteratur verwiesen. Um den Umfang des Lexikons Lebensmitteltechnologie in Grenzen zu halten, wurden nur begrenzt Stichworte zu Grundlagenkenntnissen aufgenommen. Die Auswahl der Stichwörter und deren Erläuterungen erfolgte mit technologischer Akzentuierung. Der spezialisierte Fachvertreter wird sein Gebiet deshalb an mancher Stelle als unterrepräsentiert empfinden. Das gleiche gilt für den Experten eines Gebietes der Lebensmitteltechnologie. Nur auf diese Weise ist jedoch eine ausgewogene Darstellung des so umfangreichen Faches der Lebensmitteltechnologie möglich. Damit wird es aber für einen breiten Leserkreis ein nützliches Hilfsmittel und spricht die Fachkollegen in den Betrieben, die Auszubildenden und Lehrer an den berufsbildenden Schulen, die Studierenden der Lebensmitteltechnologie, Ernährungs- und Haushaltswissenschaft und Lebensmittelchemie an den Universitäten und Fachhochschulen, Mitarbeiter des Lebensmittelhandels und der Gastronomie u.a. an.

Mein Dank gilt allen Fachkollegen, die mir zahlreich mit ihrem wertvollen Rat geholfen haben.

Anregungen und Hinweise zur Verbesserung künftiger Auflagen des Lexikons Lebensmitteltechnologie werden dankbar entgegengenommen.

Bonn, im Mai 1993   Benno Kunz

Benutzungshinweise

Die Stichworte sind in alphabetischer Reihenfolge aufgeführt, wobei die Umlaute ä, ö und ü wie a, o und u eingeordnet wurden. Es wurde im wesentlichen die c-Schreibweise gewählt.

Ein → bedeutet, daß man diesen Begriff an der dort genannten Stelle erläutert findet oder ergänzende Informationen erhalten kann.

Stichworte die im Grundwort zu finden sind oder erläutert werden, sind in einer Wortverbindung in der Regel nicht als selbständiges Stichwort aufgeführt (Beispiel: Rollagglomerisation ist unter Agglomerisation zu finden). Bei wichtigen Begriffen dieser Art erfolgt ein Verweis durch → (Beispiel: Bandpressen → Pressen) oder sie sind eigenständig erläutert.

Für Bakteriennamen wurde auf „Bergey's Manual of Systematic Bacteriology", 1. Auflage, Vol. I (1984) und Vol. II (1986) bzw. die Aktualisierungen zurückgegriffen. Da es für Schimmelpilze eine so verbindliche Taxonomie wie für Bakterien nicht gibt, wurden die heute üblicherweise genutzten Bezeichnungen gewählt.

A

Abbeermaschinen
dienen dem Entrappen von Beerenobst. In einer sich drehenden Siebtrommel bewegt sich ein Schlagwerk gegenläufig und trennt die Beeren von Kämmen.

ABC-Trieb
ist die Kurzform für die chemische Lockerung von Teigen oder Massen mit Ammonium*bi*carbonat.

Abkühlen
Unter A. ist die Temperaturabsenkung zu verstehen, ohne daß eine Phasenänderung eintritt (im Gegensatz dazu: Temperaturerhöhung → Erwärmen). → Phasen.

Ablagerungswiderstand
→ Membranwiderstand.

Absetzzeit
→ Sedimentationsverfahren.

Absinth
(1) ist ein aromatisierter Branntwein unter Verwendung von Wermutöl.
(2) Bezeichnung für Wertmutkraut.

Absorption
ist die Abtrennung einer oder mehrerer Komponenten aus Gasgemischen durch Waschen mit einem Lösungsmittel oder durch chemische Reaktionen. Grundlage dafür ist das Gaslöslichkeitsgleichgewicht. Treten bei der A. keine chemischen Reaktionen, keine Dissoziation, Hydratation oder Assoziationen auf, so gilt als ideales Grenzgesetz für niedrige Drücke das Henry'sche Gesetz für die Lösung eines Gases in einer Flüssigkeit, wonach bei gegebener Temperatur die Konzentration c des gelösten Gases proportional seinem Druck p über der Flüssigkeit ist.

$$c = k \cdot p$$

Der Proportionalitätsfaktor k wird als Absorptionskoeffizient bezeichnet. Der Trenneffekt wird durch die Nutzung des Gegenstromprinzips verstärkt. Da das Lösungsmittel und die absorbierten Gase in der Regel wiedergewonnen werden sollen, wird eine Desorption in einer zweiten Kolonne durchgeführt.

Abstehzeit
→ Teigruhe.

Abteilikör
ist ein Kräuterlikör mit einem Mindestalkoholgehalt von 32 Vol.-%, häufig jedoch 38 Vol.-% und zählt zu den Bitterlikören. → Spirituosen.

Abtrieb
ist das Abtrennen einer Blasenfüllung (→ Brennblase). Mehrere Abtriebe werden gesammelt und einer zweiten → Destillation unterzogen. Es entsteht der → Feinbrand.

Aburage
ist in Fett gebratener → Tofu.

Abwasserverschmutzung
wird durch verschiedene Kennwerte charakterisiert. Die geläufigsten Kennwerte sind der → BSB_5- und der → CSB-Wert. Als Bewertungsformel für die Schädlichkeit S des Abwassers gilt:

$$S = m_A \left(0{,}45 \frac{V - V_0}{1} + 0{,}55 \frac{CSB - CSB_0}{80} + \frac{G_B + G_E}{2} \right)$$

Hierin bedeutet:
m_A Abwassermenge (m^3/d),
V Volumen der abgesetzten Stoffe (ml/l),
V_0 Grundwert der abgesetzten Stoffe (= 0,1 ml/l),
G_B Giftigkeit gegenüber Bakterien,
G_F Giftigkeit gegenüber Fischen,
CSB_0 Grundwert für chemischen Sauerstoffbedarf (= 15 mg/l).

Acetaldehyd
(Ethanal) ist das durch Dehydrierung von Ethanol entstandene Produkt. A. ist als Aromastoff an zahlreichen Aromen von Lebensmitteln beteiligt. Bei Joghurt hat A. impact-Charakter.

Acetobacter
Gattungsbezeichnung für Essigsäurebakterien. Die wichtigsten Vertreter sind *A.aceti, A. pasteurianus, A. hansenii*. Es sind streng aerobe, gramnegative, säuretolerante, bewegliche oder

Acetofette

unbewegliche, Katalase-positive Stäbchen. Sie kommen auf Pflanzen, Früchten u.a. vor.

Acetofette

sind Produkte der → Interesterifikation von Estern mit Säuren. Die A. besitzen sowohl langkettige gesättigte Fettsäuren als auch Essigsäureester bei der Umsetzung von Kokosöl mit Essigsäure. Sie bilden plastische, harte und mechanisch belastbare Filme und werden als Überzugsfette genutzt. Bei der Umesterung von Kokosnußöl mit höheren Fettsäuren unter laufendem Abdestillieren freiwerdender niederer Fettsäuren erhält man Kakaobutterersatzfett.

Acidolyse

→ Interesterifikation.

Acidophilusmilch

ist ein fermentiertes → Milcherzeugnis, das durch Fermentation unter Verwendung von entweder ausschließlich *Lactobacillus acidophilus* oder in Kombination mit meist mesophilen Milchsäurebakterien hergestellt wird. Zur industriellen Herstellung von A. verwendet man in der Regel 90% mesophile Milchsäurebakterien-Kultur und 10% *L. acidophilus*-Kultur.

Acinetobacter

Gattungsbezeichnung. Es sind streng aerobe, gramnegative, unbewegliche, Katalase-positive, Oxidase-negative, nichtsporenbildende Stäbchen, die im Boden und Wasser weit verbreitet sind. Sie spielen als Verderbserreger kaltgelagerter Lebensmittel eine Rolle.

Acroleinstich

kann bei Branntwein auftreten, deren → Maischen mit Bakterien kontaminiert sind, die das bei der Gärung entstehende → Glycerin in das außerordentlich stechend riechende Acrolein umwandeln.

Actinidin

ist ein aus der Kiwifrucht gewonnenes proteolytisches Enzym.

Actomyosin

ist die Verbindung der Muskelproteine Actin und Myosin. Es wird sowohl im bewegten Muskel als auch in der Totenstarre (→ Rigor mortis) gebildet.

Add-Back-Verfahren

→ Kartoffelpüree, getrocknetes.

Adenosindiphosphat

(ADP) entsteht im Intermediärstoffwechsel durch Abspalten eines Phosphorsäurerestes aus Adenosintriphosphat (ATP) unter Energiefreisetzung. ADP wirkt neben anorganischem Phosphor als begrenzender Faktor bei der Atmung und Glykolyse.

Adenosintriphosphat

(ATP) ist eine Verbindung im Intermediärstoffwechsel, die dem Transport und der Übertragung von Energie dient. ATP bildet sich aus → Adenosindiphosphat bei oxidativen Abbauprozessen. In der Fleischtechnologie wird ATP als fleischeigenes Phosphat bezeichnet. Nach dem Schlachten tritt ein baldiger Abbau von ATP ein.

Aderspritzung

→ Pökelverfahren.

Adhäsion

→ Kohäsion.

ADI-Wert

ist die Abkürzung von „acceptable daily intake" und definiert die Menge eines Zusatzstoffes, die ein Mensch täglich über die gesamte Lebenszeit hinweg aufnehmen kann, ohne gesundheitlichen Schaden zu erleiden. Er errechnet sich bezogen auf das Körpergewicht KG aus dem no-effect-level (NEL) und einem Sicherheitsfaktor von 100:

$$ADI\,[mg/kgKG] = \frac{NEL\,[mg/kgKG]}{100}$$

Daraus ergibt sich die zulässige Höchstmenge des Zusatzstoffes $m_{max.}$ im Lebensmittel (mg/kg Lebensmittel):

$$m_{max.} = \frac{ADI \times kg\,KG}{\text{täglicher Verzehr}}$$

adiabatischer Prozeß

ist ein thermodynamischer Prozeß, der durch die Bedingung $dW = 0$ definiert ist, d.h., es findet kein Wärmeaustausch (W = Wärme) mit der Umgebung statt. Nach dem 1. → Hauptsatz gilt somit für den a.P.:

$$dW = dU - dA = 0$$

Das System leistet demnach nur auf Kosten der inneren Energie U die Arbeit A.

Adsorption

ist die selektive Anreicherung bestimmter Stoffe aus gasförmigen oder flüssigen Mischungen an der Oberfläche fester Hilfsstoffe. In Mischphasen oder Lösungen unterscheiden sich die Zusammensetzungen an den Phasengrenzen infolge der Asymmetrie der zwischenmolekularen Kräfte von der im Volumeninneren. Dadurch kommt es zur Anreicherung oder Verarmung des gelösten Stoffes an der Phasengrenze. Die A. ist von verschiedenen Faktoren abhängig, wie chemische Zusammensetzung des Adsorptivs und Adsorbens, Oberflächenstruktur, Druck und Temperatur. Die Adsorptionsmittel besitzen große Oberflächen, im wesentlichen in Form von Poren. Die wichtigsten technischen Adsorptionsmittel sind → Aktivkohle, Silicagel, Aluminiumoxidgel. In der Lebensmitteltechnologie spielen daneben noch andere Stoffe, wie bestimmte Proteine, Polysaccharide eine Rolle als Adsorptionsmittel. Charakterisiert wird das Adsorptionsverhalten wasserarmer Lebensmittel durch → Sorptionsisotherme.

Adsorptionsisotherme
→ Sorptionsisotherme.

Adsorptionsschichten
können sich durch Zusätze von grenzflächenaktiven oder makromolekularen Stoffen in → dispersen Systemen auf den Oberflächen von Teilchen bilden. Dieser Effekt hat große Bedeutung für die Stabilisierung disperser Systeme, wie z.B. → Emulsionen, → Schäume, → Suspensionen.

aerob
in Anwesenheit von Sauerstoff wachsend. Obligat aerobe Organismen benötigen Sauerstoff zur Energiegewinnung.

Aeromonas
Gattungsbezeichnung für aerobe oder fakultativ anaerobe, gramnegative, begeiselte, Katalse-negative und Oxidase-negative, ubiquitär vorkommende Stäbchen. Sie können pathogen gegenüber Fischen sein. Vertreter sind: A. *salmonicida* und A. *hydrophilia*.

Aero-Schokolade
ist eine Schokolade mit schaumartiger Struktur durch Einarbeitung kleiner Luftblasen. Sie stellt somit ein → Aerosol dar.

Aerosole
sind disperse Systeme, bei denen die disperse Phase flüssig oder fest und das Dispersionsmittel gasförmig ist.

Aerosolsahne
ist Schlagsahne, teils gezuckert, aromatisiert und mit Dickungsmitteln versetzt, die direkt aus dem Druckbehälter mit Treibgasen (Kohlendioxid, Di-Stickstoffoxid) verschäumt und verzehrt werden kann.

aerotolerant
sind Organismen mit anaeroben Stoffwechsel, die jedoch auch in Anwesenheit von Sauerstoff wachsen können.

Aflatoxine
sind von *Aspergillus flavus* und A. *parasiticus* gebildete heterozyklische → Mycotoxine. A. sind sehr hitzestabil, werden jedoch beim → Autoklavieren, → Rösten, → Braten etc. inaktiviert. Sie sind empfindlich gegenüber stärkeren Säuren und Laugen.

Agar-Agar
ist ein → Hydrokolloid aus Rotalgen. Er ist ein neutrales Polysaccharid aus Galactose und Anhydrogalactose, unlöslich in kaltem Wasser, kolloid löslich beim Kochen und bildet beim Abkühlen bei etwa 45°C ein Gel. A.-A. wird meist in Stangen, Körnern oder Pulverform gehandelt. Er dient als → Dickungs- und → Geliermittel in der Lebensmittelverarbeitung.

Agglomerieren
ist das Zusammenfügen von Partikeln in gasförmiger oder flüssiger Umgebung zu kompakten Stoffgebilden, den Agglomeraten. Für diesen Prozeß werden meist produktabhängig unterschiedliche Begriffe verwendet: Granulieren, Pelletieren, Tablettieren, Instantisieren. Die Partikelhaftung basiert auf Haftmechanismen mit Materialbrücken zwischen den Partikeln (z.B. Festkörperbrücken, hochviskose Bindemittel) und ohne Materialbrücken (z.B. → Van-der-Waals'sche Kräfte, elektrostatische Kräfte). Es gibt zwei Grundverfahren des A.'s: Aufbauagglomeration und Preßagglomeration. Bei der *Aufbauagglomeration* sind die Haftkräfte größer als die Trennkräfte. Die hauptsächlich angewendeten Verfahren sind: Rollagglomeration (Partikeln werden in zufälligen Rollbewegungslauf versetzt, so daß es zur Agglomeratbildung durch Berührung kommt), Mischagglomeration (kombiniertes → Mischen und gleichzeitiges A.), Wirbelschichtagglomeration (Partikeln haften als Folge der Zusammenstöße beim Fluidizieren unter gleichzeitiger Flüssigkeitszufuhr), Strahlagglomeration (Partikeln laufen durch einen Trichter und haften unter Flüssigkeitszufuhr aneinander) und Streuagglomeration (Partikeln werden über ei-

ne Drehscheibe bewegt und stoßen zusammen). Zur *Preßagglomeration* gehört das Tablettieren (Partikeln werden in Formen gepreßt), Walzenpressen (Material wird zwischen Glatt- oder Formwalzen geführt) und Ringkollerpressen (Partikeln werden aus dem Innenraum einer Trommel durch Formlöcher im Trommelmantel gepreßt).

Aggregatzustand

ist eine Erscheinungsform der Materie. Nach dem Ordnungsgrad der Atome und Moleküle, ihren Wechselwirkungen und ihren Bewegungen gegeneinander unterscheidet man den festen und flüssigen A. mit hohem Ordnungsgrad und den gasförmigen A. mit geringem Ordnungsgrad.

Agidi

→ Getreideprodukte, fermentierte.

Ähnlichkeitstheorie

besagt, daß physikalische Vorgänge zueinander ähnlich sind, wenn die die Vorgänge beschreibenden Kenngrößen (Ähnlichkeitskriterien) gleich groß sind. Die Ähnlichkeitskriterien stellen multiplikative Verknüpfungen von Stoffwerten (z.B. Wärmeleitfähigkeit, Viskosität) und prozeßbeschreibende Größen (z.B. Temperaturdifferenz) dar und können aus Differentialgleichungen bestimmt werden. Man kann somit sagen: zwei Vorgänge sind physikalisch ähnlich, wenn die dimensionslosen Kennzahlen für beide Vorgänge jeweils den gleichen Wert haben.

Ahornzucker

ist der aus dem Saft des Zuckerahorns (*Acer saccharum*) gewonnene → Zucker, der als Sirup oder Trockenprodukt verwendet wird (→ Primitivzucker). Er wird in den USA und in Kanada hergestellt. Der Saft hat einen Saccharosegehalt von 2,5 - 3,5%.

Ahr

ist ein Weinanbaugebiet für → Qualitätsweine b.A. im Ahrtal und dem Bereich Walporzheim.

Ajowan

(*Trachyspermum ammi L.*) ist ein Gewürz, dessen hauptsächliche Inhaltsstoffe ätherisches Öl mit Gamma-Terpinen, Thymol, sowie fettes Öl sind.

Akaziengummi

→ Gummi arabicum.

Akpler

→ Getreideprodukte, fermentierte.

Aktivkohle

ist eine stark absorbierende Kohle mit großer Oberfläche ($300 - 2000\,m^2/g$) in Pulver- oder Granulatform. Sie findet in der Lebensmitteltechnologie zum Klären von Wein, Filtrieren von Trinkwasser, in Abluftfiltern, zum Entfärben von Flüssigkeiten u.a. Anwendung.

Aktivkohle-Schönung

ist eine Methode der → Schönung und dient zum Klären oder zur Beseitigung von Geruchs-, Geschmacks- und Farbfehlern. Die Kohlepartikeln haben verzweigte Hohlräume und eine hohe spezifische Oberfläche.

akustisch

ist die Wahrnehmung von sensorischen Eindrücken durch die Haarzellen des Ohres. → Sensorik.

Alanin

→ Aminosäuren.

Albacore

ist der weiße Thunfisch (*Thunnus thynnus L.*) und er unterscheidet sich so farblich vom gelb-rosa bis braunrosa Thunfisch.

Albumin

A. und → Globulin sind Fraktionen des Serum- oder Molkeneiweißes der Milch. Sie betragen zusammen etwa 20 % des gesamten Milcheiweißes (A. etwa 16 - 18 %, Globulin etwa 2 - 4 %). Im Gegensatz zum Casein enthalten A. und Globulin keine Phosphatgruppen. Sie stellen keine stoffliche Einheit dar, vielmehr unterscheidet man sie nach ihrer Aussalzbarkeit mit Ammoniumsulfat. Danach erhält man folgende Klassifizierung:
Albumine:
- β-Lactoglobulin (≈ 49 % des Molkenproteins),
- α-Lactalbumin (≈ 19 % ” ”),
- Blutserumalbumin (≈ 5 % ” ”);
Globuline:
- Euglobuline (≈ 11 % ” ”),
- Pseudoglobuline (≈ 16 % ” ”).
Von besonderem Interesse ist das β-Lactoglobulin, da es beim Erhitzen über 74°C denaturiert, wodurch Thiol-Gruppen (SH-Gruppen) freigelegt werden, die wiederum für den Kochgeschmack von Milch verantwortlich sind. Auch Globulin ist hitzelabil und koaguliert beim Erhitzen über 75°C. Einzig das α-Lactalbumin zeichnet sich durch eine gewisse Hitzestabilität aus. Ernährungsphysiologisch gesehen ist das Serumprotein hinsicht-

lich seiner biologischen Wertigkeit höher einzuordnen als das Casein.

Alcaligenes
Gattungsbezeichnung für aerobe gramnegative, nichtsporenbildende, begeiselte, Kohlenhydrat-negative, kokkoide Stäbchen. Sie kommen im Boden, Wasser sowie in Milch und Milchprodukten, faulenden Eiern u.a. vor. Bekanntester Vertreter ist A. *faecalis*.

Aldehyde
(= Alkanale) sind Stoffe, die durch Dehydrierung von primären Alkoholen entstehen (funktionelle Gruppe -CHO). Sie spielen bei verschiedenen Lebensmitteln als natürlich vorkommende → Aromastoffe eine Rolle (z.B. Acetaldehyd ist charakteristisch für das Joghurtaroma).

Aldosen
sind → Kohlenhydrate. Chemisch sind A. Polyalkohole mit einer Aldehydgruppe, mit → Pentosen, wie Ribose, Xylose und Arabinose sowie → Hexosen, wie Glucose, Galactose und Mannose als Grundbausteine.

Ale
ist ein helles, obergäriges englisches Bier, dessen Alkoholgehalt zwischen 4 und 6 % liegt. Mild A. ist weniger, Pale A. stärker gehopft.

Aleuronschicht
ist die äußere Schicht des → Endosperms. Sie besteht aus einer oder mehreren Zellschichten und enthält feinkörniges Eiweiß (Aleuron), Fett, Mineralstoffe, Vitamine und Enzyme.

Alfa-Verfahren
ist ein → Butterungsverfahren.

Alginat
wird aus Alginsäure, einem Polysaccharid aus der Zellwand der Braunalge, gewonnen. Die Alginsäure wird mit Salzsäure ausgefällt und meist mit Soda in das wasserlösliche A. überführt. Das so hergestellte Na-A. wirkt schon bei Konzentrationen von 0,1–0,5 % stark viskositätserhöhend. Durch den Zusatz von Ca-Ionen können Gelstrukturen aufgebaut werden. A. findet als Überzugsmittel, Stabilisator und Emulgator in der Lebensmittelindustrie Anwendung.

Alginatester
werden durch Veresterung der verfügbaren Carboxylgruppe von Alginsäure mit Propylenglycol hergestellt. Die Reaktion erfolgt durch Umsetzung partiell neutralisierter Alginsäure mit Propylenoxid. Natrium, Calcium und/oder Ammonium werden zur partiellen Neutralisation genutzt. A. sind wasserlöslich und wenig Ca-empfindlich. Sie werden als Stabilisator für verschiedene Lebensmittel u.a. für säurereiche Produkte, wie Mayonnaise, Dressings, Sorbets, Bier (nicht in D) u.v.a.m. eingesetzt.

Alginsäure
→ Alginat.

Alkaloide
ist eine Gruppe von stickstoffhaltigen organischen Ringverbindungen. Sie kommen insbesondere in tropischen und subtropischen Pflanzen vor und werden meist nach ihnen benannt (z.B. Coffein, Chinin, Coain, Papaverin, Theobromin u.a.). A. haben physiologisch-pharmakologische Wirkung.

Alkoholfreie Getränke
sind → Erfrischungsgetränke, → Fruchtsäfte, → Fruchtnektare und ähnliche Getränke, die einen max. Alkoholgehalt von 0,5 Vol.-%, aus → Essenzen stammend, haben dürfen.

Alkoholgehalt
wird bei alkoholischen Getränken in der Regel in Vol.-% angegeben. Bei Erzeugnissen, die dem Weingesetz unterliegen, erfolgt die Angabe des A.'es in ° (1° = 1 Vol.-% = 8 g Alkohol/l Flüssigkeit bei 20° C). EG-Richtlinien unterscheiden vorhandenen A. (Volumeneinheiten Alkohol in 100 Volumeneinheiten des betreffenden Erzeugnisses), potentiellen A. (Volumeneinheiten Alkohol, die durch vollständige Gärung des in 100 Volumeneinheiten des betreffenden Erzeugnisses enthaltenden Zuckers gebildet werden können), Gesamtalkoholgehalt (Summe des vorhandenen und des potentiellen Alkoholgehaltes) und natürlichen A. (Gesamtalkoholgehalt des betreffenden Erzeugnisses vor jeglicher Anreicherung). Bei Bier wird der A. in Gew.-% angegeben.

Alkoholyse
→ Interesterifikation.

allosterische Enzyme
sind → Enzyme, die in der Lage sind, ihre Aktivität nach den Erfordernissen in der Zelle einzustellen. Das dazu benötigte Signal ist im allgemeinen ein Stoffwechselprodukt, wie → ATP, → Aminosäuren oder Nucleotide.

Allotropie

bezeichnet die Eigenschaft einiger chemischer Stoffe, in verschiedenen Zuständen aufzutreten.

Alsterwasser

ist die Mischung einer Limonade mit Bier (Pilsner). Die Zubereitung ist in der Gastronomie zum sofortigen Verzehr, jedoch nicht in industrieller Herstellung zugelassen. Die Bezeichnung ist in Norddeutschland üblich. In Süddeutschland erfolgt die Mischung mit Hellem Bier und wird als Radler bezeichnet.

Altbackenwerden

→ Alterung des Brotes.

Altbiere

sind obergärige, dunkle Vollbiere mit kräftig hopfenbitterem Geschmack. Der → Stammwürzegehalt liegt zwischen 11,5 und 12 %. A. sind eine rheinländische Bierspezialität.

Alternaria

Gattungsbezeichnung für einen Schimmelpilz, der ein dunkles bis schwarzes Luftmycel mit Chlamydosporen bildet. A. ist weit verbreitet im Boden, auf Getreiden, Obst u.a. Wichtige Vertreter sind: *A. alternata, A. solani.*

Alterung des Brotes

ist die Veränderung der Beschaffenheit von Brot mit fortschreitender Lagerung. Die Kruste verliert ihre Rösche, die Krume ihre Zartheit, sie wird trockener und härter. Im wesentlichen ist dafür die → Synärese des Stärkegeles unter teilweiser Rekristalisation der Stärkebestandteile (Retrogradation) verantwortlich. Meßtechnisch kann die A. mit dem → Penetrometer gemessen werden.

Altschneider

ist ein männliches Schwein, das zur Zucht benutzt, selektiert und frühestens 12 Wochen nach der Kastration zur Schlachtung bereitgestellt wird.

Amaranth

ist ein Lebensmittelfarbstoff der Zusatzstoffverkehrsordnung. → Farbstoffe.

Ameisensäure

(1) ist ein → Konservierungsstoff der Zusatzstoffverkehrsordnung.

(2) ist eine organische Säure mit einem C-Atom, weitverbreitet in pflanzlichem und tierischem Gewebe.

Amine

sind Substitutionsprodukte des Ammoniaks, bei denen Wasserstoff durch Alkylgruppen ersetzt ist. Je nach Anzahl der Kohlenwasserstoffreste spricht man von primären, sekundären und tertiären Aminen. → biogene Amine.

Aminosäuren

sind die Elementarbausteine der Proteine, die im Molekül mind. je eine saure Carboxyl- und eine basische Aminogruppe enthalten. Sie werden in essentielle (nicht durch körpereigene Biosynthese des Menschen verfügbar) und nicht essentielle A. unterschieden. Essentielle A. sind: L-Isoleucin (Ile), L-Leucin (Leu), L-Lysin (Lys), L-Methionin (Met), L-Phenylalanin (Phe), L-Threonin (Thr), L-Tryptophan (Try), L-Valin (Val); nicht essentielle A. sind: Alanin (Ala), Asparagin (Asn), Cystin (Cys), Glutamin (Gln), Glutaminsäure (Glu), Glycin (Gly), Prolin (Pro), Serin (Ser), Tyrosin (Tyr), Arginin (Arg), Histidin (His), Cystein (Cyn) und Asparaginsäure (Asp). Glycin ist optisch nicht aktiv. Alle anderen A. sind optisch aktiv. Sie können in Abhängigkeit vom pH-Wert sowohl rechtsdrehend (+) als auch linksdrehend (-) sein. Die in den Proteinen vorkommenden A. gehören der L-Reihe an. Die → biologische Wertigkeit der Nahrungsproteine wird im wesentlichen von ihrem Gehalt an essentiellen A. bestimmt.

amorph

ist die Bezeichnung für Stoffe, die keine kristalline Ordnung aufweisen. Die amorphen Stoffe haben das Bestreben, in den thermodynamisch stabileren kristallinen Zustand überzugehen. Die Rekristallisation ist stets mit der Entstehung von Wärme verbunden.

Amylasen

→ technische Enzyme, → Stärkeverzuckerung.

Amylogramm

Die Aufnahme eines A.'s ist eine Methode zur Bestimmung der Beschaffenheit und der Verkleisterungseigenschaften von Stärke sowie der Enzymaktivität von Roggenmehlen und -schroten. Unter standarisierten Bedingungen wird mit Hilfe eines speziellen Amylographen das A. aufgezeichnet. Der Amylograph ermittelt dabei die Verkleisterungscharakteristik einer Mehl-Wasser-Suspension beim Erhitzen. Es handelt sich dabei um ein → Rotationsviskosimeter. In einem rotierenden

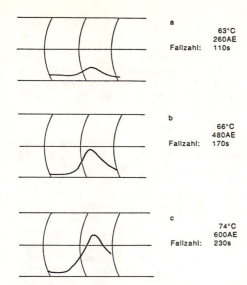

Bild 1. Amylogramm und Fallzahl bei einem Roggenmehl mit (**a**) hoher, (**b**) mittlerer, (**c**) geringer Enzymaktivität

a
63°C
260AE
Fallzahl: 110s

b
66°C
480AE
Fallzahl: 170s

c
74°C
600AE
Fallzahl: 230s

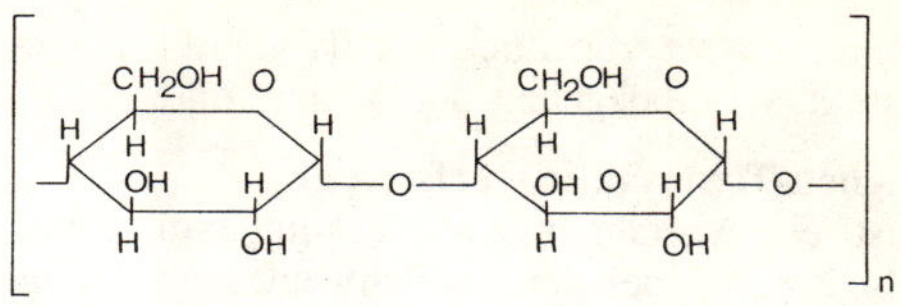

Bild 2. Chemische Struktur des Amylosemoleküls

Gefäß wird die standardisierte Mehl-Wasser-Suspension gleichmäßig erhitzt (Temperaturanstieg von 4,5°C/min, von 30°C - 90°C). Die Viskositätsänderung im Laufe dieser Erhitzung wird mit Hilfe von Meßfühlern auf einen Linienschreiber übertragen. Die so erhaltene A.-Kurve weist charakteristische Merkmale für das getestete Mehl auf. An Hand dieser Kurven kann man die backtechnischen Eigenschaften eines Mehles beurteilen. Mehle mit einer höheren Enzymaktivität sind schlechter einzustufen als Mehle mit niedriger Enzymaktivität. Das zeigt sich bei dem A. durch
– niedrigere Maximaltemperatur,
– höhere Anfangsviskosität,
– stärkeren Abfall bis zum Umkehrpunkt,
– spitzeren Scheitelpunkt.

Amyolograph
→ Amylogramm.

Amylopektin
ist der wasserunlösliche Anteil der Stärke. Es ist ein verzweigtes Polysaccharid, das einen α-1,4-glykosidisch aus D-Glucose aufgebauten Hauptstrang hat. Das Molekulargewicht von A. liegt zwischen 500 000 und 1 000 000. Durch β-Amylase wird A. bis zu den Grenzdextrinen abgebaut. α-Amylose baut A. zu et-

wa 70 % zu Maltose, 20 % Glucose und 10 % Isomaltose ab. Der säurehydrolytische Abbau führt zu D-Glucose.

Amylose
ist der wasserlösliche Anteil der Stärke. Sie ist ein Polysaccharid, das α-1,4-glykosidisch aus 100 bis 300 D-Glucopyranosidresten aufgebaut ist (s. **Abb. 2**). Das Molekulargewicht liegt zwischen 10 000 und 50 000. Durch Wasserstoffbrücken ist die Polysaccharidkette der A. schraubenförmig angeordnet.

Anabolismus
bezeichnet den Synthesestoffwechsel der lebenden Zelle. Die von der Zelle aufgenommenen Substanzen werden im → Katabolismus in Grundsubstanzen zerlegt, die dann im A. zum Aufbau zelleigener Substanzen verwertet werden.

anaerob
in Abwesenheit von Sauerstoff wachsend. Obligat anaerobe Organismen gewinnen ihre Energie ausschießlich durch → Gärung, der Sauerstoff wirkt toxisch.

Anchosen
sind Erzeugnisse aus frischen, gefrorenen oder tiefgefrorenen Sprotten, Heringen oder anderen Fischen, die unter Verwendung von Zucker, Kochsalz, auch mit Gewürzen, auch mit Salpeter biologisch gereift, auch sonst auf verschiedene Weise schmackhaft zubereitet sind. A. werden mit Aufgüssen, Soßen, Cremes oder Öl, teils mit → Konservierungsstoffen und → Glucono-deltalacton versehen.

Anchovis
werden aus unausgenommenen oder ausgenommenen Sprotten mit oder ohne Kopf, mit oder ohne Schwanz, hergestellt und in Gewürzen gereift oder/und süßsauer aufbereitet.

Anchovispaste
wird aus Salzsardellen, auch aus Kräutersprotten ohne Kopf und Schwanz, zu einer streichfähigen Masse feinzerkleinert, mit oder

ohne Zusatz von Zucker, teils gefärbt, hergestellt. Der Salzgehalt der A. liegt unter 20%.

Anco-Tobin-Tauchverfahren
ist ein Verfahren zur Nachenthaarung von Schweinen bei der → Schweineschlachtung. Dabei werden die Schweine 8 bis 10 s in eine heiße Kunstharzmasse (130 bis 135°C) getaucht. Der sich bildende Überzug wird nach dem Erstarren mit den eingeschlossenen Restborsten mechanisch entfernt.

Anfrischsauer
ist die erste Stufe bei der dreistufigen Sauerteigführung, bei der Mehl und Wasser i.d.R. im Verhältnis 1:1 gemischt werden. Der zur Herstellung von A. benötigte Anstellsaueranteil (→ Anstellsauer) liegt je nach Verfahren zwischen 0,5 und 20%. Der A. dient primär der Hefevermehrung (→ Sauerteigführung).

angeschobene Brote
sind dicht nebeneinander gesetzte Teigstücke, so gebacken, daß sie an den einander angrenzenden Seiten keine Kruste bilden.

Ang kak
→ Getreideprodukte, fermentierte.

Anionenaustauschermembran
→ Elektrodialyse.

Anis
(*Pimpinella anisum L.*) ist ein Gewürz, dessen hauptsächliche Inhaltsstoffe ätherisches Öl mit Anethol, Methylchavicol, Anisaldehyd sowie fettes Öl sind.

Ankerrührer
→ Rührer.

Anlieferungsmilch
Bezeichnung für die vom Milcherzeuger an die Molkerei gelieferte Milch.

Annabolismus
ist der Aufbau von zelleigenen Stoffen im Stoffwechsel einer Zelle aus einfachen Bausteinen, die als Folge des Abbaus (Katabolismus) höher molekularer Stoffe gebildet wurden.

Annato
(→ Bixin), → Carotinoide, → Farbstoff.

Ansatz
Bezeichnung für das zur Herstellung von → alkoholfreien Erfrischungsgetränken benötigte Vorprodukt, meist eine Mischung aus Grundstoff und Zuckersirup, dem noch Wasser mit

und ohne Kohlensäure hinzugefügt werden muß.

Anschlagmaschinen
werden zur physikalischen Lockerung von Massen verwendet. Sie unterscheiden sich durch eine schnellere Schlagfolge von den Rührmaschinen.

Anschwemmfilter
sind Apparate zur → Filtration stark trubhaltiger Flüssigkeiten. Die Filterschicht wird durch das Anschwemmen des Filterhilfsstoffes (häufig Kieselgur oder Perlit) auf ein flüssigkeitsdurchlässiges Filterelement gebildet. Das Wirkungsprinzip ist eine Oberflächen- (Sieb-) und Tiefenfiltration. Das Anschwemmen erfolgt in mehreren Stufen mit unterschiedlich gekörnten Filterhilfsstoffen. In der konstruktiven Ausführung gibt es horizontal oder vertikal angeordnete Filterelemente. A. finden vor allem in der Getränke- und obst- und gemüseverarbeitenden Industrie Anwendung.

Anstellsauer
bezeichnet das Impfgut für einen Mehl-Wasser-Teig, entnommen aus dem → Vollsauer oder → Grundsauer einer vorherigen Teigführung, zur Bereitung der ersten Stufe in der → Sauerteigführung. Die Anstellsauermengen für verschiedene Sauerteigführungen sind unterschiedlich, sie können 0,5% (bei mehrstufiger Vollsauer-über-Nacht-Führung) bis 20% (bei z.B. Berliner Kurzsauerführung) der zu versäuernden Mehlmenge betragen.

Anthocyane
sind Lebensmittelfarbstoffe der Zusatzstoffverkehrsordnung. Chemisch sind es → Glycoside mit Oenidin oder Malvidin und sie kommen z.B. in roten Weinbeeren vor. → Farbstoffe.

Antioxidantien
sind → Zusatzstoffe, die Autoxidationsprozesse verzögern. Man unterscheidet zwischen natürlichen A., wie z.B. Tocopherol, Flavone und synthetischen A. wie *Butylhydroxyanisol* (BHA), *Butylhydroxytoluol* (BHT), Gallate. Sie haben die Fähigkeit, in geeigneter Konzentration bereits in der Induktionsphase freie Radikale abzufangen, wobei sie selbst nach Abgabe von aktivem Wasserstoff verbraucht werden und inaktive Antioxidansradikale bilden. Bei überhöhten Konzentrationen wirken sie prooxidativ. Mischungen einiger A. wirken synergistisch (z.B. BHT und BHA). Schwer-

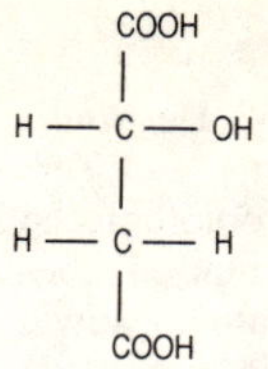

```
        COOH
         |
H  —  C  —  OH
         |
H  —  C  —  H
         |
        COOH
```

Bild 3. Strukturformel der *D* Äpfelsäure

metallspuren beschleunigen die → Autoxidation. → Schwefeldioxid und → Ascorbinsäure wirken synergistisch durch Reaktion mit Sauerstoff. Schwefeldioxid und Sulfite hemmen darüber hinaus → Oxidasen. Verwendet werden A. zur Herstellung von → Trockensuppen, Kartoffeltrockenprodukten, → Kaugummi, → Essenzen, → ätherischen Ölen u.a. Dabei werden Tocopherole bei Fetten und Ölen, Schwefeldioxid und Sulfite bei Obst- und Gemüseprodukten sowie bei Wein eingesetzt.

Antispritzmittel
sind Stoffe zur Verhinderung des plötzlichen Verdampfens von Wasser beim Erhitzen von Emulsionsfetten, insbesondere Margarine. A. sind z.B. → Lecithine, Eigelb u.a.

Anwirken
ist ein Begriff aus der Süßwarentechnologie, der den Misch- und Knetprozeß beim Herstellen verschiedener Rohwaren betrifft, so z.B. bei der Herstellung von → Marzipan, → Nugat, → Krokant.

apathogen
nicht krankheitserregend, Gegensatz: → pathogen

Apfelsaft
ist der → Fruchtsaft aus Äpfeln. Der Zusatz von Wasser und Zucker ist verboten, ausgenommen bei der Rückverdünnung von → Fruchtsaftkonzentrat.

Äpfelsäure
ist wegen ihres asymmetrischen C-Atoms eine optisch aktive Carbonsäure, die als D- und L-Äpfelsäure vorliegen kann (s. **Abb. 3**).

Apfelwein
→ Obstweine

Appam
→ Getreideprodukte, fermentierte

Apparate
sind die technische Ausrüstung einer → Prozeßeinheit innerhalb eines → Verfahrens. Sie dienen der Durchführung von physikalischen Vorgängen und/oder chemischen, biochemischen und/oder enzymatischen Reaktionen.

Appenzeller
ist ein schweizer, halbfester Schnittkäse mit geschützter Herkunftsbezeichnung, der ausschließlich in den Kantonen Appenzell, St. Gallen und Thurgau hergestellt wird. Er hat Laibform, ein Gewicht von 6 - 8 kg und einen Mindestfettgehalt von 45 % F.i.T. A. ist ein Käse mit maiskorngroßen Löchern und einem reinen vollen Aroma.

Aquakultur
ist die Aufzucht von Fischen in künstlichen Gewässern und Netzgehegen. Gezüchtet werden vorwiegend Karpfen, Forelle, Aal und Lachs.

Aquavit
→ Spirituosen

Äquipräsenzprinzip
bezeichnet in der → Rheologie ein Prinzip, nach dem jede Größe, die als unabhängige Veränderliche in einer rheologischen Zustandsgleichung vorkommt, auch in allen rheologischen Zustandsgleichungen als solche auftreten muß, sofern dies nicht durch allgemeine physikalische Gesetze oder durch Invarianzbedingungen eingeschränkt wird.

Äquivalentdurchmesser
ist der Durchmesser einer Kugel, die dieselbe physikalische Eigenschaft aufweist wie das gemessene, unregelmäßige Partikel.

Arabinogalactan
ist ein wasserlösliches Polysaccharid, das aus dem zerkleinerten Kernholz der Lärchen (*Larix spp.*) durch Gegenstromextraktion mit Wasser oder verdünnter Säure gewonnen und anschließend getrocknet wird. A. liegt als von in (1,3)-Richtung verknüpften β-D-Galactopyranosylresten gebildete Kette vor, die z.T. in 4- und in 6-Position Galactose- und Arabinoseseitenketten enthält. A. wird als → Stabilisator und → Emulgator in der Lebensmittelverarbeitung verwendet. Sie dienen auch als Trägermaterial für ätherische Öle und Süßstoffe sowie zur Aromaformulierung.

Arabinose
ist eine Pentose, die in L-Form vorkommt und Bestandteil vieler Polysaccharide, wie → Pektine, → Hemicellulose u.a ist.

Arginin
→ Amminosäuren

Aromagewinnung
wird im allgemeinen bei der → Fruchtsaftherstellung durchgeführt. Nach der Abtrennung der flüchtigen Aromastoffe durch → Verdampfung erfolgt eine Anreicherung durch → Adsorption, → Extraktion oder → Destillation. Für die Adsorption verwendet man Aktivkohle, Aluminiumpulver, Silikagel oder Molekularsiebe. Bei der Destillation können die Aromastoffe aus Fruchtsäften entweder durch Abdampfen oder durch Abtreiben mit Dampf in einer Bodenkolonne gewonnen werden, wobei das letztere Verfahren zu besseren Ergebnissen führt. Das wäßrige Destillat wird durch → Rektifikation anschließend weiter konzentriert. Die Endkonzentrationen liegen bei 1:100 bis 200.

Aromagramm
stellt eine Möglichkeit dar, den organoleptischen Gesamteindruck eines Lebensmittels zu umreißen und darzustellen. Das Grundkonzept für ein A. ist in der **Abb. 4** wiedergegeben.
In einem A. werden für ein Lebensmittel die jeweiligen charakteristischen Felder der angegebenen Verbindungen und Geschmackskomponenten schraffiert. Die Schlüsselverbindungen (Impact-Verbindung), die für den lebensmitteltypischen Eindruck bestimmend sind, werden gesondert angegeben.

Aromastoffe
sind Substanzen, die einen spezifischen Geruch oder Geschmack haben und Lebensmitteln zugesetzt werden, um diesen einen gewünschten Geruch oder Geschmack zu verleihen. Nach ihrem Ursprung unterscheidet man:
– *natürliche A.:*
  Sie werden aus pflanzlichen oder tierischen Produkten durch physikalische Trennverfahren gewonnen;
– *naturidentische A.:*
  Sie sind den natürlichen vom chemischen Bau her gleich, sind jedoch synthetisch hergestellt worden;
– *synthetische A.:*
  Sie werden durch Synthese hergestellt und sind nicht naturidentisch.
Die Verwendung von A.'n muß bei Lebensmitteln deklariert werden.

Aromastoffgewinnung
erfolgt durch physikalische (→ Destillation, → Extraktion, → Pressen, → Zerkleinern, Erhitzen) oder mikrobiologische bzw. enzymatische (→ Fermentation, enzymatische Anreicherung) Verfahren sowie durch chemische Synthesen. Die Destillation wird als Wasserdampfdestillation, Ethanol-Wasser-Destillation oder Lösungsmitteldestillation (Ethanol, überkritisches CO_2) durchgeführt. Die Extraktion erfolgt mittels verschiedener Lösungsmittel. Verschiedene Aromastoffe entstehen als → Reaktionsaromen infolge einer Erhitzung, wie z.B. Fleischaroma. Die fermentative A. nutzt die Stoffwechselleistungen von verschiedenen Mikroorganismen meist auf spezifischen Substraten, wie z.B. die Gewinnung von Käsearomen, Fruchtaromen. Die enzymatische A. beruht auf der katalytischen Wirkung spezifischer → Enzyme z.B. zur Hydrolyse von Fett und Eiweiß bzw. von Vorstufen. → Aromastoffe, → Reaktionsaromen, → Raucharomen

Aromen
(1) sind Zubereitungen von → Aromastoffen. Nach der EG-Richtlinie sind A. Aromastoffe, Aromaextrakte, Reaktionsaromen, Raucharomen oder ihre Mischungen.
(2) Umgangssprachlich der Gesamteindruck von insbesondere Geruchsstoffen eines Lebensmittels.

Arrak
ist ein aus Reis, Zuckerrohrmelasse oder zuckerhaltigen Säften durch Vergärung und anschließende Destillation hergestellter Trinkbranntwein.

Arrhenius, Gleichung von
beschreibt den Einfluß der Temperatur auf die Reaktionsgeschwindigkeit. Danach führt eine Erhöhung der Reaktionstemperatur um 10 K zu einer Verdoppelung der Reaktionsgeschwindigkeit. Die Reaktionsgeschwindigkeitskonstante R ist temperaturabhängig. Zur Reaktion wird eine Aktivierungsenergie E_A benötigt. Es gilt:

$$k = k_o \exp(-E_A/R \cdot T)$$

Diese Gleichung hat wegen der thermischen Desaktivierung für biologische Systeme nur einen eingeschränkten temperaturabhängigen Gültigkeitsbereich.

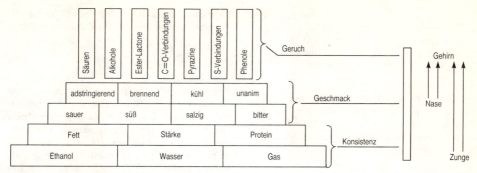

Bild 4. Grundkonzept für ein Aromagramm

Arzneiweine
unterliegen dem Deutschen Arzneimittelbuch und werden durch Ausziehen, Lösen oder Mischen von Arzneimitteln mit Wein hergestellt. A. unterliegen nicht dem Weingesetz. A. sind z.B. China-, Campher- oder Brechwein.

Ascomycetes
ist eine Klasse der höheren Pilze (Schlauchpilze), deren Sporen Ascosporen sind. Ein wichtiger Vertreter ist *Monascus purpureus*.

Ascorbinsäure
chemische Bezeichnung für Vitamin C. → Vitamine.

aseptische Verpackung
ist die getrennte Sterilisation von Produkt und Verpackungsmaterial und das anschließende keimfreie Abpacken des Produktes. → Konserven.

Asparagin
ist ein Amid der Asparaginsäure. → Aminosäuren.

Asparaginsäure
→ Amminosäuren.

Aspergillus
Schimmelpilzgattung mit wattig-filzigem Mycel, kräftigen Konidienträgern, septierten Hyphen mit zahlreichen Species. Sie sind als Mycotoxinbildner (Aflatoxin) und beim Lebensmittelverderb von Bedeutung. Wichtige Vertreter: *A. flavus, A. glaucus, A. niger, A. oryzae* u.a.

Aspirateur
ist eine Reinigungsmaschine, die bei der → Schwarzreinigung von Getreide eingesetzt wird. Dabei werden grobe Verunreinigungen wie Schrollen und Sand mittels mehrerer Siebe mit unterschiedlichen Lochungen und leicht schwebende Fremdbestandteile wie Spreu, feiner Staub, Schmachtkörner durch Luftstrom entfernt. Das Getreide wird über eine Speisewalze, eine Strömungsprofilrostbrücke und über sich bewegende Schrollen- und Sandsiebe geführt. Dabei wird das Getreide ständig mit Luft durchspült. Die mit Fremdbestandteilen angereicherte Luft wird einem Abscheider zugeführt.

Assoziationskolloide
sind niedermolekulare Verbindungen mit 10 ... 20 C-Atomen (→ Tenside). Sie können als Einzelmoleküle oder als Assoziate (→ Mizellen) in wäßrigen Lösungen vorliegen.

ätherische Öle
sind meist flüchtige Verbindungen. Zu ihnen zählen Terpene, Aldehyde, Ketone, Phenole, bestimmte Alkohole u.a.. Sie werden aus Pflanzen oder Pflanzenteilen gewonnen und sind bedeutsam für die Riechstoffindustrie und zur Aromatisierung von Lebensmitteln.

Atmungsgeschwindigkeit
Unter Atmung versteht man die biologische Umwandlung von Zucker in CO_2 und H_2O unter Sauerstoffverbrauch. Es gilt die Reaktionsgleichung:

$$C_6H_{12}O_6 + 6O_2 \rightarrow 6CO_2 + 6H_2O + 161 \text{ kJ}$$

Der Umsatz zu CO_2 pro Zeiteinheit und Produktmenge wird mit der A. charakterisiert. Sie wird meist in mg CO_2/pro Stunde und pro kg Produkt angegeben. Die A. spielt bei der Obst- und Gemüselagerung eine große Rolle und ist von verschiedenen Faktoren, wie Temperatur, relative Luftfeuchtigkeit, Gaszusammensetzung, Fruchtart und -sorte, Reifegrad, Wassergehalt, Stärkegehalt, Zuckergehalt, Verpackung u.a., abhängig. Als Größenordnungsbereich kann man für Obst etwa 1,5 - 30 mg CO_2/kg · h angeben.

Aufrahmen
ist die spontane Phasentrennung der Milch in Rahm und Serum als Folge der auf die Fettkügelchen wirkenden Auftriebskräfte. Das A. wird durch die → Aufrahmgeschwindigkeit gekennzeichnet.

Aufrahmgeschwindigkeit
ist gleich der Auftriebsgeschwindigkeit, die man begrifflich für das System Milch verwendet. Die A. eines Fettkügelchens errechnet sich nach:

$$v_A = \frac{d^2(\rho_K - \rho_{Fl})}{18 \cdot \eta} \cdot g$$

In die Gleichung geht die Dichtedifferenz $\Delta\rho$, der Fettkügelchendurchmesser d, die Viskosität η und die Gravitation ein.

Aufschlagmaschinen
dienen zum Aufschlagen von Massen und Teigen. Die gebräuchlichsten A. sind → Anschlag-, Planetenrührmaschinen und Druckschlagmischer.

Aufschlagverhalten
charakterisiert die Eigenschaften von aufgeschlagenem Rahm, der als Drei-Phasen-System (Luft-, Fett-, Serumphase) vorliegt. Als Kriterien werden die Festigkeit, die Volumenzunahme und die Absetzflüssigkeit herangezogen. Die Methode zur Charakterisierung des A.'s ist in einer DLG-Prüfungs-Bestimmung festgelegt.

Auftaurigor
bezeichnet die unmittelbar nach dem Auftauen eintretende Totenstarre (→ Rigor mortis) von Fleisch, das vor Eintritt der Totenstarre tiefgekühlt wurde. Die → postmortalen Vorgänge sind während der Tiefkühlung unterbrochen und verlaufen um so schneller beim Auftauen. Die Verhinderung des A.'s ist nicht nur zur Verringerung des Saftverlustes, sondern auch zur Erhaltung der notwendigen Wasserbindungskapazität des Fleisches von großer Bedeutung.

Ausbau des Weines
umfaßt alle Maßnahmen vom Gärungsende über Abstiche, biologischen → Säureabbau, → Schwefeln, Klären, → Schönung bis zur Pasteurisation der abzufüllenden Weine. → Rotweinherstellung; → Weißweinherstellung.

Ausbeute
→ Stoffbilanz.

Ausblutungsgrad
bezeichnet das Verhältnis der gewonnenen Blutmenge beim Blutentzug zur Gesamtblutmenge (ca. 1/12 - 1/15 der Körpermasse, beim Schwein 1/22 der Körpermasse). Vom Gesamtblut befindet sich ca. 2/3 im Kreislauf, 1/3 in blutspeichernden Organen. Nach dem Blutentzug verbleiben ca. 25 - 27 % der Gesamtblutmenge bei im Hängen entbluteten Tieren und 30 - 35 % bei im Liegen gestochenen Tieren im Schlachttierkörper.

Ausbund
ist die Bezeichnung für Krustenaufbrüche bei → Weizenhefegebäcken an Schnitt-, Drück- oder Flechtstellen. Er entsteht entweder durch die Behandlung der Teigoberfläche durch den Bäcker vor dem Backprozeß (Einschneiden, Drücken, Stipfeln der Weizenbrotteige bzw. Teiglinge) oder durch das Auseinanderdrücken der Teigoberfläche im Verlauf des Backvorganges aufgrund des starken Gasdruckes im Teiginnern und mit Hilfe des Schwadens.

Ausfällen
ist das Auskristallisieren eines gelösten Stoffes nach Überführung dieses Stoffes in eine chemische Verbindung, die sich nicht oder nur geringfügig im Lösungsmittel löst. Soll der Stoff in seiner ursprünglichen Form gewonnen werden, muß er anschließend wieder chemisch rückgewandelt werden. Zum A. von Proteinen wird deren Löslichkeitsverhalten durch den Zusatz organischer, mit Wasser mischbarer Lösungsmittel (z.B. Ethanol), Salze, Polymere und durch eine Verschiebung des pH-Wertes verändert.

Ausfrieren
→ Gefrierkonzentrierung.

Auskristallisieren
entsteht in Lebensmitteln durch Feuchtigkeitsverlust und der damit verbundenen Konzentrationserhöhung gelöster Stoffe, die als Folge davon als Partikeln ausgeschieden werden. Lebensmitteltechnologisch kann das A. vor allem bei zuckerhaltigen Lebensmitteln, wie z.B. → Marzipan und → Schokolade, zu unerwünschten Effekten führen. Dem kann durch → Feuchthaltemittel entgegengewirkt werden. → Kristallisation.

Auslese

ist ein Qualitätswein mit Prädikat, bei dem nur vollreife Weintrauben unter Aussonderung aller kranken und unreifen Beeren verwendet werden dürfen.

Auslöchten

ist das Aufbrechen von Hülsen zur Freisetzung enthaltener Samen.

Ausmahlungsgrad

Beim Mahlprozeß des Getreides werden die einzelnen Kornbestandteile (Mehlkörper und Kleie) voneinander getrennt. Die → Kleie besteht aus Bestandteilen des Keimlings, der → Aleuronschicht und der Schale. Mit steigendem Kleieanteil erhöht sich der ernährungsphysilogische Wert, jedoch verschlechtern sich die Koch- und Backfähigkeit des Mehles. Das Verhältnis zwischen Mehlkörper- und Kleieanteil wird durch den A. charakterisiert. Zur Kennzeichnung des A.'es sind sogenannte Typenzahlen eingeführt, die Aufschluß über den Aschegehalt des Mehles geben. Z.B. hat ein Roggenmehl Type 1150 einen Aschegehalt von 1,15 % bei einer Ausmahlung von 80 % (aus 100 kg Roggen werden 80 kg Mehl und 20 kg Schalenbestandteile gewonnen).

Ausmischtechnik

ist ein Begriff der → Erfrischungsgetränkeherstellung, der die Einhaltung eines konstanten Mischungsverhältnisses bei flüssigen Mehrkomponentenmischungen betrifft. Man unterscheidet die gravimetrische (kein Einfluß von spezifischem Gewicht, Viskositäts- und Temperaturunterschieden), volumetrische (möglichst genaue Volumendosierung durch Ringkolben-, Ovalradzähler oder Kolbendosierpumpen) und kombinierte gravimetrische und volumetrische Ausmischtechnik. Das Prinzip einer Mehrkomponentenmischanlage ist in **Abb. 5** schematisch dargestellt.

Aussalzen

ist das Auskristallisieren durch Herabsetzen der Sättigungslösungsmenge mit Hilfe eines Salzes. Beim Überschreiten der Sättigungskonzentration fällt die über der Sättigungsmenge liegende Stoffmenge als Kristalle aus.

Ausschmelzen

bezeichnet eine Verfahrensstufe bei der Fettgewinnung aus Rohfett. Gebräuchlich sind zwei Verfahren, das Naßschmelz- und das Trockenschmelzverfahren. Bessere Fettqualitäten erreicht man beim Naßschmelzverfahren, da der

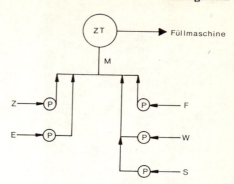

Bild 5. Prinzipdarstellung einer Mehrkomponentenmischanlage *Z* Zuckerlösung, *E* Essenz, *F* Fruchtsaftkonzentrat, *W* Wasser, *S* Säure, *M* Mischstrecke, *ZT* Zwischenlagertank

Prozeß bei niedrigeren Temperaturen geführt werden kann. Das in beheizbaren Doppelwandkesseln mit Rührwerk ausgeschmolzene Fett sammelt sich an der Oberfläche und kann von dort abgezogen und dem Fettabscheider zugeführt werden.

Ausweiden

ist eine Prozeßstufe beim → Schlachten, bei der manuell oder/und unter Zuhilfenahme von Geräten die Becken-, Bauch- und Brusteingeweide aus dem Tierkörper entfernt werden. Die Nieren werden mit ausgeweidet. Bei Rindern entfernt man Leber, Milz und die Vormägen von den Baucheingeweiden außerhalb des Tierkörpers. Bei Schweinen bleibt die Leber zunächst im Tierkörper und wird erst später mit den Brusteingeweiden entfernt.

Auswuchs

ist die beginnende oder fortgeschrittene Keimung der Roggenkörner in der Ähre, als dessen Folge das Enzymsystem aktiviert wird. Während des Backprozesses wird bei der Verwendung auswuchsgeschädigter Mehle die Stärke rasch abgebaut und damit die Krume zerstört.

Auszüge

sind durch → Extrahieren gewonnene Stoffe.

Auszugsmehl

ist ein feinstes kleiefreies Weizenmehl. → Mehltypen 405.

Autoklaven

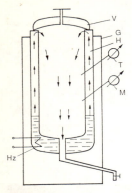

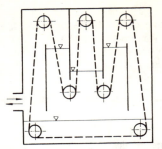

Bild 7. Funktionsprinzip eines hydrostatischen Durchlaufautoklaven

Bild 6. Schematische Darstellung eines Standardautoklaven *G* Gehäuse, *V* Verschluß, *H* Heizmantel, *Hz* Heizung, *T* Temperaturmessung, *M* Druckmessung

Autoklaven

sind Apparate zur (Hitze) → Sterilisation. Man unterscheidet diskontinuierlich (z.B. Standardautoklav, Rotationsautoklav) und kontinuierlich arbeitende A. (z.B. hydrostatischer Durchlaufautoklav, Flammensterilisator).
Beim *Standardautoklav* (**Abb. 6**) ist das Sterilisiermedium Dampf oder erhitztes Wasser. Sterilsiergüter in verschlossenen Behältnissen, wie Dosen, sind meist vom Wasser bedeckt. Offene Güter werden in der Regel direkt im Dampf autoklaviert. Der *Rotationsautoklav* wird vorwiegend für die Sterilisation flüssiger Füllgüter mit festen Einlagen in verschlossenen Behältnissen verwendet. Das Behältnis wird nicht um die Längsachse, sondern End-über End rotiert. Bei *hydrostatischen Durchlaufautoklaven* wird der Druck des mit Dampf gefüllten Sterilisierraumes mit dem Druck zweier Wassersäulen im Gleichgewicht gehalten (**Abb. 7**). Die Wassersäulen dienen gleichzeitig als Aufheiz- und Kühlzone. Im *Flammensterilisator* werden die mit dem Sterilisiergut gefüllten Behältnisse in einem Dampfraum auf etwa 90°C vorerhitzt und anschließend in einer Flamme auf Sterilisationstemperatur gebracht. Um Überhitzungen zu vermeiden, ist eine rasche Rotation (bis zu $120 \, \text{min}^{-1}$) der Behältnisse erforderlich. Das Verfahren eignet sich besonders für flüssige Füllgüter mit niedriger Viskosität und Füllgüter mit Aufgußflüssigkeit.

Autolyse

bezeichnet ablaufende Abbauvorgänge in Zellen durch die Wirkung → intrazellulärer Enzyme. → endogene Enzyme.

autolytische Proteolyse

ist ein Prozeß der Selbstverdauung durch die Wirkung des endogenen Enzymsystems einer Zelle. Lebensmitteltechnologisch ist sie bei der Herstellung von Hefeautolysaten (→ Hefeextrakte) von Bedeutung.

Automatenwolf

ist eine spezielle Ausführung des → Wolfes. Dabei erfolgt die Beschickung mit Hubwagen oder kontinuierlich über ein Förderband. Eine Zubringerschnecke sorgt für die permanente Materialzufuhr zur Förderschnecke. Der Winkelwolf, eine Sonderform des A.'es, zerkleinert hart gefrorenes Material bis zu Faustgröße. Bei ihm ist die Zubringerschnecke im rechten Winkel zur Förderschnecke angeordnet.

autotroph

Eigenschaft von Organismen aus Kohlendioxid und Wasser zelleigene organische Kohlenstoffverbindungen zu synthetisieren.

Autoxidation

ist ein unter Luftsauerstoff bei Raumtemperatur selbständig ablaufender Oxidationsprozeß. Sie spielt besonders beim Fettverderb eine wichtige Rolle. Die A. ungesättigter → Fettsäuren verläuft als ein Radikalkettenmechanismus. Die Reaktionsgeschwindigkeit ist zunächst gering und geht nach der Induktionsphase in einen exponentiellen Verlauf über. Cu, Mn, Fe und Co beschleunigen die A. durch Katalyse, wobei die Metallionen auf unterschiedliche Weise in den Prozeß eingreifen. Diese Oxidationsförderung bezeichnet man auch als Prooxidation. Zur Vermeidung dieser Reaktionen kann man → Antioxidantien dem Lebensmittel zusetzen.

auxotroph

nur in Anwesenheit bestimmter Wachstumsfaktoren sich entwickelnd.

Avogadro, Gesetz von

besagt, daß alle idealen Gase unabhängig von ihrer chemischen Beschaffenheit bei gleichem Druck und gleicher Temperatur im gleichen Volumen dieselbe Anzahl von Molekülen enthalten. 1 Mol eines jeden idealen Gases nimmt bei 0°C und einem Druck von 1 atm das gleiche Volumen von 22,414 l/Mol ein.

a_w-Wert

drückt das Verhältnis zwischen dem Dampfdruck des wasserhaltigen Mediums und dem des reinen Wassers aus. Es wird als Wasseraktivität bezeichnet und charkaterisiert die Verfügbarkeit von Wasser für chemische und damit für mikrobiell-enzymatische Reaktionen. Unter einem bestimmten Wert können Mikroorganismen nicht mehr wachsen: Bakterien 0,91, Hefen 0,88, Schimmelpilze 0,80 (einige Arten 0,65), halophile Bakterien 0,75, osmophile Hefen 0,60.

Azorubin

ist ein Lebensmittelfarbstoff der Zusatzstoffverkehrsordnung. → Farbstoffe.

B

Baby-Gouda
ist ein kleiner holländischer Goudakäse (→ Schnittkäse), der sehr jung nach etwa 3 - 4 Wochen verzehrsfertig ist. Er zeichnet sich durch seinen milden Geschmack aus. B.-G. wird gelbparaffiniert und in rotes Zellglas verpackt. In Holland auch „Lunchkaas", in D „Geheimratskäse" genannt.

Bacchus
ist eine aus Grüner Silvaner und Weißer Riesling mit Müller-Thurgau gekreuzte weiße → Rebsorte (→ Sortenschutz 1972).

Bacillaceae
ist eine Familie endosporenbildender, grampositiver, begeißelter, aerober bzw. fakultativ anaerober oder anaerober Stäbchen bzw. Kokken, die weitverbreitet bei Pflanzen, Lebensmitteln und im Wasser und Boden vorkommen. Zu ihr gehören die Gattungen: → Bacillus, → Clostridium, Sporolactobacillus, Desulfotomaculum, Sporosarcina und Oscillospira.

Bacillus
ist eine Gattung endosporenbildender, grampositiver, Katalase-positiver, begeißelter, aerober oder fakultativ anaerober Stäbchen, die in Lebensmitteln, Wasser und Pflanzen vorkommen. Wichtige Vertreter sind: B. subtilis, B. cereus, B. sterothermophilus u.a.

Bacillus anthracis
ist eine Species der Gattung → Bacillus. Erreger des Milzbrandes.

Bacillus cereus
ist eine Species der Gattung → Bacillus. Spielt als Lebensmittelvergifter eine Rolle, jedoch meist mit flachen Verlaufsformen.

Bacillus coagulans
ist eine Species der Gattung → Bacillus. Führt zu flachsaurem Verderb bei Tomaten- und Tomatensaftkonserven und wird auch in Silagen gefunden.

Bacillus macerans
ist eine Species der Gattung → Bacillus. Weitverbreitet in Boden, Wasser, faulendem Gemüse u.a. Bildet Ethanol, Aceton, Essigsäure, Ameisensäure, Kohlendioxid und Wasserstoff und führt dadurch zu → Bombagen, vorwiegend bei schwachsauren → Konserven.

Bacillus megaterium
ist eine Species der Gattung → Bacillus. Kommt weitverbreitet vor und ist an der Käsereifung, vor allem bei einigen Schnittkäsesorten, beteiligt.

Bacillus stearothermophilus
ist eine Species der Gattung → Bacillus im thermophilen Bereich. Verursacht bei Warmlagerung schwach sauren Verderb von → Konserven, jedoch ohne → Bombagen.

Bacillus subtilis
ist eine Species der Gattung → Bacillus mit starken proteolytischen Eigenschaften. Verursacht das Fadenziehen bei Weizengebäck und kann zu unspezifischen Lebensmittelvergiftungen führen.

Bacillus thuringiensis
ist eine Species der Gattung → Bacillus. Wird wegen seiner spezifischen Pathogenität gegen bestimmte Insektenlarven zur Schädlingsbekämpfung eingesetzt.

Backeigenschaften
werden für Mehle, die zur Herstellung von Backwaren bestimmt sind, charakterisiert. Sie beeinflussen die Backqualität des Mehles entscheidend. Die wesentlichsten B. sind:
– Gasbildevermögen, Zuckerbildevermögen,
– Teigbildevermögen, Kraft des Mehles, Wasserbindevermögen,
– granulometrischer Zustand,
– Helligkeit und Nachdunkelvermögen des Mehles.

Backen
ist ein thermischer → Garprozeß der Lebensmitteltechnologie, der dadurch gekennzeichnet ist, daß das Backstück im → Backofen durch Wärmeübertragungsprozesse (→ Wärmestrahlung, → Wärmeleitung und → Konvektion) Stoffumwandlungsprozesse erfährt. Wichtigster Anwendungsbereich des B.'s ist die Herstellung von → Backwaren. Bezüglich der Umwandlungsprozesse lassen sich mehrere Phasen unterscheiden:

- Enzymatische Prozesse (etwa 30 bis 60 ... 70°C),
- Stärkequellung und -verkleisterung (etwa 60 ... 90°C),
- Wasserverdampfungsphase (> 90°C),
- Bräunungsphase (etwa 100 ... 180°C),
- Phase intensiver Aroma- und Geschmacksstoffbildung (... 200°C).

Backfähigkeit
wird durch die → Backeigenschaften des Mehles bestimmt. Bei Weizenmehlen ist die Menge und Qualität des → Klebers von entscheidender Bedeutung. Bei Roggenmehlen ist die B. vor allem abhängig von der Menge und Beschaffenheit des Stärkeanteiles, der Beschaffenheit des Quellstoffanteiles und der Kraft des → Mehles. Letztlich kann jedoch eine endgültige Aussage nur durch einen → Backversuch gegeben werden.

Backfette
sind konsistente → Pflanzen- und → Tierfette, außer → Cocos- und Palmkernfett, die z.T. gehärtet, umgeestert oder als Mischungen verwendet werden. Sie haben einen höheren Anteil an hochschmelzenden Glyceriden, die entweder natürlich vorhanden sind oder durch → Hydrierung erzeugt werden. Durch die Einarbeitung von 25 - 40% flüssigen Ölen erhält man die geeignete Plastizität, die die Volumenzunahme des Teiges stützt. Die Wasserphase ist feinstverteilt. → Margarine, → Margarinesorten.

Backhefe
(*Saccharomyces cerevisiae*) ist ein biologisches → Teiglockerungsmittel, das vorwiegend zur Herstellung hefegelockerter Weizengebäcke und auch als zusätzliches Lockerungsmittel für verkürzte → Sauerteigführungen verwendet wird. Beim Stoffwechsel werden Kohlendioxid, Alkohol und Aromastoffe gebildet. Das Kohlendioxid bewirkt das Porenwachstum im Teig. Alkohol und Aromastoffe tragen zur Aromaausprägung der Backwaren bei. B. kommt frisch als → Preßhefe (50 - 75% Wassergehalt) oder schonend getrocknet als Trockenbackhefe (max. 12% Wassergehalt) zur Anwendung. Die Zusatzmenge der B. schwankt zwischen 2 und 10% je nach herzustellendem Produkt.

Backhefeherstellung
Als Ausgangsstoff für die B. dienen → Melasse und Wasser. Daneben werden entsprechend der Zusammensetzung der Hefetrockensubstanz N, P, K, S, Mg, Spurenelemente und essentielle Wuchsstoffe zugesetzt. Die Melasse wird zunächst geklärt, in dem sie mit Wasser verdünnt, mit Schwefelsäure auf einen pH-Wert 5 angesäuert und auf 120 - 130°C erhitzt wird. In der anschließenden Druckentspannung in einem → Hydrozyklon lassen sich Hefehemmstoffe zusammen mit dem Brüdendampf entfernen. Die kolloidalen Trubstoffe werden ausgefällt und mittels eines selbstaustragenden Schlammseparators getrennt. Die Fermentation erfolgt unsteril, stufenweise unter Hinzufügung einer → Reinzuchthefe. Es entsteht die sog. Stellhefe, die zum Beimpfen der Hauptfermentationstufe (50 - 150 m³) verwendet wird. Diese Fermentation verläuft kontinuierlich unter Hinzufügung von Melasse und Zusatznährstoffen bei 30 - 33°C unter intensiver Belüftung. Diese Fermenter bezeichnet man als „Versandhefe-Fermenter". Die sog. Versandhefe wird mittels → Zentrifuge abgetrennt, zweimal gewaschen und als dickflüssiges Konzentrat (20% TS) kühl zwischengelagert. In dem sich anschließenden Filtrationsprozeß wird das gesamte Extrazellularwasser entzogen, so daß die charakteristische plastische Konsistenz entsteht (27 - 30% TS). In der Regel verwendet man dafür → Vakuumdrehfilter. Die so gewonnene Hefe (auch Preßhefe) wird versandfertig verpackt. Zur Herstellung von → Trockenbackhefe erfolgt eine Wasserverdampfung bei Temperaturen bis max. 35°C. Ausgangsprodukt ist die Preßhefe, die in granulierter Form unter Zusatz von → Emulgatoren innerhalb von 20 - 30 min auf einen Restwassergehalt von 4 - 5% getrocknet wird, (auch Instant-Trockenbackhefe genannt).

Backmargarine
→ Margarinesorten, → Backfette.

Backmittel
sind Stoffe, die während der Teigbereitung zugesetzt werden, um Schwankungen der Mehlqualität auszugleichen. Man unterscheidet:
- quellungsfördernde Backmittel (Quellstoffe),
- gärungsfördernde Backmittel,
- teigverbessernde Backmittel.
Quellungsfördernde Backmittel haben die Aufgabe, große Mengen an Wasser zu binden, wodurch die Backeigenschaften des Mehles verbessert werden. Dabei handelt es sich um Stoffe, die quellen oder hochviskose kolloide Lösungen bilden. Das sind z.B. Stärke-

hydrolysate (SHP) oder Carboxymethylcellulose. Stärkehydrolysate haben ein relativ geringes Wasserbindevermögen, sind jedoch gute Emulgatoren und fördern die Gelbildung. Wegen dieser Eigenschaft werden sie auch zur Verlängerung der Frische eingesetzt. Carboxymethylcellulose besitzt sehr gute Quellungseigenschaften bis hin zur kolloiden Löslichkeit. Teils werden auch Quellmehle zur Verbesserung des Wasseraufnahmevermögens eingesetzt. Sie haben gute Quelleigenschaften und binden große Mengen Wasser. *Gärungsfördernde Backmittel* haben die Aufgabe, das Gasbildungsvermögen der Mehle zu verbessern. Dabei handelt es sich um leicht vergärbare Kohlenhydrate oder Enzympräparate, die diese Kohlenhydrate bilden. Man unterscheidet amylolytische (auch diastatische) und amylasefreie (auch diastasefreie) Backmittel. Während amylasefreie Backmittel keine Enzyme, sondern nur vergärbare Kohlenhydrate (Maltose) enthalten, findet man bei amylolytischen Backmitteln einen hohen Gehalt an amylolytischen und proteolytischen Enzymen. Die Enzyme bauen Stärke zu Di- und Monosacchariden ab. *Teigverbessernde Backmittel* haben die Aufgabe das Gashaltevermögen, die Struktur und die Verarbeitbarkeit des Teiges zu verbessern. Man unterscheidet:
– Emulgatoren (z.B. Lecithin, Mono-, Diglyceride, Sorbitester),
– Oxidations- und Reduktionsmittel (z.B. Sauerstoff, H_2O_2, $KBrO_3$, Ascorbinsäure),
– Teigsäuerungsmittel (milch- und essigsäureenthaltende teigähnliche Präparate mit oder ohne aktive Mikroorganismen),
– Sojamehl (enthält ungesättigte Fettsäuren, Aminosäuren, Lecithin, Antioxidantien).

Backoblaten
sind dünne, blattartige Dauerbackwaren, die durch Erhitzen einer dünnflüssigen Masse aus → Getreidemahlerzeugnissen und/oder → Stärke, meist ohne Zusatz von → Teiglockerungsmitteln (Backtriebmittel), zwischen heißen Flächen, z.B. Oblateneisen, hergestellt werden. B. werden als Unterlage für Oblatenlebkuchen oder Makronen, auch als Hostie, verwendet.

Backöfen
lassen sich nach verschiedenen Gesichtspunkten einteilen:
– nach der Arbeitsweise:
diskontinuierliche (z.B. Auszugs-, Stikken-

backofen) und kontinuierliche B. (z.B. → Durchlaufbackofen);
– nach der Beheizungsart:
direkt beheizt (z.B. Altdeutscher Backofen, Konvektionsbackofen, → Volvobackofen) und indirekt beheizte B. (z.B. → Zyklothermbackofen, Kanalbackofen);
– nach der Art der Wärmeübetragung bzw. Wärmeerzeugung:
(z.B. Dampfbackofen, Infrarotbackofen).
In handwerklichen Betrieben kommen vorrangig diskontinuierliche B. mit Umwälzheizung zur Anwendung. Dabei gibt es → Zyklothermöfen, Volvothermöfen und Heißluft-Umwälzöfen mit ruhender Backatmosphäre. In neuerer Zeit werden vermehrt → Stikkenöfen verwendet. In größeren Betrieben werden häufig kontinuierliche, automatisch geregelte B. genutzt. Elektrobacköfen werden ebenfalls mit direkter oder indirekter Beheizung ausgestattet. Sie haben ihre besondere Bedeutung als Ladenbacköfen. Weitere Typen von Elektrobacköfen sind: Elektroöfen mit Hochfrequenzwärme und mit Infrarotwärmestrahlung.

Backöle
(1) sind beim Erhitzen nicht schäumende → Speiseöle und werden zum → Backen und → Braten verwendet.
(2) Backaromen, bei denen das Lösungsmittel ausschließlich Speiseöl ist.

Backpulver
ist ein chemisches → Teiglockerungsmittel, das aus einem Kohlendioxidträger (meist Natriumhydrogencarbonat) und einem sauren Bestandteil, z.B. Wein-, Citronen-, Adipinsäure bzw. deren saure Natrium- oder Calciumsalze, Dinatriumhydrogenphosphat, Aluminiumsulfat, besteht. Ein Trennmittel, z.B. Stärke- oder Getreidemehl verhindert eine vorzeitige CO_2-Entwicklung. Das B. bewirkt im Verlauf der Teigführung und während des Backprozesses die Freisetzung von CO_2.

Backtriebmittel
→ Teiglockerungsmittel.

Backtunnel
ist ein Teil des → Durchlaufbackofens, durch den das Backgut kontinuierlich bewegt wird. Er hat eine Länge bis zu 30 m.

Backversuch
ist erforderlich zur Beurteilung der → Backfähigkeit von Mehlen. Er wird sowohl für Weizen- als auch Roggenmehle unter stan-

Bild 8. Einteilung von Backwaren

dardisierten Bedingungen durchgeführt. Bei Weizenmehlen wird beurteilt: Teigbeschaffenheit, Teigausbeute, Gärzeit, Volumenausbeute, Gebäckausbeute, Gebäckbeschaffenheit. Bei Roggenmehlen werden unterschieden: Hefebackversuch, Milchsäurebackversuch und Sauerteigbackversuch.

Backwaren
sind aus Getreidemehl, teils unter Verwendung weiterer Körnerbestandteile oder/und ganzer Körner, unter Zusatz von Flüssigkeit durch Teig- oder Massebereitung, Formung, Lockerung und Backen hergestellte Lebensmittel. Man unterscheidet nach der Haltbarkeit → Frisch-, → Dauer- und Konservenbackwaren sowie nach der Art der Backwaren Brot und Kleingebäck, → Feine Backwaren, Konditoreiwaren und → Diätbackwaren. In der **Abb. 8** ist eine Einteilung der Backwaren nach den wesentlichsten Erzeugnisgruppen vorgenommen.

Bagasse
ist die Bezeichnung für den Feststoffanteil nach dem Pressen der Zuckerrohrstücke bei der → Zuckergewinnung in der Prozeßstufe der Rohsaftgewinnung. Die Filterrückstände bei der Klarfiltration zur Dünnsaftgewinnung nennt man Feinbagasse.

Bagoong
ist eine Fisch- oder Krabbenpaste, die aus ganzem oder gemahlenem Fisch, Krabben, Fischrogen, Krabbenrogen, Austern sowie Salz hergestellt wird. Sie hat eine ähnliche Geschmacksnote wie → Anchovispaste. Zur

Herstellung wird der Fisch zunächst mit Salz vorgemaischt und in Tanks einer natürlichen Fermentation unterzogen. Der Prozeß ist beendet, wenn kaum noch Fischgeruch wahrnehmbar ist. Die Fermentationszeit beträgt 60 - 90 d. Neuere Verfahren nutzen eine → Starterkultur von *Aspergillus oryzae*, wodurch die Fermentationszeit auf wenige Tage verkürzt werden kann.

Baguette
→ Weizenhefegebäck.

Baiser
ist unterschiedlich geformtes, trockenes, sprödes Schaumgebäck, das aus → Schaummassen hergestellt wird. → Feine Backwaren.

Bakteriophagen
sind eine besondere Gruppe der Viren, die als Wirt Bakterien (meist spezifisch für bestimmte Bakterienarten) besitzen, in sie eindringen und sie lysieren.

bakterizid
bakterientötend.

Baktofugation
ist eine besondere Form des → Zentrifugierens. → Baktofugieren.

Baktofugieren
ist ein mechanischer → Trennprozeß. Man versteht unter B. das Absenken der Keimzahl, inbesondere endosporenbildender Bakterien, durch → Zentrifugieren. So werden z.B. bei Zentrifugalkräften von etwa 10.000 g bei 60 - 70°C bis zu 95% der Sporen aus Milch entfernt.

Ballaststoffe
sind unverdauliche, pflanzliche Polysaccharide mit starkem Quell- und Adsorptionsvermögen. Solche Stoffe sind z.B.: → Lignin, → Cellulose, → Hemicellulose, → Kleie und → Trester. Die Abgrenzung zu anderen → Hydrokolloiden ist teils schwierig. B. haben große ernährungsphysiologische Bedeutung.

Bänderrundwirker
→ Wirkmaschine.

Bandgefrierapparat
ist ein kontinuierlich arbeitender Apparat zum → Tiefgefrieren von verpackten Gütern unterschiedlichen Formates. Das Produkt durchläuft auf einem Band einen Tunnel und wird dabei durch Kaltluftkonvektion gefroren. In der technischen Ausführung des Produkttranspor-

Bandpressen

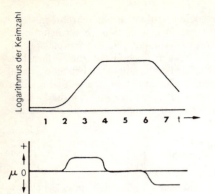

Bild 9. Wachstumskurve und -rate von Mikroorganismen. *1* lag- Phase, *2* Akzellerationsphase, *3* exponentielle Phase, *4* Verzögerungsphase, *5* stationäre Phase, *6* beginnende Absterbephase, *7* Absterbephase

tes durch die Anlage unterscheidet sich der B. von dem Ketten-, Karussell- und Paternostergefrierapparat. → Gefrierapparate.

Bandpressen
→ Pressen, kontinuierliche.

Bandtrockner
→ Konvektionstrockner.

Banku
→ Getreideprodukte, fermentierte.

Bärwurz
→ Spirituosen.

Basilikum
(*Ocimum basilicum L.*) ist ein Gewürz, dessen hauptsächliche Inhaltsstoffe ätherisches Öl mit Methylchavicol, Linalool, Eugenol sowie Gerbstoffe sind.

Basmati Reis
ist ein unter dieser Bezeichnung in Verkehr gebrachter, besonderer, aromatischer Langkornreis, der nur in Indien und Pakistan angebaut wird. → Reis.

Batate
ist ein brauner wurzelförmiger fleischiger Wurzelstock (*Ipomoea batatas L.*) mit süßlichem Geschmack (Süßkartoffel) und hohem Stärkegehalt. Wichtiges Lebensmittel in den Tropen und Subtropen.

Batch-culture
(diskontinuierliche Kultur) bezeichnet die chargenweise → Fermentation von Mikroorganismen. Sie wird beschrieben durch die Wachstumskurve und die Wachstumsrate μ als Funktion der Zeit t (**Abb. 9**) Ein Maß für die Wachstumsrate ist die Steigung der Geraden in der exponentiellen Wachstumsphase (Logarithmus der Keimzahl über der Zeit). Man kann sie aus der Zunahme der Zelldichte x_o und x_1 während der Zeiten t_o und t_1 errechnen.

$$\mu = \frac{dx}{dt} \cdot \frac{1}{x}$$

Ohne Substratlimitierung wird $\mu = \mu_{max}$ und man erhält nach Integration

$$\mu = \frac{\ln (x_{t2}/x_{t1})}{t_2 - t_1}.$$

Bauernkäse
→ Sauermilchkäse.

Baumkuchen
ist eine → Feine Backware, die auf Walzen über offenem Feuer in dünnen Schichten gebacken und teils mit → Glasuren (Zucker oder Schokolade) überzogen wird. Die → Masse besteht aus einem Mischungsverhältnis von Mehl : Butter : Vollei gleich 100 : 150 : 200.
Teils Zusatz von Mandeln, Nüssen, → Nougat, → Marzipan u.a.

Bayerischer Senf
(Weißwurstsenf) → Senfherstellung.

Beaujolais
Name des bekanntesten französischen Qualitätsweines, meist rot (→ Rotweinherstellung) aus der Bourgogne.

Beerenauslese
ist ein → Qualitätswein mit Prädikat, bei dem nur edelfaule oder wenigstens überreife Beeren verwendet werden dürfen.

Beerenobst
→ Obst.

Beerensäfte
→ Fruchtsäfte.

Beerenweine
sind, wie → Obstweine, nach dem deutschen Weingesetz „weinähnliche Getränke". Der mengenmäßig größte Anteil entfällt auf

die roten Johannisbeeren neben Heidelbeeren, Stachelbeeren, Erdbeeren und Brombeeren. Sie werden sowohl zu Tischweinen als auch zu → Likörweinen verarbeitet. Beim Pressen schwarzer Johannisbeeren muß die Maische erwärmt werden, um ein Gelieren zu vermeiden. Die Trester werden teils mit Wasser aufgeschwemmt und erneut abgepreßt. Der Säuregehalt des Mostes sollte 8 - 10 g/l nicht übersteigen, jedoch 6 g/l nicht unterschreiten. Zur Beseitigung schleimiger Pektinstoffe, insbesondere bei Erdbeeren, werden der Maische → pektolytische Enzyme zugesetzt, die das Pressen und die spätere Filtration erleichtern. Stickstoffarme Säfte, wie Heidelbeer- und Preiselbeersäfte werden mit Ammoniumphosphat oder -sulfat angereichert. Die Gärung muß durch → Schwefeln gesteuert werden. Die weitere Verarbeitung erfolgt im wesentlichen wie bei der → Weißweinherstellung.

Becherwerk

ist ein Stetigförderer und dient zum Fördern von Gütern in vertikaler Richtung. Es besteht aus senkrecht angeordneten Rädern, über die eine Kette mit Bechern läuft (**Abb. 10**). B.'e finden z.B. bei der Obst- und Gemüseverarbeitung Anwendung.

Becquerel

(Bq) gibt die Zahl der atomaren Zerfälle pro Sekunde an. Die Aktivität eines Stoffes verringert sich mit der Zeit. Die Zeitdauer bis sie sich halbiert hat, nennt man die Halbwerts-

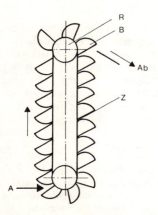

Bild 10. Prinzipdarstellung eines Becherwerkes. *A* Aufgabe, *Ab* Abgabe, *R* Antrieb- und Umlenkrad, *Z* Zugkette, *B* Becher

zeit. Die Angaben der Aktivität erfolgt für Lebensmittel in Bq/kg. Entscheidend für die Schädlichkeit ist die Energiedosis. Sie wird in Gray (Gy) ausgedrückt.

BEFFE

ist das bindegewebseiweißfreie Fleischeiweiß, das bei Fleisch und Fleischerzeugnissen ein Maß für den Gehalt an bindegewebs- und fettfreiem Muskelfleisch und damit ein Qualitätskriterium darstellt. Es berechnet sich nach:

BEFFE (%) = Fleischeiweiß (%) · Bindegewebseiweiß (%)

Bei der Herstellung von Fleischerzeugnissen werden für die Einhaltung vorgegebener BEFFE-Werte differenzierte Empfehlungen für die Materialauswahl gegeben.

Beifuß

(*Artemisia vulgaris L.*) ist ein Gewürz, dessen hauptsächliche Inhaltsstoffe ätherisches Öl mit Cineol, Thujon, Pinen sowie Bitterstoffe sind.

Beize

ist die Bezeichnung für eine Marinade zum Einlegen von Fleisch z.B. bei Sauerbraten oder Wild. Sie enthält → Essig, Wein oder Buttermilch mit Gewürzen.

Belebtschlammverfahren

ist ein Verfahren der aeroben Abwasserreinigung. Dabei bilden die Abbauprodukte mit den Mikroorganismen schleimige Flocken, an denen die Abwasserinhaltsstoffe adsorbieren (→ Adsorption) und durch den Stoffwechsel der Mikroorganismen abgebaut werden. Beim B. werden zunächst sedimentierbare Verunreinigungen im *Vorklärbecken* abgeschieden. Die eigentliche biologische Reinigung findet im *Belüftungsbecken* statt. Durch Druckdüsen wird Luft in das Abwasser eingeblasen oder Käfig- bzw. Bürstenwalzen schlagen Luft von der Oberfläche in das Wasser ein und ein Absetzen der Flocken wird verhindert. Der Sauerstoffgehalt sollte im Belüftungsbecken mind. 1 - 4 mg/l betragen. Im *Nachklärbecken* setzen sich die Flocken als Bodenschlamm innerhalb 2 - 4 h ab. Der größte Teil des belebten Schlammes wird wieder in das Belüftungsbecken zurückgeführt. Der durch das Mikroorganismenwachstum entstehende Überschußschlamm muß beseitigt werden. Das Verhältnis von Überschußschlamm zu Rücklaufschlamm sollte etwa 1 : 10 betragen.

Beluga

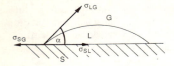

Bild 11. Benetzungsgleichgewicht

Beluga
→ Kaviar

Benetzung
ist das Ausbreiten von Flüssigkeiten auf Oberflächen unter Vergrößerung der Grenzfläche Flüssigkeit – Gas. Sie beruht auf der Anziehungskraft zwischen den Molekülen der festen Grenzfläche und denen der Flüssigkeit. Der Benetzungseffekt wird durch den Randwinkel charakterisiert (**Abb. 11**). Es gilt:

$$\sigma_{SG} = \sigma_{SL} + \sigma_{LG} \cdot \cos\alpha$$

(für: L liquid, G gasförmig, S solid)

Ist $\alpha < 90°$, so breitet sich die Flüssigkeit auf dem Festkörper aus (z.B. Alkohol, Öl,...); ist $\alpha > 90°$, so findet keine B. statt.

Bentonit-Schönung
ist eine Methode der → Schönung und beruht auf der adsorptiven Entfernung von Eiweißstoffen. Bentonite sind Stoffe aus Ton, Erde und Aluminiumsilikat mit hoher Adsorptionsfähigkeit.

Benzoate
sind die Salze der → Benzoesäure.

Benzoesäure
ist ein → Konservierungsstoff der Zusatzstoffverkehrsordnung.

Bergkäse
ist ein → Hartkäse der Vollfettstufe in runder Laibform. In der Herstellung ist er dem → Emmentaler ähnlich, jedoch ohne oder mit geringer Lochung. Das Laibgewicht beträgt etwa 50 - 60 kg. → Käse, → Labkäseherstellung.

Berieselungspasteurisation
wird teilweise in der Getränke- und obst- und gemüseverarbeitenden Industrie angewendet. Dazu erfolgt die Abfüllung bei Raumtemperatur und die Behältnisse, meist Flaschen, werden durch Berieselung mit Heißwasser auf Pasteurisationstemperatur gebracht. Die Apparate können als kontinuierlich arbeitende → Tunnelpasteurisationsanlagen oder als dis-

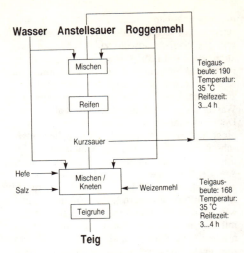

Bild 12. Schema einer Berliner Kurzsauerführung

kontinuierliche arbeitende Kammern gestaltet sein.

Berliner Kurzsauerführung
ist eine einstufige Sauerteigführung mit einer Reifezeit von nur 3 - 4 h, bei der die Gärleistung bewußt vernachlässigt und eine rasche Säurebildung erzielt wird. Der Saueranteil soll 50 - 70% der Roggenmehlmenge betragen. Als → Anstellsauer werden 20% der Sauerteigmehlmenge eingesetzt. In **Abb. 12** ist das Schema einer B.K. zur Herstellung eines Roggenmischbrotes dargestellt.

Berliner Weiße
sind in Mischgärung mit Hefen und Milchsäurebakterien aus Gersten- und Weizenmalz gebraute, schwach säuerliche Schankbiere mit einem → Stammwürzegehalt von 7,5%. B.W. wird häufig in Flaschengärung hergestellt. Wegen ihres milchsauren Geschmackes wird sie meist „mit Schuß" (Waldmeister- oder Himbeersirup) getrunken. → Biersorten, → Bierherstellung.

Betanin
(Beerenrot) ist ein Lebensmittelfarbstoff der Zusatzstoffverkehrsordnung. B. ist der hitzeempfindliche aus Rote Bete (*Beta vulgaris var. conditiva Alef.*) gewonnene Farbstoff. In reiner Form ist die Kenntlichmachung als „Farbstoff" erforderlich. Rote Bete-Pulver oder Extrakt gelten als „färbende Lebensmittel".

22

Betastrahlung
β-Strahlung, ist eine Korpuskularstrahlung, die beim radioaktiven Zerfall auftritt. Sie dringt je nach Energiedichte in Stoffe ein und wirkt ionisierend.

Betäubungsverfahren
Unter Betäuben versteht man die Ausschaltung bestimmter Gehirnzentren von Schlachttieren, die diese für weitere Eingriffe schmerzunempfindlich und bewegungslos machen. Es gibt unterschiedliche B., wie in **Abb. 13** dargestellt.

Betäubungszange
ist ein Gerät zur elektrischen Betäubung von Schweinen, Schafen, Ziegen, Kälbern und Rindern. Sie bewirkt einen epileptischen Anfall. Der Betäubungseffekt ist abhängig von der angewendeten Stromspannung, der Dauer der Einwirkung auf das Tier und dem Sitz der Elektroden (→ Betäubungsverfahren).

Biegefestigkeitsprüfgerät
→ Mechanische Prüfverfahren.

Bier
ist eines der ältesten alkoholischen Getränke, das auf der Grundlage von Malz, Hopfen und Wasser mit Hefe vergoren wird. Die Herstellung von B. erfolgt in Deutschland nach den Bestimmungen des Biersteuergesetzes, das auf Erlässe der bayerischen Herzöge Albrecht IV. (1487) und Wilhelm IV. (1516) zurückgeht (sog. → Reinheitsgebot). Man unterscheidet → Biergattungen (nach dem → Stammwürzegehalt), Biersorten und Bierarten (→ Untergärige Biere, → Obergärige Biere).

Biergattungen
Biere werden nach dem Stammwürzegehalt sowie nach der Einteilung und Begrenzung durch das Biersteuergesetz in die B.: Einfachbier 2,0 - 5,5, Schankbier 7 - 8, Vollbier 11 - 14 und Starkbier 16 und mehr (Angaben in % Stammwürzegehalt) unterschieden.

Bierherstellung
Der Verfahrensablauf der B. ist in **Abb. 14** dargestellt. Er beginnt mit dem Schroten des Malzes, wobei Spelzen möglichst zur Verbes-

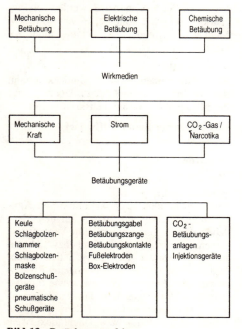

Bild 13. Betäubungsverfahren

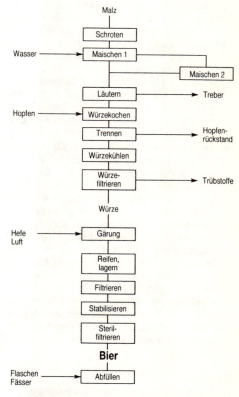

Bild 14. Verfahrensablauf der Bierherstellung

serung des späteren Läuterns erhalten bleiben sollten. Das Vermahlen kann trocken oder naß erfolgen. Beim Maischen wird Malzschrot mit Wasser zusammengebracht. Dabei erfolgt durch die α- und β-Amylasen die Stärkespaltung und es entstehen neben → Dextrinen vor allem Maltose. Man unterscheidet das → Dekoktions- und → Infusionsmaischeverfahren. In der Regel wird ein Zweimaischeverfahren zur B. angewendet. Wesentlich ist das Erreichen der Stärkeverzuckerungstemperatur von 72 - 74°C. Anschließend erfolgt die Trennung der Maischebestandteile in Würze und Treber im → Läuterbottich. Die frei ablaufende Würze wird als „Vorderwürze", die durch weitere Extraktion der Treber mit heißem Wasser gewonnene Flüssigkeit als „Nachgüsse" bezeichnet. Bei der Extraktion wird die aufgeschwemmte Maische durch den im Läuterbottich befindlichen Anschwänzapparat aufgelockert. Das Kochen der Würze erfolgt in der → Würzepfanne unter Zugabe von Hopfen mit dem Ziel der Konzentrierung, der Lösung von Hopfeninhaltsstoffen, der Inaktivierung von Enzymen, der Bildung von reduzierenden Substanzen und der Sterilisation. Bei Verwendung von Doldenhopfen werden die Dolden mit einem Hopfenseiher entfernt. Trubstoffe und Hopfenpulver lassen sich in einer Art → Hydrozyklon („Whirlpool") abtrennen. Die im Plattenkühler auf 4 - 6°C bei Untergärung bzw. 13 - 15°C bei Obergärung gekühlte Würze gelangt in den Gärtank und wird mit Hefe beimpft sowie zur Vermehrung der Hefe mit steriler Luft begast. Die Gärung wird in Hauptgärung (etwa 7 d), bei der der größte Teil der vergärbaren Stoffe umgewandelt wird, und Nachgärung (Lagerung, Reifung), die bei tiefen Temperaturen von + 3 bis - 2°C und unter Druck bei gleichzeitiger Reifung und CO_2-Anreicherung über mehrere Wochen (4 - 12 Wochen je nach Biertyp), unterteilt. Bei modernen Gär- und Reifungsverfahren wird bereits die Hauptgärung unter Druck durchgeführt. Zur Klärung werden die Biere zentrifugiert und/oder filtriert. Als Filtermittel kommen Kieselgur oder Schichten in Betracht. Die B. schließt mit dem Sterilfiltrieren und der Zwischenlagerung des Bieres in Drucktanks bis zum Abfüllen ab.

Bierkäse
ist ein in Oberbayern und Tirol bereiteter → Weißlacker Käse.

Biersorten
werden nach bestimmten geschmacklichen, technologischen und rohstoffbedingten Merkmalen definiert. Auf dem deutschen Markt allgemein verbreitete B. sind: → Pilsbiere (Pilsner), → Märzenbiere, → Starkbiere, → Exportbiere, → Lagerbiere, → Weizenbiere, → Altbiere, → Kölsch, → Malzbiere, → Leichtbiere, → Diätbiere, → „Berliner Weiße".

Bifidobacterium bifidum
ist ein grampositives, anaerobes, Katalasepositives, nicht säurefestes Milchsäurebakterium, das Essigsäure und L-(+)-Milchsäure bildet.

Bimetall
ist ein aus zwei verschiedenen Metallen oder Legierungen bestehender Verbundwerkstoff, der sich aufgrund unterschiedlicher thermischer Ausdehnungskoeffizienten der beiden Metalle bei Erwärmung krümmt. Die Auslenkung des freien Endes des B.'s wird als Maß für die Temperaturänderung herangezogen. Thermometer, die auf diesem Prinzip beruhen, nennt man Bimetallthermometer.

Bindemittel
bezeichnet man Stoffe, die zum → Mischen, Strukturbilden oder Andicken von Flüssigkeiten verwendet werden. Als B. werden Polysaccharide, → Hydrokolloide, Eiweißstoffe, → Mehl u.a. verwendet. → Dickungsmittel, → Geliermittel.

Binghamzahl
Bi ist eine dimensionslose Ähnlichkeitszahl, die das Verhältnis von Kraft zur Überwindung der Fließgrenze zu Zähigkeitskraft angibt.

Biochemischer Sauerstoffbedarf
→ BSB_5.

Biogarde
→ Bioghurt.

biogene Amine
entstehen durch Decarboxylierung von Aminosäuren. Sie können toxisch auf den Menschen wirken und werden beim Verderb von Lebensmitteln als Stoffwechsel- bzw. Abbauprodukte gebildet. Besonders aktive Aminbildner sind: → *Enterobacteriaceae, Pseudomonas spp., Enterococcus spp.* sowie *Bacillus spp.* und *Clostridium spp.*. Die Oxidation erfolgt vorwiegend in Darm, Leber, Niere und Lunge durch Mono- bzw. Diaminooxidasen, wodurch die biogenen A. entgiftet werden. Bei

Überdosen (> 100 mg) kommt es zur Resorption und als Folge zur Erkrankung, wie Erbrechen, Kopfschmerz, Kreislaufsymtome u.ä. Biogene A. kommen auch in fermentierten pflanzlichen und tierischen Lebensmitteln, jedoch meist in geringen Mengen, vor.

Bioghurt
oder Biogarde sind joghurtähnliche Erzeugnisse, bei denen *Lactobacillus delbrueckii subsp. bulgaricus* durch *L. acidophilus* ersetzt ist und teilweise noch *Bifidobacterium bifidum* enthält. Durch die Verwendung von *L. acidophilus* (DL-Milchsäure bildend) und *B. bifidum* (L(+)-Milchsäure bildend) erhöht sich der Anteil der leichter resorbierbaren L(+)-Milchsäure in den Produkten an der Gesamtsäure, da *L. bulgaricus* nur D(-)-Milchsäure bilden kann.

Biokatalysatoren
sind Stoffe, die biochemische Reaktionen bewirken und steuern (katalysieren). B. sind: → Enzyme, Hormone, → Vitamine. In der → Biotechnologie werden Mikroorganismen, pflanzliche und tierische Zellen, die für Fermentationsprozesse genutzt werden, ebenfalls als B. bezeichnet.

biologische Strahlenwirkung
charakterisiert die Wirkung ionisierender Strahlung auf biologische Objekte, wie → Enzyme, Mikroorganismen, Zellkulturen, Pflanzen, Tieren und Mensch. Die b.S. verläuft über mehrere Stufen. Am wichtigsten ist die Ionisation. Da das Verhältnis der über Anregung zu der über Ionisation abgegebenen Strahlungsenergie in biologischen Medien annähernd übereinstimmt, ist die je Masseneinheit absorbierte Strahlungsenergie (Dosis) ein physikalisches Maß für die zu erwartende biologische Wirkung.

biologische Wertigkeit
gibt an, wieviel Gramm Körpereiweiß aus 100 g Nahrungseiweiß aufgebaut werden können.

Biosorption
bezeichnet die → Adsorption, bei der das Adsorptionsmittel biologisches Material, wie z.B. Biomasse, ist.

Biotechnologie
ist die Wissenschaftsdisziplin, die sich mit der Stoffumwandlung auf der Grundlage biologischer Systeme im technischen Maßstab beschäftigt. Als biologische Systeme kommen

Mikroorganismen, Zellkulturen und Enzyme in Betracht.

Biotransformation
ist die gezielte chemische Umwandlung von Stoffen durch Mikroorganismen. Als → Biokatalysatoren können sowohl die lebenden Mikroorganismen als auch die aus ihnen isolierten aktiven Enzyme verwendet werden. Produktbeispiele der B. sind: Aminosäuren, Vitamine (Ascorbinsäure, Biotin), Carotinoide, Antibiotika (Streptomycin), Sterioide (Progesteron, Testosteron) u.a.

Biphenyl
(Diphenyl) ist ein → Konservierungsstoff der Zusatzstoffverkehrsordnung.

Biskuitmasse
ist eine Mischung aus → Getreidemahlerzeugnissen und/oder Stärke, Zuckerarten und Vollei, sowie ggf. Emulgatoren, jedoch ohne Fett. Der Volleianteil beträgt mindestens zwei Drittel des Anteils an Getreidemahlerzeugnissen/Stärke. B. ist eine aufgeschlagene Masse, d.h. sie wird physikalisch durch Lufteinschlag und chemisch gelockert. Die weichfließende Masse wird für → Feine Backwaren, wie z.B. Tortenböden, Löffelbiskuits verwendet.

Bitterliköre
→ Spirituosen.

Bixin
→ Carotinoide, → Farbstoff.

Blanchiereffekte
Die Eigenschaften pflanzlicher Gewebe hängen in hohem Maße von der strukturellen und chemischen Zusammensetzung der Zellwand und der intrazellulären Zwischenräume ab. Während des Erhitzungsprozesses beim → Blanchieren kommt es zu zahlreichen Veränderungen der Zelle, die als B. bezeichnet werden. Im Erhitzungsbereich kommt es zu irreversiblen Veränderungen in der Zellstruktur. Die Pektinsubstanzen werden aufgelöst und die Zelle wird abgetötet. Mit zunehmender Blanchierdauer nehmen die Veränderungen in der Zellwand zu und damit steigt die Permeabilität der zytoplasmatischen Membran. Dadurch kann Wasser in die Zelle eindringen und lösliche Substanzen wie Vitamine, Mineralstoffe und Zucker werden ausgewaschen. Chloro- und Chromoplasten schwellen aufgrund der Flüssigkeitsaufnahme an und zerplatzen. Carotine und Chlorophylle diffundieren in die Zelle, so daß Farbverändrun-

gen entstehen. Grüne Gemüse haben als Farbe primär Chlorophylle a (blaugrün) und b (gelbgrün) im Mengenverhältnis 3:1. Beide Farbstoffkomponenten enthalten als Zentralatom Magnesium, durch dessen Abspaltung die Chlorphylle in die Phäophytine a und b übergehen. Die Peroxidase zählt zu den hitzestabilen Enzymen im pflanzlichen Gewebe. Deshalb wird ihre Aktivität allgemein als Maß für die Effektivität des Blanchierprozesses herangezogen. Man geht davon aus, daß bei vollkommener Inaktivierung der Peroxidase alle anderen Enzymsysteme inaktiviert sind. Mit der Erhitzung kommt es zur partiellen Denaturierung der Proteine. Die in der Zelle vorhandene Stärke löst sich auf und geht in eine kolloidale Suspension über, die den zytoplasmatischen Raum ausfüllt.

Blanchieren
ist die Wärmebehandlung unverpackter pflanzlicher Rohstoffe vor ihrer Weiterverarbeitung, wenn hierbei die Temperatur im thermischen Mittelpunkt des zu blanchierenden Gutes auf mindestens 60°C ansteigt. Der → Blanchierprozeß spielt vor allem beim industriellen Tiefgefrieren von Gemüse eine wichtige Rolle und hat entscheidenden Einfluß auf die Qualität der Produkte. Das primäre Ziel des B.'s liegt in der Inaktivierung der Enzyme, die für Veränderungen der sensorischen Eigenschaften (Geschmacks- und Geruchsveränderungen) und des Nährwertes (Vitaminverlust) während der Lagerung verantwortlich sind. Der Grad der Inaktivierung hängt von der Art des Enzyms, der Art und Beschaffenheit des Gutes sowie von den Blanchierbedingungen ab. Mit dem B. sind gleichzeitig sekundäre Effekte verbunden. Es erfolgt eine partielle Entfernung von Mikroorganismen, Pestizidrückständen u.a. von der Oberfläche und teils eine Abtötung der an der Gemüseoberfläche haften bleibenden Mikroorganismen. Zudem wird durch das B. die Farbe von grünem Gemüse verstärkt und Gase, die → off-flavours verursachen, eliminiert. Durch das B. reduziert sich die Zubereitungszeit für den Verbraucher. Negative Effekte des B.'s stehen primär mit der Blanchierdauer im Zusammenhang.

Blanchierverfahren
werden vor allem beim industriellen Tiefgefrieren von Gemüse angewendet (→ Blanchieren, → Blanchiereffekte). Man unterscheidet das *Heißwasser-Blanchieren* und

das *Dampf-Blanchieren*. Beim Heißwasser-Blanchieren wird das Produkt 3-5 Minuten bei 85-100°C dem Blanchierwasser ausgesetzt. Dabei werden gleichzeitig Mikroorganismen und Pestizidrückstände von der Oberfläche entfernt. Der Nachteil des Heißwasser-Blanchierens besteht in dem möglichen Auswaschen löslicher Substanzen in das Blanchierwasser. Das Dampf-Blanchieren wird bei Temperaturen um oder etwas über 100°C durchgeführt. Die Auswascheffekte sind bei diesen Verfahren geringer als beim Heißwasser-Blanchieren. Beide Verfahren führen zu annähernd gleicher Lagerstabilität. Eine Verfahrensvariante ist das *Hitzeschock-Blanchieren,* bei dem das Gut für etwa 10-15 Sekunden bei Temperaturen über 100°C behandelt wird. Die Anwendung des stufenweisen Blanchierens wird vielfach diskutiert. Bei diesem Verfahren wird das Gut bei 70°C für 10-15 Minuten vorbehandelt und anschließend nach einer Kühlphase erneut auf 97°C kurzzeitig erhitzt. Als neueres Verfahren wird das *Mikrowellen-Blanchieren* vorgeschlagen. Es ist jedoch in der Literatur umstritten.

Blasensäule
ist ein kontinuierlich arbeitender → Reaktor, der technisch als → Reaktionskolonne ausgeführt ist. Die B. ist mit Flüssigkeit gefüllt, die von einem Gas durchströmt wird (**Abb. 15**).

Blätterteig
ist ein fester, aber geschmeidiger Grundteig ohne Triebmittel mit ca. 70% Marga-

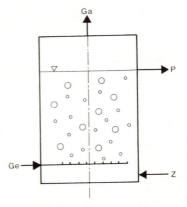

Bild 15. Blasensäule. *Z* Zulauf, *P* Produkt, *Ge* Gaseintritt, *Ga* Gasaustritt

rine/Butter bezogen auf Getreidemahlerzeugnisse/Stärke, der zur Herstellung von Feinen Backwaren mit süßem oder salzigem Geschmack verwendet wird. Die blättrige Struktur des fertigen Gebäckes wird durch wiederholtes Ausrollen und mehrfaches Zusammenfalten des Teiges (Tourieren) erzielt.

Blattgemüse
→ Gemüse.

Blattrührer
→ Rührer.

Blauer Frühburgunder
ist eine blaue Keltertraube, die Anfang September zur Reife kommt.

Blauer Limberger
ist eine rote Keltertraube, die farbtiefe eindrucksvolle Weine liefert. Anbau vorwiegend in Österreich (Blaufränkisch) und Württemberg.

Blauer Spätburgunder
ist eine Rotweinsorte, die mittelfrüh reift und kräftige, dunkle Weine liefert.

Blauschönung
ist eine Methode der → Schönung und dient vor allem dem Entfernen von Schwermetallionen aus Säften und Weinen aber auch von Eiweiß. Reaktionsmechanismus:

$$K_4(Fe^{II}(CN)_6) + Fe^{III} \rightarrow$$
$$KFe^{III}(Fe^{II}(CN)_6) + 3K^+,$$

lösliches Berlinerblau

$$3KFe^{III}(Fe^{II}(CN)_6) + 3Fe^{III} \rightarrow$$
$$Fe_4^{III}(Fe^{II}(CN)_6)_3 + 3K^+,$$

unlösliches Berlinerblau

$$K_4(\ldots) + 2Cu \rightarrow Cu_2(\ldots) + 4K^+,$$
$$K_4(\ldots) + 2Zn \rightarrow Zn_2(\ldots) + 4K^+,$$
$$K_4(\ldots) + Mn \rightarrow K_2Mn(\ldots) + 2K^+.$$

Als Nachteil der B. ist Überschönung anzusehen, da das toxische Blutlaugensalz K_4 (Fe^{II} $(CN)_6$) im Saft verbleibt. Heute ist die alternative Anwendung von Ionenaustauschharzen und die Biosorption im Gespräch.

Bleicherden
→ Fetthärtung, → Speiseölherstellung.

Bleichmittel
dienen der Entfernung unerwünschter Verfärbungen von Lebensmitteln oder beugen Verfär-

bungen vor. B. sind vor allem Wasserstoffperoxid und Chlor. Ihre Anwendung ist stark reklementiert.

Bleichung
(1) ist eine Prozeßstufe der → Rohölraffination, in der Farbstoffe, wie → Carotinoide, Schleimstoffe, Seifen, Metalle und Oxidationsprodukte aus dem Öl entfernt werden. Die B. erfolgt durch → Adsorption an natürliche oder aktivierte Bleicherden und/oder Aktivkohle (vorwiegend additiv bei Cocosöl). Das getrocknete Öl wird mit der Bleicherde vermischt und etwa 20 min. bei 90 - 130°C gehalten. Zur Oxidationsvermeidung erfolgt die Behandlung meist unter Vakuum. Apparativ werden zur diskontiunierlichen B. → Rührkessel oder zur kontinuierlichen B. → Rohrreaktoren bzw. Rührkesselkaskaden verwendet. Das Öl-Bleicherde-Gemisch wird anschließend mittels Filter, meist geschlossene Platten- oder Scheibenfilter, unter Luftausschluß getrennt. Der Bleicherderückstand kann mit Heißwasser oder Hexan extrahiert werden, so daß man einen nahezu ölfreien, trockenen Rückstand erhält.
(2) Produkte, wie Trockenobst, Weine können in gesetzlich max. festgelegten Anwendungsmengen mit schwefeliger Säure zur Aufhellung behandelt (gebleicht) werden.

BLL
Bund für Lebensmittelrecht und Lebensmittelkunde e.V.

Blockbeutel
ist ein genormter standfähiger Beutel (DIN 55 454) zum automatischen Abpacken von Lebensmitteln.

Blockmilch
ist eine unter Zusatz von Zucker bis zur Schnittfähigkeit eingedickte Milch (fettfreie Trockenmasse 28 - 30%, Saccharose 44 - 46%, Fett 12 - 14%), die früher zur Herstellung von → Milchschokolade und Milchüberzugsmassen verwendet wurde. Heute hat B. kaum noch Bedeutung.

Blockschokolade
ist → Schokolade einfacher Qualität vorgeschriebener Zusammensetzung, in Blöcken ausgeformt.

Bloomwert

ist ein Maß für die Gallertfestigkeit und wird mit dem Bloomgelometer gemessen. Er korreliert mit der Zunahme des Molekulargewichtes der Kollagenmoleküle. Die Werte sind: niederbloomig 50 - 100, mittelbloomig 100 - 200 und hochbloomig 200 - 300. Handelsübliche Speisegelatinen haben 90 - 260 Bloom.

Blut

ist die Zellen enthaltende Flüssigkeit in den Blutgefäßen und Organen. Es gerinnt außerhalb des Körpers durch → Agglomeration der Blutkörperchen mit Fibrin. Zur Gerinnungshemmung verwendet man Citrate oder bei Schweineblut entfernt man das Fibrin durch Rühren und verhindert so die Zusammenballung. Rinder liefern bei der Schlachtung etwa 12 - 15 l, Schweine etwa 2 - 3,5 l B. Als Rohstoff hat B. Bedeutung für die → Blutwurstherstellung, die Gewinnung von → Blutplasma und → Blutserum.

Bluteiweiß

ist die Sammelbezeichnung für die im → Blut enthaltenen Proteine (Albumine, Globuline und Fibrinogen). Es wird aufbereitet als → Blutplasma, → Blutserum oder Trockenblutplasma zur Herstellung von → Fleischerzeugnissen verwendet.

Blutengemüse

→ Gemüse.

Blütenhonig

→ Honig.

Blutgerinnung

ist der Vorgang der Umwandlung von Prothrombin in Thrombin durch Thrombokinase. Das Thrombin wandelt das lösliche Fibrinogen in unlösliches Fibrin um. Die B. wird durch Heparin gehemmt.

Blutplasma

ist eine gelbliche Flüssigkeit, die aus Blut durch Zusatz von gerinnungshemmenden Stoffen und durch Entfernen der zelligen Blutbestandteile durch Zentrifugieren gewonnen werden kann. Es kann durch Gefrieren oder Trocknen konserviert werden. Der Eiweißgehalt von B. liegt bei 7,5%, wovon ca. 55% Globuline und 45% Albumine sind. Der Zusatz von B. bei der Fleischverarbeitung soll Erhitzungsverluste reduzieren und eine glattere und glänzendere Schnittfläche sowie eine gute Gelbildung bei den Endprodukten erzeugen. Der Zusatz von Blutplasma ist in D bei der Herstellung von Fleischerzeugnissen in Mengen von 10% (bei Trockenblutplasma 2%), bezogen auf die verwendete Fleischmenge, deklarationsfrei zugelassen.

Blutserum

wird aus Blut durch Entfernung des Fibrinogens mittels Rühren und anschließendem Zentrifugieren gewonnen. Es hat einen Eiweißgehalt von 7,1%. B. darf bei der Fleischverarbeitung entsprechend dem → Blutplasma eingesetzt werden, ist aber aufgrund des ihm fehlenden Fibrinogens nicht so wirksam wie das Blutplasma.

Blutwurst

ist → Kochwurst mit unterschiedlich hohem Anteil an rohen, mit Antigerinnungsmittel versetzten oder defibrinisierten Blut. Zum Kaltverzehr bestimmte B.'e enthalten auch gekochte Schwarten, die der Wurst die Schnittfestigkeit verleihen. Die unterschiedlichen Qualitäten bei B. zeichnen sich durch die mitverarbeitete Menge und Art an Einlagen (mageres Schweinefleisch, Zunge, Grütze, Weißbrot, Speck) aus.

Blutwurstherstellung

Der Verfahrensablauf der B. ist in **Abb. 16** schematisch dargestellt. In der Regel wird für die B. als Ausgangsmaterial Schweineblut eingesetzt, das entweder frisch oder nach einer max. Lagerdauer von 3 - 4 Tagen bei 0 - 2°C verarbeitet wird. Die Farbausbildung der Blut-

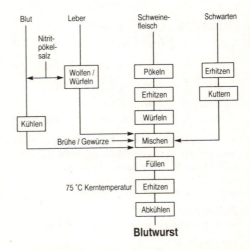

Bild 16. Verfahrensablauf der Blutwurstherstellung am Beispiel Thüringer Rotwurst

wurst ist von mehreren Faktoren abhängig. Enthält die Blutwurst mehr als 10% Blut, wird die Umrötung durch die Nitritpökelsalzzugabe nicht mehr gewährleistet und die Farbe wird dunkler. Zusätze zum → Blut, wie → Brühe, → Blutplasma, → GdL und → Citronensäure sind farbverbessernd, Milch, Innereien, Blattgewürze sind farbverschlechternd. Die Auswahl und Behandlung der Schwarten, sowie die Herstellung des Schwartenbreis sind entscheidend für das Schnittbild, die Schnittfestigkeit und die Konsistenz von Blutaufschnittwürsten. Der Schwartenbrei muß schnell verarbeitet werden, da er sich bei Erkaltung verfestigt. Als Beispiel wird die Zusammensetzung der Thüringer Rotwurst, wie folgt angegeben: 46% Schweinefleisch, 20% Schweinebacken, 6% Schweineleber, 22% Schwartenmasse, 6% Blut.

Bockbier
→ Starkbier.

Böckser
bezeichnet man Schwefelwasserstofffehler, die in Weinen oder Branntweinen auftreten können, wenn bei Vorhandensein von elementarem Schwefel in der Maische eine Reduktion durch die Hefen zu Schwefelwasserstoff erfolgt.

Bogensieb
ist ein Gerät, das zum → Trennen von festen Teilchen aus Flüssigkeiten oder Gasen oder zum → Klassieren von Teilchen unterschiedlicher Größe verwendet wird. Die Teilchen werden mit den Fluid gegen eine gekrümte Siebfläche gebracht und dabei in Abhängigkeit von der Siebporenweite getrennt.

Böhi-Verfahren
ist ein Verfahren, bei dem filtrierter, keimarmer Saft mit mehr als $14{,}6\,g\ CO_2\ l^{-1}$ gesättigt und bei Temperaturen unter $10°C$ gelagert wird. Die CO_2-Löslichkeit ist druck- und temperaturabhängig (**Abb. 17**). Die Säfte erhalten so eine begrenzte Haltbarkeit. Vor der Einlagerung sind die Tanks mit CO_2 möglichst luftleer zu machen.

Bohnenkraut
(*Satureja hortensis L.*) ist ein Gewürz, dessen hauptsächliche Inhaltsstoffe ätherisches Öl mit Carvacrol, Thymol, Gamma-Terpinen sowie Labiatensäure sind.

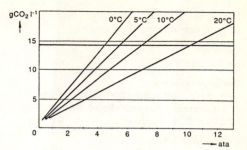

Bild 17. CO_2-Löslichkeit in Wasser in Abhängigkeit von Druck und Temperatur

Bombagen
sind Dosenkonserven, die aufgrund eines erhöhten Innendruckes Vorwölbungen im Dekkel- und Bodenbereich aufweisen. Man unterscheidet je nach Ursache zwischen bakteriellen, chemischen und physikalischen B. *Bakterielle B.* werden durch gasbildende Mikroorganismen hervorgerufen. Sie sind die Folge von unzureichender Erhitzung (Untersterilisation) oder Undichtigkeit der Dosen. Bei Nichteinhaltung der vorgegebenen Sterilisationsparameter (Steigzeit, Haltezeit und -temperatur, Kühlphase) überleben vor allem Sporen von sporenbildenden Mikroorganismen (*Chlostridium spp.*), die dann bevorzugt bei Temperaturen über $15°C$ wachsen. Diese Mikroorganismen zersetzen Eiweiß, dabei entstehen neben Kohlensäure auch Ammoniak, Schwefelwasserstoff und andere flüchtige und nichtflüchtige Schwefelverbindungen. Bei *chemischen B.* kommt es zur Gasbildung durch chemische Reaktionen, z.B. Bildung von Wasserstoff bei der Korrosion der Dosenwand (Wasserstoffbombagen), Bildung von Kohlensäure bei der Einwirkung von Essigsäure auf Knochen. *Physikalische B.* entstehen durch eine Volumenvermehrung des Inhaltes, z.B. durch zu kaltes Einfüllen der Füllgüter, die sich bei Erwärmung ausdehnen oder die beim Erhitzen entquellen. Bei Verformung der Dosen durch äußere Einwirkung, die eine Verkleinerung des Dosenvolumens hervorruft, entstehen Stauchungsbombagen. Temporäre Überdehnungsbombagen treten auf z.B. bei zu starker Verminderung des Außendruckes bei Dosen mit noch heißem Füllgut, bei zu viel Lufteinschluß oder beim Gefrieren des Doseninhaltes. Diese temporären Überdehnungsbombagen stellen sich als Scheinbombagen dar, da

Bonbons

Unterdruck aufgrund der infolge Überdehnung zu groß gewordenen Dose entsteht.

Bonbons
→ Karamellen.

Bordeaux-Sorten
sind Spitzenrotweinsorten. Cabernet-Sauvignon, Cabernet-franc und Merlot werden im gemischten Satz angebaut.

Bordeaux-Verfahren
auch Deutsches Verfahren, ist ein Verfahren zur → Senfherstellung.

Bordelaise
ist eine braune, würzige Soße aus Rotwein, konzentriertem Fleischsaft und Gewürzen.

Boretsch
auch Borretsch, Borgel, (*Borago officinalis L.*) ist ein Gewürz, dessen hauptsächliche Inhaltsstoffe Schleimpolysaccharide, Gerbstoffe, Saponine sind.

Botulismus
ist eine Vergiftung, die durch die Toxine von *Clostridium botulinum* hervorgerufen wird. *C. botulinum* ist ein sporenbildender obligat anaerobischer Mikroorganismus. Seine Toxine sind extrem stark wirkende Nervengifte, von denen etwa 1 μg tödlich auf den Menschen wirkt. B. kann durch kontaminierte Lebensmittel übertragen werden. Meist sind es unzureichend erhitzte Konserven.

Bouillon
ist ein → Fleischbrüherzeugnis, meist aus Rindfleisch. Andere Fleischsorten oder Fisch bedürfen der Angabe.

Brandmassen
sind → Massen aus Fett, kleberreichem Mehl und Wasser, teils mit Zucker und Salz, die mit mind. 20% Vollei vermischt und geröstet (umgangssprachlich „gekocht") werden. B. aus Fertigmehl werden in der Regel ohne Erhitzen zubereitet.

Branntweine
sind extraktfreie oder extraktarme → Spirituosen mit oder ohne Geschmackszutaten, die durch → Destillieren von alkoholhaltigen → Maischen gewonnen werden.

Brät
ist Fleisch, das unter Zusatz von Salz und Trinkwasser zerkleinert wurde (Magerbrät) oder die füllfertige Rohmasse bei der →

Brühwurstherstellung. Die Herstellung von B. erfolgt in → Kuttern.

Brätautomat
ist ein → Kutter zur kontinuierlichen Herstellung von Brät, die in zwei Stufen erfolgt. In der ersten Stufe wird das Rohmaterial gemischt und vorzerkleinert. Das erfolgt in der Regel in einem → Trichterkutter, der gegebenenfalls unter Vakuum zu betreiben ist. In der zweiten Stufe wird das Produkt in einem → Durchlaufkutter feinzerkleinert.

Braten
→ Garprozesse, thermische.

Bratfischwaren
sind Erzeugnisse aus verschiedenen vorbereiteten → Frischfischen, tiefgefrorenen Fischen oder → Fischteilen, gefrorenen → Fischen oder Fischteilen, die mit oder ohne Panierung durch → Braten, Backen, → Rösten oder → Grillen gar gemacht sind. B. werden auch mit und ohne pflanzliche Beigaben in Essigaufguß, Soßen oder Öl, teils unter Verwendung von → Konservierungsstoffen eingelegt. B. sind z.B. Brathering, Bratrollmops und Aalbricken.

Bräunung, enzymatische
wird zum Teil gezielt zur Erzeugung bestimmter Aromastoffe, wie bei → Tee, → Kakao und Tabak herbeigeführt. Meist tritt sie jedoch als unerwünschte Farbreaktion auf, die auch mit Fehlgeschmack und -geruch einhergeht. Sie wird durch → *Oxidasen* herbeigeführt. Es sind die Enzyme *Polyphenoloxidase* und *Phenolase*, die Cu^{2+} als prosthetische Gruppe haben und Sauerstoff als Substrat benötigen. Als Reaktionsprodukte entstehen *Melanine*. Zur Vermeidung der enzymatischen B. kommen in Betracht: Schutzgas (N$_2$; CO$_2$), Verschiebung des pH-Wertes außerhalb des Reaktionsoptimums, Hitzedenaturierung des Enzyms und die Zugabe von → Citronensäure, die eine Komplexbildung mit Cu^{2+} bewirkt und Zugabe von → Ascorbinsäure, die *Polyphenoloxidase* inhibiert.

Braugerste
→ Malz.

Braumalze
→ Malz.

Braune Bitterfäule
(*Gloeosporium*-Fäule), verursacht durch *Gloeosporium album*, infiziert die Früchte bereits

Tabelle 1. Typische Brauwässer

Brauwasser	Eigenschaften	Anwendung
Münchner Wasser	mittelhart	dunkle Biere
Pilsner Wasser	sehr weich	hopfenstarke Biere
Dortmunder Wasser	hoher Mineralgehalt	dunkle Biere, lang gelagert

vor der Ernte und bewirkt einen bitteren Geschmack. Die Braune B. tritt vorwiegend bei Kernobst auf.

Braunfäule
→ Monilia-Fäule.

Brausen
werden, abweichend von → Fruchtsaftgetränken und → Limonaden, unter Verwendung von → Essenzen mit naturidentischen oder künstlichen → Aromastoffen, → Farbstoffen sowie teilweise oder ganz mit den für Limonaden und Fruchtsaftgetränke üblichen Zutaten hergestellt.

Brausepulver
→ Limonadenpulver.

Brauwasser
trägt entscheidend zur Bierqualität bei. Häufig wird → Quellwasser verwendet. Typische Brauwässer und ihre Eigenschaften enthält **Tab. 1**.

Brauweizen
ist ein eiweißarmer *Aestivum*-Weizen, der zur → Bierherstellung spezieller → Biersorten (Weiß- und Weizenbier) verwendet wird.

Brecher
sind → Zerkleinerungsmaschinen, bei denen das Mahlgut durch Druck- und Schubkräfte in einem Brechraum, der sich periodisch schließt und öffnet, beansprucht wird. Man unterscheidet Backen-, Walzen-, Kegel- und Hammerbrecher. Lebensmitteltechnologisch haben B. beispielsweise bei der Vorzerkleinerung von → Kakaopreßkuchen eine Bedeutung.

Brechwein
→ Arzneiwein.

Brennblasen
sind ein Teil der Destillationsanlage in der Brennerei, der die zu destillierende Maische aufnimmt. Sie bestehen meist aus Kupfer, teils auch aus Edelstahl. Die katalytischen Eigenschaften des Kupfers wirken sich aromaverbessernd auf die Brennereiprodukte aus. Die Beheizung der B. erfolgt durch direkte

Beheizung (kaum noch angewendet, wegen ungleichmäßiger Wärmezufuhr) oder Wasserbadbrenngeräte (indirekte Beheizung durch Dampf). → Brenngeräte.

Brennen
(1) Prozeß des Nachwärmens bei gleichzeitiger langsamer Umwälzung des Bruch-Molke-Gemisches. Die Brenntemperaturen liegen für Schnittkäse bei 35 - 39°C und für Hartkäse bei 48 - 55°C. Bei den italienischen Käsesorten Provolone und Mozzarella wird der Bruch mit Heißwasser von 60 - 70°C behandelt.
(2) Prozeß der → Destillation vergorener Maischen oder Moste, mit dem Ziel der möglichst vollständigen Alkoholgewinnung bei gleichzeitiger Überführung flüchtiger wertgebender Aromastoffe.

Brenngerät
ist ein → Apparat zum → Destillieren bei der Herstellung von Brennereiprodukten. Es besteht in der klassischen Ausführung aus: → Brennblase, Helm bzw. Verstärker, → Geistrohr und Kühler (**Abb. 18**). Die mit dieser Apparatur erreichbaren Alkoholkonzentrationen sind gering, so daß ein zweites Mal destilliert werden muß. Moderne B.'e nutzen ein

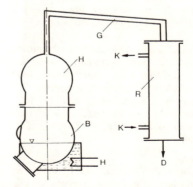

Bild 18. Schematische Darstellung eines Brenngerätes. *B* Brennblase, *G* Geistrohr, *R* Röhrenkühler, *K* Kühlwasserkreislauf, *D* Destillat, *H* Heizung

Rektifikationsteil anstelle des Helms. mit 2 bis 3 Glockenböden (→ Glockenbodenkolonne), die mit einem → Dephlegmator zur partiellen Ethanolkondensation (→ Kondensieren) kombiniert sind.

Brennwert, physiologischer
gibt die bei der Verbrennung von Nährstoffen im Organismus freiwerdende Energiemenge an. Laut Diät-VO gelten folgende Berechnungsfaktoren für 1 g verdauliche Stoffe in kJ: Fett 38, Eiweiß 17, Kohlenhydrate, Sorbit, Xilit sowie Glycerin 17, Ehtanol 30 und organische Säure 13.

Brettanomyces
ist eine Gattung der imperfekten Hefen mit nur wenigen Species. B. kommt in Mosten und → Bier vor, wird gezielt in der Nachgärung von Deutschem Porter genutzt.

Brie
→ Weichkäse, → Labkäse.

Brillantsäuregrün
ist ein Lebensmittelfarbstoff der Zusatzstoffverkehrsordnung. → Farbstoffe.

Brillantschwarz BN
ist ein Lebensmittelfarbstoff der Zusatzstoffverkehrsordnung. → Farbstoffe.

Broken
ist ein Fachausdruck bei der Herstellung von → Tee, sowohl beim orthodoxen als auch beim → CTC-Verfahren und bedeutet soviel wie „gebrochenes" Teeblatt.

Brot
ist eine ganz oder teilweise aus → Getreide und/oder Getreideerzeugnissen in gemahlener und/oder geschroteter Form (→ Getreidemahlerzeugnisse) unter Verwendung von Wasser, gegebenenfalls → Backmitteln und → Teiglockerungsmitteln nach Teigbereitung, Formen und Backen, hergestellte Backware. Nach der äußeren Form unterscheidet man: → angeschobenes Brot, freigeschobenes Brot und Kastenbrot. Einzelheiten sind im Brotgesetz festgelegt. → Weizenteig, → Weizenhefegebäck, → Sauerteig, → Backwaren, → Brotsorten.

Brotaroma
kennzeichnet die Geruchs- und Geschmacksstoffe von Brot, die bei Weizenbrot vorwiegend durch die → Teigführung und den Backprozeß, bei Roggenbrot durch die → Sauerteigführung geprägt werden.

Brotfehler
sind Abweichungen von vorgeschriebenen Qualitätskriterien des Brotes. Sie können bedingt sein durch: Mehl-, Säuerungs-, Teigbereitungs-, Wirk-, Gär- und Backfehler. Die Fehler beziehen sich auf die Brotform (zu rund, zu flach), Kruste (Risse, Süßblasen) und die Krume (ungleiche Porung, feuchte Krume, Wasserring, Wasserstreifen, Trockenrisse, dichte Porung, Hohlräume).

Brotfrischhaltemittel
Um die → Alterung des Brotes zu verzögern, können B. eingesetzt werden. Im wesentlichen sind das Quellstoffe (→ Backmittel), fettähnliche Stoffe mit emulgierender Wirkung (z.B. Monoglyceride), → Pentosane. Die Frischhaltung wird auch bei Verwendung dunklerer Weizenmehle durch ihren höheren Pentosananteil begünstigt. Wegen ihrer guten Quelleigenschaften können auch vorgequollenes Restbrot, Quark- und Sauermilchprodukte als B. verwendet werden.

Brotgetreide
sind Getreidearten, die zur Broterstellung verwendet werden. → Getreide.

Broterstellung
Prinzipiell unterscheidet man die Herstellung von Broten mit ungesäuerten und gesäuerten Teigen. Die grundlegenden Prozeßeinheiten bei der B. sind: Teigbereitung (→ Mischen, → Kneten, → Teiglockerung, → Teigsäuerungsmittel, → Backmittel), Gärung (→ Weizenhefegebäck, → Sauerteig, → Sauerteigführung), → Teigruhe, Teigteilung, → Wirken, Formen, → Backen (→ Backöfen) und Nachbehandlung.

Brotsorten
beinhalten Gattungsbezeichnungen für typische Brotqualitäten. Die Hauptsorten sind Weizenbrot, Weizenmischbrot, Roggenbrot, Roggenmischbrot, Spezialbrote, Vollkornbrot, Schrotbrot, Knäckebrot, Toastbrot, Pumpernickel. Ferner sind geographische Angaben üblich, die jedoch nicht zwingend als Herkunftsbezeichnung gelten (z.B. Berliner Landbrot, Bayerisches Hausbrot, Münsterländer Schwarzbrot).

Bruch
nennt man das Käsekoagulat, das bei der Dicklegung der Milch durch → Gerinnungsenzyme und → Milchsäurebakterien als eine → Prozeßeinheit der → Labkäseherstellung bzw.

→ Sauermilchquarkherstellung, und anschließendem → Bruchschneiden entsteht. Durch das Bruchschneiden, dem Ablassen der → Molke und ggf. Nachwärmen des Koagulates (→ Brennen) entstehen Bruchkörner, die sich in ihrer Konsistenz langsam verfestigen.

Bruchbearbeitung
umfaßt mehrere → Prozeßeinheiten der → Labkäseherstellung und → Sauermilchquarkherstellung. Dazu gehören: → Bruchschneiden, ggf. Nachwärmen des → Bruches und Molkeabzug.

Brucheier
sind Eier mit gesprungener Schale und gerissener Eihaut, jedoch ohne Austritt von Eiklar. Sie sind wegen ihrer mikrobiellen Anfälligkeit nicht lagerfähig, jedoch zur sofortigen Verwendung nach thermischer Behandlung (→ Kochen, → Backen, → Braten) geeignet.

Bruchkörner
→ Bruch, → Bruchschneiden.

Bruchsalzen
wird teilweise bei einigen Schnitt- und Hartkäsesorten durchgeführt. Dabei wird dem Bruch direkt Kochsalz oder eine Salzlösung unmittelbar vor dem Schöpfen beigegeben. Dadurch soll der Molkenaustritt beschleunigt, unerwünschte Mikroorganismen gehemmt und eine gleichmäßige Salzdurchdringung erreicht werden.

Bruchschneiden
ist eine Prozeßstufe der → Labkäseherstellung, die nach der Koagulation der Milch zur besseren Entmolkung des Caseingeles erforderlich wird. Das B. beginnt unmittelbar nach der Dicklegung und wird durch besondere Schneidwerkzeuge manuell oder maschinell durchgeführt. Das Milchkoagulat wird würfelförmig in 10 - 30 mm große Teilchen bei Weichkäse und 1 - 4 mm große Teilchen bei Hartkäse geschnitten. Bei → Schichtkäse wird nur grob in etwa 100 mm große Teile geschnitten. Das B. erfolgt manuell durch Bruchmesser, Käsesäbel oder Harfe und maschinell durch den Schneidrahmen in der → Käsewanne oder dem → Käsefertiger.

Brucella
ist ein Gattung gramnegativer, aerober, unbeweglicher, Katalase-positiver, nicht sporenbildender kurzer Stäbchen. Verursacher der Brucellosen, eine Fiebererkrankung.

Brucella abortus
ist ein Species der Gattung → *Brucella* mit hohem Sauerstoffbedarf. Bewirkt beim Rind seuchenhaftes Verkalben. Die Übertragung auf den Menschen verursacht Brucellose, eine Fiebererkrankung.

Brucella melitensis
ist eine Species der Gattung → *Brucella*. Verursacht bei Ziege und Schaf seuchenhaftes Verwerfen. Die Übertragung auf den Menschen bewirkt Brucellose, eine Fiebererkrankung.

Brucella suis
ist eine Species der Gattung → *Brucella*. Verursacht beim Schwein seuchenhaftes Verwerfen. Die Übertragung auf den Menschen bewirkt Brucellose, eine Fiebererkrankung.

Brühe
ist der Extrakt, den man durch Auskochen der namengebenden Lebensmittel mit Wasser erhält (z.B. Fleischbrühe, Hühnerbrühe, Gemüsebrühe).

Brüherzeugnisse
sind industriell hergestellte Produkte auf der Basis von → Proteinhydrolysaten mit Zusätzen von → Gewürzen, Kräutern u.a. in Pulver-, Granulat-, Pasten- oder Würfelform. → Würzen.

Brühwurst
ist ein Fleischerzeugnis, das aus rohem Fleisch, Fettgewebe und Trinkwasser (meist in Form von Eis) unter Verwendung verschiedener Zusätze, wie Gewürze u.a., hergestellt wird (→ Brühwurstherstellung). Dabei wird durch eine mehr oder weniger intensive Zerkleinerung das Muskeleiweiß in eine gelöste bzw. gequollene Form überführt. Dieser Vorgang ist für die Strukturbildung, die Wasserbindung und die Fettemulgierung der Wurst wichtig. Die Struktur der B. ist ein komplexes Mehrphasensystem, das aus echten Lösungen, Gellösungen, Suspensionen, Emulsionen und Schäumen besteht und durch den Einsatz der Zusatzstoffe (z.B. Salze, Phosphate, Emulgatoren) stabilisiert wird. Unter den Fleischerzeugnissen haben die B.'e den höchsten Anteil am Pro-Kopf-Verbrauch (1986: 25%). Die verschiedenen B.-Sorten unterscheiden sich hinsichtlich der Fleischauswahl, dem Grad der Zerkleinerung, der Art und Weise der Wasserzufuhr und der Weiterbehandlung, z.B. durch Pökeln oder Räuchern. Eine Einteilung der

Brühwursthalbfabrikate

Tabelle 2. Beispiele für Brühwurst

Gruppe	Erzeugnis
Brühwürstchen	Frankfurter, Weißwurst, Bratwurst
Brühwurst fein gekuttert	Lyoner, Fleischwurst, Fleischkäse
grobe Brühwurst	Bierwurst, Jagdwurst
Brühwurst mit Einlagen	Bierschinken, Pasteten, Zungenwurst

Bild 19. Verfahrensablauf der Brühwurstherstellung

B. in verschiedene Gruppen und dazugehörige Erzeugnisse sind in der **Tab. 2** beispielhaft aufgeführt.

Brühwursthalbfabrikate

sind Erzeugnisse, hergestellt wie → Brühwurst, die roh in den Verkehr gebracht, aber vor dem Verzehr hitzebehandelt werden, so daß sie erst dabei schnittfest werden. B. unterliegen der Hackfleisch-VO.

Brühwurstherstellung

Der Verfahrensablauf der B. ist in **Abb. 19** schematisch dargestellt. Bei der B. wird Fleisch und Fettgewebe, das durch Wolfen vorzerkleinert wurde, im Kutter feinzerkleinert und mit Pökelstoff, Pökelhilfsstoffen, Gewürzen, Emulgatoren, Stabilisatoren und Eis gemischt. Das Brühwurstbrät kann nach drei verschiedenen Verfahren, die sich durch die Reihenfolge der Materialzugabe unterscheiden, gefertigt werden. Man unterscheidet das Magerbrätverfahren, das Fettbrätverfahren und das Gesamtbrätverfahren. Beim *Magerbrätverfahren* wird zuerst das Magerfleisch mit Salz, evtl. → Kutterhilfsmitteln und Eis gekuttert. Nach vollständiger Aufnahme des Eises wird das gewolfte Fettgewebe zugegeben. Fleisch und Fettgewebe werden beim *Fettbrätverfahren* getrennt gekuttert, danach wird das Magerbrät portionsweise dem cremig zerkleinerten Fettgewebe beigemengt. Beim *Gesamtbrätverfahren* wird das Rohmaterial mit allen Zutaten von Beginn an zusammen gekuttert. Das Einarbeiten von Luftsauerstoff beim Kuttervorgang bewirkt Geschmacks- und Farbmängel, sowie eine zu lockere oder weiche Konsistenz in der fertigen Brühwurst. Um diese Mängel zu vermeiden, führt man das Kutterverfahren bei niedrigem Luftdruck (→ Vakuumkutter, → Kutter) durch. Die dabei wiederum bestehende Möglichkeit einer zu starken Brätverdichtung wird durch Zuführung von Stickstoff beseitigt. Das fertige Brät wird in Därme oder Dosen unmittelbar nach dem Kuttern gefüllt. Längere Standzeiten des Brätes und der gefüllten Würste bei hohen Raumtemperaturen führen zu Mikroorganismenwachstum oder einer Beeinträchtigung der Bindung durch pH-Wert-Absenkung. Umrötete Brühwürste in Naturdärmen bzw. in nicht gefärbten Kunsthüllen werden vor dem Brühen geräuchert, das zur Härtung des Darmes, Haltbarkeitsverlängerung sowie zur Farb- und Geschmacksgebung beiträgt. Beim Brühvorgang sollte auf eine Kerntemperatur von mindestens 70°C erhitzt werden, um vorhandene vegetative Mikroorganismen weitgehend abzutöten. Nach dem Erhitzen erfolgt die rasche Abkühlung und die Lagerung bei Temperaturen von 2 - 4°C, wiederum um das Wachstum überlebender Mikroorganismen zu verhindern.

Brühwurstpastete

sind Brühwursterzeugnisse von Spitzenqualität, die namengebende Einlagen aus ausgewähltem Fleischmaterial sowie → Hartkäse, Champignons, Trüffeln, Oliven, Paprika u.a. enthalten.

Brunnenerfrischungsgetränke

sind → alkoholfreie Erfrischungsgetränke, die ausschließlich unter Verwendung von → Mineralwasser hergestellt wurden. B. müssen am Quellort abgefüllt werden.

Brut
Bezeichnung für → Schaumwein mit einem
Restzuckergehalt von < 15 g/l nach EG-
Norm.

BSB
Biologischer Sauerstoffbedarf.

BSB5
Der BSB5-Kennwert ist der biologische Sauerstoffbedarf bei der Abwasserreinigung. Er
gibt die Menge an Sauerstoff in mg O_2/l an,
die Mikroorganismen in einem sauerstoffhalti-
gen Abwasser von 20°C, das unvorbehandelt,
abgesetzt oder filtriert ist, beim Abbau von organischen Stoffen in 5 Tagen verbrauchen.

Bubud
→ Getreideprodukte, fermentierte.

Buchweizen
ist ein Knöterichgewächs. Seine dreieckigen
Körner werden für → Suppen und → Grützen
verwendet. Das Mehl des B.'s ist glutenfrei,
es hat als diätetisches Lebensmittel für die
Ernährung von Personen mit gluteninduzierten
Enteropathien (z.B. Zöliakie) besondere Bedeutung.

Bückling
ist heiß geräucherter, nicht ausgenommener
Hering mit Kopf.

Bündner Fleisch
eine Rohpökelwaren-Spezialität, ist ein →
Pökelfleischerzeugnis, das aus Rindfleisch,
speziell Teilstücken aus der Keule, der Ober-
schale, des Mittelschwanzstückes, der Rolle
oder der Runden Nuß hergestellt wird. Das
B.F. wird charakterisiert durch seine dunkel-
rote Pökelfarbe, den hefigen Geschmack und
die feste Konsistenz. Das Fleisch, bei dem Fett
und Bindegewebe sorgfältig von der Oberfläche entfernt wird, schneidet man in 2,5 -
3 kg schwere quaderförmige Stücke und reibt
diese mit einer Mischung aus Kochsalz, Salpeter, Zucker, gebrochenem Pfeffer, gequetsch-
tem Knoblauch und Lorbeerblättern ein. Die
Fleischstücke werden danach in Pökelbehälter
gelegt und mit der sich bildenden Eigenlake täglich begossen oder in größeren Zeit-
abständen umgepackt. Die Pökelzeit liegt zwischen 2 und 5 Wochen. Danach wird das
Salzwasser abgewaschen und es erfolgt die
Trocknung in Holzgestellen bei Temperaturen
von 8 - 12°C, bei einer relativen Luftfeuchte
von 70 - 75%. Zur Beschleunigung des Trocknungsprozesses wird periodisch gepreßt. Ein

sich während der Trocknung bildender Schim-
melbelag wird abgebürstet. Das B.F. ist ein
→ Trockenfleisch, seine traditionellen Her-
stellungsgebiete sind Graubünden (Schweiz)
und Veltin (Italien).

Buntfrüchte
ist der Oberbegriff für farbige Früchte, wie
Kirschen, Erdbeeren, Himbeeren, Johannisbeeren, Heidelbeeren und Brombeeren, und
die daraus hergestellten Halbfabrikate, die im
allgemeinen als → tiefgefrorene Lebensmittel
gehandelt werden.

Burgunder
→ Rebsorten.

Bürstenmaschine
→ Scheuermaschine.

Bürstenschälen
ist ein Prozeß zum → Schälen von vorwiegend Kartoffeln, Rüben und Gurken. Die
Schale und Verunreinigungen werden durch
rotierende Bürsten unter Verwendung von
Wasser mechanisch entfernt.

Butter
ist das aus → Milch, → Sahne oder Molkensahne hergestellte plastische Gemisch, aus
dem beim Erwärmen auf mind. 45°C überwiegend eine klare Milchfettschicht und im geringeren Maß eine Wasser- und Milchbestandteile enthaltende Schicht abgeschieden werden.
B. darf max. 16% Wasser, mind. 82% Fett,
sowie als → Zusatzstoffe Milchsäure, Kochsalz und β-Carotin, aber kein milchfremdes
Fett enthalten. Man unterscheidet die Butter-
sorten: Süßrahmbutter (pH-Wert $\geq$ 6,4), Sauerrahmbutter (mikrobiell gesäuert, pH-Wert
im Serum $\leq$ 5,1) und mildgesäuerte Butter (aus süßem Rahm, nachträglich mikrobiell gesäuert, pH-Wert im Serum $\leq$ 6,3). Für
Butter gelten die Qualitätseinteilungen: Deutsche Markenbutter, Deutsche Molkereibutter,
Butter und wertgeminderte Butter. Landbutter stammt ausschließlich aus Milcherzeuger-
betrieben.

Buttereisäurewecker
→ Säurewecker.

Butterfertiger
sind diskontinuierlich arbeitende → Butte-
rungsmaschinen.

Butterfett
→ Milchfette.

Butterherstellung

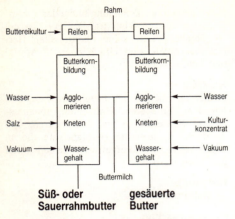

Bild 20. Verfahrensablauf der Butterherstellung

Butterherstellung

erfolgt nach verschiedenen → Butterungsverfahren. Sie beginnt mit der Rahmerhitzung auf 95 - 100°C für 5 - 10 min zur Vermeidung von Oxidationsfehlern in der Butter. Danach erfolgt die Weiterverarbeitung zu Süßrahm- oder Sauerrahmbutter. Der Verfahrensablauf ist in **Abb. 20** aufgezeigt. Eine wichtige Prozeßstufe ist die Rahmreifung. Dazu muß der Rahm für 3 - 20 h bei 8 - 18°C in Rahmtanks stehen. Dabei kommt es zur Erstarrung des Fettes in den Fettkügelchen. Zur Kristallisationssteuerung werden unterschiedliche Temperaturführungen angewendet: Warm-Kalt-Behandlung (15 - 19°C/7 - 10°C) für Sommerbutter, Kalt-Warm-Behandlung (5 - 8°C/15 - 19°C) und Kalt-Warm-Kalt-Behandlung (5 - 8°C/15 - 19°C/9 - 12°C) für Winterbutter. Bei der Sauerrahmbutter erfolgt während des Reifens eine pH-Wert-Absenkung auf 4,8 - 5,1. Zu niedrige pH-Werte können zu Butterfehlern führen. Während der 15 - 20 h dauernden Fermentation werden neben der Milchsäure noch andere wichtige aromagebende Stoffe gebildet. Buttereikulturen bestehen meist aus Mischungen verschiedener Bakterien der Species: *Lactococcus lactis subsp. lactis, L. lactis subsp. cremoris, L. lactis subsp. diacetylactis* sowie *Leuconostoc mesenteroides subsp. dextranicum* und *L. mesenteroides subsp. cremoris*. Die eigentliche → Butterung ist ein rein mechanischer Vorgang, bei dem die Fettkügelchen aufgeschlagen und zu Butterkörnern agglomeriert und schließlich zur Buttermasse geknetet werden.

Dabei sollen die Wassertröpfchen $< 1 - 3\ \mu m$ sein. Das Kneten unter Vakuum verbessert die Konsistenz der Butter. Abschließend wird der Wassergehalt auf etwas unter 16% eingestellt. Das bekannteste Verfahren zur Herstellung von gesäuerter Butter ist das NIZO-Verfahren. Dabei wird der Rahm wie bei Süßrahmbutter abgebuttert und unmittelbar nach dem Agglomerieren eine konzentrierte Säuerungsbutter eingeknetet. Der pH-Wert ist einstellbar und liegt bei $\leq 5{,}0$.

Butterkäse

ist ein halbfester → Schnittkäse der Vollfett- bis Doppelrahmstufe. Er zeichnet sich durch seine weiche Konsistenz und ein mildes, butterähnliches Aroma aus. → Labkäseherstellung.

Buttermilch

ist ein fermentiertes → Milcherzeugnis, das als Nebenprodukt bei der Herstellung von → Sauerrahmbutter anfällt oder aus Süßrahmbuttermilch, → Magermilch oder Vollmilch durch Fermentation mit mesophilen → Milchsäurebakterien, wie *Lactococcus lactis subsp. lactis, L. lactis subsp. cremoris, Leuconostoc mesenteroides subsp. cremoris* hergestellt wird. Zur Stabilisierung der Qualität wird Süßrahmbuttermilch auch in Mischung, meist 60 : 40 mit Magermilch fermentiert. Die Fermentation erfolgt mit 2 - 3% → Starterkultur bei einer Temperatur von etwa 20°C und einer Bebrütungszeit von 18 h. Der End-pH-Wert liegt bei 4,2 - 4,5. Das Produkt wird gekühlt und abgefüllt. Erzeugnisse aus Voll-oder Magermilch, die unter Verwendung von Säuerungskulturen hergestellt werden, bezeichnet man auch als Sauermilch oder Dickmilch.

Buttermilcherzeugnisse

sind die bei der Butterung anfallenden flüssigen Erzeugnisse, mit und ohne Magermilch oder bei der Butterung zugesetztem Wasser, die auch nachträglich durch Milchsäurebakterienkulturen gesäuert sein können. Man unterscheidet reine Buttermilch und Buttermilch.

Buttermilchkäse

sind → Sauermilchkäse, die unter Verwendung von → Buttermilch hergestellt werden. B. wird in der Viertelfett- oder Magerstufe hergestellt und darf nicht gefärbt werden. Zu den B.'n gehören: → Kochkäse aus Buttermilch, Kleiner Koppenkäse, Buttermilchkräuterkäse.

Buttermilchpulver

→ Trockenmilcherzeugnis, → Milchpulverherstellung.

Buttermilchquark

ist ein aus Sauerrahm-Buttermilch gewonnenes Erzeugnis, das pur oder als Zubereitung
in den Fettstufen mager, halbfett und dreivier-
telfett hergestellt wird. Die Buttermilch wird
in →Quarkwannen oder → Käsefertigern bei
vorsichtigem Rühren auf 50 - 60°C erwärmt.
Nach 2 - 3 Stunden setzt sich das Koagulat
ab und die Molke wird ohne Druck abgelassen. Die weiteren Prozeßschritte entsprechen
der Herstellung von → Speisequark. Teilweise wird Buttermilch auch im Verschnitt mit
Magermilch zu Quark nach einer modifizierten
Technologie der Speisequarkherstellung verarbeitet.

Butteröl

→ Milchfette.

Butterpulver

ist ein → Trockenmilcherzeugnis, das aus →
Sahne hergestellt wird und einen Fettgehalt
von 70 - 80% hat.

Butterreinfett

→ Milchfette.

Buttersäurestich

kann auftreten, wenn → Maischen mit But-
tersäurebakterien kontaminiert sind, die aus
den verfügbaren Zuckern nach ranziger Butter riechende Buttersäure bilden.

Butterschmalz

→ Milchfette.

Butterung

ist die gezielte Änderung des Verteilungszustandes der Öl-in-Wasser-Emulsion des
Rahms. Als Folge starker mechanischer Beanspruchungen werden die Fettkügelchenhüllen
zerstört und es kommt zur Agglomerisation
der Fettkügelchen zum Butterkorn. Durch
Kneten des Butterkorns wird eine weitgehend
homogene Buttermasse erzeugt. Es ist eine
Wasser-in-Öl-Emulsion, die Butter, entstanden. → Butterherstellung, → Butterungsverfahren.

Butterungsverfahren

Man unterscheidet diskontinuierliche und kontinuierliche B. *Diskontinuierliche Butterung*:
Das älteste Verfahren verwendet eine zylindrische *Holztrommel* mit horizontaler Achse.
Die Trommelinnenseite ist mit Leisten in axia-

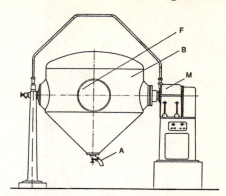

Bild 21. Butterfertiger mit Doppelkonusform.
A Auslauf, *M* Antrieb, *B* Butterungsbehälter, *F* Füll-
und Entnahmeöffnung

ler Richtung versehen, die die Butterkornbildung unterstützen. Nach dem Ablassen der
→ Buttermilch und der Waschung werden
die Butterkörner zur Buttermasse mit Hilfe
gegenläufiger, profilierter Knetwalzen geknetet. Die Knetwalzen sind paarweise in geringem Abstand von der Trommelwand unter-
gebracht und in den Trommelstirnseiten gelagert. *Butterfertiger* benötigen keine Knetwalzen, da sie durch ihre geometrische Form
und die Unsymmetrie den Rahm zur Aus-
butterung bringen. Nach dem Ablassen der
Buttermilch werden die Butterkörner zur Buttermasse bei verminderter Drehzahl geknetet. **Abb. 21** zeigt einen Butterfertiger mit
Doppelkonusform. *Kontinuierliche Butterung*:
Geht auf das → Fritz-Verfahren und die
spätere Verbesserung durch Eisenreich zurück
(**Abb. 22**). Der Rahm läuft in den Butterungszylinder, in dem ein Schlagwerk mit 600 -
2800 min^{-1} rotiert. Die Butterkornbildung erfolgt innerhalb von 3 - 5 s. Die Drehzahl wird
in Abhängigkeit von der Rahmbeschaffenheit
variiert. Bei hoher Drehzahl läßt sich Rahm
bis zu einem Fettgehalt von 30% verbuttern. Das Butterkorn-Buttermilchgemisch gelangt anschließend in die Nachbutterungstrom-
mel, wo die Buttermilch über ein Sieb abläuft.
Vor dem Eintritt in den Abpresser werden die
Butterkörner in der Waschtonne gewaschen.
Im Abpresser erfolgt ein intensives Kneten der Butterkörner durch zwei gegenläufi-
ge Schnecken, wodurch noch eingeschlossene
Buttermilch entfernt wird. Am Ende drücken
die Schnecken die Buttermasse durch meh-

Butterzubereitungen

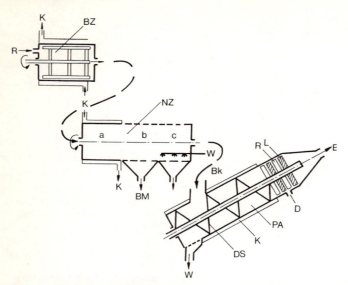

Bild 22. Schematische Darstellung einer kontinuierlich arbeitenden Butterungsmaschine. *BZ* Butterungszylinder, *NZ* Nachbutterungszylinder, *PA* Preß- und Knetaggregat, *R* Rahm, *B* Butter, *W* Waschwasser, *K* Kühlung, *BM* Buttermilch, *Bk* Butterkorn, *DS* Doppelschnecke, *D* Dosiervorrichtung, *R* Rührflügel, *L* Lochscheibe, *a* Nachbutterungszylinder, *b* Buttermilchablaufzone, *c* Waschzone

rere hintereinander geschaltete Lochscheiben, wodurch eine Feinstdispergierung des Wassers in der Butter erfolgt, das noch durch die auf der Welle befestigten Rührflügel unterstützt wird. An dieser Stelle ist auch eine Zudosierung von Wasser, Salzlösung, Säurekonzentrat, Buttereikultur usw. möglich. Weitere B. sind: → NIZO-Verfahren, → Fett-Emulgier-Verfahren, → Fettkonzentrat-Kühlverfahren (Separierverfahren).

Butterzubereitungen

sind Zubereitungen aus → Butter und beigegebenen anderen Lebensmitteln, wie Kräuter, Sardellen, Knoblauch u.a.. Die Bezeichnung richtet sich nach den Zutaten, z.B. Kräuterbutter.

Byssochlaminsäure
→ Mycotoxin.

Byssochlamis

ist ein Gattung der *Ascomycetes* und Nebenfruchtformen der Gattung *Paecilomyces*. B. kann die → Mycotoxine Byssochlaminsäure und → Patulin bilden. Vertreter sind: *B.nivea, B.fulva, B. zollerniae* u.a.

C

C-Wert
ist ein Äquivalenzwert zum F_o-Wert für die abiotischen Ver- änderungen beim Sterilisieren (→ F-Wert).

CA-Lagerung
(controlled atmosphere) ist eine Methode zur Haltbarkeitsverlängerung bei der Lagerung von → Obst und → Gemüse. Sie basiert auf der Reduzierung der → Atmungsaktivität durch Veränderung der chemischen Zusammensetzung der Lageratmosphäre. Bei der einseitig gesteuerten Atmosphäre beschränkt sich die Regelung nur auf den CO_2-Gehalt, so daß die Veränderung des O_2- und CO_2-Gehaltes innerhalb des 21%-Anteils für beide Gase erfolgt (minimal 14% O_2; maximal 7% CO_2). Bei der zweiseitig gesteuerten Atmosphäre wird der N_2-Gehalt der Raumluft so erhöht, daß der O_2- und CO_2- Anteil insgesamt nur noch 10% beträgt.

Caciocavallo
ist ein birnenförmiger italienischer → Hartkäse mit geringer Lochung mit einem Fettgehalt von mind. 44% F.i.T.

Calciumalginat
ist ein Salz der Alginsäure. C. ist in Wasser schwer löslich und führt zu überaus thermostabilen Gelen. Es wird als Überzug verwendet. → Alginate.

Calciumbenzoat
ist ein → Konservierungsstoff der Zusatzstoffverkehrsordnung.

Calciumformiat
ist ein → Konservierungsstoff der Zusatzstoffverkehrsordnung.

Calciumhydrogensulfit
ist ein → Konservierungsstoff der Zusatzstoffverkehrsordnung.

Calciumsorbat
ist ein → Konservierungsstoff der Zusatzstoffverkehrsordnung.

Calciumsulfit
ist ein → Konservierungsstoff der Zusatzstoffverkehrsordnung.

Camembert
→ Weichkäse, → Labkäse, → Weichkäseherstellung.

Campferwein
→ Arzneiwein.

cancerogene Stoffe
sind Substanzen, die im Tierversuch Krebs hervorrufen können. Sämtliche → Zusatzstoffe werden auf ihre cancerogene Wirkung überprüft.

Candida
ist eine Gattung der imperfekten Hefen. Umfaßt zahlreiche sehr heterogene Hefen, die sich durch eine Pseudomycelbildung auszeichnen. Vertreter sind: *C. lipolytica, C. tropicalis, C. utilis, C. vini.*

Candida lipolytica
ist eine Species der Gattung → *Candida*. Spielt besonders als Verderbserreger von fetthaltigen Lebensmitteln eine wichtige Rolle wegen ihrer lipolytischen Aktivität.

Candida tropicalis
ist eine Species der Gattung → *Candida*. Spielt wegen ihres hohen Eiweißgehaltes als Futterhefe eine Rolle.

Candida utilis
ist eine Species der Gattung → *Candida*. Spielt wegen ihres hohen Eiweißgehaltes als Futterhefe eine Rolle.

Candida vini
ist eine Species der Gattung → *Candida*. Sie kommt als milde Hefe in der Getränkeindustrie bzw. als Kahmhefe vor.

Canthaxanthin
→ Xanthophylle, → Farbstoffe.

Capsanthin
→ Carotinoide, → Farbstoffe.

Capsorubin
→ Carotinoide, → Farbstoffe.

Carbo medicinialis vegetabilis
ist ein Lebensmittelfarbstoff der Zusatzstoffverkehrsordnung. → Farbstoffe.

Carboxymethylcellulose
CMC, wird durch Umsetzen von → Cellulose mit Chloressigsäure im alkalischen Mi-

lieu und anschließender Aufbereitung hergestellt. Ihre Eigenschaften hängen weitgehend von ihrem Substitutions- und Polymerisationsgrad ab. Niedrig substituierte C. ist in kaltem Wasser nicht oder schlecht, hochsubstituierte C. ist gut löslich. C. dient als → Hydrokolloid und kommt in der Lebensmittelverarbeitung als → Bindemittel oder → Dickungsmittel in Betracht.

Cargoreis
→ Reis.

cariogene Stoffe
sind Substanzen, die Caries hervorrufen können. Das sind insbesondere Zuckerarten, die die Säurebildung an den Zähnen erhöhen und die Zahnsubstanz schädigen.

Carnot'scher Kreisprozeß
ist der von S. Carnot 1824 entwickelte wichtigste reversible Kreisprozeß in der Thermodynamik. Er beschreibt die theoretischen Grundlagen zur Berechnung des Wirkungsgrades aller periodisch arbeitenden Wärmekraftmaschinen. Er besteht aus je zwei Isothermen und Adiabaten. → Zustandsänderung, thermodynamische.

Carotinal
→ Carotinoide, → Farbstoffe.

Carotine
sind wasserunlösliche natürliche → Farbstoffe, die zur Gruppe der → Carotinoide gehören und nur aus Kohlenstoff und Wasserstoff bestehen. Es gibt 3 Isomere, das α-, β- und γ-Carotin. Besonders bedeutsam ist β-Carotin, da es als Provitamin A fungiert. α- und γ-Carotin haben nur den halben Provitaminwert. → Zusatzstoffe.

Carotinoide
sind eine Gruppen von natürlich vorkommenden, wasserunlöslichen organischen Verbindungen mit zahlreichen Doppelbindungen zwischen den Kohlenstoffatomen. Man unterscheidet: → Carotine und sonstige Carotinoide, die Kohlenstoff, Wasserstoff und Sauerstoff enthalten, wie Bixin, Xanthopylle, Lutein u.a. C. kommen in zahlreichen Lebensmitteln, wie Möhren, Zitronen, Tomaten, Paprika, Orangen, Aprikosen, Eidotter u.a. vor. Die in der Zusatzstoffverkehrsordnung aufgeführten C. sind: α-, β-, γ-Carotin, Bixin, Norbixin, Annato, Orlean, Capsanthin, Capsorubin, Lycopin, β-Apo-8'Carotinal und β-Apo-8'Carotinsäureäthylester.

Carrageenane
ist ein → Hydrokolloid, das nach alkalischer Vorbehandlung aus verschiedenen Rotalgenarten (*Gigartina spp., Chondrus spp., Eucheuma spp., Gloiopeltis spp., Iridaea spp.*) durch → Extraktion mit heißem Wasser unter Druck und anschließender fraktionierter Fällung mit Kaliumionen oder Isopropanol und anschließender Trocknung gewonnen wird. C. ist ein saures Polysaccharid, dessen lineare Hauptkette aus D-Galactose, an die D-Galactosereste wechselweise in (1,3)-α- und (1,4)-β-glycosidischer Verknüpfung substituiert sind, besteht. Die Galactosereste sind überwiegend an die C_2- und C_4-Position sulfatiert. Daneben können hohe Anteile der Hauptkettengalactose in C_2-Position mit Anhydrogalactose, α-D-Galactose-6-sulfat oder α-D-Galactose-2,6-disulfat sulfatiert sein. C. wird zur Herstellung kalorienreduzierter Diätnahrungsmittel, als → Stabilisator in der fleischverarbeitenden Industrie, zur Verhinderung des → Aufrahmens von Schokoladenmilchgetränken und → Kondensmilch u.a. verwendet.

Carry over
bezeichnet das Einbringen von kenntlichmachungspflichtigen → Zusatzstoffen in Lebensmittel als Bestandteil einer zusammengesetzten Zutat, wenn diese durch das Zusammenbringen ihrer technologische Zusatzstofffunktion nicht mehr gerecht werden. Sie sind dann von der Angabe als Zusatzstoff im Zutatenverzeichnis befreit.

Casein
ist mit etwa 80% der Hauptbestandteil des Milcheiweißes. Es handelt sich dabei um ein Phosphoprotein (Calcium-Phosphat-Casein-Komplex), dessen besondere Stabilität auf die Calcium-Bindung zurückzuführen ist. Neben Calcium sind im C. auch Sauerstoff und Schwefel gebunden. Das C. besteht aus vier veschiedenen Komponenten: α-Fraktion ($\simeq$ 54%), κ-Fraktion ($\simeq$ 13%), β-Fraktion ($\simeq$ 30%) und die γ-Fraktion ($\simeq$ 3%). Insbesondere die Zusammenhänge zwischen α-, β- und κ-C. ist von technologischem Interesse, da hiervon die Eiweißgerinnung abhängig ist. Nach der Art des angewendeten Fällungsverfahrens unterscheidet man die Caseinarten: Salzsäurecasein, Schwefelsäurecasein, Milchsäurecasein (→ Caseinate). Der Verfahrensablauf der Caseinherstellung ist in **Abb. 23** dargestellt.

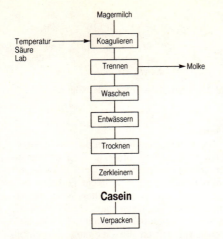

Bild 23. Verfahrensablauf der Caseinherstellung

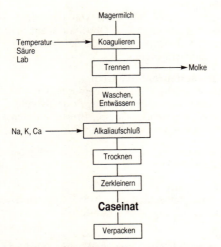

Bild 24. Verfahrensablauf der Caseinatherstellung

Caseinate

sind Casein-Derivate mit Ammonium-, Natrium-, Kalium- oder Calciumsalzen bzw. aufgeschlossen mit Kohlen- oder → Citronensäure. C. sind wasserlösliche Milcheiweiße, die zur Herstellung von Fleischkonserven, Soßen und zum Anreichern von → Milcherzeugnissen verwendet werden. Der Verfahrensablauf der Caseinatherstellung ist in **Abb. 24** dargestellt.

Cayenne Pfeffer

auch Chillies, spanischer Pfeffer, (*Capsicum frutescens L.*) ist ein Gewürz, dessen hauptsächliche Inhaltsstoffe Capsaicien und Carotinoide sind.

Cellulasen

sind → Hydrolasen mit celluloseabbauenden Eigenschaften. → technische Enzyme.

Cellulose

ist ein β-1,4-glycosidisch verknüpftes Polysaccharid aus Glucosemolekülen. Sie bildet zusammen mit → Lignin, → Pektin und → Hemicellulose einen natürlichen Bestandteil pflanzlicher Zellwände, die für den Menschen unverdaulich sind. C. hat in der Ernährung Bedeutung zur Verringerung der Energiedichte von Lebensmitteln. Cellulosederivate, wie → Methylcellulose, Methylethylcellulose, Methylhydroxycellulose, Methylethylhydroxycellulose und Hydroxypropylcellulose unterscheiden sich in ihren jeweiligen Substituenten voneinander. Ihre Anwendungsgebiete in der Lebensmittelverarbeitung sind ähnlich.

Cellulosederivate

→ Cellulose.

Celluloseether

sind Produkte der → Etherifikation auf der Basis von → Cellulose. Die Veretherungsreaktionen sind grundsätzlich an den Hydroxylgruppen des 2., 3. und 6. Kohlenstoffatoms möglich. Vielseitige Anwendung finden Alkylcellulosen, Hydroxyalkylcellulosen und → Carboxymethylcellulosen. **Tab. 3** faßt Funktionen von C. zusammen.

Tabelle 3. Funktionen der Celluloseether (Auswahl)

Funktion	Lebensmittel
Aufschlagmittel	Speiseeis, Schlagsahne
Bindemittel	Speiseeis, Wurst
Beschichtungsmittel	Feinbackwarenüberzug
Emulgator	Dressings, Mayonnaise
Flockungsmittel	Weinschönungsmittel
Füllstoff	Reduktionskost
Geliermittel	Puddings, Dessert, Aspik
Quellmittel	Fleischwaren, Diätkost
Schutzkolloid	Emulsionen
Stabilisator	Wein
Suspendiermittel	Schokoladenmilch
Synäreseverhinderung	Joghurt, Pudding
Texturverbesserung	Speiseeis, Kekse
Verdickungsmittel	Marmelade, Füllungen, Soßen

Centriblood-Verfahren

ist ein Verfahren zur mechanischen Entwässerung von Blut, das für Futterzwecke verwendet wird. Dabei wird das Schlachttierblut in einem Behälter durch direkte Dampfeinspritzung auf etwa 55°C vorgewärmt. Eine Spezialpumpe fördert das Blut zum Koagulator, wo es durch erneute direkte Dampfeinspritzung weiter erwärmt und zur Koagulation gebracht wird. Das koagulierte Blut wird anschließend zentrifugiert (→ Dekanter), so daß ca. 75% des Blutwassers abgetrennt wird. Das entwässerte Blut ist krümelig, es kann so verfüttert oder einer Nachtrocknung unterzogen werden.

Centri-Therm-Verdampfer
→ Zentrifugalverdampfer.

Centri-Whey-Verfahren
→ Molkenproteingewinnung.

Champagner
ist die Bezeichnung für ausschließlich in der Champagne (F) hergestellte Qualitätsschaumweine. → Schaumwein, → Flaschengärverfahren.

Chaptalisieren
ist die Bezeichnung für die Weintrockenzuckerung.

Cheddar
ist ein → Hartkäse mit Ursprung im Cheddartal bei Bristol (England). Typisch ist sein volles Aroma und der süßlich nußartige Geschmack. Die Laibe sind ca. 25 cm hoch und haben einen Durchmesser von 35 - 40 cm. Der Teig ist meist orangegelb gefärbt und geschlossen. Als Austrockenschutz wird C. mit Öl bestrichen oder mit Wachs überzogen. → Käse, → Labkäseherstellung.

Cherry-Burrel-Verfahren
→ Fett-Emulgier-Verfahren.

Cheshire
→ Hartkäse, → Käse, → Labkäseherstellung.

Chesterkäse
ist ein → Hartkäse der Vollfett- und Rahmstufe. Er wird meist mit Lebensmittelfarbstoff Bixin oder Annatto kräftig gelbrot gefärbt. Gelagert wird er in einer Wachsschicht und in Leinen- oder Baumwolltücher eingenäht. → Käse, → Labkäseherstellung.

Chiang-yu
→ Gemüse, fermentiertes.

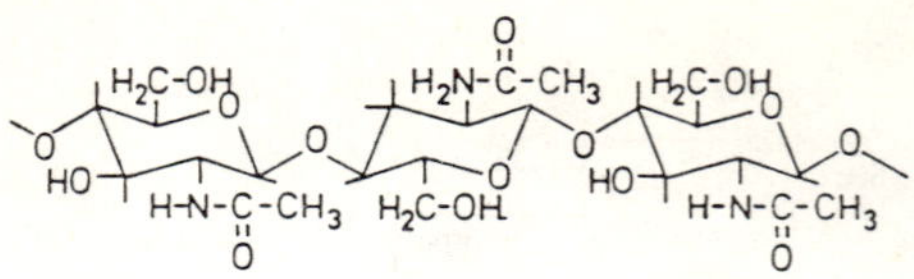

Bild 25. Chemische Struktur des Chitins

Chianti
ist ein italienischer Rotwein aus Weinbaugebieten südlich von Florenz. C. darf nur in den Anbaugebieten bereitet werden. Es ist ein harmonischer, trockener, leicht gerbsäurehaltiger, rubin- später granatroter Wein mit einem Alkoholgehalt von mind. 11,5 Vol.-‰ C. aus ältester Chianti-Zone heißt „C. Classico". Nach zwei Jahren Bezeichnung „Vecchio", nach drei Jahren „Riserva" zulässig.

Chilling Injury
bezeichnet man Symptome von physiologischen Veränderungen an Obst, vor allem bei tropischen Früchten, verursacht durch zu niedrige Lagertemperatur.

China-Restaurant-Syndrom
CRS, bezeichnet durch Überdosen von → Glutamat wahrscheinlich ausgelöste Symptome, wie brennendes Gefühl, Brustschmerzen und Spannen im Gesicht.

Chinawein
→ Arzneiwein.

Chinolingelb
ist ein Lebensmittelfarbstoff der Zusatzstoffverkehrsordnung. → Farbstoffe.

Chitin
ist wesentlicher Bestandteil der Schalen, Hüllen und Panzer der Gliederfüßer, kommt jedoch auch in Pilzen vor. C. ist ein in Wasser und organischen Lösungsmitteln unlöslicher amorpher Feststoff. Es kann als Derivat der → Cellulose aufgefaßt werden. Es besteht aus 1,4-β-glucosidisch verknüpften D-Glucoseeinheiten, in denen die Hydroxylgruppe in 2-Stellung durch die Acetylamino-Gruppe ersetzt ist.

Chitosan
entsteht durch Deacetylierung von → Chitin durch Behandlung mit heißer 40 - 50%iger Natronlauge. Das Wasserbindevermögen von C. ist signifikant höher als das von mikrokristalliner Cellulose. Wegen seines hohen Fettbin-

devermögens ist seine Anwendung als lipid-
bindender Lebensmittelzusatzstoff denkbar.

Chlorophylle
sind Lebensmittelfarbstoffe der Zusatzstoffverkehrsordnung. → Farbstoffe.

Chochenillerot A
ist ein Lebensmittelfarbstoff der Zusatzstoffverkehrsordnung. → Farbstoffe.

Cholesterol
(syn. Cholesterin) ist ein ungesättigter was-
serlöslicher Alkohol und wichtiger Bestandteil der Zellmembranen, der frei oder mit ungesättigten Fettsäuren verestert vorliegt. Ernährungsphysiologisch sind die Fraktionen
Low Density Lipoprotein (LDL) und High
Density Lipoprotein (HDL) von besonderer
Bedeutung. Im Normalfall liegt das Verhältnis von HDL zu LDL bei 1 zu 3 ... 5.

Chutney
ist eine Würzpaste aus unpassiertem Tomatenmark und/oder Mangofrüchten unter Zusatz
von Ingwer, Pfeffer, Zucker und Rosinen gekocht.

Chymosin
→ Gerinnungsenzyme.

Cider
→ Obstdessertweine.

CIP-Reinigung
(Cleaning-in-place) ist die Bezeichnung für
Einrichtungen zur automatischen Innenreini-
gung von Apparaten, Maschinen, Geräten,
Behältern sowie Rohrleitungen in einem
Kreislaufsystem. Man unterscheidet die häufiger angewendete Niederdruckreinigung und
die Hochdruckreinigung. Zu einer CIP-Anlage
gehören: Stapeltank für die Reinigungs- und
Desinfektionslösung, Druckerhöhungs- und
Förderpumpen, → Plattenwärmeaustauscher,
Spritzköpfe zur Großbehälterreinigung und eine programmierbare Steuereinheit. Als Prozeßparameter sind die Lösungsmitteltempera-
tur von 65 - 85°C, die Strömungsgeschwindigkeit des Reinigungsmittels mit 2 m/s, die Dauer des Gesamtzyklus von 30 - 60 min und der
Desinfektion von 5 - 15 min sowie die System-
drücke von 0,3 - 0,6 MPa von besonderer Bedeutung.

Citrinin
→ Mycotoxin.

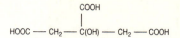

Bild 26. Strukturformel der Citronensäure

Citrobacter
ist eine Gattung der → Enterobacteriaceae, die
weit verbreitet im Boden, Wasser sowie Darmtrakt von Mensch und Tier vorkommt. Können
als C-Quelle Citrat verwerten.

Citronat
→ kandierte Fruchtschalen.

Citronensäure
ist eine Hydroxycarbonsäure, die im Stoff-
wechselprozeß entsteht und Ausgangspunkt
des Citronensäure-Zyklus ist. (s. **Abb. 26**).
Dabei wird → Glucose über Pyruvat und
Acetyl-CoA zu Citronensäure methabolisiert.
Als Zusatzstoff findet sie in der Lebensmittelindustrie breite Anwendung zum Ansäuern
von → Erfrischungsgetränken, → Konfitüre,
als Kuttermittel bei der Wurstherstellung und
zur Konservierung von Fischerzeugnissen. →
Citronensäureherstellung.

Citronensäureherstellung
erfolgt konventionell im Oberflächenverfahren (Emersverfahren) oder im Submersverfahren. Beim Oberflächenverfahren wird das
Substrat in flachen Wannen (Gärtassen) mit
einer Konidiosporensuspension von *Aspergillus niger* oder *Mucor spp.* beimpft und
bei 30°C inkubiert. Der Schimmelpilz bildet eine geschlossene weiße Myceldecke
an der Oberfläche. Nach 8 - 14 d sind 60 -
80% des Zuckers zu Citronensäure metabolisiert. Beim Submersverfahren wird das Substrat in großtechnischen Fermente n unter intensiver Belüftung fermentiert. Nach etwa
8 d ist die maximale Citronensäurekonzentra-
tion erreicht. Neben den o.g. Schimmelpilzen können bei diesem Verfahren auch Hefen der Gattungen *Candida* oder *Hansenula*
genutzt werden. Sie bilden aus C_9- bis C_{23}-
Kohlenwasserstoffen Citronensäure. Nach Abtrennung der Biomasse durch Filtration wird
die Citronensäure als Calciumcitrat aus der
Fermentationsbrühe mit Kalkmilch bei 70 -
90°C ausgefällt, abfiltriert und mit Schwefelsäure wieder gelöst und abschließend ger-

einigt.

(1) $2 \, C_6 H_8 O_7$ $+ \, 3 \, Ca\,(OH)_2 \rightarrow$
    Citronensäure   Kalkmilch

    $\rightarrow Ca_3 \, (C_6 H_5 O_7)_2 + 6 \, H_2O$
    Calciumcitrat

(2) $Ca_3 \, (C_6 H_5 O_7)_2 + 3 \, H_2 SO_4 \rightarrow$
    Calciumcitrat   Schwefelsäure

    $\rightarrow 2 \, C_6 H_8 O_7$ $+ \, 3 \, Ca\,SO_4$
    Citronensäure   Calciumsulfat.

Citrusfrüchte
ist ein Sammelbegriff für Früchte der Gattung *Citrus*. Zu den C.'n gehören: Orangen, Zitronen, Mandarinen und Grapefruits.

Cladosporinsäure
→ Mycotoxin.

Cladosporium
ist eine Gattung der Fungi imperfercti mit grauem bis schwarzem, samtigem oder flockigem Mycel. Weitverbreitet auf Getreide, Früchten, Milchproudkten. Bedeutsam als Mykotoxinbildner. Vertreter sind: *C. cladosporioides, C. herbarum* u.a.

Clausius-Clapeyron'sche Gleichung
ist die Differentialgleichung für die Temperaturabhängigkeit des Gleichgewichtsdruckes $p(T)$ bei Phasengleichgewichten:

$$dp/dT = Q/T(V_1 - V_2).$$

Hierbei bedeuten T die Umwandlungstemperatur, Q die Umwandlungswärme und V_1, V_2 die Volumina der entstehenden und der sich auflösenden Phase.

Clostridium
ist eine Gattung endosporenbildender, grampositiver, streng anaerober, beweglicher, säure- und gasbildender, Katalase-negativer Stäbchen. Starke Proteolyten und/oder Saccharolyten. Bedeutsam als Verderbserreger durch Säure- und Gasbildung und Toxinbildner. Man unterscheidet Saprophyten: *C. butyricum, C. putrefaciens, C. sporogenes* u.a. sowie pathogene Arten: *C. botulinum* (Botulismus), *C. tetani* (Wundstarrkrampf) und *C. perfringens* (Gasbrand) u.a.

Clostridium botulinum
ist eine Species der Gattung → *Clostridium*, die verbreitet im Boden vorkommt. Pathogene Bedeutung für den Menschen wegen der Toxinbildung mit unterschiedlicher Antigenität (Sero-Typen A-F, humanpathogen A,

B, E und F). Kann in Lebensmittel kommen bei ungenügend sterilisierten Konserven, ungenügend geräucherten, gekochten oder gesalzenen Fleischerzeugnissen u.a.

Clostridium butyricum
ist eine Species der Gattung → *Clostridium* mit starker Säure- (Buttersäure) und Gasbildung. Kommt im Boden, Faeces, Silage u.a. vor. In der Käsereimilch kann er zu Blähungen im Käse, insbesondere → Hartkäse, führen.

Clostridium perfringens
ist eine Species der Gattung → *Clostridium*, die weitverbreitet im Boden, Faeces, Abwasser u.a. vorkommt. Kann zu Blähungen im Käse, insbesondere → Hartkäse, führen. Pathogene Bedeutung als unspezifischer Lebensmittelvergifter mit Leibschmerzen und Durchfällen. In Wunden kann er Gasbrand verursachen.

Clostridium sporogenes
ist eine Species der Gattung → *Clostridium*, die weitverbreitet im Boden, Darmtrakt von Mensch und Tier u.a. vorkommt. Kann zu → Bombagen bei untersterilisierten Dosenkonserven führen. Wird als Testorganismus für Sterilisationsversuche anstatt → *C. botulinum* wegen seiner Apathogenität verwendet.

Coating
ist die Bezeichnung für Prozesse zum Überziehen von: (1) Lebensmitteln mit einem anderen Lebensmittel (→ Dragieren, Schokoladenüberzüge), (2) reaktionsfähigen bzw. empfindlichen Stoffen (Vitaminpräparate, Enzyme, Mikroorganismen) und (3) Stoffen, die zu einem späteren Zeitpunkt miteinander reagieren sollen (Backpulver im Teig). Das C. wird teils auch als Verkapselung bezeichnet. Man unterscheidet nach der Art der Verkapselung: Mikro- und Makroverkapselung. Die Mikroverkapselung erfolgt für Partikeln von etwa $< 10 \, \mu m$ für jedes Partikel einzeln. Bei der Makroverkapselung werden mehrere Partikeln von einer Schutzschicht umhüllt. Als Kapsel- bzw. Coatingmaterial wird häufig verwendet: → Gelatine, → Gummi arabicum, → Lecithin, Palmitin u.ä.

Cocktails
→ Spirituosen.

Cocosfett
oder Cocosnußöl ist ein → Pflanzenfett, das aus dem Kernfleisch der Nüsse der Cocospalme (*Cocos nucifera*) gewonnen wird, die vor-

wiegend in den tropischen Küstengebieten von Südostasien, Afrika und Westindien zu finden ist. Das Nußfleisch enthält etwa 30 - 40% Öl. Es hat mit etwa 91% einen hohen Gehalt an ungesättigten → Fettsäuren, davon 45 - 50% Laurinsäure. In getrocknetem Zustand nennt man das C. Kopra (50 - 70% Fett). C. enthält etwa 60% kurz- und mittelkettige → Fettsäuren (C_6-C_{12}), wodurch es anfällig gegen hydrolytische Einflüsse ist und leicht Methylketone bildet. Es findet als Koch-, Brat- und Backfett sowie zur Herstellung von → Süßwaren Anwendung. C. und Palmkernfett sind sehr ähnlich. → Fette

Codex Alimentarius
sind Standards, die international weitgehend anerkannte Zusammenstellungen von Herstellungspraktiken, Beschaffenheitsmerkmalen und Kennzeichnungsanforderungen bei Lebensmitteln beeinhalten. Sie werden von den regelmäßig tagenden Codex-Komitees der Codex Alimentarius Kommission (1962 von der Welternährungsorganisation FAO und der Weltgesundheitsorganisation WHO gegründet), die jeweils für bestimmte Lebensmittelgruppen (sog. Warenkomitees) oder allgemeine Sachgebiete (z.B. Zusatzstoffe, Kennzeichnung, Lebensmittelhygiene) zuständig sind, erarbeitet.

Coenzym
ist eine niedermolekulare, chemisch wirksame Gruppe (prostetische Gruppe) eines Enzyms, die sich während des Katalyseprozesses mit dem Eiweißanteil zum vollständigen Enzym zusammenkoppelt.

Coffein
(1,3,7-Trimethylxanthin) ist ein → Alkaloid, das mit einem Gehalt von 1,5% in der Kaffeebohne, bis 5% im schwarzen Tee und in geringeren Mengen in Kakao, Kolanüssen und Mate vorkommt.

coffeinhaltige Erfrischungsgetränke
sind → Limonaden mit einem Gehalt an → Coffein von 0,08 - 0,12 g/kg Fertiggetränk. Sie enthalten neben Coffein noch weitere Zusätze von Frucht- und Pflanzenauszügen und → Zuckercouleur (Zuckerkulör) zum Färben.

Cognak
→ Weinbrand.

coliforme Bakterien
(Coli-Aerogenes-Gruppe) umfassen alle Arten der → *Enterobacteriaceae*, die Lactose unter

Gas- und Säurebildung abbauen können. Das sind die Gattungen → *Escherichia*, → *Enterobacter* und → *Klebsiella*.

Coli Titer
ist das Maß für die Konzentration an *Escherichia coli* in einem Lebensmittel. Er gibt die Menge eines Lebensmittels bzw. die Verdünnung davon an, bei der vermehrungsfähige *E. coli*-Zellen nicht nachweisbar sein dürfen (z.B. Coli Titer 100 für Wasser heißt: in 100 ml Wasser dürfen keine *E. coli*-Zellen nachweisbar sein).

Conche
ist ein → Apparat zum → Conchieren von Schokoladenmassen. Die traditionelle C. ist die *Längsreiberconche* (doppelwandiger Stahltrog mit einem sich horizontal bewegenden Läufer) und die *Rundconche* (doppelwandige Stahlschüssel mit rotierendem Läufer). Modernere Verfahren sind das *Sprüh-Dünnschicht-Verfahren* (Petzholdt-Verfahren) und das *Hochschergradverfahren* (Konticonche). Bei der Konticonche wird im Strukturwandler die fettarme, feinzerkleinerte feste Schokoladenmasse durch hohe Scherkräfte unter Stabilisierung der Primärteilchen durch → Lecithin verflüssigt. Gleichzeitig erfolgt ein intensiver Stoffaustausch mit der eingeleiteten konditionierten Luft, so daß Feuchtigkeit und flüchtige Bestandteile entfernt werden. Anschließend wird die Schokoladenmasse mit den anderen Komponenten im Homogenisator gleichmäßig unter Temperierung vermischt. Weitere Apparate sind: Probat-Bauermeister, Thouet-Conche, Automatica u.a.

Conchieren
ist eine → Prozeßeinheit der → Schokoladenherstellung. Sie hat besondere Bedeutung für die Qualität des Endproduktes. Das nach dem Feinwalzen entstehende Produkt hat noch einen unharmonischen, sauren Geschmack, der durch weiteres intensives Bearbeiten verbessert wird. Das C. erfolgt bei max. 65°C (milchfreie Schokolade bei max. 75°C). Der Prozeß wird in drei Phasen unterteilt. In der *ersten Phase*, dem Trockenconchieren, wird bei zunehmender Temperatur ein Entfeuchten der Masse und die Entfernung unerwünschter, flüchtiger aromaaktiver Stoffe erreicht. Durch die Zerkleinerung werden die Partikeln von Fett umhüllt, wodurch sich die Fließfähigkeit erhöht. Gleichzeitig beginnt eine Verfeinerung des Schokoladenaromas. Die Dauer

Convenience-Food

Tabelle 4. Lebensmittel-Convenience-Grade (nach Paulus)

Convenience-Grad	Bezeichnung	Beispiele
I	Küchenfertige Lebensmittel (ready for kitchen)	Reis, geputztes Gemüse, Tiefkühlrohware etc.
II	Garfertige Lebensmittel (ready to cook)	Kartoffeln, panierte Fleischportionen, blanchiertes Tiefkühlgemüse etc.
III	Regenerierfertige Lebensmittel (ready to heat)	konservierte Speisen bzw. Speisekomponenten wie z.B. Naßkonserven, komplette Fertigmenüs etc.
IV	Verzehrsfertige Lebensmittel (ready to eat)	Dessertspeisen, Käse, Wurst, Marmelade etc.

der ersten Phase beträgt 6 - 10 h. In der *zweiten Phase* wird durch die Zugabe von → Kakaobutter die Masse verflüssigt. Die Scherbeanspruchung steigt durch höhere Rühr- oder Mischwerksgeschwindigkeiten an. Diese Phase dauert je nach gewünschter Produktqualität 6 - 40 h. In der *dritten Phase* wird der Masse Kakaobutter und → Lecithin zugesetzt, wodurch die Viskosität und Fließgrenze bis zu 0,4 - 0,5% Lecithinzusatz gesenkt wird. Das Verhältnis Lecithin zu Kakaobutterzusatz beträgt etwa 1 : 10. Die Dauer dieser Phase beträgt 2 - 3 h.

Convenience-Food
sind im allgemeinen industriell vorbehandelte Lebensmittel, die einen bestimmten Fertigungsgrad aufweisen. Die C.-F. bieten sowohl beim Einkauf als auch bei der Zubereitung Zeit- und Arbeitsvorteile. Eine Differenzierung wird durch den Convenience-Grad möglich. Man unterscheidet im wesentlichen vier Convenience-Grade (**Tab. 4**).

Copräzipitate
bezeichnet man die durch gemeinsame Fällung von → Casein und → Molkenproteinen unter erhöhter Calciumkonzentration (Zusatz von 0,24% $CaCl_2$) oder durch Ansäuern der Milch und gleichzeitiger Erhitzung auf 90°C gewonnenen Proteine.

Corned Beef
ist ein erhitztes, schnittfestes fettarmes → Fleischerzeugnis. Es besteht aus von groben Sehnen befreitem, zerkleinertem umgerötetem Rindfleisch in einer gelatinösen Grundmasse.

Corn flakes
ist eine verzehrsfertige Zubereitung aus Getreidekörnern, meist Maiskörnern, in Flockenform.

Corynebacterium
ist eine Gattung grampositiver, aerober oder fakultativ anaerober, beweglicher, teils unbeweglicher, Katalase-positiver Stäbchen. Weitverbreitet im Boden und Wasser. Teils für Mensch und Tier pathogen, wie *C. diphtheriae* .

Cottage Cheese
auch Hüttenkäse, ist ein granulierter oder gekörnter Quark von weichkörniger Konsistenz. Das Casein wird meist durch seine Säurefällung gewonnen. Der Gelbildung schließen sich die Prozeßschritte Schneiden, Rühren und Waschen des Bruches an. Die Qualität des C.C. wird wesentlich von der Rohmilch beeinflußt, die möglichst nicht oder schonend pasteurisiert sein sollte. Bei hohen Erhitzungstemperaturen lagern sich denaturierte Serumproteine an die Casein-Mizellen an, wodurch sich die Molkenabgabe verzögert. Die Trockenmasse liegt bei etwa 22%. Die Standardisierung des Fettgehaltes erfolgt meist auf 20% F.i.T. durch Zugabe von Rahm.

Coupage
ist die Bezeichnung für das Verschneiden der Grundweine bei der → Schaumweinherstellung zur Gewährleistung einer über Jahre gleichbleibenden Qualität von → Schaumwein, → Sekt und → Champagner.

Creamery-Package-Verfahren
→ Fett-Emulgier-Verfahren.

Creme fraiche
ist ein Sahneerzeugnis mit einem Mindestfettgehalt von 30%. Die → Pasteurisation erfolgt bei etwa 100 - 110°C.

Crememargarine
→ Margarinesorten.

Croissants
sind aus zuckerarmen Hefeteig (→ Plunder-teig) hergestellte Gebäckstücke.

Cross-Flow-Filtration
(Querstrom-Filtration) ist ein → Membran-trennverfahren zum Abtrennen oder Aufkon-zentrieren von kolloidalen Lösungen, Mikro-organismen und/oder partikulären Teilchen. Sie unterscheiden sich von anderen Mem-brantrennverfahren im wesentlichen durch die Porengröße und die tangentiale Überströmung der Membran mit dem zu filtrierendem Gut (Gegensatz: → Dead-End-Filtration). Durch den quer zur Filtrationsrichtung wirksamen Schubspannungsgradienten wird der Aufbau eines Filterkuchens verhindert. Man unter-scheidet zwei Grundprinzipien. Entweder das Retentat wird mit hoher Geschwindigkeit über die Membran geführt oder die Membran wird mit hoher Geschwindigkeit relativ zum Feed bewegt (**Abb. 27**).

Crouponieren
ist eine Teilenthäutung von Rindern und Schweinen zur Gewinnung von Rohhäuten für die Lederherstellung. Rücken- und Seitenteile der Haut, der sog. Croupon, wird mit einem begrenzenden Schnitt umfahren und durch ei-ne → Enthäutemaschine über eine Messerlei-ste vom aufliegenden Fettgewebe abgeschält.

Crypotcoccus
ist eine Gattung der Familie *Cryptococcaceae* mit runden, ovalen, teils länglichen Zellen, die keine Zucker verwerten können.

CSB
Unter dem CSB-Kennwert versteht man den chemischen Sauerstoffbedarf bei der Abwas-serreinigung. Er gibt die Menge Sauerstoff (mg O_2/l) an, die zur chemischen Oxidation der im Abwasser, das unvorbehandelt, abge-setzt oder filtriert ist, enthaltenen organischen

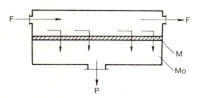

Bild 27. Funktionsprinzip der Cross-Flow-Filtration. *M* Membran, *Mo* Modul, *F* Fluid, *P* Permeat

Stoffe mit Hilfe von Kaliumdichromat und Sil-bersulfat als Katalysator, benötigt wird.

CTC-Verfahren
(crushing tearing curling) ist ein Verfahren bei der Herstellung von → Tee, bei dem die CTC-Maschine angewendet wird. Sie be-steht aus zwei gegenläufigen Walzen, auf de-nen sich kleine gebogene, ineinander grei-fende Messer befinden, so daß die frischen Teeblätter zerquetscht, zerrissen und gerollt werden (→ Broken). Teilweise setzt man die CTC-Maschine auch erst nach der Konditio-nierung der Teeblätter ein (→ Schwarzer Tee).

Cumberlandsoße
ist ein → Feinkosterzeugnis und wird als Würzsoße aus rotem und schwarzem Johan-nisbeergelee, → Wein, → Citronat, → Oran-geat, Zitronensaft und Gewürzen hergestellt.

Curcuma
(*Curcuma longa L.*), auch Gelb- oder Sa-franwurzel genannt, ist ein Gewürz, dessen hauptsächliche Inhaltsstoffe ätherisches Öl mit Zingiberen, Tumerone sowie Farbstoffe sind. C. ist das Hauptgewürz bei der Herstellung von → Senf.

Curry
ist eine spezielle Zubereitung aus Curcuma und anderen Gewürzen wie Pfeffer, Papri-ka, Chillis, Ingwer, Coriander, Kardamom, Nelken, Piment sowie Hülsenfruchtmehlen, Stärke, Dextrose und Kochsalz. Dabei muß der Gewürzanteil > 85%, der Hülsenfrucht-mehlanteil < 10% und der Kochsalzanteil < 5% sein. Als Verkehrsbezeichnung findet man „Curry", „Curry-Pulver" oder „Curry-Powder".

Curry leaf
(*Murraya koenigii L.*) ist ein Gewürz, dessen hauptsächlicher Inhaltsstoff ätherisches Öl mit Pinnen, Sabinen, Caryophyllen, Cadinen, Ca-dinol ist.

Cyclodextrine
(syn.: SCHARGINGER-Dextrine) sind homo-loge zyklische Oligosaccharide, die aus 6,7 oder 8 D-Glucopyranose-Einheiten bestehen, die über α-1,4-glycosidische Bindungen mit-einander verknüpft sind. Ihre Herstellung er-folgt ausschließlich auf enzymatischem Wege aus → Stärke, → Amylose, → Amylopektin, partiell hydrolysierter Stärke aus modifizier-ter Stärke sowie aus höheren Maltooligosac-chariden. Bisher werden C. lebensmitteltech-

Cyclopiazonsäure

nologisch noch nicht genutzt. Aufgrund ihrer → funktionellen Eigenschaften ist jedoch ihre Verwendung als Stabilisator für → Emulsionen, → Schäume oder Materialien, die empfindlich gegenüber Licht, Sauerstoff oder Hitze sind, denkbar.

Cyclopiazonsäure

→ Mycotoxin.

Cystein

ist eine nichtessentielle, schwefelhaltige → Aminosäure.

Cystin

ist eine nichtessentielle → Aminosäure.

D

D-Wert
gibt die Zeitdauer bei einer gegebenen Temperatur an, bei der 90% der vorhandenen Mikroorganismen abgetötet sind. Die Temperatur wird als Index zu D (z.B. D_{121}) geschrieben. **Abb. 28** verdeutlicht die Zusammenhänge.

Dampfdruckurve
→ Phasen.

Dämpfen
ist ein thermischer → Garprozeß, bei dem das Gut vorwiegend konvektiv durch den umströmenden Dampf erhitzt wird.

Dampfentsaften
ist ein diskontinuierliches Extraktions- und Diffusionsentsaften, bei dem die Früchte im von unten strömenden Dampf behandelt werden. Dabei kommt es zur teilweisen Zerstörung der Zellstruktur und der Saft diffundiert aus der Frucht und wird schließlich in einem Zwischengefäß gesammelt sowie meist direkt in Flaschen abgefüllt. Das D. ist ein Verfahren, das in der Regel hauswirtschaftlich angewendet wird. Den Früchten kann je nach gewünschter Süße auch Zucker vor dem Entsaften zugesetzt werden.

Dampfrauchverfahren
ist ein Raucherzeugungsverfahren, bei dem überhitzter Wasserdampf durch das Räuchermaterial geleitet wird, wodurch es zum Verschwelen kommt. Durch die gute Steuerbarkeit der Schweltemperatur hat der Rauch einen geringen Anteil an unerwünschten Rauchsubstanzen.

Dampfschmalz
ist das durch Dampfschmelzen im → Autoklaven bei etwa 120°C aus Fettgewebeteilen des Schweines und den Rückständen der Neutralschmalzherstellung gewonnene Fett.

Dampfstrahlreinigung
ist ein Reinigungsverfahren, bei dem ein Gemisch aus siedendem Wasser und Dampf, teils unter Zusatz von Reinigungs- und Desinfektionsmittel, auf die zu reinigende Fläche mit einer Temperatur von 100°C und einem Druck von 5 - 10 bar auftrifft.

Dampftran
ist das durch Wärmeaufschluß mittels Dampf erhaltene Rohleberöl, das meist direkt an Bord der Fangschiffe gewonnen wird. → Lebertran.

Dampfüberhitzer
ist ein Wärmeübertrager (→ Wärmeübertragung), in dem durch äußere Wärmezufuhr Sattdampf ohne Steigerung des Druckes erhitzt wird. Mit der Überhitzung des Dampfes erhält man trockenen Dampf, was durch die schlechtere Wärmeleitung des überhitzten Dampfes zu geringeren Wärmeverlusten auf dem Transport, zu höheren Wärmeinhalten des Arbeitsdampfes und somit zur Steigerung des thermischen Wirkungsgrades führt.

Dämpfung
→ Desodorisierung.

Danbo
ist ein dänischer → Schnittkäse.

Darmabputzfett
ist das unmittelbar den Därmen aufliegende Fettgewebe, das nur unter besonderen Bedingungen als Nahrungsfett verwendet werden kann.

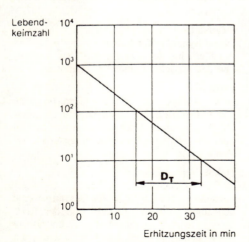

Bild 28. Abtötungskurve einer Mikroorganismenpopulation zur Charakterisierung des D-Wertes

Darren

ist das Trocknen mit Heißluft (bei Obst auch Dörren), teilweise unter gleichzeitigem leichtem Rösten, das z.B. bei Hopfen, Malz, Kakaobohnen, Getreide angewendet wird.

Darrmalz

→ Mälzen.

Dauerbackwaren

sind → Backwaren, die unter definierten Lagerbedingungen eine Haltbarkeit bis zu 3 Monaten aufweisen. Ihr Feuchtigkeitsgehalt liegt meist unter 12%. Einige D. werden auch zu den → Süßwaren gezählt.

Dauermilcherzeugnisse

→ Milchdauerwaren.

Dauerwurst

ist eine besonders gereifte und getrocknete, schnittfeste → Rohwurst hoher Qualität.

DDS-Extraktor

ist ein → Apparat zum → Entsaften von Obst mittels → Extraktion. Das geschnitzelte Obst wird auf ein Transportband gegeben und durch zwei ineinandergreifende Schneckenwellen im ovalen Extraktionsteil bewegt, wodurch ein gewisser Preßeffekt ausgeübt wird. Am oberen Ende des Extraktors tritt Wasser ein, das als Extraktionsmittel dient (etwa 65 - 70°C = Warmextraktion). Bei Verwendung von kaltem Wasser wird der Prozeß als Kaltextraktion bezeichnet. Die löslichen Stoffe werden während des Vorganges durch → Diffusion aus den denaturierten Fruchtzellen entfernt. Am Ende des Extraktors werden die Schnitzel durch ein Schöpfrad oder eine Schnecke ausgetragen und einer kontinuierlichen Presse zugeführt. Das gewonnene Preßwasser wird über eine Zentrifuge wieder dem Extraktor zugeführt. Der Saftabzug am unteren Ende des Extraktors erfolgt bei 45 - 50°C. → Extrahieren.

Dead-End-Filtration

bezeichnet ein Filtrationsprinzip, bei dem das Retentat senkrecht zur Filterfläche strömt, so daß nach einer endlichen Zeit durch die Filterkuchenbildung die Filtrationsleistung abnimmt und schließlich ganz zum Erliegen kommt. → Filtration, → Filtrieren.

Debaryomyces

ist eine Gattung der echten Hefen mit hoher Kochsalz- und Zuckertoleranz und gegenüber organischen Säuren ist sie beständig. D. sind typische Wursthefen, vorallem bei → Rohwurst und → Pökelfleischerzeugnissen.

Decarboxylasen

sind → Lyasen, die z.B. aus Aminosäure Amine unter Abspaltung von CO_2 bilden. D. haben Bedeutung bei der Entstehung → biogener Amine in Lebensmitteln (z.B. Histaminbildung in Wein).

Deckrot

ist eine rote Keltertraube, gekreuzt aus → Ruländer mit einer Farbtraube. D. hat Sortenschutz seit 1971 und eine hohe Farbintensität.

DE-Wert

(D.E. = dextrose equivalents) ist das empirisch ermittelte Reduktionsvermögen einer aus reduzierenden Zuckern entstehenden Lösung, bezogen auf das Reduktionsvermögen von wasserfreier Dextrose. Damit ist der DE-Wert ein Maß für den Abbaugrad bei der Herstellung von Stärkeverzuckerungsprodukten wie Glucosesirup oder Maltosesirup.

Defibrinieren

Um die Gerinnung des Stichblutes nach dem Verlassen des Tierkörpers beim Schlachtprozeß zu verhindern, wird mittels eines Rührgerätes (Defibrinator) das sich im Blut bildende Fibrinnetz (Gerinnung) zerstört. Das D. ist Voraussetzung für die Weiterverarbeitung des Blutes zu Blutwurst und Plasma.

Degorgieren

bezeichnet den Prozeß der Hefeentfernung bei → Flaschengärverfahren der → Schaumweinherstellung.

Degustation

ist ein Synonym für Sinnesprüfung bezüglich des Geruchs, des Geschmacks, der Struktur und des Aussehens eines Lebensmittels.

Dekanter

sind → Apparate zum → Zentrifugieren von Feststoff/Flüssigkeits-Gemischen spezieller Bauart. Meist sind sie als Absetzbecken oder als Horizontalzentrifugen gestaltet. → Zentrifugen.

Dekoktionsverfahren

ist ein Maischeverfahren bei der → Bierherstellung, bei der Teile der Gesamtmaische abgezogen, getrennt gekocht und der Restmaische wieder zugeführt werden, um höhere Ausbeuten zu erzielen. Der Prozeß wird auch als „Aufmaischen" bezeichnet. Bei dem Zweimaischeverfahren wird zunächst die Gesamtmaische im Maischebottich auf 50°C gehalten, von der anschließend eine Teilmaische entnommen wird, die in der Maischpfanne auf 72°C erwärmt, verzuckert und gekocht wird. Das Teilmaischevolumen beträgt etwa 1/3 der Gesamtmaische. Die Teilmaische wird nach dem Kochen der Restmaische zugegeben, so daß sich die Temperatur auf etwa 64°C einstellt. Anschließend wird eine zweite Teilmaische gezogen und in der gleichen Weise wie vorher verfahren. Die Temperatur beträgt dann 72 - 74°C und entspricht der Verzuckerungstemperatur. Es müssen alle Stärkeanteile der Maische verzuckert sein. Ein anderes Maischeverfahren ist das → Infusionsverfahren. → Bierherstellung.

Delikateß...
wird als Bezeichnung mit einem Lebensmittel (z.B. Delikateßleberwurst, Delikateßsülze u.a.) für die Hervorhebung als → Feinkostererzeugnis verwendet.

Denaturierung
in der Lebensmitteltechnologie benutzter Begriff für (1) Veränderungen der Struktur von Eiweißen durch Erhitzen, Ultraschall, organische Lösungsmittel, Alkohole, Säuren, Enzyme u.a. unter meist gleichzeitiger Änderung der physikalischen und chemischen Eigenschaften. Mit der D. der Eiweiße verbessern sich häufig seine ernährungsphysiologischen Eigenschaften. (2) Vergällen von besteuerten Lebensmitteln, um sie durch den Zusatz von übelriechenden und/oder giftigen Stoffen für den menschlichen Genuß unbrauchbar zu machen.

Dephlegmatoren
→ Kondensieren, → Brenngeräte.

Desodorisierung
ist eine Prozeßstufe der → Rohölraffination. Sie dient der Entfernung der im Öl verbliebenen unerwünschten Geruchs- und Geschmacksstoffe, vorwiegend Aldehyde, Ketone, kurzkettige → Fettsäuren u.a. Die D. kann diskontinuierlich oder semikontinuierlich bzw. kontinuierlich durchgeführt werden. Bei *diskontinuierlichen Verfahren* wird das Öl in vertikalen → Apparaten, die mit Heizschlangen und Dampfverteilungssystem am Boden versehen sind, auf 190 - 220°C erhitzt und für etwa 4 - 6 h einem Vakuum von 10 - 30 hPa ausgesetzt und anschließend im Vakuumkühler auf 40°C gekühlt. Das *semikontinuierliche* bzw. *kontinuierliche Verfahren* erfolgt in vertikal

übereinander angeordneten, miteinander verbundenen Behältern (auch Tassen genannt), die schrittweise vom Öl durchlaufen werden bzw. als kontinuierliche Kaskade betrieben werden können. Die Verweilzeit beträgt etwa 40 min. Das Vakuum liegt bei 5 - 10 hPa. Das Öl wird abschließend gefiltert und in Tanks gelagert.

Desorption
→ Absorption, → Soptionsisotherme.

Dessertweine
→ Likörweine.

Destillation
→ Destillieren.

Destillieren
ist das Abtrennen eines oder mehrerer Bestandteile aus einem flüssigen Gemisch durch → Verdampfen der leichter siedenden Bestandteile mit anschließender → Kondensation. **Abb. 29** stellt das Prinzip der Destillation dar. Man spricht von einer einstufigen Destillation. Zur energetisch besseren Gestaltung des Verdampfungsprozesses verwendet man: die *mehrstufige Verdampfung* (mit Nutzung der Brüdenwärme der jeweils vorheriger Verdampfungsstufe), die *Brüdenkompression* (Kondensationstemperatur der Brüden liegt oberhalb der Siedetemperatur der Lösung), die *Molekulardestillation* (durch Vakuum wird der Abstand der Moleküle im Dampfraum wesentlich erweitert) und die *Wasserdampfdestillation* (bei Nichtmischbarkeit der zu destillierenden Stoffe mit Wasser, so daß unter Normaldruck die Siedetemperatur unter 100°C liegt). → Rektifizieren.

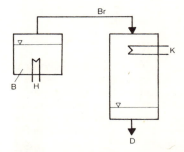

Bild 29. Prinzipdarstellung der Destillation. *H* Heizung, *K* Kühlung, *D* Destillat, *B* Destillierblase, *Br* Brüden

Detmolder Sauerteigführung

Detmolder Sauerteigführung

gibt es als Dreistufenführung, als Zweistufenführung und als Einstufenführung. Die Detmolder Dreistufenführung unterscheidet sich von der klassischen 3-stufigen → Sauerteigführung in der Reifezeit von 15 - 24 h beim → Grundsauer und hat somit einen verbesserten technologischen Zeitablauf (Wegfall der Nachtarbeit). Die Detmolder Sauerteigführung in zwei Stufen ist charakterisiert durch eine Grundsauerführung über Nacht (Reifezeit 15 - 24 h), die eine gute Brotqualität wie bei der 3-Stufen-Führung zur Folge hat. Die Vollsauerreifezeit kann zwischen 2,5 und 3,5 h oder zwischen 3 und 4 h liegen, davon wird die Krumenstruktur und der Brotgeschmack entscheidend beeinflußt. Die Reifezeit ist abhängig von der Reifetemperatur, damit sind Variationsmöglichkeiten und Korrekturen gegeben. In **Abb. 30** ist die D.S. in zwei Stufen mit einer Vollsauerreifezeit von 2,5 - 3,5 h für die Herstellung eines Roggenmischbrotes schematisch dargestellt. Die Detmolder Sauerteigführung in einer Stufe ist eine rationale Form der Sauerteigbereitung, die aufgrund der Reifezeit von 15 - 24 h sowohl als Vollsauerführung über Nacht, als auch über den gesamten Arbeitstag die Herstellung verschiedener Brotsorten ermöglicht.

Detoxifizierung, enzymatische

ist prinzipiell zur Entfernung toxischer oder antinutritiver Inhaltsstoffe aus Lebensmitteln möglich. Potentielle Beispiele zur D. sind: Nitrit durch Nitritreduktase, Tannin durch Tannase, Coffein durch Purindemethylase, Syanide in Früchten durch Rhodanase und Nitrilase, Phytinsäure in Bohnen und Getreide durch Phytase.

Deutsche Markenbutter
→ Butter.

Deutsche Molkereibutter
→ Butter.

Dextran

(α-D-Glucan) ist ein mikrobielles Polysaccharid, das durch Fermentation von *Leuconostoc mesenteroides* und anderen Mikroorganismen aus Saccharose extrazellulär gewonnen wird. Die Glucoseseitenketten liegen vorwiegend in (1,3)-, aber auch (1,4)- und (1,2)-Verknüpfung an der Hauptkette. Seine gelbildenden Eigenschaften erhält das D. durch Quervernetzung seiner Polysaccharidketten zu einem dreidimensionalen Netzwerk. D. wird als → Sta-

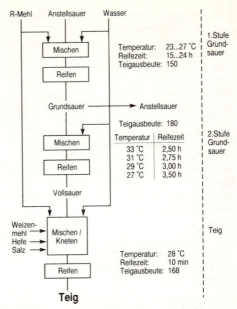

Bild 30. Schema einer Detmolder Zweistufenführung mit einer Vollsauerreifezeit von 2,5 – 3,5 Stunden

bilisator in der Süßwaren-, Backwaren-, Getränke- und Speiseeisherstellung verwendet. → Hydrokolloid.

Dextrine

sind hochmolekulare Bruchstücke von Stärkemolekülen und können auf verschiedenen Wegen gewonnen werden. Industriell die größte Bedeutung haben die → Röstdextrine, die zu den → modifizierten Stärken gezählt und aus nativer Stärke durch trockene Erhitzung gewonnen werden können.

DGE

Deutsche Gesellschaft für Ernährung e.V.

DHW-Reinzucht-Sauerteigsystem

ist ein einstufiges Verfahren zur Herstellung von Sauerteig, das als Wochensauer geführt wird und ohne Kühl- und Wärmeeinrichtungen auskommt. Es nutzt eine Starterkultur mit Zelldichten von 10^{10} Zellen/g. Der Sauer wird in Edelstahlfermentern geführt. Durch die regelmäßige wöchentliche Neubeimpfung mit der Starterkultur lassen sich gleichmäßige Brotqualitäten erreichen.

Diabetiker-. . .
in Verbindung mit einem Lebensmittel, weist darauf hin, daß diese Lebensmittel für Diabetiker geeignet sind und der Diät-VO entsprechen (z.B. Diabetiker-Brot, Diabetiker-Bier u.a.).

Diabetikerschaumwein
→ Schaumweinherstellung.

Diabetikerschokolade
ist eine → Schokolade, deren Saccharosegehalt vollständig durch Fructose oder durch einen bzw. mehrere andere → Zuckeraustauschstoffe der Diät-VO ersetzt ist. Ansonsten entsprechen die Anforderungen an die D. der Kakao-VO.

Diacetyl
ist der typische Aromastoff der Butter. D. hat impact-Charakter, d.h., das Aroma wird im wesentlichen durch *einen* Aromastoff repräsentiert. Es wird in Milchprodukten durch spezielle Milchsäurebakterien, wie *Lactococcus lactis subsp. diacetylactis, Leuconostoc mesenteroides*, gebildet. D. wird teils auch zur Aromatisierung von → Margarine verwendet.

Diaphragma
bezeichnet eine poröse Scheidewand zwischen zwei Bereichen eines Elektrolyten, die deren konvektive Vermischung verhindert, ohne dem Strom einen wesentlich erhöhten Widerstand zu bieten. Als D. nutzt man Pergament, Schweineblasen u.ä.

Diätbackwaren
sind Spezialbackwaren, die bestimmten ernährungsphysiologischen Bedingungen durch ihre Zusammensetzung Rechnung tragen.

Diätbiere
sind extrem hochvergorene und deshalb kohlenhydratarme Biere. D. haben höchstens 0,75% belastende Kohlenhydrate, aber sie sind nicht im Alkoholgehalt reduziert. → Biersorten, → Bierherstellung

Diätbrot
ist ein Spezialbrot für diätetische Zwecke, meist speziellen Diätformen genügend, wie eiweißfreies oder natriumarmes Brot. D. unterliegt der Diät-VO.

Diätetische Lebensmittel
im Sinne der Diät-VO sind → Lebensmittel, die bestimmt sind, einem besonderen Ernährungszweck dadurch zu dienen, daß sie die Zufuhr bestimmter Nährstoffe oder anderer ernährungsphysiologisch wirksamer Stoffe steigern oder verringern oder die Zufuhr solcher Stoffe in einem bestimmten Mischungsverhältnis oder in bestimmter Beschaffenheit bewirken.

Diätmargarine
unterscheidet sich von normaler → Margarine durch die Art und Zusammensetzung der → Fette, so daß sie bestimmte physiologische Eigenschaften, wie z.B. blutfettsenkend, aufweist. Sie ist ausschließlich aus → Pflanzenfetten, deren Anteil an mehrfach ungesättigten → Fettsäuren mind. 40%, bei Resorptions- und Transportstörungen min. 90% der Gesamtfettsäuren beträgt. Bei reduziertem Fettgehalt muß der Brennwert um mind. 40% niedriger sein (Halbfettmargarine). Es sind nur physiologische Emulgatoren, wie Lecithin, Mono- und Disaccharide, erlaubt. D. muß der Diät-VO entsprechen.

Diastasemalze
→ Malz.

Dicarbonsäuren
(Alkandisäuren) sind organische Säuren, bei denen das organische Molekül zwei Carboxylgruppen aufweist (**Tab. 5**).

Dickmilch
→ Buttermilch.

Dicksaft
ist ein Zwischenprodukt bei der → Zuckergewinnung, das durch mehrstufiges Eindampfen des gereinigten → Dünnsaftes anfällt. Dabei wird die Saccharoselösung von etwa 15% Trockensubstanz auf 65-75% eingedickt. Limitiert wird dieser Prozeß durch die Sättigungsgrenze von Saccharose, bei deren Überschreitung es zu Auskristallisierungseffekten käme. Der D. ist Ausgangsprodukt für die Saccharosekristallisation.

Tabelle 5. Gesättigte und ungesättigte aliphatische Dicarbonsäuren

IUPAC-Name	Trivialname	Schmelztemperatur in °C
Ethandisäure	Oxalsäure	189
Propandisäure	Malonsäure	136
Butandisäure	Bernsteinsäure	185
Pentandisäure	Glutarsäure	98
Hexandisäure	Adipinsäure	151
(E)-2-Butendisäure	Fumarsäure	286
(Z)-2-Butendisäure	Maleinsäure	130

Dickungsmittel

sind hochmolekulare, in Wasser stark quellende → Hydrokolloide. Sie dienen zum Verdicken von Lebensmitteln, Stabilisieren von → Emulsionen und → Suspensionen und zur Verhinderung von → Synärese. D. besitzen kugelförmig verkneulte, verzweigte oder verkettete Strukturen. Das Wasser tritt mit dem Hydrokolloid in Wechselwirkung, jedoch können sich die Moleküle in hochviskosen Lösungen frei bewegen. → Zusatzstoffe, → Geliermittel.

Dickungsstoffe

sind → Hydrokolloide, die keine Gele bilden, jedoch zu einer Viskositätssteigerung führen. → Dickungsmittel, → Stabilisatoren, → Emulgatoren.

Dielektrikum

ist ein Material mit der Eigenschaft, elektrisch nicht leitend zu sein und bei einer Anordnung zwischen einem Kondensator dessen Kapazität gegenüber dem Vakuumwert zu erhöhen.

dielektrische Trocknung

zählt zur → Strahlungstrocknung mit wachsender lebensmitteltechnologischer Bedeutung und wird meist in Kombination mit anderen → Trocknungsverfahren betrieben. Für die Mikrowelle sind international Frequenzbereiche von 915 und 2450 MHZ festgelegt. Besonders interessant ist die dielektrische T. für die Erhöhung der Trocknungsgeschwindigkeit und die Resttrocknung, da sich hier die Wärmeleitverhältnisse für andere thermische Trocknungsverfahren deutlich verschlechtern. → Erwärmen, dielektrisches.

Dielektrizitätskonstante, relative

charakterisiert das dielektrische Verhalten eines Stoffes im elektrischen Feld im Vergleich zu einem Vakuum und beschreibt die Stärke des Dipolcharakters. **Tab. 6** gibt relative D.'n einiger Stoffe wieder.

Diffusion

bezeichnet den Vorgang ungeordneter Bewegungen von Molekülen in ruhenden Gasen oder Flüssigkeiten. Liegt ein Nichtgleichgewichtszustand vor, bei dem die Stoffmengenkonzentration in verschiedenen Teilvolumina ungleich ist, so entsteht ein Diffusionsstrom von Orten hoher Konzentration zu Orten niederer Konzentration. → Stofftransport.

Diglyceride

sind → Glyceride, bei denen zwei Hydroxylgruppen verestert sind. Mit → Monoglyceriden werden D. als → Emulgatoren verwendet.

Dijon-Verfahren

ist ein Verfahren zur → Senfherstellung.

Dilatation

(Volumendehnung) ist die reversible elastische Formänderung eines beliebigen Körpers durch isotrope Kräfte, verbunden mit einer Volumenvergrößerung und Dichteverringerung, jedoch ohne Gestaltsänderung. D. wird begrifflich meist für die Volumenzunahme von Fetten beim Übergang vom festen in den flüssigen Aggregatzustand bei gleichbleibender Temperatur verwendet. Sie wird zur Berechnung des Gehaltes an festen Bestandteilen herangezogen.

Dill

(*Anethum graveolens L.*) ist ein Gewürz, dessen hauptsächlicher Inhaltsstoff ätherisches Öl mit Carvon, Limonen und Phellandren ist.

Dinkel

ist eine bespelzte Weizensorte, die in reifem Zustand aufgrund ihres Klebergehaltes zum Backen verwendet wird. Unreifer D. erhält durch → Darren eine grüne Farbe und wird dann als Grünkern bezeichnet. Grünkern ist ein Nährmittel, das Suppen und Klößen zugesetzt wird.

Diphenyl

→ Konservierungsstoffe.

Diphosphate

sind Salze der Diphosphorsäure, zugelassen als Natrium- und Kaliumphosphate (→ Zusatzstoffe). Sie werden als Kutterhilfsmittel bis zu 0,3% bei der → Brühwurstherstellung verwendet.

Tabelle 6. Relative Dielektrizitätskonstanten einiger Stoffe

Stoff	rel. Dielektrizitätskonstante
Vakuum	1
Luft	1
Glas	4 - 8
Olivenöl	3
Wasser	80
Fleisch	40

D. des Vakuums: $\varepsilon_0 = 8,85 \cdot 10^{12}$ $A \cdot s / V \cdot m$

Tabelle 7. Typen einfacher disperser Systeme

Dispersionsmittel	Disperse Phase	Disperses System	Beispiel
flüssig	gasförmig flüssig fest	Lysole	Eiweißschaum Milch Fruchtnektar
gasförmig	flüssig fest	Aerosole	Nebel Staub
fest	gasförmig flüssig fest	Xerosole	Baiser Zwieback Teigwaren

direktes Erhitzungsverfahren
→ UHT-Verfahren.

Dispergieren
ist das Herbeiführen einer → Dispersion, bei der eine möglichst stabile, annähernde Gleichverteilung der Tröpfchenstruktur erreicht wird. Zur Aufrechterhaltung einer Feinverteilung von nicht oder schlecht löslichen Flüssigkeiten muß die Phasengrenzflächenspannung überwunden werden. Dies erreicht man durch Rühren, Verdüsen u.a.

disperses System
Man spricht von einem dispersen System, wenn mindestens eine Phase dispers ist und von einer kontinuierlichen Phase umgeben wird. Zwischen den Phasen bestehen Phasengrenzflächen. Nach der Teilchengröße der dispersen Phase unterscheidet man zwischen grobdispersen ($> 10^2$ nm), kolloiddispersen ($> 1 < 10^2$ nm) und molekulardispersen Systemen (< 1 nm). In der Regel handelt es sich in der Lebensmitteltechnologie um komplexe disperse Systeme.

Dispersion
ist ein heterogenes System zweier oder mehrerer Phasen. Dabei ist mindestens eine Phase dispers und von einer kontinuierlichen Phase (Dispersionsmittel) umgeben. Zwischen den Phasen bestehen Phasengrenzflächen. Sowohl die disperse Phase als auch das Dispersionsmittel können in den verschiedenen Aggregatzuständen auftreten (s. **Tab. 7**):
Die spezifische Oberfläche der dispersen Phase (Teilchen) beeinflußt die Eigenschaften des Systems erheblich. Daher erfolgt eine Unterteilung in molekular-, kolloid- und grobdispers.

Distelöl
(Safloröl) ist ein → Pflanzenfett, das aus dem Samen der Färberdistel gewonnen wird. Es

hat eine ähnliche Fettsäurezusammensetzung wie → Olivenöl. In D. wird das Safloröl als Speiseöl mit besonders hohem Gehalt an Linolsäure (78%) gehandelt.

Distorsion
(Gestaltsänderung) ist die elastische, plastische oder viskose Formänderung eines Körpers durch anisotrope Kräfte ohne Volumenänderung.

Doldenhopfen
(syn.: Rohhopfen, Naturhopfen) ist der getrocknete und gepreßte Zapfen des Hopfens (Dolden), der für die → Bierherstellung verwendet wird. Im modernen Brauereiwesen wird immer häufiger Hopfenpulver und Hopfenextrakt statt D. aus technologischen und wirtschaftlichen Gründen eingesetzt.

Domina
ist eine rote Keltertraube, gekreuzt aus Blauer Portugieser und Blauer Spätburgunder mit Sortenschutz seit 1974. D. ist farbintensiver als der Portugieser und von besserer Qualität.

Doppelkonus-Knetmaschine
zeichnet sich durch ein Knetwerkzeug aus, das aus zwei Spiralsegmenten zusammengesetzt ist. Der Antrieb von Knetwerkzeug und Knettrog erfolgt mit gleicher Geschwindigkeit, jedoch in gegenläufiger Richtung. Die

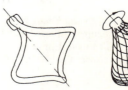

Bild 31. Kinetik des Knetwerkzeuges der Doppelkonus-Knetmaschine

Doppelmuldenmisch und -knetmaschine

Kneter sind zum Schnellkneten aller Roggen-, Weizen- und Mischteige geeignet, sie erlauben eine hohe Knetgeschwindigkeit und garantieren eine hohe Präzision. Die **Abb. 31** zeigt die Kinetik des Knetwerkzeuges der D.-K..

Doppelmuldenmisch und -knetmaschine

auch Doppel-z-Kneter genannt, ist ein Langsamkneter, der über z-förmige Knetwerkzeuge verfügt, die im Knettrog parallel angeordnet sind und mit unterschiedlichen Drehzahlen im Rechts-und Linkslauf betrieben werden können. Die Doppelmantelausführung des Knettroges ermöglicht Kühlung oder Heizung. Der intensive Kneteffekt entsteht trotz relativ niedriger Drehzahl der Knetwerkzeuge im Scherbereich zwischen den Knetwerkzeugen sowie im Scherspalt zwischen Knetwerkzeug und Trogmulde. Dieser Kneter ist zum Mischen und Kneten von Teigen und teigähnlichen Massen (z.B. Marzipan) in der Lebensmittelindustrie einsetzbar.

Doppelrahmfrischkäse

→ Frischkäse, → Käse.

Doppelschimmelkäse

ist ein halbfester → Schnittkäse mit Innenschimmel (*Penicillium roquefortii*) und Außenschimmel (*P. candidum*) in verschiedenen Fettstufen. → Käse, → Labkäseherstellung.

Dörrfleisch

ist geräucherter Bauchspeck, aus dem Bauch junger Schweine.Zur Herstellung wird der relativ magere Bauchmuskelstreifen 10 - 14 d gepökelt, teils zur partiellen Entsalzung gewässert und 3 - 4 d warm geräuchert.

Dosa

→ Getreideprodukte, fermentierte.

Dosage

(syn.: Likör) bezeichnet die dem Rohsekt zur geschmacklichen Abrundung und Süßung zugegebenen Zusätze. → Schaumweinherstellung.

Dost

auch wilder Majoran, (*Origanum vulgare L.*) ist ein Gewürz, dessen hauptsächliche Inhaltsstoffe ätherisches Öl mit Pinen, Limonen, Linalool, Terpinen-4-ol sowie Gerbstoffe und Labiatensäure sind.

Dragées

sind → Zuckerwaren, die aus einem flüssigen, weichen oder festen Kern (Korpus, Einlage), einer Decke (Umhüllung) aus Zucker oder Schokolade und ggf. eine Trenn- oder Glanzschicht sowie geruchs- und geschmacksgebenden und färbenden Stoffen bestehen. Man unterscheidet *Hartdragées* mit 50 - 80 Zuckerschichten, *Weichdragées* mit 10 - 15 Zuckerschichten und *Schokoladendragées*. Als Kern werden Samenkerne, Preßlinge, Trockenfrüchte, Krokantstücke verwendet. Die D. werden durch das → Dragieren in Dragéeanlagen hergestellt.

Dragieren

bezeichnet das Herstellungsverfahren für → Dragees. In den Dragiermaschinen werden die Kerne bzw. Einlagen durch das Aufbringen von Dragierlösungen, bei der Herstellung von Schokoladendragees durch verflüssigte Auftragsmassen, in Schichten vergrößert. Pro aufgetragene Schicht soll eine Vergrößerung der Masse des Kernes um etwa 0,5% erfolgen. Das D. wird in schräggestellten, rotationsellipsoidähnlichen, offenen, rotierenden Behältern oder Kesseln durchgeführt, wobei die Auftragslösung auf die abrollende Schüttung aufgesprüht und sofort durch Einblasen von konditionierter Luft ausgehärtet wird.

Drehhebelknetmaschine

ist ein Langsamkneter zum Kneten weicher und mittelfester Teige. Der Knetarm ist in einem Kugelgelenk im Schneckenrad, das von einem Elektromotor über Keilriemen und Schneckenwelle angetrieben wird, und zur Führung der Bahnkurve in einem vertikal und horizontal beweglichen Gelenk am Maschinengehäuse gelagert. Der Knetarm ist größtenteils stumpfwinklig gebogen. Die Bahnkurve des Knetwerkzeuges ist eine Kreisbahn, deren Ebene je nach Form des Knetarmes senkrecht steht oder geneigt ist. Trog und Knetarm bewegen sich gegenläufig. Die Knetzeiten liegen zwischen 15 und 30 min.

Dreiecksprüfung

ist eine Methode zur → sensorischen Analyse, bei der zwei Proben mit geringen Unterschieden bei einzelnen oder komplexen Sinneseindrücken als Triangel vorgestellt werden, wobei eine Probe doppelt ist. Die abweichende Probe ist herauszufinden. Sie dient der Feststellung von Unterschieden der Sinneseindrücke zwischen zwei Proben.

Dressing

ist die Bezeichnung für flüssige, pastöse oder cremeartige Zubereitungen meist aus → Essig, → Speiseöl, → Rahm , → Sahne, → Mayonnaise, Kräutern und → Gewürzen sowie ggf. anderen Zutaten mit einem Fettgehalt unter 50%.

Dressieren
(1) ist das Ausformen von Massen oder Cremes mittels Ausformmaschinen (Dressiergebäck, wie Spritzbeutel, Baiser u.a.).
(2) Bezeichnung für das in Form bringen von koch- oder bratfertigen Lebensmitteln mit Hilfsmitteln, wie Nadeln, Klammern u.a.

Drogen
sind würzende, aromagebende oder pharmazeutisch wirksame getrocknete Pflanzenteile, wie Wurzeln, Blätter, Blüten, Hölzer, Rinde, Samen, Knollen. Im weiteren Sinne werden auch Extrakte und Harze zu den D. gezählt.

Drosselscheibe
ist ein auf dem Prinzip der Drosselung beruhendes Gerät zum Messen der Durchflußmenge durch Rohrleitungen. Durch die D. wird ein Rohrquerschnitt verengt und ein Unterdruck erzeugt. Aus der Messung des Druckabfalls unmittelbar nach der D. kann unter Berücksichtigung von Strahlkontraktion und Reibung sowie des möglichen Einflusses der Kompressibilität die Durchflußmenge bestimmt werden.

Druck
p ist eine intensive Zustandsgröße, die physikalisch als die auf eine Fläche A bezogene Kraft F definiert ist.

$$p = \frac{F}{A}$$

Druckfestigkeitsprüfgerät
→ Mechanische Prüfverfahren.

Druckverlust
ist als die Druckabnahme einer strömenden Flüssigkeit an der Gefäßwand durch Reibungsenergieverluste definiert. Der D. ist abhängig von der Rauhigkeit der Wandung, der Länge der Strömungsstrecke l, der geometrischen Abmessung des Gefäßes, der Strömungsgeschwindigkeit v und der Dichte der Flüssigkeit ρ. Für Rohrleitungen gilt:

$$\Delta p = \lambda \cdot \frac{l}{D} \cdot \frac{\rho}{2} \, v^2$$

mit Rohrwiderstandsbeiwert λ und dem Rohrnennwert D.

Druckverteilung
ist die Verteilung des statischen Druckes entlang einer umströmten Wand.

dünnkochende Stärken
→ Stärken, modifizierte.

Dünnsaft
ist das nach der → Rohsaftreinigung anfallende Zwischenprodukt bei der → Zuckergewinnung aus → Zuckerrohr oder → Zuckerrüben. Der D. ist weitgehend von Nichtsaccharosestoffen, wie Proteinen, Pektin, organischen Säuren, anorganischen Verbindungen, Feststoffen etc. befreit. Dazu wird der aus Rohsaft über mehrere chemische Prozeßschritte vorgereinigte Trübsaft dekantiert (→ Dekanter) und filtriert.

Dünnschichtverdampfer
sind → Verdampfer, die insbesondere für Flüssigkeiten mit Viskositäten über 10.000 mPa s und erhöhten Faserstoffgehalt geeignet sind. Die Flüssigkeit wird über einen Rotor gleichmäßig in dünner Schicht auf die Heizfläche verteilt und sie bewegt sich nach unten. D. werden häufig in Kombination mit dem Fallstromverdampfer (→ Rohrverdampfer) als Vorverdampfer eingesetzt.

Dunst
→ Getreidemahlerzeugnisse.

Dünsten
→ Garprozesse, thermische.

Dunstobst
ist eine → Obstkonserve, deren Aufguß aus Wasser statt aus Zuckerlösung besteht. Hinweis auf „Dunst" und „ohne Zuckerzusatz" ist zu deklarieren.

Duo-Trio-Prüfung
ist eine Methode zur → sensorischen Analyse, bei der geprüft wird, welche Probe eines Paares mit der Standardprobe identisch ist. Sie dient dem Prüfen von sensorisch feststellbaren Unterschieden zwischen zwei Proben.

Durchbrennen
bezeichnet den bei der Herstellung von → Pökelfleischerzeugnissen sich an das → Pökeln anschließenden Vorgang, der zur Intensivierung des → Pökelaromas, zur Erhöhung der Zartheit, zur Stabilisierung der Pökelfarbe, zur Angleichung der Salzkonzentration innerhalb des Pökelgutes und zur Abgabe von Lake bei naßgepökelten Produkten dient. Man lagert beim D. die Fleischstücke hängend oder

Durchlaufbackofen

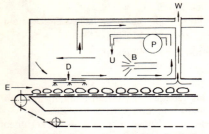

Bild 32. Einlaufzone eines Durchlaufbackofens. *E* Aufgabebereich, *D* Dampfbeschwadung, *B* Brenner, *P* Gebläse, *U* Umwälzsystem, *W* Wrasenabzugsystem

in mehreren Lagen übereinander auf Stellagen bei Temperaturen von 6 - 8°C und einer relativen Luftfeuchte von 60 - 80% im dunklen Brennraum. Die Durchbrennzeit beträgt etwa 2/3 der Pökelzeit. Das D. wird immer häufiger in Schinkenpressen unter Anwendung höherer Drücke durchgeführt. Vorteile dieses Verfahrens sind die Vereinheitlichung der Form des Pökelgutes und die Beschleunigung des Wasserentzuges. Der sich beim längeren D. bildende Oberflächenbelag von Hefen und Bakterien hat Einfluß auf das Aroma des Pökelgutes, vor dem → Räuchern muß dieser Belag abgewaschen werden.

Durchlaufbackofen

ist ein Sammelbegriff, der für verschiedene technische Prinzipien kontinuierlicher → Backöfen verwendet wird (z.B. Netzbanddurchlaufbacköfen). Sie unterscheiden sich vorrangig durch die Art des Transportsystems und der Backgutträger, den Grad der automatischen Steuerung und Regelung sowie der Art der Heizgasführung. **Abb. 32** zeigt die Einlaufzone eines D.'s.

Durchlaufkutter
→ Brätautomat.

Durchsatzleistung
→ Stoffbilanz.

E

feuchte für 2 - 4 Wochen und für weitere 1 - 3 Monate bei 90% unter sonst gleichen Bedingungen. Durch die geringe Luftfeuchte zu Beginn der Reifung soll ein Oberflächenwachstum von Mikroorganismen vermieden werden. Die Bezeichnung Roquefortkäse ist dem Gebiet in Frankreich vorbehalten. Während der E. aus Kuhmilch hergestellt wird, verwendet man für Roquefortkäse Schafsmilch.

Ebullioskop
ist ein Meßinstrument zur überschlagsmäßigen Schnellbestimmung des → Alkoholgehaltes in Wein. Sein Funktionsprinzip beruht auf der Tatsache, daß der Siedepunkt eines Weines mit steigendem Alkoholgehalt abnimmt. Die Angaben erfolgen in Malligandgraden (nach Erfinder des Gerätes Malligand).

Echtes Karmin
(Karminsäure, Cochenille) ist ein Lebensmittelfarbstoff der Zusatstoffverkehrsordnung. → Farbstoffe.

Edamer
ist ein → Schnittkäse mit Ursprung in Holland mit einem Fettgehalt von 40% F.i.T. Sein Teig ist hellgelb und fast geschlossen. Als junger Käse hat E. einen milden Geschmack. E. wird aus Schutz vor Feuchtigkeitsverlust 1 - 2 Monate nach der Herstellung in rotes Paraffin getaucht und erhält so seine charakteristische Wachsschicht. → Labkäseherstellung.

Edelfäule
(Botrytis cinerea) ist ein Pilzbefall, der die Beerenhaut der reifen Beeren abbaut. Dadurch kann Wasser besser verdunsten und der Traubensaft wird konzentriert. Die E. führt zur Steigerung des Mostgewichtes durch verstärkten Säureabbau.

Edelpilze
→ Speisepilze.

Edelpilzkäse
ist ein halbfester → Schnittkäse, dem zur Käsereimilch eine Kultur von *Penicillium roquefortii* zugesetzt wird. Der Bruch wird in Würfeln von 0,5 - 1 cm Kantenlänge geschnitten. Beim Formen bleiben dadurch Hohlräume, in denen sich beim Reifen der Schimmelpilz ausbreiten kann. Die etwa 2 kg Laibe werden mit Nadeln pikiert, so daß Luft in die Hohlräume gelangen kann, die für das Wachstum des Schimmelpilzes essentiell ist. Die Reifung erfolgt bei 6 - 10°C, 60% rel. Luft-

Edelsauer
ist eine ältere Bezeichnung für → Sauerteigstarter, bei dem verschiedene Mikroorganismen durch definierte Teigführung zur Gewinnung von konstantem → Anstellsauer führen. Die Bezeichnung geht zurück auf Beccardi (1921).

EG-Nummer
(Syn. E-Nummer) ist die gültige Kennzeichnung von Zusatzstoffen innerhalb der Europäischen Gemeinschaft. Die erste Ziffer gibt den Hinweis auf die Art des Zusatzstoffes: 1 – Farbstoffe, 2 – Konservierungsstoffe, 3 – Antioxidantien, 4 – Stabilisatoren und Emulgatoren u.a. Beispiele: E 200, Sorbinsäure; E 440, Pektine.

EG-Weinmarktordnung
koordiniert die unterschiedliche Weinwirtschaftspolitik in den Mitgliedsstaaten zur schrittweisen Einführung einer gemeinsamen Marktordnung. Sie verfolgt das Ziel der Anpassung der Preise und der Qualitätsförderung durch Einrichtung eines Weinbaukatasters mit Rebflächenangabe, Rebsortenverhältnis, Gemeinschaftsregelung für Qualitätsweine b.A. u.a.

Ehrenfelser
ist eine Weiße Keltertraube, gekreuzt aus Weißer Riesling und Grüner Silvaner mit → Sortenschutz seit 1970. E. reift etwas früher als Riesling und bringt höhere → Mostgewichte.

Eier
im lebensmittelrechtlichen Sinn sind Hühnereier, die für den menschlichen Verzehr bestimmt sind. Andere Geflügeleier müssen nach ihrer Herkunft bezeichnet werden (z.B. Wachtel-, Perlhuhn-, Puten-, Enten- und Gänseeier). Die Hauptbestandteile sind: → Eischale, → Eiklar und → Eidotter. Die Anteile der Inhaltsstoffe sind in **Tab. 8** zusammengestellt.

Eierersatzstoffe

Tabelle 8. Inhaltsstoffe des Eies (in %)

	Flüssig			Trocken		
	Vollei	Dotter	Eiklar	Vollei	Dotter	Eiklar
Eiweiß	11 - 14	12 - 15	9,8 - 10,5	43 - 47	22 - 32	80 - 85
Fett	10 - 12	27 - 29	< 0,1	40 - 43	59 - 63	< 0,1
Kohlenhydrate	1 - 1,5	0,3 - 0,6	1,0 - 1,5	4 - 6	0,3 - 0,5	4,2 - 4,7
Asche	0,8 - 1,0	1,2 - 1,5	0,5 - 0,7	3,2 - 3,7	3,0 - 3,5	4,2 - 4,8

Tabelle 9. Eiergüteklassen

	Güteklasse A	Güteklasse B
Schale	sauber, normal, unverletzt	normal, unverletzt
Luftkammer	nicht über 6 mm, unbeweglich	nicht über 9 mm
Eiklar	klar, durchsichtig, gallertartig fest	klar, durchsichtig
Eidotter	frei von fremden Ein- oder Auflagerungen jeder Art, ohne deutliche Umrisse sichtbar, zentrale Lage	frei von fremden Ein- oder Auflagerungen jeder Art, sichtbar
Keim	nicht sichtbar entwickelt	

Tabelle 10. Eiergewichtsklassen

Einzeleigewicht in g	Gewichtsklasse						
	1	2	3	4	5	6	7
von (über)	70	65	60	55	50	45	–
bis (unter)	–	70	65	60	55	50	45
Mindestdurchschnittsgewicht in Packungen mehr als 30 Eier in g	70	66	61	56	51	46	–

Eierersatzstoffe

werden aus diätetischen Gründen oder als Austauschstoffe im technologischen Sinn für die Lebensmittelherstellung in Betracht gezogen. Die wichtigsten funktionellen Eigenschaften, die E. erfüllen müssen, sind Wasserbindefähigkeit, Färbwirkung, Emulgatorwirkung, Gelbildungseigenschaften, Strukturbildungseigenschaften u.a.. Sie dürfen in keiner Weise in Kennzeichnung, Werbung und Aufmachung Bezug auf Eier nehmen.

Eiergüteklassen

Gemäß der EG-Vermarktungsnormen wird eine Kennzeichnung nach folgenden Merkmalen vorgenommen (**Tab. 9** und **Tab. 10**). Eier der Güteklasse C entsprechen nicht den Anforderungen von A und B und dürfen nur der Aufbereitung oder der Lebensmittelindustrie bzw. dem Kleinhandwerk zugeführt werden.

Eierpackstelle

ist eine Einrichtung, in der Eier gesammelt, nach Gewicht und Güteklasse sortiert, verpackt und in den Handel gebracht werden. Sie bedarf einer amtlichen Zulassung und erhält eine amtlich registrierte Packstellennummer.

Eierteigwaren

sind → Teigwaren unter Verwendung definierter Mengen frischer Eier bzw. → Eiprodukte. Der Mindestzusatz beträgt 2,25 Eier oder äquivalente Mengen Eiprodukte pro kg Weizenmahlerzeugnisse. Produkte mit „hohem Eigehalt" müssen mindestens 4 und Produkte mit einem „besonders hohem Eigehalt" mindestens 6 Eier bzw. Eidotter oder äquivalente Mengen Eiprodukte pro kg Weizenmahlerzeugnis enthalten.

Eierzwieback

ist eine → Dauerbackware mit einem Mindestanteil von 180 g Vollei oder 64 g Eigelb oder einer entsprechenden Menge Eiprodukte pro kg → Getreidemahlerzeugnisse.

Eifehler

sind Veränderungen des Eies, die entweder von Beginn an vorhanden sind oder als Folge von atypischen Lagerbedingungen (unzureichende Lagertemperatur, zu lange Lagerung) auftreten. Die wichtigsten E. sind: Schalenfehler (Lichtsprünge, fehlende Kalkschale, rauhe unregelmäßige Schale), Blut- und Fleischflecken (Blutklümpchen, bräunliche Gewebepartikeln), Fischgeschmack (zu hoher Gehalt an Trimethylamin als Folge von Fütterungsfehlern), verflüssigtes Eiklar (durch Eialterung; auch durch Krankheiten wie Newcastle-Krankheit) und Faulgeruch (durch Eialterung bedingte Proteinveränderungen und Bildung von H_2S).

Eiklar

ist die innere gallertartige Flüssigkeit, die das → Eidotter umgibt. Es wird von den Hagelschnüren (Chalaza), die das Eidotter in der zentralen Lage halten, durchzogen. Das E. besteht aus vier Schichten. Die äußere dünnflüssige Schicht besitzt eine baktericide Wirkung. Die Schicht um das Eidotter ist zähflüssig. Dazwischen befinden sich noch eine weitere dünnflüssige und eine zähflüssige Schicht. Die Viskosität des E.'s nimmt bei Alterung ab. Das E. enthält etwa 10% Proteine, deren Zusammensetzung in der **Tab. 11** aufgeführt ist.

Eilecithin

ist die Bezeichnung für das handelsübliche Phosphatidgemisch, das aus dem → Eidotter hergestellt wird. Es wird wegen des hohen Lecithingehaltes als → Emulgator bei der Herstellung zahlreicher Lebensmittel verwendet.

Eindampfen

ist ein Prozeß des → Verdampfens mit dem Ziel der partiellen Entfernung von Lösungs-

Tabelle 11. Proteinzusammensetzung des Eiklars

Proteinfraktion	Anteil in %
Ovalbumin	54 - 58
Conalbumin	13 - 20
Ovglobulin	8 - 10
Lysozym (G1-Globulin)	3,5
Ovomucoid	11 - 13
Ovmucin	1,5
Flavoprotein	0,8
Ovoglucoprotein	0,5
Ovomakroglobulin	0,5
Ovinhibitor (Proteaseninhibitor)	0,1
Avidin	0,05

mitteln (meist Wasser) aus Lösungen zu deren Konzentrierung.

Einfacheiskrem

ist ein Speiseeis, das mindestens 3% Milchfett enthält, wobei ein Zusatz von Vanillin möglich ist. → Speiseeisverordnung.

Einlegen

(1) ist ein → Konservierungsverfahren für bestimmte Lebensmittel, meist Gemüse in verdünnten → Genußsäuren, meist → Essigsäure, unter Hinzufügen von → Gewürzen und Kräutern.

(2) ist ein Prozeß zur Herstellung von alkoholischen Mischgetränken unter Verwendung von Obst und hochprozentigem Alkohol, wie Sprit, Rum, Arrak, Weinbrand und Zucker.

Einphasensysteme

sind Systeme, bei denen der gesamte Systeminhalt einen einheitlichen Aggregatzustand eines Stoffes besitzt.

Einsalzen

→ Salzen.

Einschlagbrötchen

sind maschinell eingeschlagene Brötchen, sie werden nicht eingeschnitten.

Einschlagrollmaschine

→ Wirkmaschine.

Einschwefeln

bezeichnet das Konservieren von leeren Fässern durch Verbrennen von Schwefelschnitten. → Schwefeln.

Eiprodukte

sind Erzeugnisse aus → Eiern, die nur nach Vorbehandlung zur Lebensmittelherstellung verwendet und in Verzehr gebracht werden dürfen. Die Eiprodukte-Verordnung regelt hygienische Anforderungen an E. und deren Kennzeichnung. E. sind: flüssiges, gefrorenes oder getrocknetes Vollei, flüssiges, mit 6 - 8% Kochsalz und 1% Benzoesäure oder mit 10 - 12% Kochsalz versetztes Eigelb, gefrorenes oder getrocknetes Eigelb, flüssige, gefrorene oder getrocknete Albumine. Die wichtigsten Anwendungsbereiche sind: Backwaren, Nährmittel, Teigwaren, Backmittel, Süßwaren, Mayonnaise, Margarine, Feinkost, Likör, Wurstwaren, Süßwaren. Bei den meisten getrockneten E.'n wird die Glucose vor dem Trockenprozeß mikrobiell oder enzymatisch (Glucoseoxidase) entzuckert.

Eis

(1) Gefrorenes Wasser, das für eine Verwendung im Lebensmittelbereich die hygienischen Anforderungen von Trinkwasser erfüllen muß.

(2) → Speiseeis.

Eisbindemittel

sind Hilfsstoffe zur Konsistenzverbesserung von → Speiseeis. Sie dienen der Aufrechterhaltung des Verteilungszustandes des Eismixes (→ Speiseeisherstellung) und zur Verhinderung unerwünschter großer Eiskristallbildung. Zugelassene Stoffe sind im Teil II, 1.12. der Speiseeis-Verordnung aufgelistet.

Eisbock

→ Starkbiere, → Bierherstellung.

Eischale

ist die makroskopisch äußere Schicht des Eies, die in die äußere Palisadenschicht und die innere Mammillenschicht unterschieden wird. Es ist eine porenenthaltende Kalkschale, die von der ca. 1 μm dicken Cuticula (Glycoproteinmembran) umschlossen wird. Die E. besteht zu etwa 95% aus Calciumcarbonat, 1% Magnesiumcarbonat und 1% Calciumphosphat. Diese Salze sind in einer Proteinmatrix verankert. Zum → Eiklar hin befinden sich auf der Mammillenschicht zwei membranartige Schalenhäute, die als Barriere für eindringende Mikroorganismen fungieren. Braune E.'n entstehen durch die Einlagerung von Porphyrinfarbstoff in die Cuticula.

Eiskonfekt

sind massive Konfektstücke bis 20 g Einzelgewicht, die überwiegend aus ungehärtetem Kokosfett oder ähnlichem Fett hoher Schmelzwerte, mindestens 5% Kakaopulver oder Kakaomasse, Zuckerarten und/oder Zuckeralkoholen bestehen und einen charakteristischen kühlenden Effekt beim Verzehr aufweisen. Der Kühleffekt kann durch Dextrose und/oder Menthol verstärkt werden. Die Herstellung von E. entspricht in den wesentlichen Prozeßstufen der Herstellung von → Nugat.

Eiskrem (Eiscreme)

ist ein Speiseeis, das mindestens 10% Milchfett, bei Fruchteiskrem mindestens 8% enthält. → Speiseeisverordnung.

Eiskremherstellung

→ Speiseeisherstellung.

Eiskremimitate

sind Produkte, die unter Verwendung von Pflanzenfetten anstelle von Milchfetten hergestellt sind (in D verboten).

Eismix

→ Speiseeisherstellung.

Eiswasserkühlung

bezeichnet ein Kühlsystem, bei dem Wasser als Kälteträger fungiert, das zum Kühlen von Flüssigkeiten im → Plattenwärmeaustauscher dient. In einem Speicherbehälter sind Rohrschlaufen- oder Plattenverdampfer eingebaut, die vollständig mit dem zu kühlenden Wasser bedeckt sind. Es wird bei ruhendem Wasser soweit heruntergekühlt, bis sich eine etwa 30 - 40 mm Eisschicht gebildet hat. Danach kann das verfügbare Eiswasser im Kreislauf über den Wärmeaustauscher zum Kühlen verwendet werden. Hauptanwendungsgebiet für die E. sind die milchverarbeitenden Betriebe.

Eiswein

ist ein → Qualitätswein mit Prädikat, bei dem die verwendeten Weintrauben bei ihrer → Lese und Kelterung gefroren sein müssen. E. muß mindestens dem im jeweiligen Anbaugebiet für → Beerenauslese festgelegten Mindestalkoholgehalt entsprechen.

Eiweiß

→ Proteine.

Eiweißanreicherung

wird bei vielen Lebensmitteln zur Erhöhung der → biologischen Wertigkeit der jeweils vorhandenen Proteine oder des Proteingehaltes vorgenommen (z.B. bei Brot, Teigwaren, Fleischerzeugnissen u.a.). Verwendet werden meist → Milchpulver und → Sojaeiweiß.

Eiweißhydrolysate

→ Hydrolysate.

Eiweiß-Schönung

ist eine der ältesten Methoden der → Schönung. Es wird Eiklar verwendet. Das → Albumin gibt mit den Gerbstoffen des Saftes oder Weines einen feinkörnigen, braunen Niederschlag. Die Eiweiß-S. wird vorwiegend für Rotweine angewendet.

EK-Filtration

→ EK-Filter.

EK-Filter
Abkürzung für Entkeimungsfilter. Sie dienen der Entfernung von Mikroorganismen aus Flüssigkeiten, meist Obst- und Traubensäfte (EK-Filtration). EK-Filter sind Schichtenfilter. Als Material wird → Cellulose mit Stützfasern und feinfiltrierenden Komponenten verwendet. Die Mikrooganismen werden im Filter adsorptiv gebunden. → Filtrieren.

Elaidinierung
ist die Umlagerung von Fettsäuren mit Doppelbindungen in stereoisomere Formen. Die E. läuft teilweise bei der → Hydrierung ab, kann jedoch auch chemisch durch verschiedene Substanzen (z.B. Schwefel, Stickoxide) herbeigeführt werden.

elastische Deformation
ist die reversible Formänderung durch äußere anisotrope Kräfte, bei der sich nur die Abstände der Moleküle bzw. Atome ändern, jedoch kein Platzwechsel eintritt. Die zur Formänderung erforderliche Energie wird gespeichert und bewirkt beim Aufheben der äußeren Krafteinwirkung ein spontanes vollständiges Zurückgehen der Deformation. → Modelle, rheologische, → elastische Körper.

elastische Körper
gehen nach der Deformation vollständig in die Ausgangsform zurück. Es tritt kein Fließen auf. Die elastischen K. sind formstabil. → Modelle, rheologische, → elastische Deformation.

Elastizitätsmodul
bezeichnet das Verhältnis von Spannung zu Dehnung, wobei die Dehnung als relative Längenänderung definiert ist.

Elektroabscheiden
ist das Trennen von geladenen Partikeln im elektrischen Kraftfeld. Der Prozeß des E.'s läßt sich in 3 Schritte unterteilen:
- Aufladen,
- Abscheiden der geladenen Partikeln an den Kollektorflächen (Niederschlagselektrode),
- Entfernung des Staubniederschlags.
Die Hochspannung beträgt bis zu 70 kV. Das E. findet vorwiegend für feine Partikeln und große Gasvolumenströme (bis zu 10^6 m^3 h^{-1}) Anwendung.

Elektrodialyse
bezeichnet Verfahren zur Abtrennung ionogener Bestandteile aus Lösungsmitteln. Das Wirkprinzip beruht auf der gerichteten Bewegung von Ionen in einem elektrischen Feld in Kombination mit der Wirkung ionenselektiver Membranen und ist in **Abb. 33** schematisch dargestellt. Ionenselektive Membranen bestehen aus einer Polymermatrix, an deren Gitter aktive Gruppen in hoher Konzentration gebunden sind. Diese Membranen werden wechselweise angeordnet. Aufgrund der Durchlässigkeit von jeweils nur einer Ionenart und dem wirkenden treibenden Gefälle wird die Lösung in Konzentrat und Diluat getrennt. Die wichtigsten Anwendungsbereiche in der Lebensmitteltechnologie sind
- Entsalzung von Molke,
- Entsäuerung von Fruchtsäften,
- Milchsäuregewinnung aus Fermentationsbrühen,
- Nitratentfernung aus Trinkwasser,
- Trinkwassergewinnung aus Meerwasser,
- Kochsalzgewinnung aus Meerwasser u.a.

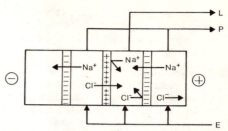

Bild 33. Funktionsprinzip der Elektrodialyse. *E* Einlauf, *P* entsalzenes Produkt, *L* angereicherte Lösung

Elektrolyse
ist die Zerlegung von Elektrolyten mit Hilfe des elektrischen Stromes. Sie ist durch Reduktions- Oxidations-Vorgänge charakterisiert, die sich an den Elektroden, die mit einer Gleichstromquelle verbunden sind, abspielen. An der Katode (- Pol) finden die Reduktionsvorgänge, an der Anode (+ Pol) die Oxidationsvorgänge statt.

Elektrolyt
ist ein Stoff, der im geschmolzenen oder in wäßriger Lösung mehr oder weniger vollständig in seine Ionen dissoziiert ist.

Elektrophorese
ist ein Prozeß zum → Trennen geladender Teilchen im elektrischen Feld. Die Trennung erfolgt in Gelen aus → Agar-Agar, Polyacrylamid, → Stärke u.a. Anwendung findet

Elektroplasmolyse

die E. bei der Trennung von Proteinen bzw. Proteinfraktionen und bei der Nucleinsäure- bzw. Plasmidauftrennung im molekularbiologischen Bereich.

Elektroplasmolyse

ist ein spezieller Anwendungsbereich der dielektrischen Erwärmung, die zu einer Erhöhung der Permeabilität der Zellen führt. Die E. wird zur Erhöhung der Saftausbeuten in der Obst- und Gemüseverarbeitung vereinzelt angewendet.

elektrostatische Wechselwirkungen

treten zwischen Teilchen in polaren und apolaren Flüssigkeiten auf. In wäßrigen → Dispersionen kommt es häufig zum Übergang von Ladungsträgern zwischen den → Phasen, so daß eine Potentialdifferenz auftritt. Mit der Ausbildung der elektrischen Schicht verbleibt gleichzeitig die gleiche Anzahl entgegengesetzt geladener Ionen in der wäßrigen Phase. Durch die Zugabe von Elektrolyten kann dieser Effekt verstärkt oder vermindert werden. Apolare Flüssigkeiten hingegen dissoziieren kaum. Es treten nur geringe Ionenkonzentrationen auf.

elektrostatisches Feld

bezeichnet ein räumliches Gebiet um ruhende, elektrische Ladungsträger. Dieses Gebiet kann qualitativ (elektrisches Feld) und quantitativ (elektrische Feldstärke) beschrieben werden. Bedingung ist das Vorhandensein elektrischer Ladungsträger.

Elementarprozeß

umfaßt die von Überlagerungseffekten freien ablaufenden Mikroprozesse physikalischer, chemischer oder biologischer Natur. Er wird ausschließlich mit Gesetzmäßigkeiten der Naturwissenschaften beschrieben und stellt somit die naturwissenschaftliche Basis der Prozeßanalyse und -synthese dar.

Emballagen

sind die Außenverpackungen von Gütern, wie Kartons, Kisten u.a.

Emersfermentation

→ Fermentation.

Emmentaler

ist ein → Labkäse, der im wesentlichen nach der Technologie der → Labkäseherstellung gefertigt wird. Zur Verhinderung von Spätblähungen wird die Käsereimilch häufig durch → Baktofugieren im Keimgehalt en-

dosporenbildender Bakterien reduziert. Neben der mesophilen Säuerungskultur werden der Käsereimilch thermophile Milchsäurebakterien und *Propionibacterium freudenreichii* zugesetzt. Sie bewirken durch ihren Stoffwechsel die typische Lochbildung und den charakteristischen, leicht nußartigen Geschmack. Das Bruch-Molke-Gemisch wird bei etwa 55°C gebrannt. Die Käse werden in Laibform von 65 - 110 kg ausgeformt und gepreßt. Die Verweilzeit im Salzbad beträgt durchschnittlich 3 - 5 d bei 12 - 16°C. Nach dem Abtrocknen der Oberfläche erfolgt die Reifung in drei Stufen: Gärung bei 24°C, 75 - 85% rel. Luftfeuchte für 4 - 6 Wochen; Reifung bei 18°C, 75 - 85% rel. Luftfeuchte für 8 - 12 Wochen und die Nachreifung bei 12°C, 75 - 85% rel. Luftfeuchte für 1 - 6 Monate.

Emulgatoren

sind grenzflächenaktive Stoffe, die zur Herstellung und Stabilisierung von → Emulsionen eingesetzt werden. E. sind chemische Verbindungen, deren Moleküle aus einem lipophilen bzw. hydrophoben Teil, der in der nicht-wäßrigen Phase gut löslich ist, und einem polaren bzw. hydrophilen Teil, der in Wasser gut löslich ist, bestehen (→ Zusatzstoffe). Der hydrophobe Teil des Moleküls ist in der Regel ein langkettiger Alkylrest und der hydrophile Teil besteht aus einer dissoziablen Gruppe oder aus einer Anhäufung von Hydroxy- bzw. Polyglykolethergruppen. Bei nicht-mischbaren Systemen, z.B. Öl/Wasser-Emulsion, bewirken die E. eine Feinverteilung der einen in der anderen Phase, in dem sie die Grenzflächen besetzen und dann die Grenzflächenspannung vermindern. Die relative Stärke der hydrophilen und der lipophilen Gruppe von E. wird mit dem → HLB-Wert bewertet und bestimmt den Emulgatortyp. E. werden zur Herstellung von → Mayonnaise, emulgierten Soßen, → Backwaren, → Speiseeis, → Süßwaren, → Teigwaren, → Kartoffelprodukten, Dessertspeisen, Wurstwaren, → Schokolade u.a. verwendet. In der Zusatzstoff-Zulassungs-VO sind als E. genannt: → Lecithine, Salze der Speisefettsäuren, Mono- und Diglyceride von Speisefettsäuren, Monoacetyl- und Diacetyl-Weinsäure, Essigsäure und Weinsäure, Polyglycerinester von Speisefettsäuren.

Emulgieren

ist das Herbeiführen einer → Emulsion.

Emulsionen

sind Dispersionen von Flüssigkeitströpfchen in einem flüssigen Dispersionsmedium, in dem die disperse Phase nicht oder nur begrenzt löslich ist. E. sind instabile Systeme gegenüber Aggregation und Aufrahmung. Ihre Stabilisierung erfolgt mittels grenzflächenaktiver Stoffe (→ Tenside), die zur Herabsetzung der Grenzflächenspannung führen. Man unterscheidet zwischen Öl-in-Wasser-E. (die äußere Phase besteht aus Wasser, die innere aus einem Öl, z.B. bei Milch) und Wasser-in-Öl-E. (Wasser wird in Öl dispergiert, z.B. bei Butter). Zur Stabilisierung einer E. dienen → Emulgatoren. Das Erscheinungsbild einer E. hängt vom Tröpfchendurchmesser ab. Ist $d \geq 1$ μm, so erscheint die E. milchigtrüb, bei $d = 10^{-5} - 10^{-6}$ cm ist das System optisch klar, man spricht von einer Mikroemulsion. Kennzeichnend für die Verteilungsstabilität ist die Absetzgeschwindigkeit w. Sie ergibt sich, in dem die Widerstandskraft eines Körpers des Volumens V und die in Strömungsrichtung projizierte Fläche A mit seiner Schwerkraft oder Auftriebskraft gleichgesetzt wird. Zur Berechnung verwendet man eine Widerstandsziffer $\xi = \frac{24}{\text{Re}}$. Es gilt:

$$w = \sqrt{\frac{2gV\Delta p}{\xi A p_{FI}}}$$

Emulsionsliköre

→ Spirituosen, → Emulsion.

Endgare

(auch Stückgare) → Teigruhe.

endogene Enzyme

bezeichnet man die im Zellgewebe vorliegenden → Enzyme. Sie werden generell in der wachsenden Zelle gebildet (intrazelluläre Enzyme), können aber auch nach dem Absterben einer Zelle weiter aktiv bleiben. Endogene E. spielen in der Lebensmittellagerung und -verarbeitung eine große Rolle, so z.B. bei der → Fleischreifung, Obstlagerung, dem Lebensmittelverderb u.a.

Endopeptidasen

→ proteolytische Enzyme.

Endosperm

ist der Mehlkörper des Getreidekornes, der außer Stärke, Reservestoffe und Phytin noch andere Stoffe enthält. Das E. ist reich an B-Vitaminen und mineralstoffarm. → Getreide.

Endotoxine

sind hitzeresistente Lipopolysaccharide, die aus einer Polysaccharid- und einer Lipidkomponente bestehen und Bestandteil der Zellwände gramnegativer Bakterien sind. Die E. werden beim Absterben der Zellen freigesetzt.

Energiebilanz

Nach dem Energieerhaltungssatz kann Energie weder erzeugt noch vernichtet werden, wohl aber in andere Energieformen überführt werden (1. Hauptsatz der Thermodynamik). Für ein abgeschlossenes System gilt, daß die Gesamtenergie W_Z gleich der abgeführten Energie W_A plus des Energieverlustes W_V ist. Es gilt:

$$\sum W_Z = \sum W_A + \sum W_V = \text{const}$$

Da die Leistung als benötigte oder gewonnene Energie pro Zeiteinheit definiert ist und die Nutzleistung P_e stets kleiner als die tatsächlich zugeführte Leistung P ist, gilt für den energetischen Wirkungsgrad η:

$$\eta = \frac{P_e}{P}$$

Englisches Verfahren

ist ein Verfahren zur → Senfherstellung.

Entalkoholisierungsverfahren

werden für die Entalkoholisierung von Bier und Wein angewendet. Prinzipiell lassen sich unterscheiden: thermische Verfahren (Normaldestillation, Vakuumdestillation), → Membrantrennverfahren (→ Umkehrosmose, Dialyse, → Pervaporation), → Gefrierkonzentrierung, Extraktionsverfahren (mit organischen Lösungsmitteln, → Hochdruckextraktion mit CO_2) und → Adsorption (mit Kieselgelen, mit Adsorptionsharzen). Zu den wichtigsten Verfahren gehört die Vakuumdestillation. Sie wird bei einem Druck von 0,04 - 0,2 bar und einer Temperatur von 30 - 60°C durchgeführt. Die dabei mit abgetrennten Aromastoffe werden gesondert gewonnen und dem entalkoholisiertem Konzentrat wieder zugeführt. Die *Vakuumdestillation* wird auch mit der Dialyse gekoppelt und ist so besonders schonend (**Abb. 34**). Ein anderes Vakuumverdampfungsverfahren ist das → Centri-Therm-Verfahren. Die Verdampfung erfolgt bei 30 - 40°C. Die im Brüden enthaltenen Aromastoffe können durch nachgeschaltete Gegenstromdestillation getrennt werden. Ein weiteres wich-

Entalkoholisierungsverfahren

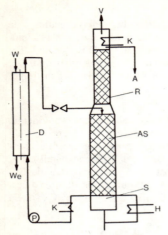

Bild 34. Kombinierte Dialyse-Vakuumdestillation. *W* Wein, *A* Alkohol, *We* entalkoholsierter Wein, *D* Dialysemodul, *V* Vakuumpumpe, *K* Kühlung, *H* Heizung, *R* Rektifizierkolonne, *AS* Abtriebssäule, *S* Sumpf

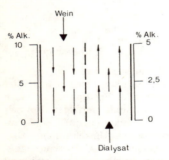

Bild 35. Prinzipdarstellung einer kontinuierlich arbeitenden Gegenstromdialyse (nach Christmann, 1986)

tiges Verfahren ist die *Dialyse* (**Abb. 35**). Um zu verhindern, daß neben Alkohol und Wasser auch Inhaltsstoffe wie Säuren, Zucker, Mineralstoffe die Membran passieren, reichert man die Seite des Lösungsmittels mit diesen Stoffen an. Weitere Verfahren zur Entalkoholisierung von vergorenen Getränken sind prinzipiell nutzbar, von besonderem Interesse scheint die → Pervaporation zu sein, die jedoch noch keine Industriereife für diesen Anwendungsbereich erreicht hat.

Entbitterung
ist die Entfernung von bitter schmeckenden Stoffen aus Lebensmitteln durch chemische, enzymatische oder extraktive Prozesse. Beispiele: Spaltung von Naringin durch Naringinase in Citrussäften, Peptidabbau in Eiweißhydrolysaten, E. von Mandeln durch Extraktion mit warmen Wasser.

Entbluten
Nach der Betäubung des Schlachttieres muß unmittelbar das E. erfolgen, das den Tod des Tieres herbeiführt. Durch den mit dem Messer (→ Stechhohlmesser) eröffneten Aortenbogen tritt das Stichblut unter dem Druck des Blutgefäßsystems aus.

entcoffeinierter Kaffee
(1) Roh- und Röstkaffee mit max. 1 g Coffein pro 1 kg Kaffeetrockenmasse.
(2) Kaffee-Extrakt mit max. 3 g Coffein pro 1 kg Kaffee-Extrakttrockenmasse.

enteiweißte Molke
durch Ausfällung oder physikalische Trennverfahren von → Molkeneiweiß weitgehend befreite → Molke mit < 0,1% Molkeneiweiß.

Enteritis
Dünndarmentzündungen mit Diarrhoen, Fieber und Erbrechen, verursacht durch Intoxikation oder Infektionen (meist durch Bakterien der Gattungen *Salmonella, Shigella, Staphylococcus* u.a.).

Enterobacter
ist eine Gattung der → *Enterobacteriaceae*. E. sind gramnegative, begeißelte, aerobe oder anaerobe, anspruchslose kokkoide Stäbchen. Sie kommen in Wasser, Boden, Darm und Lebensmiteln weitverbreitet vor und sind bedingt pathogen. Vertreter sind: *E. aerogenes, E. cloacae, E. agglomerans*.

Enterobacteriaceae
ist die Familie der gramnegativen, fakultativ anaeroben oder aeroben, Katalase-positiven, Oxidase-negativen, säure- und gasbildenden, nicht sporenbildenden Stäbchen, teils kokkoid. Lebensmitteltechnologisch wichtige Gattungen bzw. Arten der E. sind: → *Escherichia coli*, → *Shigella*, → *Salmonella*, → *Enterobacter*, → *Klebsiella*, → *Proteus*, → *Yersina*. Sie kommen weitverbreitet vor.

Enterokokken
sind Streptokokken der serologischen Gruppe D. Sie haben als Fäkal-Indikatoren neben *E.*

coli eine besondere Bedeutung vorwiegend als Langzeitindikatoren. Vertreter sind: *E. faecalis, E. faecium, E. durans.* Einige apathogene Arten sind an der Käsereifung beteiligt. Ihre proteolytische Aktivität liegt deutlich über der von → Milchsäurebakterien.

Enthaarungsmaschine
ist ein Gerät, das bei der → Schweineschlachtung Anwendung findet. Sie ist in der Regel als Walzenmaschine (Ein- oder Zweiwalzensysteme) ausgeführt, wobei die rotierenden Walzen mit Gummischlägern, Stahlschlägern oder Schabeisen bestückt sind. Die Schweine werden liegend-rotierend enthaart und zur Beseitigung von Borsten, Haaren, Epidermisteilen mit 60°C warmen Wasser abgebraust. Durchlaufenthaarungsmaschinen ermöglichen eine hohe Leistung. Tierkörper, die im Hängen gebrüht werden, können in Enthaarungsmaschinen ebenfalls hängend enthaart werden.

Enthäutegeräte
Als E. zum manuellen Enthäuten von Rindern (→ Rinderschlachtung) verwendet man einfache Messer oder Messerenthäuter und Handenthäuter. Beim Messerenthäuter bewegt sich eine Klinge mit hoher Frequenz in Richtung und entgegen der Schnittrichtung. Mit dem Handenthäuter erreicht man eine Scherwirkung, in dem zwei gezahnte Trennscheiben mit hoher Pulsation gegeneinander hin- und herbewegt werden.

Enthäutemaschinen
werden zum Enthäuten von Rindern eingesetzt (→ Rinderschlachtung). Voraussetzung für das maschinelle Enthäuten ist das Vorenthäuten (manuelle Ablösung der Haut von den Vorder- und Hinterbeinen, vom Schwanz, vom Bauch, von der Unterbrust und von der Halsunterseite). Folgende E. für Rinder sind gebräuchlich: Die Haut wird an einer Laufkatze oder Endloskette befestigt und nach hinten oben abgezogen. Beim Rollenenthäuter wird die abgezogene Haut auf eine Rolle aufgerollt, der Abzug erfolgt entweder von oben nach unten oder von unten nach oben. Beim dritten System wird die Enthäutung bei bewegtem Tierkörper durchgeführt. Die Haut ist an einer Förderkette befestigt, im Gegenlauf dazu bewegt sich der an Vorder- und Hinterbeinen fixierte Tierkörper auf einem Förderband. Bei letzteren Methoden ist die Kontamination des Tierkörpers mit Verschmutzungen des Fells wesentlich geringer.

Enthalpie
h kennzeichnet den Energiezustand eines Stoffes. Bezogen auf 1 kg ist ihre Dimension J/kg = N · m/kg.

Enthefen
→ Degorgieren.

Entkeimungsfiltration
ist ein Verfahren zur Entkeimung von meist Obst- und Traubensäften durch Filtration mittels Schichtenfiltern (→ EK-Filter, → Filtrieren).

Entknochen
ist ein Prozeß zum Entfernen von vorwiegend Oberschenkelknochen und Schulterknochen. Dazu wird ein in einer Vakuumspanneinrichtung fixiertes Fleischstück durch Zug vom Knochen befreit.

Entlecithinieren
ist ein Prozeß bei der → Rohölgewinnung. Das noch mit Lecithin verunreinigte Rohöl wird mit Wasser emulsionsartig gemischt und im → Separator getrennt. Das Lecithin liegt danach in der wäßrigen Phase vor. Das Rohöl ist lecithinfrei. Das Lecithin wird in Form von Rohlecitin als Nebenprodukt gewonnen.

Entrahmen
ist das mechanische Trennen der Milch in Rahm (Sahne) und entrahmte Milch (Magermilch) durch → Zentrifugieren. Das E. wird eingesetzt zur Gewinnung fettarmer bzw. fettfreier Milch, zur Konzentration des Milchfettes fettreicher Erzeugnisse sowie zum Standardisieren des Fettgehaltes der Milch. Die Entrahmung erfolgt mittels Zentrifuge. Zur Steigerung der Entrahmungsschärfe wird die Milch auf 40 - 45°C erhitzt. In Entrahmungszentrifugen wird häufig das Entrahmen mit dem Reinigen der Milch kombiniert.

Entrappen
ist das Abbeeren bei Beerenobst (z.B. Johannisbeeren) und Trauben. Man verhindert damit negative geschmackliche Beeinträchtigungen des Saftes bzw. Mostes durch Gerbstoffe. Das E. kann auch mit Abbeermaschinen erfolgen, die bei Rotweinen immer Anwendung finden. Bei reifen weißen Trauben ist das E. nicht erforderlich, da die Stiele trocken sind.

Entropie
ist eine auf der Grundlage des zweiten → Hauptsatzes der Thermodynamik definierte Zustandgröße eines thermodynamischen Sy-

stems, die in einem thermisch isolierten System nur zunehmen oder höchstens konstant bleiben kann.

Entsaften

ist ein mechanischer → Trennprozeß zur Gewinnung von → Gemüse- und → Fruchtsaft sowie Traubensaft zur → Weinherstellung. Das E. ist ein sehr komplexer Vorgang, der von vielen Faktoren, wie Höhe der Preßschicht, Struktur des Feststoffanteils, Wasserbindeeigenschaften des Feststoffanteils, Preßdruck und -geschwindigkeit abhängig ist. Es gilt empirisch, daß die Preßzeit dem Quadrat der Schichtdicke proportional ist.

Entsäuerung, chemische

erfolgt zur Säureregulation von Weinen, Mosten und Säften mit Hilfe von $CaCO_3$, durch den Weinsäure gebunden wird. Mit $100 g$ $CaCO_3$ lassen sich $150 g$ Weinsäure binden. Beim sog. Acidex-Verfahren enthält das $CaCO_3$ geringe Mengen des Doppelsalzes der D-Wein- und der L-Äpfelsäure, die als Kristallisationskeime eine schnellere Entsäuerung bewirken.

Entschleimen

(1) ist ein Prozeß zur Aufbereitung von Schlachttierdärmen. Die Därme werden durch kombinierte Glatt- und Riffelwalzen geführt, so daß die Darmschleimschicht zerstört und aus dem Darminneren verdrängt wird.
(2) erfolgt zur Reinigung von Fetten und Ölen, meist durch Zugabe von 0,1% Phosphorsäure und anschließendes Abtrennen des Schaumes. Es wird auch eine adsorptive Entschleimung von Fetten und Ölen durch → Bleicherden oder → Aktivkohle bzw. eine physikalische Entschleimung durch → Ultrafiltration durchgeführt.

Entschwefelung

wird bei mit schwefliger Säure konservierten Säften erforderlich. Die E. erfolgt entweder in mehrstufigen Verdampfungsanlagen bei gleichzeitiger Herstellung eines Saftkonzentrates oder in einer speziellen Desorptionskolonne.

Entsteinmaschinen

dienen der Steinentfernung. Dazu werden Maschinen verwendet, bei denen die Früchte in halbkugelförmigen Bechern liegen und die Steine durch einen Stößel herausgestanzt werden oder die Früchte werden zerteilt und die Steine automatisch entfernt. Bei einem anderen Wirkprinzip werden elastische Schlagstäbe genutzt. Das entsteinte Gut fällt durch einen Siebeinsatz, während die Steine über eine andere Öffnung ausgeworfen werden.

Entstielmaschinen

dienen der Entfernung der Stiele von Früchten. Sie bestehen aus mehreren geneigten paarweise gegenläufig rotierenden Gummiwalzen, so daß die Früchte schwerkraftbedingt abrollen. Dabei werden die Stiele von den Walzen erfaßt und abgestreift. Der Walzenabstand muß so gering sein, daß nur die Stiele, nicht aber die Früchte erfaßt werden.

Enzian

→ Spirituosen.

enzymatische Bräunung

→ Bräunung, enzymatische.

Enzyme

sind biologisch aktive hochmolekulare Eiweißkörper, die biochemische Reaktionen katalysieren. Sie werden intrazellulär gebildet und besitzen meist eine hohe Spezifität. Die E. sind nach ihren Wirkungen in sechs Hauptgruppen unterteilt:
(1) Oxidoreduktasen: $R - CH_2 OH + NAD^+$ $\rightleftharpoons R - CHO + NADH + H^+$, katalysieren Oxidations- und Reduktionsreaktionen durch die Übertragung von Wasserstoff und/oder Elektronen.
(2) Transferasen:

$$R_1 - CO - R_2 + R_3 - \overset{\overset{\displaystyle H}{|}}{\underset{\underset{\displaystyle NH_2}{|}}{C}} - R_4 \rightleftharpoons$$

$$\rightleftharpoons R_1 - \overset{\overset{\displaystyle H}{|}}{\underset{\underset{\displaystyle NH_2}{|}}{C}} - R_2 + R_3 - CO - R_4$$

katalysieren die Übertragung von bestimmten funktionellen Gruppen
(3) Hydrolasen: $R_1 - CO - NH - R_2 + H_2O$ $\rightleftharpoons R_1COO^- + H_3N^+ - R_2$, katalysieren hydrolytische Reaktionen. Diese Gruppe hat in der Lebensmitteltechnologie besondere Bedeutung. Zu ihr gehören z.B. → Amylasen, → pektolytische Enzyme.

(4) Lyasen:

$$R_1 - CH_2 - \underset{\underset{NH_2}{|}}{\overset{\overset{H}{|}}{C}} - R_2 \rightleftharpoons$$

$$\rightleftharpoons R_1 - CH_2 = CH_2 - R_2 + NH_3$$

katalysieren Abspaltungsreaktionen auf nichthydrolytischem Wege unter Zurücklassung einer Doppelbindung bzw. die Anlagerung von Gruppen an Doppelbindungen.

(5) Isomerasen: z.B. D-Glucose $\rightleftharpoons$ D-Fructose, katalysieren die Umwandlung isomerer Verbindungen.

(6) Ligasen: z.B. $CH_3CO - CoA + CO_2 + ATP + H_2O \rightleftharpoons \, ^-OOC - CH_2 - CO - CoA + ADP + H_2 PO_4^- + H^+$.

Die Benennung der E. erfolgt nach einer internationalen Nomenklatur. Der systematische Name basiert auf der Art der katalysierten Reaktion und der Endung -ase. Die Klassifikationszahl dient der zweifelsfreien Identifizierung und besteht aus vier Zahlen. Die erste Zahl ist die Nummer der Hauptklasse. Die zweite und dritte Zahl dienen der weiteren Untergliederung innerhalb der Hauptklasse. Die vierte Zahl ist die laufende Nummer des Enzyms innerhalb der Sub-Unterklasse. Der Nummer wird das Kürzel E.C. für Enzyme Commission vorangestellt. Ein Beispiel der Benennung eines E.'s gibt **Tab. 12**. → Technische Enzyme.

Enzymimmobilisierung

bezeichnet das Binden von Enzymen an Träger, Einschließen in eine Matrix, Binden an Makromoleküle oder Zurückhalten durch permeable Membranen, so daß das Enzym nicht ins Produkt gelangt. Die Immobilisierung kann durch → Adsorption, kovalente

Tabelle 12. Beispiel der Enzymbenennung für E.C. 3.2.1.1

Klassifikation	Bezeichnung/Verbindung
Hauptklasse 3	Hydrolase
Unterklasse 3.2	wirkt auf glycosidische Verbindungen
Untergruppe 3.2.1	O-Glycosylverbindung
Enzym 3.2.1.1	1,4-alpha-D-Glucan-Glucanohydrolase

Adsorption

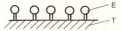
Kovalente Bindung

Mikroverkapselung

Matrixeinschluß

Bild 36. Grundprinzipien der Immobilisierung von Enzymen E Enzym, T Träger, M Membran, P Polymer

Bindung, Mikroverkapselung oder Matrixeinschluß erfolgen (**Abb. 36**).

Enzymwirkung, originäre

bezeichnet die nach der Gewinnung eines Lebensmittelrohstoffes pflanzlichen oder tierischen Ursprungs ablaufenden aktiven Stoffwechselprozesse (→ endogene Enzyme). Beispiele der originären E. sind die → Fleischreifung, Alterungsvorgänge bei Eiern, Veränderungen bei der Obst- und Gemüselagerung u.a.

Erbsen, getrocknete

→ Gemüse, getrocknetes.

Erbsmehl

wird durch → Mahlen von gelben oder grünen, meist vorgetrockneten Erbsen gewonnen. Das pulverförmige Produkt wird zur Herstellung von → Suppen verwendet. Das E. hat Eigenschaften eines → Dickungsmittels und bedarf nur geringer Garzeiten.

Erbswurst

ist ein kochfertiges Suppenerzeugnis, bestehend aus → Erbsmehl, Gewürzen, Speck, Fett und Salz, das in Wurstform abgepackt ist. Dieses industriell vorgefertigte Lebensmittel ist eines der ältesten → convenience food.

Erdnußeiweiß

ist ein Pflanzeneiweiß, vorwiegend bestehend aus den Globulinen Arachin und Conarachin, mit mittlerer → biologischer Wertigkeit. E. ist zu etwa 25 - 35% in der Erdnuß enthalten.

Erdnußmark

ist eine cremeartige, streichfähige Masse, hergestellt aus gerösteten oder ungerösteten Erdnüssen, die als Füllmasse oder Brotaufstrich verwendet wird.

Erdnußöl

ist ein → Pflanzenfett, das aus dem Samen der Leguminose *Arachis hypogea* gewonnen wird, die in Brasilien und anderen Ländern mit subtropischem Klima angebaut wird. Die Kerne enthalten etwa 45 - 50% Öl, das mit 80 - 87% einen hohen Anteil an ungesättigten → Fettsäuren, davon 26% Linolsäure hat. Anteile von langkettigen Fettsäuren ($C_{20} - C_{24}$) verursachen eine Trübung und gelartige Konsistenz, was zu einer eingeschränkten Nutzung führt. Der Schmelzpunkt des E's. liegt bei 30 - 32°C. → Fette.

Erfrischungsgetränke

sind alkoholfreie Getränke, die aus → Trinkwasser, → Mineralwasser, → Quellwasser oder Tafelwasser und geschmackgebenden Zutaten mit oder ohne Zusatz von Kohlendioxid sowie mit oder ohne Zusatz von → Zuckerarten oder anderen → Süßungsmitteln hergestellt werden. Man unterscheidet → Fruchtsaftgetränke, → Limonaden und → Brausen. Die E. enthalten höchstens 0,3% Alkohol, der aus den Fruchtbestandteilen oder den verwendeten → Essenzen stammt. Die Herstellung diätetischer Erfrischungsgetränke ist in der VO über diätetische Lebensmittel geregelt.

Erfrischungsgetränkeherstellung

Rohstoffe für die E. sind → Trinkwasser, → Mineralwasser, → Quellwasser oder → Tafelwasser, geschmackgebende Zutaten, Zuckerarten und meist Kohlendioxid, die in einem konstanten Mischungsverhältnis zusammengebracht werden (→ Ausmischtechnik, → Imprägnierung). Dieses Gemisch wird mittels Füllmaschinen in Behältnisse, meist Flaschen, abgefüllt, die verschlossen, gekennzeichnet und verpackt werden (**Abb. 37**).

Ergocalciferol

ist eine Bezeichnung für Vitamin D2 und zählt zu den wasserlöslichen → Vitaminen.

Erhitzungsnachweis

ist eine enzymatische Methode zum Nachweis der Erhitzung von Milch. Da Peroxidase bei 85°C inaktiviert wird, kann man bei positivten Befunden auf eine ungenügende Hocherhitzung schließen. Alkalische Phosphatase dient als Erhitzungsindikator der Kurzzeiterhitzung.

Erhitzungsverfahren

ist ein Sammelbegriff für thermische Prozesse zum → Garen und/oder Haltbarmachen von Lebensmitteln. E. sind: → Garprozesse, thermische, → Pasteurisation, → Sterilisation, → UHT-Verfahren. Thermodynamisch gelten die Grundlagen des → Erwärmens.

Erstarren

ist ein thermischer → Grundprozeß mit einer Phasenänderung vom flüssigen in den festen Zustand. Entzieht man einem flüssigen Körper Wärme, so erstarrt er bei einer bestimmten Temperatur, der Erstarrungstemperatur. Sie ist druckabhängig. Durch die beim E. entstehende regelmäßige Anordnung der Teilchen wird thermische Energie freigesetzt, die als Erstarrungswärme bezeichnet wird. → Phasen, → Schmelzen.

Erstarrungspunkt

ist die Temperatur, bei der während des → Erstarrens einer Flüssigkeit ein Phasengleich-

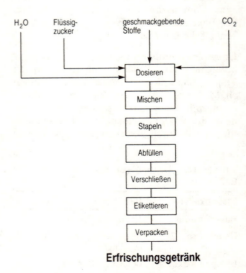

Bild 37. Verfahrensablauf der Erfrischungsgetränkeherstellung

gewicht zwischen dem festen, kristallinen und dem flüssigen Zustand herrscht.

Erucasäure
ist eine einfach ungesättigte → Fettsäure.

Erwärmen
ist die Temperaturerhöhung eines Mediums ohne Phasenänderung. Es ist ein thermodynamischer Grundprozeß. Die Wärmeübertragung kann durch → Wärmeleitung, → Konvektion oder → Wärmestrahlung erfolgen. Voraussetzung für das E. ist das Vorhandensein eines Temperaturgradienten $\frac{dT_i}{dx}$, so daß eine Wärmemenge $\dot{Q}$ transportiert werden kann. Es gilt zur allgemeinen Beschreibung:

$$\frac{dT_i}{dx} = \lambda \left(\frac{d^2 T_i}{dx^2} + \frac{d^2 T_i}{dy^2} + \frac{d^2 T_i}{dz^2} \right)$$

→ Phasen

Erwärmen, dielektrisches
Ionen und polare Moleküle richten sich im elektrischen Feld aus (Orientierungspolarisation). Beim Vorhandensein einer Wechselspannung kehrt sich die Ausrichtung permanent um. Neben der temperaturabhängigen Orientierungspolarisation kennt man noch die temperaturabhängige Verschiebungspolarisation, bei der ein Dipol in einem Molekül durch das elektrische Feld erst aufgebaut wird. Durch die Ausrichtung gegen den Widerstand des Molekülverbandes entsteht eine innere Reibung, die zur Erwärmung des Gutes führt (**Abb. 38**). Die durch ein Frequenzfeld in einem Volumenelement dV erzeugte Wärmeleistung dP ist proportional zum Verlustfaktor, zur Frequenz und zur Feldstärke im Quadrat. Technologisch bedeutsam ist die Art des zu mikrowellenerwärmenden Gutes. Man unterscheidet die dielektrische Erwärmung von: flüssigen, pastösen und stückigen Gütern (**Abb. 39**). Bei *flüssigen Gütern* erfolgt die Erwärmung durch → Konvektion. Bei *pastösen Gütern* handelt es sich um eine Erwärmung durch Mikrokonvektion und → Wärmeleitung von innen nach außen. Befinden sich *stückige Güter* in einer Flüssigkeit, so erwärmen sie sich von innen nach außen als Folge des dielektrischen E.'s. Gleichzeitig werden sie von außen durch Wärmeleitung erwärmt, da sich die umgebende Flüssigkeit rasch konvektiv aufheizt.

Erwinia
ist eine Gattung der → *Enterobacteriaceae*. Es sind gramnegative, fakultativ anaerobe oder aerobe, begeißelte Stäbchen mit starker pektinolytischer Wirkung. Sie kommen vorwiegend auf Pflanzen vor. Erreger zahlreicher Pflanzenkrankheiten, wie Weichfäule bei Gemüse.

Erythrosin
ist ein Lebensmittelfarbstoff der Zusatzstoffverkehrsordnung. → Farbstoffe

Erzeugerabfüllung
kennzeichnet Weine „aus eigenem Lesegut".

Escherichia coli
ist eine Species der → *Enterobacteriaceae*. E. coli sind gramnegative aerobe oder anaerobe, begeißelte, weit verbreitete, teils pathogene kokkoide Stäbchen und gehören zur normalen Darmflora von Mensch und Tier. E. coli wird in der Lebensmittelhygiene häufig als Indikatororganismus für fäkale Verunreinigungen herangezogen.

Esrom
ist ein dänischer → Schnittkäse.

essentiell
= lebensnotwendig. Essentielle Substanzen können nicht vom Organismus synthetisiert werden, sind jedoch unentbehrlich. Folglich müssen sie durch die Nahrung zugeführt werden. Beispiele: essentielle → Aminosäuren, essentielle → Fettsäuren, → Vitamine, Mineralstoffe, Spurenelemente.

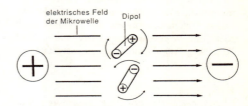

Bild 38. Dipole im elektrischen Feld

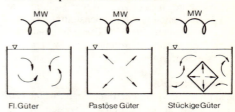

Bild 39. Dielektrisches Erwärmen von Gütern unterschiedlicher Konsistenz. *MW* Mikrowelle

Essenzen

sind konzentrierte Zubereitungen von Geruchs- oder Geschmacksstoffen, die dazu bestimmt sind, Lebensmitteln einen besonderen Geruch oder Geschmack, ausgenommen einen lediglich süßen, sauren oder salzigen Geschmack, zu verleihen. E. sind nicht zum unmittelbaren Verzehr bestimmt. Meist handelt es sich bei E. um Mischungen von Geruchs- und Geschmacksstoffen mit Lösungs- oder Verteilungsmitteln. Anwendungsbereiche sind: Erfrischungsgetränke, Back- und Süßwaren, Puddingpulver, Kaugummi, Spirituosen u.a. Einzelheiten regelt die Essenzen-VO.

Essig

(Speiseessig) ist eine sauer schmeckende, essigsäurehaltige Flüssigkeit, die zum Würzen, Säuern und/oder Haltbarmachen von Lebensmitteln verwendet wird. Die Essig-VO regelt für D, daß E. ein Erzeugnis mit mind. 5,0 g und höchstens 15,5 g Säure, berechnet als wasserfreie → Essigsäure, ist. E. wird durch → Essiggärung aus alkoholhaltigen Flüssigkeiten, durch Verdünnen von synthetischer Essigsäure bzw. → Essigessenz mit Wasser oder durch Vermischung von biologischem Gärungsessig mit synthetischer Essigsäure hergestellt. In den meisten Ländern ist die Bereitung von Essig aus synthetischer Essigsäure für Lebensmittelzwecke verboten. Aus Gärungsessig hergestellt, sind folgende Sorten üblich: Branntweinessig, Kräuteressig, Wein-Branntweinessig, Obst/Apfelessig, Reiner Weinessig, Gurkenaufguß, Essig mit Zitronensaft, Malzessig u.a. Würz- und Fruchtessige. Wein-Branntweinessig muß mind. 25% und Weinwürziger Essig mind. 33% Weinessig-Anteil enthalten. → Essigsäureherstellung.

Essigessenz

ist gereinigte, wasserhaltige Essigsäure mit einem Gehalt von mehr als 15,5% wasserfreier Essigsäure, meist synthetischer Herkunft, die zur Verwendung als Lebensmittel bestimmt ist. E. mit mehr als 25% Essigsäure darf nicht an Letztverbraucher abgegeben werden. → Essigsäuresynthese.

Essigesterfehler

kann bei essigsäurehaltigen Branntweinen auftreten, wenn es zu einer teilweisen Veresterung der Essigsäure mit Ethanol kommt, wobei Essigsäureäthylester und Wasser entsteht.

Dieser Ester führt zu einem unangenehmen fruchtähnlichen Geruch.

Essigfrüchte

sind vorgekochte und in Weinessig mit Zucker und Gewürzen eingelegte Früchte, meist Birnen und Pflaumen. Sie sind eine spezielle Art der → Obstkonserven.

Essiggaren

→ Garen.

Essiggärung

ist ein oxidativer Fermentationsprozeß, bei dem das Ethanol einer ethanolhaltigen Flüssigkeit durch Essigsäurebakterien der Gattungen *Acetobacter* und/oder *Gluconobacter* mittels Luftsauerstoff zu Essigsäure und Wasser in einer exothermen Reaktion oxidiert wird.

$$CH_3CH_2OH + O_2 \rightarrow CH_3COOH + H_2O$$

Der theoretische Mengenumsatz von 1 g Ethanol ist 1,3 g Essigsäure.

Essiggemüse

→ Sauergemüse.

Essigpilze

sind → Speisepilze, die in Essig eingelegt und für längere Zeit haltbar gemacht werden. Im allgemeinen erfolgt eine Vorbehandlung durch → Blanchieren und Einlegen in Salzwasser.

Essigsäure

ist eine Monocarbonsäure (Alkansäure) mit der Bruttoformel CH_3COOH (→ Monocarbonsäure). Sie wird durch mikrobielle Oxidation gewonnen und zählt zu den bedeutendsten organischen Säuren bei Lebensmitteln. Als Mikroorganismus wird *Acetobacter aceti* zur → Fermentation genutzt.

Essigsäureherstellung

erfolgt im wesentlichen nach zwei Grundverfahren: Fesselgärverfahren und submerses Gärverfahren. Für den Fermentationsprozeß ist generell von Bedeutung, daß die Essigsäurebakterien, insbesondere *Acetobacter sp.*, sehr empfindlich gegen Mangel an Sauerstoff, zu hohe Enthanolkonzentrationen sowie gegen Änderungen der Temperatur und Konzentration sind. Des weiteren muß eine Überoxidation verhindert werden. Diesen Zusammenhängen muß ein Fermentationsprozeß Rechnung tragen. *Fesselgärverfahren* sind Verfahren, bei denen die Essigsäurebakterien auf festen Trägern (Buchenholzrollspäne, Birkenreisig, Maiskolbenspindeln) immobilisiert sind, die sich in turmartigen Säulen einer Größe bis zu 50 m³ Spanraum mit darunter liegendem Sammelraum befinden. Die Maische wird von oben im Kreislauf in den Fermenter gepumpt und rieselt über die Füllkörper. Gefilterte Luft wird im Gegenstrom eingeblasen. Die Temperatur wird durch einen in den Kreislauf eingebauten → Wärmeaustauscher bei 26 - 28°C konstant gehalten. Beim *submersen Gärverfahren* wird die Luft feinblasig in die flüssige Maische eingetragen. Durch die etwa 1,2-fache theoretisch benötigte Sauerstoffmenge wird zwar das Absterben der Bakterien durch Sauerstoffunterversorgung vermieden, andererseits besteht die Gefahr der Überoxidation. Die Fermentationstemperatur liegt bei 31 ± 1°C. Die Essigsäurekonzentration steigt bis auf 15% bei einem Restalkohol von etwa 0,2 Vol.-%.

Essigsäuresynthese
kann auf verschiedene Weise erfolgen:
(1) Acetylen → Acetaldehyd → Essigsäure (Oxidation),
(2) Ethylen → Acetaldehyd → Essigsäure (Oxidation),
(3) höhere Kohlenwasserstoffe (C4 - C8) → Essigsäure (oxidativer Abbau),
(4) Methanol → Essigsäure (Carbonylierung)...
Der Rohessig wird durch → Destillation mit hoher Fraktioniersäule zu reiner Essigsäure aufbereitet.

Essigstich
entsteht, wenn → Maischen mit Essigsäurebakterien kontaminiert sind. Die dann gebildete Essigsäure geht als flüchtige Säure teilweise in das Destillat beim → Brennen über oder verursacht einen unangenehmen Geschmack im Wein bei der Weinherstellung. Einen E. kann Wein auch bei unsachgemäßer Lagerung bekommen. Die Beseitigung des E.'s kann bei Branntweinen mit Calciumcarbonat erfolgen, es bildet sich Calciumacetat und CO_2.

Esterasen
sind Hydrolasen, die Ester verseifen (→ Enzyme). Zu den E. gehören: Lipasen, Phosphatasen und Lecithinasen.

Esterifikation
bezeichnet die Veresterung funktioneller Gruppen von Fetten oder Polysacchariden mit anorganischen oder organischen Säuren. Bei Fetten läßt sich die E. als Umkehrreaktion der → Fettspaltung beschreiben. Da-

zu werden Fettsäuren und Glycerin miteinander umgesetzt (**Abb. 40**). Durch weitere Veresterung mit organischen Säuren lassen sich maßgeschneiderte → Emulgatoren herstellen. Neben Glycerin können weitere di- und polyfunktionelle Alkohole und Carbonsäuren esterifiziert werden, die als Emulgatoren Anwendung finden. Die E. wird großtechnisch mit und ohne Katalysatoren durchgeführt, wobei häufig Sulfonsäuren eingesetzt werden. Die vollständige Entfernung der Sulfonsäuren ist jedoch nicht möglich, so daß es zu dunklen Verfärbungen des Endproduktes kommt. Daneben werden Zinn und Zinnchlorid als Katalysatoren genutzt. Die E. kann auch auf enzymatischem Wege erfolgen. Dabei werden die freien Fettsäuren, eine Glycerin/Wasser-Lösung und Lipase im Gleichstromverfahren aneinander vorbeigeführt. Bei der E. von Polysacchariden sind → Stärkeester und → Alginatester von besonderer lebensmitteltechnologischer Bedeutung.

Estragon
(*Artemisia dragunculus L.*) ist ein Gewürz, dessen hauptsächliche Inhaltsstoffe ätherisches Öl mit Methylchavicol, Ocimen sowie Wachs, Sterine und Cumarine sind.

Etagentrockner
→ Kontakttrockner.

Evakuieren
ist das Erzeugen eines Vakuums.

Evaporieren
ist ein Begriff für → Verdampfen.

evaporierte Milch
ist ungezuckerte, eingedickte (evaporierte) → Kondensmilch.

Eviszeration
ist das Ausnehmen oder Entdärmen von Geflügel. Folgende Arbeitsgänge gehen der E. voraus:

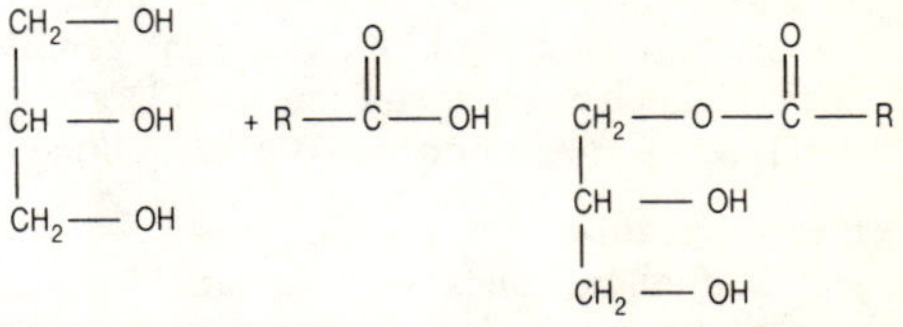

Glycerin   Fettsäuren   Monoglyceride

Bild 40. Chemische Reaktion der direkten Esterifikation

73

Exoenzyme

- Ausführung des Nackenhautschnittes entlang der Wirbelsäule bis zur Höhe des Brusteinganges,
- Umschneidung der Kloake und Herausziehen der Kloake mit dem Darmende,
- Aufschlitzen der Bauchwand durch einen Schnitt zum Brustbein.

Die E., das Herausnehmen des Eingeweidepaketes bestehend aus Därmen, Leber mit Gallenblase, Herz, Lungen, Magen, Vormagen und Kropf, kann nun manuell oder mittels Ausnehmemaschinen erfolgen.

Exoenzyme

bezeichnet man die von der Zelle ausgeschiedenen und somit extrazellulären Enzyme.

Exopeptidasen

sind eine Gruppe von → proteolytischen Enzymen, die Aminosäuren vom Ende der Peptidkette abspalten. Man unterscheidet: Aminopeptidasen (spalten am Aminoende) und Carboxypeptidasen (spalten am Carboxylende).

exotherm

ist die Bezeichnung für eine chemische Reaktion, die unter Wärmeentwicklung verläuft, so daß Wärme an die Umgebung abgegeben wird. Die entstehende Wärme bezeichnet man als Reaktionswärme.

Exotoxine

sind Proteine, die im Lebensmittel oder erst im menschlichen Organismus gebildet werden. E. wirken meist im Darmbereich (auch als Enterotoxine bezeichnet). Eine Ausnahme ist das von *Clostridium botulinum* gebildetete E., das auf das Nervensystem wirkt (Neurotoxin).

Expeller-Kakaobutter

→ Kakaobutter.

Exportbiere

sind untergärige helle, schwächer gehopfte Vollbiere mit einem → Stammwürzegehalt von mind. 12,5%. Die Bezeichnung wird geführt auch wenn diese Biere nicht für den Export bestimmt sind. Zu den E'n. gehören auch die hochvergorenen Biere vom Dortmunder Typ. → Biersorten, → Bierherstellung.

Extensogramm

Die Aufnahme eines E.'s ist eine Methode zur Bestimmung der mechanischen Klebereigenschaften, insbesondere Dehnbarkeit und Dehnwiderstand, von Mehlen. Das E. wird mittels Extensographen aufgenommen. Dabei wird aus dem zu untersuchenden Mehl unter standardisierten Bedingungen Teig hergestellt. Nach einer Teigruhe von 45, 90 und 135 Minuten wird je ein Teigstrang geformt, der im Extensographen bis zum Zerreißen gedehnt wird. Die aufgenommenen Kraft-Weg-Diagramme geben Auskunft über den Verlauf der Kleberentwicklung und somit u.a. über die erwartende Teigentwicklung, Gärtoleranz und das Gashaltevermögen. In Auswertung des E.'s ergeben sich

- die Energiezahl, als Flächeninhalt der Dehnungskurve, wobei gilt:
  > $120\,cm^2$ = gute Kleberqualität,
  < $100\,cm^2$ = geringe Kleberqualität;
- die Verhältniszahl, die sich ergibt als Quotient aus Dehnwiderstand und Basislänge, wobei gilt:
  > 4 = gute Kleberqualität,
  < 2 = geringe Kleberqualität.

Extrahieren

ist das Abtrennen oder Herauslösen von Bestandteilen aus Flüssigkeiten oder Feststoffen mit Hilfe eines Lösungsmittels, das den extrahierbaren Stoff aufnimmt. Man unterscheidet: Flüssig-Flüssig-Extraktion, Feststoff-Flüssig-Extraktion und Gas-Flüssig-Extraktion. **Abb. 41** zeigt schematisch einen einstufigen Extraktionsprozeß in einem → Rührkessel. Im einfachsten Fall sind an der Extraktion drei Komponenten, die Trägerphase T, der zu extrahierende Stoff C und das Lösungsmittel S beteiligt. Für die Darstellung des Lösungsgleichgewichtes läßt sich das Ostwald'sche Dreiecksdiagramm verwenden (**Abb. 42**). Die Eck-

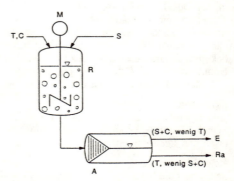

Bild 41. Schematische Darstellung eines einstufigen Extraktionsprozesses. *T* Trägerphase, *C* zu extrahierender Stoff, *S* Lösungsmittel, *M* Rührwerk, *A* Abscheider, *E* Extrakt, *Ra* Raffinat

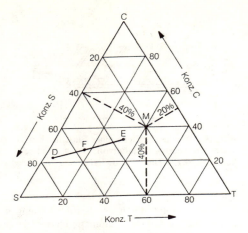

Bild 42. Ostwald'sches Dreiecksdiagramm

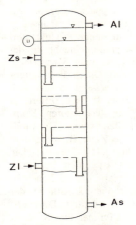

Bild 43. Statische Siebbodenkolonne zur Flüssig-Flüssig-Extraktion. *Zs* Zulauf schwerere Phase, *Zl* Zulauf leichtere Phase, *As* Ablauf schwerere Phase, *Al* Ablauf leichtere Phase

punkte entsprechen den jeweils reinen Stoffen. Die Länge der Lote entsprechen den Konzentrationen jeder Komponente (z.B. Punkt *M* mit $S = 40\%$, $C = 20\%$, $T = 40\%$). Zur kontinuierlichen Extraktion verwendet man → Reaktionskolonnen, wie z.B. statische Siebbodenkolonnen (**Abb. 43**). → Gleichstromextraktion, → Gegenstromextraktion

Extrakte
sind durch → Extrahieren gewonnene Stoffe.

Extraktion
→ Extrahieren.

Extraktion, überkritische
ist das → Extrahieren unter Verwendung eines → überkritischen Lösungsmittels, in der Lebensmittelverarbeitung meist CO_2. Sie wird vorwiegend als diskontinuierlicher Prozeß mit im Kreislauf geführtem Fluid durchgeführt. Es haben sich drei verfahrenstechnische Grundsysteme durchgesetzt: Abscheiden durch Druckänderung, Abscheiden durch Temperaturänderung und Abscheiden durch → Adsorption. Beim *Druckänderungsverfahren* werden die löslichen Komponenten vom Fluid mittels Pumpe aus dem Extraktionsbehälter über ein Drosselventil in den Abscheidebehälter transportiert. Dabei erfolgt eine Druckabsenkung auf unterkritische Bedingungen, wodurch die Dichte, und damit die Löslichkeit sinkt und der gelöste Stoff ausfällt. Das Gas wird rekomprimiert und wieder zurückgeführt. Beim *Temperaturänderungsverfahren* erfolgt die Phasentrennung von Fluid und gelöstem Stoff durch Temperaturänderung, die durch → Wärmeaustauscher herbeigeführt wird. Beim *Adsorptionsverfahren* wird der im fluiden Gas gelöste Stoff isobar und isotherm mittels eines Adsorbers, meist → Aktivkohle oder → Ionenaustauscher, abgeschieden. Dieser Prozeß wird angewendet, wenn das Lebensmittel von extrahierbaren Stoffen befreit werden soll (**Tab. 13**). Die überkritische E. wird darüber hinaus zur Gewinnung von Lebensmittelinhaltsstoffen genutzt (**Tab. 14**).

Extraktionsapparate
auch Extrakteure, können als diskontinuierlich und kontinuierlich arbeitende Apparate gestaltet sein und unterscheiden sich nach der Art der → Extraktion. E. zur Feststoffextraktion sind: → Rührkessel, Karussellextraktoren, Schneckenextraktoren u.a. E. zur

Tabelle 13. Entfernung von Stoffen durch überkritische Extraktion aus Lebensmitteln

Lebensmittel	Extrahierter Stoff
Kaffee, Tee	Coffein
Tabak	Nikotin
Proteine, Stärke, Enzyme	Entfettung
Lecithin	Reinigung
Eipulver, Butter	Cholesterol
Öle	Desodorisierung
Ätherische Öle	Entterpenisierung

Extraktionsentsaftung

Tabelle 14. Gewinnung von Lebensmittelinhaltsstoffen durch überkritische Extraktion

Lebensmittelrohstoff	Extraktionsprodukt
Hopfen	Hopfenextrakte
Gewürze	Extrakte aus Zimt, Anis, Paprika, Pfeffer, Vanille, Chilli, Muskat
Kaffee	Aromaöl
Früchte	Aromen, ätherische Öle
Kakao	Kakaobutter, entfettete Kakaomasse
Tabak	Aromastoffe

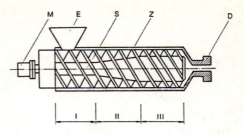

Bild 44. Prinzipdarstellung eines Einschneckenextruders. *M* Antrieb, *E* Einfüllvorrichtung, *S* Schnekke, *Z* Zylinder, *D* Düse, *I* Zone I, *II* Zone II, *III* Zone III

Flüssig/Flüssig-Extraktion sind: Extraktionskolonnen (→ Reaktionskolonne), Rührkessel u.a.

Extraktionsentsaftung

schließt sich in der Regel einem Vorentsaften von Früchten an. Im Gegensatz zum Preßentsaften muß bei der E. der im Zellinneren fixierte Saft an das Extraktionsmittel abgegeben werden. Wasser dient als Extraktionsmittel. Zur Erreichung einer Semipermeabilität der Zelle wird die Maische auf 60-65°C, 10 min. erwärmt. Die Saftbestandteile gelangen als Folge der → Diffusion in die flüssige Phase. Danach erfolgt eine Trennung von Saft und Extraktionsmittel. → Entsaften, → DDS-Extraktor.

Extraktionsturm

ist ein zur Rohsaftgewinnung im Zuckerherstellungsprozeß häufig verwendeter Apparat. Nach einem thermischen Zellaufschluß der Zuckerrübenschnitzel wird das Schnitzelsaftgemisch am Boden des E.'s eingebracht und mechanisch nach oben gefördert. Die Extraktionsflüssigkeit wird im Gegenstrom geführt. Am Boden tritt sie über ein Bodensieb aus und wird einem Wärmetauscher zugeführt. Die Extraktionszeit beträgt 70-75 min. → Extrahieren.

Extraktkaffee

ist ein Auszug aus Röstkaffee, bei dem als Lösungsmittel ausschließlich Wasser zugelassen ist. Er enthält als Trockenprodukt: < 1% Wasser, 25-45% Kohlenhydrate, < 1,5% Lipide, 10-15% Eiweißstoffe, 10-15% organische Säuren, 10-15% Mineralstoffe, 4-8% Alkaloide (meist Coffein), 15-30% Melanoidine und 0,2% Glykoside. In der Regel kommt E. in getrockneter Form in den Handel. Das

Trocknen erfolgt durch → Sprühtrocknung mit nachfolgenden → Agglomerieren oder → Gefriertrocknen.

Extruder

sind Apparate zum → Extrudieren. Sie werden als Ein- oder Doppelschneckenextruder gefertigt. Den prinzipiellen Aufbau zeigt **Abb. 44**. Das zu extrudierende Produkt wird über E in den Zylinder eingebracht. In der Zone I erfolgt das Einziehen, Vorwärmen, Entgasen und Verdichten. Durch die rotierende Bewegung der Schnecke wird das Produkt weiter in die Zone II transportiert. In ihr finden Prozesse wie Plastifizieren, Komprimieren, Durchmischen sowie Umwandlungsprozesse statt. Die Zone III dient dem Ausstoß über die Düse (150-200 bar). Die Wirksamkeit des E.'s ist durch konstruktive Parameter (Zylinder- und Schneckendurchmesser, Zylinderhöhe, Kanalhöhe der Schnecke, Kompressionsverhältnis, Düsenart) und Prozeßparameter (Temperatur, Scherintensität, Art der Rohmasse) bestimmt. Doppelschneckenextruder haben ein System ineinandergreifender Schnecken und wirken zwangsverdrängend auf das Produkt. Dadurch lassen sich höhere Drucke aufbauen. → Kochextruderprodukte.

Extrudieren

ist die Strukturveränderung von stückigen oder pastösen Gütern durch plötzliche Druckreduktion oder das kontinuierliche Ausformen eines plastischen oder fluiden Stoffes unter spezifischen Prozeßparametern durch eine Düse unter Änderung der physikalischen und teils auch chemischen Eigenschaften des Stoffsystems. Man unterscheidet: die Kaltextrusion und die Heißextrusion (auch Kochextrusion). Bei der Kaltextrusion stehen der Preß- und

Formprozeß im Vordergrund mit den Teilprozessen Fördern des Feststoffes, Plastifizieren und Auspressen der plastifizierten Masse. Die Heißextrusion ist neben der Formgebung an der Entstehung der produktspezifischen Eigenschaften unmittelbar beteiligt.

Extrusionsprodukte

sind Produkte, die aus Rohstoffen mit meist hohem Stärkegehalt durch → Extrudieren hergestellt werden. Dazu werden die rieselfähigen Rohstoffe mit Flüssigkeit angeteigt und dem → Extruder zugeführt. Die dort entstehenden hohen Temperaturen führen zur Bildung eines hochviskosen plastischen Teiges, in dem die Stärke verkleistert vorliegt. Durch die Druckentlastung beim Austritt aus dem Extruder kommt es zur schlagartigen Verdampfung des überhitzten Wassers, wodurch eine schaumige Porenstruktur entsteht, die sich mit der Abkühlung verfestigt.

F

F-Wert

ist eine prozeßbeschreibende Größe, bei der → Sterilisation von Lebensmitteln, ausgedrückt in min. Die Zeit, die zur vollständigen Sterilisation eines Produktes bei 121,1°C (= 250°F) benötigt wird, ist der F_o-Wert. Setzt man im Rahmen des 12-D_r-Konzeptes $t_1 = F_o$ ($T_1 = 121,1$°C) und $t_2 = F_i$ gleich der bei einer beliebigen Temperatur T_2 angewandten Erhitzungszeit, so läßt sie sich auf die der Temperatur 121,1°C äquivalente Erhitzungszeit F_o umrechnen:

$$F_o = F_i \cdot 10^{(T_2 - 121,1)/z}$$

D.h. F_i ist die Sterilisationszeit bei der Temperatur T_2, die in ihrem Abtötungseffekt einer Behandlungszeit F_o bei 121,1°C entspricht. Der Ausdruck $10^{(T_2 - 121,1)/z} = \frac{1}{F_i}$ wird als Letalitätswert (L-Wert) bezeichnet. Er gibt den Abtötungseffekt während einer einminütigen Hitzeeinwirkung bei einer bestimmten Temperatur auf eine Mikroorganismenpopulation mit definierter Hitzeresistenz an. Er wird ausgedrückt als Bruch des Abtötungseffektes, der während einer einminütigen Einwirkung von 121,1°C auftreten würde.

$$L = 10^{\frac{T - 121,1}{z}}$$

Der Zusammenhang zwischen F- und L-Wert ist gegeben durch:

$$F_0 = \int_{t_0}^{t} L(t)dt = \int_{t_0}^{t} \frac{1}{F_i} dt$$

Fadenziehen

ist ein Teig- und Gebäckfehler, der durch *Bacillus sp.* verursacht wird.

fakultativ anaerob

sind Organismen, die optimal → aerob wachsen, jedoch bei Abwesenheit von Sauerstoff ihren Stoffwechsel auf Gärung umschalten.

Falzparameter

→ Leckagen.

Fallstromverdampfer

→ Rohrverdampfer.

Fallzahl

nach Hagberg/Perten dient zur α-Amylase-Aktivitätsbestimmmung von Mehlen. Die Methode beruht auf der Verkleisterung einer wäßrigen Mehlsuspension im kochenden Wasserbad und der nachfolgenden Messung des Grades der Verflüssigung der Stärke als Folge der α-Amylase-Aktivität. Die Gesamtzeit in Sekunden vom Eintauchen der Viskosimeterröhre in das Wasserbad bis zum Einsinken des Rührviskosimeters in die verkleisterte Suspension wird als F. bezeichnet. → Amylogramm

färbende Lebensmittel

sind Lebensmittel mit kräftiger Eigenfarbe. Sie sind keine → Zusatzstoffe. Es sind meist Fruchtkonzentrate (Kirschen, Heidelbeeren, Rote Bete) oder Gewürze (Safran, rotes Sandelholz, → Curcuma). Neue gesetzliche Regelung im EG-Lebensmittelrecht in Vorbereitung.

Farbmalz

ist ein bei erhöhten Temperaturen geröstetes Malz. Es wird bei der Herstellung von dunklen Bieren in Mengen von etwa 2% dem normalen Malz zugesetzt, um die eine dunklere Färbung des → Bieres zu erreichen.

Farbstoffe

sind → Zusatzstoffe, die geeignet sind, Lebensmittel zu färben. Sie sind in der Zusatzstoff-Zulassungs-VO festgelegt. Wichtige F. sind β-Carotin, → Zuckerkulör, → Chlorophylle, Bixin, Anthocyane u.a. Sie sollen dem Produkt eine psychologisch erwünschte, appetitanregende Farbe verleihen. Eine andere Funktion ist die Erhaltung, Wiederherstellung oder Intensivierung eines natürlichen Farbtones. Lösliche Farbstoffe entfalten infolge ihrer molekularen Auflösung ihre Farbkraft. Unlösliche Farbstoffe werden in extrem feinen Pulvern eingesetzt, um eine gleichmäßige Verteilung zu erreichen. F. werden zur Herstellung von Lachsersatz, Fischrogenerzeugnissen, → Obstkonserven, → Konfitüre, Getränken, Dessertspeisen, → Süßwaren, → Margarine u.a. verwendet.

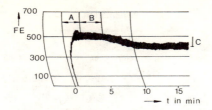

Bild 45. Farinogramm. *A* Teigentwicklungszeit,
B Teigstabilität, *C* Erweichungsgrad

Farin

ist ein feinkristalliner, gelber bis dunkelbrauner Zucker, der aus Zuckerablaufsirup hergestellt wird. Anwendung für Backwaren und Bonbons.

Farinogramm

dient zur Bestimmung der rheologischen Eigenschaften von Teigen. Dabei wird in einem Kraft-Zeit-Diagramm die erforderliche Wasseraufnahme eines Mehles bis zum Erreichen einer definierten Konsistenz (Normalkonsistenz) gemessen. Die Messung erfolgt mit einem Farinographen. Aus dem F. kann man die Teigentwicklungszeit, die Teigstabilität und den Erweichungsgrad des Teiges entnehmen. Ein Beispiel für ein F. ist in **Abb. 45** dargestellt. Kleberstarke Mehle nehmen mehr Wasser auf und zeigen eine längere Teigentwicklung und -stabilität als kleberschwache Mehle.

Farinograph

→ Farinogramm.

Federweißer

(syn.: Sauser, Bitzler) ist der noch hefetrübe junge Wein nach der Hauptgärung. F. enthält CO_2 und noch viel Zucker.

Federzahl

gibt den Höchstwert des natürlicherweise bei Fleisch vorkommenden Verhältnisses von fleischeigenem Wasser zu Eiweiß an. Beispiele: Rindfleisch 4,0, Schweinefleisch 4,5.

Fehlbohnen

sind Rohkaffeebohnen, die von der normalen Rohkaffeebohne starke Abweichungen zeigen, wie Wachsbohnen (ungenügende Trocknung), Grasbohnen (unreife Kaffeekirschen), schwarze Bohnen (unreife Kaffeekirschen), Frostbohnen (durch Kälte dunkel gefärbt), rote Bohnen (eingetrocknete Pulpe oder Roterde) und Springer (überhitzt bei nasser

Aufarbeitung). Ferner können F. entstehen durch Insekten, Hagelschäden, zu schnelle ungleichmäßige Trocknung.

Fehler

F ist die Abweichung zwischen dem angezeigten oder abgelesenen Meßwert x_a und dem tatsächlichen (realen) Wert x_r:

$$F = x_a - x_r$$

bzw. zwischen dem Istwert *I* und dem Sollwert *S*:

$$F = I - S.$$

Feinbrand

entsteht aus der zweiten → Destillation, bei der mehrere gesammelte → Abtriebe einer reinen Flüssigkeitsdestillation unterzogen werden. Er ist die Grundlage für die Herstellung trinkfertiger Branntweine.

Feine Backwaren

sind Backwaren, die 90 Gewichtsteile Mahlerzeugnisse aus Getreide oder sonstigen mehlartigen Stoffen und mindestens 10 Gewichtsanteile Zucker und/oder Fettstoffe enthalten. Außerdem können weitere Backzutaten (Ei, Milch, Gewürze, Früchte, Mohn, Sirup) zugegeben werden. Man unterscheidet → Frischbackwaren, z.B. Backwaren aus → Hefeteig, → Blätterteig, → Mürbeteig, → Plunderteig, → Biskuitmasse, → Brandmasse, → Sandmasse,→ Wiener Masse und → Dauerbackwaren wie z.B. → Kekse, → Kräcker, → Laugengebäck, → Lebkuchen und lebkuchenartige Gebäcke, Makronendauergebäck, → Backoblaten, Waffeldauergebäck, → Zwieback, → Baiser.

Feinkosterzeugnisse

sind Lebensmittel ohne besondere lebensmittelrechtliche Bestimmungen, die dazu bestimmt sind, besonderen Ansprüchen bezüglich der Auswahl und Kombination der Rohstoffe in Bezug auf Geschmack, äußere Beschaffenheit, Seltenheit, besondere Wertschätzung unter Berücksichtigung nationaler Gepflogenheiten sowie durch ansprechende Verpackung zu entsprechen. Sie müssen sich in der Zusammensetzung und der Güte von vergleichbaren Lebensmitteln der gleichen Warengruppe deutlich unterscheiden. F. können damit nahezu jeder Warengruppe angehören, wie z.B.: → Fleischerzeugnisse, → Fisch und → Fischerzeugnisse, Krusten-, Schalen-,

Feinkostsalate

Weichtiere und Erzeugnisse daraus, → Suppen, Soßen, → Feinkostsalate, Würzmittel (Würzsoßen, Würzpasten, Speisewürzen) u.a. Typische F. sind: → Mayonnaise, → Salatmayonnaise, → Remoulade, → Feinkostsalate (Rindfleischsalat, Ochsenmaulsalat, Fischsalat), nicht emulgierte Soßen, wie → Cumberlandsoße, → Tomatenketchup, → Worchestersoße, Feinkostpasteten, Ragout fin, Hummer, → Kaviar u.v.a.

Feinkostsalate

sind → Feinkosterzeugnisse, die als verzehrsfertige Zubereitungen von Fleisch- und Fischteilen, Eiern, Gemüse, Pilz- und Obstzubereitungen, einschließlich Kartoffelsalat sowie mit → Mayonnaise oder Salatmayonnaise oder einer anderen würzenden Soße oder mit Öl und Essig und würzenden Zutaten zusammengestellt sind. Die Zusammensetzungen von F.'n variieren auch bei gleichnamigen Erzeugnisse zum Teil erheblich. Für eine Reihe von F.'n gelten jedoch Mindestanforderungen (**Tab. 15**). Die Bezeichnungen „Delikateß-", „feiner" o.ä. schreiben höhere Anteile der namengebenden Zutaten vor.

Fenchel

(*Foeniculum vulgare Mill.*) ist ein Gewürz, dessen hauptsächliche Inhaltsstoffe ätherisches Öl mit Anethol, Fenchon, Methylchavicol sowie Zuckerstoffe sind.

Fermentation

ist die Hauptprozeßeinheit bei biotechnologischen Verfahren. In ihr erfolgt die bio-

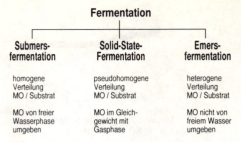

Bild 46. Grundsysteme der Fermentation

katalytische Reaktion. In Abhängigkeit von der Relation zwischen Biokatalysator (in den meisten Fällen Mikroorganismen und Substrat unterscheidet man Subermsfermentation, Solid-State-Fermentation und Emersfermentation (**Abb. 46**).

Fermenter

sind → Reaktoren, in denen biochemische Reaktionen mittels aktiver biologischer Systeme durchgeführt werden (→ Fermentieren). Eine Klassifizierung erfolgt nach der Art der Verfahrensführung in diskontinuierlich und kontinuierlich arbeitende F., nach konstruktiven Merkmalen im Rührfermenter, Turmfermenter, Tauchstrahlfermenter u.a., nach dem Fermentationsgrundprinzip in Submers-, Solid-State- und Emersfermenter oder insbesondere im Lebensmittelbereich nach dem Applikationsgebiet in → Rahmreifer, → Käsefertiger, Gärtank, Maischebottich u.a. Allgemein hat sich eine Unterteilung nach dem Fermentationsgrundprinzip durchgesetzt (**Tab. 16**).

Fermentieren

bezeichnet den Ablauf biochemischer Reaktionen mittels aktiver biologischer Systeme, wie Mikroorganismen, pflanzlicher und tierischer Zellkulturen und Enzyme mit dem Ziel der Stoffumwandlung (Biotransformation), der Stoffsynthese, der Enzym- oder der Biomassegewinnung. Wichtige durch F. hergestellte Produkte im Lebensmittelbereich sind: (1) alkoholische Getränke (Bier, Wein, Sekt, Spirituosen), (2) nichtalkoholische fermentierte Lebensmittel (Sauermilcherzeugnisse, Käse, Sauerteig, Rohwurst, Sojasoße, Speiseessig, Miso, Sauerkraut), (3) Biomasse (Bäckerhefe, Single Cell Protein, Starterkulturen), (4) organische Säuren (Citronensäure, Milchsäure, Gluconsäure), (5) Aminosäuren (L-Glutaminsäure, L-Lysin, Asparaginsäure, Ascorbinsäure), (6) Enzyme (Amylase, Glu-

Tabelle 15. Mindestgehalte des namengebenden Bestandteils einiger Feinkostsalate

Salat	Bestandteil	Mindestgehalt in %
Fleischsalat	Fleisch	25
	Mayonnaise	40
Rindfleischsalat	Rindfleisch	20
Ochsenmaulsalat	Rindermaul	50
Geflügelsalat	Geflügelfleisch	25
Wildsalat	Wildfleisch	20
Fischsalat	Fischteile	20
Heringssalat	Hering	20
	Mayonnaise	25
Matjessalat	Matjesfilet	50
Krabbensalat	Garnelenfleisch	40

Tabelle 16. Klassifizierung der Fermenter nach dem Fermentationsgrundprinzip

Fermentationsgrundprinzip	Fermenter
Submersfermenter	Rührkesselreaktor, Schlaufenreaktor, (Umwurfreaktor), Tauchstrahlreaktor, Blasensäule, Füllkörperkolonne, Turmfermenter, Wirbelschichtreaktor (flüssig-fest)
Solid-State-Fermenter	Festbettreaktor, Wirbelschichtreaktor, Moved bed reactor (bewegtes Festbett)
Emersfermenter	Gärtassenfermenter, Siebbodendurchlauffermenter, Membranreaktoren

coamylase, Lipasen, Proteasen, Lactase, Glucoseisomerase), (7) andere Produkte (mikrobielle Polysaccharide, Vitamine, Aromen, Carotinoide).

Fertigmehle
sind Mischungen von sämtlichen notwendigen und haltbaren Bestandteilen der Rezeptur zum Herstellen von → Backwaren.

Fertigsauer
ist ein anderer Begriff für → Trockensauer. → Teigsäuerungsmittel.

Festbettreaktor
ist ein → Reaktor, gefüllt mit einer Feststoffschüttung. Auf den Partikeln sind zur Durchführung → mikrobieller Prozesse Mikroorganismen oder Enzyme immobilisiert (**Abb. 47**). Das klassische Anwendungsbeispiel ist die Kompostierung. Vielfach ist jedoch die Bewegung der Schüttung zur Vermeidung von Agglomerationen erforderlich. Dies wird durch bewegbare Inneneinbauten, drehbare Trommelfermenter oder durch Swing-Solid-State-Fermenter, bei denen sich das Reaktionsgefäß nach einer definierten Unwuchtkinematik bewegt, erreicht.

Festigungsmittel
sind Verbindungen, die gegen Texturveränderungen pflanzlicher Produkte eingesetzt werden. Die Festigkeit der Produkte wird heraufgesetzt, in dem die Calciumsalze mit Pektinstoffen pflanzlicher Gewebe Calciumpektinate

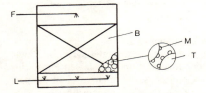

Bild 47. Festbettreaktor
[*Beschriftung hier*]

bilden. Die Wirkung beruht auf einem osmotischen Effekt auf die Pflanzenzelle.

Feta-Käse
ist ein → Labkäse, ursprünglich in Griechenland aus Schafmilch, heute auch aus Kuh- und Ziegenmilch oder Mischungen verschiedener Milch hergestellt, der in einer Salzlake 4-6 Wochen reift und in ihr gelagert wird. Seine Herstellung entspricht bis zum Einbringen in die Salzlake im wesentlichen der der Weichkäseherstellung. F.-Käse läßt sich auch molkenablauffrei unter Anwendung der → Ultrafiltration herstellen. Dazu wird die Milch im Fettgehalt auf 3,6% eingestellt, anschließend kurzzeiterhitzt und bei 48°C bis zu einem Konzentrationsverhältnis von 1:5,1 ultrafiltriert. Das Konzentrat wird bei 77°C homogenisiert, auf 28°C abgekühlt und mit 3% einer mesophilen Käsereikultur und einem → Gerinnungsenzym versetzt. Das Koagulat bildet sich bei einem pH-Wert von 4,8, es wird geschnitten und trockengesalzt (→ Trockensalzen) sowie während der Reifung gewendet. Der F.-Käse enthält etwa 40 % F.i.T., 55-57% Wasser und 3% NaCl. → Weichkäse.

Fett-Emulgier-Verfahren
ist ein → Butterungsverfahren, bei dem die Zerstörung der Fettkügelchenhüllen bei Temperaturen über dem Erstarrungsbereich erfolgt, so daß flüssiges Fett entsteht, das durch einen Separator auf einen definierten Fettgehalt konzentriert und anschließend tiefgekühlt wird. Es entsteht ein starres Fettkonzentrat, die Butter. Wird in das Fettkonzentrat Säuerungskultur eingeknetet, so bildet sich nach 4 bis 10 Tagen ein Sauerrahmbuttercharakter aus. Es sind vor allem zwei Verfahren dieses Prinzips in den USA bekannt geworden: das Gold'n flow-Verfahren (Cherry-Burrel-Verfahren) und das Creamery-Package-Verfahren.

Fette
(Lipide) sind Ester, gebildet aus Glycerin und → Fettsäuren. Rohe Speisefette bestehen zu

Fette, gehärtete

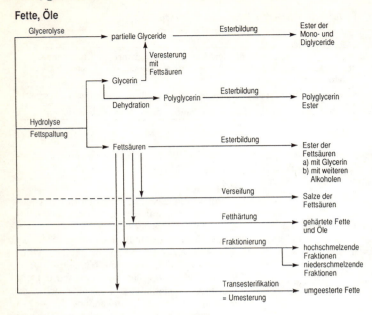

Bild 48. Verfahren der Modifikation von Fetten und ihre Derivate

etwa 97% aus Triglyceriden. Sie sind bei 20°C fest, streichfähig oder plastisch. Bei 20°C flüssige F. werden Öle genannt. Sie sind wesentlicher Energielieferant (1 g Fett = 38 kJ) und versorgen den Organismus mit essentiellen → Fettsäuren und fettlöslichen → Vitaminen. Sie werden überwiegend aus fettreichen tierischen und pflanzlichen Gewebe gewonnen und entweder direkt oder nach Raffination und/oder weiteren technologischen Prozessen als Lebensmittel verwendet. **Tab. 17** gibt eine Übersicht zur Einteilung der Nahrungsfette.

Fette, gehärtete
nennt man Speisefette, die Bestandteile enthalten, die durch Härtung von → Speiseölen entstanden.

Fette, modifizierte
sind Speisefette und -öle, die durch chemische, physikalische oder biotechnologische Verfahren in ihrer Zusammensetzung oder chemischen Struktur verändert werden. Die Modifizierung dient der Herstellung von Lebensmitteln oder Lebensmittelbestandteilen, die funktionelle Eigenschaften besitzen. Die Verfahren der Modifikation und ihre Derivate sind in **Abb. 48** übersichtsmäßig zusammengestellt.

Tabelle 17. Einteilung der Nahrungsfette

Natürliche Fette		
Tierfette	Landtierfette	Körperfette Milchfette
	Seetierfette	Körperfette Leberfette
Pflanzenfette	Fruchtfleischfette Samenfette	

Künstlich veränderte Fette
Fraktionierte Fette
Fettmischungen
Umgeesterte Fette
Hydrierte Fette
Emulgierte Fette

Fettfraktionierung
ist die Verteilung bestimmter Glyceride zwischen der flüssigen und der festen Phase des Fett/Öl-Gemisches, d.h., man erreicht die partielle → Kristallisation in einer flüssigen Phase. Die Nukleation und das Wachstum der Kristallkeime beruhen auf der durch das → Abkühlen erzielten Übersättigung der Lösung.

82

Fettfraktionierungsverfahren

lassen sich in drei Gruppen unterteilen: Trockenfraktionierung, Netzmittelfraktionierung und Fraktionierung mit Lösungsmitteln. Die *Trockenfraktionierung* beruht auf der Abkühlung der Schmelze unter kontrollierten Bedingungen mit anschließender mechanischer Abtrennung der festen → Phase, ohne daß eine Zugabe von chemischen Hilfsstoffen erfolgt. Bei der *Netzmittelfraktionierung* werden die flüssige und die feste Phase erst nach der Zugabe einer wäßrigen Detergenzien-/Elektrolytlösung voneinander getrennt. Das *Fraktionieren mit Lösungsmitteln* ist wesentlich aufwendiger als die erstgenannten Verfahren. Als Lösungsmittel wird meist Aceton verwendet.

Fettglasuren

(Fettglasurmassen) sind → Zuckerwaren, bestehend aus → Zucker, → Speisefetten, → Lecithin, geschmacksgebenden Lebensmitteln und Kakaobestandteilen (Kakaoglasuren) oder ohne diese mit anderer Geschmacksgebung und Farbstoffen. Weiße F. enthalten statt → Kakaopulver → Milchpulver. In der Regel werden als Kakaobestandteile stark entölte Kakaopulver verwendet. Ihre Herstellung entspricht der der → Schokoladenherstellung mit Mischen der Komponenten, Feinzerkleinerung, wobei nur in Einzelfällen ein → Conchieren vorgenommen wird. F. haben bei Verarbeitung einfacher Konsumfette gegenüber → Schokolade einen deutlich schlechteren Schmelz. F. werden zum Überziehen von → Frisch- und → Dauerbackwaren, Konditoreierzeugnissen und → Speiseeis verwendet.

Fetthärtung

auch Hydrierung, ist ein Verfahren zur gezielten Änderung der ungesättigten Fettsäuren durch Anlagerung von Wasserstoff, so daß gesättigte Fettsäuren entstehen. Die chemische Grundreaktion lautet:

$$- CH = CH - \xrightarrow[\text{Katalysator}]{H_2} - CH_2\text{-}CH_2$$

Das Ziel der F. besteht in der Erhöhung des Schmelzpunktes. Den Verfahrensablauf zeigt **Abb. 49**. Die F. erfolgt in einem Hydrierautoklaven (**Abb. 50**). Hydriert wird bei Temperaturen von 150 - 220°C. Der Wasserstoffdruck beträgt 0,3 - 3,0 bar. Nach Beendigung der F. wird das Produkt auf etwa 90°C gekühlt und filtriert. Anschließend werden die freien Fettsäuren mit NaOH entsäuert, mit Ak-

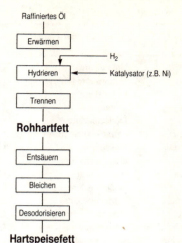

Bild 49. Verfahrensablauf der Fetthärtung

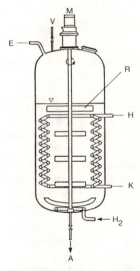

Bild 50. Schematische Darstellung eines Hydrierautoklaven *M* Antrieb, *E* Eintritt Öl, Katalysator, *V* Ventil, *H* Heizdampfeintritt, *K* Kondensat, *A* Auslaß zur Filterpresse, *R* Rührwerk

tivkohle oder Naturerden gebleicht und durch eine Vakuum-Wasserdampf-Destillation desodorisiert. Es werden auch Verfahren zur industriellen Nutzung der mikrobiellen Hydrierung diskutiert, wenngleich es noch eine Reihe ungelöster Fragen gibt. Diese F. läuft in zwei

Fetthering

Tabelle 18. Wichtige Fettsäuren

Trivialname	Systematischer Name	Bruttoformel	Konfiguration	Zustand bei Raumtemperatur
Buttersäure	Butansäure	$C_4 H_8 O_2$	gesättigt	flüssig
Carpronsäure	Hexansäure	$C_6 H_{12} O_2$	gesättigt	flüssig
Caprylsäure	Octansäure	$C_8 H_{16} O_2$	gesättigt	flüssig
Caprinsäure	Decansäure	$C_{10} H_{20} O_2$	gesättigt	fest
Laurinsäure	Dodecansäure	$C_{12} H_{24} O_2$	gesättigt	fest
Myristinsäure	Tetradecansäure	$C_{14} H_{28} O_2$	gesättigt	fest
Palmitinsäure	Hexadecansäure	$C_{16} H_{32} O_2$	gesättigt	fest
Stearinsäure	Octadecansäure	$C_{18} H_{36} O_2$	gesättigt	fest
Arachinsäure	Eicosansäure	$C_{20} H_{40} O_2$	gesättigt	fest
Behensäure	Docosansäure	$C_{22} H_{44} O_2$	gesättigt	fest
Lignocerinsäure	Tetracosansäure	$C_{24} H_{48} O_2$	gesättigt	fest
Cerotinsäure	Hexacosansäure	$C_{26} H_{52} O_2$	gesättigt	fest
Caproleinsäure	Decensäure	$C_{10} H_{18} O_2$	ungesättigt	flüssig/fest
Myristoleinsäure	Tetradecensäure	$C_{14} H_{26} O_2$	ungesättigt	flüssig/fest
Palmitoleinsäure	Hexadecensäure	$C_{16} H_{30} O_2$	ungesättigt	flüssig/fest
Ölsäure	Octadecensäure	$C_{18} H_{34} O_2$	ungesättigt	flüssig/fest
Linolsäure	Octadecadiensäure	$C_{18} H_{30} O_2$	ungesättigt	flüssig
Linolensäure	Octadecatriensäure	$C_{18} H_{32} O_2$	ungesättigt	flüssig
Arachidonsäure	Eicosatetraensäure	$C_{20} H_{32} O_2$	ungesättigt	fest

Stufen ab: Reduktion der Trien- und Diensysteme; Reduktion der Monoene.

Fetthering
wird aus frischem fettem, gekehltem und hartgesalzenem Hering, ohne äußerlich erkennbaren Ansatz von Milch oder Rogen, hergestellt.

Fettkonzentrat-Kühlverfahren
auch Separierverfahren, ist ein → Butterungsverfahren, bei dem der Rahm durch ein- oder zweimaliges Entrahmen auf einen definierten Fettgehalt eingestellt wird und durch Kühlung des Fettkonzentrates eine Phasenumkehr, verbunden mit einer mehrstufigen Fettkristallisation, herbeigeführt wird. Durch Zugabe von → Emulgatoren zur Herabsetzung der Grenzflächenspannung kann Butter mit einem Wassergehalt von 45 - 50% hergestellt werden.

Fettreife
bezeichnet die Oberflächenveränderung bei massiven oder gefüllten Schokoladenerzeugnissen durch die Ausbildung einer filmartigen Schicht mikroskopisch kleiner Fettkristalle. → Schokolade.

Fettsäuren
sind Monocarbonsäuren mit 4 bis 24 C-Atomen. Ihre Klassifizierung erfolgt nach der Kettenlänge und der Anzahl, Position und Konfiguration (cis-trans-Stellung) der Doppelbindung sowie nach den Vorkommen von funktionellen Gruppen. Danach unterscheidet man gesättigte F., $CH_3 (CH_2)_n$ COOH und ungesättigte F., $CH_3(CH_2)_n$ CH = CH $(CH_2)_m$ COOH. Die natürlich vorkommenden F. sind fast ausschließlich gradkettig und gradzahlig. Im Gegensatz zu den gesättigten F. enthalten die ungesättigten F. ein bis sechs Doppelbindungen. Die meisten ungesättigten F. liegen in natürlichen Fetten in all-cis-Form vor. Die essentiellen ungesättigten F. unterscheiden sich von den anderen ungesättigten F. im allgemeinen durch die Anzahl (meist zwei bis vier) und die Stellung ihrer Doppelbindungen. Von besonderer ernährungsphysiologischer Bedeutung sind die Linolsäure und die Linolensäure. **Tab. 18** enthält die wichtigsten F.

Fettspaltung
auch Hydrolyse, ist ein Verfahren zur Modifizierung von Fetten und Ölen (→ Fette, modifizierte). Primär ist die Aufspaltung des Triglycerides und die anschließende Aufarbeitung der Spaltprodukte Fettsäure und Glycerin. Das Gleichgewicht der reversiblen Reaktion wird durch hohe Temperaturen und hohen Druck unter Wasserüberschuß verschoben. Großtechnisch wird die

Hochdruck-Dampfspaltung angewendet, bei der die Dampf- und Fettphase bei etwa 250°C und 60 bar kontinuierlich im Gegenstrom geführt wird. Über die Variation der Prozeßbedingungen läßt sich eine partielle Fettspaltung durchführen, so daß verschiedene Anteile von Mono-, Di- und Triglyceriden sowie Glycerin entstehen. Die F. wird durch Säuren katalysiert. Die gewonnenen Fettsäuren werden mittels Neutralisation, → Esterifikation, → Amidation, Ethoxylation oder Kondensation in oberflächenaktive Substanzen, wie Seifen, Mono- und Diglyceride, Zuckerester, Alkanoloide, Polyglycole und Imidazole umgewandelt. Eine Übersicht über Fettsäuren und ihre Derivate gibt **Abb. 51**. Die F. ist auch enzymatisch durch Lipasen möglich.

Fettstufen
Die Angabe der F. bei Käse bezieht sich auf den Fettgehalt in der Trockenmasse (F.i.T.). Danach unterscheidet man:

Magerstufe	< 10% F.i.T.,
Viertelfettstufe	≥ 10% F.i.T.,
Halbfettstufe	≥ 20% F.i.T.,
Dreiviertelfettstufe	≥ 30% F.i.T.,
Fettstufe	≥ 40% F.i.T.,
Vollfettstufe	≥ 45% F.i.T.,
Rahmstufe	≥ 50% F.i.T.,
Doppelrahmstufe	≥ 60 - 85% F.i.T.

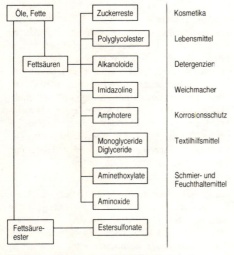

Bild 51. Fettsäuren und ihre Derivate

Feuchthaltemittel
sind hygroskopische Verbindungen, die Lebensmitteln zugesetzt werden, bei denen durch Wasserentzug eine Konsistenzveränderung und damit Qualitätsminderung möglich wird. F. haben die Aufgabe, die Wasseraktivität des Lebensmittels zur regulieren und verhindern in → Süßwaren ein → Auskristallisieren von Zucker. Sie tragen dazu bei, eine weiche, kaufähige Struktur zu erhalten. Sie werden zur Herstellung von → Marzipan, → Süßwaren, → Backwaren u.a. verwendet.

Feuchtigkeitsgleichgewicht
stellt einen → Zustand dar, bei dem der Wassergehalt der Umgebungsatmosphäre im Gleichgewicht mit der Feuchtigkeit des Produktes steht, so daß kein flüssigkeitsbedingter → Stofftransport stattfindet. Das F. ist bedeutsam für die Lagerung von Lebensmitteln, da es weder ein Austrocknen noch ein Feuchtwerden des Produktes gewährleistet.

Fibrin
ist ein faserstoffähnliches Eiweiß, das aus dem Fibrinogen bei der → Blutgerinnung gebildet wird.

Fibrinogen
ist das Blutplasmaeiweiß, das bei der → Blutgerinnung in → Fibrin umgewandelt wird. Es ist im Blut mit etwa 0,25% enthalten.

Fick'sches Gesetz
→ Stofftransport, → Diffusion.

Filtrationsenzyme
sind Enzympräparate, die → pektolytische Enzyme enthalten und dadurch den raschen Abbau von Pektinen in → Maischen bewirken. Dadurch kommt es zur Viskositätsverringerung und damit leichteren Filtrierbarkeit der Säfte.

Filtrieren
ist das Trennen der dispersen Phase von der kontinuierlichen Phase durch das Zusammenwirken von Filtermittel und Dispersion. Man unterscheidet: Kuchenfiltration, Oberflächenfiltration und Tiefenfiltration (**Abb. 52**). Es gilt für einen Flüssigkeitsdurchsatz $\dot{V}$ bei laminarer Strömung durch ein poröses Haufwerk mit der Durchlässigkeit B_o, dem Widerstand des Filtermittels R_o, dem Widerstandsbeiwert α des Kuchens und der Kuchenhöhe h_K, der Filterfläche A, der Viskosität η und der Druck-

Fingerrührer

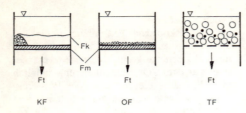

Bild 52. Wirkprinzipien mechanischer Filtrations-
prozesse. *Fk* Filterkuchen, *Fm* Filtermittel, *Ft* Filtrat, *KF* Kuchenfiltration, *OF* Oberflächenfiltration,
TF Tiefenfiltration

Tabelle 19. Zusammensetzung verschiedener
Fischarten in %

Fischart	Wasser-gehalt	Pro-tein	Fett	Mineral-stoffe	eßbarer Anteil
Aal	60	13	26	1,0	70
Karpfen	73	18	7	1,2	56
Lachs	66	20	13	1,0	64
Forelle	78	19	2	1,2	52
Hering	65	16	17	1,2	66
Thunfisch	62	21	17	1,0	60
Schellfisch	81	18	0,1	1,0	58
Kabeljau	82	17	0,2	1,0	56

differenz Δp:

$$\dot{V} = \frac{A \cdot B_o}{\eta} \cdot \frac{dp}{dl} = \frac{A \cdot \Delta p}{\eta(\alpha h_K + R_o)}$$

Fingerrührer
→ Rührer.

Finne
ist die Bezeichnung für Bandwurmlarven.

Finisher
ist die Bezeichnung für eine Passiermaschi-
ne bei der Citrussaftherstellung. Im F. erfolgt
die Trennung von Samen und großen Pulpe-
bestandteilen vom Saft.

Fisch
Aufgrund der wertvollen ernährungsphysio-
logischen Zusammensetzung, die charakteri-
siert ist durch hohen Eiweißanteil, leichtver-
dauliche Fette, hohen Anteil fettlöslicher Vi-
tamine und Mineralstoffe, spielen Fisch und
Fischerzeugnisse eine bedeutende Rolle für
die menschliche Ernährung. Man unterschei-
det:
- Seefische:
  Heringsfische, (Hering, Sprotte, Sardelle,
  Sardine),
  Haie,
  Dorschfische (Seehecht, Köhler, Merlan),
  Barschartige Fische (Thunfisch, Makrele),
  Plattfische (Flunder, Heilbutt, See-, Rotzun-
  ge);
- Süßwasserfische:
  Karpfen, Schleie, Brasse, Plötze, Aale,
  Lachsfische (Lachs, Forelle).
Die Zusammensetzung der verschiedenen
Fischarten ist der **Tab. 19** zu entnehmen.

Fischbandwurm
(*Diphyllobothrium latum*) ist ein Parasit, dessen Finnen in der Muskulatur und den Ein-
geweiden vorwiegend von → Süßwasserfi-

schen vorkommen. Durch Rohverzehr dieser
Fische ist die Übertragung auf den Menschen
möglich.

Fischdauerkonserven
sind Erzeugnisse aus Frischfisch, gefrorenen
oder tiefgefrorenen Fischen oder Fischteilen,
deren Haltbarkeit ohne besondere Kühlhaltung mindestens 1 Jahr durch ausreichende
Hitzebehandlung in gasdicht verschlossenen
Packungen oder Behältnissen beträgt. Als F.
werden insbesondere hergestellt: Fischerzeugnisse in eigenem Saft, im Aufguß, in Öl und in
Soßen sowie Fischpasten, Fischklöße, Fisch-
klöpse, Fischfrikadellen und Fischbällchen.

Fische, gefrorene
sind solche, die ganz oder teilweise gefroren
sind, aber nicht oder nicht mehr den Anforderungen an tiefgefrorenen Fisch entsprechen.
Für tiefgefrorene Fische gelten die Bedingungen für → tiefgefrorene Lebensmittel.

Fische, gesalzene
und → Fischteile sind Erzeugnisse, die durch
Salzen von → Frischfischen, tiefgefrorenen
oder gefrorenen Fischen oder Fischteilen gar
und zeitlich begrenzt haltbar gemacht worden
sind. Als hartgesalzen bezeichnet man Fische
oder Fischteile mit einem Salzgehalt von mehr
als 20 g in 100 g Fischgewebewasser, als mild-
gesalzene von mindestens 6 g, höchstens jedoch 20 g in 100 g Fischgewebewasser. Die
wichtigsten Erzeugnisse sind → Salzheringe,
Sardellen, gesalzene Lachsseiten.

Fische, getrocknete
sind Fische, die in freier Luft oder in Anlagen getrocknet und dadurch haltbar gemacht
worden sind. Hergestellt werden vorwiegend
Stockfisch und Klippfisch. Stockfisch ist aus
geköpftem, ausgenommenen und nicht gesalzenem Kabeljau, Schellfisch, Seelachs, Leng-

fisch oder Lumb (Bromse) bereitet, wobei die Fische ungespalten oder in ihrer ganzen Länge so gespalten werden, daß die Hälften nur noch am Schwanz miteinander verbunden bleiben. Im Gegensatz dazu wird beim Klippfisch der Fisch in seiner ganzen Länge von der Bauchseite her so aufgeschnitten, daß die Hälften nur noch am Rücken miteinander verbunden bleiben. Klippfisch ist naß oder trocken gesalzen und nach Erreichen der Salzgare durch Trocknen haltbar gemacht.

Fischerzeugnisse
sind Lebensmittel aus → Fischen oder → Fischteilen, die durch geeignete Verfahren auch unter Verwendung von Zutaten gar gemacht, zum Verzehr zubereitet oder durch Trocknen haltbar gemacht sind. F. werden nach ihrer Art und Herstellung entsprechend bezeichnet.

Fischerzeugnisse, pasteurisierte
sind Erzeugnisse aus Frischfischen, gefrorenen oder tiefgefrorenen Fischen oder Fischteilen, deren Haltbarkeit ohne besondere Kühlhaltung mindestens 6 Monate durch Hitzebehandlung bei Temperaturen unter 100°C in gasdicht verschlossenen Packungen oder Behältnissen beträgt. Pasteurisierte F. werden vor der Hitzebehandlung mit Genußsäuren oder/und Salz zubereitet.

Fischfeinkost
andere Bezeichnung für → Fischhalbkonserven, jedoch unter Verwendung besonders ausgewählter Rohware mit schmackhaften Aufgüssen, Soßen, Cremes etc. hergestellt.

Fischfertigerzeugnisse
sind Erzeugnisse, die als Dauerkonserven oder Tiefgefrierprodukte hergestellt werden. → Fischdauerkonserven, → Tiefgefrierfisch

Fischhalbkonserven
sind Erzeugnisse, die durch chemische und/oder physikalische Methoden, jedoch nicht durch Erhitzen, eine begrenzte Zeit haltbar gemacht sind. Hierzu zählen: Salzfische und -erzeugnisse, → Fischmarinaden, → Anchosen, → Bratfischwaren, → Kochfischwaren, die häufig auch mit Aufgüssen und Soßen zubereitet und verpackt werden. Ihre begrenzte Haltbarkeit erfordert eine Kühllagerung zwischen 0°C und 7 - 10°C.

Fischkonserven
sind genußfertige → Fischerzeugnisse, in luftdicht verschlossenen Packungen oder Behältnissen abgepackt, mit verlängerter Haltbarkeit. Man unterscheidet: → Fischdauerkonserven und → Fischhalbkonserven.

Fischleberöle
sind → Tierfette, die aus der Leber von vorwiegend Dorsch, Kabeljau, Schellfisch und Heilbutt gewonnen werden. Der Ölgehalt beträgt etwa 75%. F. haben etwa 80% ungesättigte → Fettsäuren und einen hohen Gehalt an Vitamin A und D und sind ausgezeichnete Speiseöle. → Fette.

Fischmarinaden
sind Erzeugnisse aus → Frischfischen, tiefgefrorenen Fischen oder → Fischteilen, gefrorenem oder gesalzenem Fisch oder Fischteilen, die mit Essig, Genußsäuren und Salz unter Zufügen von würzenden Zutaten, jedoch ohne Wärmeeinwirkung, gar gemacht sind. F. werden mit und ohne pflanzliche Beigaben in Aufgüssen, Soßen, Cremes, Mayonnaise, mayonnaiseähnlichen Zubereitungen oder Öl, teils unter Verwendung von → Konservierungsstoffen eingelegt. F. sind z.B. Marinierter Hering, Delikateßhering, Bismarck-Hering, Rollmops und Heringsstip.

Fischmehl
wird aus den Fischresten aus der Verarbeitung an Bord oder an Land neben → Fischöl hergestellt und für die Tierernährung genutzt. Höhere Aufbereitungen führen zu geruchlosem F., Fischproteinkonzentrat und Fischproteinisolaten, die für die Humanernährung geeignet sind.

Fischöle
sind Körperöle aus → Fischen (Hering (*Clupea harengus*), Sardinen (*Clupea spp.*) und Lachs (*Salmo spp.*) u.a.) und Fischteilen, die durch Abpressen und/oder → Extrahieren gewonnen, gereinigt und weiter bearbeitet werden. Der Ölgehalt liegt bei etwa 15 - 20% mit einem Anteil von etwa 80% ungesättigter Fettsäuren. Wegen des Geruchs und Geschmacks sind F. nur bedingt für Speisezwecke geeignet, haben jedoch einen hohen Vitamingehalt. → Fette.

Fischpasten
sind streichfähige Massen aus feinzerkleinerten, weitgehend von Gräten befreiten Fischteilen, mit oder ohne Zusatz von Fett, Bindemitteln und würzenden Stoffen.

Fischproteinisolat
→ Fischmehl.

Fischproteinkonzentrat
→ Fischmehl.

Fischstäbchen
werden aus Blöcken von tiefgefrorenem Fisch, meist Kabeljau oder Seelachs, hergestellt. Dazu werden die Blöcke auf Portionsgröße zerteilt, paniert, wieder heruntergekühlt und verpackt tiefgefroren gelagert.

Fischteile
sind (1) *Fischfilet*: zusammenhängendes Fischfleisch wie gewachsen, das nach Entfernung der Bauchlappen parallel zu Rückengräte abgetrennt, enthäutet und, soweit wie technisch möglich, entgrätet ist, (2) *Seiten*: in der Längsrichtung zerteilte, von der Rückengräte befreite Fischhälften ohne Kopf mit Haut in einem Stück wie gewachsen, auch mit Kiemenknorpel und Schwanzknorpel, (3) *Koteletts, Karbonaden*: vertikal zur Wirbelsäule in gleichmäßige Scheiben geschnittene Fischstücke, (4) *Stücke*: Teile von entgräteten oder nicht entgräteten ausgenommenen Fischen ohne Kopf und Schwanzflosse, wie Streifen, Strempel, Locken, (5) *Happen (Bissen)*: mundgerechte Teile von Filets oder von entgräteten ausgenommenen Fischen ohne Kopf und Schwanzflosse, (6) *Scheiben, Schnitten*: in gleichmäßiger Stärke scheibenförmig zerteilte Filets ohne Haut, (7) *Schnitzel*: kleinstückig zerteiltes Fischfleisch zur Herstellung von Lachsschnitzeln in Öl, Seelachsschnitzeln in Öl und Thunfischdauerkonserven, (8) *Zerkleinertes Fischfleisch (Hack, Farce, Mus)*: ohne Haut und Gräten, jedoch mit Faserstruktur.

Flachmüllerei
umfaßt die Mahlverfahren, bei denen eine flache Walzenführung (enger Walzenabstand) das Korn sofort zerbricht und stark zerkleinert im Gegensatz zur → Hochmüllerei. Die F. wird vorzugsweise für Roggen angewendet und ergibt hohe Mehlausbeuten bei geringer Passagenzahl. Dadurch gelangen verstärkt Partikeln der Randschichten des Getreidekorns in das Mehl. Es wird somit dunkler und aschereicher. Sie wird auch bei der → Senfherstellung angewendet.

Flaschengärverfahren
auch méthode champénoise, ist ein spezielles Gärverfahren der → Schaumweinherstellung. Der für die Grundweinherstellung verwendete Traubenmost wird nach der Art der Behandlung in drei Qualitätsstufen unterteilt: frei abfließender Traubenmost ist, „Cuvée" (aus 100 kg Trauben erhält man etwa 50 l cuvée); Traubenmost nach Pressen ist „taille"; der durch Umscheitern gewonnene Nachdruck ist „rebêche" (wird nur noch als Konsumwein ausgebaut). Die Gärung des Grundweines erfolgt im Faß. Erst der völlig durchgegorene Grundwein wird auf Flasche gezogen und mit Zucker versetzt. Dabei reichen 20 - 25 g/l Zucker, um den geforderten Mindestdruck von 4 - 5 bar in der Flasche zu erzeugen. Durch die 2. Gärung wird der Alkoholgehalt um 1 - 1,5 Vol.% erhöht. Die Gärung erfolgt meist bei 10°C, wodurch sie langsam verläuft und das Traubenbukett bewahrt bleibt und sich ein feines Gärungsbukett bildet. Je nach Qualität des erzeugten Sektes werden die Flaschen 1,5 - 3 Jahre gelagert. Zur Entfernung der Hefe (Degorieren) werden die Flaschen auf Rüttelpulte mit zunächst geringer, später immer steiler werdender Lage gebracht und 4 - 6 Wochen gerüttelt, so daß sich die Hefe vollständig über dem Stopfen sammelt. Beim warmen Degorgieren wird der Korken mit dem auf ihm sitzenden Hefedepot mittels Degorgierzange herausgezogen. Gleichzeitig wird die Flasche nach oben gedreht und behelfsmäßig verschlossen. Beim heute üblichen kalten Degorgieren werden die Flaschen mit dem Hals in eine Kältemischung getaucht, so daß der Wein 1 - 2 cm über dem Korken gefriert. Die im Eispfropfen eingeschlossene Hefe kann mit ihm leicht entfernt werden. Die weitere Verarbeitung erfolgt wie bei der Schaumweinherstellung beschrieben. → Champagner, → Sekt, → Schaumwein.

Flavobacterium
ist eine Gattung der *Acetobacteriaceae*. F. ist ein gramnegatives, fakultativ anaerobes, begeißeltes, bewegliches oder unbewegliches, pigmentbildendes Stäbchen. Es kommt weit verbreitet in Wasser, Gemüse und Milchprodukten vor.

Flavour
ist der Begriff für den beim Verzehr eines Lebensmittels ausgelösten oralen Gesamteindruck. F. umfaßt insbesondere → Aroma und Geschmack, aber auch physikalische Reize.

Flavoured milk
→ Sojamilch.

Flavoxanthin
→ Xanthophylle, → Farbstoffe.

Tabelle 20. Bestandteile des Fleisches verschiedener Schlachttiere in %

Fleischart	Wasser	Eiweiß	Fett	Kohlenhydrate	Mineralstoffe
Schweinefleisch fett	48,3	15,1	35,3	0,5	0,8
Schweinefleisch mager	69,9	18,6	8,9	0,6	1,0
Rindfleisch fett	55,0	18,0	25,5	0,5	1,0
Rindfleisch mager	73,1	21,3	3,9	0,7	1,0
Kalbfleisch	75,0	19,3	4,1	0,7	0,9

Fleisch

Aus lebensmittelrechtlicher Sicht sind alle Teile von geschlachteten oder erlegten warmblütigen Tieren (Skelettmuskulatur, Fettgewebe, Innerein, Blut) in frischem oder verarbeitetem Zustand bezeichnet, die für den menschlichen Verzehr geeignet sind. Unter F. im engeren Sinn versteht man die Skelettmuskulatur, die etwa 40 - 50% des gesamten Körpergewichtes ausmacht. **Tab. 20** enthält die Bestandteile des Fleisches verschiedener Schlachttiere.

Fleisch-, DFD

(dark, firm, dry) ist dunkel und von klebrig fester Konsistenz. Es kommt sowohl bei Schweinen, als auch bei Rindern vor und wird durch Streß ausgelöst. Noch vor Eintritt des Todes findet ein beschleunigter ATP- und Glykogenabbau statt, die dabei freigesetzten Substanzen (CO_2, Milchsäure) werden aus der Muskulatur ins Blut abgegeben. Nach der Schlachtung liegen keine Glykogenvorräte vor, so daß die Fleischsäuerung mangelhaft ist. Das DFD-F. weist einen hohen End-pH-Wert auf, die Haltbarkeit ist verringert, die Struktur ist geschlossen und somit die Verarbeitungsfähigkeit beeinträchtigt. Aufgrund des großen Wasserbindevermögens ist DFD-F. für die Brühwurstherstellung ohne Nachteile einsetzbar.

Fleisch-, initiale Kontamination

Als initiale Kontamination (primäre Kontamination) bezeichnet man die Besiedlung der äußeren und inneren Körperoberfläche des lebenden Tieres mit Mikroorganismen. Verschiedene Mikroorganismenarten leben überwiegend in feuchten Körperöffnungen, im Magen-Darm-Kanal, besonders in den Endabschnitten des Darmes. Die inneren Körperoberflächen und Organe sind hingegen beim gesunden Schlachttier keimfrei bzw. nahezu keimfrei. Bei mikrobiell verursachten Erkrankungen des Tieres treten krankheitsspezifische Mikroorganismen in Geweben und Organen auf, die als Infektion bezeichnet werden.

Fleisch-, PSE

(pale, soft, exsudative) ist blaß, wäßrig und von schlaffer Konsistenz. Es ist typisch für Schweine mit genetisch bedingter Streßempfindlichkeit und Hyperthermie. Kurz vor oder während der Schlachtung erfolgt ein beschleunigter ATP- und Glykogenabbau, wobei die gebildete Milchsäure nicht mit dem Blut abtransportiert wird, sondern sich in der Muskulatur anreichert. Es wird ein niedriger pH-Wert bei relativ hoher Gewebetemperatur erreicht und eine erhöhte Denaturierung der sarkoplastischen Proteine ist die Folge (Verminderung der Transparenz des Fleisches). Die Wäßrigkeit des PSE-F.'es wird erklärt durch die schlechtere Bindung des Gewebewassers an das Eiweiß und die Erhöhung der Durchlässigkeit der Muskelzellen für das Gewebewasser. Bei Erhitzung des PSE-F.'es ist der Saftverlust besonders hoch, das Fleisch schrumpft stark, es wird zäh und trocken. Die Merkmale des PSE-F.'es treten bevorzugt an hellen Muskeln auf.

Fleisch-, sekundäre Kontamination

Als sekundäre Kontamination wird die Besiedlung des Schlachttieres mit Mikroorganismen während und nach der Schlachtung bezeichnet. Die s.K. ist als Ursache des mikrobiellen Verderbs von Fleisch und Fleischerzeugnissen entscheidend. Eine massive mikrobielle Kontamination erfolgt beim Schlachtschnitt bzw. -stich, wobei Verschmutzungen dem Körperkreislauf zugeführt werden. Beim Enthäuten, Entfedern, Ausschlachten, Zerlegen, Absetzen von Kopf und Extremitäten-Enden kommt es zur Oberflächenkontamination mit vornehmlich Darm-Mikroben (Enterobakteriazeen, Mikrokokken, fäkale Streptokokken, Laktobazillen, aerobe Sporenbildner). Von der Haut werden psychotrophe Organismen übertragen. Weitere Verschmutzungen werden vom Menschen selbst (unsaubere Hände, Arbeitskleidung) und kontaminierten Oberflächen von Tischen, Fußböden, Arbeitsgeräten verursacht. Krankheitserreger, die das lebende Tier befallen haben und pathogene Keime von anderen Infektionsquellen (z.B. von infizierten Menschen) können auch auf das Fleisch übertragen werden. Unter hygienisch einwandfreien Verhältnissen beträgt der Oberflächenkeimgehalt bei Rindern nach dem Abvierteln zu Beginn der Kühlung 10^3 - 10^5 aerobe Keime/cm^2.

Fleischabbauvorgänge

In den Muskeln frisch geschlachteter Tiere laufen biologische Vorgänge ab, die jenen im lebenden Organismus ähnlich sind. Mit der Unterbrechung des Blutkreislaufes entwickeln sich anaerobe Bedingungen für die biochemischen Vorgänge, die im wesentlichen durch den ATP-Abbau, jedoch durch anaerobe Resynthese voll kompensiert werden. Anstelle der oxidativen Phosphorylierung wird aus Brenztraubensäure Milchsäure freigesetzt, die nicht mehr abtransportiert werden kann. Der pH-Wert des Fleisches sinkt kontinuierlich von ca. 6,5 auf < 5,5. Nach Erschöpfung der Glykogen- und Kreatinphosphatreserven nimmt das ATP rasch ab, wodurch die Weichmacherwirkung verschwindet. Das Fleisch wird hart (→ Rigor mortis) und feucht bis naß. Die Zeitspanne bis zum Eintritt der Totenstarre hängt von mehreren Faktoren ab, u.a. von den Glykogen- und Kreatinphosphatreserven und der Temperatur. Der End-pH-Wert hat Einfluß auf die Haltbarkeit und die technologischen Eigenschaften des Fleisches. Gut gesäuertes Fleisch weist einen End-pH-Wert von 5,4 - 5,8 auf, bei dem das Wachstum acidophober Mikroorganismen gehemmt wird. Die elektrische Leitfähigkeit ist erhöht und die Struktur ist aufgelockert. Bei der Pökelung läuft die Nitritreduktion rascher ab, die Ausbildung der Pökelfarbe wird verbessert, die bakterizide Wirkung des Nitrits wird erhöht. Die Totenstarre tritt nicht am ganzen Tierkörper gleichzeitig ein. Der Verlauf der postmortalen

Veränderungen hängt von prämortalen Faktoren ab. → DFD-Fleisch, → PSE-Fleisch.

Fleischbeschau

ist eine gesetzlich vorgeschriebene tierärztliche Kontrolle von Fleisch zum Schutze des Verbrauchers vor der Übertragung vom Tier stammender Krankheiten durch den Verzehr von Fleisch. Das Ergebnis wird durch bestimmte vorgeschriebene Stempel auf dem Fleisch gekennzeichnet: Tauglich, minderwertig, bedingt tauglich, untauglich. Untersuchungspflichtig sind nach dem Fleischschaugesetz Rinder, Schweine, Schafe, Ziegen, andere Paarhufer, Pferde, andere Einhufer, Kaninchen und Hunde, wenn ihr Fleisch zum Verzehr für den Menschen bestimmt ist.

Fleischbrühe

ist eine → Brühe, hergestellt aus Rindfleisch und/oder Fleischextrakt unter Verwendung von Gewürzkräutern, die als Paste, Pulver oder Granulat gehandelt wird.

Fleischdauerwaren

sind Fleischerzeugnisse, die durch Verfahren wie → Trocknen, → Salzen,→ Pökeln und → Räuchern für längere Zeit haltbar gemacht sind. → Konserven oder → Halbkonserven zählen nicht zu den F.

Fleischerzeugnisse

sind alle ausschließlich oder überwiegend aus → Fleisch hergestellte Zubereitungen. Bei Erzeugnissen unter 50% Fleischanteil handelt es sich um Erzeugnisse mit Fleischzusatz.

Fleischextrakt

bezeichnet den wäßrigen und zu einer pastösen Masse eingedickten Fleischauszug (30 - 40 kg Fleisch – fast ausschließlich Rindfleisch – für 1 kg F.).

Fleischhandelsklassen

Die Klassifizierung der Schlachtschweinekörper erfolgt seit 1983 nach einem EG-einheitlichen Handelsklassenschema, das die Einstufung vor allem anhand des Muskelfleischanteils vornimmt (**Tab. 21**). Für den Schlachtrinderbereich gibt es zwei voneinander unabhängige Klassifizierungssysteme: für lebend verkaufte Rinder und für geschlachtet vermarktete Rinder. Das Handelsklassenschema nach EG-einheitlicher Regelung für Rindfleisch beinhaltet:
– die Kategorieneinteilung (KA = Kalbfleisch, JR = Jungrindfleisch, JB = Jungbul-

Tabelle 21. Handelsklasseneinstufung nach der EG-Verordnung 1984

%-Muskelfleischanteil (geschätzt) des Schlachtkörpergewichts	Handelsklasse
55 und mehr	E
50 und mehr jedoch weniger als 55	U
45 und mehr jedoch weniger als 50	R
40 und mehr jedoch weniger als 45;	O
weniger als 40	P

lenfleisch, B = Bullenfleisch, O = Ochsenfleisch, K = Kuhfleisch, F = Färsenfleisch),
– die Fleischigkeitsklasse (E = vorzüglich, U = sehr gut, R = gut, O = mittel, P = gering),
– die Fettgewebeklasse (1 = sehr gering, 2 = gering, 3 = mittel, 4 = stark, 5 = sehr stark).
Die Einstufung des Schlachtkörpers wird folgendermaßen angegeben:
– Kategorie
– Fleischigkeitsklasse
– Fettgewebeklasse

Fleischkonserven
sind → Fleisch und → Fleischerzeugnisse in luftdicht verschlossenen Behältnissen durch thermische Behandlung haltbar gemacht. Nach der Intensität der Erwärmung unterscheidet man: Halb- (→ Präserven), Dreiviertel-, Voll- und Tropenkonserven. → Sterilisation.

Fleischreifung
Alle im Fleisch nach der Schlachtung noch ablaufenden Lebensvorgänge (→ Fleisch, postmortale Vorgänge) können mit Eintritt der Totenstarre (→ rigor mortis) als beendet angesehen werden. Damit das Fleisch seine Tafelreife erhält, wird es nach einiger Zeit unter Kühlung gelagert. Während dieser F. vollziehen sich im Fleisch folgende Prozesse:
– Säurequellung des Kollagens,
– Lockerung des Actomyosins mit Hilfe freigesetzter Calcium-Ionen,
– Denaturierung und Proteolyse des im Sarkoplasma gelösten Eiweißes,
– Erhöhung des Wasserbindevermögens durch Freisetzung von Natrium- und Calcium-Ionen,
– Aromabildung durch Abbau von ATP, Eiweiß und Fett,
– Erhöhung des pH-Wertes auf etwa 6.
Die F. wird wesentlich durch die → endogenen Enzyme beeinflußt. Die nach einer richtig durchgeführten F. erhaltene Tafelreife des Fleisches erkennt man an einer gewissen

Trübung mit rötlichbraunem Farbton, dem angenehmen Fleischaroma, sowie der Saftigkeit und Zartheit des Fleisches.

Fleischreifungsarten
Bei dem herkömmlichen Verfahren der Fleischreifung erfolgt eine 10 - 14 tägige (bis maximal 6-wöchige) Kühlung von Tierkörperhälften oder -vierteln bei −1 bis +2°C. Durch Temperaturerhöhung kann die Dauer der Fleischreifung verkürzt werden, was aber zu zähem Fleisch führen kann und die Gefahr einer Oberflächenfäulnis in sich birgt. Eine alternative F. ist die Teilstückereifung, bei der man nach der Schlachtung die Tierkörper zunächst zerlegt. Die zu reifenden Fleischstücke werden in geeigneten Folien (sog. Reifebeutel) verpackt und dann kühl gelagert. Vorteile der Teilstückreifung liegen in der schnelleren Kühlung, der wirtschaftlicheren Nutzung von Kühlräumen sowie der langen Haltbarkeit des Fleisches durch bakterielle Säuerung.

Fleischsalat
→ Feinkosterzeugnisse.

Fleischzerlegung
erfolgt zum Zwecke der Weiterverarbeitung, Zwischenlagerung und Vermarktung. Die Grob- und Feinzerlegung von Schweine-

Tabelle 22. Grob- und Feinzerlegung der Schweinehälfte

Grobzerlegung	Feinzerlegung (verkaufsfertig)
Kopf	
Flomen	
Schinken (Keule)	Oberschale (Schnitzelstück)
	Nuß
	Schinkenstück
	Schinkenspeck
	Hinteres Eisbein
Schulter (Bug)	Dickes Stück
	Schaufelstück
	Vorderes Eisbein
	Spitzbein
Rückenspeck	
Bauch, Brustspitze	Bauch
	Wamme
	Brustspitze
Kamm, Kotelett, Filet	Kamm
	Mittelkotelett
	Lendenkotelett
	Filet

Fliehkraftschäler

Tabelle 23. Grob- und Feinzerlegung der Rinderhälfte

Grobzerlegung	Feinzerlegung
Schulter (Bug)	Falsches Filet
	Schaufelstück
	Dickes Bugstück
	Ellenbogenstück
	Bugstück
	Schaufeldeckel
	Vorderhesse (Vorderer Wadschenkel)
Schild	
Kamm	
Fehlrippe	Fehlrippe
	Fehlrippendeckel
Spannrippe	
Brust	Brustbein
	Mittelbrust
	Nachbrust
Hochrippe	Hochrippe (Rostbraten)
	Hochrippendeckel
Dünnung	Knochendünnung
	Fleischdünnung
Rostbeef	
Filet	
Keule	Oberschale
	Kugel
	Hüfte
	Schwanzstück (Tafelspitz, Mittelschwanzstück, Rolle, Dicker Henkel, Hinterhesse)

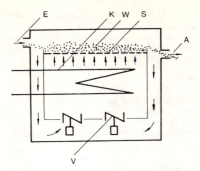

Bild 53. Funktionsprinzip einer Fließbettgefrieranlage. *E* Produktaufgabe, *A* Produktaustrag, *S* Siebboden, *W* Fließbett, *K* Kühlung, *V* Ventilatoren

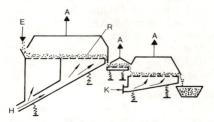

Bild 54. Schematische Darstellung eines kontinuierlichen Fließbettrösters. *E* Produktauftrag, *R* Röstgut, *H* Heißluft, *K* Kaltluft, *A* Abluft zur katalytischen Nachverbrennung und Gaszirkulation

bzw. Rinderhälften ist in **Tab. 22** bzw. **Tab. 23** dargestellt.

Fliehkraftschäler
ist eine Maschine, die im Prozeß der Herstellung von → Getreideflocken zum Schälen von Getreidekörnern eingesetzt wird. Die Körner werden einem horizontalen Wurfrad zugeführt und über Wurfradkanäle auf einen Prallring geschleudert. Schäleffekt und Bruchbildung sind drehzahlabhängig.

Fließbettgefrieranlage
dient zum → Tiefgefrieren von stückigen Gütern kleinerer Abmessung (z.B. Erbsen, gewürfelte Möhren, Bohnen), die kontinuierlich ein Fließbett durchlaufen, das durch einen Kaltluftstrom aufrechterhalten wird. (→ Gefrierapparate, → Wirbelschichtapparat). Das Funktionsprinzip ist in **Abb. 53** dargestellt.

Fließbettröster
sind → Röstmaschinen, bei denen das Röstgut entweder kontinuierlich in horizontaler Bewegungsrichtung oder diskontinuierlich in einem rotierendem Fließbett mittels Heißluft geröstet wird. **Abb. 54** zeigt das Funktionsprinzip eines kontinuierlichen Fließbettrösters. Die Apparate sind in der Regel mit Gasrezirkulation und katalytischer Nachverbrennung ausgerüstet.

Fließen
bezeichnet den Vorgang der → plastischen Deformation eines Materials, in dem sich nach Überschreiten der Fließgrenze kein statischer Spannungs-Dehnungs-Zustand mehr herausbilden kann. Die Fließgrenze charakterisiert den Übergang von der elastischen zur plastischen Verformung.

Fließgrenze
→ Fließen.

Fließmittel
→ Trennmittel.

Flockenverfahren
→ Kartoffelpüree, getrocknetes.

Flockierung
ist ein Prozeßschritt bei der Herstellung von → Getreideflocken. Flockiert werden sowohl ganze ungeschnittene Kerne als auch Grütze. Die Partikeln müssen in eine verformbare, elastische Struktur durch hydrothermische Behandlung überführt werden. Dies geschieht durch Aufnetzen, Abstehenlassen und anschließendes Dämpfen (→ Getreidekonditionierung). Das gedämpfte Gut wird gleichmäßig auf den Flockenwalzenstuhl aufgebracht, dessen Anpreßdruck hydraulisch regelbar ist. Man unterscheidet Großblattflocken (Flocken aus dem ganzen Kern) mit etwa 0,5 mm Auswalzdicke und Kleinblattflocken (Flocken aus Grütze) mit 0,3 mm Auswalzdicke. Das Kühlen und Nachtrocknen der Flocken wird schonend in einem → Wirbelschichttrockner oder Bandkühler durchgeführt.

Flockierwalzen
→ Sojaflocken.

Flockungsstabilität
charakterisiert die Stabilität der kolloidal gelösten Eiweiße der Milch, die insbesondere bei Kaffeesahne eine Rolle spielt. Durch Temperatur- und Säureeinwirkung werden die negativen Außenladungen des Caseins bzw. ihrer Hydrathüllen abgebaut. Dadurch vermindert sich die gegenseitige Abstoßung der Eiweißpartikeln und es kommt zu deren Aggregation, die als feine Flocken erscheinen.

Flokkulation
bezeichnet eine kolloidale Erscheinung, die durch den Abbau von Bindungen zwischen Makromolekülen, meist → Proteinen, zur Bildung größerer Partikeln führt.

Flomen
ist das in der Bauchhöhle von Schlachttierkörpern von der Serosa (Bauchfell) überzogene Fett. Es wird als F., Liesen, Nierentalg, Schmer, Micker oder Lünte bezeichnet.

Flotieren
ist das Trennen von Feststoffen aus einer flüssigen Phase mittels Gasblasen. Das Wirkungsprinzip besteht darin, daß sich die Feststoffpartikeln an die im Turbulenzfeld erzeugten feinverteilten Gasblasen (< 2 mm) koppeln und so aus der flüssigen Phase abgeschieden werden. Teils verwendet man → Tenside,

um stabile Gasblasen zu erzeugen. Anwendung findet dieser → Trennprozeß z.B. bei der biologischen Abwasserreinigung oder der Würzeklärung (Feintrub) in der Brauerei.

Flügelwalzenmühle
→ Obstmühlen, → Zerkleinerungsmaschinen.

Flüssigstickstoffgefrieranlage
dient zum → Tiefgefrieren von stückigen oder pastösen Gütern, die in direkten Kontakt mit verdampfenden Flüssigkeiten (z.B. Stickstoff, Kohlendioxid) gebracht werden. Dadurch kommt es zu extrem raschen Temperaturabsenkungen mit hohem Wirkungsgrad. → Gefrierapparate.

Flüssigzucker
werden vorwiegend in der Getränkeindustrie verwendet. Die höheren Tranportaufwendungen werden durch eine Reihe von Vorteilen ausgeglichen wie: schnelleres Entladen durch Pumpen aus Tankfahrzeugen, Einsparung von Zuckersilos und Zuckerlösebehältern, günstiger innerbetrieblicher Transport und saubere Arbeitsweise.

Flutes
→ Weizenhefegebäck.

Flux
bezeichnet den Permeationsstrom in Filter- bzw. Membranfilteranlagen. Dabei wird der F. als Volumenstrom $\dot{V}$ [l/h], der die Membranfläche von 1 m^2 passiert, oder als Massenstrom $\dot{m}$ [kg/m m^2] angegeben. Bei üblichen Membranen liegt der F. bei 20-50 l/h m^2 Filterfläche. Er ist u.a. abhängig von der Fläche A, der kinematischen Permeatviskosität ν_P, dem Flüssigkeitsdruck Δp, dem Ablagerungswiderstand ξ_A und dem Membranwiderstand ξ_M. Nach dem Hagen-Poiseuilleschen Gesetz gilt:

$$\dot{m} = \frac{A\Delta p}{32\nu_P} \cdot \frac{1}{\xi_A + \xi_M}$$

Folsäure
wasserlösliches → Vitamin.

Fondant
sind zähflüssige bis halbfeste → Zuckerwaren. Es sind → Suspensionen kleiner Zuckerkristalle in gesättigter, hochviskoser Zuckerlösung. Teils wird zur Herstellung von F. Dextrose, auch mit Glucosesirup, Invertzucker oder Sorbit verwendet. Die übersättigte Zuckerlösung wird kontinuierlich als vorgekühlter Strahl in einen gekühlten Schneckengang (sog. Tabliermaschine) gege-

ben, wobei es zur Auskristallisation kommt. Die Kristalle werden von einem Rotor erfaßt und durch einen gekühlten Doppelmantelhohlzylinder transportiert und dabei in dem 20 - 30 μm engen Ringspalt zerkleinert. Das Endprodukt ist eine weiße, zähe Masse, die als Halbfertigprodukt aromatisiert und ggf. gefärbt zur Herstellung von → Fondanterzeugnissen verwendet wird.

Fondanterzeugnisse

sind → Zuckerwaren aus → Fondant, meist kandiert oder mit → Schokolade bzw. → Fettglasuren überzogen. F. sind z.B.: Pfefferminzplätzchen, Pralinenfüllungen, Cocosflocken, Fondantkonfekt und Trockenfondant.

Fraktionieren

ist das stufenweise →Trennen eines Stoffgemischen mittels → Destillieren, → Rektifizieren, → Sieben, → Ausfällen oder → Auskristallisieren.

Fräsmühlen

sind Zerkleinerungsmaschinen für Obst und Gemüse, die insbesondere für die industrielle Großverarbeitung geeignet sind. Technische Varianten sind Schleuderfräsen und Rätzmühlen. Das Material wird durch rotierende Flügel gegen einen mit Fräsmessern versehenen Mahlmantel gepreßt und dabei zerkleinert. Je nach Konsistenz des Rohstoffes kann statt der Fräsmesser auch zur schonenderen Zerkleinerung ein Reibemantel vorgesehen sein.

Freezer

ist ein kontinuierlich arbeitender → Gefrierapparat, der vorwiegend zum Gefrieren flüssiger oder pastöser, aber auch kleiner stückiger Güter verwendet wird. In das zylindrische Gefriergefäß mit hochtourigem Rühr- und Schlagwerk wird direkt verdampfende Flüssigkeit eingebracht. Dadurch kommt es zur raschen Temperaturabsenkung mit hohem Wirkungsgrad. Die Hauptanwendung des F.'s ist die → Speiseeisherstellung. → Gefrierapparate.

Freisamer

ist eine aus Silvaner und Ruländer gekreuzte → Weißweinsorte, die 1916 in Freiburg/Breisgau gezüchtet wurde.

Frischbackwaren

sind Backwaren, die für den Frischverzehr bestimmt sind. Sie haben meist nur eine Haltbarkeit von wenigen Stunden bis zu 5 Tagen.

Frischfische

sind Fische, die nach dem Fang unbehandelt bleiben oder nur gereinigt, ausgenommen, zerteilt und so gekühlt werden, daß das Fischgewebe nicht gefriert.

Frischkäse

sind ungereifte Käse mit pastöser (→ Speisequark, → Buttermilchquark), gelartiger (→ Schichtkäse, → Mozzarella) oder körniger Konsistenz (→ Cottage Cheese). Er wird in unterschiedlichen Fettstufen, meist Fett-, Vollfett-, Rahm- oder Doppelrahmstufen hergestellt (Rahmfrischkäse, Doppelrahmfrischkäse u.a.). Der Verfahrensablauf mit den wesentlichsten Prozeßparametern ist in **Abb. 55** dargestellt, wenngleich zahlreiche Modifikationen Anwendung finden. Zur Herbeiführung einer optimalen Wasserbindung des Bruches sind Temperatur-Zeit-Kombinationen zu wählen, die auch eine partielle Denaturierung des Molkenproteins und Bindung mit den Caseinmizellen zur Folge haben. Das Bruchtrennen kann diskontinuierlich mit Molkenablauftüchern oder -säcken sowie kontinuierlich mit Quarkseparatoren (s. **Abb. 56**) oder → Ultrafiltration (UF) vorgenommen werden. Die Speisequarkherstellung unter Anwendung der Ultrafiltration erfolgt molkeablauffrei. Dabei wird die Milch vor der Ultrafiltration gesäuert, dickgelegt und gerührt. Mit dem Permeat wird der erhöhte Kalziumanteil ausgeschieden. Der Trockenmassegehalt des Quarks liegt um 17 - 18% bei einem pH von 4,5 - 4,6. Durch die UF wird das Molkenprotein mit gewonnen, so daß eine Ausbeutesteigerung um 30% gegenüber dem konventionellen Verfahren erreicht wird.

Frischobst

ist → Obst, das aufgrund seiner Qualitätseigenschaften direkt von der Ernte in den Handel kommt. Besonders wichtige Kriterien sind der Erntezeitpunkt, die Sortenwahl, die Schädlingsfreiheit und die Handelsbedingungen.

Fritieren

→ Garprozesse, thermische.

Fritierfette

sind besonders hitzestabile → Fette. Ihr Rauchpunkt sollte oberhalb 200°C liegen. Besonders geeignet sind → Palmöl und gehärtetes → Erdnußöl.

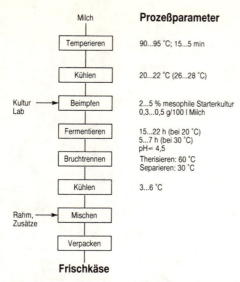

Prozeßparameter

Milch

Temperieren — 90...95 °C; 15...5 min

Kühlen — 20...22 °C (26...28 °C)

Kultur Lab → Beimpfen — 2...5 % mesophile Starterkultur
0,3...0,5 g/100 l Milch

Fermentieren — 15...22 h (bei 20 °C)
5...7 h (bei 30 °C)
pH ≤ 4,5

Bruchtrennen — Therisieren: 60 °C
Separieren: 30 °C

Kühlen — 3...6 °C

Rahm, Zusätze → Mischen

Verpacken

Frischkäse

Bild 55. Verfahrensablauf der Frischkäseherstellung

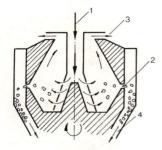

Bild 56. Schematische Darstellung eines Quark-
separators. *1* Einlauf Quarkbruch, *2* Quarkaus-
trittsdüse, *3* Molkenaustritt, *4* Quarkaustritt

Fritz-Verfahren

ist das älteste kontinuierliche → Butterungsverfahren. Es basiert auf der Kombination eines Butterungszylinders, in dem ein Schläger
mit hoher Drehzahl rotiert, aus dem das Butterkorn und die Buttermilch austritt und dem
Abpresser mit einer gegenläufigen Doppelschnecke. Durch sie wird das Butterkorn zur
Buttermasse geknetet. Später wurde das F.-
Verfahren von Eisenreich durch einen Nach-
butterungstrennzylinder mit Nachbutterungs-
zone, Buttermilchablaufzone und Waschzone
erweitert.

Fruchtaromaliköre
→ Spirituosen.

Fruchteis

ist ein Speiseeis, das mindestens 20% fri-
sches Obstfruchtfleisch, Obstmark, Fruchtsaft
oder eine entsprechende Menge anderer Obsterzeugnisse enthält. Zitroneneis muß mindestens 10% Zitronenmark oder -saft enthalten.
→ Speiseeisverordnung.

Fruchtgemüse
→ Gemüse.

Fruchtmark

ist das aus dem passierten genießbaren Teil
der namengebenden Frucht ohne Abtrennung
des → Fruchtsaftes gewonnene, unvergorene,
alkoholfreie Erzeugnis.

Fruchtmark, konzentriert

ist das aus → Fruchtmark durch schonendes, physikalisches Abtrennen eines bestimmten Teils des natürlichen Wassergehaltes hergestellte Erzeugnis. → Fruchtsaftherstellung.

Fruchtmuttersäfte
→ Muttersäfte.

Fruchtnektar

besteht aus Fruchtsaft und/oder Fruchtmark,
Wasser und Zucker mit einem Fruchtsaft-/-
markanteil von mindestens 50%. Bei Nektaren
aus säurereichen Früchten kann der Fruchtan-
teil niedriger liegen. F.'e können als Süßmost
bezeichnet werden, wenn die Fruchtsäfte wegen ihres hohen natürlichen Säuregehaltes mit
Wasser und Zucker eingestellt werden.

Fruchtnektarherstellung

Fruchtnektare sind → Suspensionen der →
Pulpe in einer wäßrigen Phase. In der Regel
erfolgt die F. aus → Fruchtmark. Der Verfahrensablauf der F. ist in **Abb. 57** dargestellt.

Fruchtsaft, getrockneter

ist das aus → Fruchtsaft durch physikalisches
Abtrennen nahezu des gesamten Wassergehaltes hergestellte Erzeugnis.

Fruchtsaftaroma

ist das durch schonendes Abdampfen, gegebenenfalls im Zusammenhang mit der Konzentrierung, aufgefangene natürliche Aroma des
namengebenden → Fruchtsaftes.

Fruchtsäfte

werden aus Kern-, Stein-, Beerenobst, Trauben, Wild- oder Südfrüchten hergestellt. Sie
werden aus reifen, gesunden und frischen

Fruchtsaftgetränke

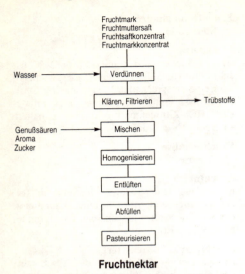

Bild 57. Verfahrensablauf der Fruchtnektarherstellung

Bild 58. Verfahrensablauf der Herstellung flüssiger und pastöser Obsterzeugnisse (vereinfacht)

Früchten auf mechanischem Wege gewonnen und meist durch thermische Behandlung haltbar gemacht.

Fruchtsaftgetränke

sind → Erfrischungsgetränke, die → Fruchtsaft, → Fruchtsaftkonzentrat, → Fruchtmarkkonzentrat oder eine Mischung daraus enthalten und teils haltbar gemacht werden. Der Fruchtsaftanteil beträgt bei F.'n aus Kernobst oder Traubensaft mindestens 30%, aus Zitrussaft mindestens 6% und in anderen Fruchtsäften mindestens 10%. Der Geschmack des F.'s entspricht dem des verwendeten Saftes. Zur geschmacklichen Abrundung können auch Anteile anderer Früchte enthalten sein. Zur Süßung werden → Zuckerarten, zur geschmacklichen Abrundung → Citronensäure, → Weinsäure, → Milchsäure und → Äpfelsäure verwendet (außer bei Citrusfruchtsaftgetränken). Als Antioxidanz ist die Verwendung von L-Ascorbinsäure üblich.

Fruchtsaftherstellung

unterscheidet sich in der Verarbeitung von Kernobst, Beerenobst, Steinobst, Citrusfrüchten und Trauben. Die wichtigsten Prozeßstufen sind in **Abb. 58** dargestellt. Johannisbeeren und bedingt auch Trauben werden vor dem Mahlen abgebeert. Beerenobst wird grundsätzlich blanchiert (Ausnahme Erdbeeren). Außerdem werden diese Obstarten meist vorentsaftet. Zur Fruchtmarkherstellung werden Saft und Fruchtfleisch (→ Pulpe) getrennt, damit der Saftanteil konzentriert werden kann. (→ Saftkonzentrierungsverfahren). Die gewonnenen Produkte werden meist als Halbfabrikate der weiteren Verarbeitung zugeführt. Citrusfrüchte werden nach dem Waschen einer Saftextraktionsanlage zugeführt, bevor sie passiert werden. Saft und Fruchtfleisch werden getrennt bis zum → Tiefgefrieren behandelt. Die Zwischenlagerung als Halbfabrikat erfolgt in gefrorenem Zustand bis zur Weiterverarbeitung zu z.B. Orangensaft oder Erfrischungsgetränk mit Orangensaft. → Erfrischungsgetränke, → Fruchtnektar.

Fruchtsaftklärung

→ Schönung, → Filtration, → Ultrafiltration, → Zentrifugieren.

Fruchtsaftkonzentrat

ist der durch schonende physikalische Verfahren auf mindestens 50% des ursprünglichen

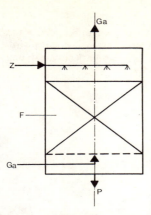

Bild 59. Füllkörperkolonne. *Z* Zulauf, *P* Produkt, *Ge* Gaseintritt, *Ga* Gasaustritt, *F* Füllkörperschüttung

Volumens eingeengte → Fruchtsaft bzw. → Fruchtmuttersaft. → Fruchtsaftherstellung.

Fruchtsaftkonzentrierung
→ Saftkonzentrierungsverfahren.

Fruchtsaftliköre
→ Spirituosen.

Fruchtsirup
wird aus Fruchtsaft oder Früchten und höchstens 68% Zucker als dickflüssige Zubereitung hergestellt.

Fructose
ist ein Monosaccharid, das in Früchten und Honig meist zusammen mit Glucose vorkommt. F. kann auch aus Saccharose durch →Invertierung hergestellt werden. Sie wird meist zu den → Zuckeraustauschstoffen gezählt, da sie den Blutzuckerspiegel kaum beeinflußt. F. hat die höchste → Süßkraft aller Zuckerarten.

Füllkörperkolonne
ist ein kontinuierlich arbeitender → Reaktor, der technisch als → Reaktionskolonne aus-

geführt ist und eine Schüttung von Füllkörpern enthält (**Abb. 59**). Die herabfließende Flüssigkeit verteilt sich über die Füllkörperoberfläche und wird im Gegenstrom mit der Gasphase in Kontakt gebracht. Die Füllkörper bestehen aus Glas, Keramik, Edelstahl etc.

Füllstoffe
sind alle für das menschliche Enzymsystem nicht verwertbaren (unverdaulichen) Stoffe, die eine signifikante Verringerung der Energiedichte, eine Strukturveränderung von Lebensmitteln durch Quellung und/oder Gasbildung bewirken und mengenmäßig über die technologisch notwendige Menge im Sinne des → LMBG im Lebensmittel eingesetzt werden.

funktionelle Eigenschaften
sind die Eigenschaften von Lebensmittelbestandteilen, die insbesondere das verfahrens- und anwendungstechnische Verhalten sowie im übertragenen Sinne das Verhalten im Organismus bestimmen. Darunter zählen die Beeinflussung hinsichtlich des Genußwertes (organoleptische Funktion), des Gesundheitswertes (ernährungsphysiologische Funktion) und des Gebrauchswertes (technologische Funktion).

Furcellaran
ist ein → Hydrokolloid, auch als „Dänischer Agar" bezeichnet, das nach alkalischer Vorbehandlung aus der Rotalge *Furcellaria fastigiata* durch → Extraktion mit heißem Wasser, Einengen im Vakuum und Einspritzen in eine KCl-Lösung als Gelfäden hergestellt wird und in gepreßter und getrockneter Form Verwendung findet. Die Struktur und Eigenschaften von F. entsprechen im wesentlichen denen von → Carrageenan. F. bildet säurebeständige Gele. Es wird zur Marmeladenherstellung, in der Fleischverarbeitung, zur Herstellung von Pudding u.a. als → Dickungs- und Geliermittel verwendet.

Fusariogenine
→ Mycotoxin.

G

Galactose
ist eine Hexose (**Abb. 60**) und kommt als Bestandteil in → Lactose, Raffinose, Guarmehl, Johannisbrotkernmehl und einigen Pflanzenteilen vor. G. hat etwa ein Drittel der → Süßkraft von Saccharose. Ernährungsphysiologisch bedeutsam ist die Galactosämie, eine Galactoseintoleranz.

β-Galactosidase
ist ein → Enzym, das → Lactose in → Glucose und → Galactose spaltet. Es wird technologisch zur Aufspaltung der Lactose in Milch bei Lactoseunverträglichkeit verwendet. Mit der Spaltung erhöht sich die Süße der Milch.

Galgant
auch Siam-Ingwer, (*Alpinia officinarum Hance*) ist ein Gewürz, dessen hauptsächliche Inhaltsstoffe ätherisches Öl mit Cineol, Pinen, Eugenol sowie Gerbstoffe, Bitterstoff, „Galgantrot" und Stärke sind.

Gallisieren
bezeichnet den Vorgang der Weinnaßzuckerung.

Gammastrahlung
(γ-Strahlung), ist eine hochenergetische elektromagnetische Strahlung mit einer Wellenlänge von $19^{-9} - 10^{-14}$ cm.

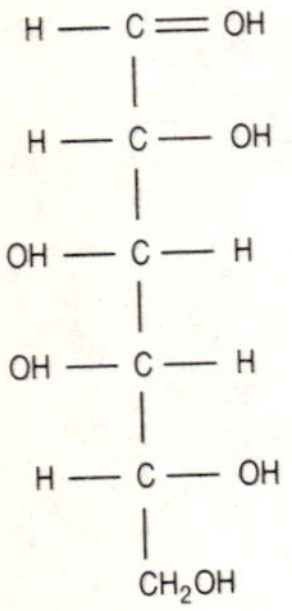

H — C ≡ OH
|
H — C — OH
|
OH — C — H
|
OH — C — H
|
H — C — OH
|
CH₂OH

Bild 60. Chemische Struktur der Galactose

Gänseschmalz
ist ein → Tierfett, das aus dem Fettgewebe der Gans durch → Ausschmelzen gewonnen wird. Es hat ölige bis salbenartige Konsistenz und

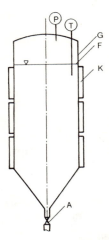

Bild 61. Stehender, zylindrischer Gärtank mit konischem Boden. *G* Gärtank, *K* Kühltaschen, *F* Füllstand, *T* Temperaturmeßvorrichtung, *p* Druckmeßvorrichtung

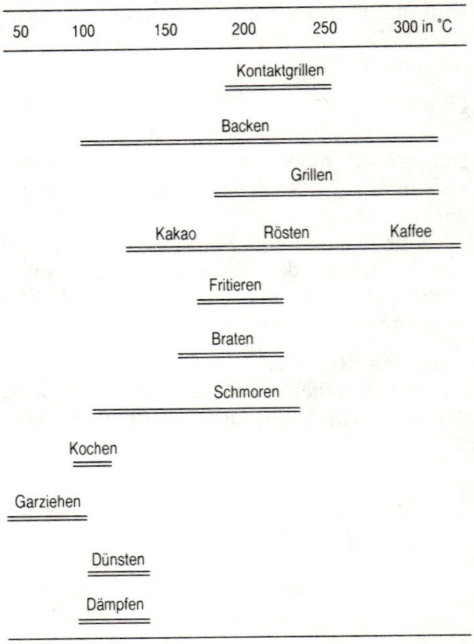

50	100	150	200	250	300 in °C
			Kontaktgrillen		
		Backen			
			Grillen		
	Kakao		Rösten		Kaffee
		Fritieren			
		Braten			
		Schmoren			
	Kochen				
Garziehen					
	Dünsten				
	Dämpfen				

Bild 62. Erhitzungsbereiche bei Garprozessen

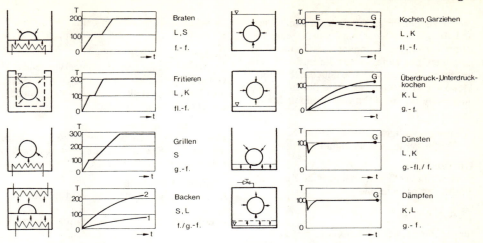

Bild 63. Garprozesse. *L* Wärmeleitung, *K* Konvektion, *S* Wärmestrahlung, *T* Temperatur (in °C), f.- fest, fl.- flüssig, g.- gasförmig

wird häufig mit → Schweineschmalz versetzt, um es fester zu machen.

Gärbehälter
werden in unterschiedlichen Ausführungen bei der → Bierherstellung verwendet. Man unterscheidet rechteckige, offene, kühlbare Gärbottiche und Gärtanks mit Kühlmantel, die liegend (Gärkante) oder stehend mit konischem Auslauf (**Abb. 61**) ausgeführt sein können. Stehende Gärtanks haben ein Fassungsvermögen bis zu 5.000 hl bei einer Füllhöhe von 20 m.

Garprozesse, thermische
stellen die Anwendung der thermischen → Grundprozesse, wie →Erwärmen, Abkühlen, → Verdampfen und → Kondensieren dar. Als Prozeßziel ist eine Stoffumwandlung definiert. Der Wärmebedarf für thermische G. setzt sich zusammen aus
– Aufheizen des Übertragungsmediums (entfällt bei Strahlung und Mikrowelle),
– Aufheizen des Gutes auf Reaktionstemperatur,
– Verdampfen von Wasser (gegebenenfalls),
– Reaktionswärme für die Stoffumwandlung (meist unvollständig bekannt),
– Verlustwärme.
Die Erhitzungsbereiche für thermische G. und die Art der Wärmeübertragung sind in der **Abb. 62** zusammengestellt. Eine schematische Darstellung zur thermischen Charakterisierung

der einzelnen G., die dominierenden Arten der Wärmeübertragung und die Kennzeichnung der Phasen zeigt **Abb. 63**.

Gärung
bezeichnet die anaeroben Prozesse der Zelle, bei denen die Übertragung des Wasserstoffes auf organische Akzeptoren im Verlauf des Intermediärstoffwechsels erfolgt, ohne daß dazu Sauerstoff benötigt wird. Dabei entstehen Produkte wie Ethanol, Milchsäure, Buttersäure, Propionsäure u.a. Technologisch bedeutsam sind mikrobielle Gärungsprozesse. Nach der Art des Gärungserregers unterscheidet man: die alkoholische Gärung meist durch Hefen hervorgerufen (Bier, Wein, Teiggärung u.a.), die Milchsäuregärung durch Milchsäurebakterien hervorgerufen (Sauermilch, Joghurt, Sauerteig, Sauerkraut u.a.), die Essigsäuregärung durch Essigsäurebakterien der Gattungen *Acetobacter* und *Gluconobacter* hervorgerufen (Gärungsessig, Verderb u.a.) und weitere Gärungsformen, wie Citronensäuregärung zur Gewinnung von → Citronensäure.

Gärverfahren
→ Schaumweinherstellung.

Garziehen
→ Garprozesse, thermische.

Gasbildevermögen
bezeichnet die Eigenschaft eines Mehles, das mit Wasser und Hefe nach bestimmter Vor-

Gashaltevermögen

schrift zu einem Teig definierter Konsistenz und Temperatur verarbeitet wurde, eine bestimmte Menge CO_2 in einer bestimmten Zeit zu bilden. Die Hefe vergärt die im Mehl vorhandenen Eigenzucker, wie Glucose, Fructose, Maltose und Saccharose sowie die aus Stärke durch amylolytische Enzyme gebildete Maltose.

Gashaltevermögen

→ Teiglockerung, → Backmittel.

Gaskonstante

ist eine von der Gasart unabhängige Konstante R, die durch die Größe

$$R = pV/T$$

für ein Mol eines idealen Gases gegeben ist. Hierbei bedeuten p den Druck unter Normalbedingungen, V das Molvolumen idealer Gase, das bei 0°C und 1 at für alle Gase 22,414 l/Mol beträgt, und T die absolute Temperatur.

GdL

(Glucono-delta-Lacton) ist ein inneres Anhydrid der Gluconsäure, das in Wasser und feuchter Umgebung wieder in Gluconsäure zurückverwandelt wird. Dabei stellt sich ein Gleichgewichtszustand zwischen Gluconsäure und dem Lacton ein. Die Wirkung beruht auf der pH-Wert-Absenkung. GdL wird zur → Rohwurstherstellung zur Verbesserung der Schnittfestigkeit und Förderung der → Umrötung, als Säureträger in → Backpulvern und Fertigmehlen, in Puddingpulvern, Geleeerzeugnisse u.ä. verwendet.

gebleichtes Mehl

→ Mehlbleichung.

Geflügelbrühverfahren

Die bei der → Geflügelschlachtung zur Anwendung kommenden verschiedenen G. werden entsprechend dem gewünschten Endprodukt (Frisch- oder Gefrierware, Trocken- oder Naßkühlung) ausgewählt. Das *Hochbrühen* (sub scald) erfolgt 60 - 90 Sekunden bei 58 - 60°C. Das *Niedrigbrühen* (low scald) bei 48 - 52°C und einer Brühzeit von 120 - 180 Sekunden erfordert meistens ein manuelles Nachrupfen. Brühzeiten- und temperaturen beeinflussen die Konsistenz, Haltbarkeit, das Aroma, die Brat- bzw. Grilleignung des Endproduktes. Das *Hochbrühen* (hard scald) wird teils bei Enten, Gänsen und Puten durchgeführt, dabei beträgt die Temperatur 80 - 88°C, die Zeit 5 -

10 Sekunden. Das Brühen beim → koscheren Schlachten von Geflügel ist untersagt.

Geflügelbrühwurst

ist eine → Brühwurst, die unter Verwendung von Geflügelfleisch, hauptsächlich von Huhn oder Pute, hergestellt wird. G. ist als Geflügelerzeugnis zu kennzeichnen.

Geflügelerzeugnisse

sind unter Verwendung von Geflügelfleisch hergestellte Erzeugnisse unter Angabe der fleischliefernden Geflügelart.

Geflügelschlachtung

Der Geflügelschlachtprozeß wird in vier Abschnitte:
– Lebendtierannahme, Transportmaterialreinigung und -stapelung,
– Töten, Rupfen,
– Ausschlachten,
– trocken- oder naßgekühlte Ware in verschiedene Angebots- und Herrichtungsformen bringen,
unterteilt, denen jeweils spezifische Prozeßstufen untergeordnet sind (**Abb. 64**).

Gefrierapparate

dienen zum → Tiefgefrieren von Lebensmitteln. Bezüglich ihrer Arbeitsweise unterscheidet man diskontinuierlich und kontinuierlich arbeitende Apparate. Die Wärmeübertragung kann durch Leitung, Konvektion oder Kontakt mit verdampfenden Flüssigkeiten erfolgen. Zusammenstellung wichtiger G. und ihrer Parameter enthält **Tab. 24**.

Gefrierbrand

entsteht als Folge von lokalen Sublimationseffekten gefrorener Lebensmittel. Durch Wechselwirkungen von Makromolekülen und der Zusammenlagerung von Strukturelementen kommt es zur Proteindenaturierung und zur Polysaccharidkristallisation. G. führt zum Strohigwerden, zu Farbveränderungen und Zartheitsverlusten des Lebensmittels.

Gefrieren

ist der Übergang vom flüssigen in den festen Aggregatzustand (→ Phasendiagramm). Dabei ist die Gefriergeschwindigkeit von ausschlaggebender Bedeutung für die mikroskopische Struktur des gefrorenen Produktes. Zur Charakterisierung des Prozesses wird die nominelle Gefriergeschwindigkeit v_n eingeführt. Sie ist definiert als der Quotient aus dem kürzesten Abstand zwischen Produktoberfläche und Kern und der nominellen Ge-

Tabelle 24. Gefrierapparate und ausgewählte Parameter

Arbeitsweise	Art der Wärmeübertragung	Temperatur in °C	Apparate
Diskontinuierlich	Leitung (Kontakt)	−34	Plattengefrierapparat
	Kaltluftkonvektion	−30...−35	Gefriertunnel
Kontinuierlich	Kaltluftkonvektion	−25...−35	Band-, Ketten-, Karussell-, Paternostergefrierapparat
	Kaltluftkonvektion in Wirbelschicht	−30...−35	Fließbettgefrieranlage
	Kontakt mit verdampfenden Flüssigkeiten	−30...−195,8	Freezer, Flüssigstickstoffgefrieranlagen

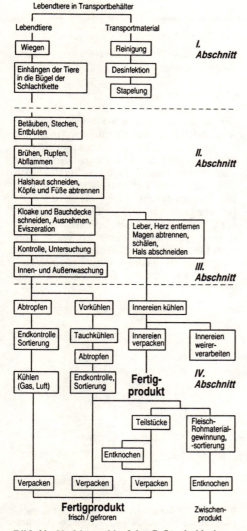

Bild 64. Verfahrensablauf der Geflügelschlachtung

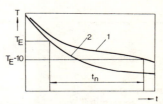

Bild 65. Darstellung zur Definition der nominellen Gefrierzeit t_n. _1_ Kerntemperatur, _2_ Oberflächentemperatur

frierzeit t_n, die erforderlich ist, um das Produkt von der Anfangstemperatur $T_1 = 0°C$ abzukühlen auf eine Kerntemperatur T_K, die 10 K unter der Gefrieranfangstemperatur T_E liegt. Somit gilt:

$$v_n = \frac{x}{t_n}$$

Die Zusammenhänge verdeutlicht **Abb. 65**. Liegt die Kerntemperatur unter −18°C, so spricht man vom Tiefgefrieren. Zur Berechnung der bei Abkühlprozessen mit Phasenänderung abzuführenden Wärmemenge Q ist von der Enthalpiedifferenz Δh zwischen der spezifischen Enthalpie h_1 bei der Temperatur T_1 und der spezifischen Enthalpie h_2 bei T_2 auszugehen. Es gilt:

$$Q = m(h_1 - h_2) \quad [\text{kJ}]$$

→ tiefgefrorene Lebensmittel, → Gefrierapparate.

Gefrierfisch
→ tiefgefrorene Lebensmittel.

Gefrierfleisch
ist das durch Abkühlen auf < −2°C gefrorene Fleisch. Bei dieser Temperatur kommt es zum → Gefrieren des Wassers im Fleischgewebe. Tiefgefrorenes Fleisch entspricht bezüglich

Gefrierkonserven

Tabelle 25. Wichtige Veränderungen während der Gefrierlagerung

chemische Veränderungen	physikalische Veränderungen	mikrobiologische Veränderungen
Verringerung Reaktionsgeschwindigkeit	Rekristallisation	Verschiebung des Wirkspektrums zu grampositiven Mikroorganismen
Geringe Enzymaktivität	Austrocknen durch Sublimation	abiotischer Qualitätsabfall
Phospholipidspaltung		geringere verschobene Enzymaktivität
Vitamin C-Abbau durch O_2		
β-Carotin-Abbau durch O_2		
Umwandlung von Oxymyoglobin in Metmyoglobin		
Antioxidation		

der Gefrierbedingungen → tiefgefrorenen Lebensmitteln.

Gefrierkonserven
→ tiefgefrorene Lebensmittel.

Gefrierkonservierung
→ Gefrieren, → Tiefgefrieren, → tiefgefrorene Lebensmittel.

Gefrierkonzentrierung
ist das Entfernen des Wassers aus Lösungen durch Ausfrieren. Bei extremer Temperaturabsenkung kommt es zum Gefrieren des Wassers und die gelösten Stoffe reichern sich im flüssigen Rückstand an, dessen Gefrierpunkt sich dadurch erniedrigt. Das Eis kann leicht abgetrennt werden. Die G. zählt zu den schonendsten Konzentrierungsverfahren und wird insbesondere in der Obst- und Gemüseverarbeitung angewandt.

Gefrierlagerung
erfolgt bei möglichst konstanter Lufttemperatur von $\leq -18°C$ und einer relativen Luftfeuchte von 100%. Die meisten Reaktionsabläufe werden während der G. verlangsamt, jedoch laufen eine Vielzahl chemischer, physikalischer und mikrobiologischer Veränderungen im Lebensmittel ab (**Tab. 25**).

Gefrierpunkt
ist der Erstarrungspunkt von Flüssigkeiten, angegeben in °C. → Phasen.

Gefrierpunkterniedrigung
bezeichnet die Erniedrigung der Gefriertemperatur eines Lösungsmittels durch gelöste Stoffe, die mit dem Lösungsmittel keine Mischkristalle bilden. Die G. ist für verdünnte Lösungen proportional der molaren Konzentration

des gelösten Stoffes. (Gegensatz: → Siedepunkterhöhung)

Gefriertrocknung
ist ein spezieller Prozeß des → Trocknens, der auf der Sublimation (→ Sublimieren) beruht. Bei der G. von bestimmten Produkten, wie Seren, Bakterienkulturen u.a., spricht man von Lyophilisation. Das zu trocknende Gut wird zunächst auf -40 bis $-70°C$ auf den Stellflächen oder Tiefkühlgeräten eingefroren. Die Haupttrocknung erfolgt bei etwa 133 Pa ($= 1$ Torr) bei allmählichem Temperaturanstieg auf $0 - 25°C$. Je nach gewünschter Restfeuchte wird die Nachtrocknung im Vakuum bis zu 0,1 Pa durchgeführt. Während des Trocknungsprozesses wandern die Wassermoleküle an den auf $= -70°C$ gekühlten Kondensator.

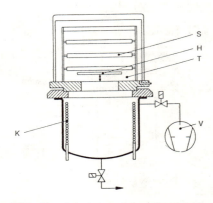

Bild 66. Prinzipdarstellung einer Gefriertrocknungsanlage. *S* Stellflächen, *H* Heizung, *V* Vakuumpumpe, *K* Kondensator, *T* Trockenraum

Abb. 66 stellt schematisch eine Gefriertrocknungsanlage dar.

Gefriertunnelanlagen
sind Einrichtungen zum Kühlen oder Gefrieren von stückigen Gütern durch → Luftkühlung. Das Produkt durchläuft einen Tunnel auf einem Band oder auf Horden und wird dabei einem vertikalen oder einem horizontalen, quer zur Produktlaufrichtung geführten Luftstrom ausgesetzt. Produktmenge, Durchlaufgeschwindigkeit, Temperaturdifferenz, Luftmenge und Produktfeuchtigkeit bestimmen den Kühl- bzw. Gefriereffekt.

Gefrierzylinder
sind doppelwandige kontinuierlich arbeitende Gefriereinrichtungen, bei denen das Produkt durch rotierende Wellen (z.B. Schneckenwelle, Messerschlagwelle) durch den Innenzylinder transportiert und durch den Kontakt mit der Innenmantelfläche gekühlt und gefroren wird. Die Wellen sind meist so gestaltet, daß sie das an der Zylinderinnenwand haftende Produkt bei der rotierenden Bewegung abschaben (Kratzkühler). Das Kältemittel befindet sich im Doppelmantel. Je nach Verdampfungstemperatur und Durchlaufgeschwindigkeit des Produktes kann der G. zum Kühlen oder Gefrieren benutzt werden.

gehärtete Fette
→ Fetthärtung.

Gegenstromdestillation
→ Rektifizieren.

Gegenstromextraktion
ist eine spezielle Art des → Extrahierens, bei der die den zu extrahierenden Stoff enthaltende → Phase F der ersten und das Lösungsmittel S der letzten Trennstufe zugeführt wird. Die Extrakt- (E) und Raffinatphase (R) erhalten als Index die Nummer der jeweiligen Trennstufe, die sie verlassen. Für die totale → Stoffbilanz über die Trennstufen gilt:

$$F + S = E_1 + R_n.$$

Geistrohr
ist ein Apparateteil von → Brenngeräten und stellt die Verbindungen zwischen Verstärker bzw. Helm und Kühler her. Es sollte aus Edelstahl bestehen, da bei Verwendung von Kupfer aus Essigsäure, die in essigstichigen Maischen vorliegt, in Verbindung mit Luftsauerstoff giftige, blaugrüne Kupferacetate entstehen.

Geläger
bezeichnet die Hefe, die sich bei der Nachgärung und Lagerung des → Bieres am Boden des Lagertanks absetzt. Mit der Hefe werden noch Eiweiß- und Hopfenbestandteile präzipitiert.

Gelatine
ist ein Polypeptid, das aus Knochen und Knorpelteilen hergestellt wird. Zunächst werden dazu die Fettanteile extraktiv entfernt und nach dem Waschen wird das Kollagen durch 5-8%ige Salzsäure mazeriert. Das so entstandene Ossein wird gewaschen und gelaugt bis das Kollagen hydrolytisch in G. übergeht, die dann gefiltert und getrocknet wird. G. hat einen Trockenmassegehalt von 85-90% und quillt in Wasser. Ab 40°C bildet G. mit Wasser eine viskose Lösung. Die Gelfestigkeit ist konzentrations-, temperatur- und pH-Wert-abhängig. Dominierende → Aminosäuren sind Glycin, Prolin und Hydroxiprolin. G. wird als Pulver gehandelt.

Gelatine-Schönung
ist eine Methode der → Schönung. Sie dient zur Reduzierung der phenolischen Saftinhaltsstoffe. Gelatine reagiert auch mit Pektin- und anderen Inhaltsstoffen. Es kommt zu einer Komplexbildung durch Reaktionen der phenolischen Hydroxylgruppen und den peptidischen Gruppen der Gelatine. Die hydrophoben Bindungen sind verantwortlich für Wechselwirkungen zwischen Gerbstoffen und Proteinen. Die Flockungseigenschaften sind pH-Wert und temperaturabhängig. Tannin kann als Hilfsstoff bei der Gelatine-S. verwendet werden. Es hat wie auch Kieselsol Gerbstoffcharakter und unterstützt so die Komplexbildung und Ausflockung.

Gelber Mosler
ist eine → Weißweinsorte, die hochwertige, alkoholreiche, schwere Weine liefert. Sie wird besonders in Ungarn zur Herstellung von Tokayer angebaut.

Gelber Muskateller
ist eine weiße Kelter- und Tafeltraube.

Gelbkäse
ist eine spezielle Gruppe von → Sauermilchkäse.

Gele
sind makromolekulare Netzwerke, in dessen Hohlräumen Flüssigkeit eingelagert ist. Sie entstehen durch Polymerisation, Polykonden-

Gelieren

Tabelle 26. Einteilung von Gemüse

Gruppeneinteilung	Gemüseart
Wurzelgemüse	Möhre, Sellerie, Rübe, Rettich, Radieschen u.a.
Blattgemüse	Kohl, Spinat, Feldsalat, Kopfsalat, Chinakohl u.a.
Sproßgemüse	Rosenkohl, Spargel, Kohlrabi, Rhabarber u.a.
Blütengemüse	Blumenkohl, Brokkoli u.a.
Samengemüse	Erbsen, Bohnen, Linsen u.a.
Fruchtgemüse	Tomaten, Gurken, Auberginen, Kürbis u.a.
Zwiebelgemüse	Zwiebel, Poree u.a.
Knollengemüse	Kartoffel

sation oder Polyaddition. Im Lebensmittelbereich handelt es sich meist um Polysaccharide, Proteine oder Nucleinsäuren, die als molekularer Baustein für die Gelbildung fungieren. Häufig bilden sich die Netzstrukturen über Ionen aus (z.B. Calciumcaseinat-Gele), aber auch andere Bindungsarten führen zur Gelbildung. Gelee ist eine streichfähige Zubereitung gelartiger Struktur aus Zucker und → Fruchtsaft oder wäßrigen Auszügen einer oder mehrerer Fruchtarten.

Gelieren

bezeichnet den Vorgang der Bildung von → Gelen unter Nutzung von → Geliermitteln.

Geliermittel

sind hochmolekulare, wasserlösliche oder in Wasser quellende → Hydrokolloide, die viskose Lösungen, Pseudogele oder Gele bilden können. Sie dienen dem Zweck, die Struktur und Konsistenz von Lebensmitteln zu erhalten oder zu verbessern. G. bilden elastische formbeständige Gele, wobei die Wassermoleküle in das dreidimensionale Gerüst des G.'s eingelagert werden. Sie besitzen eine lineare, fadenförmige Struktur und vernetzen sich räumlich über ihre aktiven Gruppen. Dabei spielen H^+- und Ca^{++}-Ionen eine wichtige Rolle. G. finden Verwendung als Aufschlag-, Binde-, Dickungs-, Flockungs-, Füll-, Haftmittel u.a. zur Herstellung von → Konfitüren, → Marmeladen, → Gelee, → Speiseeis, → Fruchtsäften u.v.a. Wichtige G. sind → Gelatine, → Alginate, → Agar Agar, → Pektin usw. → Zusatzstoffe.

Gemüse

sind alle Pflanzenteile ein- und mehrjähriger Pflanzen, die in frischem Zustand nicht lufttrocken sind und roh oder zubereitet verzehrt werden, ausgenommen Obst und nicht angebaute Pilze. **Tab. 26** zeigt eine gebräuchliche Einteilung für G. Teilweise werden trockenreife Samen wie Erbsen, Bohnen, Linsen, Sojabohnen und Erdnüsse nicht zu Gemüse, sondern zu den Hülsenfrüchten gezählt. G. ist ernährungsphysiologisch insbesondere wegen seines hohen Vitamingehaltes, Ballaststoff- und Mineralstoffanteils sowie seines geringen Fettgehaltes wertvoll. **Tab. 27** enthält ausgewählte Inhaltsstoffe einiger Gemüsearten.

Gemüse, fermentierte

sind → Gemüseerzeugnisse, die unter Verwendung von Mikroorganismen hergestellt und durch sie in ihren Eigenschaften wesentlich geprägt werden. Während in Europa die milchsauer fermentierten Gemüse dominieren, werden in Asien zahlreiche fermentierte Produkte unter Verwendung von Schimmelpilzen hergestellt. Die wichtigsten fermentierten Gemüse sind: → Sauerkraut, Mixed Pickles, saure Gurken, fermentierte Oliven, fermentierte Sojabohnenprodukte (→ Natto, → Miso, Thua-nao, → Shoyu, Chiang-yu, Kan jang, Kecap, Tao co, Hamanatto u.a.). → Sauergemüse

Gemüse, getrocknetes

wird durch möglichst schonenden Wasserentzug, unter weitgehender Erhaltung der wertgebenden Inhaltsstoffe hergestellt. Es ist eines der ältesten Verfahren der Lebensmittelhaltbarmachung. Das Gemüse wird vorbehandelt. Der Trocknungsprozeß erfolgt durch Luft-, Vakuum- oder → Gefriertrocknung. Der Verfahrensablauf ist in **Abb. 67** dargestellt. Die konservierende Wirkung wird durch die Absenkung des → a_w-Wertes erreicht. Bei konventionellen Trocknungsverfahren wird ein Wassergehalt unter 12%, bei der Gefriertrocknung unter 4% erreicht. Je niedriger der Wassergehalt, desto stabiler ist die Qualität des G.'s, da neben der mikrobiellen auch die endogene enzymatische Aktivität besser eingeschränkt wird. Da die Produkte hygroskopisch sind, ist eine wasserdichte Verpackung erfor-

Tabelle 27. Mittlerer Gehalt an Inhaltsstoffen verschiedener Gemüse (außer Spurenelemente und Vitamine)

Gemüse	Wasser	Eiweiß	Fett in %	Kohlenhydrate	Rohfaser	Mineralstoffe
Kartoffel	78	2,0	0,1	19	0,9	1,0
Möhre	90	1,0	0,2	8	1,1	0,9
Weißkohl	91	1,4	0,2	5	1,6	0,6
Erbse, grün	75	6,4	0,4	15	2,0	1,0
Gurke	97	0,6	0,2	1	0,6	0,6
Zwiebel	87	1,2	0,3	10	0,9	0,6

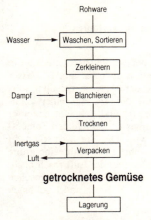

Bild 67. Verfahrensablauf der Herstellung von getrocknetem Gemüse

derlich. Im allgemeinen wird unter Vakuum oder → Inertgas verpackt.

Gemüseerzeugnisse
ist ein Sammelbegriff für alle aus → Gemüse hergestellten und zum Verzehr bestimmten Erzeugnisse wie: → Gemüsesaft (auch konzentriert und getrocknet), → Gemüsetrunk, → Gemüsemark, → Sauergemüse, → Gemüsekonserven, → tiefgefrorenes Gemüse, getrocknetes Gemüse, → Gemüsepulver, → Gemüsegrieß, → Salzgemüse, fermentierte Gemüse.

Gemüsehomogenat
→ Gemüsesaftherstellung.

Gemüsekonserven
sind durch Wärmebehandlung in luftdicht verschlossenen Behältnissen haltbar gemachte → Gemüse, die sich zumeist in Salzlake unter Zugabe von Citronensäure, teils L-Ascorbinsäure und Zucker befinden. Die Haltbarkeit wird jedoch durch die Wärmebehand-

lung erreicht. Auch → Sauergemüse, → Gurkenkonserven u.ä. rechnet man oft zu den G.

Gemüsemark
ist das gärfähige, unvergorene oder milchsauer vergorene, aus dem passierten, genießbaren Teil der ganzen oder geschälten Gemüse ohne Abtrennen des Saftes gewonnene Erzeugnis.

Gemüsemarkherstellung
→ Gemüsesaftherstellung.

Gemüsemark, konzentriertes
ist das aus → Gemüsemark durch schonendes, physikalisches Abtrennen eines bestimmten Teils des natürlichen Wassergehaltes hergestellte Erzeugnis. Für handelsübliche Produkte wird das Gemüsemark mindestens auf die Hälfte seines ursprünglichen Volumens eingeengt.

Gemüsenektar
→ Gemüsetrunk.

Gemüsesaft
ist das unverdünnte, zum unmittelbaren Verzehr bestimmte, gärfähige, unvergorene oder milchsauer vergorene, flüssige Erzeugnis aus Gemüse oder das aus konzentriertem Gemüsesaft oder aus konzentriertem → Gemüsemark durch Rückverdünnung hergestellte Produkt.

Gemüsesaft, getrockneter
ist das aus → Gemüsesaft durch physikalisches Abtrennen nahezu des gesamten Wassergehaltes hergestellte Erzeugnis.

Gemüsesaftherstellung
Aufgrund der Unterschiedlichkeit des Rohmaterials gibt es keinen einheitlichen technologischen Ablauf der G. Dennoch lassen sich die wesentlichen Prozeßstufen wie in **Abb. 68** darstellen. Die Gemüseart beeinflußt die einzelnen Prozeßstufen bis zur Gemüsemaische vor allem in der Art der zu verwendenden Apparate. Zur G. wird meist eine Milchsäurefermentation vor dem Entsaften durchgeführt (→ Lactoferment-Verfahren). Danach liegt

Gemüsesaftkonzentrat

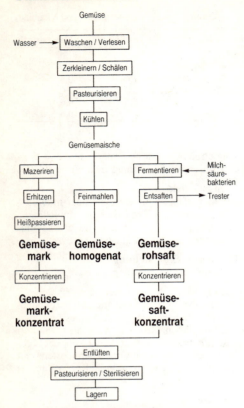

Bild 68. Verfahrensablauf der Herstellung flüssiger und pastöser Gemüseerzeugnisse

der Gemüsesaft vor, der bei Bedarf nach verschiedenen Verfahren konzentriert werden kann (→ Saftkonzentrierungsverfahren). Wird die Gemüsemaische mazeriert, so muß in einem thermischen Prozeßschritt das Enzym inaktiviert werden. Danach erfolgt das Heißpassieren, bevor das → Gemüsemark vorliegt, das noch gekühlt wird. Zur Herstellung von Gemüsehomogenisaten erfolgt ein Feinvermahlen der Gemüsemaische ohne Mazerieren (→ pektolytische Enzyme) und Passieren. In jedem Fall ist eine abschließende → Pasteurisation bzw. → Sterilisation vor der Einlagerung erforderlich. Die so gewonnenen Produkte werden meist als Halbfabrikate der weiteren Verarbeitung zugeführt.

Gemüsesaftkonzentrat

ist das aus → Gemüsesaft durch schonendes, physikalisches Abtrennen eines bestimmten Teils des natürlichen Wassergehaltes hergestellte Erzeugnis. Für handelsübliche Produkte wird der Gemüsesaft mindestens auf die Hälfte seines ursprünglichen Volumens eingeengt. Besonders schonend ist hierfür die → Membrantrenntechnik zu nutzen. Teilweise wird das Aroma des Erzeugnisses mit Hilfe der flüchtigen Aromastoffe wieder hergestellt, die bei der Konzentrierung des betreffenden Gemüsesaftes der von Säften derselben Gemüseart aufgefangen worden sind.

Gemüsesaftkonzentrierung
→ Saftkonzentrierungsverfahren.

Gemüsetee

ist eine Teesorte, bei der die frischen Blätter in einem Bambuskasten über kochendes Wasser zur Inaktivierung der Enzyme gehalten werden. Danach wird der Tee auf einer Bambusmatte ausgebreitet und geknetet bevor er in einem mit Bambus ausgekleideten Zementbehälter gepreßt wird. Der Tee wird so bis zu 6 Monaten aufbewahrt und behält seine grüne Farbe, dunkelt jedoch an der Luft rasch nach. Das Produkt wird in Salzwasser gewaschen und als Gemüse mit Öl, Fisch und Knoblauch gegessen.

Gemüsetrunk

ist die zum unmittelbaren Verzehr bestimmte, über die ursprüngliche Stärke hinaus verdünnte Zubereitung aus → Gemüsesaft oder → Gemüsemark mit einem Anteil an Gemüsesaft und/oder Gemüsemark von mindestens 40 Gew.-%, bei Rhabarber von mindestens 25 Gew.-%. G. wird auch als Gemüsenektar bezeichnet.

Gemüseverarbeitung

ist die gewerbliche, küchentechnische Vorbereitung der Rohware mit anschließender Haltbarmachung durch → Sterilisation, Säuern und anschließender → Pasteurisation, Salzen, → Trocknen und → Tiefgefrieren.

Genever
→ Spirituosen.

Genußsäuren

sind → Citronensäure, → Weinsäure, → Milchsäure, → L-Äpfelsäure und DL-Äpfelsäure.

Geotrichum

ist eine Schimmelpilzgattung der Familie *Moniliaceae* mit grauen bis weißen Kolonien und flachem, filzigem Mycel. G. wächst vorwiegend auf Milchprodukten. Der bekannteste Vertreter ist *G. candidum*.

Gerbstoffe
sind polyphenolische Verbindungen, die in hydrolisierbare G., wie Glycoside und Ester und nichthydrolisierbare G., wie Katechine, einzuordnen sind. Sie gelangen aus Hülsen, Kernen, Kämmen und Stielen in den Saft oder Most.

Gerinnungsenzyme
sind Enzyme, die zur Dicklegung von Milch verwendet werden. Sie gehören zur Gruppe der sauren Proteinasen. Das traditionell verwendete G. ist das Lab. Dieses Enzym wird in den Labmagenschleimhäuten der Wiederkäuer gebildet und besteht aus Chymosin (engl. Rennin) und Pepsin. Als G. wird meist das Lab von Saugkälbermägen verwendet, da es fast ausschließlich aus Chymosin besteht. Mit zunehmenden Alter der Tiere und veränderter Fütterung nimmt der Pepsinanteil im Lab zu. Teilweise werden auch Labaustauschstoffe verwendet, die mikrobiellen Ursprunges sind. Als Mikroorganismen nutzt man vor allem *Mucor miehei, M. pasillus* und *Endothia parasitica*. Die Labaustauschstoffe zeigen aber mehr oder weniger unspezifische proteolytische Reaktionen, die zur Bitterpeptidbildung führen können. In jüngerer Zeit wurde das Chymosin-Gen isoliert und in Bakterien (z.B. Escherichia coli) zur Expression gebracht. So wird es möglich, kälberlabidentisches Chymosin fermentativ herzustellen. Auf diese Weise ließen sich die negativen Eigenschaften der Labaustauschstoffe durch die ausschließliche Verwendung von Chymosin vermeiden.

Gerste
(*Hordeum vulgare L.*) ist eine Getreideart, die als Winter- und Sommergerste angebaut wird. Sommergerste wird vorwiegend für Brauzwecke, Wintergerste vorwiegend für Futterzwecke verwendet.

Gerstl
→ Krümelsauer.

Gesamtalkoholgehalt
→ Alkoholgehalt.

Gesamtsäure
bezeichnet den Gehalt von Fruchtsäften an nichtflüchtigen und flüchtigen Säuren, berechnet als Weinsäure oder Citronensäure in g/l.

gesättigte Fettsäuren
→ Fettsäuren.

Geschmacksverstärker
sind Verbindungen, die keinen oder nur einen sehr geringen Eigengeschmack besitzen, die aber als Nahrungsmittelzusätze oder dort, wo sie vorkommen, das Gesamtaroma des Lebensmittels stark erhöhen oder überhaupt erst prägen. Es handelt sich meist um nichtflüchtige oder schwerflüchtige Verbindungen. Im asiatischen Raum wird der Begriff weiter gefaßt und bezeichnet Stoffe, die die Präferenz für ein Lebensmittel günstig beeinflussen. Sie besitzen oberhalb ihrer Geschmacksstellenwerte einen eigenen Geschmack und unterhalb dieser steigern oder potenzieren sie den Eigengeschmack von Lebensmitteln. Wichtigste geschmacksverstärkende Substanzen sind, neben den generell geschmacksverstärkend wirkenden → Aminosäuren, insbesondere → Glutamat, → Ribonucleotide, → Maltol u.a. Sie werden zur Herstellung von Suppenerzeugnissen, Soßengrundstoffen, Zubereitungen aus Fleisch, Fisch, Gemüse, Schokolade, Süßwaren, Backwaren u.a. verwendet.

Getreide
(*Cerealien*) sind die wichtigsten höheren Pflanzen, die der menschlichen Ernährung dienen. Die bedeutendsten Arten für die Lebensmittel- und Futterproduktion sind Weizen, Roggen, Gerste, Hafer, Mais, Reis und Hirse. Für die Nahrungsbereitung wird vorrangig der Mehlkörper zur Herstellung von Backwaren, Teigwaren, Brei und Flocken genutzt. G. dient auch als Rohstoff für die Brauerei- und Brennereiindustrie. Das Getreidekorn besteht aus zusammengewachsener Frucht- und Samenschale, Endosperm, das sich aus der Aleuronschicht (= Eiweiß), dem Öl und Mehlkörper (Eiweiß und Stärke) zusammensetzt und dem Keimling. Die Körner mancher Getreidearten sind mit Spelzen umhüllt. Das Verhältnis anatomischer Bestandteile verschiedener Getreide ist in **Tab. 28** zusammengestellt

Getreidebranntwein
ist der Oberbegriff für Branntweine aus → Getreide.

Getreideflocken
sind Produkte der → Schälmüllerei, die vorwiegend aus Hafer, Weizen, Roggen, Gerste, Hirse und Reis hergestellt werden. Den weitaus größten Anteil nehmen die Haferflocken ein. Zu ihrer Herstellung wird das Haferkorn gereinigt, gedarrt, sortiert, geschält

Getreideflocken

Tabelle 28. Anteile der anatomischen Bestandteile von Getreide in %

Getreide	Spelzen	Fruchtschale	Samenschale	Aleuronschicht	Mehlkörper	Keimling mit Schild
Weizen		3,5-4,7	1,1-2,1	6,3-9,0	77,0-86,0	1,4-3,9
Roggen		6,0-7,4	4,8-7,0	10,8-12,2	71,0-78,0	3,3-3,7
Gerste	8,1-15,0	3,5-3,9	2,0-2,7	12,2-13,0	63,0-69,0	2,5-3,0
Hafer	20,1-40,1	2,5-4,1	2,0-2,6	11,1-14,3	48,0-54,0	3,0-3,6
Hirse	15,0-22,1	0,7-1,2	1,8-2,2	2,0-3,6		3,1-4,2
Reis	14,0-35,0	1,1-1,5	1,0-1,6	4,1-6,1	66,0-70,0	4,0-6,0
Mais		10,0-15,5				7,0-12,0

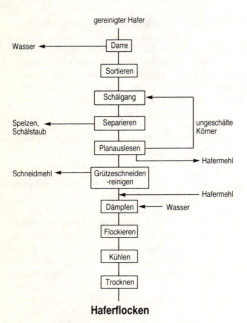

Bild 69. Haferflockenherstellung mittels Unterläuferschälgang

Tabelle 29. Korngrößenbereiche der Getreidemahlerzeugnisse

Getreidemahlerzeugnisse	Korngrößenbereich in μm
Schrot	> 500
Grieß	200 - 500
Dunst	120 - 200
Mehl	14 - 120

Abb. 69 aufgeführt. Beim Einsatz des Fliehkraftschälers wird der Hafer im naturfeuchten Zustand belassen und der Darrprozeß erst an den geschälten Kernen vollzogen. Der flockierte Hafer wird abschließend gekühlt und getrocknet.

Getreidekeimöl
wird aus dem Keimling des Getreidekornes durch Pressen oder Extrahieren gewonnen. Mais- und Weizenkeimöle zeichnen sich durch einen hohen Gehalt an essentiellen Fettsäuren aus.

Getreidekonditionierung
ist die hydrothermische Behandlung von Getreide mit dem Ziel der Verbesserung der Mahlfähigkeit der Körner und der Backfähigkeit des Mehles. Durch die Einwirkung von Wärme und Feuchtigkeit werden die Wasseraufnahmefähigkeit und die Quelleigenschaften beeinflußt. Nach der Art der Behandlung unterscheidet man *Heißkonditionierung* (Netzen des Getreides und anschließende Wärmebehandlung in Luft-Wasser-Konditionierern, Abstehen), *Kaltkonditionierung* (Netzen des Getreides und nachfolgendes Abstehen des Getreides bei 20°C) und *Schnellkonditionierung* (Behandlung des Getreides mit Dampf und nachfolgendes Waschen mit kaltem Wasser). Die Abstehdauer beträgt 20 - 40 min unmittelbar vor dem 1. Schroten.

und die Spelzen werden vom Haferkern getrennt. Anschließend erfolgt das → Grützeschneiden, Dämpfen und die Flockenherstellung. Zur Reinigung des Haferkornes wendet man die gleichen Prozeßschritte wie bei der Getreideverarbeitung an (→ Schwarzreinigung, → Weißreinigung). Die Unterschiede bei der Herstellung verschiedener Getreideflockenprodukte beziehen sich vorwiegend auf den Schälprozeß sowie die Art und Intensität der hydrothermischen Behandlung vor der → Flockierung. Beim Hafer wird entweder das Schälen im Unterläuferschälgang oder im → Fliehkraftschäler angewendet. Die Prozeßschritte nach der Reinigung sind in

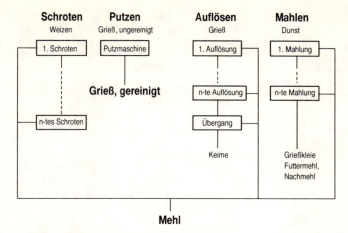

Bild 70. Verfahrensablauf der Getreidevermahlung

Getreidemahlerzeugnisse

entstehen beim Vermahlen von Brotgetreide (Weizen, Roggen). Da die Zerkleinerung des Getreidekorns und die Trennung der Samenschale vom Mehlkörper in mehreren Stufen erfolgt, werden G. mit unterschiedlichen Korngrößen und mit unterschiedlicher Herkunft aus bestimmten Schichten des Korns gewonnen. Helligkeit und Zusammensetzung der G. ändern sich im Laufe der Vermahlung. In **Tab. 29** sind G. mit ihren Korngrößenbereichen angegeben. Schrote sind nur grob zerkleinerte Getreidekörner. → Mehlherstellung, → Vermahlung.

Getreideprodukte, fermentierte

sind Erzeugnisse, die unter Verwendung von Mikroorganismen aus → Getreide hergestellt und durch sie in ihren Eigenschaften wesentlich geprägt werden. Streng genommen zählen hierzu auch Bier und Produkte der Getreidebrennerei, die jedoch üblicherweise als selbständige Produktgruppen gelten. Von Bedeutung sind insbesondere fermentierte G. auf der Basis von Reis und Mais (**Tab. 30**).

Getreidevermahlung

dient zur Herstellung von → Getreidemahlerzeugnissen. Bei der G. erfolgt eine selektive Zerkleinerung der Getreidekörner in mehreren Passagen mit anschließender Sortierung (s. **Abb. 70**). Man unterscheidet folgende Prozeßstufen:

Schroten: Grobes Zerkleinern des ganzen Korns in mehreren Passagen mit anschließendem Sieben. Grieße, Dunste und Mehle werden je nach Korngröße abgetrennt.

Putzen: Speisegrieß und Speisedunst werden durch die Reinigung von Grieß- und Dunstteilchen in → Grießputz- bzw. Dunstputzmaschinen erzeugt.

Auflösung: Grieß wird zu Dunst und Mehl stufenweise auf Glattwalzen zerkleinert.

Mahlen: Dunste werden zu Mehl vermahlen.

Für die verschiedenen Zerkleinerungsstufen werden → Walzenstühle eingesetzt. Die Separierung der Mahlerzeugnisse erfolgt in → Plansichtern. → Vermahlungsmaschinen.

Tabelle 30. Ausgewählte fermentierte Getreideprodukte

Getreiderohstoff	Erzeugnis	hauptsächlich beteiligte Mikroorganismen (Genera)
Mais	Banku	Corymebacterium
	Kenkey	Aerobacter
	Akpler	Lactobacillus
	Ogi	Saccharomyces
	Agidi	Candida
Reis	Idli	Leuconostoc
	Dosa	Streptococcus
	Appam	Pediococcus
	Ang khak	Monascus
	Ragi,	Mucor, Rhizopus
	Bubud	

getrocknete Gemüse
→ Gemüse, getrocknete.

Gewürzaromasalz
ist ein Produkt, bei dem die Gewürze ganz oder teilweise durch Gewürzaromen, die nur natürliche Aromastoffe enthalten, ersetzt wurden.

Gewürzaromazubereitungen
oder auch Gewürzaromapräparate sind Produkte, bei denen die Gewürze ganz oder teilweise durch Gewürzaromen, die nur natürliche Aromastoffe enthalten, ersetzt wurden.

Gewürze
sind Teile (Wurzeln, Wurzelstöcke, Zwiebeln, Rinden, Blätter, Kräuter, Blüten, Früchte, Samen oder Teile davon) einer bestimmten Pflanzenart, nicht mehr als technologisch notwendig bearbeitet, die wegen ihres natürlichen Gehaltes an Geschmacks- und Geruchsstoffen als würzende oder geschmacksgebende Zutaten zum Verzehr geeignet und bestimmt sind. Werden Pilze nur wegen ihrer würzenden Eigenschaften verwendet, so werden sie als G. angesehen. G. haben teilweise auch pharmakologische Wirkungen. Ihre Einteilung wird meist nach der Art der Pflanzenteile vorgenommen (**Tab. 31**).

Tabelle 31. Einteilung der Gewürze

Pflanzenteil	Gewürz
Wurzelstock (Rhizom)	Ingwer, Kurkuma, Galgant, Kalmus
Wurzel	Liebstöckel, Meerrettich
Zwiebel	Knoblauch, Zwiebel
Rinde	Zimt
Blätter/Kraut	Lorbeer, Majoran, Thymian, Bohnenkraut, Rosmarin, Basilikum, Beifuß, Estragon, Melisse, Mexicanoregano
Blüten	Kapern, Nelken, Zimtblüte, Safran
Früchte/Fruchtkörper	Pfeffer, Piment, Kümmel, Dill, Fenchel, Anis, Koriander, Paprika, Vanille, Trüffel, Wacholderbeeren
Samen	Muskatnuß, Senf, Bockshornklee, Schwarzkümmel

Gewürzextrakte
sind Auszüge aus natürlichen Gewürzen. Sie werden meist an Trägerstoffe wie Öle, Kochsalz u.a. gebunden. Näheres regelt die Essenzen-Verordnung.

Gewürzgurken
→ Gurkenkonserven.

Gewürzliköre
→ Spirituosen.

Gewürzmischungen
sind Mischungen von Gewürzen, die entweder nach ihrer Art (z.B. Rosenpaprika) oder nach ihrem Verwendungszweck (z.B. Girosgewürz, Pizzagewürz) bezeichnet werden.

Gewürznelke
(*Syzygium aromaticum L.*) ist ein Gewürz dessen hauptsächlicher Inhaltsstoff ätherisches Öl mit Eugenol, Acetengenol und Caryophyllen ist.

Gewürzsalze
sind Mischungen von mehr als 40% Kochsalz mit Gewürzen, Gewürzzubereitungen oder aminosäurehaltigen Würzen, bei denen ein Gewürzanteil von mindestens 15% (für Knoblauch Sonderregelung) vorliegen muß. Sie werden nach ihrer Art (z.B. Selleriesalz) oder nach ihrem konkreten Verwendungszweck bezeichnet.

Gewürzzubereitungen
oder Gewürzpräparate sind Mischungen von einem oder mehreren Gewürzen mit anderen geschmacksgebenden und/oder geschmacksbeeinflussenden Zutaten mit oder ohne technologisch wirksamen Stoffen, die mindestens 60% Gewürze enthalten. Sie werden nach ihrem konkreten Verwendungszweck in Verbindung mit dem Wort „Gewürzzubereitung" (z.B. Brathähnchen-Gewürzzubereitung) oder zur Kenntlichmachung für den Weiterverarbeiter (Gewürzzubereitung für Brühwurst) bezeichnet.

Ghatti-Gummi
ist ein → Pflanzengummi, der aus dem Exsudat der in Indien und Ceylon beheimateten *Anogeissus latifolia* gewonnen wird. G.-Gummi hat eine geringere Bedeutung als andere Pflanzengummi. → Karaya, → Traganth, → Gummi arabicum.

Gianduja-Haselnußmilchschokolade
→ Schokolade.

Gianduja-Haselnußschokolade
→ Schokolade.

Gin
→ Spirituosen.

Ginger Ale
Bezeichnung für → Limonade, hergestellt unter Verwendung von Ingwerauszügen.

Gitterrührer
→ Rührer.

glasierter Weißreis
wird durch eine Behandlung mit Talkum und mit einer 50%igen Glucose-Lösung hergestellt. Dieses Verfahren wird heute nicht mehr eingesetzt.

Glasurmassen
sind → Zuckerwaren, bestehend aus → Zucker bzw. wäßrigem Fondant (→ Fondanterzeugnisse) oder → Kakaopulver, die für Glasuren (Überzüge) auf Dauer- und Frischbackwaren und Zuckerwaren bestimmt sind. G. sind im Gegensatz zu → Fettglasuren fettfrei.

Glattwalzen
→ Walzenstuhl.

Gleichgewicht, thermodynamisches
Ein thermodynamisches System befindet sich im thermodynamischen G., wenn sich die inneren Zustandsgrößen nicht ändern.

Gleichstromextraktion
ist eine spezielle Art des → Extrahierens, bei der die den zu extrahierenden Stoff enthaltende → Phase und das Lösungsmittel ein Gemisch G_1 ist, das in zwei Phasen aufgetrennt wird. Der Extrakt E_1 wird abgezogen, das Raffinat R_1 wird wieder mit Lösungsmittel gemischt. Das Gemisch M_2 trennt sich in der nächsten Stufe in den Extrakt E_2 und das Raffinat R_2 usw. Die G. wird durch vier Parameter beschrieben: Anzahl der Trennstufen, Lösungsmittelmenge, Zusammenstellung der Extraktphase und der Raffinatphase.

Gliederbandförderer
dient zum Fördern körniger Schüttgüter, stückiger oder pastöser Güter. Sein Aufbau entspricht dem → Gurtbandförderer, wobei das Band durch eine Gelenkkette ersetzt ist.

Globulin
→ Albumin.

Glockenbodenkolonne
ist ein kontinuierlich arbeitender → Reaktor, der technisch als → Reaktionskolonne aus-

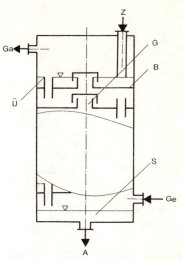

Bild 71. Glockenbodenkolonne. *Z* Zulauf, *A* Auslauf, *Ge* Gaseintritt, *Ga* Gasaustritt, *Ü* Überlauf, *S* Kolonnensumpf

geführt ist und in regelmäßigen Abständen eingebaute Böden, die einen Flüssigkeitsüberlauf und eine Glocke zum Durchströmen von Gasen besitzen, enthält (**Abb. 71**). Flüssigkeit und Gas durchlaufen die Kolonne im Gegenstrom, wodurch es über die Glocken zur intensiven Durchmischung kommt.

GLP
(Good Laboratory Pratice) befaßt sich mit dem organisatorischen Ablauf und den Bedingungen, unter denen Laborprüfungen geplant, durchgeführt und die Qualität ihrer Ergebnisse gesichert werden, sowie mit der Aufzeichnung und Berichterstattung über die Prüfung. Die Grundsätze der GLP sind durch die OECD festgelegt. Sie beinhalten bzw. schreiben vor: Einhaltung der Anforderungen; Qualifikation des Personals; Anforderungen an Räumlichkeiten, Arbeitseinrichtungen und Materialien; Standard-Arbeitsanweisungen und Prüfmethoden; Qualitätssicherungsprogramm; chronologische Ablage aller Standard-Arbeitsanweisungen, Prüfpläne, Prüfmethoden, Rohdaten und Unterlagen über die Durchführung von Standard-Arbeitsanweisungen und lückenlose Dokumentation und Archivierung aller Daten.

Gluconobacter
ist eine Gattung der Essigsäurebakterien.

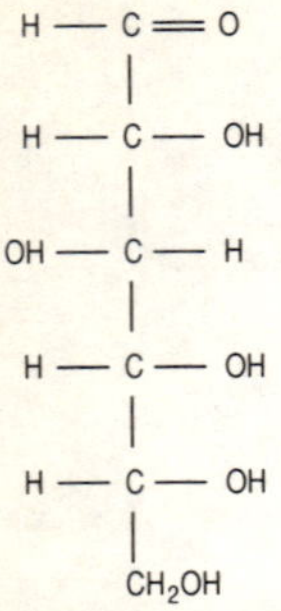

Gluconsäure-delta-Lacton (GdL)

```
H —— C === O
      |
H —— C —— OH
      |
OH —— C —— H
      |
H —— C —— OH
      |
H —— C —— OH
      |
    CH₂OH
```

Bild 72. Chemische Struktur der D-Glucose

Gluconsäure-delta-Lacton (GdL)
→ Pökelhilfsstoffe.

Glucose
ist ein Monosaccharid (**Abb. 72**), das in der Natur weit verbreitet und Bestandteil zahlreicher Di-, Oligo- und Polysaccharide ist. G. wird durch Säurehydrolyse oder enzymatische Spaltung gewonnen. Sie hat eine → Süßkraft von ca. 70% der Saccharose. G. wird sehr schnell resorbiert.

Glucoseisomerase
ist ein → Enzym, das Glucose in Fructose überführt. G. wird großtechnisch zur Isomerierung von Stärkesirup verwendet. Es entsteht ein Gemisch aus Glucose und Fructose mit annähernd gleicher → Süßkraft wie Saccharose. Das Produkt wird auch als High Fructose Corn Sirup (HFCS) bezeichnet.

Glucoseoxidase
ist ein → Enzym, das Glucose zu Gluconsäure unter Aufnahme von molekularem Sauerstoff oxidiert. G. wird zur Entfernung von Restsauerstoff oder von Glucose z.B. bei der Eipulverherstellung verwendet.

Glucosidasen
sind → Enzyme und eine Untergruppe der → Glykosidasen. Sie spalten glucosidische Bindungen von Disacchariden. Zu ihnen gehören: Maltase, Maltose u.a. Beispiel: Maltase baut Maltose zu Glucose ab (→ Glucosidase).

Glutamat
ist die Kurzbezeichnung für → Natriumglutamat und ist ein Natriumsalz der → Glutaminsäure. Es ist ein geruchloses, reinweißes, kristallines Pulver, das als → Geschmacksverstärker für alle nicht-süßen Geschmacksrichtungen geeignet ist. Auch als Dipeptid mit Lysin und Ornithin hat die Glutaminsäure geschmacksverstärkende Wirkung.

Glutamin
ist das Monoamid der α-Aminoglutarsäure. → Glutaminsäure.

Glutaminsäure
(α-Aminoglutarsäure) ist eine Aminosäure, die in der Natur nur in der rechtsdrehenden L-Form vorkommt. Das klassische Verfahren zur Gewinnung von L-G. ist die Proteinhydrolyse, wobei Rübenzuckermelasse oder → Weizenkleber als Ausgangsmaterial dienen. Chemisch kann G. durch Oxyreduktion aus Acrylnitril synthetisiert werden. Sie wird aber auch biotechnologisch auf fermentativem Weg aus Glucose gewonnen. G. wird in der Lebensmittelindustrie als → Zusatzstoff meist salzförmig als Natriumglutamat verwendet. → Glutamat.

Gluten
→ Kleber.

glutenfreie Erzeugnisse
dienen zur diätetischen Behandlung von Zöliakie oder Sprue, einer Unverträglichkeit gegen Getreideproteine von Weizen, Roggen, Hafer und Gerste sowohl in nativer Form als auch in Back- oder Teigwaren etc. Erlaubt sind Mais, Reis, Hirse, Soja, Buchweisen, Sesam und Erzeugnisse daraus. G. E. sind als „glutenfrei" zu kennzeichnen.

Glyceride
sind Ester des dreiwertigen Alkohols Glycerin und der Fettsäuren. Je nach Anzahl der veresterten Fettsäuren unterscheidet man Mono-, Di- und Triglyceride. Die meisten rohen Speisefette bestehen zu über 95% aus Triglyceriden. Mono- und Diglyceride (Partialglyceride) sind oberflächenaktiv durch den polaren (unveresterte Hydroxygruppe) und den unpolaren (Alkylrest der Fettsäure) Teil. Deshalb haben sie als → Emulgatoren in der Lebensmitteltechnologie Bedeutung.

Glycerin
ist ein Polyalkohol und Bestandteil aller Fette und Öle sowie in → Lecithin und Phosphatiden. G. wird durch Fetthydrolyse oder synthetisch durch → Fermentation von Melasse gewonnen. G. wird zur Herstellung von → Kaugummi verwendet und ist begrenzt als Lebensmittelzusatz zugelassen.

Glycin

ist eine Aminosäure, die fast in allen Proteinen vorkommt.

Glykogen

wird aus α-(1,4)-glykosidisch verknüpften D-Glucose-Einheiten aufgebaut. G. kommt vor allem in tierischen und menschlichen Gewebe vor. Es bildet das Reserve-Kohlenhydrat des Körpers. Es wird in Verbindung mit der Atmung aus L(+)-Milchsäure biosynthetisiert.

Glykolyse

ist der enzymatisch gesteuerte Abbau von Kohlenhydraten zur Energiegewinnung im Organismus. Die G. läuft auch noch nach dem Schlachten im Tierkörper ab, jedoch nicht bis zum CO_2, sondern lediglich bis zur Milchsäure.

Glykoproteide

bestehen aus Proteinen und Kohlenhydraten und sind Bestandteil des Binde- und Stützgewebes, Blutplasmas (Heparin wichtig bei der Blutgerinnung und Blutgruppenunterscheidung), der Eiklarglobuline und des Ovalbumins. Auch Proteine mit geringem Kohlenhydratanteil werden zu den G.'n gerechnet, wie z.B. → Casein, Serumalbumin und → Kollagen.

Glykosidasen

sind → Enzyme, die Glykosidbindungen in Oligosaccharide und Glykoside spalten und gehören zu den Hydrolasen. Die wichtigsten G. sind Amylase, Maltase und Saccharase. → Glucosidasen

Goldschlägerhäutchen

ist die Oberhaut (Serosa) der Rinderbutte (Rinderblinddarm). Es wird zum Umwickeln von Lachsschinken verwendet, der nach dem Räuchern ein besonders glänzendes Aussehen erhält und vor Austrocknung geschützt ist. Früher wurde die feine Haut im Goldschmiedehandwerk zur Gewinnung und Bearbeitung von Blattgold benutzt.

Gorgonzola

ist ein halbfester → Schnittkäse italienischer Herkunft mit Schimmelbildung außen und aderbildend im Innern. G. hat einen Mindestfettgehalt von 48% F.i.T. → Labkäseherstellung.

Gouda

ist ein → Schnittkäse mit Ursprung in Gouda (Holland) mit einem Fettgehalt von 48% F.i.T.

Jung schmeckt der G. sahnig, mild (4 - 8 Wochen), mittelalt herzhaft, würzig (2 - 6 Monate) und alt kräftig, pikant. Er ist buttergelb und hat runde bis ovale, erbsengroße, gleichmäßig verteilte Löcher. → Labkäseherstellung.

Goudawanne

→ Käsewanne.

Grahambrot

→ Weizenhefegebäck.

Granulatverfahren

→ Kartoffelpüree, getrocknet.

Granulieren

→ Agglomerieren.

Grappa

→ Spirituosen.

Graufäule

(*Botrytis*-Fäule), verursacht durch *Botrytis cinera*, befällt die Frucht bereits am Baum. Besonders gefährdet sind Weintrauben, Erdbeeren, Kernobst und Steinobst. Der Schimmelpilz bewirkt aber auch die Bildung edelfauler Weintraubenbeeren, aus denen → Trockenbeerenauslese hergestellt wird.

Graupen

sind von der Samenschale durch Schälen und Polieren befreite Gerstenkörner. Sie finden als Nährmittel Verwendung.

Grenzfläche

bezeichnet die geometrische Grenze zwischen zwei verschiedenen Körpern, von denen mindestens einer fest oder flüssig sein muß.

Grenzflächenenergie

sind die unkompensierten Kräfte der Moleküle oder Teilchen an der Phasengrenzfläche (→ Grenzfläche). Sie werden auch als freie G. bezeichnet. Sie entspricht bei Flüssigkeiten der Arbeit, die zum Transport eines Moleküls aus dem Phaseninneren an die Oberfläche zu leisten ist, wobei ein Teil der zwischenmolekularen Anziehungskräfte überwunden werden muß. Die Art und Größe der zwischenmolekularen Wechselwirkungen bestimmen den Zahlenwert der spezifischen freien G., die auch als Grenzflächenspannung bezeichnet wird.

Grenzflächenspannung

→ Grenzflächenenergie.

Grieß

ist ein → Getreidemahlerzeugnis, das als Zwischen- oder Endprodukt beim Vermahlen von Getreide, vorwiegend Weizen, entsteht. G. enthält aufgrund des niedrigen Ausmahlungsgrades relativ wenig Mineralstoffe und Vitamine. Er wird als Handelsprodukt und zur Herstellung von → Teigwaren verwendet. Besonders Hartweizengrieß ist wegen seines hohen Proteingehaltes und durch die Kleberstruktur bedingte Kochfestigkeit für Teigwaren geeignet. Der Korngrößenbereich liegt von 0,15 - 0,85 mm.

Grießputzmaschine
wird bei der → Vermahlung von Getreide zur Trennung von ungeputztem Grieß in Koppen (Grieße mit anhaftenden Schalenteilchen), Flugkleie und Speisegrieß eingesetzt. Dabei wird der Grieß über Siebe geführt und von einem Luftstrom durchströmt. Aufgrund der Dichteunterschiede der Teilchen werden die Schalenteilchen nach oben abgeführt, die Grieße fallen durch die Siebe und die Flugkleie wird separat entfernt und einer Nachbehandlung in der → Kleieschleuder unterzogen.

Grillen
→ Garprozesse, thermische.

Großraumgärverfahren
auch Tankgärverfahren, ist ein spezielles Gärverfahren der → Schaumweinherstellung, das zur Umgehung des arbeitsaufwendigen → Flaschengärverfahrens entwickelt wurde. Der Grundwein wird in großen Drucktanks vergoren, filtriert, mit → Dosage versetzt und auf Flaschen abgefüllt. Mit dem G. wird heute die Hauptmenge an → Schaumweinen hergestellt. Die Drucktanks haben z.T. > 200.000 l Fassungsvermögen.

Grundprozesse
(unit operations) sind technologische Makroprozesse mit definiertem Wirkprinzip zur Erreichung eines technologischen Ziels. Man unterscheidet: *mechanische Grundprozesse* (z.B. Waschen, → Sieben, → Emulgieren, → Zentrifugieren, → Sortieren, → Mischen), *thermische Grundprozesse* (z.B. → Trocknen, → Destillieren, Kochen, Braten) und *biochemische Grundprozesse* (z.B. → Fermentieren, → Quellen, Reifung).

Grundprozesse, mechanische
bezeichnet Prozesse, bei denen durch mechanische Einwirkung Stoffänderungen (z.B. → Zerkleinern, → Mischen, → Extrahieren) erreicht werden. Sie laufen ohne Phasenände-

rung der beteiligten Stoffe ab. Diese Prozesse spielen eine große Rolle in der Lebensmitteltechnologie.

Grundprozesse, thermische
bezeichnen Prozesse, bei denen durch Energiezufuhr oder -abführung eine Temperaturänderung des Systems eintritt und die dadurch die produktspezifischen Eigenschaften (z.B. Garezustand) wesentlich prägen. Diese Temperaturänderungen können ohne Phasenänderung (z.B. → Erwärmen, → Abkühlen) oder mit Phasenänderung (z.B. → Verdampfen, → Kondensieren, Schmelzen, Erstarren, → Sublimieren) verbunden sein. Eine Phasenänderung ist mit einer sprunghaften Änderung verschiedener physikalischer Eigenschaften verbunden (z.B. Dichte). Diese Prozesse spielen eine wichtige Rolle in der Lebensmitteltechnologie.

Grundsauer
ist eine Stufe der Sauerteigführung, die bei der 3-stufigen Sauerteigführung aus dem → Anfrischsauer und bei der 2-stufigen Sauerteigführung aus dem → Anstellsauer zur Bereitung des → Vollsauers hergestellt wird (→ Sauerteigführung).

Grüner Tee
ist ein → Tee, der nicht fermentiert ist. Zur Erhaltung des Chlorophylls werden die frischen Teeblätter in Gefäßen schonend erhitzt, wodurch die Oxidasen inaktiviert und gleichzeitig die Oxidation der Gerbstoffe verhindert werden. Anschließend werden die Blätter gerollt und getrocknet.

Grünfäule
(*Penicillium*-Fäule), verursacht durch *Penicillium expansum* bei Kernobst und *P. digitatum*, *P. italicum* bei Citrusfrüchten, entsteht auf der Schale in Form weißgrauer, später blaugrüner Mycelpolster. Der Schimmelpilz dringt über Wunden oder über Lentizellen in das Gewebe ein.

Grünkern
→ Dinkel.

Grünmalz
→ Mälzen.

Grütze
sind geschälte und geschnittene Gersten-, Hafer- oder Buchweizenkörner mit verschiedenem Feinheitsgrad. Sie werden als Nährmittel zur Herstellung von Suppen, Brei,

Grützwurst, → Getreideflocken u.a. verwendet. → Schälmüllerei, → Trommelgrützschneider.

Grützeschneiden
ist der Prozeß des Schneidens von Gersten-, Hafer- oder Buchweizenkörnern (→ Grütze) zu verschiedenen Feinheitsgraden. G. ist bei der Herstellung von → Getreideflocken von Bedeutung.

Gruyere
→ Hartkäse.

Guarmehl
(Guaran, Guarin) wird durch Abtrennung des Samen-Endosperms von der Schale und dem Keimling der einjährigen, krautartigen Guarpflanze (*Caymopsis tetragonoloba*) gewonnen. G. besteht als Galactomannan aus einer Hauptkette von (1,4)-glycosidisch miteinander verknüpfter β-D-Mannopyranosen, von denen jede zweite einen α-D-Galactopyranosylrest in (1,6)-glycosidischer Verknüpfung als Seitenkette trägt. G. wird als Dickungsmittel oder als → Emulgator zur Herstellung von Salatsaucen, → Eiscremes u.a. verwendet.

Gula java
→ Primitivzucker.

Gula mangkok
→ Primitivzucker.

Gula merah
→ Primitivzucker.

Gummi arabicum
ist ein Hydrokolloid, das hauptsächlich aus Galactose mit Glucuronsäure, teils mit Methanol verestert, besteht. Es wird als Exsudat von tropischen Akazienarten gewonnen. In der Lebensmittelindustrie wird es als → Dickungsmittel, zur Verkapselung von → Aromastoffen und zum Emulgieren verwendet.

Gummibonbons
werden aus Saccharose, Stärkesirup, Invertzucker und Geliermittel, wie → Agar-Agar, → Pektin, → Gelatine, → Gummi arabicum, → Stärke sowie unter Zusatz von Säuren, Farb- und Geschmacksstoffen hergestellt und haben einen Wassergehalt von 10 - 18%.

Gur
ist die Bezeichnung für einen → Primitivzucker in Indien und Pakistan.

Gurkenkonserven
sind tafelfertig zubereitete Gurken, die frisch ohne Vorbehandlung (außer dem Waschen) ausschließlich durch Zusatz eines Aufgusses, bestehend aus Essig, Gewürzen, Kräutern und Salz und durch → Pasteurisation in geeigneten Behältnissen dauerhaft haltbar gemacht worden sind. Die Gesamtsäure der G. beträgt mindestens 0,5% berechnet als Essigsäure. Die wichtigsten Erzeugnisse sind: Gewürzgurken, Gurkenscheiben, Senfgurken und Zuckergurken (mindestens 20% Zucker im Fertigerzeugnis). → Sauergemüse.

Gurtbandförderer
dient zum Fördern körniger Schüttgüter, stückiger oder pastöser Güter. Er besteht aus einem endlosen Förderband, das über Umlenkwalzen läuft und eine Aufgabevorrichtung hat (**Abb. 73**).

Gurtförderer
ist ein Fördergerät zum Transport stückiger, rieselfähiger oder pastöser Güter. Für den Obsttransport werden gemuldete Gummigurte mit Textileinlagen oder Kunststoffgurte verwendet.

gustatorisch
ist die Wahrnehmung von sensorischen Eindrücken durch die Geschmacksknospen der Zunge. → Sensorik.

Gutedel
(Chasselas, F; Fendant, CH) ist eine → Weißweinsorte, die trockene, bekömmliche Weine liefert.

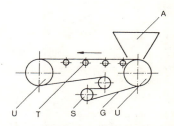

Bild 73. Prinzipdarstellung eines Gurtbandförderers. *A* Aufgabevorrichtung, *U* Umlenkrollen, *S* Spannrollen, *T* Tragrollen, *G* Gurtband

H

HACCP-Konzept
(Hazard Analysis and Critical Control Point) ist ein Konzept der Stufenkontrolle bezüglich der hygienisch kritischen Punkte bei der Herstellung eines Lebensmittels. Von den Roh- und Hilfsstoffen, den Zwischen- und Endprodukten werden entsprechend des Verlaufes der Herstellung des Lebensmittels Proben gezogen und mikrobiologisch untersucht. Ergänzend erfolgt die Einbeziehung der Räume und Raumluft, des → Trink-, → Brauch- und Kühlwassers, der Maschinen und des Personals und die mikrobiologischen Untersuchungen.

Haferdauerbackwaren
sind → Dauerbackwaren aus mind. 90% → Mahlerzeugnissen des Hafers bestehend.

Haferflocken
→ Getreideflocken, → Flockierung.

Hafergrütze
→ Grütze aus Hafer.

Haferkerne
sind geschälte, spelzenfreie Körner des Hafers.

Hafermark
sind sehr kleine, aus → Hafergrütze hergestellte → Haferflocken.

Hagelschnüre
→ Eiklar, → Eidotter.

Hagelzucker
ist granulierter Zucker mit hagelkornähnlicher Körnung.

Halbfette
sind Brotaufstriche mit etwa dem halben Fettanteil von → Butter oder → Margarine. H. sind wegen des hohen Wassergehaltes nicht zum → Braten geeignet. → Diätmargarine.

Halbfettmargarine
→ Margarinesorten.

Halbhochmüllerei
bezeichnet ein Mahlverfahren zwischen → Flachmüllerei und → Hochmüllerei. Die H.

wird vorwiegend in der Weizenmehlherstellung angewendet. → Mahlen, → Vermahlungsmaschinen.

Halbkonserven
auch → Präserven, sind durch kombinierte Anwendung von Wärme und chemischen → Konservierungsmitteln begrenzt haltbar gemachte Lebensmittel. Genutzt werden auch lebensmittelspezifische Prozeßfaktoren zur Haltbarkeitsverbesserung, wie pH-Wert-, a_w-Wert-Absenkung u.a. Sie sind nicht ohne Kühlung aufzubewahren. Typische H. sind Fischwaren in Gelee oder Mayonnaise.

Halbwertszeit
gibt die Zeit an, in der eine Substanz auf die Hälfte ihres Ausgangswertes durch physikalische, chemische oder biochemische Reaktionen zerfällt bzw. abgebaut wird. Danach unterscheidet man: *physikalische H.*, als die Zeit, in der sich im Mittel die Hälfte der ursprünglich vorhandenen Atome eines Radionuklids umgewandelt bzw. vom isomeren Zustand in den Grundzustand übergeht (Aktivität) und *biologische H.*, als die Zeit, in der die Hälfte einer Substanz aus einem biologischen System durch biologische (biochemische) Vorgänge unter der Annahme ausgeschieden wird, daß die Ausscheidung exponentiell mit der Zeit verläuft.

Halogencarbonsäuren
sind organische Säuren, bei denen am → Monocarbonsäure-Molekül im Rest ein (Mono-), zwei (Di-) oder drei (Tri-) H-Atome durch Halogene ersetzt sind, z.B.:

$$H_3C - COOH + Cl_2 \longrightarrow$$

$$\longrightarrow Cl - CH_2 - COOH + HCl$$
Monochloressigsäure

halophil
bezeichnet man Mikroorganismen, die bei höherem Kochsalzgehalt wachsen können (teils 15% und darüber).

Haltbarkeitszeit
umfaßt den Zeitraum, bis zu dem Lebensmittel verkehrsfähig sind.

Haltbarmachungsverfahren
lassen sich nach ihren → Wirkprinzipien in chemische, physikalische und biologische Verfahren bzw. Methoden unterteilen (**Abb. 74**). Bei den *chemischen Verfahren* werden die Mikroorganismen durch → Konservierungsstof-

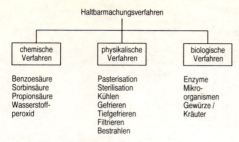

Haltbarmachungsverfahren

chemische Verfahren	physikalische Verfahren	biologische Verfahren
Benzoesäure Sorbinsäure Propionsäure Wasserstoffperoxid	Pasterisation Sterilisation Kühlen Gefrieren Tiefgefrieren Filtrieren Bestrahlen	Enzyme Mikroorganismen Gewürze / Kräuter

Bild 74. Haltbarmachungsverfahren

fe oder andere im Lebensmittel während ihres Herstellungsprozesses entstehenden Substanzen inhibiert oder abgetötet. Bei den *physikalischen Verfahren* erfolgt eine Wärmezufuhr oder ein Wärmeentzug, infolgedessen die Mikroorganismen inhibiert oder abgetötet werden. Sie können bei manchen Lebensmitteln auch mechanischem Wege abgetrennt werden. Es lassen sich ferner → ionisierende Strahlen zur Mikroorganismenabtötung anwenden. Die *biologischen Verfahren* sind dadurch gekennzeichnet, daß Mikroorganismen in ihrem Stoffwechsel konservierend wirkende Substanzen (z.B. Milchsäure, Ethanol) bilden, inhibierend wirkende Substanzen über Gewürze oder/und Kräuter in das Lebensmittel gelangen oder Enzyme potentielle Verderbsorganismen schädigen.

Hamanatto
→ Gemüse, fermentiertes.

Hammeltalg
ist das aus der Körperhöhle des Schafes durch Ausschmelzen gewonnene Produkt, mit einem Schmelzpunkt von 44 - 45°C.

Hammermühle
→ Vermahlungsmaschine, → Obstmühlen.

Hansenula
ist eine Hefegattung. Die Zellen können rund, oval bis länglich sein und neigen zur Pseudomycelbildung. Auf flüssigen Nährmedien bildet H. eine trockene Kahmhaut. Lebensmittelteltechnologisch bedeutsam ist H. als Verursacher von Fehlgärungen und beim Verderb von Fleisch- und Feinkosterzeugnissen.

haptisch
ist die Wahrnehmung von sensorischen Eindrücken durch die Temperatur- und Mechanorezeptoren des Rachenraumes bzw. der Zunge

sowie der Muskelspindeln, Gelenkrezeptoren und Sehnen. → Sensorik.

Härtemessung
umfaßt eine Gruppe von Werkstoffprüfverfahren zur Ermittlung der Oberflächenhärte von Körpern. Sie erfolgt durch statische oder dynamische Verfahren. Die wichtigsten *statischen Prüfverfahren* sind das Brinellverfahren (Messung mittels kugelförmiger Eindringkörper) und das Verfahren nach Vickers (Messung mittels regelmäßiger vierseitiger Diamantpyramide als Eindringkörper). Eines der wichtigsten *dynamischen Prüfverfahren* ist die Rücksprunghärteprüfung (ein definierter Prüfkörper fällt aus gleicher Höhe auf den zu prüfenden Körper; gemessen wird die Rücksprunghöhe).

Härten
ist die Kältebehandlung nach dem → Freezer bei der → Speiseeisherstellung, wodurch das → Speiseeis fester und formbeständig wird.

Härteprüfgerät
→ Mechanische Prüfverfahren.

Hartfette
sind Fette mit einem Schmelzpunkt über 36°C.

Hartgrießteigwaren
sind → Teigwaren, ausschließlich aus Durum-Weizengrieß hergestellt.

Hartkaramellen
→ Karamellen.

Hartkäse
ist ein Sammelbegriff für eine Gruppe von → Labkäse. Dazu gehören: → Emmentaler, → Cheddar, → Parmesan, Gruyere, → Chesterkäse, → Bergkäse, → Provolone, Sbrinz, Cheshire u.a.m. Ihre Fertigung erfolgt im wesentlichen nach der Technologie der → Labkäseherstellung. Charakteristisch im Herstellungsprozeß ist die Verwendung von thermophilen Milchsäurebakterienkulturen, vorzugsweise *Streptococcus salivarius subsp. thermophilus*, *Lactobacillus helveticus* und *Lactobacillus casei*, die Bruchkorngröße von 1 - 4 mm und das → Brennen bei vergleichsweise hohen Temperaturen von 48 - 55°C (Chesterkäse wird nur bei 40 - 42°C gebrannt). Gesalzen werden die H. bei 12 - 16°C für 3 - 5 d, teils auch länger. Die Reifungsbedingungen für ausgewählte Hartkäsesorten sind in **Tab. 32** zusammengestellt.

Hartkeksteig

Tabelle 32. Reifungsbedingungen für einige Hartkäsesorten

Käsesorte	Temperatur	rel. Luftfeuchte	Lagerdauer	Erläuterung
Emmentaler	22–24°C	75–85%	4– 6 Wo	Gärung
	18–20°C	75–85%	8–12 Wo	Reifung
	12°C	75–85%	1– 6 Mo	Nachreifung
Cheddar	4– 6°C	80–90%	6–12 Mo	
Chester	4– 6°C	80–90%	6–24 Mo	
Parmesan	10–15°C	75–85%	12–24 Mo	
Sbrinz	10–15°C	75–85%	12–24 Mo	

Hartkeksteig

ist ein fester, flüssigkeitsarmer, wenig süßer, fettarmer Teig, dessen artspezifische Krumenstruktur durch intensives Kneten mit daraus folgender Teigerwärmung sowie Walz- und Faltvorgänge entsteht. Der Teig wird durch Formwalzen ausgestochen und sofort gebacken. Die → Teiglockerung erfolgt chemisch und auch physikalisch.

Hartweizen

(*Triticum durum*), auch Glas- oder Durumweizen genannt, hat einen höheren Proteingehalt (bis zu 18%) und Carotingehalt als → Weichweizen. Er ist besonders für die Herstellung von → Teigwaren und → Grieß geeignet.

Harzer Käse

→ Sauermilchkäse.

Haselnußöl

ist ein → Pflanzenfett, das aus der Haselnuß gewonnen wird. Es zeichnet sich durch einen hohen Gehalt an Ölsäure aus.

Hauptsatz der Thermodynamik

1. *Hauptsatz:* Die Änderung der Energie eines thermodynamischen Systems ist gleich der Summe der über die Systemgrenze übertragbaren Energie.
2. *Hauptsatz:* Wärme kann niemals von selbst von einem System niederer Temperatur auf ein System höherer Temperatur übergehen. In einem Körper entstehen nie von selbst Temperaturunterschiede.
3. *Hauptsatz:* Es ist nicht möglich, einen Körper bis zum absoluten Nullpunkt abzukühlen.

Hausenblase

ist die Schwimmblase von Stör, Hausen oder Wels, die in Streifen geschnitten, geraspelt oder pulverisiert zur Schönung benutzt wird. Ihre Wirkung beruht auf einer Koagulation des kolloidalen Gels, das sich als Flocken niederschlägt. Die Wirkung wird vom pH-Wert, dem Gerbstoffgehalt, dem Alkoholgehalt und der Temperatur beeinflußt. Die H-Schönung zählt zu den sichersten Schönungsverfahren bei → Fruchtsäften, → Mosten und → Weinen.

Hausenblase-Schönung

ist eine Methode der → Schönung (→ Hausenblase). Die Substanz wird in den Saft oder Wein gegeben, wo sich durch Koagulation ein kolloidales Gel bildet, das sich als Flocken niederschlägt.

Haushaltkakaopulver

ist eine Mischung von → Kakaopulver und Zucker mit mind. 25% Kakaopulver. Fettarmes H. wird unter Verwendung von fettarmen Kakaopulver hergestellt.

Haushaltmargarine

→ Margarinesorten.

Haushaltmilchschokolade

→ Schokolade.

Haushaltschokolade

→ Schokolade.

Hautfaserdarm

ist eine künstliche eßbare Wursthülle, aus Rinderspalthäuten hergestellt.

Hefeautolysat

(Hefeextrakt) sind Würzmittel mit fleischähnlichem Geschmack, die anderen Lebensmitteln als Geschmacksverbesserer wegen ihrer geschmacksverstärkenden, als auch ihrer geschmackgebenden Eigenschaften zugesetzt werden. Ihre Herstellung erfolgt im Autolyseverfahren durch Einwirkung substrateigener, proteolytischer Enzyme, die die Hefezellen auflösen und anschließendem schonenden Eindampfen des Lysates (**Abb. 75**). H. ist reich an Peptiden, freien Aminosäuren, Nukleotiden und Vitaminen der B-Gruppe. Es wird in flüssiger, pastöser, pulverisierter und granulierter Form gehandelt.

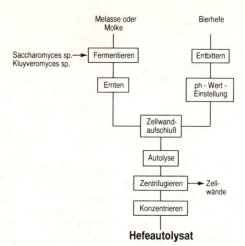

Bild 75. Verfahrensablauf der Hefeautolysat-Herstellung

Hefebackversuch
→ Backversuch.

Hefebranntwein
wird aus Weinhefe oder Obstweinhefe durch → Brennen gewonnen. H. hat einen Alkoholgehalt von mind. 38 Vol.-% (häufig 45 - 50 Vol.-%).

Hefebrot
ist ein Weizen- oder Weizenmischbrot unter Verwendung von Backhefe als → Triebmittel hergestellt. → Weizenhefegebäck.

Hefebrühen
sind aus → Fleischextrakt und mind. 10% → Hefeextrakt hergestellte → Brühen.

Hefeextrakte
werden begrifflich nach den Herstellungsbedingungen in → Hefeautolysate, -plasmolysate und -hydrolysate unterteilt. Bei den *Autolysaten* werden die lebenden Hefezellen einer autolytischen Proteolyse (Selbstverdauung) unterworfen, die dann gereinigt, eingedampft und sprühgetrocknet werden. Bei den *Plasmolysaten* wird autolytische Proteolyse durch hohe Kochsalzkonzentrationen beschleunigt. *Hydrolysate* hingegen werden nicht enzymatisch aus lebenden oder abgetöteten Hefezellen durch Erhitzung in Salzsäure hydrolysiert anschließend neutralisiert und wie bei den Autolysaten weiterverarbeitet. H. werden als → Würzen bzw. Würzmittel und als Substrate

in der Mikrobiologie und Biotechnologie verwendet.

Hefehydrolysate
→ Hefeextrakte.

Hefeplasmolysate
→ Hefeextrakte.

Hefe-Schönung
ist eine Methode der → Schönung. Dickflüssige, reine Weinhefe wird hochfarbigen, braunen Weinen zur Aufhellung und Mängelbeseitigung in Geruch und Geschmack zugegeben.

Hefeteige
werden nach den → Weizenteigbereitungsverfahren hergestellt. Sie sind dadurch gekennzeichnet, daß die Teige aus Weizenmehl primär durch Hefegärung getrieben werden. Man unterscheidet direkte und indirekte Hefeführung. Bei der direkten Führung wird die Hefemenge (0,5...4% bezogen auf den Mehlanteil) unmittelbar zu Beginn der Teigbereitung zugesetzt. Bei der indirekten Führung wird zunächst über den Vorteig die Hefe vermehrt. Der Hefeanteil im Vorteig und dessen Abstehzeit bestimmen den Triebverlauf des Hauptteiges.

Heilwasser
sind künstliche oder natürliche → Mineralwässer, die für therapeutische Zwecke bestimmt sind. Sie gelten als Arzneimittel und nicht als Lebensmittel.

Heißabfüllung
wird teilweise in der Getränke- und obst- und gemüseverarbeitenden Industrie angewendet. Die abzufüllenden Flüssigkeiten werden in → Plattenwärmeaustauschern auf die Pasteurisations- bzw. Sterilisationstemperatur (pH-Wert-abhängig) gebracht und in vorerhitzte Behältnisse, meist Flaschen abgefüllt, sofort verschlossen und gekühlt.

Heißkonditionierung
→ Getreidekonditionierung.

Helfensteiner
ist eine rote Keltertraube, gekreuzt aus Blauer Frühburgunder und Blauer Trollinger mit → Sortenschutz seit 1960. H. ist eine frühreife → Rebsorte.

Helm
→ Brenngeräte.

Hemicellulose

bezeichnet man ein heterogenes Gemisch von linearen oder hochverzweigten, für den Menschen unverdaulichen Polysacchariden mit zum Teil beachtlicher Quellfähigkeit. → Cellulose, → Ballaststoffe.

Hemmstoffe

können bei unsachgemäßer Behandlung der Tiere und der Milch in die → Rohmilch gelangen. H. sind Antibiotika, Desinfektionsmittel und andere futterbedingte Stoffe, die zu toxischen oder allergischen Reaktionen beim Menschen führen können. Sie können mittels Säuerungs- bzw. Koagulationstest, Plättchentest (Hemmhofbildung bei *Bacillus stearothermophilus*) oder Brillantschwarz-Reduktionstest (vorgeschrieben nach LMBG § 35; DIN 10 182) nachgewiesen werden. Bei der letztgenannten Methode geht man davon aus, daß bei Wachstum von *B. stearothermophilus* das → Redoxpotential gesenkt wird, wodurch die Farbe des Indikators von blauviolett nach gelb umschlägt. Sind H. in der Milch, wird das Wachstum des Bakteriums gehemmt, der Farbumschlag bleibt aus.

Heringsöl

durch Ausdämpfen bzw. → Extrahieren von Heringen gewonnenes Öl.

heterotroph

bezeichnet die Eigenschaft von Mikroorganismen, hochmolekulare organische Verbindungen zur Energiegewinnung und dem Aufbau zelleigener Stoffe zu verwerten.

Heuriger

ist die Bezeichnung für jungen → Wein vom Most bis zur Ablösung durch den nachfolgenden Jahrgang in Österreich.

Hexokinasen

sind → Enzyme (Phosphotransferasen), die Phosphatreste aus ATP auf eine Reihe von Hexosen übertragen (Phosphorylierung).

Hexosen

sind → Kohlenhydrate mit 6 C-Atomen, wie Glucose, Galactose, Mannose und Fructose.

High-Fructose-Corn-Syrup

→ Zucker, → Glucoseisomerase.

Hirschhornsalz

ist ein chemisches → Teiglockerungsmittel, das aus Ammoniumhydrogencarbonat und Ammoniumcarbaminat besteht. In Verbindung mit Pottasche ($K_2 CO_3$) wird es zur Leb- und Honigkuchenherstellung eingesetzt. Oberhalb 60°C zersetzt es sich in NH_3, CO_2 und Wasser.

Histamin

ist ein → biogenes Amin, das im Stoffwechsel und bei mikrobiellen Abbauprozessen aus der → Aminosäure Histidin gebildet wird.

Histidin

→ Aminosäure.

Hitzeschälen

ist ein Prozeß zum Entfernen der Schale mittels schockartiger Hitzeeinwirkung (Hochdruckdampf, Heißdampf oder direkte Gasflamme). Das Verfahren wird vorwiegend in der Konservenindustrie angewendet (z.B. Karotten, Rote Bete).

HLB-Wert

(Hydrophile-Lipophile Balance) ist Maßstab zur Bewertung der Wirksamkeit der hydrophilen und der lipophilen Gruppe von Emulgatoren. Er kann z.B. aus der Dielektrizitätskonstanten ermittelt werden und gibt Aufschluß über das Anwendungsspektrum des Emulgators (**Tab. 33**).

Hochdruck-Dampfschäler

→ Schälen.

Hochdruckextraktion

ist ein spezielles Verfahren der → Extraktion mit überkritischen Gasen, das vor allem zur Lecithingewinnung angewendet wird (**Abb. 76**). Dabei wird das Rohlecithin durch eine Düse in eine Kapillare gepreßt, dem fluides CO_2 beigemischt wird. Das CO_2 löst die fetten Öle besser als Lecithin, so daß am Ende der Kapillare gereinigtes flockiges → Lecithin austritt. Die H. läßt sich auch für andere viskose Substanzen anwenden. → Extraktion, überkritische.

Hochfrequenzerwärmung

bezeichnet das Erwärmen von Stoffen durch die Einwirkung elektromagnetischer Felder hoher Frequenz. Man unterscheidet zwischen

Tabelle 33. HLB-Wert und technische Anwendung

HLB-Bereich	Anwendung
3 - 6	W/O-Emulgator
7 - 9	Feuchthaltemittel
8 - 18	O/W-Emulgator
15 - 18	Stabilisierung von Trübungen

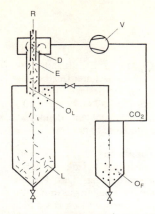

Bild 76. Schematische Darstellung einer Hochdruckextraktionsanlage. *R* Rohlecithin, *V* Verdichter, *D* Düse, *E* Extraktionsteil, *L* Reinlecithin, O_F fette Öle mit CO_2, O_L fette Öle

→ dielektrischer Erwärmung (Mikrowellenerwärmung) und induktiver Erwärmung.

Hochmüllerei
umfaßt die Mahlverfahren, bei denen die Walzen zunächst mit großem (hoher Walzenabstand) und dann mit allmählich geringerem Walzenabstand geführt werden im Gegensatz zur → Flachmüllerei. Das Mehl wird nach jedem Mahlgang abgesiebt und die groben Fraktionen werden wieder zurückgeführt (→ Getreidemahlerzeugnisse). Die H. gestattet eine Mehlsortierung und die Gewinnung von Grieß und Dunst. Sie wird auch bei der Senfherstellung angewendet.

Hochschergradverfahren
→ Conche.

Höchstmengen-VO
legt die für toxische Stoffe, wie Schwermetalle, Schädlingsbekämpfungsmittel u.a. gesundheitlich unbedenklichen Höchstmengen in Lebensmitteln fest.

Hochvakuumbedampfungstechnik
ist eine Technik zur Herstellung von Aufdampfschichten metallischer und nichtmetallischer Stoffe. Die im Hochvakuum verdampfenden Atome oder Moleküle verlassen die Oberfläche des Verdampfungsgutes in Form geradliniger Atomstrahlen und kondensieren auf der Wand eines Vakuumrezipienten unter Bildung einer dünnen Schicht.

Holzofenbrot
ist ein Spezialbrot, das nur in Steinöfen mit direkter Holzbefeuerung mit fallender Hitze gebacken wird. Das Holz darf chemisch nicht behandelt sein.

homogen
= gleichartig. Bezeichnung für einen Eigenschafts- oder Verteilungszustand, bei dem an jeder Stelle eines Stoffes die gleichen makroskopischen Eigenschaften, wie Dichte, spezifische Wärme, bzw. Partikelanzahl, -größe usw., vorliegen.

Homogenisieren
ist das Zerkleinern von Teilchen zweier oder mehrerer Phasen in einen höheren Mischungsgrad mit dem Ziel der Stabilisierung des Verteilungszustandes. Dazu wird die Flüssigkeit mit hohem Druck durch enge Spalte gedrückt, so daß Strömungsgeschwindigkeiten bis zu 250 m/s erreicht werden, die hohe Scherkräfte zur Folge haben. Es besteht eine Proportionalität zwischen dem mittleren Kugeldurchmesser d_m und dem Verhältnis der Spaltweite h zur Spalteintrittsgeschwindigkeit v_o sowie dem Verhältnis der Grenzflächenspannung σ zur Dichte ρ der kontinuierlichen Phase und ihrer kinematischen Viskosität ν unter Einbeziehung der Reynolds-Zahl.

$$d_m \sim \frac{h}{v_o} \cdot \frac{\sigma}{\rho \cdot \nu} \cdot \left(\frac{1}{Re}\right)^{\frac{1}{3}}$$

Technisch wird das H. durch Homogenisatoren realisiert. Der erforderliche Druck wird meist durch mehrstufige Kolbenpumpen aufgebaut. Das H. selbst erfolgt mittels einer Homogenisierdüse, bei der der Ventilstempel einstellbar auf die Ventilplatte drückt. Durch den Druck der strömenden Flüssigkeit bildet sich der Homogenisierspalt (**Abb. 77**). Häufig werden auch zwei Homogenisierdüsen in Reihe geschaltet. Die hauptsächlichen Anwendungen findet das H. in der milch- sowie obst- und gemüseverarbeitenden Industrie.

Homomorphe
sind Substanzen ähnlicher chemischer Struktur. Homomorphe Flüssigkeiten haben auch ähnliche Viskositätseigenschaften. Sie können jedoch stark beeinflußt werden bei starker Dipolwirkung.

Honig
ist ein flüssiges, dickflüssiges oder kristallines → Lebensmittel, das von Bienen erzeugt

Honigdauerbackwaren

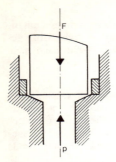

Bild 77. Prinzipdarstellung einer Homogenisierdüse

wird, indem sie Blütennektar, andere Sekrete von lebenden Pflanzenteilen oder auf lebenden Pflanzen befindliche Sekrete von Insekten aufnehmen, durch körpereigene Sekrete bereichern und verändern, in Waben speichern und reifen lassen. H. unterliegt der Honig-VO. Dem H. dürfen keine Stoffe zugesetzt werden. Eine Unterscheidung wird nach den Ausgangsstoffen getroffen: Blütenhonig, Honigtauhonig, Wabenhonig oder Scheibenhonig, Tropfhonig, Schleuderhonig, Preßhonig, Speisehonig, Backhonig oder Industriehonig. H. enthält verschiedene → Enzyme wie: α-Glucosidase (Invertase, Saccharase), α-, β-Amylase (Diastase), Glucoseoxidase, Katalase und saure Phosphatase.

Honigdauerbackwaren
sind → Dauerbackwaren, bei denen mind. 50% des Zuckergehaltes aus → Honig stammen.

Hopfenextrakt
ist der Auszug aus Hopfen. Es werden organische Lösungsmittel zur Gewinnung von Hopfenharzen und Wasser zur Gewinnung der Gerbstoffe verwendet. Die Extrakte werden entsprechend den Brauereianforderungen gemischt. Die Lösungsmittel werden durch → Verdampfen wieder entfernt.

Hopfenkäse
ist ein → Sauermilchkäse, der zwischen Hopfenlagen gereift wird und dadurch einen charakteristischen Geschmack erhält.

Hopfenpulver
wird durch → Mahlen von → Doldenhopfen gewonnen und teils angereichert, indem minder wertgebende Bestandteile abgeschieden werden. Meist wird H. zu Pellets gepreßt.

Hopfenseiher
→ Bierherstellung.

Horden
sind stapelbare Gestelle zur Aufnahme von Käseformlingen zu deren weiterer Bearbeitung (z.B. Salzen, Reifen). Sie bestehen meist aus Chrom-Nickel-Stahl (**Abb. 78**). Früher nutzte man Holzhorden, die geflochtene Bänder als Auflagefläche für die Käse hatten.

Horinzontal-Korbpressen
dienen zur Saftgewinnung bei der → Obst- und → Gemüseverarbeitung. Das Preßgut wird horizontal von zwei Seiten zusammengepreßt (**Abb. 79**). Sie zeichnen sich aus durch:
– Rotation des Preßkorbes während der Füllung, dadurch bessere Vorentsaftung,
– Automatische Vor- und Rückführung des Preßkolbens unter gleichzeitiger Auflockerung der Trester,
– Entsaftung unter Luftabschluß in geschlossenem Zylinder,
– Automatische Entleerung der Trester.
Der Saftabfluß erfolgt durch ein spezielles Dränage-System über die Hohlräume der Druckplatten. Horizontal-Korbpressen werden als mechanische, hydraulische und pneumatische Pressen angeboten.

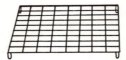

Bild 78. Form einer Chrom-Nickel-Stahl-Horde

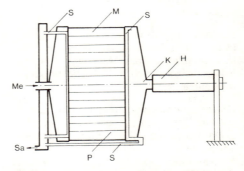

Bild 79. Schematische Darstellung einer Horizontal-Korbpresse. *K* Kolben, *P* Preßkorb, *S* Saftführung, *Me* Maischeeintritt, *Sa* Saftaustritt, *M* Maische, *H* Hydraulik

Tabelle 34. Hauptbestandteile einiger Hülsenfrüchte in %

Hülsenfrüchte	Eiweiß	Stärke	Zucker	Cellulose	Fett	Mineralstoffe
Bohnen	17,0 - 33,0	45,0 - 53,0	5,3 - 6,3	3,8 - 5,8	1,2 - 2,2	3,6 - 5,0
Sojabohnen	27,0 - 50,0	2,0 - 9,0	3,5 - 16,0	3,0 - 6,3	13,0 - 26,0	4,5 - 6,9
Erbsen	20,5 - 35,8	44,4 - 55,0	3,2 - 6,2	4,2 - 6,7	0,8 - 2,1	2,2 - 3,3
Linsen	21,0 - 36,0	46,0 - 52,0	2,6 - 3,1	3,2 - 5,2	1,0 - 2,0	2,6 - 3,6

Hotmelt-Beschichtung
sind Beschichtungen von geschmolzenen oder gelösten Stoffen, wie Wachs, Paraffin, Kunststoffe, auf Trägermaterial, wie Folien, Pappe, Karton, Papier.

HTST-Verfahren
(High Temperature Short Time) → UHT-Verfahren.

Hühnerfett
wird durch Ausschmelzen des Fettgewebes des Huhnes gewonnen. Der Schmelzpunkt liegt bei 23 - 40°C.

Hülsenfrüchte
sind Samen der Schmetterlingsblütler (Ordnung *Leguminosae*). Sie dienen in der menschlichen Ernährung als wichtige Protein- und Fettlieferanten. Die bedeutendsten Arten sind: Trockenspeisebohne (*Phaseolus vulgaris*), Trockenspeiseerbse (*Pisum sativum*), Linse (*Lens culinaris*), Sojabohne (*Glycine max*), Erdnuß (*Arachis hypogaea L.*) Die Samen der Hülsenfrüchte bestehen aus zwei großen Keimblättern (Kotyledonen), dem Embryo (Keimblätter mit Sproß- und Wurzelanlage) und der harten, cellulosehaltigen Samenschale. Die Hauptbestandteile der H. sind in **Tab. 34** aufgeführt.

Hürdenkonzept
bezeichnet die kombinierte Anwendung chemischer und physikalischer → Konservierungsverfahren, wobei die Einzelmaßnahmen in ihrer Intensität erheblich reduziert werden können. Die hemmende Wirkung auf Mikroorganismen ist die Folge eines Summationseffektes der Einzelmaßnahmen.

Hüttenkäse
→ Cottage Cheese.

Huxelrebe
ist eine weiße Keltertraube, gekreuzt aus Weißer Gutedel und Courtillier musque mit → Sortenschutz seit 1968. Liefert eine mittlere Qualität.

Hydratation
bezeichnet den Vorgang des Aufbaus einer Hydrathülle um Teilchen beim Lösen fester Stoffe in Wasser. Je kleiner der Teilchenradius und je höher die Ionenladung, um so größer ist die H. Bei der H. wird Energie frei, die sog. Hydratationsenthalpie. → Rehydratation.

Hydrierung
→ Fetthärtung.

Hydrokolloide
sind hochmolekulare, in Wasser quellbare und/oder kolloid lösliche Stoffe. H. sind meist Eiweiße, Polysaccharide oder Polyuronsäuren. Zu ihnen gehören Quell-, Dickungs- und Gelierstoffe, die als Stabilisierungs-, Binde- oder Emulgierhilfsmittel in der Lebensmittelverarbeitung Anwendung finden. Die wichtigsten H. sind: → Gelatine, → Stärke, Stärkederivate, → Celluloseether, → Carboxymethylcellulose, → Pektine, → Alginat, → Agar Agar, → Gummi arabicum, → Johannisbrotkernmehl, → Guarmehl.

Hydrolasen
→ Enzyme.

Hydrophobierung
ist die Oberflächenbehandlung bestimmter Lebensmittel mit wasserabweisenden Stoffen. Als Stoffe zur H. verwendet man → Wachse, → Glyceride u.a.

p-Hydroxibenzoesäureester
(= PHB-Ester) → Konservierungsstoff.

Hydroxiprolin
ist eine nichtessentielle → Aminosäure.

Hydroxycarbonsäuren
sind organische Säuren, die aus → Halogencarbonsäuren durch nucleophilen Austausch des Halogens durch die OH-Gruppe gebildet werden. So entsteht aus Monochloressigsäure die Glykolsäure. Einige H. haben große Bedeutung in Lebensmitteln, wie z.B. die → Milchsäure (α-Hydroxypropionsäure), die durch mikrobielle Gärung von → Milchsäurebakterien entsteht, die → Weinsäure

Hydroxypropylcellulose

(Dihydroxybernsteinsäure) und die → Citronensäure (2-Hydroxy-1,2,3-propantricarbon-
säure).

Hydroxypropylcellulose
→ Cellulose.

Hydrozyklon
→ Zyklon.

Hygroskopie
ist das Verhalten eines Trockenproduktes, das
in der Lage ist, Wasser unter Dampfdruckab-
senkung binden zu können. Die hygroskopischen Eigenschaften von Stoffen wird durch
den strukturellen Aufbau, die aktive Oberfläche und den molekularen Aufbau wesentlich beeinflußt. Man kann es mit Hilfe von →
Sorptionsisothermen charakterisieren.

Hysterese
bezeichnet die Abhängigkeit eines physikalischen Zustandes eines Stoffsystems von vor-
angegangenen Zuständen. Beispiel: → Sorptionsisotherme.

I

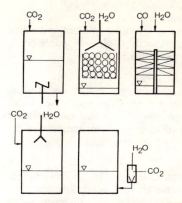

Ideales Gas
erfüllt die thermodynamische Zustandsgleichung

$$p \cdot V = R \cdot T$$

Reale Gase genügen dieser Beziehung mit hinreichender Genauigkeit bei geringen Dichten.

Idli
→ Getreideprodukte, fermentierte.

Impellerpumpen
sind Pumpen mit einem rotierenden Flügelrad aus Kunststoff, wobei die Flügel biegsam sind und beim Lauf unter einer Exzenterplatte umgebogen werden. Beim Rotieren wird die Flüssigkeit eines Segmentes vom Ansaugstutzen zum Druckstutzen gefördert.

Impellerrührer
→ Rührer.

Impfpökelung
→ Pökelverfahren.

Imprägnierung
ist ein Begriff für die Carbonisierung von Wasser, obwohl der Partialdruck von Sauerstoff und Stickstoff geringer als der von Kohlendioxid ist, muß das Wasser vor der I. mit CO_2 entlüftet werden, um gute Bindungen der Kohlensäure zu erreichen. Man unterscheidet verschiedene Imprägniersysteme: Rührsystem, Füllkörper-System, Kaskaden-System, Düsen-System, Injektor-System (**Abb. 80**).

Imprägnierverfahren
→ Schaumweinherstellung.

Impuls
→ Impulsbilanz.

Impulsbilanz
Der Impuls I ist das Produkt aus der Kraft F und der Einwirkzeit t oder der Masse m und der Geschwindigkeit v eines Körpers oder Fluids. Nach dem Impulserhaltungssatz gilt

für ein abgeschlossenes System, daß die Summe der Impulse konstant bleibt:

$$\sum I_Z = \sum I_A + \sum I_V = \text{const.}$$

Indigotin I
(Indigo-Karmin) ist ein Lebensmittelfarbstoff der Zusatzstoffverkehrsordnung. → Farbstoffe.

indirektes Erhitzungsverfahren
→ UHT-Verfahren.

indirekte Führung
→ Teigführung.

Induktionsperiode
kennzeichnet den Zeitabschnitt am Anfang der Fettoxidation. Die Sauerstoffaufnahme läuft in dieser Phase nur langsam ab. Danach steigt sie sprunghaft an.

induktive Erwärmung
ist das Erhitzen von metallischen oder nichtmetallischen, gut leitfähigen Stoffen mit Hilfe induzierter Wirbelströme. Nach der verwendeten Frequenz unterscheidet man Niederfrequenz- (40 - 200 Hz), Mittelfrequenz- (400 - 1.000 Hz) und Hochfrequenzerwärmung (100 - 1.000 kHz).

Inertgas
sind indifferente Gase, die unerwünschte chemische Reaktionen, die in Anwesenheit von Luft ablaufen, verhindern. I.'e sind Stickstoff, Kohlendioxid und Edelgase.

125

Infrarotstrahlen

sind elektromagnetische Wellen zwischen 760 nm und 0,5 mm. Die Eindringtiefe der I. ist von der Wellenlänge abhängig.

Infusionsverfahren

ist ein Maischeverfahren bei der → Bierherstellung, bei dem im Gegensatz zum → Dekoktionsverfahren die Gesamtmaische unter Einhaltung bestimmter Temperaturstufen erhitzt wird. → Bierherstellung.

Ingwer

(*Zingiber officinale Rosc.*) ist ein Gewürz, dessen hauptsächliche Inhaltsstoffe ätherisches Öl mit Zingiberen, Bisabolen, Curcumen sowie Sesquiterpenoide, Gingerole, Shoqaole, Paradole, Zingeron, Stärke, Zuckerstoffe und Fett sind.

Inkubationszeit

(1) Bebrütungszeit bei der Kultivierung von Mikroorganismen.
(2) Zeit zwischen Ansteckung und Ausbruch der Erkrankung bei Infektionskrankheiten.

Innereien

Die wesentlichsten für den menschlichen Genuß geeigneten I. sind in **Tab. 35** für die wichtigsten Schlachttiere aufgeführt. Die I. sind ernährungsphysiologisch unterschiedlich zu bewerten. Einerseits verfügen sie über einen z.T. hohen Gehalt an hochwertigem Eiweiß, Mineralstoffen und Vitaminen, andererseits werden in einigen Organen vermehrt Schadstoffe (z.B. Leber, Nieren) akkumuliert oder sie enthalten hohe Cholesterin-Werte (insbesondere Leber und Hirn).

Tabelle 35. Wichtigste Innereien der einzelnen Schlachttiere

Schlachttier	Innereien
Rind	Zunge, Leber, Herz, Lunge, Schlundfleisch, Milz, Niere, Pansen, Magen, Gehirn, Rückenmark
Schwein	Zunge, Leber, Herz, Lunge, Schlundfleisch, Milz, Niere, Magen, Gehirn, Rückenmark
Kalb	Leber, Herz, Lunge, Milz, Gekröse, Pansen, Gehirn, Rückenmark
Schaf	Leber, Herz, Lunge, Milz, Niere, Magen, Pansen, Gehirn, Rückenmark

innere Reibung

→ Viskosität.

Inosinsäure

ist ein → Geschmacksverstärker. Sie ist als Nucleotid ein im Fleisch enthaltenes Abbauprodukt des Adenosintriphosphates.

Instantisieren

ist ein → Agglomerieren, mit dem Ziel der Verbesserung der Rehydratation oder der Löslichkeit trockener Produkte. Da Trockenprodukte mit Partikelgrößen unter 100 μm schlechte Rekonstituierungseigenschaften haben, werden sie zu 1 - 3 mm großen Granulaten agglomeriert.

Instant-Kaffee

ist ein → Kaffee-Extrakt in getrockneter, meist agglomerierter (→ Agglomerieren) Form. → Instandisieren.

Instantmehl

ist ein durch → Agglomerieren feiner Mehlpartikeln gewonnenes Produkt. Es ist rieselfähig, staubfrei und ermöglicht klumpenfreies Auflösen in Wasser. → Instantprodukte.

Instantprodukte

sind durch → Agglomerieren feiner Partikeln gewonnene Produkte, die dadurch veränderte Eigenschaften, wie schnelleres Auflösen, geringere Klumpungsneigung, schnelleres Rehydratisieren (→ Rehydratation), schnelleres → Quellen und → Gelieren und bessere Benetzbarkeit haben. I. werden hergestellt aus: Mehl, Zucker, Teepulver, Grieß, Kartoffelpulver, Kaffeepulver, Trockensuppen, Getränkepulver, Puddingpulver, Milchpulver u.a. I. bedürfen meist keiner oder nur geringer Zubereitungszeiten.

Instantsuppen

→ Instantprodukte.

Instant-Tee

ist ein Trockenprodukt, das aus dem wäßrigen Auszug von → Tee oder Teemischungen hergestellt wird. Der Extrakt wird vor dem Konzentrieren von Ausfällungen getrennt und in Sprühtrocknern getrocknet.

Instantteigwaren

sind → Teigwaren, die thermisch gegart und anschließend getrocknet bzw. fritiert werden. Sie finden vorwiegend im militärischen Bereich Anwendung.

Instant-Trockenbackhefe
→ Backhefeherstellung.

Instanttrockenmilch
ist ein → Instantprodukt aus → Milch, → Buttermilch u.a. → Milcherzeugnissen, das sich in Milch oder Wasser rasch auflöst. Die verwendete Milchart ist zu bezeichnen, wie Instant-Magermilchpulver, Instant-Buttermilchpulver.

Interesterifikation
läßt sich einteilen in a) Umesterung zwischen Ester und Säure zu Acidolyse, b) Umesterung zwischen Ester und Alkohol zu Alkoholyse und c) Transesterifikation als Neuanordnung der Fettsäuren über das Triglyceridmolekül. Technische Anwendung findet die Acidolyse in der Umesterung von Kokosöl mit Essigsäure und nachfolgender Veresterung der überschüssigen Säure mit Glycerin. Die → Acetofette werden als Überzugsfette genutzt. Großtechnisch bedeutsam bei der Alkoholyse ist die Umesterung der Triglyceride mit Glycerin, die sog. Glycerolyse. Die Transesterifikation ist auf chemischen und enzymatischem Wege möglich. Während die chemische Umesterung einige Bedeutung erlangt hat, ist die enzymatische Umesterung großtechnisch noch nicht umgesetzt. Diese Art der Umesterung läßt sich gelenkt und ungelenkt durchführen, so daß zahlreiche Modifikationen möglich sind. Die I. ist auch auf enzymatischem Wege durch Lipasen möglich. Der Prozeß läßt sich als gleichzeitige Hydrolyse und Resynthese beschreiben, die zu Acylwanderungen und Neuverteilung der Fettsäuren führen.

Intermediärstoffwechsel
ist der Zwischenstoffwechsel, der in der Zelle zum Ab-, Um- und Aufbau von Verbindungen abläuft.

Intoxikation
bezeichnet die Vergiftung durch → Toxine.

intrazelluläre Enzyme
→ endogene Enzyme.

Invertase
ist ein → Enzym (Glucosidase), das Saccharose in → Fructose und → Glucose spaltet. I. wird zur Herstellung von Invertzuckersirup verwendet. Er wird für → Fontant und → Marzipan genutzt.

Invertierung
ist die → Hydrolyse von Saccharose in → Glucose und → Fructose mittels verdünnten Säuren oder enzymatisch durch → Invertase. → Zucker, → Invertzucker.

Invertzucker
ist ein → Zucker, der zu gleichen Teilen aus → Glucose und → Fructose besteht und durch enzymatische Spaltung (→ Invertase) oder Spaltung mittels verdünnter Säure aus → Saccharose hergestellt wird. Die → Süßkraft von I. entspricht im wesentlichen der von Saccharose. I. ist Hauptbestandteil des → Honigs.

Ionenaustauscher
ist ein mit Austauschmaterial gefüllter → Reaktor. Nach Ladungszustand der auszutauschenden Ionen unterscheidet man Kationenaustauscher und Anionenaustauscher. Als Austauschmaterial werden häufig Austauscherharze, wie Polymerisate aus Styrol, Polykondensationsprodukte aus Phenoxyessigsäure und Formaldehyd, Kondensationsprodukte aus Epichlorhydrin und aliphatischen Aminen u.a. verwendet.

Ionenstärke
I_s charakterisiert die Gesamtwirkung aller in einem Lebensmittel vorhandenen Salze, die auf der Grundlage der molekularen Konzentration der Salze c_s und deren Wertigkeit Z_s berechnet werden kann.

$$I_S = \frac{1}{2} \sum_{i=1}^{n} c_S \cdot Z_S^2$$

Sie spielt besonders bei Quellungs- und Lösungsvorgängen von Eiweiß eine wichtige Rolle in der Lebensmitteltechnologie (z.B. Wurstbrätherstellung).

Ionisierende Strahlen
ist die Bezeichnung für alle Strahlungsarten, die beim Einwirken auf Materie soviel Energie an deren Atomen oder Moleküle abgeben, daß Elektronen abgelöst werden und somit eine Ionisation stattfindet. Sie können zur *Sterilisation* von Lebensmitteln prinzipiell angewendet werden. In Betracht kommen korpuskuläre Elektronenstrahlen (β-Strahlen) und elektromagnetische Wellenstrahlen (UV- und γ-Strahlen). *β-Strahlen* sind Elektronen, die in Beschleunigern unter Einwirkung elektrischer Felder auf ein höheres Energieniveau gebracht wurden (Angabe in Millionen-

Elektronen-Volt = MeV). Die Eindringtiefe der β-Strahlen ist von der Energie abhängig (max. 10 MeV, da sonst durch Kernreaktionen Radioaktivität entsteht). γ-Strahlen haben einen Wellenlängenbereich von 10^{-9} - 10^{-16} m und eine Frequenz von 10^{18} - 10^{24} Hz. Sie sind somit äußerst energiereiche elektromagnetische Wellenstrahlen. Als Strahlenquelle werden die Radioisotope Co-60 oder Cs-137 verwendet. Die Energie von 0,6 MeV schließt die Gefahr eines Radioaktivwerdens der Lebensmittel aus. Sie haben eine große Eindringtiefe. *UV-Strahlen* haben einen Wellenlängenbereich von 10^{-6} - 10^{-8} m und eine Frequenz von 10^{15} - 10^{17} Hz. Sie sind somit relativ energiearme Wellenstrahlen. Am wirksamsten sind sie bei Wellenlängen um 260 nm, da in diesem Bereich die Nucleinsäuren von Mikroorganismen ihr Adsorptionsmaximum haben. Gemessen wird die Energie der UV-Strahlen in Watt W, die je Flächeneinheit cm^2 absorbiert wird. Die Menge der absorbierten Strahlendosis ergibt sich aus der Strahlenintensität und der Zeit. In D sind z.Zt. nur UV-Strahlen zur Behandlung von bestimmten Lebensmitteln zugelassen.

irreversible Vorgänge
im Sinne der Thermodynamik sind Vorgänge, die nicht ohne äußere Einwirkung umkehrbar sind, so daß eine Veränderung gegenüber dem ursprünglichen Zustand zurückbleibt. Solche Vorgänge verlaufen nur in einer Richtung. → reversible Vorgänge.

Isernhäger Verfahren
ist ein Sauerteigverfahren mit langer Führung und der Nutzung ausgewählter Starterkulturen. Es ist gekennzeichnet durch die mechanisierte und automatisierte Steuerung der Sauerteigbereitung mit Teigausbeuten von 200. Die Teigherstellung und -lagerung erfolgt in Edelstahlbehältern. Das I.V. beinhaltet eine spezielle Natursauerführung (Isernhäger Natursauer, INS) und die eigentliche Fermentationsprozeßstufe (Isernhäger Brotfermentation, IBF).

Islanditoxin
ist ein von *Penicillium islandicum* gebildetes → Mycotoxin. Es ist hauptsächlich in → Getreide zu finden.

Ismar-Sauerteigbereiter
→ Saurer Fritz.

isobar
ist ein Zustand gleichen Druckes (p = const).

isochor
ist ein Zustand gleichen Volumens (V = const).

Isoclucose
ist ein aus D-Glucose in → Fructose enzymatisch durch → Glucoseisomerase umgewandeltes Produkt (High Fructose Corn Syrup). I. wird in der Lebensmittelindustrie in beachtlichem Umfang, vor allem in den USA, eingesetzt.

Isoleucin
ist eine essentielle Aminosäure, die in hohen Mengen im Casein, Molkenprotein und Hämoglobin vorkommt. I. ist mäßig in Wasser und relativ gut in Alkohol löslich.

Isomaltose
ist ein Disaccharid aus → Glucose, das bei der Spaltung von Polysacchariden wie → Dextranen oder Amylopektin auftritt. Es kommt in freier Form praktisch nicht vor.

Isomaltulose (Syn.: Palatinose)
ist ein Disaccharid aus → Glucose und → Fructose, das durch mikrobielle Umlagerung aus Saccharose entsteht, jedoch nur etwa die halbe Süßkraft hat.

Isomerasen
→ Enzyme.

Isomerisierung
ist die Umwandlung eines Stoffes in einen anderen gleicher chemischer Zusammensetzung, jedoch unterschiedlicher Eigenschaften als Folge veränderten Molekülaufbaus. I. kann durch Enzyme (→ Isomerase), Hitze, Licht oder Alkalien ausgelöst werden. Eine besondere technologische Bedeutung hat die I. bei der enzymatischen Umwandlung von → Glucose in ein Gemisch von Glucose und → Fructose zu → High Fructose Corn Syrup durch Glucoseisomerase. Andere I.'en sind Ergosterin in Vitamin D_2, Ölsäure in Elaidinsäure.

isotherm
ist ein Zustand gleicher Temperatur (T = const).

isotonisch
ist die Bezeichnung für Lösungen, die die gleiche Anzahl von Grammatomen des gelösten Stoffes in gleichen Volumina enthalten und daher gleichen osmotischen Druck aufweisen.

isotrop
ist die Bezeichnung für Körper, in denen
physikalische Vorgänge in allen Richtungen
in gleicher Weise ablaufen. Amorphe Körper
sind, sofern keine äußeren Kräfte auf sie einwirken, isotrop.

J

Jaggery
ist die Bezeichnung für einen → Primitivzucker in Indien und Pakistan.

Jahrgang
bezeichnet die aus einer Vegetationsperiode (eines Jahres) hergestellten Weine. Er ist ein Faktor für die Qualitätsbeurteilung des Weines, da er durch die jeweiligen Witterungsbedingungen geprägt ist.

Jet-Kocher
ist ein zur Herstellung von Gummibonbons und Geliererzeugnissen kontinuierlich arbeitendes Kochersystem, in dem das Kochen der Rohstoffe im Überdruck erfolgt und Aroma, Säure und Farbstoffe unmittelar vor dem Gießen zugesetzt werden.

Jochspreizensystem
→ Schweineschlachtung.

jodiertes Speisesalz
ist ein Diätsalz zur Steigerung der Jodzufuhr. Es muß einen Jodgehalt von 3-5 mg Jod/kg Salz haben. Das Jod liegt in Form von Na-, K- oder Ca-Jodid vor.

Jodzahl
ist ein Maß für den Gehalt an ungesättigten Fettsäuren bei Fetten und Ölen. Sie gibt an, wieviel Halogen als Jod berechnet, von 100 g Fett gebunden wird. Beispiele: pflanzliche Öle über 90, gehärtete Fette zwischen 40 und 90, Palmkernöl unter 20.

Joghurt
zählt zu den mengenmäßig bedeutendsten fermentierten → Milcherzeugnissen. Er wird bei der klassischen Herstellung unter Verwendung einer thermophilen Milchsäurebakterienkultur, bestehend aus *Streptococcus salivarius subsp. thermophilus* und *Lactobacillus delbrueckii subsp. bulgaricus*, durch Fermentation bei 42°C für 2,5 bis 4 h hergestellt. Nach dem Fettgehalt unterscheidet man: Magermilchjoghurt (≤ 0,5% Fett), Joghurt (> 0,5 ... < 3%

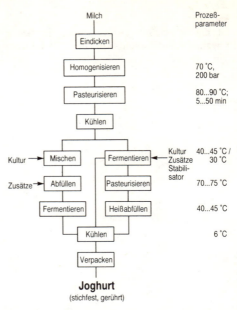

Joghurt
(stichfest, gerührt)

Bild 81. Verfahrensablauf der Joghurtherstellung

Fett), Joghurt mind. 3% Fett und Sahnejoghurt mind. 10% Fett. Bezüglich der Konsistenz wird differenziert in: stichfeste, gerührte (mit kremiger Konsistenz) und trinkfertige Produkte. Der Verfahrensablauf ist in **Abb. 81** dargestellt. Die Erhöhung des Trockenmassegehaltes erfolgt durch → Umkehrosmose, → Verdampfen oder Milchpulverzugabe und dient der Gewährleistung der produktspezifischen Konsistenzeigenschaften. Bei der Herstellung von stichfestem J. erfolgt die Fermentation in der Verzehrsverpackung (l. Seite), während bei gerührtem J. erst fermentiert und anschließend abgefüllt wird. Zur Haltbarkeitsverbesserung kann auch heißabgefüllt (aseptisch) werden.

Joghurtbrot
ist ein Spezialbrot, das mind. 15 l Joghurt auf 100 kg → Getreide bzw. → Getreidemahlerzeugnisse enthalten muß.

Joghurterzeugnisse
ist der Oberbegriff für alle Erzeugnisse aus → Milch oder → Sahne, auch mit Zusätzen von Milchpulver, Früchten, → Fruchtsaft, teils → Stabilisatoren und → Bindemittel u.a., die unter Verwendung einer → Joghurtkultur hergestellt wurden (→ Joghurt).

Joghurtkäse

sind → Frischkäse (meist in Doppelrahmfettstufe) oder → Weichkäse (z.B. Camembert, Brie), hergestellt unter Verwendung von → Joghurtkultur neben der üblichen mesophilen Milchsäurebakterienkultur.

Joghurtkultur

ist eine → Milchsäurebakterienkultur, bestehend aus *Streptococcus salivarius subsp. thermophilus* und *Lactobacillus delbrueckii subsp. bulgaricus* zur Herstellung von Joghurt. Zur Erreichung eines mildsauren Geschmacks und zur Veränderung der durch den Stoffwechsel der Mikroorganismen gebildeten Milchsäurezusammensetzung, werden auch andere → Milchsäurebakterien, wie *Lactobacillus acidophilus*, *Bifidobacterium bifidum* u.a. für die Zusammenstellung der J.'en verwendet.

Joghurtpulver

ist ein → Trockenmilcherzeugnis, hergestellt aus → Joghurterzeugnissen.

Joghurtquark

ist ein → Speisequark, hergestellt unter Verwendung von → Joghurtkultur.

Johannisbrotkernmehl

(*Carubin*) wird aus dem Endosperm des Samens des Johannisbrotbaumes (*Ceratonuia siliqua*) gewonnen. J. ist ein Polysaccharid, dessen Hauptkette von (1,4)-verknüpften Mannopyranosen gebildet wird, die jeweils einen in (1,6)-Verknüpfung gebundenen Galactoserest als Seitenkette tragen. In kaltem Wasser quillt J. nur unwesentlich und geht erst nach Erwärmen auf 85°C vollständig in Lösung. J. findet als → Bindemittel in Fleischkonserven, zur Teigbereitung, zur Verbesserung der wasserbindenden Eigenschaften u.a. Anwendung.

Joule

ist die internationale Maßeinheit für die Energie zur Angabe des Brennwertes eines Lebensmittels. 1 Kilojoule (1 kJ) = 0,239 Kilokalorien (kcal) oder 1 kcal = 4,186 kJ.

Jungbier

bezeichnet man das Bier nach der Hauptgärung, jedoch vor der Nachgärung bzw. Lagerung und Reifung. → Bierherstellung.

Jungfernöle

bezeichnet man die durch Kaltpressung und unmittelbar nach der Filtration genußtauglichen Öle (häufig bei Olivenöl angewendet). → kaltgepreßte Öle.

Jungwein

ist die Bezeichnung für einen Wein, dessen → Gärung noch nicht abgeschlossen ist und der noch nicht von der Hefe getrennt ist.

Jus

ist der beim → Erhitzen oder → Braten austretende fettfreie Fleischsaft, der beim Erkalten geliert.

K

Kabinett
ist ein Prädikat für inländischen „Qualitätswein mit Prädikat" mit amtlicher Prüfungsnummer.

Kaffee
(1) K. ist der Samen des Kaffeestrauches. Von den etwa 70 verschiedenen Kaffeepflanzen werden jedoch nur die Arten *Coffea arabica L.* und *C. robusta L.* kommerziell genutzt. Die kirschgroße Frucht wird von Hand geerntet und enthält zwei Samen, die von Fruchtfleisch umgeben sind. Die Entfernung von Fruchtfleisch und Pergamenthaut erfolgt entweder nach der trockenen oder nassen Methode. Trockene Aufbereitung: Die Kaffeekirschen werden in etwa 6 cm hohen Schichten 10 - 20 Tage an der Luft unter öfterem Wenden getrocknet. Dadurch löst sich das Fruchtfleisch mit der Pergamenthülle von den Bohnen. Auch Trockenmaschinen, bei denen die Kirschen auf Siebflächen gebracht und mit heißer Luft getrocknet werden, finden Anwendung. In Schälmaschinen wird das getrocknete Fruchtfleisch mit der Pergamenthülle von den Rohbohnen getrennt. Sie werden anschließend poliert, wobei die Silberhäutchen entfernt werden und der Rohkaffee eine glatte Oberfläche erhält. Nasse Aufbereitung: Die Kaffeekirschen werden etwa 12 Stunden im Quelltank mit Wasser aufgeschwemmt und danach entpulpt. Das geschieht mittels eines → Trommelpulpers, in dem die Kirschen gequetscht werden und so die Pulpe entfernt wird. Da das Trennen nicht vollständig möglich ist, enthalten die Bohnen vielfach noch die Silber- und Pergamenthaut. Deshalb werden diese Bohnen auch als „Pergamentbohnen" oder „Pergamentkaffee" bezeichnet. Sie müssen noch einer Fermentation in Gärtanks und einem Waschprozeß unterzogen werden (→ Kaffeefermentation). Anschließend werden sie getrocknet, in Schälmaschinen von der Pergamenthaut und dem Silberhäutchen befreit und poliert. Der Rohkaffee wird in der Regel für den Export in 60 kg-Säcke abgefüllt und ist nahezu unbegrenzt lagerfähig. Die Weiterverarbeitung zu → Röstkaffee und/oder → Kaffeemischungen wird meist in den Verbraucherländern durchgeführt.
(2) Bezeichnung für das durch Aufbrühen von gemahlenem → Röstkaffee entstehende Getränk.

Kaffee-Ersatz
sind geröstete Pflanzenteile, die zur Bereitung eines kaffeeähnlichen Getränkes bestimmt sind. Häufig verwendet man Getreide wie Gerste, Roggen, gemälzte Gerste, Zichorie und andere → Kaffeezusätze. Handelsübliche Produkte werden teilweise auch unter Verwendung eines Anteils von Röstkaffee hergestellt.

Kaffee-Essenz
ist ein stark konzentrierter Auszug aus reinem Röstkaffee. Sie wird verwendet zur Aromatisierung von Lebensmitteln.

Kaffee-Extrakt
ist ein durch Extraktion des Röstkaffees gewonnenes Erzeugnis, bei dem als Extraktionsmittel ausschließlich Wasser verwendet wird. K. enthält die charakteristischen Geschmacks- und Geruchsstoffe des Kaffees und kommt in getrockneter Form (sprüh- oder gefriergetrocknet) oder in konzentrierter flüssiger Form in den Handel.

Kaffee-Extraktpulver
ist sprühgetrockneter und anschließend agglomerierter → Kaffee-Extrakt.

Kaffeefermentation
ist ein Prozeß der nassen Aufbereitung von → Kaffee. Der Kaffee wird dazu in einem Gärbottich bei 50 - 60°C fermentiert. Während der K. dominieren → Milchsäurebakterien und → pektolytische Enzyme können ihre optimale Aktivität entfalten.

Kaffeemischungen
sind entweder Mischungen verschiedener Sorten im Rohzustand oder der nach getrennter Röstung vorliegenden Anteile. Handelsübliche Kaffees sind grundsätzlich K., die nach bestimmten Geschmacksrichtungen zusammengestellt werden.

Kaffeemittel
ist der Oberbegriff für verschiedene Arten von → Kaffee-Ersatz, → Kaffeezusätzen.

Kaffeesahne

ist ein → Sahneerzeugnis, das pasteurisiert, ultrahocherhitzt oder sterilisert ist. Sie wird in verschiedenen Fettstufen angeboten.

Kaffeezusatz

sind Produkte zur Abrundung des Geschmacks bei der Herstellung von kaffeeähnlichen Getränken. Meist werden Zichorie, Feigen, Zuckerrübenschnitzel und verschiedene Zukkerarten in geröstetem Zustand als K. verwendet.

Kahmhefen

sind Hefen, die in Anwesenheit von Luftsauerstoff eine Haut (Kahmhaut) auf flüssigen Substraten bilden. Meist sind es Hefen der Gattungen *Candida, Pichia* und *Hansenula*.

Kakao

ist ein umgangssprachlicher Begriff für → Kakaopulver, auch stark entöltes Kakaopulver, gezuckertes Kakaopulver sowie → kakaohaltige Mischungen.

Kakaobohnen

Die gurkenähnlichen Früchte des Kakaobaumes (*Theobroma cacao L.*) enthalten als Samen die K.. Diese werden vom Fruchtfleisch befreit, gerottet (→ Fermentieren), getrocknet, verlesen und u.a. zu Schokolade, Kakaobutter, Kakaopulver verarbeitet. Die Hauptbestandteile der Rohkakaobohne sind die Schalen (12 - 15%), das Würzelchen (1%) und der Kakaokern (84 - 87%). Schalen und das Würzelchen werden bei der Verarbeitung weitgehend entfernt. Der nährstoffreichste und wertvollste Inhaltsstoff des Kakaokerns ist die Kakaobutter. **Tab. 36** enthält die Zusammensetzung von fermentierten, lufttrockenen Kakaokernen.

Tabelle 36. Zusammensetzung von fermentierten, lufttrockenen Kakaokernen

Inhaltsstoff	Anteil in %
Wasser	5,0
Fett	54,0
Coffein	0,2
Theobromin	1,3
Polyhydroxyphenole	6,0
Rohprotein	11,5
Mono- und Oligosaccharide	1,0
Stärke	6,0
Pentosane	1,5
Cellulose	9,0
Carbonsäuren	1,5
Asche	2,6

Kakaobutter

ist das Samenkernfett der → Kakaobohne, das aus → Kakaokernen, → Kakaomasse oder direkt aus der Kakaobohne gewonnen wird. K. ist ein gelbliches Fett mit einem Schmelzpunkt von 32 - 34°C. Sie bleibt jedoch auch unmittelbar unterhalb ihres Erweichungspunktes hart und spröde, wodurch sie für die → Schokoladenherstellung unentbehrlich ist. Das Abpressen der K. erfolgt bei 80 - 90°C. Aufgrund ihres geringen Gehaltes an Linolsäure (etwa 2%) hat sie eine gute Oxidationsstabilität. Andere Fettsäurenanteile sind: 25% Palmitinsäure, 35% Stearinsäure und 38% Ölsäure. Man unterscheidet: *Kakaopreßbutter* (durch Pressen aus Kakaomasse oder -kernen gewonnen), *Expeller-K.* (mit Schneckenpressen aus ungeschälten Kakaobohnen gewonnen) und *Raffinierte* K. (durch Raffination aus Kakaopreßbutter, Expeller-K. und → Kakaofett gewonnen). Häufig erfolgt eine → Desodorisierung zur Entfernung von unerwünschten Geruchs- und Geschmacksstoffen durch eine Behandlung mit Wasserdampf im Vakuum. Alle drei Arten der K. können zur → Schokoladenherstellung verwendet werden.

Kakaobutterersatzfett

→ Acetofette.

Kakaofermentation

ist ein Prozeß der Gewinnung von → Kakaobohnen. Durch die K. wird das Fruchtfleisch entfernt und Geschmack und Aroma bilden sich. In der ersten Phase dominiert die alkoholische Gärung bedingt durch die Kohlenhydrate des Fruchtfleisches. In der zweiten Phase wird der gebildete Alkohol zu Essigsäure verstoffwechselt und die Mikroorganismenanzahl reduziert sich drastisch. Die Temperatur steigt dabei bis etwa 50°C an, wodurch die endogenen Enzyme aktiviert werden. In der dritten Phase wird getrocknet, wodurch die ablaufenden biochemischen Prozesse weitgehend unterbunden werden.

Kakaofett

wird durch → Extrahieren mit Lösungsmittel aus Expeller-Kakaopreßkuchen oder → Kakaogrus o.ä. gewonnen. Es entspricht nicht den Anforderungen an → Kakaobutter und darf nicht unmittelbar zur → Schokoladenherstellung verwendet werden.

Kakaoglasuren

→ Fettglasuren.

Kakaogrus

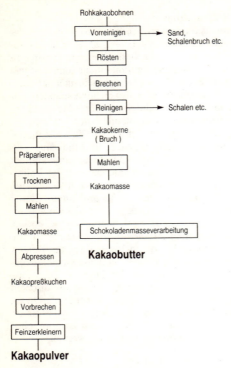

Bild 82. Verfahrensablauf der Kakaomasse- und Kakaopulverherstellung

Kakaogrus
ist ein Nebenprodukt bei der Kakaokernverarbeitung mit mind. 20% Fett i.T. K. ist relativ schalenreich. Er darf nur zur Herstellung raffinierter → Kakaobutter und → Kakaofett verwendet werden.

Kakaokerne
sind die rohen oder gerösteten Kerne der → Kakaobohne. Ihre Verarbeitung erfolgt durch Feinzerkleinerung zu → Kakaomasse. K. dürfen bezogen auf die fettfreie Trockenmasse max. 5% Kakaoschalen und -keimwürzelchen und max. 10% Asche enthalten. Ihr Fettgehalt bezogen auf die Trockenmasse liegt zwischen 50 - 58%, teils auch darunter.

Kakaomasse
ist ein durch Mahlen oder Walzen von → Kakaokernen erhaltenes Zwischenprodukt, das zur → Schokoladenherstellung verwendet wird. Durch das teilweise Abpressen des Fettes gewinnt man → Kakaobutter und → Kakaopreßkuchen. Nach der Voreinigung er-

folgt das Rösten der Kakaobohnen, das wesentlich die Qualität des Endproduktes beeinflußt. Geröstet werden entweder die ganzen Kakaobohnen, der Kernbruch oder die → Kakaomasse. Unmittelbar nach dem Rösten erfolgt das → Brechen und Reinigen, um eine adsorptive Feuchtigkeitsaufnahme gering zu halten. Das Reinigen ist im wesentlichen ein → Sichten und → Sieben, bei dem der Kernbruch in sechs bis acht Fraktionen getrennt wird. Zur Entfernung von Würzelchen verwendet man häufig einen → Trieur. Die Einordnung der Kakaomasseherstellung in die Kakaobohnenverarbeitung zeigt **Abb. 82.**

Kakaopreßbutter
→ Kakaobutter.

Kakaopreßkuchen
ist der Preßrückstand nach dem Abpressen der → Kakaobutter aus → Kakaokernen oder → Kakaomasse mit einem mind. Fettgehalt i.T. von 20%, bei fettarmem K. 8%. K. ist ein Zwischenprodukt, das durch Feinzerkleinerung zu → Kakaopulver bzw. fettarmen Kakaopulver weiterverarbeitet wird.

Kakaopulver
wird aus → Kakaopreßkuchen durch Vorbrechen (→ Brecher) und anschließendes → Mahlen, meist mittels Turbomühlen auf eine Partikelgröße von etwa 0,05 mm, gewonnen. Die Kakaopulverherstellung ist unmittelbar mit der Herstellung von → Kakaomasse verbunden, da deren Rückstände als Ausgangsprodukt dienen. Für die Herstellung von K. ist eine Präparation des Kakaokernbruchs oder der Kakaomasse erforderlich. Dabei erfolgt eine Zerkleinerung des Zellgewebes und die Freisetzung des eingeschlossenen Fettes. Es tritt eine Phasenumkehr ein, bei der die ursprünglich disperse Fettphase zur kontinuierlichen und die kontinuierliche Gewebefeststoffphase zur dispersen Phase wird. Um das zu erreichen wird eine Partikelgröße von 0,010 bis 0,025 mm angestrebt. Als → Zerkleinerungsmaschinen werden Stiftmühlen, Walzenmühlen, Scheibenmühlen, Kugelmühlen u.a. verwendet. Fettarmes K. wird aus stark entöltem Kakaopreßkuchen gewonnen. Es hat einen Mindestfettgehalt von 8% in der Trockenmasse und einen Höchstwassergehalt von 9%.

Kakaopulver, gezuckertes
ist eine Mischung von → Kakaopulver und →
Zucker, wobei der Kakaopulveranteil mind.
32% beträgt.

kakaopulverhaltige Mischungen
sind pulverförmige oder granulierte (instandisierte) Zubereitungen aus → Kakaopulver
bzw. stark entöltem Kakaopulver, Zucker und
anderen Lebensmitteln. Ihre Zusammensetzung entspricht nicht der Kakao-VO.

Kakaoschalen
sind die Samenschalen der → Kakaobohnen.
Sie fallen im Prozeß der Herstellung von →
Kakaomasse nach dem Brechen der Kakaobohnen im Reinigungsprozeß als Abfall an.
K. werden als Rohstoff zur Theobromingewin-
nung verwendet.

Kakaotrunk
→ Milchmischgetränke.

Kaliumbenzoat
ist ein → Konservierungsstoff der Zusatzstoffverkehrsordnung.

Kaliumbitartrat
ist ein Salz der → Weinsäure (Weinstein).

Kaliumcarbonat
ist ein Salz der Kohlensäure. K. wird als →
Backmittel verwendet.

Kaliumchlorid
ist ein Salz der Salzsäure. K. wird als
→ Zusatzstoff in der Konservenindustrie als
Festigungsmittel gegen Weichwerden von →
Gemüse verwendet.

Kaliumdisulfit
ist ein → Konservierungsstoff der Zusatzstoffverkehrsordnung zur Konservierung von →
Obstsäften und -pulpen.

Kaliumlactat
ist ein Salz der Milchsäure. K. wird als Zusatzstoff zur Steigerung der antioxidierenden
Wirkung anderer Stoffe verwendet.

Kaliumnitrat
(1) ist ein → Konservierungsstoff der Zusatz-
    stoffverkehrsordnung.
(2) ist ein Kaliumsalz der Salpetersäure, ver-
    wendet im Pökelsalz.

Kaliumpermanganat
ist eine stark oxidierend wirkende kristalline
Sustanz und wirkt so bacteriozid bzw. bacte-
riostatisch. K. wird als Hilfsstoff bei der →
Trinkwasseraufbereitung verwendet.

Kaliumsorbat
ist ein → Konservierungsstoff der Zusatzstoffverkehrsordnung.

Kaliumtartrat
ist ein neutrales Salz der Weinsäure. Es kann
zur → Entsäuerung von Weinen verwendet
werden, in D jedoch nur für Tafelweine zugelassen.

Kalmus
auch deutscher Ingwer, (*Acorus calamus L.*)
ist ein Gewürz, dessen hauptsächliche Inhaltsstoffe ätherisches Öl mit Asaronen sowie Bitterstoffe und Stärke sind.

Kalorimetrie
bezeichnet die Messung von Wärmeeffekten,
die bei physikalischen, chemischen oder biologischen Prozessen auftreten. Mittels kalori-
metrischer Methoden werden die spezifische
Wärmekapazität, die Umwandlungswärme bei
Phasenübergängen (→ Schmelzen, → Verdampfen etc.), die Reaktionswärme bei chemischen und biochemischen Reaktionen, die
Lösungswärme u.a. bestimmt. Die Messung
erfolgt in Kalorimetern.

Kältebeständigkeit
ist ein Beurteilungskriterium für → Öle. Sie
dürfen nach Abkühlung auf 0°C nach 5 1/2 h
keine Trübungen durch Ausscheiden von fest-
en Stoffen zeigen. → Winterisierung.

Kältemischungen
sind Mischungen zur Erzeugung tiefer Temperaturen, meist aus Eis und einem Salz. Die
Temperaturerniedrigung beruht darauf, daß bei
der Mischung beide Stoffe in den flüssigen Zustand übergehen und daß die dazu erforderliche Wärme dem Gemisch entzogen wird. So
läßt sich z. B. mit 30,7 g NaCl in 100 g Eis
eine Temperatur von −21,2°C erreichen.

Kaltextraktion
ist ein Verfahren zum → Extraktionsentsaften. Nach einem Preßvorgang in Korbpressen,
wird die Rohware einer mehrstufigen → Extraktion mit jeweiligem Nachpressen nach jeder Stufe unterzogen. Die dabei erzielten Ausbeuten liegen bei etwa 93 - 96% der löslichen
Trockensubstanz. Nachteilig bei der K. sind
mikrobielle Probleme und eine erhöhte Oxi-
dationsneigung der Säfte.

kaltgepreßte Öle
(kaltgeschlagene Öle) sind Öle, die aus nicht oder nur gering vorgewärmter Saat durch Pressen gewonnen werden.

Kaltkonditionierung
→ Getreidekonditionierung.

Kaltsäuerung
(1) ist ein Rahmbehandlungsverfahren, bei dem die Rahmtemperatur auf 13 - 16°C eingestellt und für 16 - 22 h bis zum Verbuttern gehalten wird. Kristallisation des Fettes und Säuerung laufen hierbei jedoch nicht optimal ab.
(2) ist eine Säuerungsvariante bei der Sauermilchquarkherstellung. Dabei wird die Milch auf eine Säuerungstemperatur von 21 - 27°C eingestellt und mit 1 - 2% mesophiler Säuerungskultur versetzt. Die Gerinnungsdauer der Milch liegt bei 15 - 18 h. → Warmsäuerung.

Kaltsterilabfüllung
ist ein Verfahren, bei dem Saft in einem → Plattenwärmeaustauscher pasteurisiert, anschließend auf < 20°C rückgekühlt und unter sterilen Bedingungen, meist in Weichpackungen, abgefüllt wird. Die K. hat sowohl qualitative als auch energetische Vorteile und findet deshalb verbreitet Anwendung.

Kammerrundwirker
→ Wirkmaschine.

Kammertrockner
sind diskontinuierlich arbeitende Trockner, in die das zu trocknende Produkt auf → Horden in die Trockenkammer eingebracht wird. Getrocknet wird mit Luftumwälzung, wobei meist ein Teil der Luft durch Frischluft ersetzt wird. K. haben den Vorteil der genauen Steuerbarkeit des Trocknungsprozesses. Sie werden meist zum → Trocknen kleinerer Produktmengen verwendet.

Kanaltrockner
→ Konvektionstrockner.

kandierte Früchte
werden zu ihrer Herstellung in NaCl- oder SO_2-Lösung eingelegt, anschließend gewaschen, teils geschält, blanchiert und abgekühlt. Danach erfolgt eine Behandlung mit Zuckerlösungen steigender Konzentration. Abschließend werden die kandierten Früchte getrocknet. Zur Gewährleistung der Haltbarkeit muß eine Zuckerkonzentration von 75°B_x

vorliegen. K.F. werden neben Früchten auch aus Blüten, Stengeln, Wurzeln und Samen hergestellt.

kandierte Fruchtschalen
werden nur aus Citrusfrüchten hergestellt. Die Herstellung erfolgt wie bei → kandierten Früchten. Die wichtigsten Produkte sind: Citronat, Orangeat, kandierte Apfelsinenschalen, kandierte Zitronenschalen, kandierte Canaroni und kandierte Spadaforesi.

Kandis
sind besonders große Zuckerkristalle, die durch langsame → Kristallisation aus konzentrierten, reinen Zuckerlösungen hergestellt werden. K. werden teils mit Karamelprodukten und/oder Zuckerkulör hellbraun bis schwarz gefärbt.

Kanditen
→ kandierte Früchte, → kandierte Fruchtschalen.

Kan jang
→ Gemüse, fermentiertes.

Kanzler
ist eine weiße, frühreifende Keltertraube, gekreuzt aus Müller-Thurgau und Grüner Silvaner mit → Sortenschutz seit 1967.

Kapern
(*Capparis spinosa L.*) ist ein Gewürz, dessen hauptsächliche Inhaltsstoffe Rutin, Senfölglucoside und Myrosinase sind.

Kapillarviskosimeter
ist ein Meßgerät zur Bestimmung der rheologischen Eigenschaften flüssiger Lebensmittel (Newtonsche Flüssigkeiten). Gemessen wird die Druckdifferenz Δp, ein Volumenstrom $\dot{V}$ beim Durchströmen einer Flüssigkeit durch eine Kapillare definierter Länge l und mit einem Kapillarradius r (0,18 - 3,2 mm), die zwischen Einlaufdruck p_1 und Auslaufdruck p_2 entsteht (**Abb. 83**). Daraus ist dann die Viskosität der Flüssigkeit wie folgt zu berechnen:

$$\eta = \frac{\pi \cdot \Delta p \cdot r^4}{8 \cdot l \cdot \dot{V}}$$

Kapillarwasser
ist das in den feinsten Kanälen und Hohlräumen eines Partikel in umgebender gasförmiger Atmosphäre adsorptiv haftende Wasser. Beim → Trocknen von Gütern wird es, erst nach dem das gesamte freie Wasser verdampft ist, entfernt.

Bild 83. Prinzipdarstellung eines Kapillarviskosimeters

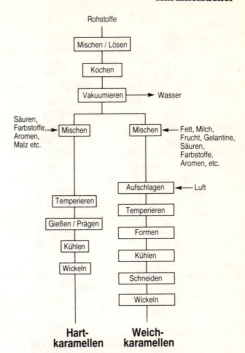

Bild 84. Verfahrensablauf der Karamellenherstellung

Karamel

ist eine durch → Karamellisieren gewonnene, tiefbraune Masse mit bittersüßem bis bitterem Geschmack und einem charakteristischen Aroma. Anwendung in Lebensmitteln zur Geschmacksgebung (im Gegensatz zu → Zuckerkulör zum Färben).

Karamelisierung

ist die Veränderung von Zucker in Gegenwart von Reagenzien bei thermischen Einfluß. Die Reaktion der K. kann durch die Reagenzien sowohl auf die Farb- als auch auf die Aromabildung gelenkt werden. Es findet eine Dehydratisierung und Bildung von Kondensations-, Isomerisierungs- und Fragmentierungsprodukten sowie die Ausbildung von Doppelbindungen innerhalb des Zuckermoleküles statt. Auf diese Weise entstehen z.B. Furane (Fleischbrataroma), 4-Hydroxy-2,3,5-hexantrion. In Wasser gelöster dunkler Karamel (Zuckerkulör) wird zum Färben von Lebensmitteln verwendet.

Karamellen

auch Bonbons genannt, sind → Zuckerwaren, die man unterteilt in: *Hartkaramellen*, ungefüllt, gefüllt, gegossen und *Weichkaramellen* als Milch- oder Fruchtkaramellen. Der Verfahrensablauf der Karamellenherstellung ist in **Abb. 84** dargestellt. Hartkaramellen bestehen aus glasartig erstarrten Saccharose-Glucose-Massen, denen z.T. Fett, Malz, Honig und/oder Farb- und Geschmacksstoffe beigegeben werden. Dagegen haben Weichkaramellen durch die Zusätze wie Fett, Milch, Fruchthalberzeugnisse, Gelatine, einen höheren Feuchtigkeitsgehalt und eine weiche Konsistenz. Das Kochen erfolgt entweder diskontinuierlich in dampfbeheizbaren Rührkesseln oder in kontinuierlich arbeitenden → Verdampfern. Zur Entfernung von Feuchtigkeit und Gaseinschlüssen ist für Hartkaramellen, teils auch für Weichkaramellen, ein Vakuumieren erforderlich. Nach dem Mischen aller Zusatzstoffe werden einige Weichkaramellen aufgeschlagen, um eine weiche Konsistenz zu erreichen. Das Ausformen kann durch Gießen, Prägen oder Pressen erfolgen. Nach dem Kühlen im Durchlauf werden die K. auf verschiedene Art gewickelt: Dreheinschlag, Säckchenwicklung, Körbchenwicklung, Buchfaltung und Crimpfaltung.

Karamellisieren

ist das Bräunen von Zuckerarten durch Erhitzen. → Karamel.

Karamelzucker

→ Karamel.

Karaya

ist ein Pflanzengummi, der aus dem Exsudat der zentralindischen Baumart *Sterculia urens* und anderer *Sterculia*-Arten gewonnen wird (auch als Indischer → Traganth bezeichnet). Acetylierte Zuckerbausteine bilden das aus drei Hauptketten bestehende K.-Molekül, dessen Seitenketten kovalent zu einem Netzwerk verknüpft sein können. Das Polymer wird von Disaccharideinheiten aus D-Galactose, L-Rhamnose, D-Galacturonsäure und L-Glucuronsäure gebildet. Die wasserbindende Eigenschaft wird durch die starke Quellung des Netzwerkes bewirkt. K. wird als → Bindemittel in der Fleischverarbeitung, als → Stabilisator von Proteinschäumen, zur Verbesserung der Lagereigenschaften von Tiefkühlprodukten u.a. verwendet.

Kardamom

(*Elettaria cardamomum L.*) ist ein Gewürz, dessen hauptsächliche Inhaltsstoffe ätherisches Öl mit Terpineol, Terpinylacetat, Cineol sowie Stärke sind.

Kartoffelchips

und Kartoffelsticks werden aus gewaschenen, geschälten, verlesenen in Scheiben bzw. Stäbchen geschnittenen, erneut gewaschenen, abgepreßten Kartoffelstücken durch → Fritieren und anschließendes Salzen und Würzen hergestellt. Das Fritieren erfolgt bei ca. 170°C. Dabei verkleistert die Stärke und es kommt zur Strukturverfestigung unter Kontraktion.

Kartoffel-Ei-Protein

ist eine Mischung aus 65%-Kartoffel- und 35%-Eiprotein, die die höchste bisher bekannte → biologische Wertigkeit besitzt. Es wird vorwiegend für Diäten zur Behandlung von Nierenerkrankungen verwendet.

Kartoffelkloßpulver

ist ein → Kartoffelverarbeitungsprodukt, dessen Herstellung im wesentlichen analog der Herstellung von → Kartoffelpüree unter Zusatz von Salz, Gewürzen und anderen Lebensmitteln zur Zubereitung von gekochten oder rohen Klößen erfolgt.

Kartoffelkonserven

sind geschälte Kartoffeln besonderer Sortierung oder in verschiedenen Schnittformen in Dosen oder Gläsern sterilisierte und dadurch vorgegarte → Konserven.

Kartoffelprodukte

→ Kartoffelverarbeitungsprodukte.

Kartoffelpüreeherstellung

Kartoffelpüree (getrocknet) ist ein → Kartoffelverarbeitungsprodukt. Die Kartoffeln werden gewaschen, geschält, verlesen, geschnitten und erneut gewaschen. Großtechnisch werden zwei Verfahren, das Flockenverfahren und das Granulat- oder Add-Back-Verfahren zur weiteren Verarbeitung angewendet. Beim *Flockenverfahren* werden die Kartoffelscheiben zunächst bei 68-75°C blanchiert, so daß es zur Stärkeverkleisterung kommt. Anschließend wird rasch auf etwa 15-20°C gekühlt, um die in der Kartoffel befindliche → Amylase zurückzubilden und dadurch die Zellstruktur widerstandsfähiger zu machen. Im dritten thermischen Prozeß werden die Kartoffelscheiben bei 100-102°C gekocht und nach der Gare bei möglichst geringer Zellstrukturzerstörung zerkleinert. Dem Brei werden zur Konsistenz- und Haltbarkeitsverbesserung Monoglyceride zur Bindung der freien Stärke und → Antioxidantien zugesetzt. Das → Trocknen erfolgt mittels Walzentrockner bei 140-160°C (→ Walzentrocknung). Der zu dünnen Schichten getrocknete Brei wird von der Walze abgeschabt und zu Flocken zerkleinert. Beim *Granulatverfahren* wird feuchter, heißer Kartoffelbrei mit getrocknetem Kartoffelpulver (Add Back) vermischt (Wassergehalt 30-33%), in einem Fließbettkühler auf 15-22°C gekühlt und auf einem Band konditioniert. Die Trocknung des rieselfähigen Produktes erfolgt in einem Stromtrockner mit einer Heißluftstromtemperatur von 150-225°C. Der Restwassergehalt des Kartoffelpürees beträgt 12-15%.

Kartoffelstärke

→ Stärke, → Stärkegewinnung.

Kartoffelsticks

→ Kartoffelchips.

Kartoffeltrockenprodukte

→ Kartoffelverarbeitungsprodukte.

Kartoffelverarbeitung

bezeichnet den Gesamtprozeß zur Herstellung von → Kartoffelverarbeitungsprodukten. Sie beginnt mit den Kriterien für die Rohstoffauswahl (Sorte, Trockensubstanzgehalt, Lagerfähigkeit, Gehalt an reduzierenden Zuckern, Textureigenschaften u.a.). Alle Verarbeitungsprodukte haben die Prozeßstufen Waschen, → Schälen, Verlesen/Nachputzen, Schneiden, Waschen und → Blanchieren gemeinsam, wobei das Blanchieren für die einzelnen Produktgruppen modifiziert ist. Die weiteren Prozeßstufen der → Kartoffelpüreeherstellung, → Trockenkartoffelherstellung und → Pommes frites-Herstellung sind produktspezifisch. Die bei der K. anfallenden Abschnitte bzw. Abfälle werden zur Weiterverarbeitung z.B. zu Kroketten (Abschnitte bei der Pommes frites-Herstellung oder als Futter (Schälschlamm, Schneidabfälle, Naßbrei der Walzentrocknung bei der Püreeherstellung) verwendet. Die im Waschwasser vorhandene Stärke kann abgetrennt und getrocknet werden.

Kartoffelverarbeitungsprodukte
werden in
- Trockenprodukte,
- Snackprodukte,
- Tiefkühlprodukte,
- vorgebratene Produkte,
- sterilisierte Produkte und
- sonstige Produkte
unterteilt.
Kartoffeltrockenprodukte sind getrocknete Kartoffeln (→ Trockenkartoffeln) bzw. → Kartoffelpüree in Flocken- oder Granulatform oder Mischungen getrockneter Kartoffeln mit anderen Lebensmitteln zur Herstellung von Kartoffelklößen, Kartoffelsuppen, Kroketten etc.. Kartoffelsnackprodukte sind aus Rohkartoffeln oder getrockneten Kartoffeln durch weitere Bearbeitungsschritte veredelte Trokkenerzeugnisse.
Tiefgekühlte Kartoffelprodukte sind K., die bei Temperaturen von mindestens −18°C begrenzt haltbar gemacht sind (z.B. Pommes frites). Vorgebratene Kartoffelprodukte sind Halbfertigerzeugnisse, die gekühlt oder vakuumverpackt begrenzt haltbar gemacht sind. Hitzesterilisierte Kartoffelprodukte sind durch thermische Behandlung sterilisierte K..

Kartonagen
ist der Begriff für alle Packmittel aus Karton, Voll- und Wellpappe.

Karussellgefrierapparat
→ Bandgefrierapparat; → Gefrierapparate.

Kaschieren
ist das Zusammenfügen mehrerer Lagen des gleichen oder unterschiedlichen Materials durch Klebemittel. Als Material werden im Lebensmittelbereich vorwiegend Papier, Karton, Pappe, Kunststoffe und Aluminium verwendet. Je nach dem, ob → Wachs, Kaschierleim oder lösungsmittelhaltiger Klebelack genutzt wird, unterscheidet man Wachs-, Naß- oder Trockenkaschieren.

kaschierte Bonbons
werden durch Ausziehen und mehrfaches Einschlagen einer mit Füllmasse versehenen heißen Bonbonmasse und anschließendem Abkühlen hergestellt. Das Produkt erhält so eine Blätterstruktur, in dessen Hohlräumen sich die Füllmasse befindet.

Käse
ist ein aus → Milch (je nach Produkt im Fettgehalt eingestellt) oder Buttermilch durch Säuerung und/oder Zugabe von → Gerinnungsenzymen unter Verwendung von spezifischen Mikroorganismenkulturen, Kochsalz, teils Wasser und Molke hergestelltes Produkt, das frisch oder in verschiedenen Reifegraden zum Verzehr bestimmt ist. Nach dem Grad der Reifung unterscheidet man Frischkäse und gereiften Käse und nach der Koagulationsführung des Milcheiweißes → Sauermilchkäse und → Labkäse. Nach der Art der Herstellung und der Konsistenz unterscheidet man:
Hartkäse:
Emmentaler, Cheddar, Parmesan, Gruyère, Chesterkäse, Bergkäse, Provolone, Sbrinz, Cheshire;
Schnittkäse:
Gouda, Edamer, Tilsiter, Wilstermarschkäse;
halbfester Schnittkäse:
Edelpilzkäse, Butterkäse, Weißlacker, Steinbuscher, Roquefortkäse, Gorgonzola, Stiltonkäse, Doppelschimmelkäse;
Weichkäse:
Camembert, Brie, Limburger, Romadur, Münsterkäse, Fetakäse;
Frischkäse:
Speisequark, Rahmfrischkäse, Schichtkäse, Doppelrahmfrischkäse, Buttermilchquark, Cottage Cheese, Mozzarella;
Sauermilchkäse:
Harzer Käse, Kochkäse, Bauernhandkäse, Mainzer Käse, Stangenkäse, Korbkäse, Quargel;
Schmelzkäse:
schnittfest oder streichfähig.
In der **Tab. 37** sind die für die Käsearten zugelassenen Fettstufen aufgeführt.

Käsefehler
können rohstoff- oder technologiebedingt sein. Die wichtigsten K. sind: Blähungen (mikrobielle Ursachen, unsauberes Arbeiten, schlech-

Tabelle 37. Zugelassene Fettstufen für Käsearten

Käseart	Fettstufen in %							
	Mager-stufe < 10	Viertel-fettstufe ≥ 10	Halb-fettstufe ≥ 20	Dreiviertel-fettstufe ≥ 30	Fett-stufe ≥ 40	Voll-fettstufe ≥ 45	Rahm-stufe ≥ 50	Doppel-rahmstufe ≥ 60 - 85
Hartkäse						X	O	
Schnittkäse				X	X	X	X	X
halbfeste Schnittkäse				O		X	X	O
Weichkäse			O	O	O	X	X	O
Frischkäse	O	O	O	O		O	O	O
Sauermilch-käse	X							

X – zugelassen   O – für spezielle Käsesorten zugelassen

tes Futter), ungleiche Lochung (unsachgemäße Bearbeitung), rissig (zu saurer Bruch), randweich (ungenügend gereifte Kesselmilch), molkensauer (zu hoher Molkengehalt), bitter (Futter, zu hoher Labzusatz, Coli-Blähung), salzscharf (zu frühes Salzen, zu viel Salz), Fremdschimmel (Kontamination), ablaufen (zu niedrige Einlabtemperatur).

Käsefertiger

sind Apparate der Käsereitechnologie. In ihnen erfolgt die Aufbereitung der Käsereimilch und die gesamte Bruchbearbeitung bis zum Einfüllen des Bruchs in die Formen. Moderne K. verfügen über automatische Programmsteuerung, die auf die Spezifika der herzustellenden Käsesorte eingestellt ist. Der doppelwandige zylindrische Kessel mit leicht konischem Boden, in dessen Mitte sich das Bruchablaßventil befindet, besteht aus Chrom-Nickel-Stahl. Er ist mit einem Deckel, der zur Hälfte aufklappbar ist, verschlossen. Zum Schneiden und Zerkleinern des Bruchs ist im Innenraum ein Schneiderahmen, der mit Längs- und Querdrähten bespannt ist, angebracht. Seine Drehbewegung wird über ein Planetengetriebe so gesteuert, daß jeder Punkt im K. erreicht wird. Auf der gegenüberliegenden Seite des Schneiderahmens ist am Planetengetriebe eine Verziehschaufel, die wahlweise auch durch ein Propellerührwerk ersetzt werden kann, angebracht. Sie dient der Bruchbearbeitung. Die Temperatur im K. wird über ein Thermometer geregelt. Das Fassungsvermögen üblicher K. beträgt 4.000 - 20.000 l. Einige Ausführungen gestatten die Trennung

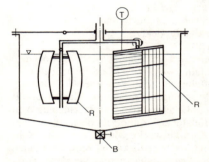

Bild 85. Schematische Darstellung eines Käsefertigers. *R* Rührwerke (programmgesteuert), *B* Bruchauslauf, Molkenablauf

des Bruch-Molke-Gemisches unter Vakuum. Die Formen werden auf Rollbahnen zum Füllen an den K. herangeführt. **Abb. 85** zeigt schematisch einen Käsefertiger.

Käsegebäck

sind → Feine Backwaren, die unter Verwendung von Käse hergestellt werden. Die Mengenanteile an Käse sind produktabhängig und liegen im allgemeinen zwischen 1...2 und 15...20%. Neuerdings werden auch natürliche Käsearomen zur Herstellung von K. verwendet.

Käsepressen

ist eine Prozeßstufe der → Labkäseherstellung. Die meisten Käsesorten müssen gepreßt werden, um eine bessere Trennung der Molke und eine bestimmte Konsistenz zu erreichen. Der dazu notwendige Druck wird stufenweise erhöht, um das Abfließen der Molke zu ermöglichen. Am Ende liegt ein verfestigter Käseteig vor und die Oberfläche ist zu einer dichten Rinde ausgebildet. → Schnittkäse werden mit einem Druck von 0,1 - 0,3 bar über Atmosphärendruck bis zu 4 h und → Hartkäse mit einem Druck von 0,4 - 0,8 bar bis zu 24 h gepreßt. Als technische Ausrüstungen finden die Säulenpresse und für quaderförmige Käse die Bruchvorpresse sowie die Tunnelpresse häufig Anwendung. Bei der *Säulenpresse* befinden sich mehrere übereinander angeordnete Preßplatten in einem Gestell, auf die die Käseformen aufgebracht werden. Mittels Kolben und Preßzylinder werden die Rohkäse pneumatisch gepreßt. Die *Bruchvorpresse* ist als Wanne mit perforiertem Boden gestaltet. Nach dem Füllen der Wannen wird der Bruch mit Platten pneumatisch gepreßt. Anschließend wird der Block durch eine Schneideinrichtung geführt und portioniert. In der *Tunnelpresse* wirken mehrere neben- und hintereinander angeordnete Preßscheiben auf die in Formen befindlichen Käse. Für große Käselaibe finden Gruppenformen Anwendung, in denen sowohl das Pressen als auch das Wenden der Käse erfolgen kann.

Käsereifung

umfaßt alle während der Lagerung von → Käse ablaufenden biochemischen und chemischen Prozesse, in deren Ergebnis das charakteristische Endprodukt entsteht. Diese Prozesse werden durch die käsetypische Mikroorganismenflora und → Enzyme, insbesondere die Wirkung des → Gerinnungsenzyms (Labenzym), katalysiert und sind folglich sehr stark temperatur- und pH-abhängig.

Käsereisäurewecker

sind die zur Herstellung von → Käse verwendeten Mikroorganismenkulturen. Das sind in erster Linie die mesophilen → Milchsäurebakterien, thermophilen Milchsäurebakterien (für → Hartkäse), *Brevibacterium linens* sowie *Penicillium caseicolum, P. roquefortii* (für einige Weichkäse) u.a. → Säurewecker.

Käsewachse

sind die zum Überziehen von → Käse, vorwiegend → Hart- und → Schnittkäse, verwendeten ungefärbten oder mit zugelassenen Lebensmittelfarbstoffen gefärbten Paraffine oder → Wachse.

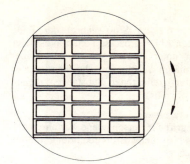

Bild 86. Wenden eines Hordenstapels

Käsewannen

sind Bestandteil der konventionellen Käsereitechnologie. Sie sind doppelwandig zur Temperierung gestaltet. Käsereimilcheinstellung, Eiweißgerinnung und Bruchbearbeitung werden manuell überwacht bzw. ausgeführt. Bei K. mit Rühr- und Schneidwerken ist man in der Lage, die Bruchbearbeitung teilmechanisiert durchzuführen. Bekanntester Apparat dieser Art ist die Goudawanne. Die Rührwerke durchlaufen auf einer Schiene die längliche Wanne und drehen sich selbst um ihre eigene Achse. Goudawannen haben ein Fassungsvermögen von 3.000 - 10.000 l. → Labkäseherstellung.

Käsewenden

ist eine Prozeßstufe der → Labkäseherstellung. Nach dem Einformen des Bruchs werden die Rohkäse zur Schaffung eines Feuchteausgleiches mehrfach gewendet. Bei → Weichkäse werden in der Regel die auf → Horden befindlichen Käse im Stapel gewendet (**Abb. 86**). Große Käselaibe werden einzeln, häufig manuell gewendet.

Käsezubereitungen

sind Erzeugnisse, hergestellt aus → Käse unter Zusatz von anderen Lebensmitteln, jedoch nicht geschmolzen. Zubereitet werden sowohl pikante als auch süße Geschmacksrichtungen. → Schmelzkäse und Schmelzkäsezubereitungen zählen nicht zu den K., sondern sind eigenständig.

Kastenbrot

ist ein in offenen oder geschlossenen Metallformen gebackenes Brot.

Katabolismus

bezeichnen die im Stoffwechsel der Zelle ablaufenden Abbauprozesse höhermolekularer Sustanzen unter Energiegewinnung zu niedermolekularen Substanzen, die dann wieder zum Aufbau zelleigener Substanzen dienen (→ Anabolismus).

Katadynverfahren

ist der Begriff für verschiedene Verfahren zur Trink- und Brauchwasserentkeimung mittels Silberionen.

Katalase

ist ein → Enzym, das Wasserstoffperoxid in Wasser und Sauerstoff spaltet. Diese Reaktion ist für die Einteilung vieler Mikroorganismen in K.-positiv und K.-negativ von Bedeutung. K.-positive Mikroorganismen können das im Stoffwechsel entstehende zelltoxische Wasserstoffperoxid spalten und damit für die Zelle unschädlich machen. K.-negative Mikroorganismen sind dazu nicht in der Lage.

Katenkäse

→ Cottage Cheese.

Kaugummi

ist eine zum Kauen und längeren Verweilen im Mund bestimmte → Zuckerware, heute auch teils ohne Zuckerzusatz. Zur Herstellung wird die vorgewärmte → Kaugummibase in beheizten → Knetmaschinen mit weiteren Zusätzen je nach Rezeptur, wie Zucker, Stärkesirup, Aromastoffe u.a. vermischt und in dünne Platten ausgewalzt, in Streifen oder Stücke geschnitten und verpackt. Teils wird K. dragiert (→ Dragieren).

Kaugummibase

ist ein Zusatzstoffgemisch aus konsistenzgebenden Stoffen (Chiclegummi, Guttapercha, Plantagenkautschuk, Mastrix, Wachs, Latex, Butadien-Styrol-Copolymerisate u.a.), Plastifikatoren (Pflanzenharze, Wachse u.a.), Füllstoffen (Calciumcarbonat, Silicate, Cellulose u.a.). Blasgummibasen enthalten mehr Latex als K.. Näheres regelt die Kaugummi-VO.

Kaviar

(1) *echter Kaviar* ist ein gesalzenes → Fischerzeugnis, das aus dem → Rogen verschiedener Störarten (Beluga. Ossietr, Sevruga) hergestellt wird. (2) *Deutscher Kaviar* ist ein gesalzenes Fischerzeugnis, hergestellt aus dem Rogen verschiedener anderer See- und Süßwasserfische, teils mit Zutaten, Farbstoffen und Konservierungsstoffen. (3) *Lachskaviar* (Syn. Ketakaviar) ist ein gesalzenes Fischerzeugnis, hergestellt aus dem Rogen von Lachsarten, teils mit Konservierungsstoffen und einem Salzgehalt unter 8,5%. (4) *Kaviarcreme* ist eine schwedische Brotaufstrichspezialität aus geräuchertem Dorschrogen. (5) *Kaviarbutter* ist eine → Butterzubereitung.

Kaviarbrot

→ Weizenhefegebäck.

Kecap

→ Gemüse, fermentiertes.

Kefir

ist ein fermentiertes Milcherzeugnis, ursprünglich im Kaukasus aus Kuh-, Ziegen- oder Schafmilch hergestellt, das 0,5 - 1,0% Milchsäure, 0,5 - 2,0% Ethanol und Kohlendioxid enthält. Heute wird für K. überwiegend Voll- oder Magermilch verwendet. Die Kefirkörner, oder auch Kefirknöllchen, enthalten verschiedene Mikroorganismen, insbesondere *Lactobacillus spp., Lactococcus spp., Leuconostoc spp., Acetobacter spp.* sowie Hefen der Gattungen *Torulopsis, Kluyveromyces* und *Candida* (**Abb. 87**). Die Kefirknöllchen werden etwa im Verhältnis 1 : 50 in die pasteurisierte Milch gegeben und bei 18 - 22°C bebrütet. Die Bebrütungszeit richtet sich nach dem gewünschten Geschmack und der gewünschten Konsistenz und beträgt 12 - 24 h. Der End-pH-Wert liegt bei 4,4. Die Kefirknöllchen werden nach der Fermentation abgetrennt und die Kefirmilch wird gekühlt und abgefüllt.

Kefirerzeugnisse

sind aus → Milch oder → Sahne unter Verwendung von Kefirkultur und ggf. Zutaten, wie → Zucker, → Fruchtsaft, Fruchtsirup u.ä. hergestellte Erzeugnisse. → Kefir.

Kegelrundwirker

→ Wirkmaschine.

Bild 87. Knöllchenbildung bei Kefir (ca. 1000 fach)

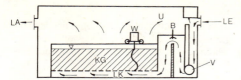

Bild 88. Schematische Darstellung eines Keimkastens. *LE* Lufteintritt, *LA* Luftaustritt, *KG* Keimgut, *W* Wender, *B* Luftkonditionierung, *U* Umluft, *LK* Luftkanal, *V* Ventilator

Kehlen
ist eine Fischaufbereitungsart, bei der die Fische unterhalb des Kopfes eingeschnitten und deren Kiemen und Innereien teilweise entfernt sind.

Keimkasten
auch Keimdarrkasten, sind Apparate zum → Mälzen von Getreidekörnern. Das Keimgut liegt in einer Höhe bis zu 90 cm auf einem geschlitzten Blechboden, durch den temperierte und befeuchtete Luft mit geringer Geschwindigkeit geblasen wird. Das Wenden des Keimgutes erfolgt durch einen langsam laufenden Wender mit senkrecht rotierenden Schnecken, die in das Keimgut ragen. Ein Düsensystem ermöglicht die externe Wasserzufuhr. **Abb. 88** zeigt die schematische Darstellung eines K.'s. Der K. geht auf Saladin zurück und wird deshalb als Saladinkasten bezeichnet. Von ihm leiten sich auch die moderneren Systeme der Wanderhaufen- und Schwerkraftmälzerei ab.

Keimzahl
gibt Aufschluß über den Gehalt an Mikroorganismen in einem Lebensmittel. Ihre Bestimmung erfolgt direkt durch mikroskopisches Auszählen (auch tote Mikroorganismen werden mit erfaßt) oder indirekt durch Ausplattieren auf Nähragarplatten (erfaßt werden die koloniebildenden Einheiten cfu, colony forming units).

Kekse
sind → Dauerbackwaren. Man unterscheidet Hartkekse (→ Hartkeksteig) und Weichkekse (→ Mürbeteig) je nach Herstellungstechnologie. Sie sind bei kühler und trockener Lagerung Monate haltbar.

Kelter
Synonym für Weinpresse. → Vertikal-Korbpressen.

Kenkey
→ Getreideprodukte, fermentierte.

Kerbel
(*Anthriscus cerefolium L.*) ist ein Gewürz, dessen hauptsächliche Inhaltsstoffe ätherisches Öl mit Methylchavicol, sowie Flavonglycosid sind.

Kerner
ist eine aus Blauer Trollinger und Weißer Riesling gekreuzte Weißweinsorte, die 1970 → Sortenschutz erlangte.

Kernhausfäule
wird durch Schimmelpilze der Gattungen *Alternaria, Botrytis, Cladosporium, Fusarium, Penicillium* und *Trichothecium* verursacht. Um das Kerngehäuse bilden sich weiche, braune Stellen und die Hohlräume erhalten kleines, weißes oder rötliches, wattiges Mycel.

Kernhefe
ist die obergärige Hefe, die aus dem Trub der vorhergegangenen Gärung durch Entfernen von Traubenmark, -hülsen, Eiweißen, Gerbstoffen, Weinstein etc. erhalten wird.

Kernobst
→ Obst.

Kerntemperatur
ist die Temperatur eines Produktes, die beim → Erwärmen bzw. → Gefrieren bei Vorliegen von Temperaturgradienten nach einer endlichen Zeit im thermischen Mittelpunkt herrscht. Sie ist entscheidend für die Wirksamkeit des thermischen Prozesses insbesondere bezüglich → Pasteurisation, → Sterilisation, → Gefrierlagerung und thermischen → Garprozessen.

Kesselfett
ist das beim Kochen von fettgewebehaltigen Tierkörperteilen austretende, gesondert erfaßte Fett. K. von schlachtfrischen Teilen des Schweines ist bei → Kochwurst dem Fettgewebe gleichgestellt.

Kesselmilch
ist die Bezeichnung für Käsereimilch. Sie ist im Fett- und Eiweißgehalt standardisiert und auf Käsereitauglichkeit geprüft. Die Einstellung des Fettgehaltes erfolgt so, daß das für die jeweilige Käsesorte vorgeschriebene Verhältnis zur fettfreien Trockenmasse gegeben ist. K. wird thermisiert oder pasteurisiert (→ Milcherhitzungsverfahren).

Kettenflaschenreinigungsmaschinen

sind Maschinen zum Reinigen von Flaschen, bei denen der Reinigungseffekt durch ein kombiniertes Weich- und Spritzverfahren erreicht wird. Die Weich- und Spritzzonen sind stationär und die Flaschen werden in Flaschenkörben, die an Ketten befestigt sind, transportiert. Die einzelnen Zonen sind: Restentleerung; Vorweiche 40°C; Vorwärmstufe 65°C; Tauchweiche-Lauge I 80 - 85°C; Spritzlaugung I 85°C; Spritzlaugung II 65°C; Warmwasserspritzung 40 - 60°C; Kaltwasserspritzung; Frischwasserspritzung; Frischwasser-Sprühvorgang.

Kettengefrierapparat

→ Bandgefrierapparat, → Gefrierapparate.

Ketone

(Alkanone) sind durch Dehydrierung von sekundären Alkoholen entstandene Produkte. K. sind wichtige Aromastoffe zahlreicher Lebensmittelaromen, insbesondere von Käse.

Ketosen

sind → Kohlenhydrate. Chemisch sind K. Polyalkohole mit einer Ketogruppe, wie die → Hexosen, Fructose und Sorbose.

Kieselgur

ist ein Filterhilfsmittel, bestehend aus den Kieselsäuregerüsten einzelliger Kieselsäurealgen. K. liegt meist pulverförmig vor.

Kinematik

ist die Lehre von der Bewegung materieller Körper und Systeme, die die bewegenden Kräfte außer Betracht läßt.

Kirne

ist ein → Apparat zur diskontinuierlichen Emulgierung von Fett- und Wasserphase bei der → Margarineherstellung. Die K. ist ein länglich-runder Kessel aus nichtrostendem Stahl mit einem Außenmantel für die Kühlung sowie einem Überlauf und indirekter Dampfbeheizung. Zwei ineinandergreifende Rührflügel laufen mit einer Geschwindigkeit von etwa 30 - 90 min^{-1} gegeneinander. Die Flügel bestehen aus gelochten Flachstäben. Am Ende des Emulgierprozesses, bei dem die Temperatur etwa 2 K über dem Schmelzpunkt der Margarinefette liegt, wird die → Emulsion unter dem Schmelzpunkt der Fette gekühlt. Während des Prozesses kristallisieren die höherschmelzenden Fettanteile um die Wassertröpfchen aus und wirken auf die Plastizität stabilisierend.

Kirnen

ist die Bezeichnung für ein früher bei der Margarineherstellung häufig angewendetes Verfahren zur Herstellung von → Emulsionen. → Kirne.

Klappfisch

→ Fische, getrocknete.

Klären

ist das Abtrennen von Trubstoffen mittels chemischer oder physikalischer Methoden (→ Ionenaustauscher, → Schönung, → Filtrieren, → Zentrifugieren u.a.).

Klärmittel

sind unlösliche Materialien, die als Filterhilfsmittel zur Abtrennung von Trubstoffen aus Flüssigkeiten verwendet werden. Typische in der Lebensmitteltechnologie genutzte K. sind: → Kieselgur, → Aktivkohle, Tonerden.

Klassieren

ist die Trennung eines Haufwerkes (Partikelkollektiv) in unterschiedliche Korngrößenzusammensetzungen. Bei idealen Trennungen gelangen alle Partikeln, die kleiner oder gleich d_t sind, in das Feingut und alle Partikeln die größer d_t sind, in das Grobgut. Man erhält eine Verteilungsdichtekurve, wie sie in **Abb. 89** dargestellt ist. Bei einer realen Trennung kommen Partikelgrößenbereiche von $d_{min} \leq d \leq d_{max}$ sowohl im Feingut f als auch im Grobgut g vor (**Abb. 90**). Die in der Lebensmitteltechnologie wichtigsten Verfahren zum K. sind das → Windsichten und das → Sieben.

Kleber

besteht aus 90% Proteinen (Prolamine und Gluteline im Verhältnis 2:3), aus 8% Lipiden, die mit bestimmten Kleberproteinen zur Lipoproteinen assoziiert sind und aus 2% Kohlenhydraten, größtenteils unlöslichen Pentosanen, die einen erheblichen Teil des Was-

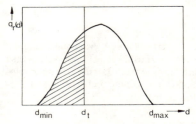

Bild 89. Verteilungsdichtekurve q_r bei einer idealen Trennung

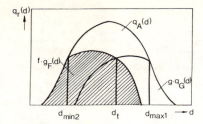

Bild 90. Verteilungsdichtekurve q_r bei einer realen Trennung

sers binden. K. enthält die Enzyme Proteinase und Lipoxygenase. Als K., auch als Gluten, bezeichnet man die zusammenhängende elasto-plastische dehnbare Masse, die sich vorwiegend aus den wasserunlöslichen Proteinen des Weizenmehles in Anwesenheit von Wasser beim Kneten durch Quellung und Vernetzung bildet. Für die rheologischen Eigenschaften des Teiges sind die Kleberproteine in Verbindung mit den Lipiden verantwortlich, wobei die Prolamine dehnbar, von geringer Elastizität, aber sehr viskos und die Gluteline elastisch, aber nur in geringem Umfang dehnbar sind. Der Kleber beeinflußt die Beschaffenheit des Teiges (Wasserbindevermögen, Dehnbarkeit, Elastizität, Oberflächenspannung, Gashaltevermögen), die Entstehung und Ausprägung der Krume und die Beschaffenheit der Kruste. Helle Weizenmehle enthalten 8 - 9% stärkeren Kleber, dunklere Weizenmehle enthalten 11 - 14% schwächeren Kleber.

Klebsiella
ist eine Gattung der → *Enterobacteriaceae*. K. sind gramnegative, aerobe, begeißelte Stäbchen, die meist Schleimkapseln bilden. Vertreter sind: *K. pneumoniae, K. ozaena, K. rhinoscleromatis* u.a.

Klebsiella pneumoniae
ist eine Species der Gattung *Klebsiella*. *K. pneumoniae* ist unbeweglich, Katalase-positiv und bildet Säure aus Lactose. Weit verbreitet in Wasser, Boden, Getreide u.a. Lebensmitteln und kann beim Menschen Lungenentzündung hervorrufen.

Kleie
ist ein bei der Getreidevermahlung entstehendes Produkt, das durch → Sieben oder → Sichten vom Mehl getrennt wird. Rohe Kleie wird als Futtermittel, gereinigte und aufberei-

tete Kleie als → Ballaststoff sowie Eiweiß- und Vitaminträger in der Humanernährung verwendet.

Kleieschleuder
dient der Abtrennung des anhaftenden Mehles von der Kleie. Dabei weren die Partikeln an einem rotierendem Siebmantel gerieben, wodurch der Trenneffekt herbeigeführt wird.

Klopfmehl
ist das bei der Sackreinigung anfallende → Mehl, das zusammen mit Kehrmehl als Futtermittel verwendet wird.

Kloßmehl
→ Kartoffelkloßpulver.

Knäckebrot
eine ursprünglich skandinavische Spezialität, ist ein Flachbrot, das bevorzugt aus Roggenschrot, aber auch aus Weizenmahlerzeugnissen, Hafer- und Gerstenmehl, Wasser, Salz, sowie Hefe und/oder Sauerteig (1 - 2%) hergestellt wird. Es gibt unterschiedliche Teigführungsverfahren. Bei der hefefreien Führung wird der Teig eisgekühlt (Zugabe von granuliertem Eis oder Einsatz von gekühlten Spezialmaschinen) schaumig geschlagen, dünn ausgewalzt und 8 - 10 Minuten in einem Durchlaufofen gebacken. Durch Trocknung wird der Wassergehalt, der noch 10 - 20% beträgt, auf 5% gesenkt. Neben dieser rein mechanischen Lockerung durch Einschlagen von Luft oder Stickstoff werden auch biologisch gelockerte Teige unter Einhaltung von 2 Garphasen (nach dem Misch- und Knetvorgang und nach dem Auswalzen, Formen) zu Knäckebrot verarbeitet.

Kneten
ist die Strukturbildung und/oder -umwandlung eines dispersen Systems mit mechanischen Mitteln. Es wird technisch realisiert mit → Knetmaschinen.

Knetmaschinen
dienen zum → Mischen und → Kneten von Rohstoffkomponenten mit dem Ziel der Herstellung eines strukturierten dispersen Systems mit bestimmten technologischen Eigenschaften. Man unterscheidet K. nach der Knetgeschwindigkeit bzw. Knetintensität in Langsamkneter, Schnellkneter, Intensivkneter und Mixer sowie nach der Arbeitsweise in diskontinuierlich arbeitende K. (Chargenkneter) und kontinuierlich arbeitende K. **Tab. 38** zeigt die

Knetmeßgerät

Tabelle 38. Einteilung von Knetmaschinen (Beispiele)

Langsamkneter	Schnellkneter	Intensivkneter	Mixer
Stoßhebelknetmaschine	Spiralknetmaschine	Super-Mix-Kneter	Schlagkneter
Drehhebelknetmaschine	Doppelkonusknetmaschine	Vakuumkneter	(Tweedy-Kneter)
Doppelmuldenmisch und -knetmaschine			

Einteilung von K. nach der Knetgeschwindigkeit bzw. -intensität.
Andere Möglichkeiten der Differenzierung der K. sind die Einteilung nach der Form des Knetwerkzeuges (z.B. Spiralkneter, Schneckenkneter) oder nach der Bewegungsform des Knetwerkzeuges (z.B. → Stoßhebelkneter, Drehhebelkneter, Rundlaufschlagkneter). Für spezifische Anwendungen gibt es auch beheizbare K., wie z.B. bei der Herstellung von → Kaugummi. → Schnellknetmaschine, → Vakuumkneter, → Doppelkonus-Knetmaschine, → Doppelmuldenmisch und -knetmaschine, → Drehhebelknetmaschine.

Knetmeßgerät
→ Farinogramm.

Knickeier
sind angeschlagene, jedoch nur an der Schale beschädigte Eier. K. sind nicht mehr lagerfähig, können aber frisch uneingeschränkt als Lebensmittel verwendet werden.

Knoblauch
(*Allium sativum L.*) ist ein Gewürz, dessen hauptsächliche Inhaltsstoffe schwefelhaltige Aminosäure-Derivate (Alliine) sowie ätherisches Öl mit Di-, Tri- und Polysulfiden sind.

Koagulation
bezeichnet den Übergang von einem Sol- in einen Gelzustand als Folge eines sich ausbildenden Netzes auf molekularer Ebene, meist unter Beteiligung mono- oder bivalenter Ionen. Beispiele: Milcheiweißkoagulation, Trübung eiweißreicher Flüssigkeiten wie Bier. Die K. ist sehr stark temperatur- und pH-Wert-abhängig. Allgemein bezeichnet die K. die Vereinigung von dispersen Teilchen zu größeren Aggregaten.

Koagulatoren
werden anstelle von → Käsefertigern vorwiegend zur Herstellung von → Weichkäse aber auch für → Schnittkäse verwendet. Sie ermöglichen die kontinuierliche, vollautomatische Käsebruchbereitung aus normaler →

Milch oder Milchkonzentraten. Die Milchgerinnung erfolgt turbulenzfrei in völliger Ruhe in einem Endlos-Muldenband und anschließendem Bruchschneiden und Nachbehandeln. Der Dicklegungsbereich ist durch sich mit dem Muldenband synchron bewegenden Trennwänden in Dicklegungszonen unterteilt. Die Trennwände werden nach der Dicklegung im Kreislauf über eine Reinigungsstufe zurückgeführt. Das Koagulat wird anschließend durch den horizontalen und/oder vertikalen Bruchschneider transportiert und anschließend durch Trennschnecken bearbeitet (Bruchbearbeitung). Eine Rühreinrichtung mit oder ohne indirekte Vorwärmung ermöglicht die käsespezifische Bruchbehandlung. Über die Bruchaustragseinrichtung gelangt der Bruch in die Formen.

Kochbutter, deutsche
ist eine Butterhandelsklasse. Sie wird aus → Milch, → Sahne oder Molkensahne durch Abtrennen und Schmelzen des Fettes gewonnen. → Butter.

Kochen
→ Garprozesse, thermische.

Kochextruderprodukten, Herstellung von
erfolgt meist unter Nutzung von Doppelmantelextrudern (→ Extruder). Sie beinhaltet Prozesse wie Komprimieren, Scheren, thermische Behandlung, Fördern und Expandieren. Dabei laufen eine Vielzahl von Zustandsänderungen je nach Stoffsystem ab, wie Stärkeumwandlung, Umwandlung von Fetten und Proteinen, Vitaminverluste, Enzyminaktivierung u.a. Der Verfahrensablauf ist in **Abb. 91** dargestellt.

Kochfischwaren
sind Erzeugnisse aus verschieden vorbereiteten Frischfischen, tiefgefrorenen Fischen oder Fischteilen, die durch → Garziehen oder Dämpfen gar gemacht werden, auch unter Verwendung von Essig, → Genußsäuren, Salz und → Konservierungsstoffen. K. sind mit oder ohne pflanzliche Beilagen vollständig

Extrude

Bild 91. Verfahrensablauf der Herstellung von Kochextruderprodukten

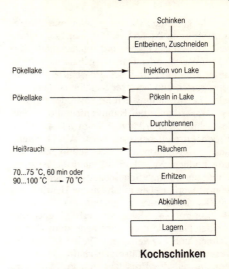

Kochschinken

Bild 92. Verfahrensablauf der konventionellen Kochpökelwarenherstellung am Beispiel von Kochschinken

von Gelee umschlossen oder mit Aufguß oder Soßen versetzt. Die Gartemperatur liegt zwischen 80°C und < 100°C. Als K. werden insbesondere hergestellt: Hering in Gelee, Rollmops in Gelee und Seeaal in Gelee.

Kochkäse
wird aus → Sauermilchquark, dessen SH-Zahl etwa 150 beträgt, teils unter Zusatz von Speisequark und Reifungssalzen hergestellt. Dazu wird der Sauermilchquark in 10-15 cm dicke Schichten ausgebreitet und bei 18-20°C, 4-6 Tage gereift. Dieses Zwischenprodukt wird vermahlen, mit Gewürzen und Salz versetzt und in einem Kochkessel unter Zusatz von 10-15% Wasser unter Rühren bei 70-75°C für 10-20 min geschmolzen. Diese Käsemasse wird verpackt und gekühlt. Der pH-Wert liegt bei 5,5-6,0.

Kochkessel
ist ein Apparat zur Herstellung von → Kochkäse. Der aus Chrom-Nickel-Stahl bestehende K. ist mit Rührwerk und Doppelmantel ausgestattet und kippbar gelagert.

Kochkutter
→ Kutter.

Kochpökelwarenherstellung
Der Verfahrensablauf der konventionellen K. ist in **Abb. 92** schematisch dargestellt. Bei

der Kochschinkenherstellung werden von der Schulter (Vorderschinken) Schulterblatt und Kreuzbein und vom Schinken (Hinterschinken) Schwanz- und Beckenknochen abgesetzt. Oberarm- bzw. Oberschenkelknochen verbleiben im Fleisch. Weiterhin wird Fettgewebe mit anhaftender Schwarte entfernt. Für den Pökelvorgang wird die Muskelspritzung mit 15%iger Lake mit Ein- oder Mehrnadelinjektoren durchgeführt. Der Schinken wird danach für 3-5 Tage in eine Schwimmlake eingelegt. Nach dem → Durchbrennen erfolgt das → Räuchern, meist eine Heißräucherung von 20-45 Minuten bei Temperaturen von ca. 70-85°C. Anschließend wird der Schinken in eine mit Folie ausgelegte Kochschinkenform gegeben und im Kochkessel oder -schrank auf eine Kerntemperatur von 65-72°C erhitzt. Verschiedene Erhitzungsverfahren werden angewendet: der Schinken wird über die gesamte Erhitzungsdauer bei einer konstanten Temperatur von 70°C oder 75°C bis zum Erreichen der Kerntemperatur erhitzt (bei Erhitzungstemperatur 70°C folgt eine Erhitzungsdauer von ca. 60 min). Bei einer anderen Methode beträgt die Anfangstemperatur 90-100°C, die dann schrittweise bis zum Erreichen der Kerntemperatur abgesenkt wird (Vorteil: geringe Erhitzungsverluste durch Porenverschluß). Bei der Delta-T-Erhitzung wird

Kochsalami

über die gesamte Erhitzungsdauer eine Temperaturdifferenz Δt ($\Delta t = 25°C$ bei Kochschinken) zwischen Gargut und umgebenden Medium (Wasser oder Dampf) gehalten. Vorteile dieser Methode sind bessere sensorische Eigenschaften und besserer Scheibenzusammenhalt. Die Abkühlung erfolgt entweder mit kaltem Wasser oder bei Raumtemperatur, wobei der Schinken über längere Zeit (optimal: 48 h) in den Formen belassen wird. Als Nachteil dieser konventionellen Kochschinkenherstellung können vor allem die niedrige Ausbeute und der geringe Scheibenzusammenhalt angeführt werden. Die mechanische Bearbeitung von Kochpökelwaren, genannt → Tumbeln, → Poltern, → Massieren, erfolgt entweder vor der Naßpökelung oder nach dem Durchbrennen und bezweckt eine Verbesserung der wesentlichen Qualitätseigenschaften. Ein weiterer Vorteil des Einsatzes von Poltermaschinen ist die Herstellung von Erzeugnissen wie Form-, Preß-, oder Mosaikschinken aus Teil- oder Muskelstücken.

Kochsalami
ist eine grobe → Brühwurst mit etwa erbsengroßer Körnung. → Brühwurstherstellung.

kochsalzarme Lebensmittel
sind natriumarme, diätetische Erzeugnisse, die nicht mehr als 120 mg Na/100 g haben dürfen. Sie sind als „natriumarm" zu kennzeichnen.

Kochsalzersatz
zählt zu den fiktiven diätetischen Lebesmitteln und dient zur geschmacklichen Abrundung von Speisen in natriumarmen Kostformen. Im wesentlichen sind es die Kalium-, Calcium- und Magnesiumsalze der Salzsäure aber auch verschiedener organischer Säuren, wie Adipin-, Bernstein-, Glutamin-, Milch-, Wein- und Citronensäure. Eine Einschränkung gilt bei Magnesiumsalzen, deren Anteil an Mg-Ionen nicht höher als 20% bezogen auf den Gesamtgehalt an K- und Ca-Ionen betragen darf.

Kochstreichwurst
ist → Kochwurst, deren Konsistenz im erkalteten Zustand von erstarrtem Fett oder zusammenhängend koaguliertem Lebereiweiß bestimmt wird.

Kochwurst
ist charakterisiert durch die Hitzebehandlung (Brühen) des überwiegenden Teiles des Rohmaterials vor der Verarbeitung und durch

Tabelle 39. Beispiele für Kochwürste

Grundtyp	Erzeugnis
Koch-streich-würste	Kalbsleberwurst, Feine Leberwurst, Leberpastete, Braunschweiger Leberwurst, Grobe, Feine Leberwurst, Kochmettwurst, Hausmacher Leberwurst
Blutwürste	Fleischrotwurst, Thüringer Rotwurst, Zungenrotwurst, Roter Schwartenmagen, Speckwurst
Sülzwürste	Schinkensülze, Schweinskopfsülze, Fränkischer Leberpreßsack

den hohen Anteil an Innereien, hauptsächlich Leber. Blut und gewürfelter Rückenspeck werden teils im rohem Zustand zugesetzt. K.'e können in 3 Gruppen eingeteilt werden: → Leberwurst, → Blutwurst und → Sülzwurst. Die verschiedenen K.-Sorten unterscheiden sich hinsichtlich der Fleischauswahl, des Innereienanteiles, der Beimengung zusätzlichen Bindegewebes, dem Grad der Zerkleinerung, der Behandlung mit Pökelsalzen und Rauch, sowie dem Zusatz von Gewürzen, Kochsalz, Zwiebeln. Beispiele für Kochwürste enthält **Tab. 39.**

Kohäsion
und Adhäsion bezeichnen die innermolekularen Kräfte, die flüssige und feste Materie zusammenhalten. K. beschreibt die Wechselwirkungen zwischen aneinanderhaftenden Teilchen desselben Körpers, hingegen beschreibt die Adhäsion die Wechselwirkungen zwischen einander berührender Oberflächen benachbarter Körper aus verschiedenem Material. Die Arbeit, die zur Zerteilung eines flüssigen oder festen Körpers erforderlich ist, bezeichnet man als Kohäsionsarbeit. Sie ist proportional der neugebildeten Oberfläche.

$$dW = \sigma \cdot dA$$

Kohlenhydrate
sind eine wichtige Gruppe organischer Verbindungen aus Kohlenstoff, Sauerstoff und Wasserstoff. Nach ihrem Kondensationsgrad unterscheidet man: Monosaccharide, Disaccharide (bestehend aus zwei Monosaccharidmolekülen), Trisaccharide (aus drei Monosaccharidmolekülen), Oligosaccharide (bestehend aus 2 - 7 Monosaccharidmolekülen) und Poly-

saccharide (bestehend aus vielen Monosaccharidmolekülen) O-glykosidisch verknüpft.

kohlensäurefreies Tafelwasser
ist die Bezeichnung für ein → Tafelwasser mit weniger als 2 g CO_2/l Wasser.

Koji
(1) ist ein fermentierter Reis, der als → Starterkultur für den Fermentationsprozeß zur Herstellung von → Sojasoße verwendet wird. Der Reis wird mit *Aspergillus oryzae* oder *A. sojae* fermentiert.
(2) ist eine Bezeichnung für ein spezielles Solid-State-Fermentationsverfahren (Koji-Prozeß). Der zu fermentierende feste Rohstoff wird in Schichten von etwa 10 - 15 cm auf Siebböden, die übereinander angeordnet sind und sich in einem geschlossenem klimatisierbarem Apparategehäuse befinden, gebracht. Die Fermentationsdauer beträgt mehrere Tage. Dieses Verfahren wird z.B. bei der Herstellung von Ang-Kak, einem mit *Monascus purpureus* rot fermentierten Reis, genutzt.

Kojisäure
ist ein → Mycotoxin, gebildet von *Aspergillus oryzae*, *A. flavus*, *A. nidulans* und anderen *Aspergillus spp.*.

Kokosflocken
sind → Zuckerwaren, die aus einem Gemisch von Fondantmasse und Zuckersirup und mindestens 25% geraspelter Kokosnuß bestehen.

Kolanuß
ist der Samen des Kolabaumes der Arten *Cola acuminata* und *C. nitida*. Es ist eine faustgroße Kapselfrucht, die 4 - 5 helle bis rötliche Samen enthält. Sie werden luftgetrocknet als ganze, halbe und viertel Nüsse in die Verbraucherländer exportiert, teils bereits geschrotet und pulverisiert. Sie enthalten etwa 2,5% → Coffein sowie Theobromin und Bitterstoffe. Sie haben große wirtschaftliche Bedeutung zur Herstellung von alkoholfreien Erfrischungsgetränken und Süßwaren.

Kolbenpumpen
sind stoßweise arbeitende Pumpen, bei denen die Förderleistung durch den Hubraum und die Anzahl der Stöße je Zeiteinheit bestimmt wird.

Kollagene
sind Skleroproteine, die in Knorpel, Knochen und Häuten enthalten sind. K. ist Ausgangsprodukt für die Herstellung von → Gelatine.

Kollergang
→ Wälzmühlen.

Kolostralmilch
ist die Milch der Kuh, die nach der Geburt bis zum siebenten Tag abgegeben wird, auch Biestmilch genannt. Sie darf nicht in den Verkehr gebracht werden.

Kölsch
ist ein helles, obergäriges Vollbier mit 11 - 12% → Stammwürzegehalt und von mildem Geschmack. K. ist eine rheinländische Bierspezialität. → Biersorten, → Bierherstellung.

kombinierte Führung
bezeichnet man die → Sauerteigführung, bei der die Teigsäuerung durch den → Sauerteig und ein → Teigsäuerungsmittel bewerkstelligt wird.

Kompression
ist eine Deformationsart. Als Folge isotropen Druckes auf einen beliebigen Körper tritt eine reversible Formänderung ein, bei der nur das Volumen des Körpers verringert, seine Dichte vergrößert, jedoch nicht seine Gestalt verändert wird.

Komprimate
→ Preßlinge.

Kondensation
→ Kondensieren.

Kondensieren
ist ein → thermischer Grundprozeß mit einer Phasenänderung vom gasförmigen in den flüssigen Zustand. Es gelten analog die Gesetzmäßigkeiten des → Verdampfens. Die spezifische Kondensationswärme eines Stoffes ist gleich seiner spezifischen Verdampfungswärme. Das K. hat technologisch große Bedeutung bei → thermischen Trennprozessen, wie → Destillation und → Rektifikation. Die Apparate zum K. bezeichnet man als Kondensatoren. Wird nur ein Teil des Dampfes kondensiert, spricht man von Dephlegmatoren. → Phasen.

Kondensmilcherzeugnisse
sind eingedickte Produkte aus Milch oder Sahne. Man unterscheidet Kondensmilch (thermisch keimfrei gemacht) und gezuckerte Kondensmilch (durch Saccharose haltbar gemacht). Es gibt vorgeschriebene Standardsorten: (1) ungezuckerte K., hergestellt aus Milch oder Sahne und durch teilweisen Entzug des Wassers eingedickt und keimfrei gemacht, das

Konditionierung

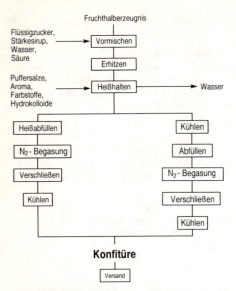

Flüssigzucker, Stärkesirup, Wasser, Säure → Vormischen

Fruchthalberzeugnis → Vormischen

Vormischen → Erhitzen

Puffersalze, Aroma, Farbstoffe, Hydrokolloide → Heißhalten

Erhitzen → Heißhalten → Wasser

Heißhalten → Heißabfüllen

Heißabfüllen → N₂-Begasung → Verschließen → Kühlen

Heißhalten → Kühlen → Abfüllen → N₂-Begasung → Verschließen → Kühlen

→ Konfitüre → Versand

Bild 93. Verfahrensablauf der Konfitürenherstellung

sind Kondenssahne, Kondensmilch 10% und 7,5% sowie kondensierte entrahmte Milch. (2) gezuckerte K., hergestellt wie (1) unter Zusatz von Zucker oder Glucose, das sind gezuckerte Kondenssahne, gezuckerte Kondensmilch und gezuckerte Kondensmagermilch. Abweichungen der Zusammensetzung sind möglich, so z.B. teilentrahmte Kondensmilch mit etwa 4% Fett.

Konditionierung
→ Getreidekonditionierung.

Konduktion
→ Wärmeleitung.

Konfiskate
sind als untauglich für die menschliche Ernährung erklärte Tierkörperteile wie Geschlechtsteile, Föten, Eihäute, Augen, Ohrenausschnitte, Mandeln, Afterausschnitte, der Nabelbeutel von Schweinen und der Dickdarm von Einhufern sowie bei der Fleischbeschau fallweise als untauglich für den menschlichen Genuß erklärte Tierkörperteile.

Konfitüren
sind streichfähige Zubereitungen gelartiger Struktur aus Zucker und → Pulpe (bei Konfitüre extra), Pulpe oder → Fruchtmark (bei

Konfitüre einfach) und Saft einer oder mehreren Fruchtarten.

Konfitürenherstellung
erfolgt nach dem folgenden Verfahrensablauf (**Abb. 93**). Häufig erfolgt eine → Aromagewinnung. Zu unterscheiden ist die Herstellung mit → Sterilisation in der Versandpackung und die aseptische Abfüllung. Zunächst wird das Gemisch auf 70-80°C erwärmt und anschließend durch Vakuum in den Heißhaltekessel eingezogen. Nach dem Zusatz der restlichen Stoffe wird unter Vakuum bis auf End-Trockenmasse weiter eingedampft.

Konserven
sind durch → Sterilisation keimfrei gemachte und durch die Art der Verpackung meist über mehrere Jahre gehaltene Lebensmittel. Die Sterilisation des Lebensmittels erfolgt entweder mit der Verpackung oder das Produkt und die Verpackung werden getrennt sterilisiert und anschließend wird das Produkt aseptisch abgepackt. Man unterscheidet nach der Intensität der Erhitzung (→ F-Wert) → Vollkonserven, → Halbkonserven oder → Präserven und → Tropenkonserven (**Tab. 40**). → Aseptische Verpackung, → Obstkonserven, → Gemüsekonserven, → Konservenherstellung.

Konservenbackwaren
sind Backwaren, die durch die Anwendung spezieller Verfahren, Rezepturen und Verpackungen eine Mindesthaltbarkeit von 6 Monaten aufweisen. Sie haben meist spezifische Verwendungsbereiche.

Konservenherstellung
basiert auf der thermischen Behandlung der in luftdicht verschlossenen Behältnissen befindlichen nassen Produkte bis zur vollständigen Abtötung aller Mikroorganismen (Naßkonserven), neben Gefrierkonserven (→ Tiefgefrorene Lebensmittel) und Trockenkonserven (→ Trockenobst, getrocknete → Gemüse). Die wichtigsten Erzeugnisse sind → Obst- und → Gemüsekonserven, → Fleisch und → Wurstkonserven. Der Verfahrensablauf der K. ist in **Abb. 94** dargestellt. Bei Obst- und Gemüseerzeugnissen sind die vorbereiteten, gewaschenen Rohstoffe vor dem Abfüllen zu blanchieren, um Produktveränderungen ausschließen zu können. Fleischerzeugnisse werden entweder als Fertigerzeugnisse oder als

Tabelle 40. Einteilung von Fleischkonserven

Konservenart	Hitzebehandlunglung	max. Lagerfähigkeit
Halbkonserven	Kerntemperatur 65 - 75°C	6 Monate bei < 5°C
Dreiviertel-Konserven	$F_0 = 0{,}65 - 0{,}80$	6 - 12 Monate bei < 15°C
Vollkonserven	$F_0 \geq 5{,}0$	4 Jahre bei < 25°C
Tropenkonserven	$F_0 \geq 15 - 20$	1 Jahr bei > 40°C

Brät direkt in das Behältnis eingebracht. Beim Autoklavieren werden hohe Temperaturen und kurze Reaktionszeiten zur besseren Erhaltung wertgebender Inhaltsstoffe der Produkte angestrebt. Der → Q_{10}-Wert für Sterilisationstemperaturen zur Sporenbildnerabtötung beträgt etwa 10. Bei Produkten mit pH < 4,5 liegt die Haltetemperatur bei 90 - 95°C, bei Produkten mit pH ≥ 4,5 bei 118 - 125°C. Für Gemüsekonserven gilt als Grenzwert $F_o \geq 4{,}0$. Für die Erhitzung kommen Durchlaufpasteurisatoren, Überdruckautoklaven und kontinuierlich arbeitende hydrostatische Sterilisatoren zur Anwendung. → Autoklaven, → Pasteurisation, → Sterilisation, → F-Wert.

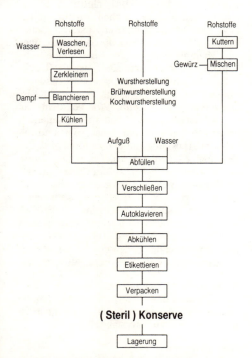

Bild 94. Verfahrensablauf der (Steril)Konservenherstellung (*li* Obst, Gemüse; *m* Brühwurst in Wursthüllen; *re* Wurstbrät direkt abgefüllt)

Konservierung
ist der Oberbegriff für die chemische, physikalische oder biologische Behandlung von Lebensmitteln mit dem Ziel ihrer Haltbarkeitsverlängerung. → Haltbarmachungsverfahren.

Konservierungsmittel
sind Stoffe, die Veränderungen oder Verderb von Lebensmitteln verzögern oder verhindern. K. sind: → Konservierungsstoffe, → Antioxidantien, Kochsalz, → Zucker u.a.

Konservierungsstoffe
sind → Zusatzstoffe, die Mikroorganismen in und auf Lebensmitteln abtöten oder ihr Wachstum verzögern sollen. In der Zusatzstoff-Zulassungs-VO zugelassene K. sind: Sorbinsäure und ihre Na-, K- und Ca-Verbindungen; Benzoesäure und ihre Na-, K- und Ca-Verbindungen; PHB-Ester (para-Hydroxibenzoesäure-äthylester, -n-propylester- und methylester und deren Na-Verbindungen); Ameisensäure und ihre Na- und Ca-Verbindungen, Diphenyl (Biphenyl), Orthophenylphenol und dessen Na-Verbindungen; Thiabendazol u.a. Auch andere Stoffe, wie Milchsäure oder Essigsäure wirken konservierend, zählen jedoch nicht zu K.'n im Sinne der Z.-Zul.-VO.

Konservierungsverfahren
→ Haltbarmachungsverfahren.

konsistente Fette
sind alle bei Zimmertemperatur in gemäßigten Klimazonen festen Fette.

Konsummilch
ist der Sammelbegriff für Vollmilch, fettarme Milch, entrahmte Milch und → Vorzugsmilch. → Milch.

Kontaktplattengefrieren
→ Plattengefrierapparat.

Kontakttrockner
sind → Apparate zum → Trocknen, bei denen die Zufuhr von Wärme durch direkte Beheizung des Trockengutes erfolgt. Je nach Bauausführung befindet sich das Gut fest auf einer

Kontakttrocknung

Unterlage während der gesamten Trocknungszeit (Etagentrockner, Walzentrockner) oder es wird dauernd bewegt (z.B. Schaufeltrockner). Zu den K.'n gehören auch die → Dünnschichtverdampfer. → Trocknungsverfahren, → Walzentrocknung.

Kontakttrocknung

ist ein Prozeß des → Trocknens, bei dem die Zufuhr von Wärme durch direkte Beheizung des Trockengutes erfolgt. → Trocknungsverfahren.

Kontamination

ist die Verunreinigung mit Mikroorganismen.

Konturschälen

ist ein Prozeß zum → Schälen von Obst. Die Frucht rotiert auf einer Spindel und wird dabei durch ein federnd aufliegendes Messer geschält. Das K. wird aus wirtschaftlichen Gründen kaum noch angewendet.

Konvektion

bezeichnet die Bewegung eines flüssigen oder gasförmigen Mediums und die damit verbundenen Transportvorgänge. Technologisch bedeutsam sind der Wärmetransport (→ Wärmeübertragung) und der → Stofftransport durch K. An der Phasengrenzschicht herrscht laminare Strömung, d.h., es handelt sich um → Diffussion beim Stofftransport bzw. um Wärmeleitung beim Wärmetransport. Der Übergang zum konvektiven Transport ist durch den Übergang vom laminaren zum turbulenten Verhalten gekennzeichnet, das durch die → Reynolds-Zahl charakterisiert wird. Die Zusammenhänge sind für das Beispiel Wärmeübergang an einer Wand im fluiden Medium in **Abb. 95** dargestellt. Man unterscheidet die freie K., bei der die Bewegung des Mediums nur durch Temperatur- und Dichteunterschiede ausgelöst wird, und erzwungene

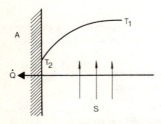

Bild 95. Wärmeübertragung an einer Wand im fluiden Medium. $\dot{Q}$ Wärmemenge, A Fläche, S Gas- oder Flüssigkeitsstrom, T Temperatur

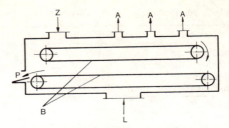

Bild 96. Prinzipdarstellung eines Bandtrockners. Z Produkteintrag, A Abluft, P Produktaustrag, L Trocknungsmittel (Luft), B Bänder

K., bei der die Strömung von außen durch ein Druckgefälle erzeugt wird.

Konvektionstrockner

sind häufig genutzte → Apparate zum → Trocknen. Die einfachste Bauart ist der *Kammertrockner*, bei dem das zu trocknende Produkt auf Horden angeordnet ist und in einem geschlossenen Raum (Kammer) von Luft als Trocknungsmittel umströmt wird. Diese Art von K.'n wird auch als Umlufttrockner bezeichnet. Nach dem gleichen Prinzip, jedoch in kontinuierlich arbeitender Ausführung sind *Kanal-* oder *Tunneltrockner* gestaltet. Einer der wichtigsten K. in der Lebensmitteltechnologie ist der Sprühtrockner, der zur Trocknung flüssiger Produkte angewendet wird (→ Sprühtrocknung). Ein häufig genutzter K. ist der *Bandtrockner* (**Abb. 96**), bei dem das zu trocknende Gut auf Bändern kontinuierlich durch den Trockenraum transportiert und dabei vom Trocknungsmittel umströmt wird. Für rieselfähige Güter verwendet man auch *Trommeltrockner* (auch Drehrohrtrockner), die sowohl diskontinuierlich als auch kontinuierlich arbeitend gestaltet sein können. Dabei wird das Gas im Gleich- oder Gegenstrom geführt, während sich die Trommel dreht und dadurch das Gut umgewälzt wird. Eine Trocknungsart mit wachsender Bedeutung ist der *Wirbelschichttrockner* (→ Wirbelschichttrocknung).

Konvektionstrocknung

ist ein Prozeß des → Trocknens, bei dem die Zufuhr von Wärme durch ein Trockengas erfolgt. → Trocknungsverfahren.

Konzentrieren

bezeichnet den Prozeß der teilweisen Entfernung des Lösungsmittels aus einer Lösung mittels → Verdampfen, → Verdunsten, →

Gefrierkonzentrierung, → Membrantrennverfahren u.a.

Koppenkäse
→ Buttermilchkäse.

Kopra
→ Cocosfett.

Korbkäse
→ Sauermilchkäse.

Korbpressen
sind → Apparate zum → Entsaften von Obst, teils auch Gemüse. Sie sind konstruktiv in vertikaler oder horizontaler Bauart ausgeführt. Heute dominieren neben → Vertikal-Pressen vor allem → Horizontal-Korbpressen. Bei ihnen erfolgt die Rotation des Preßkorbes während der Füllung, so daß eine bessere Vorentsaftung und höhere Füllkapazität erreicht wird. Des weiteren erfolgt die Füllung zentral unter Pumpendruck, sowie eine automatische Vor- und Rückführung des Preßkolbens unter gleichzeitiger Auflockerung der → Trester. Ein entscheidender Vorteil ist die Entsaftung unter weitgehendem Luftabschluß im geschlossenen Zylindern. Die Entleerung der Trester wird automatisch vorgenommen.

Koriander
(*Coriandrum sativum L.*) ist ein Gewürz, dessen hauptsächliche Inhaltsstoffe ätherisches Öl mit Linaool, Gamma-Terpinen, Campher sowie fettes Öl sind.

Kori-Tofu
ist ein Trockentofuprodukt.

Korn
→ Spirituosen.

Kornanalyse
dient der Ermittlung der Mengenanteile eines Partikelkollektivs (Haufwerk). Von besonderer Bedeutung für die Lebensmitteltechnologie ist die → Siebanalyse.

Korngrößenbereiche
werden für Partikeln zu deren technologischen Kennzeichnung angegeben (**Abb. 97**).

Körperfette
sind die aus dem Körper von Schlachttieren und des jagdbaren Wildes stammende Fette, jedoch nicht → Milchfette.

Koscheres Schlachten
bezeichnet Schlachtungen im Sinne der jüdischen Speisezubereitung.

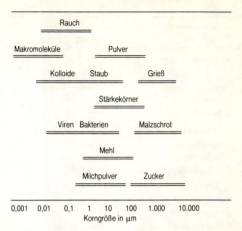

Bild 97. Korngrößenbereiche für ausgewählte Partikeln

Kräcker
sind eine → Dauerbackware von kleiner, meist flacher Form, deren fetthaltiger Teig durch Walzen und Falten oft blättrig gelockert ist.

Kratzkühler
→ Gefrierzylinder.

Kräuteressig
→ Essig.

Kräuterliköre
→ Spirituosen.

Kräuterweine
sind aromatisierte Weine und müssen mind. 70% aus Wein bestehen. Ihr → Alkoholgehalt darf max. 17° betragen. Sie werden unter Verwendung von Pflanzen hergestellt. Es darf jedoch kein Krautgeschmack dominierend hervortreten, oder der Krautname ist anzugeben.

Krebsbutter
ist eine → Emulsion aus Auszügen von gekochten Süß- oder Salzwasserkrebsen, ihren Teilen oder Krebsmehl und mindestens 70% reinem Butterfett unter Zusatz von Pflanzenfett und Gewürzen. K. ist nicht als Brotaufstrich bestimmt.

Krebsdauerkonserven
sind Erzeugnisse aus frischen oder tiefgefrorenen Krebstieren oder ihre Teilen, deren Haltbarkeit ohne besondere Kühlung mindestens 1 Jahr durch ausreichende Hitzebehandlung

Krebstiere

Tabelle 41. Verzeichnis der wichtigsten Krebstiere

Trivialname	Gattung	Handelsbezeichnung
A Seewasserkrebse		
Sandgarnelen	Crangonidae	Krabbe
Tiefseegarnelen	Palaemonidae	gleichsinnig als: Garnelen, Shrimps, Krabben;
Felsengarnele	Pandalidae	große Sortierungen als: Prawns
Geißelgarnelen	Penaeidae	
Hummerartige	Nephropsidae	Hummer, Tiefseekrebs, Scampi
Langusten	Palinuridae	Langusten
Bärenkrebse	Scyllaridae	Langusten
Furchenkrebse	Galatheidae	Langostinos
Steinkrabben	Lithodidae	Kamtschatkakrabbe, Königskrabbe, King crab,
Taschenkrebse/	Cancridae	Taschenkrebs, Crab meat
Bogenkrabben		
Rundkrabben	Atelecyclidae	Rundkrabbe, Crab meat
Dreieckskrabben	Majidae	Seespinne, Eismeerkrabbe
Schwimmkrabben	Portunidae	Blaukrabbe, Crab meat
Springkrabben	Grapsidae	Wollhandkrabbe
Leuchtkrebse	Euphausiacea	Krill
B Süßwasserkrebse		
Langschwanzkrebse	Astacus astacus	Edelkrebs
	Astacus leptodactylus	Stachelkrebs
	Orconectes limosus	amerik. Flußkrebs
	Pacifastacus leniusculus	Signalkrebs
	Euastacus serratus	austr. Flußkrebs

in gasdicht verschlossenen Packungen oder Behältnissen beträgt.

Krebstiere

sind zum Verzehr bestimmte Tiere der Klasse der Crustaceen . Die wichtigsten sind in **Tab. 41** aufgeführt.

Krebstiererzeugnisse, gekochte

sind Erzeugnisse, die durch Kochen oder Dämpfen mit Salz, mit oder ohne Verwendung von Essig, Genußsäuren, Würzen und Gewürzen gar gemacht sind. Entschälte, gekochte K. sind mit oder ohne pflanzliche Beigaben in Aufgüsse, Soßen oder Öl eingelegt oder von Gelee umschlossen, teils unter Verwendung von Konservierungsstoffen.

Krebstiererzeugnisse, gesalzene

sind Krebstiere oder Teile davon, die durch Salzen von rohen oder gekochten Krebstieren oder -teilen gar und begrenzt haltbar gemacht sind. Gesalzene K. sind z.B. Salzgarnelen, gesalzene Krebsschwänze und gesalzene Krebsschalen.

Krebstiererzeugnisse, getrocknete

sind Krebstiere, die roh oder gekocht getrocknet und dadurch haltbar gemacht sind. Getrocknete K. sind z.B. getrocknete Garnelen, Krebspulver, Krebsmehl.

Krebstiererzeugnisse, pasteurisiert

sind Erzeugnisse, deren Haltbarkeit für eine definierte Zeit durch Temperatureinwirkung unter 100°C in gasdicht verschlossenen Packungen oder Behältnissen erreicht wird. Als pasteurisierte K. werden insbesondere Krabben und Krebsschwänze verarbeitet.

Kreiselpumpen

sind Strömungsmaschinen, bei denen die Flüssigkeitsförderung durch rasch rotierende Laufräder bewirkt wird. Sie arbeiten stoßfrei.

Kreisprozeß

ist in der Thermodynamik eine Folge von → Zustandsänderungen, bei der der Anfangs- und Endzustand des thermodynamischen Systems gleich ist. Der wichtigste K. ist der → Carnot'sche Kreisprozeß.

Kremeis
(Cremeeis) ist ein → Speiseeis, das mindestens 270 g Vollei oder 100 g Eidotter pro 1 l Milch enthält (auch Eierkremeis genannt). → Speiseeisverordnung.

Kreuzbalkenrührer
→ Rührer.

Kriechen
bezeichnet den zeitabhängigen Dehnungsverlauf bei konstanter Spannung, so daß sich die Dehnung über die dem Hook'schen Gesetz entsprechende rein elastische Dehnung hinaus weiter vergrößert. Kriechvorgänge spielen eine wichtige Rolle in der → Rheologie zur Beschreibung des rheologischen Verhaltens von Stoffen. Das K. führt zu einer irreversiblen Verformung. Die Erscheinung des K.'s deutet auf einen hochviskosen Anteil hin.

Krill
(*Euphausia superba D.*) sind frei im Wasser schwimmende Krebstiere mit einer Länge von etwa 4 - 5 cm. K. hat potentielle Bedeutung als Nahrungseiweißlieferant.

Kristallisation
ist die Eigenschaft vieler Stoffe aus Schmelzen oder übersättigten Lösungen beim Abkühlen bestimmte stoffcharakteristische geometrische Partikeln auszuscheiden. Lebensmitteltechnologisch hat die K. vor allem bei der → Zuckergewinnung und → Speiseeisherstellung Bedeutung.

Kristallisatoren
sind Verweilbehälter bei der → Margarineherstellung, in denen die Kristallisation des Fettes unter kontrollierten Bedingungen langsam abläuft. Es ist ein Rohrreaktor, in dem sich eine mit Stiften besetzte Welle dreht, die einen großen Spalt (100 - 200 mm) zwischen Innenwandung und Welle aufweist. An der Rohrwandung sind Stifte über den Umfang gleichmäßig in Reihen verteilt. Das Produkt wird durch die Drehbewegung der Welle zwischen den Stiften intensiv bearbeitet.

Kristallzucker
ist eine → Raffinade, die aus deutlich erkennbaren Kristallen besteht. Man unterscheidet nach Korngrößen: grob 1,2 - 5,2 mm, mittel 0,8 - 1,2 mm, fein < 0,8 mm.

kritische Zustandsgrößen
ist eine zusammenfassende Bezeichnung des kritischen Druckes, des kritischen Volumens,

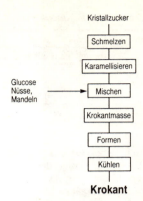

Bild 98. Verfahrensablauf der Krokantherstellung

der kritischen Temperatur, der kritischen Dichte und der kritischen Konzentration. Diese Zustandsgrößen sind für jeden Stoff bzw. für jede Mischung charakteristische Konstanten. Von lebensmitteltechnologischer Bedeutung sind diese Zusammenhänge z.B. bei der überkritischen → Extraktion.

Krokant
ist eine → Zuckerware, die aus mindestens 20% Nüssen und Mandeln und teilweise oder ganz karamelisiertem Zucker besteht. Außerdem können geschmacksgebende oder die Beschaffenheit beeinflussende Stoffe, z.B. Milcherzeugnisse, Fette, zugegeben werden. Man unterscheidet Hartkrokant, Weichkrokant und Blätterkrokant. Die Herstellung von K. erfolgt meist diskontinuierlich in gasbeheizten Kupferkesseln mit Rührwerk (**Abb. 98**).

Krokettenpulver
ist ein → Kartoffelverarbeitungsprodukt, das zur Zubereitung von Kroketten verwendet wird. → Kartoffelpüree.

Krume
ist das Innere von → Backwaren, die sich während des Backvorganges aus dem gelockerten Teig durch chemische und physikalische Vorgänge bildet.

Krümelsauer
auch Gerstl genannt, ist ein sehr trockener → Anstellsauer mit einer → Teigausbeute von etwa 135, der kühl gelagert über mehrere Wochen haltbar ist. Bei Wiederverwendung des K.'s wird eine weiche Zwischenstufe bereitet.

Kruste

Tabelle 42. Zusammensetzung von Krustentieren in %

Tierart	Wasser	Protein	Fett	Mineralstoffe	eßbarer Anteil
		(bezogen auf eßbaren Anteil)			
Garnele	78	19	2		41
Hummer	80	16	2	2	36
Flußkrebs	83	15	0,5	1,3	23

Kruste
ist die äußere Schicht eines Gebäckstückes, die sich beim → Backen als Folge der thermischen Einwirkung auf den Teig durch chemische und physikalische Vorgänge bildet.

Krustentiere
(Krebstiere) sind Garnele, Languste, Flußkrebs, Hummer, Taschenkrebs, Strand- und Wollhandkrabbe. Speisegarnelen kommen gargekocht in kochsalzhaltigem Wasser, als Krabben (entschälte Tiere) in Dosen, tiefgefroren und als Extrakt in den Handel. Garnelenkonserven sind begrenzt haltbar, da sie nur bis 80 - 90°C erhitzt werden. Krebserzeugnisse sind Krebsschwänze, Krebsscheren, getrocknete Krebsnasen, Krebspulver, -extrakt, -mehl, -suppen. Hummer kommen lebend, gekocht oder in Dosen sterilisiert in den Handel. Die Zusammensetzung von Krustentieren enthält **Tab. 42**.

kryophil
= kälteliebend.

Kryptoxanthin
→ Xanthophylle, → Farbstoffe.

Kugelfallviskosimeter
ist ein Meßgerät zur Bestimmung der rheologischen Eigenschaften flüssiger Lebensmittel (Newton'sche Flüssigkeiten). Gemessen wird die Fallgeschwindigkeit im Gleichgewichtszustand v, die eine Kugel mit dem Radius r und der Dichte ρ_k benötigt, um durch einen mit einer Flüssigkeit der Dichte ρ_{Fl} gefüllten Zylinder der Fallstrecke l und einem Neigungswinkel $\alpha = 10°$ als Folge der Schwerkraft g zu gleiten (**Abb. 99**). Daraus läßt sich die scheinbare Viskosität der Flüssigkeit wie folgt berechnen:

$$\eta_s = \frac{2}{g} \frac{r^2 \Delta \rho g}{v}$$

Kugelmühlen
→ Mahlkörpermühlen.

Kühlkette
bezeichnet die ununterbrochene Kühlung bei mind. −18°C eines Lebensmittels von der Lagerung über den Transport bis zum Verbraucher.

Kühllagerung
ist die Lagerung von Lebensmitteln bei niedrigen Temperaturen, meist 4 - 12°C. Dadurch laufen alle Prozesse, die zum Verderb des Lebensmittels führen, langsamer ab, wie z.B. Mikroorganismenstoffwechsel, enzymatische Reaktionen, chemisch-katalytische Reaktionen u.a.

Kühltunnelanlagen
→ Gefriertunnelanlagen.

Kühlung
ist die Anwendung von Temperaturen unterhalb der jeweiligen Umgebungstemperatur und oberhalb der Gefriertemperatur des Produktes. Die technologischen Ziele der K. sind Haltbarkeitsverlängerung bzw. Konservierung, Herbeiführung bestimmter Eigenschaften des Produktes als Voraussetzung für die Durchführung technologischer Prozesse oder Schaffung von Bedingungen zum Ablauf biologischer und biochemischer Prozesse. In Analogie zur → Wärmeübertragung und

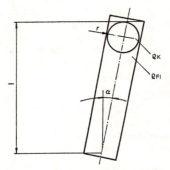

Bild 99. Prinzipdarstellung des Kugelfallviskosimeters

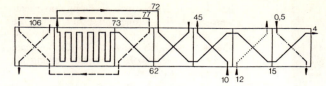

Bild 100. Schaltplan der Kurzzeiterhitzung von Milch

in Abhängigkeit vom Kühlmedium unterscheidet man → Luft-, → Wasser-, → Eiswasser-, → Strahlungskühlung und Kühlung in → Wärmetauschern.

Kulturen
→ Starterkulturen.

Kümmel
(*Carum carvi L.*) ist ein Gewürz, dessen hauptsächliche Inhaltsstoffe ätherisches Öl mit Carvon, Limonen sowie fettes Öl und Zuckerstoffe sind.

Kunstdarm
sind künstlich hergestellte → Wursthüllen mit darmähnlichem Aussehen und Eigenschaften. Materialien für K. sind: → Cellulose, textile Gewebe, Hautfaserdärme, Kunststofffolien.

Kumys
ist ein fermentiertes → Milcherzeugnis, das ursprünglich in Asien aus Stutenmilch hergestellt wurde und einen Ethanolgehalt bis zu 3% enthält. Es handelt sich um eine milchsaure Fermentation, verbunden mit einer alkoholischen Gärung durch Hefen der Gattung Torulopsis. Die Fermentation der Milch erfolgt bei etwa 28°C für 1 - 2 d und erreicht einen End-pH-Wert von unter 4,0. Wegen des geringen Eiweißgehaltes der Stutenmilch von etwa 2 - 2,5% ist die Konsistenz des K. dünnflüssig. Es wurden auch Kumysprodukte auf Kuhmilchbasis entwickelt, die aber kaum Marktbedeutung erlangten.

Kunstspeiseeis
ist ein Speiseeis, das aufgrund seiner Zusammensetzung nicht in die gesetzlich festgelegten Speiseeissorten eingeordnet werden kann. Es enthält Farbstoffe und Aromen. → Speiseeisverordnung.

Kürbiskernöl
ist ein → Pflanzenfett, das aus den geschälten Kürbissamen gewonnen wird. Es zeichnet sich durch einen hohen Gehalt an Linolsäure aus (etwa 62%).

Kurkumin
ist ein Lebensmittelfarbstoff der Zusatzstoffverkehrsordnung. → Farbstoffe.

Kurzzeiterhitzer
findet in der Lebensmitteltechnologie, insbesondere bei der → Milchverarbeitung, häufige Anwendung. Er dient zur Pasteurisation flüssiger Güter (→ Milcherhitzungsverfahren). Die Schaltung der K. wird so vorgenommen, daß der Wärmeaustausch möglichst optimal erfolgt. Für das Beispiel der Kurzzeiterhitzung von Milch ist ein Schaltplan in **Abb. 100** dargestellt.

Kurzzeitröstung
ist ein Röstverfahren (→ Rösten), bei dem mit sehr hohen Temperaturen und kurzen Röstzeiten eine etwa 20%ige Volumenzunahme und 15%ige Extraktgehaltzunahme des Mahlkaffees erreicht werden kann.

Kuttelei
bezeichnet einen von der Schlachthalle räumlich getrennten Bereich, in den Magen und Därme nach ihrer Abtrennung im Tierkörper gelangen und dort weiterverarbeitet werden. Das Darmpaket ist in einzelne Abschnitte zu zerlegen. Magen und Darmabschnitte müssen entleert, gereinigt, gesäubert, entschleimt und gewässert werden.

Kutter
ist ein zur Wurstherstellung genutzter Schneidmischer. Er besteht in seinem prinzipiellen Aufbau aus der Kutterschüssel und einer unterschiedlichen Anzahl von Messern auf einer rotierenden Messerwelle, die unabhängig voneinander in ihrer Drehzahl eingestellt werden können. Die Größe eines K.'s ist durch das Fassungsvermögen der Kutterschüssel definiert und liegt zwischen 10 und 1200 l. Form, Anzahl und Anordnung der Messer variieren je nach Kuttertyp und herzustellendem Erzeugnis. Eine schematische Darstellung des K.'s ist in **Abb. 101** gezeigt. Moderne Kutter können mit einer Halb- oder Vollautoma-

Kutterhilfsmittel

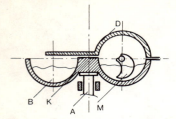

Bild 101. Prinzipieller Aufbau eines Kutters. *K* Kutterschüssel, *A* Antrieb, *M* rotierendes Messer, *D* klappbarer Deckel, *B* Brät

tik gesteuert werden, so daß der Prozeß vom Beschicken bis zum Entleeren programmierbar ist. Eine spezielle Ausführung des K.'s ist der Vakuumkutter, der bis zu einem Restdruck von 10% evakuiert werden kann. Dadurch lassen sich Lufteinschlüsse im Brät weitgehend vermeiden. Eine weitere Ausführungsart ist der Kochkutter, in dem gleichzeitig zerkleinert und vorgegart werden kann. Die Beheizung erfolgt über einen Doppelmantel und Wasserdampf.

Kutterhilfsmittel
sind Genußsäuresalze, wie z.B. Natrium- und Kaliumverbindungen der Essig-, Milch-, Wein- und Citronensäure, die in begrenzten Mengen (max. 0,3% der Fleisch/Fettmenge)

bei der → Brühwurstherstellung eingesetzt werden, um die → Ionenstärke zu erhöhen, die für die Löslichkeit und Quellung von Muskeleiweiß unerläßlich ist. Auch → Diphosphate werden bei der → Brühwurstherstellung als K. eingesetzt (bis zu 0,3%).

Kuttern
bezeichnet das Fein- bzw. Feinstzerkleinern von faustgroßen Fleischstücken und das gleichzeitige Mischen der Bestandteile. In der Fleischverarbeitung geht meistens dem Kuttervorgang das → Wolfen voraus. Beim K. werden Feinheiten von mehreren Millimetern bis < 0,1 mm erreicht. Die Zugabe von Eiswasser oder Scherbeneis bei feinster Zerkleinerung ist notwendig, um eine zu starke Erwärmung des Brätes zu vermeiden. Das fettlösliche Eiweiß und das zugegebene Wasser werden emulgiert, so daß bei einer nachfolgenden thermischen Behandlung stabile Strukturen entstehen, die einen Wasseraustritt verhindern. Beim Kuttern von → Brühwürsten verwendet man → Kutterhilfsmittel. Das K. erfolgt im → Kutter.

Kuvertüren
sind Schokoladenüberzugsmassen, die aus Schokolade mit mindestens 2,5% fettfreier Kakaotrockenmasse und 31% → Kakaobutter oder mindestens 16% fettfreier Kakaotrockenmasse und 31% Kakaobutter bei „dunkler" K. bestehen.

L

Lab
→ Gerinnungsenzyme.

Labaustauschstoffe
sind mikrobielle → Enzyme zur Dicklegung von Milch bei der → Labkäseherstellung mit ähnlichen Koagulationswirkungen und Proteinabbauverläufen wie bei der Verwendung von → Lab. In jüngerer Zeit wird Chymosin (Hauptbestandteil des Lab neben Pepsin) auch mikrobiell mittels gentechnisch veränderter Mikroorganismen gewonnen. Für konventionelle L. werden genutzt: *Mucor pusillus, M. mihei, Endothia parasitica* u.a.

Laben
ist der Prozeß der Zugabe von → Lab im Verlauf der → Labkäseherstellung. L. erfolgt unter kräftigem Rühren der → Kesselmilch mit genau dosierter Labmenge und exakt eingestellter Temperatur. Das L. wird mit der → Bruchbearbeitung nach erfolgter Dicklegung der Milch beendet.

Labkäse
ist der Oberbegriff für alle Käse, bei denen das Casein im süßen oder schwachsauren Zustand unter Verwendung eines → Gerinnungsenzyms zur Koagulation gebracht wurde. Die Labgerinnung läuft in zwei Phasen ab: die enzymatische Phase (Primärphase) und die Koagulationsphase (Sekundärphase). In der enzymatischen Phase werden von κ-Casein die Glycomakropeptide abgespalten, so daß die Hydrathüllen der Mizellen verloren gehen. In der Koagulationsphase bilden sich zwischen den Mizellen durch die Ca-Ionen Brücken aus, so daß ein Calcium-Caseinat-Komplex entsteht. Nach Abtrennung der Molke wird der → Bruch in käsetypische Formen gegeben und einer spezifischen technologischen Behandlung unterzogen. L. sind Hartkäse, Schnittkäse fest und halbfest sowie Weichkäse. → Weichkäse, → Labkäseherstellung.

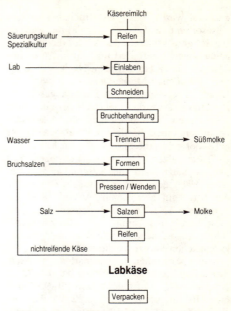

Bild 102. Verfahrensablauf der Labkäseherstellung

Labkäseherstellung
Der Verfahrensablauf der L. ist in **Abb. 102** dargestellt. Die Käsereimilch muß bestimmte Anforderungen bezüglich der Gerinnungs-, Bruchverarbeitungs- und Reifungseigenschaften erfüllen. Die Reifung beginnt mit der Temperatureinstellung (28 - 34°C) und dem Starterkulturzusatz (meist aromaschwache → Buttereikultur). Für die Herstellung von Hartkäse werden noch thermophile Milchsäurebakterienkulturen, meist *Streptococcus salivarius subsp. thermophilus, Lactobacillus helveticus* und *L. casei*, zugesetzt. Das Einlaben erfolgt bei einem pH-Wert von 6,3 - 6,5 und ist von der jeweiligen Käsesorte abhängig. Tendenziell gilt, daß Weichkäse bei saurerem pH-Wert eingelabt werden als Hartkäse. Nach der Gerinnung tritt ein Teil der Molke durch → Synärese aus dem Gelgerüst aus. Beim Schneiden wird die Oberfläche vergrößert, so daß aus den Hohlräumen weitere Molke austreten kann. Bei Hartkäse und Schnittkäse wird zu Unterstützung der Synärese der Bruch erwärmt und weiter geschnitten. Hartkäsebruch wird bis auf 55°C, Schnittkäsebruch auf etwa 45°C erwärmt. Die Bruchkorngröße ist für die verschiedenen Labkäse unterschiedlich. Nachdem ein Teil der Molke ab-

gelassen wurde, wird der Bruch bei einigen Käsesorten (z.B. Edamer, Gouda) mit warmen Wasser gewaschen. Dadurch wird die Molkenabgabe weiter gefördert und ein milderer Geschmack des Käses erreicht. Nach dem Trennen des Bruch-Molke-Gemisches wird der Bruch in käsespezifische Formen geschöpft. Die Rohkäse werden mehrfach gewendet und bei einigen Käsesorten gepreßt. Alle Käse benötigen einen bestimmten Salzgehalt, der entweder durch die Salzzugabe zur Milch, das → Bruchsalzen, das → Trockensalzen oder das → Salzbad in die Käsemasse gebracht wird. Nach dem Salzen muß die Oberfläche der Käse gut abtrocknen. Anschließend gelangen die Käse in den Reiferaum. Die Reifung bezeichnet summarisch alle physikalischen, chemischen, mikrobiologischen und enzymatischen Vorgänge, die die Entstehung der produktspezifischen Eigenschaften umfassen. Sie erfolgt je nach Käsesorte bei 10 - 22°C, einer relativen Luftfeuchte von 80 - 95% und einer Reifungsdauer von 1...2 Wochen bei Weichkäse und 9...12 Monaten bei Emmentaler Käse oder Cheddar.

Labskaus
ist ein vorwiegend in Norddeutschland bereitetes Eintopfgericht aus gepökeltem Rindfleisch oder teils Corned beef, Kartoffeln, Salzheringen, Rote Bete, das mit Spiegelei und Gewürzgurken angerichtet wird.

Lachs
(*Salmo salar L.*) ist ein Wanderfisch, der im Meer heranwächst, zum Laichen aber die Flußoberläufe aufsucht. In großem Umfang erfolgt die künstliche Erbrütung und das Aussetzen von Jungfischen, die bis 1,5 m lang und 36 kg schwer werden. Hauptzuchtgebiete sind Kanada und Nordeuropa. Der → Rogen wird zu Kaviar-Ersatz verarbeitet.

Lachsersatz
sind Fischerzeugnisse, die aus Salzfischen in Scheiben geschnitten, lachsähnlich gefärbt und kaltgeräuchert hergestellt werden; z.B. Seelachsscheiben in Öl, Seelachsschnitzel in Öl und → Seelachspaste.

Lachshering
ist kaltgeräucherter, gekehlter oder ungekehlter, nicht ausgenommmener → Salzhering mit Kopf.

Lachspastete
wird aus → Räucherlachs oder aus gesalzenen, kaltgeräucherten Lachsseiten oder aus Lachsschnitzeln zu einer streichfähigen Masse feinzerkleinert, mit oder ohne Zusatz von Fett, würzenden Stoffen, auch mit einem Zusatz < 5% Bindemitteln aus Eiweiß, Stärkearten, Gelatine, Mono- und Diglyceriden und Gelierstoffen, hergestellt. Der Salzgehalt der L. liegt unter 15%.

Lactalbumin
ist eine Fraktion des Molkerproteins. → Albumin.

Lactase
(β-Galactosidase) ist ein → Enzym, das Lactose in → Glucose und Galactose spaltet. Es gehört zu den → Glycosidasen. Die technologische Bedeutung der L. liegt in der Lactosespaltung in Milch bei Lactoseunverträglichkeit und zur Erhöhung der → Süßkraft der Milch für die Herstellung bestimmter → Milcherzeugnisse.

Lactate
sind die Salze der → Milchsäure.

Lactation
(dt. Laktation) ist die Zeit des Milchgebens der Kuh nach dem Kalben bis zum Versiegen der Milch vor dem nächsten Kalben.

Lactobacillus
ist eine Gattung der technologisch weitverbreitet genutzten → Milchsäurebakterien. L. sind grampositive, unbewegliche, fakultativ anaerobe bzw. mikroaerophile, begeißelte, Katalase-negative Stäbchen. Es gibt sowohl homofermentative als auch heterofermentative Arten. Vorkommen: Pflanzen, sauervergorene Lebensmittel, Schleimhäute und Intestinaltrakt. Vertreter sind: *Lactobacillus delbrueckii* mit zahlreichen Subspecies, *L. acidophilus, L. brevis, L. helveticus, L. plantarum, L. curvatus, L. salvaricus* u.a.

Lactobacillus acidophilus
ist eine Species der Gattung → *Lactobacillus* und ist mikroaerophil, homofermentativ, bildet DL-Milchsäure. *L. acidophilus* wird zur Herstellung von → Acidophilusmilch, meist unter Nutzung von → *Lactococcus spp.* sowie für spezielle Joghurtsorten anstelle von *L. delbrueckii subsp. bulgaricus* wegen des Michsäuretyps verwendet.

Lactobacillus brevis

ist eine Species der Gattung → *Lactobacillus* und ist mikroaerophil, heterofermentativ, bildet DL-Milchsäure, Essigsäure, Ethanol und Kohlendioxid. *L. brevis* kommt in Sauermilchprodukten, Sauerteig, Bier sowie auf Getreide vor.

Lactobacillus casei

ist eine Species der Gattung → *Lactobacillus* und ist fakultativ anaerob, homofermentativ, bildet vorwiegend L(+)-Milchsäure und wenig D(-)-Milchsäure. *L. casei* ist in der Lage Pyruvat als C-Quelle zu nutzen. Besondere Bedeutung bei der Herstellung von → Schnitt- und → Hartkäse.

Lactobacillus curvatus

ist eine Species der Gattung → *Lactobacillus* und ist mikroaerophil, homofermentativ, bildet DL-Milchsäure. *L. curvatus* hat eine besondere Bedeutung als Rohwurststarterkultur.

Lactobacillus delbrueckii

ist eine Species der Gattung → *Lactobacillus* mit zahlreichen Subspecies und ist mikroaerophil bzw. fakultativ anaerob, homofermentativ, bildet D(-)-Milchsäure. Vorkommen: Sauergemüse, Maische und die Subspecies *L. delbrueckii subsp. bulgaricus* in → Joghurt. → Joghurtkultur

Lactobacillus helveticus

ist eine Species der Gattung → *Lactobacillus* und ist mikroaerophil, homofermentativ, bildet DL- Milchsäure. *L. helveticus* wird zur Herstellung von → Hartkäse verwendet.

Lactobacillus plantarum

ist eine Species der Gattung → *Lactobacillus* und ist mikroaerophil, homofermentativ, bildet DL- Milchsäure. Vorkommen: weit verbreitet in sauren Lebensmitteln.

Lactobacillus sake

ist eine Species der Gattung → *Lactobacillus* und ist mikroaerophil, homofermentativ, bildet DL-Milchsäure. *L. sake* hat besondere Bedeutung als Rohwurststarterkultur.

Lactobacillus viridescens

ist eine Species der Gattung → *Lactobacillus* und ist mikroaerophil bzw. fakultativ anaerob, heterofermentativ, bildet DL-Milchsäure. Vorkommen: in Fleischerzeugnissen, insbesondere gepökelten Produkten.

Lactococcus

ist die Gattung der N-Streptokokken (früher: *Streptococcus*). L. sind grampositive, fakultativ anaerobe, homofermentative, Katalase-negative, paarweise oder zu Ketten angeordnete Kokken und sind in Lebensmitteln weit verbreitet. Hervorragende Bedeutung als → Starterkulturen für die → Butterherstellung, → Lab- und → Sauermilchkäseherstellung, → Sauermilcherzeugnisse. Wichtigste Vertreter sind: *Lactococcus lactis subsp. lactis, L. lactis subsp. cremoris, L. lactis subsp. diacetylactis.*

Lactoferment-Verfahren

ist ein Verfahren zur gesteuerten Gärung von Gemüsemaischen und → Gemüsesäften. Durch die Verwendung meist homofermentativer Lactobazillen als → Starterkulturen werden unerwünschte Mikroorganismen in ihrer Entwicklung gehemmt und die Milchsäuregärung erfolgt unter definierten Bedingungen, so daß Fehlgärungen, Farbfehler und negative Geschmacksabweichungen vermieden werden. Dazu wird die Gemüsemaische kurzzeitig auf 105°C erhitzt, wieder auf 30-40°C gekühlt und mit einer Starterkultur versetzt. Nach 12-18 h bei 25-30°C ist der pH-Wert der Maische auf 3,8-4,2 abgesunken. Durch → Zentrifugieren wird der Gemüserohsaft gewonnen und anschließend bei 85°C pasteurisiert.

Lactoflavin

(Riboflavin) ist ein Lebensmittelfarbstoff der Zusatzstoffverkehrsordnung (→ Farbstoffe). L. ist die ältere Bezeichnung für Vitamin B2. → Vitamine.

Lactoglobulin

→ Albumin.

Lactose

das Kohlenhydrat der Milch, ist ein Disaccharid (Summenformel: $C_{12} H_{22} O_{11}$) und besteht aus je einem Molekül Glucose und Galactose. Die L. kommt in zwei verschiedenen isomeren Formen, der α- und der β-Lactose, die durch unterschiedliche physikalische und chemische Eigenschaften charakterisiert sind, vor. In wäßriger Lösung besteht zwischen beiden Formen ein Gleichgewicht. L. hat nur eine geringe Süßkraft (etwa 30% des Rübenzuckers), die Löslichkeit im Vergleich zu anderen Zuckern ist wesentlich geringer. Technologische Bedeutung erlangt der Milchzucker bei Säuerungsprozessen der

Lactoseherstellung

Tabelle 43. Lactosegehalt verschiedener Milcherzeugnisse

Milcherzeugnis	Lactosegehalt in %
Rohmilch	4,6 - 4,8
Trinkmilch	4,6 - 4,8
Vollmilchpulver	33,5 - 39,0
Rahm (30%)	3,0
Butter (79%)	0,5 - 0,7

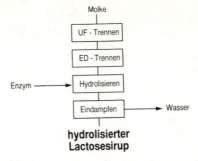

hydrolisierter
Lactosesirup

Bild 103. Verfahrensablauf der Lactosehydrolyse

Milch (Sauermilcherzeugnisse, Rahmreifung), wobei der Abbau der Lactose (Milchsäuregärung) durch mikrobielle Enzyme erfolgt. Der Lactosegehalt verschiedener Milcherzeugnisse ist in **Tab. 43** dargestellt.

Lactoseherstellung

Lactose wird aus Molke gewonnen, die nach einem Klärprozeß auf etwa 60% Trockensubstanz bei 65°C im → Fallstromverdampfer vorkonzentriert wird. Bei gezielter Temperaturabsenkung auf ca. 20°C kristallisieren 50 - 60% der Lactose aus. Das Kristallisat wird im Dekanter in Rohmilchzucker und Mutterlauge getrennt. Der Rohmilchzucker wird gewaschen und erneut dekantiert. Die Lactose wird getrocknet und gemahlen. Das so gewonnene Endprodukt enthält 99% α-Lactose-Monohydrat, 0,5% Molkenprotein und 0,1% Wasser (sog. Edible-Qualität). Diese Rohlactose hat Lebensmittelqualität. Zur Gewinnung von Lactoseraffinade wird die Rohlactose bei 80°C gelöst mit Aktivkohle und Filterhilfsmitteln vermischt und in Kammerfilterpressen filtriert. Durch Temperaturabsenkung auf 20°C wird aus der heißen Lösung Reinstlactose auskristallisiert, die dann getrocknet, vermahlen und gesiebt wird. Das Endprodukt enthält mindestens 99,6% α-Lactose-Monohydrat, max. 0,01% Molkenprotein und 0,15% Wasser. Zur Herstellung von β-Lactose, der isomeren Form der α-Lactose, wird eine wäßrige Lösung von α-Lactose-Monohydrat mit 50% Trockensubstanz erhitzt und durch → Walzentrocknung getrocknet, vermahlen, gesichtet und verpackt. Die Erhitzung ist der prozeßbestimmende Schritt, da bei Temperaturen oberhalb 93,5°C aus übersättigten Lactoselösungen überwiegend β-Lactose auskristallisiert.

Lactosehydrolyse

erfolgt in der Lebensmitteltechnologie vorwiegend enzymatisch durch β-Galactosidase. Die Spaltung wird an der Sauerstoffbrücke zwischen Glucose und Galactose vollzogen. Bei dem Verfahren zur L. wird das Enzym auf Träger immobilisiert, so daß im Endprodukt kein Enzym verbleibt. Der Verfahrensablauf ist in **Abb. 103** dargestellt. Für die Molkeaufbereitung wird die → Ultrafiltration (UF) zur Proteinabtrennung und die → Elektrodialyse (ED) zur Mineralstoffabtrennung genutzt. Der Hydrolysierungsgrad liegt bei 80%. Das Endprodukt hat eine Trockensubstanz von 65%.

Lactulose

ist ein Disaccharid aus → Fructose und → Galactose.

Lagerbiere

sind untergärige, hell oder dunkel gebraute, schwach bis mittelstark gehopfte und nach der Hauptgärung über mehrere Wochen gelagerte Vollbiere mit einem → Stammwürzegehalt von 11 - 12%. → Biersorten, → Bierherstellung.

Lagertechniken, Obst- und Gemüse-

Im allgemeinen unterscheidet man für die Lagerung von Obst und Gemüse drei L.: frischluftgekühltes Lager, maschinengekühltes Lager und CA-Lager (controlled atmosphere). Das Frischluftlager ist dadurch gekennzeichnet, daß durch Ventilation kalte Außenluft im Lagerraum umgewälzt wird. Die Kühltemperatur, Zusammensetzung und Luftfeuchte der Atmosphäre entsprechen der Außenluft. Die Frischluftkühlung hat heute nur noch begrenzt Bedeutung. Mit dem System der Maschinenkühlung werden die Lagertemperatur, Luftfeuchte und -bewegung gesteuert. Die Zusammensetzung der Atmosphäre entspricht der Außenluft. Bei der → CA-Lagerung wird zusätzlich zur Steuerung der Lagertemperatur, Luftfeuchte und -bewegung die Luftzusammensetzung verändert.

Lagerung, CA-
(controlled atmosphere) ist das Prinzip der
Herabsetzung der → Atmungsaktivität von
Obst oder Gemüse durch eine veränderte Gaszusammensetzung des Lagerraumes. Man unterscheidet die (1) einseitige CA, bei der sich
die Regelung nur auf CO_2-Gehalt innerhalb
des 21% Anteils für beide Gase erstreckt, und
die (2) zweiseitige CA, bei der eine Zunahme
des N_2-Gehaltes zu Lasten des O_2- und CO_2-
Anteils vorgenommen wird. Häufig eingestellte Gaszusammensetzungen sind z.B.: (1) 6%
CO_2, 15% O_2, 79% N_2 und (2) 3% CO_2, 3%
O_2, 94% N_2.

Lake
(1) ist eine Salzlösung zum → Pökeln von
Fleisch oder zur Zwischenlagerung von
Früchten als Vorbereitung zum → Kandieren.
(2) bezeichnet die austretende Flüssigkeit aus
Fleisch bzw. Fisch bei der Trockenpökelung (→ Pökelverfahren).

Lakepökelung
ist die Naßpökelung (→ Pökelverfahren).

Lakritzen
sind → Zuckerwaren, die aus mindestens
5% eingedicktem Süßholzsaft, Zucker, Mehl,
evtl. Quellstoffen, Stärke, geruch- und geschmackgebenden Stoffen sowie Zuckerkulör
zum Färben bestehen. Die Herstellung von
L. erfolgt durch die Verkleisterung von Mehl
und Wasser bei 70-80°C unter Zugabe von
Zucker, Süßholzsaft, Gelatine, Stärke und Ein-
dickung der Masse in Kochkesseln oder kontinuierlich auf Jetkochern oder Kochextrudern.
Die Massen werden entweder durch Gießen
in Stärkepuder, Walzen, Formpressen oder
größtenteils durch Extrudieren, dem ein anschließendes Trocknen nachfolgen muß, in
verschiedenster Gestalt ausgeformt.

Lakritzkonfekt
sind → Zuckerwaren, die aus Schichten von
→ Lakritzen und unterschiedlich gefärbten
Zuckerpasten bestehen.

Lamm
ist im allgemeinen die Bezeichnung für bis
zu einem Jahr alte Jungtiere des Schafes. →
Lammfleisch.

Lammfleisch
ist → Fleisch unter 9 Monate alter Schafe.
Man unterscheidet Stallmastlämmer und Wei-

demastlämmer, deren Fleisch meist derber und
dem → Hammelfleisch ähnlich ist.

Landbutter
→ Butter.

Landweine
ist die Bezeichnung für gehobene → Tafelweine.

Langfil
ist ein nordisches fermentiertes → Milcherzeugnis. → Sauermilcherzeugnisse.

Langroller
→ Wirkmaschine.

Laugengebäck
ist eine süddeutsche Spezialität, deren bekannteste Gebäckform die Laugenbrezel ist. Die
Bezeichnung L. beruht darauf, daß die gär-
reifen Teiglinge aus Weizenhefeteig vor dem
Backen in wäßrige Natronlauge getaucht oder
damit übersprüht werden. L. zählt zu den
Kleingebäcken (Gebäckgewicht zwischen 50
und 250 g), es ist charakterisiert durch eine
dünne, besonders rösche Gebäckkruste, die
braun gefärbt, meist glänzend ist, einen ausgeprägten → Ausbund, der hell und ohne
Glanz ist, eine saftig zarte Krume von watti-
ger Beschaffenheit und einen besonderen Geschmack, der durch die Einwirkung der Lauge
auf die Teigbestandteile hervorgerufen wird.

Laugenschälen
ist ein Prozeß zum → Schälen von Gemüse
und Obst durch chemisches Aufweichen der
Schalen mit Natronlauge und deren anschließende Entfernung mittels scharfem Was-
serstrahl. Je nach angewendeter Temperatur
unterscheidet man Tief- und Hochtemperatur-
L.

Läuterbottich
ist ein Apparat (**Abb. 104**) zum Trennen der
flüssigen Maischebestandteile (Würze) von
den festen (Treber) bei der → Bierherstellung.
Der L. hat einen Siebboden auf dem sich die
Trester absetzen. Die klare Flüssigkeit wird
abgezogen (Vorderwürze). Die Treber werden
im L. anschließend kontinuierlich oder diskontinuierlich mit heißem Wasser extrahiert und
dabei ständig mit Messern aufgelockert (→
Anschwänzapparat).

Läutern
→ Bierherstellung.

163

Läuterzucker

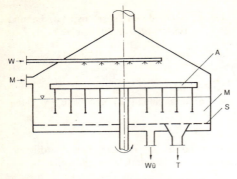

Bild 104. Schematische Darstellung eines Läuterbottichs. *W* Wasser, *M* Maische, *A* Anschwänzapparat, *S* Siebboden, *Wü* Würze, *T* Treber

Läuterzucker
ist eine gekochte, teils konzentrierte und vom Schaum befreite Weißzuckerlösung.

Lawrenz Tea Processor
(LTP) ist eine kombinierte Schneide-Hammermühle, die bei der Herstellung von → Tee angewendet wird. Die zugeführten Teeblätter werden durch schnell umlaufende Messer und Hämmer zerkleinert. Anschließend läuft der Tee über einen Ballenbrecher, so daß er ein kleinkörniges, lockeres Gefüge erhält.

Lebensmittel
im Sinne des → LMBG sind Stoffe, die dazu bestimmt sind, in unverändertem, zubereitetem oder verarbeitetem Zustand von Menschen verzehrt zu werden. Ausgenommen sind Stoffe, die überwiegend dazu bestimmt sind, zu anderen Zwecken als zur Ernährung oder zum Genuß verzehrt zu werden.

Lebensmittelfarbstoffe
→ Farbstoffe.

Lebensmittelinfektionen
werden von invasiven Mikroorganismen hervorgerufen, die in das menschliche Gewebe eindringen und sich dort ausbreiten können.

Lebensmittelintoxikationen
werden durch toxinbildende Mikroorganismen ausgelöst, die sich im Lebensmittel vermehren können. Die Toxizität beruht auf der Bildung von → Endo- oder → Exotoxinen.

Lebensmittelkennzeichnungsverordnung
(LMKV vom 31.12.1981) regelt verbindlich festgelegt, wie ein Lebensmittel zur Unterrichtung und zum Schutze des Verbrauchers zu deklarieren ist. Mit der L. wurde ein weiterer Schritt zur Harmonisierung der Rechtsvorschriften im Bereich der Lebensmittel in der EG eingeleitet.

Lebensmitteltechnik
ist eine ingenieurwissenschaftliche Disziplin mit integrierendem Charakter und auf die Lebensmittelproduktion gerichtet. Sie beschäftigt sich insbesondere mit der Nutzung verfahrens- und verarbeitungstechnischer Grundlagen, lebensmitteltechnologischer und produktspezifischer Sachverhalte der Analyse, Synthese und industriellen Realisierung von Prozessen, Verfahren und Anlagengestaltung der Lebensmittelproduktion.

Lebensmittelvergiftung
sind Erkrankungen als Folge des Verzehrs von Lebensmitteln, verursacht durch: bakterielle Infektionen, mikrobielle → Toxine, Parasiten oder Schadstoffe (gebildet durch biochemische Abbauvorgänge).

Leberöle
auch Lebertran genannt, sind Öle, gewonnen aus der frischen Leber von speziellen Fischarten, wie Dorsch, Kabeljau, Schellfisch u.a. durch biologischen, chemischen, mechanischen und thermischen Aufschluß des Lebergewebes. L. sind reich an den Vitaminen A und D.

Leberwurst
ist eine → Kochwurst, die mindestens 10% Leber, die roh verarbeitet wird und den typischen Geschmack des Erzeugnisses sowie die Emulgierung und Stabilisierung des Fettes bewirkt, und Muskelfleisch wie auch Fettgewebe enthält. Bei der Herstellung mittlerer und einfacher Qualitäten werden noch andere Innereien wie z.B. Lunge, Milz, Euter, Kalbsgekröse verwendet (→ Leberwurstherstellung).

Leberwurstherstellung
Der Verfahrensablauf der L. ist in **Abb. 105** schematisch dargestellt. Für die L. wird vorwiegend Schweinefleisch verwendet, das meistens gepökelt wird. Das Erhitzen von Fleisch und Fettgewebe erfolgt bis zu einer Kerntemperatur von 65°C, bei Temperaturen < 65°C besteht die Gefahr des Geleeabsatzes bzw. Fettabsatzes. Die rohe Leber, am geeignesten ist schlachtwarme, wird im Kutter solange zerkleinert bis sie Blasen wirft, danach erfolgt der Salzzusatz. Die Feinzerkleinerung im Kutter beginnt mit dem Fleisch, es folgt die Zuga-

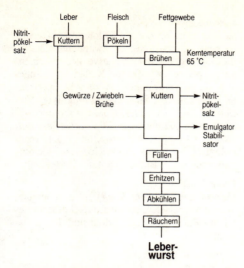

Leber-wurst

Bild 105. Verfahrensablauf der Leberwurstherstellung

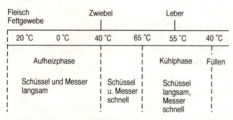

Bild 106. Verfahrensablauf zur Herstellung von Leberwurst im Kochkutter

be des Fettgewebes, danach die der Gewürze, des restlichen Salzes und anderer Zugaben. Die Brühe wird gegen Ende des Kuttervorganges zugefügt. Die zerkleinerte Leber wird erst untergemischt, wenn der Inhalt des Kutters auf eine Temperatur von 55°C abgesunken ist, um eine Denaturierung des Lebereiweißes und eine Abnahme des Emulgiervermögens zu vermeiden. Die Leberwurstmasse wird mit einer Temperatur von über 40°C abgefüllt. Die Herstellung feinzerkleinerter Leberwurst im Kochkutter zeigt gegenüber der eben dargestellten konventionellen Herstellung wesentliche Vorteile, wie z.B. Wegfall der Garverluste an Eiweiß, Fett, Vitaminen, Mineralstoffen und Geschmacksstoffen, des Fremdwasserzusatzes und Einsparung an Arbeitsaufwand. Die Folge davon ist die Erhöhung des

Nähr- und Genußwertes, sowie eine bessere Emulgierung und Konsistenz des Erzeugnisses. In der **Abb. 106** ist der Verfahrensablauf zur Herstellung von Leberwurst im Kochkutter dargestellt.

Lebkuchen
auch als Pfefferkuchen bezeichnet, und lebkuchenartige Gebäcke sind eine → Dauerbackware, deren Teig einen hohen Zuckeranteil enthält und der wasser- und fettarm ist. Die Teiglockerung erfolgt durch eine entsprechende Teigführung, die eine Essiggärung zur Folge hat oder durch Zugabe von → Teiglockerungsmitteln wie z.B. Hirschhornsalz. Die typischen Geschmacksrichtungen der L. werden durch Zutaten wie Gewürze, Mandeln, Fruchtzubereitungen, Ölsamen erreicht. Teige einiger Lebkuchensorten erhalten eine Teigruhe von mehreren Monaten.

Lecithine
(1) ist die Bezeichnung für natürliche Phosphatidgemische oder Fraktionen daraus. L. bestehen hauptsächlich aus Lecithin und Kephalin. Sie werden als → Emulgatoren verwendet.
(2) Chemisch: Phosphatidylcholin.

Leckagen
sind Undichtigkeiten von Dosen in Form von Haarrissen in der Dosenseitennaht oder bei fehlerhafter Doppelfalz. Die Kontrolle der Dichtigkeit erfolgt durch Ausmessung der Falzparameter (Falzdicke, Falzhöhe, Rumpfhöhe, u.a.) und häufig durch Prüfung der Dosen unter Druckluft (1,3 bar, 10 s keine Luftblasenbildung unter Wasser).

Lederfäule
(*Phytophthora*-Fäule) wird durch *Phytophthora cactorum* verursacht und ist durch braunes bis rotbraunes Mycel mit scharfer Begrenzung gekennzeichnet. Das Gewebe verfärbt sich meist braun.

Legg-Cut
(auch Tobaco-Cut) ist eine Zerkleinerungsmaschine zum Schneiden von Tabak- und Teeblättern. Dabei werden die Blätter zu Ballen gepreßt und von senkrecht laufenden Messern in Streifen von < 1 mm Breite geschnitten. Sie brauchen bei diesem Verfahren nicht gewelkt zu werden. Nach dem Auflockern mittels → Rollbreaker erfolgt → Teefermentation.

Leguminosen

sind Schmetterlingsblütler und Hülsenfrüchtler. Zu den L. gehören die wirtschaftlich wichtigen Arten: Erbsen, Bohnen, Sojabohnen, Erdnüsse.

Leichtbiere

sind meist als Schankbiere gebraute und durch teilweise oder vollständige Entalkoholisierung alkoholreduzierte Biere. Ihr Kaloriengehalt ist um den adäquat verminderten Alkoholgehalt reduziert. Biere mit max. 0,5% Alkohol führen die Bezeichnung „alkoholfrei", mit max. 1,5% Alkohol „alkoholarm". → Biersorten, → Bierherstellung.

Leichtlebensmittel

→ Light-Produkte.

Leinsamenbrot

ist ein Spezialbrot mit mind. 8% Leinsamen, bezogen auf den Anteil → Getreide bzw. → Getreidemahlerzeugnisse.

Leinsamöl

ist ein → Pflanzenfett, das aus dem Samen der flachsliefernden Pflanze *Linium usitatissimum* gewonnen wird. Der Ölgehalt des Samens liegt bei 33 - 43%. Der Anteil an ungesättigten → Fettsäuren ist mit 84 - 91%, davon 40 - 62% Linolensäure, hoch. Wegen der mehrfach ungesättigten Fettsäuren ist L. leicht oxidierbar. → Fette.

Lemon-Squash

ist ein aus geschälten und entkernten Zitronen durch → Zerkleinern und → Homogenisieren hergestellter Zitronensirup.

Lese

bezeichnet die Ernte von Weintrauben. In Deutschland darf die L. erst dann beginnen, wenn unter Berücksichtigung der Rebsorte, des Standortes, der Witterungsverhältnisse, eine im betreffenden Jahr erzielbare Reife erreicht ist. Das wird durch die zuständigen Behörden in Abstimmung mit den örtlichen Leseausschüssen festgelegt. Die Termine betreffen die Vorlese, Beginn und Ende der Hauptlese und den Beginn der späten Lese in Abhängigkeit des Reifezustandes und für einzelne Rebflächen und -sorten. Die L. von Weintrauben für Qualitätsweine mit Prädikat wird vorher angezeigt. Für die Zeit der L. wird die Rebfläche gesperrt.

Leucin

ist eine essentielle → Aminosäure.

Leuconostoc

ist eine Gattung der → Milchsäurebakterien. Es sind grampositive, unbewegliche, fakultativ anaerobe, Katalase-negative, heterofermentative, paarweise oder als Ketten angeordnete Kokken. Vorkommen: Milch, Milchprodukte, fermentierte pflanzliche Erzeugnisse. Vertreter: *L. mesenteroides*, *L. mesenteroides subsp, cremoris*, *L. mesenteroides subsp. dextranicum*, *L. mesenteroides subsp. lactis* u.a. Technologisch hat L. als aromabildender Mikroorganismus in → Buttereikulturen Bedeutung.

Liebstöckel

(*Levisticum officinale Koch*) ist ein Gewürz, dessen hauptsächlicher Inhaltsstoff ätherisches Öl mit Phtaliden, Phellandren und Terpinylacetat ist.

Ligasen

→ Enzyme.

Light-Produkte

sind Lebensmittel, die durch eine gezielte Rezepturzusammenstellung oder die vollständige oder teilweise Entfernung von sonst typischen Lebensmittelbestandteilen in ihrer Energiedichte erheblich reduziert sind. Verbindliche Regelungen für die Bezeichnung von Lebensmitteln als „Light-..." sind in der EG in Vorbereitung.

Lignin

ist ein aus aromatischen Ringen bestehendes Polymerisat und stellt neben → Cellulose und → Hemicellulose ein Stützmaterial der Pflanzenzellwand dar. L. ist für den Menschen unverdaulich. → Ballaststoffe

Liköre

sind → Spirituosen, die unter Zusatz von Zucker und geschmackgebenden Grundstoffen oder Essenzen hergestellt sind und einen Alkoholgehalt von mind. 30 Vol.-%, meist 32 Vol.-% bei einem Extraktgehalt von mind. 22 g/100 ml haben. Emulsionsliköre (z.B. Sahnelikör) haben niedrigere Mindestalkoholgehalte.

Likörweine

(syn.: Dessertweine) werden aus Weinen hergestellt, die einen natürlichen Gesamtalkoholgehalt von mind. 12% aufweisen. Den geforderten Gesamtalkoholgehalt von mind. 17,5 Vol.-% erreicht man entweder durch Vergärung konzentrierter, sehr zuckerreicher Traubensäfte oder durch Zusatz von konzentriertem Traubensaft zu normalem Wein (konzentrierter Dessertwein) oder durch den Zusatz von Sprit (mind. 95 Vol.-%), der aus Wein gewonnen wurde (gespriteter Dessertwein). Für die Herstellung konzentrierter Dessertweine verwendet man am Stock eingeschrumpfte Beeren oder durch Lufttrocknen, Lagern auf Stroh, Schilf u.a. behandelte Beeren. Die Verwendung von Rosinen sowie der Zusatz von Zucker sind verboten. Die bekanntesten Dessertweine sind: Malaga, Sherry (Spanien), Portwein, Madeira (Portugal), Samos (Griechenland), Tokayr, Ruster Ausbruchwein, Szamorodny (Ungarn), Marsala, Calabrese, Zucco (Italien).

Limberg
ist eine → Rotweinsorte, die gut gefärbte, fruchtige Weine ergibt.

Limburger
→ Weichkäse, → Labkäse.

Limonaden
sind → Erfrischungsgetränke, die → Essenzen mit natürlichen Aromastoffen und in der Regel → Citronensäure, → Weinsäure, → Milchsäure oder → Äpfelsäure sowie deren Salze enthalten. Sie werden unter Verwendung von einer oder mehreren → Zuckerarten hergestellt. L. können als Zutaten → Fruchtsaft, → Fruchtsaftkonzentrat, → Fruchtmark, → Fruchtmarkkonzentrat oder eine Mischung davon enthalten. Bei koffeinhaltigen und den diesen Geschmacksrichtungen entsprechenden Kräuterlimonaden kann → Zuckerkulör verwendet werden. Ferner können L. Molke, auch eingedickt oder als Pulver, bei klaren L., Milchserum, → ß-Carotin, → Riboflavin und färbende Lebensmittel, L-Ascorbinsäure als Antioxidanz, → Johannisbrotkernmehl (< 0,1 g/l), → Gummi arabicum u.a. enthalten. Näheres regelt die ZZuVO, Aroma-VO sowie die VO über koffeinhaltige Erfrischungsgetränke.

Limonadenpulver
ist eine → Zuckerware, die aus pulverförmigen Komponenten, wie Zuckerarten und/oder Zuckeralkoholen, → Aromen, → Genußsäuren, Natriumhydrogencarbonat und → Farbstoffen gemischt wird. Zur Verzögerung der Reaktion zwischen Natriumhydrogencarbonat und der Säure wird die Säure meist verkapselt. Brausepulver werden häufig tablettiert.

Limonadensirup
ist eine konzentrierte Mischung von → Grundstoffen oder natürlichen → Essenzen und → Zucker zur Herstellung von → Limonade.

Linolensäure
ist eine essentielle → Fettsäure.

Linolsäure
ist eine essentielle → Fettsäure.

Lipasen
ist der Sammelbegriff für fettspaltende → Enzyme. → technische Enzyme.

Lipide
ist der Oberbegriff für → Fette und → Lipoide. L. sind chemisch unterschiedliche Verbindungen mit der gemeinsamen Eigenschaft der Löslichkeit in unpolaren Flüssigkeiten. Die mengenmäßig wichtigsten Vertreter sind die → Neutralfette.

Lipoide
sind fettähnliche Substanzen, jedoch mit funktionell und strukturell unterschiedlichen Verbindungen. Solche Substanzen sind: → Wachse, → Phosphatide, fettlösliche → Vitamine, Sterine u.a.

Lipoproteine
sind Komplexe aus Proteinen, polaren Lipiden und Triacylglyceriden, die in einem wäßrigen Medium löslich sind und nicht durch physikalische Verfahren, wie → Sedimentation oder → Elektrophorese, jedoch durch Extraktion mit geeigneten Lösungsmitteln in die Protein- und Lipidkomponente aufgetrennt werden können. Die Stabilität der L. wird im wesentlichen durch die hydrophoben Wechselwirkungen zwischen den aus polaren Seitenketten gebildeten hydrophoben Regionen der Proteine und den Acetylresten der Lipide bestimmt. L. lassen sich in „low density lipoproteins" und „high density lipoproteins" unterteilen. Besondere Bedeutung kommt ihnen im Zusammenhang mit → Cholesterol zu.

Lipoxidasen
(Lipoxigenasen) sind → Enzyme, die mehrfach ungesättigte → Fettsäuren zu Peroxiden oxidieren. L. sind weit verbreitet in Pflanzen.

Lipoxigenase
ist ein → Enzym, das die Reaktion zwischen Sauerstoff und bestimmten ungesättigten → Fettsäuren, die ein 1-cis, 4-cis-Pentadiensystem besitzen, katalysiert. Neben

Listeria

anderen Fettsäuren wird die Linolsäure als Substrat bevorzugt. Als prosthetische Gruppe besitzt die L. ein Fe-Atom. Die Substratspezifität der L. ist unterschiedlich. → technische Enzyme

Listeria

sind grampositive, aerobe, begeißelte, Katalase-positive, nicht sporenbildende Stäbchen, mit der Tendenz zur Kettenbildung. Bei L. besteht eine generelle Pathogenität gegenüber Säugetieren, Nagetieren und Vögeln, auch auf Menschen übertragbar. Verursacht Listeriose. Vertreter sind: *L. monocytogenes, L. denitrificans, L. grayi* und *L.murrayi*.

Listeria monocytogenes

ist eine Species der Gattung → *Listeria* und sind grampositiv, aerob oder fakultativ anaerob, beweglich, mesophil, Katalase-positiv. *L. monocytogenes* ist weit verbreitet und kommt in Silagen, faulenden Pflanzenteilen, im Boden, in Fäkalien u.a. vor. Er überlebt kurzzeitig auch 80°C, so daß er auch in pasteurisierter Milch enthalten sein kann. Bedeutung als Verursacher der Listeriose.

LMBG

Lebensmittel- und Bedarfsgegenständegesetz.

LMKV

Lebensmittel-Kennzeichnungs-Verordnung.

LMTV

Lebensmitteltransportbehälter-Verordnung.

Lochscheibenschälen

ist ein Prozeß zum → Schälen von vorwiegend Kartoffeln. Dabei wird die Schale durch die Kanten der Bohrungen in der Lochscheibe stückweise entfernt und mittels Wasser weggespült. Die Schälverluste sind vergleichsweise hoch. Konstruktiv wird die Lochscheibe als rotierender Teller oder als zylindrischer Schälmantel ausgeführt.

Lorbeer

(*Laurus nobilis L.*) ist ein Gewürz, dessen hauptsächliche Inhaltsstoffe ätherisches Öl mit 1,8-Cineol, Alpha-Terpinylacetat sowie Gerb- und Bitterstoffe sind.

Lösungswärme

ist die Wärme, die beim Auflösen eines festen oder eines gasförmigen Stoffes in einem flüssigen Lösungsmittel frei oder verbraucht wird. Sie wird für ein Mol des gelösten Stoffes angegeben.

Luftbrot

ist ein diätetisches, klebereiweißfreies Erzeugnis. Es ist ein leichtes, waffelähnliches Brot zum Verzehr bei Klebereiweißunverträglichkeit, wie Zoeliakie, Eiweißallergien, Verdauungsstörungen u.a. bestimmt.

Luftkühlung

Bei der L. wird ein Kaltluftstrom durch erzwungene Konvektion an das Produkt herangeführt. Für den Kühleffekt sind die Temperaturdifferenz zwischen Luft und Produkt, die Geschwindigkeit des Luftstromes sowie die Oberflächenfeuchtigkeit des Produktes maßgebend. Die L. hat technologisch insbesondere bei → Gefriertunnelanlagen und für Kühl- bzw. Gefrierräume Bedeutung.

Luftspeck

ist frisch gepökelter, an der Luft ohne → Räuchern getrockneter Speck.

Luftstromgefrieren

ist ein Prozeß zum → Gefrieren von Lebensmitteln. Die Produkte werden in einem Luftstrom von −25 bis −40°C und einer Luftgeschwindigkeit von 2 bis 6 m/s chargenweise auf Paletten, → Horden oder kontinuierlich in → Gefriertunnelanlagen oder in → Fließbettgefrieranlagen gefroren.

Lupulin

ist der wichtigste Bestandteil des Hopfens, der die für die → Bierherstellung wichtigen Bitterstoffe enthält.

Lutein

→ Xanthophylle, → Farbstoffe.

Luteoskyrin

→ Mycotoxin.

Lutter

→ Rauhbrand.

Lutterkasten

ist die Bezeichnung für einen Verstärker in klassischen → Brenngeräten, der als Aufsatz über der → Brennblase angeordnet und mit zwei Rektifikationsböden (Pistoriusbecken) gekoppelt ist. Diese apparative Ausstattung findet man nur noch bei älteren Brenngeräten. Sie sind heute durch eine → Glockenbodenkolonne mit → Dephlegmator ersetzt.

L-Wert

→ F-Wert.

Lyasen
→ Enzyme.

Lycopin
→ Carotinoide, → Farbstoffe.

Lyophilisation
→ Gefriertrocknung.

Lyosole
sind disperse Systeme, bei denen die disperse Phase gasförmig, flüssig oder fest und das Dispersionsmittel flüssig ist.

Lysin
ist eine essentielle → Aminosäure.

Lysozym
ist ein → Enzym, das die Zellwände insbesondere von Bakterien angreift und diese auflöst. L. dient vielen pflanzlichen und tierischen Zellen als Schutzsystem gegen Infektionen. Beispiel: Hühnereiweiß enthält etwa 5% L.

M

Maccaroni
→ Teigwaren.

Macis
(*Myristica fragrans Houtt.*), auch als Muskatblüte bezeichnet, ist ein Gewürz, dessen hauptsächliche Inhaltsstoffe ätherisches Öl mit Pinen, Sabinen, Terpinen-4-ol, Elemicin, Myristicin sowie fettes Öl und Amylodextrin sind.

Madeira
→ Likörweine.

Magerfische
sind → Seefische mit einem Fettgehalt von weniger als 2%. Zu den M.'n gehören: Seelachs, Schellfisch, Kabeljau.

Magerkäse
→ Käse.

Magermilch
ist die Bezeichnung für entrahmte Milch und hat höchsten 0,3% Fett, meist jedoch deutlich darunter.

Magermilchschokolade
→ Schokolade.

Magermilchpulver
ist ein → Trockenmilcherzeugnis, hergestellt aus → Magermilch durch → Sprühtrocknung. In der modernen Verarbeitung wird die Milch mittels → Membrantrennverfahren vorkonzentriert. M. enthält max. 1,5% Fett und 5% Wasser. → Milchpulverherstellung

Magerquark
ist ein → Speisequark der Magerstufe.

Magnesiumoxid
ist ein weißes Pulver, das als → Trennmittel (→ Zusatzstoffe) für Waffelblätter bis max. 5g/kg oder zur Entkieselung von Wasser in Vollentsalzungsanlagen verwendet wird.

Magnetabscheider
ist ein Apparat zum → Trennen von Stoffen im magnetischen Feld. In der Technik werden meist Elektromagnete genutzt. Sie bestehen in der Regel aus einer oder zwei stromdurchflossenen Spulen mit einem Eisenkern. Diese Anordnung ist von einem starken Magnetfeld umgeben.

Mahlen
ist ein Prozeß zum Zerkleinern von Partikeln in trockener oder nasser Umgebung. Im Lebensmittelbereich wird das M. zur Herstellung von Getreidemehl, Puderzucker, Kakaopulver, Kartoffelpulver, Fruchtnektaren u.a. angewendet. In Abhängigkeit vom Produkt und dem angestrebten Zustand des Mahlproduktes verwendet man unterschiedliche → Vermahlungsmaschinen.

Mahlerzeugnisse
sind durch → Vermahlen von Getreide gewonnene Produkte, wie → Mehl, → Dunst, → Grieß, → Schrot.

Mahlgang
ist eine → Vermahlungsmaschine mit horizontal angeordneten Mahlscheiben. Das Getreide wird mittig zwischen dem Mahlspalt geführt.

Mahlkörpermühlen
sind → Zerkleinerungsmaschinen, bei denen das Mahlgut, gemischt mit frei beweglichen Mahlkörpern, gegebenenfalls unter Zusatz von Flüssigkeit (Naßmahlung), durch Drehen oder Schütteln des Mahlgefäßes mechanisch beansprucht wird. Als Mahlkörper werden meist Kugeln verwendet (**Abb. 107**).

Maillard-Reaktionen
sind Reaktionen von reduzierenden Zuckern mit Aminosäuren oder Aminen, die über mehrere Stufen ablaufen. Dabei entsteht aus N-Glykosiden durch Amadori-Umlagerung 1-Amino-1-desoxy-2-Ketose, die dann auf verschiedenen Wegen zu Melanoiden umgewandelt wird. Die M.-R. führen zur Bildung erwünschter Aromastoffe z.B. beim → Backen und → Braten. Sie ist aber auch für meist unerwünschte, nicht enzymatische Bräunungsreaktionen verantwortlich. Durch

Bild 107. Prinzipdarstellung einer Kugelmühle. *T* Mahltrommel, *M* Mahlkugel, *G* Mahlgut

Reduktionsmittel, wie Sulfit, niedrige pH-Werte oder Entfernen eines der Reaktionspartner kann man der M.-R. entgegen wirken.

Mainzer Käse
→ Sauermilchkäse.

Maisgrieß
ist ein grobes → Vermahlungsprodukt aus dem Endosperm des geschälten Maiskornes. M. wird als Ausgangsstoff für die Herstellung von Snackprodukten verwendet, im Ausland auch zur Bierherstellung.

Maische
ist das Ausgangsmaterial für alkoholische Gärprozesse bei: Weinherstellung (zerkleinerte und/oder gequetschte Trauben vor der Saftabtrennung), → Bierherstellung (Gemisch aus → Malz und Wasser zur Würzegewinnung), → Brennen (Gemisch gedämpfter Kartoffeln und Grünmalz mit Wasser; zerkleinerte oder gequetschte Früchte). Als M. bezeichnet man auch zerkleinertes Obst und Gemüse bei der → Fruchtsaft- bzw. → Gemüsesaftherstellung.

Maischebehandlung
(1) ist eine Prozeßstufe der Weinherstellung. In Abhängigkeit von der Rebsorte, der Qualität der Trauben und anderer Faktoren gehören zur M. die Maischeschwefelung, die → Maischeerhitzung und das → Maischefermentieren.
(2) erfolgt bei der Obst- und Gemüseverarbeitung. → Maischeerhitzung, → pektolytische Enzyme.

Maischeenzyme
→ pektolytische Enzyme.

Maischeerhitzung
(1) wird teils bei Rotwein durchgeführt. Man erhält so eine gute Farbstoffausbeute. Gleichzeitig werden Enzyme inhibiert. Die M. findet vor allem bei faulen Trauben Anwendung. Teilweise findet auch bei → Weißwein eine M. statt, jedoch nur wenn nicht gleich gekeltert wird. Erfolgte eine M., müssen zur Gärung Reinzuchthefen verwendet werden oder man setzt der erhitzten Maische unerhitzte Maische zu.
(2) erfolgt bei einigen Beeren- und Steinobstarten zur Beschleunigung des enzymatischen Pektinabbaus. Zur Wärmeübertragung werden → Röhrenwärmeaustauscher, Spiralwärmeaustauscher u.a. benutzt.

Maischefermentierung
erfolgt unter Zugabe → pektolytischer Enzyme, um die Mittellamellen der Zellwände aufzulösen. Das Kaltfermentieren wird bei Zimmertemperatur, das Warmfermentieren bei 30 - 40°C durchgeführt.

Maischeschwefelung
wird häufig angewendet, wenn nach dem Mahlen der Trauben nicht sofort gekeltert werden kann. Sie dient zur Inhibierung unerwünschter Mikroorganismen und des endogenen Enzymsystems. Durch die M. werden auch die Wildhefen inhibiert, wohingegen die echten Hefen weitgehend unempfindlich gegen die Schwefelung sind. Geschwefelt wird die Maische mit etwa 5 g SO_2/hl.

Maischetransport
ist bei der Obst- und Gemüseverarbeitung erforderlich. Er wird bewerkstelligt mit Hilfe von Exzenterschneckenpumpen, rotierenden Kolbenpumpen oder langsam laufenden Stoß- oder Scheibenkolbenpumpen. Während des M.'s darf es nicht zum Entsaften kommen.

Maisöl
ist ein → Pflanzenfett, das aus den Keimen der Maiskörner (*Zea mays*) durch Pressung gewonnen wird. Die Keime enthalten etwa 50% Öl. M. hat einen hohen Vitamin E (Tocopherol)-Gehalt. Durch die antioxigene Wirkung besitzt M. eine gute Oxidationsstabilität. → Fette.

Maisstärke
→ Stärkegewinnung.

Maiszucker
ist der aus dem Preßsaft des Zuckermaises gewonnene Zucker (sweet corn).

Majoran
auch Wurstkraut oder Meiran, (*Origanum majorana L.*), ist ein Gewürz, dessen hauptsächliche Inhaltsstoffe ätherisches Öl mit Terpineol, Sabinenhydrat, -Acetat sowie Gerb- und Bitterstoffe sind.

Makromoleküle
kommen im Lebensmittel häufig als makromolekulare Lösungen oder Gele vor. Insbesondere sind es Proteine, Polysaccharide und Nukleinsäuren. Häufig sind M. grenzflächenaktiv und haben so Bedeutung für die → funktionellen Eigenschaften. Sie entstehen durch die Verknüpfung monomerer Bausteine durch Polymerisation, Polykondensation und Polyad-

dition. Bei der Struktur der M. handelt es
sich um lineare Polymere (z.B. Cellulose),
verzweigte Polymere (z.B. Stärke, Glykogen)
oder vernetzte Polymere (z.B. Proteine).

Makrorheologie
betrachtet die Körper als kontinuierliche
Medien ohne Berücksichtigung des inneren
Aufbaus (Mikrostruktur). Sie untersucht die
äußeren Erscheinungen der Körper bei der Deformation und beschreibt die Phänomene mit
rheologischen Zustandsgleichungen und mechanischen Modellen.

Makroverkapselung
→ Coating.

Malaga
→ Likörweine.

Maltase
ist eine → Glucosidase, die Maltose in Glucose spaltet. Sie kommt in Pflanzen, Hefen sowie
im Verdauungstrakt vor.

Maltit
ist ein Zuckeralkohol, der durch Hydrierung
von Maltose entsteht und nicht durch α-
Glucosidasen spaltbar ist. M. hat etwa drei
Viertel der → Süßkraft von Saccharose.

Maltodextrine
sind verdauliche Kohlenhydrate, die wegen
ihrer geschmacksneutralen Eigenschaften zur
Konsistenzverbesserung und Flüssigkeitsbin-
dung Lebensmitteln zugesetzt werden. M. enthalten große Mengen → Maltose neben Oligo-
und Polysacchariden.

Maltol
2-Methyl-3-hydroxypyron, entsteht beim Rösten aus Oligosacchariden. Es ist eine heterozyklische Verbindung, die als → Geschmacksverstärker für Lebensmittel mit süßen, fruchti-
gen und sahnigen Geschmacksrichtungen verwendet wird. Es wird großtechnisch durch eine kombinierte fermentative und organische
Synthese gewonnen.

Maltoryzin
ist ein → Mycotoxin, gebildet von Aspergillus
oryzae. M. wirkt als Nervengift.

Maltose
ist ein Disaccharid, das aus zwei Molekülen
→ Glucose besteht. Sie entsteht als Endprodukt des enzymatischen Stärke- und Glyco-
genabbaus durch → Amylase. M. hat etwa ein
Drittel der → Süßkraft von Saccharose.

Maltosesirup
→ Stärkeverzuckerungsprodukt.

Maltotriose
ist ein Trisaccharid aus → Glucose.

Malz
ist das durch → Mälzen verschiedener Getreide erzeugte Produkt. Man unterscheidet
Braumalze, hergestellt aus vollbauchigen ei-
weißarmen Gersten, und Diastasemalze, hergestellt aus eiweißreichen Gersten, Weizen
und Roggen für Brennereien und die Nähr-
und Backmittelindustrie.

Malzbiere
auch Malztrunke, sind im eigentlichen Sinn
keine Biere. M. sind dunkle malzig und süß
schmeckende Getränke aus Dunkelmalz und
Zucker, gefärbt mit Farbmalz und/oder Far-
bebier, schwach vergoren und praktisch alkoholfrei. → Biersorten.

Mälzen
dient der Enzymbildung und -aktivierung der
verwendeten Getreide, insbesondere der α-
und β-Amylasen. Der Verfahrensablauf des
M.'s ist in **Abb. 108** dargestellt. Als Rohstoffe für Enzymmalze werden eiweißreiche
Gerste, Weizen und Roggen, für Braumalze
nur vollbauchige, eiweißarme Gerste mit ge-

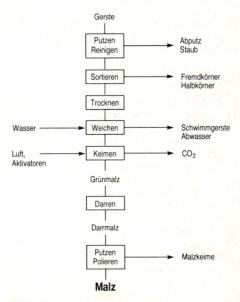

Bild 108. Verfahrensablauf der Malzherstellung

ringem Spelzengehalt ¸und hohem Extraktniveau verwendet. Braugersten sind meist Sommergersten. Nach dem Reinigen erfolgt in der Regel ein Trocknungsprozeß, ggf. eine Zwischenlagerung. Zum Weichen wird der Rohstoff zunächst 4 - 6 h bei 12 - 15°C bei einem Wassergehalt von 30% und Intensivbelüftung behandelt. Danach wird die Luftzufuhr für 18 - 20 h unterbrochen, und das Korn quillt. Die Temperatur wird auf 17 - 18°C und der Wassergehalt auf etwa 38% erhöht. Nach 26 - 27 h kommt die angekeimte Gerste in den Keimapparat. Nach der Entwicklung des Wurzelkeimes wird die Gerste besprüht und somit der Wassergehalt auf 41 - 42%, später bis 48% angehoben. Beim Keimungsprozeß werden die Stärkekörner den amylolytischen Enzymen zugänglich. Danach wird die Temperatur auf 11 - 13°C abgesenkt. Dieses Zwischenprodukt bezeichnet man als Grünmalz, das einem Trocknungsprozeß (Darren) unterzogen wird, um den Wassergehalt auf 4,5% bei hellem Malz und 2,5% bei dunklem Malz abzusenken. Die Trocknungstemperaturen werden stufenweise auf 65°C, später auf 85°C, angehoben. Das Zwischenprodukt ist der Darrmalz, der geputzt und poliert wird, so daß das Endprodukt Malz entsteht.

Mälzerei
Betrieb oder Anlage zur Herstellung von → Malz.

Malzkaffee
ist ein → Kaffeemittel.

Malzsurrogate
→ Rohfrucht.

Mannit
ist ein Polyalkohol (**Abb. 109**), der in Pilzen und Algen weit verbreitet ist. M. wird aus verschiedenen → Zuckerarten durch Hydrierung hergestellt. Es wird nur langsam resorbiert und findet als Zuckeraustauschstoff Anwendung.

Mannose
ist eine Hexose, die überwiegend als Bestandteil von → Hemicellulosen vorkommt. M. wird wenig resorbiert und besitzt nur 40% der → Süßkraft von → Saccharose.

Marc
→ Spirituosen.

Margarine
ist eine Wasser-in-Öl-Emulsion, die bei normaler M. zu etwa 80% aus Fett und zu 18%

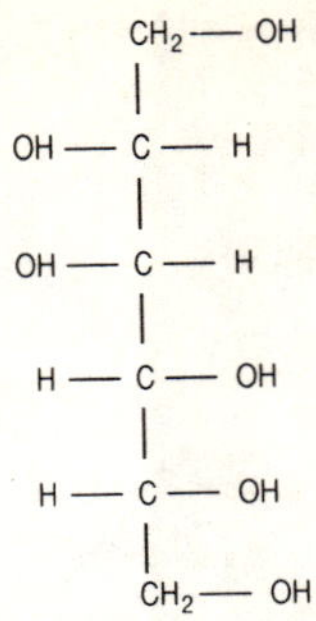

$$
\begin{array}{c}
CH_2 - OH \\
| \\
OH - C - H \\
| \\
OH - C - H \\
| \\
H - C - OH \\
| \\
H - C - OH \\
| \\
CH_2 - OH
\end{array}
$$

Bild 109. Chemische Struktur von Mannit

aus Wasser besteht. Zur Emulsionsstabilisierung werden → Lecithine und/oder Mono- und Diglyceride zugesetzt. Ferner enthält M. die Vitamine A, D und das Provitamin A, 0,1 - 0,2% Kochsalz und Stärke (gesetzlich vorgeschrieben als Unterscheidungsmerkmal zu → Butter). Das Carotin verleiht der M. seine zartgelbe Farbe. Der Zusatz des Farbstoffes → Annatto und des → Konservierungsstoffes → Sorbinsäure ist unter Kenntlichmachung zulässig. Durch die Feinstverteilung des Wassers in der Fettphase erreicht man eine gute Streichfähigkeit und schränkt den mikrobiell-enzymatischen und oxidativen Verderb ein. Als Rohstoffe werden sowohl → Pflanzenfette als auch → Tierfette, teils unter Verwendung von Magermilch, eingesetzt. Die Zusammensetzung der einzelnen → Margarinesorten ist gesetzlich vorgeschrieben (Margarinegesetz).

Margarineherstellung
ist ein Verfahren zur Herstellung einer stabilen → Emulsion spezifischer Zusammensetzung. Der Verfahrensablauf der M. ist in **Abb. 110** gezeigt. Sie beginnt mit der Fettkomponenten- und Ingredienzienzusammenstellung mittels eines Vielfachdosierers. Das Mischen erfolgt in Mischbehältern oder -tanks. Emulgiert wird, indem das Gemisch durch eine Homogenisierpumpe gepreßt wird. Anschließend wird die Emulsion in einem Rohrkühler mit Schaberwelle (→ Kratzkühler) auf 12 - 14°C gekühlt. Das Nachkristallisieren erfolgt im Ruherohr, dem sogenannten Kristallisator ohne weitere Kühlung. Abschließend wird die Margarine geformt und verpackt.

Margarinesorten
sind: Haushaltmargarine, Halbfettmargarine, Schmelzmargarine und die Spezialsorten:

Margarinesorten

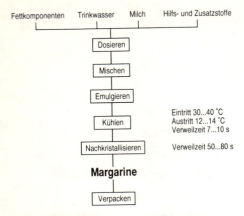

Bild 110. Verfahrensablauf der Margarineherstellung

Back-, Zieh- und Crememargarine. Die *Haushaltmargarine* wird als Standardware (mind. 50% → Pflanzenfett, Rest tierisches Fett), Pflanzenmargarine (mind. 98% Pflanzenfett und mind. 15% Linolsäure) oder linolsäurereiche → Margarine (mind. 30% Linolsäure, sonst wie Pflanzenmargarine) hergestellt. *Halbfettmargarine* hat im allgemeinen einen um 50% reduzierten Fettgehalt und ist nicht zum Backen oder Braten geeignet. → Diätmargarine mit reduziertem Fettgehalt muß einen um mind. 40% reduzierten Brennwert haben. *Schmelzmargarine* ist praktisch wasser- und eiweißfrei. Wegen der Haltbarkeit werden im allgemeinen → Cocosfett, Palmkernöl und → Palmöl nicht verwendet. Sie werden meist mit Diacetyl und Buttersäure aromatisiert und eignen sich zum Kochen, Braten und Backen. *Backmargarine* hat einen hohen Anteil hochschmelzender → Glyceride und eine feinstverteilte Wasserphase. Gelegentlich enthält Backmargarine Emulgatoren und wird aromatisiert. *Ziehmargarine* wird zur Bereitung von Pasteten und → Blätterteig verwendet. Sie besteht aus hochschmelzenden Fetten mit höherem Schmelzpunkt als normale Margarine und wird meist kräftig aromatisiert. Ziehmargarine ist widerstandsfähig gegenüber mechanischer Beanspruchung. *Crememargarine* hat einen hohen Anteil an Cocosfett und etwa 10 Vol.-% Luft und ist von weicher Konsistenz. Sie wird nicht oder nur leicht aromatisiert. Andere Erzeugnisse der Margarine- und Mischfetterzeugnisse sind: Margarineschmalz (→ Schmelzmarga-

rine), Dreiviertelfettmargarine (Fettgehalt 60 - 62%), Mischfettschmalz (auch Schmelzmischfette; Fettgehalt mind. 99%), Mischfett (Fettgehalt mind. 80%), Dreiviertelmischfett (Fettgehalt 60 - 62%) und Halbmischfett (Fettgehalt 40 - 42%).

Mariensteiner
ist eine weiße Keltertraube, gekreuzt aus Grüner Silvaner und Weißer Riesling mit → Sortenschutz seit 1971.

Marinade
(1) sind Fischhalbkonserven (→ Halbkonserven) aus frischen, gefrorenen, tiefgefrorenen oder gesalzenen Fischen oder Fischteilen in Aufgüssen, → Soßen, Cremes, → Mayonnaise sowie -zubereitungen oder Öl mit würzenden Zutaten, teils mit → Konservierungsstoffen. Ihr pH- Wert liegt unter 4,8. Sie sind kühl zu lagern.
(2) umgangssprachlicher Begriff für allgemein Aufgüsse, Soßen, Cremes, Mayonnaisezubereitungen, Ölzubereitungen u.ä., die zur Zubereitung von verschiedenen Lebensmitteln dienen. → Dressing.

Markenbutter, deutsche
→ Butter.

Markenkäse
ist eine amtlich verliehene Gütebezeichnung für inländischen Käse.

Marmelade
ist eine streichfähige Zubereitung gelartiger Struktur aus Zucker und → Pulpe, → Fruchtmark, → Fruchtsaft, wäßrigen Auszügen oder Schalen von Citrusfrüchten. Ihre Herstellung entspricht weitgehend der → Konfitürenherstellung.

Maronenmasse
ist eine Rohmasse aus Marzipanrohmasse mit max. dem gleichen Anteil eines Gemisches aus Zucker und mind. 10% Eiklar.

Märzenbier
ist eine → Biersorte. M. ist ein → untergäriges Bier, schwach gehopft, mit etwa 13% → Stammwürzegehalt und einem Alkoholgehalt von etwa 4 Gew.-%. Ähnlich gebraut werden die Festbiere, die zu besonderen Anlässen, wie z.B. das Münchner Oktoberfest, ausgeschenkt werden. Ihr Stammwürzegehalt liegt bei mind. 13,5%. → Biersorten, → Bierherstellung

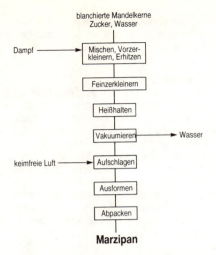

```
        blanchierte Mandelkerne
           Zucker, Wasser
                │
                ▼
Dampf ──────▶ │ Mischen, Vorzer- │
              │ kleinern, Erhitzen│
                │
                ▼
              │ Feinzerkleinern │
                │
                ▼
              │ Heißhalten │
                │
                ▼
              │ Vakuumieren │────▶ Wasser
                │
                ▼
keimfreie Luft ──▶ │ Aufschlagen │
                │
                ▼
              │ Ausformen │
                │
                ▼
              │ Abpacken │
                │
                ▼
            Marzipan
```

Bild 111. Verfahrensablauf der Marzipanherstellung

Marzipan
ist eine → Zuckerware, die aus Marzipanrohmasse (geschälte Mandeln mit höchstens 35% zugesetztem Zucker, höchstens 17% Feuchtigkeit) und höchstens der gleichen Menge Zucker, die teilweise auch durch Stärkesirup und/oder Sorbit ersetzt sein kann, besteht. M. ist ein weitgehend stabiles Mehrphasensystem. Seine Herstellung erfolgt heute meist nach dem in **Abb. 111** dargestellten Verfahrensablauf.

Masseerhaltung
(Erhaltungssatz der Masse) besagt, daß die Masse eines abgeschlossenen Systems konstant ist.

Massen
(1) sind Mischungen überwiegend aus Zucker, Eiern, Mehl, mehlartigen Bestandteilen mit oder ohne Fett, aus denen Feine Backwaren hergestellt werden. Sie werden physikalisch durch Lufteinschlag (→ Anschlagmaschine) oder chemisch durch → Teiglockerungsmittel gelockert. Massen ohne Aufschlag sind Makronen-, Waffel- und Brandmassen. M. mit Aufschlag sind Eiweiß-, Biskuit-, Rühr-, Sand- und Baumkuchenmassen.
(2) sind verschiedene pastöse Zubereitungen für die Herstellung von Süßwaren (z.B. Füllmassen, Bonbonmassen).

Massieren
ist die mechanische Bearbeitung bei der Herstellung von Kochpökelwaren und → Leberwurst. Bei Kochpökelwaren dient das M. der Verformung und strukturellen Veränderung des Muskels, die eine Verbesserung des Scheibenzusammenhaltes und eine Erhöhung der Ausbeute zufolge hat. Das M. ist schonender als das → Poltern. Man unterscheidet verschiedene Ausführungen von Maschinen, die zum M. bzw. Poltern eingesetzt werden. Das Grundprinzip besteht darin, daß die Fleischstücke in eine rotierende Trommel gegeben werden, in der sich sogenannte Mitnehmer (zwei Metalleisten) befinden. Die Trommel kann in jeder beliebigen Schräglage arretiert werden. Moderne Maschinen ermöglichen das M. bzw. Poltern unter Vakuum. Dadurch wird die Bildung von Eiweißschaum verhindert und eine bessere Lakeverteilung sowie Farbbildung erreicht. Diese Maschinen können auch mit CO_2 begast werden. Das M. bei der Leberwurstherstellung verhindert das Entmischen von Gewebepartikeln und dem ausgeschmolzenen Fett. Während des Abkühlens der Würste stabilisiert sich die Verteilung.

Mate
sind geschnittene und geröstete Blätter des Mate-Teestrauches, aus denen durch Aufbrühen mit Wasser ein teeähnliches Getränk bereitet wird (Mate-Tee).

Matjeshering
wird aus frischen oder tiefgefrorenen Heringen, ohne äußerlich erkennbaren Ansatz von Milch oder Rogen, deren Fettgehalt im eßbaren Teil mindestens 12% beträgt, hergestellt. Der Hering ist mildgehalten und enzymatisch gereift.

Maxwell'scher Körper
ist eine Modelldarstellung in der → Rheologie für Material, das sich aus einem Hook'schen Körper und einem Newton'schen Körper in Reihenanordnung aufbaut. → rheologische Modelle.

Mayonnaise
ist eine cremeartige Grundsoße, die als → Emulsion aus Hühnereigelb und → Speiseöl besteht und außerdem Kochsalz, → Zuckerarten, → Gewürze, → Essig, → Genußsäuren sowie Hühnereiklar enthalten kann, jedoch keine → Dickungsmittel. M. ist ein → Feinkosterzeugnis mit einer Eigelbmen-

ge von mind. 7,5% des Fettgehaltes und einem Fettgehalt von mind. 80%. Salatmayonnaise enthält nur Speiseöl pflanzlicher Herkunft und teilweise Milch-und Pflanzeneiweiß sowie Dickungsmittel neben den anderen o.g. Stoffen. Der Fettgehalt beträgt mind. 50%.

Mazeration
bezeichnet das → Extrahieren meist wäßriger Auszüge aus Pflanzen ohne Wärmezufuhr.

Mazerationsenyzme
→ pektolytische Enzyme.

mechanische Prüfverfahren
dienen der Kennzeichnung des rheologischen Verhaltens fester Stoffe. Sie sind klassische Meßverfahren der Werkstoffkunde, die in statische Prüfverfahren (Zug-, Biege-, Scherfestigkeit) und in dynamsiche Prüfverfahren (Schlagzähigkeit, Dauerfestigkeit) unterteilt werden. Zur Beurteilung der rheologischen Eigenschaften eines festen Lebensmittels werden statische Prüfverfahren in modifizierter Form angewendet. Die wichtigsten Meß- und Prüfgeräte sind: Spannungsrelaxationsmeßgeräte, Druckfestigkeitsprüfgeräte, Biegefestigkeitsprüfgeräte, Scherfestigkeitsprüfgeräte und Härteprüfgeräte.

Meerrettich
(*Armoracia rusticana*) ist ein Gewürz, dessen hauptsächliche Inhaltsstoffe Phenyläthylsenföl und Allylsenföl sind.

Meersalz
ist das durch → Verdunsten oder als Nebenprodukt der Meerwasserentsalzung aus Meerwasser gewonnene Salzgemisch, vorwiegend Natriumchlorid und es ist reich an Spurenelementen.

Meerwasserentsalzung
wird zur Gewinnung von → Trinkwasser aus Meerwasser durch → Destillation, → Elektrodialyse, → Umkehrosmose oder → Ausfrieren durchgeführt.

Mehl
ist der von den äußeren Kornschichten und dem Keimling weitgehend befreite und gemahlene Mehlkörper (→ Endosperm) verschiedener Getreidearten (→ Weizenmehl, → Roggenmehl). Auch andere fein vermahlene pflanzliche und tierische Produkte werden als M. bezeichnet (Sojamehl, Kartoffelmehl, Knochenmehl). Bei der Verarbeitung des Getreides entstehen verschiedene → Getreidemahl-erzeugnisse und Nebenprodukte wie → Kleie, → Getreidekeimöl. Je nach → Ausmahlungsgrad entstehen unterschiedliche → Mehltypen.

Mehlbehandlungsmittel
sind → Zusatzstoffe, die als Mehlverbesserungsmittel verwendet werden. Sie hellen Mehle auf oder verbessern ihre Klebereigenschaften. Zur Teigkonditionierung lassen sich oxidierende und reduzierende Verbindungen verwenden, wobei reduzierende Stoffe Proteinaggregate zu kleineren Einheiten abbauen. Dabei ändern sich die → rheologischen Eigenschaften, das Gebäckvolumen steigt und die Krumestruktur verbessert sich. Oxidierende Stoffe fördern die Ausbildung eines Klebereiweißgerüstes, das für das Gashaltevermögen wichtig ist, Bleicheffekte lassen sich durch Oxidationsmittel erreichen, die mißfarbene oder zur Verfärbung neigende Inhaltsstoffe des Lebensmittels zu farblosen Verbindungen oxidieren. → Mehlbleichung.

Mehlbleichung
ist ein Verfahren zum Aufhellen von Mehlen mittels chemischer, physikalischer und enzymatischer Methoden. In Deutschland ist die M. für Getreidemahlerzeugnisse verboten.

Mehles, Kraft des
ist die Fähigkeit des Mehles einen Teig zu bilden, der nach dem Kneten und im Verlauf der Gärung bestimmte physikalische Eigenschaften hat. Nach der Kraft des Mehles unterscheidet man sehr starkes, starkes, mittelstarkes, schwaches und sehr schwaches Mehl. Starkes Mehl bindet bei der Teigherstellung relativ viel Wasser und behält seine physikalischen Eigenschaften, wie Viskosität, Elastizität, während des Knet- und Gärprozesses stabil bei. Im Gegensatz dazu bindet schwaches Mehl bei der Teigbereitung relativ wenig Wasser und seine physikalischen Eigenschaften verschlechtern sich während der Verarbeitung. Alle anderen Einstufungen für die Kraft des Mehles lassen sich analog vornehmen.

Mehlfarbe
charakterisiert die Mehlhelligkeit. Sie ergibt sich im wesentlichen aus der Endospermfarbe des Kornes und der Farbe des Schalenanteils und ist somit vom Ausmahlungsgrad abhängig. Das Mehl besitzt ein bestimmtes Nachdunkelvermögen, das vom Gehalt an freiem Tyrosin und der Aktivität der Plyphanoloxydasen (Tyrosinase) bestimmt wird. Das

Enzym katalysiert die Oxidation des Tyrosins und bildet als Maillard-Produkt dunkelfarbige Melanoidine. Diese enzymatische Reaktion führt zum Nachdunkeln des Teiges und der Brotkrume.

Mehlherstellung

Das Prozeßziel der M. besteht in der Gewinnung von → Getreidemahlerzeugnissen mit definierter Zusammensetzung und definiertem Korngrößenbereich. Der Verfahrensablauf der M. ist schematisch in **Abb. 112** dargestellt. Die notwendigen Teilprozesse sind: Entfernung von Fremdbestandteilen und Bruchkorn, Konditionieren, Reinigung der Kornoberfläche, selektives Zerkleinern des Kornes in mehreren Stufen, Trennen der einzelnen Fraktionen, Mischen ausgewählter Fraktionen zu End- oder Zwischenprodukten. → Vermahlung, → Schwarzreinigung, → Weißreinigung, → Vermahlungsmaschine, → Getreidekonditionierung, → Sichten, → Sieben.

Mehlkäfer

(*Tenebrio molitor L.*) ist ein Vorratsschädling des Mehles. Das Weibchen legt ca. 200 Eier, aus denen hellgelbe, später braungelbe Larven („Mehlwürmer") schlüpfen.

Mehlkennzeichnung
→ Mehltype.

Mehlreifung

ist die komplexe Veränderung der Backeigenschaften eines Mehles während des pneumatischen Transportes und der Lagerung nach dem Mahlen unter günstigen Lagerbedingungen (Temperatur 20°C, relative Luftfeuchte 60...65%, geschützt vor Sonneneinstrahlung, Fremdgeruch und Schädlingsbefall und anderen ungünstigen Einflüssen). Während der M. hellt sich das Mehl durch Oxidation der karotinoiden Pigmente auf, der Säuregrad steigt durch freie ungesättigte Fettsäuren, die als Folge hydrolytischer Mehlfettspaltung unter Wirkung von endogenen Lipasen entstehen und die Kraft des Mehles erhöht sich durch eine verringerte proteolytische Aktivität. Die wesentlichen Fett- und Proteinveränderungen während der Mehlreifung sind übersichtsmäßig in der **Abb. 113** dargestellt.

Mehlsilos

dienen der Aufbewahrung von Mehl in Backwarenbetrieben. Sie bestehen aus Silobehälter,

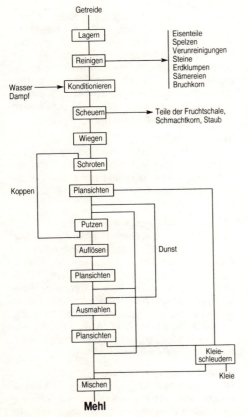

Bild 112. Verfahrensablauf der Mehlherstellung

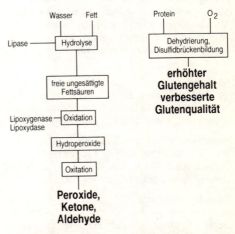

Bild 113. Fett- und Proteinveränderungen während der Mehlreifung

Mehltype

Siloaustrag und Silobeschickungsvorrichtung und werden als Innen- oder Außensilos mit Fassungsvermögen bis zu 60 t ausgeführt. Die Anlieferung erfolgt lose, wobei das Mehl pneumatisch über flexible Schläuche in das Silo gefördert wird. Der Austrag kann mechanisch durch Schnecken oder pneumatisch als Fließbettaustragung erfolgen.

Mehltype

ist eine Maßzahl für den mittleren Aschegehalt bezogen auf jeweils 100 kg Trockensubstanz von Mehl bzw. Mahlprodukten ausgedrückt in g. Somit ist die M. gleichzeitig ein Maß für den → Ausmahlungsgrad. Gesetzlich sind folgende M.'n zugelassen: Weizen: 405, 550, 630, 812, 1050, 1200, 1600, 2000; Roggen: 610, 815, 997, 1150, 1370, 1590 (nur in Berlin), 1740, 1800.

Mehrkornbrot

ist ein Spezialbrot, das aus Roggen oder Weizen und weiteren Getreidearten zu je mind. 5% besteht.

Mehrphasensysteme

sind Systeme, die mehrere Aggregatzustände besitzen und/oder aus chemisch unterschiedlichen Stoffen bestehen.

Mehrwegverpackung

ist ein mehrfach verwendetes Packmittel, das sich im Kreislauf von Lebensmittelhersteller, Handel und Verbraucher befindet.

Melasse

ist der sirupartige Rückstand bei der → Zuckergewinnung. Sie enthält noch etwa 40 - 50% Zucker, der jedoch nicht mehr durch Verdampfungskristallisation zu gewinnen ist. M. wird zur Hefefermentation, Alkoholgewinnung, Citronensäureherstellung u.a. und als Tierfutter genutzt.

Melisse

(*Melissa officinalis L.*) ist ein Gewürz, dessen hauptsächlicher Inhaltsstoff ätherisches Öl mit Citronellal, Citral und Caryophyllen ist.

membrangebundene Enzyme

sind → Enzyme, die in Lipidschichten der Zellwand eingebaut sind. Sie werden nicht mit dem umgebenden Milieu ausgetauscht.

Membranmodelle

werden für → Membrantrennverfahren genutzt. Man unterscheidet: neutrale Porenmembran, Lösungs-Diffusions-Membran und Ionenaustauschmembran. *Porenmembranen*, für die → Mikro- und → Ultrafiltration genutzt, haben eine poröse Struktur mit geometrisch definierten Kapillaren. Der Stofftransport erfolgt konvektiv nach den Gesetzen der laminaren Kapillarströmung. *Lösungs-Diffusions-Membranen* für die → Umkehrosmose und die → Pervaporation genutzt, haben eine homogene, gelartige Struktur. Die permeierende Substanz muß sich in der Membran lösen, um sie überwinden zu können. Die Selektivität wird durch die unterschiedliche Löslichkeit und Mobilität der zu trennenden Substanzen bestimmt. Der Stofftransport durch die Membran erfolgt nach dem Diffusionsgesetz. *Ionenaustauscher Membranen*, für die → Elektrodialyse genutzt, besitzen ein Polymergerüst mit ortsfesten ionischen Gruppen und beweglichen Gegenionen. Der Stofftransport der Gegenionen in der Membran erfolgt durch Platzwechselvorgänge an den Festionen des Polymergitters.

Membranmodule

sind die Vorrichtungen, in denen Membranen in technischen Anlagen eingebaut werden. Man unterscheidet: Plattenmodule (für Flachmembranen), Röhrenmodule (für Schlauchmembranen mit einem Innendurchmesser $d_i > 5$ mm), Kapillarmodule (für schlauchförmige Membranen mit $d_i < 5$ mm) und Hohlfasermodule (für schlauchförmige Membranen mit $d_i < 0,8$ mm).

Membranpumpen

sind Verdrängungspumpen, bei denen eine aus Gummi oder Metall bestehende Membran stoßweise bewegt wird und somit die Flüssigkeit verdrängt. M. werden häufig als Dosierpumpen eingesetzt.

Membranreaktoren

sind → Reaktoren, deren Funktion durch eine Membran bestimmt wird. Im Grundsystem befinden sich die Mikroorganismen oder Enzyme in einer Flüssigkeit, die durch eine Membran von dem an ihr vorbeiströmenden Substrat getrennt ist. Während des Vorbeiströmens kommt es zur katalytischen Umwandlung des Substrates in das Produkt (**Abb. 114**). Es gibt zahlreiche Modifizierungen durch unterschiedliche → Membranmodule.

Membrantrennverfahren

ist der Sammelbegriff für die → Mikrofiltration MF, die → Ultrafiltration UF, die → Umkehrosmose RO (reverse osmosis), die → Elektrodialyse ED und die → Perva-

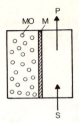

Bild 114. Grundsystem eines Membranreaktors.
MO Mikroorganismus, *M* Membran, *S* Substrat, *P* Produkt

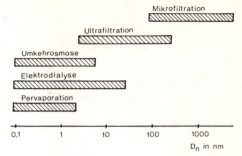

Bild 115. Membranporengrößen einzelner Trennverfahren D_n-nominaler Porendurchmesser

poration. Die Membranporengrößen einzelner Trennverfahren sind in **Abb. 115** angegeben. Die Funktionsweisen der verschiedenen Membranen lassen sich vereinfacht auf 3 Grundtypen zurückführen: Neutrale Porenmembran, Lösungs-Diffusions-Membran und Ionenaustausch-Membran. Die neutrale Porenmembran beruht auf einem Siebeffekt durch eine poröse Struktur mit geometrisch definierten Kapillaren. Der Stofftransport erfolgt konvektiv nach dem Gesetz der laminaren Kapillarrohrströmung. Dieses Prinzip findet man bei der → Mikro- und → Ultrafiltration. Bei Lösungs-Diffusions-Membranen handelt es sich um homogene, gelartige Strukturen. Die permeierende Substanz muß sich in der Membran lösen, um sie überwinden zu können. Die Selektivität wird folglich durch die unterschiedliche Löslichkeit und Mobilität der zu trennenden Substanzen bestimmt. Der Stofftransport durch die Membran erfolgt nach dem Diffusionsgesetz. Das Prinzip findet bei der → Umkehrosmose und → Pervaporation Anwendung. Bei der Ionenaustausch-Membran existiert ein Polymergerüst mit ortsfesten ionischen Gruppen und beweglichen Gegenionen. Die Selektivität beruht auf der Abweisung von Ionen. Der Stofftransport in der Membran erfolgt durch Platzwechselvorgänge an den Festionen des Polymergitters. Dieses Prinzip findet bei der → Elektrodialyse Anwendung.

Membranwiderstand
Bei → Membrantrennverfahren tritt dem Permeationsstrom (→ Flux) ein Widerstand entgegen. Der membranbedingte Anteil wird als M. bezeichnet. Der Filtrationswiderstand setzt sich aus M. und → Ablagerungswiderstand zusammen.

mesophile Mikroorganismen
sind Mikroorganismen, die eine Wachstumstemperatur von: Minimum 10-25°C, Optimum 20-30°C und Maximum 40-45°C bevorzugen. Zu dieser Gruppe gehören die technologisch bedeutsamen Gattungen *Lactococcus* und *Lactobacillus*.

Metaboliten
sind Stoffwechselprodukte der Zelle, die sowohl als Intermediär- als auch Endprodukte vorkommen.

Methionin
ist eine essentielle → Aminosäure.

Methylcellulose
wird durch Umsetzen gereinigter → Cellulose in alkalischem Milieu mit Methylchlorid, mehrfaches Waschen mit heißem Wasser und anschließendes Trocknen hergestellt. M. ist in kaltem Wasser löslich und bildet viskose Lösungen. Bei hohen Temperaturen brechen die durch die Veretherung gebildeten Wasserstoffbrücken zusammen, so daß die M. wasserunlöslich wird und ausfällt. M. wird als → Dickungsmittel für diätetische Lebensmittel, für glutenfreie Backwaren u.a. verwendet.

Methylethylcellulose
→ Cellulose.

Methylethylhydroxycellulose
→ Cellulose.

Methylhydroxycellulose
→ Cellulose.

Mexikan oregano
(*Lippia spp.*) ist ein Gewürz, dessen hauptsächlicher Inhaltsstoff ätherisches Öl mit Carvacrol und Thymol ist.

Michaelis-Menten-Kinetik

ermöglicht die mathematische Beschreibung von Enzym-Substrat-Produktbildungsreaktionen. Sie ist die Geschwindigkeitsgleichung für enzymatische Reaktionen mit einem Substrat und geht von zwei Annahmen aus: das Enzym E bildet zunächst mit dem Substrat S in einer reversiblen Reaktion einen Enzymsubstratkomplex ES (Reaktion 1. Ordnung)

$$E + S \underset{k_{-1}}{\overset{k_{+1}}{\rightleftharpoons}} ES$$

Dieser Komplex zerfällt in einer zweiten reversiblen Reaktion in ein Produkt P und ein freies Enzym E (Reaktion 2. Ordnung)

$$ES \underset{k_{-2}}{\overset{k_{+2}}{\rightleftharpoons}} E + P$$

Im Gleichgewichtszustand ist die Bildungsgeschwindigkeit von ES gleich der Zerfallsgeschwindigkeit.

$$k_{+1}([E] - [ES])[S] = k_{-1}[ES] + k_{+2}[ES]$$

Durch Umformen erhält man:

$$\frac{([E] - [ES])[S]}{[ES]} = \frac{k_{-1} + k_{+2}}{k_{+1}} = K_M$$

Bezogen auf die Reaktionsgeschwindigkeit läßt sich für die Anfangsgeschwindigkeit v_o (Zerfallsgeschwindigkeit von ES ist geschwindigkeitsbestimmender Schritt) schreiben:

$$v_0 = \frac{v_{max}[S]}{K_M + [S]}$$

Micrococcaceae

ist eine Bakterienfamilie mit grampositiven, unbeweglichen oder beweglichen, aeroben oder fakultativ anaeroben, Katalase-positiven Kokken. Vorkommen: ubiquitär. Vertreter von lebensmitteltechnologischer Relevanz sind die Gattungen *Micrococcus* und *Staphylococcus*.

Micrococcus

ist eine Gattung der Familie *Micrococcaceae*. M. ist grampositiv, aerob, begeißelt, Katalasepositiv und kommt vorwiegend im Boden, Wasser und in Lebensmitteln vor. Vertreter sind: *M. varians, M. roseus, M. luteus*.

Migration

ist allgemein die Bezeichnung für die gerichtete Bewegung von Partikeln molekularer oder kolloider Größe, die im Gegensatz zur → Diffusion unter dem Einfluß äußerer Kräfte eintritt. In der Lebensmitteltechnologie spielt die M. vor allem beim Stofftransport von Gasen durch Verpackungsmittel sowie von Stoffen aus Verpackungsmitteln in das Lebensmittel eine Rolle.

mikroaerophil

sind Organismen, die Sauerstoff zum Wachstum benötigen, jedoch nur einen reduzierten Sauerstoffpartialdruck tolerieren.

mikrobielles Eiweiß

→ Single Cell Protein.

mikrobielles Lab

→ Labaustauschstoffe.

Mikrobielle Prozesse

sind Prozesse der → Biotechnologie. Für die technologische Nutzung von Mikroorganismen lassen sich unterscheiden: Prozesse zur *Gewinnung mikrobieller Biomasse* (z.B. single cell protein = SCP, → Starterkulturen), *Biosynthese* von Stoffwechselprodukten (Primärmetabolite: z.B. Alkohole, Ketone, Säuren; Secundärmetabolite: z.B. Antibiotika, Polyketide) und Prozesse der → *Biotransformation* (z.B. Vitamine, Carotinoide, Aminosäuren u.a.).

mikrobizid

= Mikroorganismen tötend.

Mikrofiltration

ist ein → Membrantrennverfahren, bei dem Partikelgrößen von etwa $> 10 - < 10.000$ nm getrennt werden können. Der Übergang zur → Ultrafiltration ist fließend. Es liegt das gleiche Wirkprinzip zugrunde.

Mikroorganismenabtötung, Kinetik der

folgt einer Reaktion 1. Ordnung und berechnet sich aus dem Anfangskeimgehalt N_o, dem Keimgehalt N zur Zeit t für eine bestimmte Temperatur T nach:

$$-\int_{N_0}^{N} \frac{dN}{N} = k \int_{t}^{0} dt$$

Die Geschwindigkeitskonstante k ist darin Proportionalitätsfaktor. Nach Auflösung des Integrals gilt:

$$-\ln \frac{N}{N_0} = k \cdot t$$

oder

$$\ln \frac{N}{N_0} = k \cdot t$$

Tabelle 44. Wichtige Bestandteile und ihr durchschnittlicher Mengenanteil in % für einige Tierarten

Tierart	Protein	Casein	Molkenprotein	Lactose	Fett	Asche
Kuh	3,6	3,0	0,6	5,0	3,7	0,70
Büffel	5,8	4,5	1,3	4,2	8,0	0,75
Ziege	3,9	3,1	0,8	4,4	4,2	0,85
Schaf	6,2	4,8	1,4	4,9	6,3	0,90
Rentier	10,3	8,7	1,6	2,5	20,0	1,60

$$\log N = \log N_0 - \frac{k \cdot t}{2,303}$$

Üblicherweise gibt man die dezimale Reduktionszeit, den sog. Destruktionswert (→ D-Wert) an. Trägt man den Logarithmus des Keimgehaltes $\log N$ über der Zeit t auf, so ist die Abtötungs-Zeit-Kurve eine Gerade. Je hitzeempfindlicher ein Mikroorganismus ist, desto steiler verläuft die Gerade.

Mikrorheologie

betrachtet die Körper in ihrem molekularen bzw. dispersen Aufbau unter Berücksichtigung der Art, Form, Größe, Konzentration und Wechselwirkungen der Komponenten sowie der statistischen bzw. dynamischen Mikrostruktur während des Deformationsvorganges.

Mikroverkapselung

ist das Umhüllen feindisperser flüssiger oder fester Stoffe mit filmbildenden Substanzen zu deren Schutz vor Feuchtigkeit, Austrocknen, Entweichen flüchtiger Stoffe, Sauerstoff u.a. Auch Mikroorganismen werden mit diesem Ziel mikroverkapselt. Die Umhüllung läßt sich mechanisch, thermisch, chemisch oder enzymatisch entfernen, so daß die Stoffe austreten und wirksam werden können. Als Kapselmaterial wird verwendet: → Gelatine, → Gummi arabicum, → Alginat u.a. → Coating.

Mikrowellenerwärmung

ist die elektrische Erwärmung im Mikrowellenfeld, dessen Energie bei der Ausrichtung natürlicher polarer Moleküle im dielektrischen Stoff in Wärmeenergie umgewandelt wird. Die zur Erwärmung umgesetzte Leistungsdichte wächst proportional der Frequenz der eingestrahlten Welle und proportional dem Quadrat der elektrischen Feldstärke.

Mikrowellentrocknung

→ dielektrische Trocknung.

Milch

ist die durch Ausmelken von Kühen, Büffeln, Schafen, Ziegen, weiße undurchsichtige Flüssigkeit mit typischem, vollem, leicht süßlichem Geschmack und arteigenem Geruch. Diese Milch, auch Rohmilch genannt, wird zu Trinkmilch und Milchprodukten verarbeitet. Sie zählt zu den ernährungsphysiologisch wertvollsten Lebensmitteln. Unter M. als Handelsware versteht man in der Regel die Kuhmilch. Die wichtigsten Bestandteile und ihr durchschnittlicher Mengenanteil für einige Tierarten sind aus **Tab. 44** zu entnehmen.
Man unterscheidet M. nach dem Fettgehalt und der Art der Erhitzung. Fettgehalt: entrahmte M. (max. 0,3%), fettarme M. (1,5-1,8%), standartisierte Vollmilch (mind. 3,5%) und nichtstandardisierte Vollmilch (natürlicher Fettgehalt 3%). Art der Erhitzung: → Rohmilch (nicht über Gewinnungstemperatur erwärmt) und wärmebehandelte M. (pasteurisiert, ultrahocherhitzt, sterilisiert, gekocht). → UHT-Verfahren.

Milch, Zellgehalt der

In der Milch sind somatische Zellen (somatisch: aus dem Körper stammend) enthalten. Der Z. der Milch setzt sich zusammen aus den Epithelzellen (60-70% des Gesamtzellgehaltes), die aus der obersten Zellschicht der Euterhohlräume abgestoßen werden und den Leucozyten (30-40% des Gesamtzellgehaltes), die im Euter eine Schutzfunktion erfüllen. Ein stark erhöhter Z. der Milch hat meistens seine Ursache in entzündlichen Veränderungen des Euters.

Milchannahme

bezeichnet den Vorgang der Übernahme der → Rohmilch vom Landwirtschaftsbetrieb durch die Molkerei. Sie beinhaltet die Ermittlung der Rohmilchmasse, die Bewertung der Rohmilchqualität sowie die Reinigung und Desinfektion der Transportmittel.

Milchbackwaren

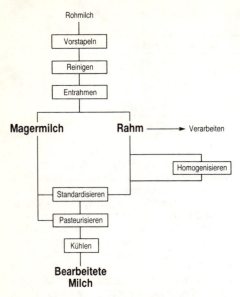

Bild 116. Verfahrensablauf der Milchbearbeitung

Milchbackwaren

sind → Backwaren, die einen solchen Anteil → Milch enthalten, der das Erzeugnis wesentlich prägt. Für Milchbrot und -kleingebäck sind 50 l/100 kg Getreidemahlerzeugnisse und/oder Stärke, für → Feine Backwaren mit Hefe 40 l und ohne Hefe 20 l/100 kg Getreidemahlerzeugnis und/oder Stärke vorgeschrieben.

Milchbearbeitung

ist die Vorbehandlung und Aufbereitung der → Rohmilch als Voraussetzung für die Weiterverarbeitung zu Milchprodukten. Der Verfahrensablauf ist in **Abb. 116** dargestellt.

Milchbestandteile

Die wichtigsten M. sind nach Art und Menge in der **Tab. 45** aufgeführt.

Milchbrot

→ Milchbackwaren.

Milchcrumb

ist ein pulverförmiges Halbfabrikat für die Süßwarenherstellung, bestehend aus 32 - 37,5% Milchbestandteile, 54 - 56% → Saccharose, 6,5 - 13,5% → Kakaomasse und max. 1,5% Wasser.

Tabelle 45. Milchbestandteile

Bestandteile	Mengenanteil in %
Wasser	87 - 88
Trockenmasse	12 - 13
davon Fett	3,0 - 5,6
fettfreie Trockenmasse	8,0 - 9,0
davon Milchzucker	4,6 - 4,7
Casein	2,8 - 3,2
Molkenprotein	0,5 - 0,6
Salze	0,7 - 0,8

Milchdauerwaren

(syn.: Dauermilcherzeugnisse) sind → Milcherzeugnisse, die durch Hitzebehandlung und/oder Wasserentzug haltbar gemacht werden. Zu ihnen gehören → Kondensmilcherzeugnisse, sterilisierte Milch, sterilisierte → Kaffeesahne, pulverförmige Erzeugnisse (→ Milchpulver, → Schmelzkäsepulver u.a.), sowie → Casein und → Caseinate.

Milcheiweiß

→ Milchproteine.

Milcheiweißerzeugnisse

und Molkenerzeugnisse bezeichnet die durch Abscheidung des Eiweißes aus Milch, Molke oder Buttermilch hergestellten Produkte. Die wichtigsten M. und Molkenerzeugnisse sind: Milcheiweiß, → Casein, → Caseinat, → Molkensahne, → Molkenpulver.

Milchenzyme

sind hochmolekulare Verbindungen, die aus einem Protein und einer Wirkgruppe (Coenzym) aufgebaut sind. Sie bewirken biochemische Reaktionen sowohl innerhalb als auch außerhalb der Zelle. M. stammen z.T. aus dem Blut und gelangen über die Milchzellenbildung bei der Sekretion in die Milch (originäre Enzyme), teils werden sie durch den Stoffwechsel der in die Milch gelangten Mikroorganismen gebildet (bakterielle Enzyme). Die Wirkung der Enzyme ist besonders von der Temperatur und dem pH-Wert abhängig. Wichtige originäre Milchenzyme und ihre Wirkung enthält **Tab. 46**.

Milcherhitzungsverfahren

→ Rohmilch wird thermisch behandelt, um die darin enthaltenen Mikroorganismen möglichst vollständig abzutöten und eine weitgehende Inaktivierung der endogenen Enzy-

Tabelle 46. Wichtige originäre Milchenzyme und ihre Wirkung

Enzym	Wirkung
Lipasen	spalten Fett in Glycerol und Fettsäuren
Proteasen	spalten Peptidverbindungen in den Proteinen
Lactase	spaltet Lactose in Glucose und Galactose
Katalase	spaltet Wasserstoffperoxid in Wasser und molekularen Sauerstoff $H_2O_2 \rightarrow H_2O + 1/2 \; O_2$
alkalische Phosphatase	Abbau von Phosphatverbindungen bei alkalischem pH-Wert
Peroxidase	Dehydrierungsreaktionen unter Nutzung von Wasserstoffperoxid als Oxidationsmittel $AH_2 + H_2O_2 \rightarrow A + 2H_2O$
saure Phosphatase	Abbau von Phosphatverbindungen bei saurem pH-Wert
Xanthinoxidase	aerober Purinabbau $Xanthin + H_2O + O_2 \rightarrow Harnsäure + H_2O_2$
Aldolase	Lyase, die während der Glycolyse Fructose-1,6-Bisphosphat in Triosephosphate reversibel spaltet
Amylase	spaltet Oligo- und Polysaccharide

me zu erreichen. Die sensorische Beschaffenheit und die Zusammensetzung der Milch soll dabei jedoch nur unwesentlich beeinträchtigt werden. Für das Erhitzen von Milch können verschiedene Verfahren angewendet werden, die sich voneinander durch die Temperatur-Zeit-Kombination unterscheiden. Die Wahl des Erhitzungsverfahrens richtet sich in erster Linie nach:
– der Rohmilchqualität,
– dem erwünschten Keimreduktionseffekt,
– dem aus der Milch herzustellenden Produkt,
– den gesetzlichen Bestimmungen.
Man unterscheidet → Pasteurisieren, → Sterilisieren und → Thermisieren. Von besonderer Bedeutung für die Milcherhitzung ist die → *Pasteurisation*, bei der die Temperatur-Zeit-Relation so gewählt ist, daß pathogene Mikroorganismen abgetötet werden. Es läßt sich die Dauererhitzung, Kurzzeiterhitzung und Hocherhitzung unterscheiden (**Tab. 47**).
Pasteurisierte Milch enthält unmittelbar nach dem Erhitzen noch etwa 103 - 105 Keime pro ml, vorwiegend hitzeresistente Mikroorganismen aus der Rohmilch (z.B. *Streptococcus salivarius spp. thermophilus, Micrococcus spp., Lactococcus spp.* und teils Sporenbildner).
Beim *Sterilisieren* wendet man entweder die Autoklavenerhitzung oder die Ultrahochtemperaturerhitzung (→ UHT-Erhitzung) an (s. **Tab. 47**). Die Temperatur-Zeit-Relationen sind bei diesem Verfahren so ausgewählt, daß gleiche Abtötungseffekte erreicht werden. Selbst bei Temperaturen um 4°C können vor allem psychrotrophe Bakterien, wie *Pseudomonas spp.*, innerhalb weniger Tage auf 105 - 106 Keime/ml aufwachsen, durch deren Stoffwechselprodukte die Milchqualität negativ beeinträchtigt wird. Durch das *Thermisieren* werden insbesondere thermolabile Mikroorganismen geschädigt bzw. abgetötet, ohne daß sich dieser Prozeß negativ auf die Milch auswirkt. Thermisieren stellt jedoch keinesfalls einen Ersatz für das Pasteurisieren dar.

Milcherzeugnisse
ist der Oberbegriff für alle aus Milch oder Bestandteilen der Milch hergestellten Erzeugnisse. Einige Produkte, die bis zu 30% andere Lebensmittel enthalten, werden ebenfalls zu den M.'n gezählt. Puddings, Cremes u.a. werden unabhängig von ihrem Milchgehalt nicht zu den M.'n gerechnet. Man unterscheidet: fermentierte Milcherzeugnisse, → Buttermilcherzeugnisse, → Sahneerzeugnisse, → Kondensmilcherzeugnisse, → Trockenmilcherzeugnisse, → Milchmischerzeugnisse und Molkenmischerzeugnisse. Art und Begrenzung von Zusätzen regelt die MilchErzV. Produkte der MilchErzV sind auch: → Milchfette und → Milchstreichfette.

Milcherzeugnisse, fermentierte

Tabelle 47. Milcherhitzungsverfahren

Verfahren	Temperatur [°C]	Erhitzungszeit [s]	Heißhaltezeit	Keimtötungseffekt [%]
Thermisieren	62 - 65	10 - 20		< 95
Pasteurisierungsverfahren				
Dauererhitzung	62 - 65	8 - 12	30 min	95
Thermisation	70	8 - 12	15 s	99
Kurzzeiterhitzung	71 - 74	8 - 12	42 - 45 s	99,5
Hocherhitzen	85 - 90	8 - 15		99,9
Sterilisationsverfahren				
Ultrahocherhitzen	135 - 150	2 - 8		≈ 100
Sterilisation	109 - 115		20 - 45 min	≈ 100

Tabelle 48. Zusammensetzung von Milchfett

Lipidfraktion	Anteil am Gesamtfett (%)
Triglyceride	95 – 96
Diglyceride	1,3 – 1,6
Monoglyceride	0,02 – 0,04
Ketosäureglyceride	0,9 – 1,3
Hydroxysäureglyceride	0,6 – 0,8
Freie Fettsäuren	0,1 – 0,4
Phospholipide	0,8 – 1,0
Sphingolipide	0,06
Sterine	0,2 – 0,4

Milcherzeugnisse, fermentierte

werden aus Milch oder Sahne unter Verwendung spezifischer Säuerungskulturen, bestehend aus mesophilen und/oder thermophilen Milchsäurebakterien hergestellt. Als Folge des Stoffwechsels der Mikroorganismen wird Lactose zu Milchsäure bei homofermentativen Milchsäurebakterien und Milchsäure und andere Stoffwechselprodukte bei heterofermentativen Milchsäurebakterien sowie Eiweiß zu charakteristischen Eiweißprodukten abgebaut. Die wichtigsten fermentierten M. sind: → Joghurt, → Kefir, → Sauermilch, → Dickmilch, saure Sahne, Creme fraiche, → Buttermilch, → Acidophilusmilch, → Kumys.

Milchfett

setzt sich zusammen aus Triglyceriden (95 - 96%), Phosphatiden, Lipidderivaten, freien Fettsäuren und in der Glyceridphase löslichen Fettbegleitstoffen (**Tab. 48**). M. liegt in der Milch in Form von Fettkügelchen vor, es bildet mit Wasser eine Öl-in-Wasser-Emulsion. Die Fettkügelchen haben eine Größe von 2 - 5 μm. Der Fettkern, bestehend aus Triglyceriden, ist umgeben von einer Hülle aus Phospholipiden, Fettkügelchenhüllenprotein und Hydratwasser. An der Oberfläche der Hülle sind Eisenionen, Kupferionen, Membranlipase und Enzyme angelagert. Die Schutzhülle der Fettkügelchen verhindert das Zusammenfließen des Fettes, sie schützt vor Oxidation und Spaltung, von ihrer Beschaffenheit hängen Aufrahmungsvermögen des Fettes und Butterbildungsprozeß ab.

Milchfette

werden aus Milch, Sahne und/oder Butter durch Abtrennung von Buttermilch oder Wasser und Einstellung der fettfreien Trockenmasse, flüssig oder teilkristallisiert, auch unter Verwendung von Inertgas, auch durch Auftrennung in unterschiedliche Erweichungs-und Erstarrungsprodukte hergestellt. Standardisierte M. sind: Butterreinfett, auch Butterschmalz (mind. 99,8% Fett), Butterfett, auch Butteröl (mind. 96% Fett) und fraktioniertes Butterfett (mind. 99,8% Fett).

Milchhalbfett

ist ein Brotaufstrich aus → Butter oder → Sahne mit einem etwa halb so hohen Fettgehalt wie Butter. Sie enthalten in der Regel etwa 39 - 41% → Milchfett, 3 - 6,5% Milchproteine, bis zu 0,5% Mono- und Diglyceride als → Emulgatoren, Kochsalz und teils → Gelatine sowie 52 - 57% Wasser.

Milchmischerzeugnisse

sind Milcherzeugnisse, die mengenmäßig begrenzt zugegebene Lebensmittel, wie Früchte, Kakao u.a. enthalten.

Milchmischgetränke

sind → Milcherzeugnisse unter Zusatz von → Aromen, → Fruchtkonzentraten, → Kakaopulver, → Zucker und/oder anderen Zutaten und/oder → Lebensmittelzusatzstoffen, die in der Milch homogen verteilt und geschmacksbestimmend sind.

Milchproduktimitate

oder Milchersatzstoffe sind Produkte mit Zusätzen von pflanzlichen und/oder anderen tierischen Fetten und/oder Eiweißen oder Erzeugnissen, die dem äußeren Erscheinungsbild nach mit Milcherzeugnissen verwechselbar sind, jedoch nicht aus Milch hergestellt wurden. Einzelheiten sind im Milch- und Margarinegesetz sowie in der Margarine- und Mischfettverordnung erlassen. Begriffe wie Milch, Sahne, Butter und Käse dürfen für M. nicht verwendet werden (Ausnahme: Kokosmilch, Kakaobutter, Erdnußbutter u.a.).

Milchproteine

Milch enthält 3,0 ... 3,6% M., die in 3 Hauptfraktionen unterteilt werden:
– Caseine (80% der M.),
– Lactalbumine (16...18% der M.) bestehend aus den Hauptfraktionen β-Lactoglobulin, α-Lactalbumin und Serumalbumin,
– Lactoglobuline (2...4% der M.) bestehend aus den Fraktionen Euglobulin, Pseudoglobulin, Immunglobulin, Proteose/Pepton.

Das Casein wird in α-, β- und γ-Casein differenziert, wobei die genetischen Varianten des α-Caseins als α_s-Casein und γ-Casein bezeichnet werden. Casein ist ein Phosphoprotein, es hat Phosphatgruppen, Calcium, Sauerstoff und Schwefel gebunden. Die Caseine können durch Säurefällung (pH-Wert 4,6) und enzymatische Fällung (Labgerinnung) gewonnen werden. Bei der Säurefällung wird durch die Wirkung der Milchsäure dem Calcium-Casein-Komplex (oder Salzsäure, Schwefelsäure, Essigsäure) das Calcium entzogen und Calciumlactat gebildet, so daß das Casein ausflockt (Sauermilchquark). Bei der Labgerinnung erfolgt eine Aufspaltung des Calcium-Casein-Komplexes in Calcium-Paracaseinat und Molkenprotein, so daß das Calcium am ausgefällten Eiweiß gebunden bleibt (Labkäse). Lactalbumine und Lactoglubuline werden auch als Molkenproteine bezeichnet. Sie verbleiben nach dem Abscheiden der Caseine in der Milchflüssigkeit (Molke). Sie unterscheiden sich von den Caseinen durch große Hitzeempfindlichkeit (Ausfällung

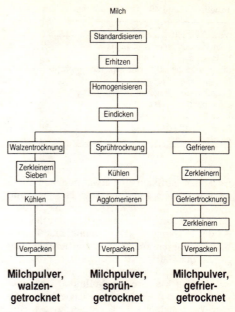

Bild 117. Verfahrensablauf der Milchpulverherstellung

der Proteine beim Erhitzen der Molke auf 90°C) und ihre geringe Säureempfindlichkeit.

Milchpulver

ist ein → Trockenmilcherzeugnis, das aus Milch unterschiedlicher Fettstufen nach verschiedenen Trocknungsverfahren hergestellt wird. → Milchpulverherstellung.

Milchpulverherstellung

erfolgt durch die Anwendung der → Walzentrocknung, → Sprühtrocknung oder → Gefriertrocknung. Das Trocknungsverfahren bestimmt wesentlich den Zustand des Milchpulvers. Der Verfahrensablauf ist in **Abb. 117** dargestellt. Je nach Trocknungsverfahren und Produkt erfolgt das Eindicken der Milch auf 1:3,5 - 6. Bei der Walzentrocknung erreicht das Produkt Temperaturen von über 100°C, wodurch es zur Denaturierung des Molkenproteins und zu Bräunungsreaktionen kommt. Diese Milchpulver werden vorwiegend für die Tierernährung verwendet. Bei der Sprühtrocknung wird das flüssige Produkt über Druckdüsen auf Partikelgrößen von < 200 μm zerstäubt. Die Trockenlufttemperatur beträgt 180 - 220°C, wobei die Tröpfchentemperatur 50°C nicht übersteigt und erst die

Milchrohzucker

Tabelle Tabelle 49. Homo- und heterofermentative Milchsäurebakterien (Auswahl)

homofermentativ	heterofermentativ
Lactococcus lactis ssp. lactis	Leuconostoc mesenteroides ssp. cremoris
L. lactis ssp. cremoris	L. mesenteroides ssp. dextranicum
Streptococcus salivarius ssp. thermophilus	L. mesenteroides
Pediococcus cerevisiae	Lactobacillus brevis
Lactobacillus delbrueckii ssp. lactis	Lactobacillus fermentum
Lactobacillus helveticus	Lactobacillus bifidum
L. delbrueckii ssp. bulgaricus	
L. acidophilus	
L. plantarum	

trockenen Partikeln eine etwas höhere Temperatur annehmen. Moderne Anlagen sind häufig mit einem Fließbetttrockner zur Nachtrocknung und Agglomerierung gekoppelt. Die Sprühtrocknung ist das dominierende Trocknungsverfahren zur M. Die Gefriertrocknung liefert qualitativ sehr hochwertige Produkte, ist jedoch am kostenaufwendigsten. Getrocknet werden Magermilch, Vollmilch (verschiedener Fettkonzentrationen), Sahne bis zu einem Fettgehalt von 80% (Butterpulver), Buttermilch, Molke und Schmelzkäse.

Milchrohzucker
ist Milchzucker (→ Lactose) mit geringer Reinheit (mind. 85% Lactosemonohydrat).

Milchsalze
auch als Mineralstoffe bzeichnet, sind Bestandteile der Milch, die als Ionen (Kationen und Anionen) von anorganischen und organischen Salzen vorkommen. Liegen die Ionen in hoher Konzentration vor, spricht man von Mengenelementen (z.B. Na^+, Ca^{++}, K^+, Citrationen), bei niedriger Konzentration von Spurenelementen (z.B. Fe^{+++}, Zn^{++}, Cu^{++}, F, Si). Besondere technologische Bedeutung haben das Calcium, da es für die Eiweißgerinnung in ausreichender Menge vorhanden sein muß und die Citrate, die für die Butteraromabildung entscheidend sind.

Milchsäure
(α-Hydroxypropionsäure) ist eine → Hydroxycarbonsäure, die außerordentlich große Bedeutung bei Lebensmitteln hat. Sie wird industriell durch → Milchsäurebakterien auf fermentativem Weg hergestellt. M. bildet sich aus Monochloressigsäure nach der Bruttoreaktion:

$$Cl - CH_2 - COOH + OH^- \longrightarrow$$
$$\longrightarrow \underline{OH - CH_2 - COOH} + Cl^-$$
Milchsäure

Milchsäurebakterien
sind lebensmitteltechnologisch verbreitet genutzte Mikroorganismen. Sie spielen bei allen gesäuerten Lebensmitteln, wie → Sauermilcherzeugnisse, → Käse, → Sauerrahmbutter, → Sauergemüse, → Sauerteig, → Rohwurst u.a. eine dominierende Rolle. M. können aber auch als technologisch unerwünschte Mikroorganismen, wie beispielsweise bei → Bier und → Brühwurst auftreten. Nach ihrem Stoffwechsel unterscheidet man homofermentative und heterofermentative M. (**Tab. 49**). Während homofermentative M. fast ausschließlich → Milchsäure bilden, entstehen bei der heterofermentativen M. neben Milchsäure noch andere Stoffwechselprodukte, wie → Essigsäure, Ethanol u.a. Nach ihrem Temperaturspektrum unterscheidet man: mesophile M. (5...10-20...30-40...45°C) und thermophile M. (25...35-40...60-70...80°C).

Milchsäurebakterienkulturen
sind Einstamm-, Mehrstamm- oder Mischkulturen aus → Milchsäurebakterien, die entsprechend ihrer technologischen Funktion zusammengestellt sind. → Buttereikultur, → Käsereikultur, → Joghurtkultur u.a.

Milchsäurebackversuch
→ Backversuch.

Milchsäuregärung
Bei der M. entsteht als wichtigstes Endprodukt → Milchsäure bzw. → Lactat. Die homofermentative M. läuft direkt über das Pyruvat zum Lactat und wird als Glycolyse

bezeichnet. Die heterofermentative M. läuft über den Horecker-Weg, wobei neben Lactat noch andere Stoffwechselprodukte entstehen. Die Bruttogleichung der homofermentativen M.lautet:

$$C_6H_{12}O_6 \rightarrow 2\ CH_3 - CHOH - COOH$$

Die Bruttogleichung der heterofermentativen M. lautet:

$$C_6H_{12}O_6 \rightarrow CH_3 - CHOH - COOH$$
$$+ CH_3 - CH_2OH + CO_2$$

Milchschokolade
→ Schokolade.

Milchschokoladenflocken
→ Schokolade.

Milchschokoladenstreusel
→ Schokolade.

Milchspeiseeis
ist ein Speiseeis, das mindestens 70% Milch, jedoch keine gesäuerten Milcherzeugnisse enthält. → Speiseeisverordnung.

Milchstreichfette
sind aus → Sahne oder → Butter hergestellte Milcherzeugnisse mit Fettgehalten von 20 - 62% oder z.B. bei Halbfettbutter und Dreiviertelfettbutter mind. 80%. Den M.'n dürfen → Citronensäure, Mono- und Diglyceride, β-Carotin, Vitamin A und D, Gelatine und Sorbinsäure zugesetzt werden.

Milchzucker
→ Lactose.

Mineralwässer
sind natürliche, aus natürlichen oder künstlich erschlossenen Quellen gewonnene Wässer, die je kg mind. 1000 mg gelöste Salze oder 250 mg freies Kohlendioxid enthalten und am Quellort in die für den Verbraucher bestimmten Gefäße abgefüllt werden (Mineral- und Tafelwasser-Verordnung vom 03.08.1984). → Tafelwasser.

Mineralwässer, künstliche
sind aus → Trinkwasser, → Mineralwasser oder mineralarmem Wasser und/oder Salzen und/oder → Sole und/oder Kohlendioxid, auch kohlensäurehaltigem Wasser, hergestellt. → Mineralwässer, → Tafelwasser.

Mischapparate
dienen dem → Mischen von Stoffen. Welche Art von M.'n verwendet werden, hängt vom Aggregatzustand und der Konsistenz der zu mischenden Stoffe ab. Für *trockene Stoffe* verwendet man Mischtrommeln und Mischer (z.B. → Siloschneckenmischer, Bandschneckenmischer, Kreiselmischer), für *pastöse, teigige Stoffe* → Kneter (→ Knetmaschinen), für flüssige Stoffe → Rührkessel und für dünnflüssige Flüssigkeiten und Gase → Strömungsmischer.

Mischbrot
→ Weizenmischbrot, → Roggenmischbrot.

Mischen
ist die möglichst gleichmäßige Verteilung der Mischbestandteile über das Mischvolumen, so daß das Mischgut an jeder Stelle eines Prozeßraumes die gleiche Zusammensetzung aufweist. Man unterscheidet: M. zweier oder mehrerer löslicher flüssiger → Phasen und M. zweier oder mehrerer fester Phasen. Beim M. löslicher Phasen besteht das Prozeßziel im Abbau von Inhomogenitäten bezüglich der Konzentration, Zusammensetzung und Temperatur. Das M. erfolgt im molekularen Bereich. Beim M. fester Phasen besteht das reale Prozeßziel in der Regel im Herbeiführen einer vollständigen Zufallsmischung. In der **Abb. 118** sind die charakteristischen Mischungszustände einer Zweikomponentenmischung dargestellt. → Kneten ist eine spezielle Art des M.'s von Stoffen, die im zähflüssigen oder teigigen Zustand vorliegen, bei dem meist Strukturwandlungsprozesse einhergehen.

Miso
ist eine Paste aus Sojasoße, Reis oder Gerste sowie Salz. Sie gehört neben → Sojasoße zu den wichtigsten fermentierten Lebensmitteln Ostasiens. In Abhängigkeit von der Rohstoffzusammensetzung, dem Herstellungsverfahren und der Fermentationsdauer kennt man zahlreiche M.-Arten, die sich in Farbe, Textur und Aroma unterscheiden. Geschmacklich variiert M. von süß bis salzig, intensiv-würzig oder fleischähnlich. Man unterscheidet fünf wesent-

Bild 118. Mischungszustände einer Zweikomponentenmischung

Mistellen

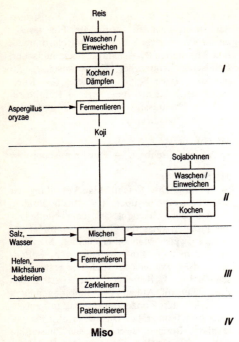

Bild 119. Verfahrensablauf der Herstellung von Miso

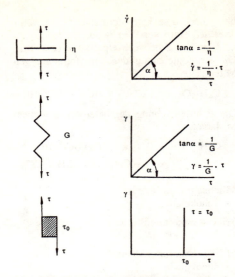

Bild 120. Rheologische Grundmodelle und ihr charakteristisches Spannungs-Dehnungs-Verhalten

liche M.-Typen: Weißes M. und Edo-M. (mit süßlicher Geschmacksnote, geringem Salzgehalt), Sendai, Shinshu und Mame (salziger Geschmack, dunklere Färbung). Neuere M.-Sorten sind salzarm oder/und eiweißreicher. M. wird sowohl im Hausgebrauch als auch zu kommerziellen Zwecken hergestellt. Der Herstellungsprozeß ist exemplarisch als Verfahrensablauf in **Abb. 119** für das Beispiel Shinshu Miso dargestellt. Er gliedert sich in vier Teilprozesse: I. Koji-Herstellung, II. Sojabohnen-Vorbehandlung, III. Fermentation und IV. Pasteurisation.

Mistellen

sind Weine, bei denen die Gärung des Mostes im frühen Stadium durch Alkoholzusatz unterbrochen wurde. Ihr Alkoholgehalt liegt höchstens bei 1 Vol.%. Zu den M. gehören auch einige → Likörweine.

Mixed Pickles

ist ein → Sauergemüse, bestehend aus einer tafelfertig zubereiteten Gemüsemischung. Sie werden sowohl milchsauer fermentiert als auch mit Essig unter Verwendung von Kräutern, Salz und Gewürzen hergestellt.

Mizellen

sind → Assoziationskolloide in wäßrigen Lösungen.

Modelle, rheologische

Zur mathematischen Beschreibung des rheologischen Verhaltens von Stoffen bedient man sich idealer Körper mit genau definierten rheologischen Eigenschaften. Zur Darstellung der rheologischen Grundeigenschaften → Viskosität, → Elastizität und → Plastizität nutzt man einfache Modellkörper von Newton, Hooke und St. Venant. Die Grundmodelle und ihr charakteristisches Spannungs-Dehnungs-Verhalten ist in **Abb. 120** dargestellt.

Mohnöl

ist ein → Pflanzenfett, das aus Mohnsamen gewonnen wird. Es zeichnet sich durch einen besonders hohen Gehalt an Linolsäure aus (etwa 71%).

Mohnopumpen

sind Exzenterschneckenpumpen, bei denen der Hohlraum zwischen Rotor und Stator gleichmäßig von der Saug- zur Druckseite wandert, so daß ein kontinuierlicher Förderstrom entsteht (**Abb. 121**). M. sind besonders für zähflüssige und pastöse Güter geeignet.

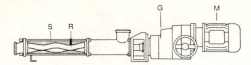

Bild 121. Prinzipdarstellung einer Mohnopumpe.
M Motor, *G* Getriebe, *R* Rotor, *S* Stator

Tabelle 50. Zusammensetzung der Molkenproteine (bezogen auf Gesamtprotein der Kuhmilch)

Proteinfraktion	Anteil in %
Lactalbumine	
β-Lactoglobulin	7 – 12
β-Lactalbumin	2 – 5
Serumalbumin	0,7 – 1,3
Lactoglobuline	
Euglobulin	0,8 – 1,7
Pseudoglobulin	0,6 – 1,4
Immunglobulin	1,3 – 2,7
Proteose/Pepton	2 – 6

Molke

ist eine Flüssigkeit, die bei der Herstellung von Käse und Casein nach Abscheiden des Caseins und des Fettes bei der Gerinnung der Milch anfällt. Man unterscheidet je nach Art der Gerinnung Süßmolke (Labmolke) und Sauermolke. Die wichtigsten Verarbeitungsprodukte sind: → Molkenpulver, teilentzuckertes Molkenpulver (nach weitgehender Entfernung der Lactose), Molkenproteinpulver und entmineralisiertes Molkenpulver (durch Ionenaustausch oder → Elektrodialyse gewonnen). Das Molkenprotein kann durch Erhitzen (95°C, 30 min) bei einem pH-Wert von 4,5 ausgefällt oder durch → Ultrafiltration angereichert werden. Nach der Koagulation wird es abgetrennt und getrocknet.

Molkenentsalzung

wird erforderlich bei der Gewinnung von → Molkenproteinen und bei der → Lactoseherstellung. Sie erfolgt durch → Elektrodialyse oder Ionenaustausch.

Molkenerzeugnisse

→ Milcheiweißerzeugnisse.

Molkenkäse

ist ein durch Eindicken von Molke hergestelltes Produkt und vorwiegend in Norwegen und Schweden unter dem Namen Mysost, Geitost und Mesost bekannt. Zur In-

aktivierung des Labenzyms wird die Molke (pH ~ 6,4) auf 80°C erhitzt und auf etwa 50% Trockensubstanz eingedampft. Danach wird bei 80-100°C weiter gekocht und auf etwa 80% Trockensubstanz eingedampft. Dabei bekommt der M. als Folge von → Maillard-Reaktionen seine charakteristische braune Färbung. Um kleine, sensorisch wahrnehmbare Lactosekristalle zu erhalten, muß am Ende der thermischen Behandlung schnell abgekühlt und ausgeformt werden. Der M. enthält etwa: 26-30% Fett, 11-13% Protein, 35-38% Lactose, 16-19% Wasser und 4-5% Asche.

Molkenproteine

sind die nach der Säurefällung des Caseins in Lösung verbleibenden Proteine der Milch, deren Hauptfraktionen die Lactalbumine, Lactoglobuline und die Proteose bzw. Pepton sind. Die Zusammensetzung gibt **Tab. 50** an.

Molkenproteingewinnung

kann auf verschiedene Weise aus der Molke erfolgen. Heute wird vorrangig die → Ultrafiltration zur Abtrennung der Molken- proteine angewendet. Sie lassen sich auch durch Fällung mit anschließendem → Zentrifugieren gewinnen. Eine andere Möglichkeit ist das sog. → Centri-Whey-Verfahren. Dabei wird die Molke zunächst zentrifugiert, auf 8°C gekühlt und bis zur Verarbeitung in einem Tank zwischengelagert, wobei der pH-Wert auf 6,2-6,3 mit Alkalien eingestellt wird. Die so vorbereitete Molke wird über einen Plattenwärmeaustauscher auf 70°C vorgewärmt und anschließend mittels Dampfinjektor auf 90-95°C gebracht. Nach einer Verweilzeit von 10-15 min. in einem Tank mit Rührwerk, wird die Molke durch einen Säureinjektor einem Rohrheißhalter zugeführt. Dabei wird der pH-Wert schlagartig auf den isoelektrischen Punkt abgesenkt. Die hitzedenaturierten Proteine präzipitieren innerhalb von 30 s, verbleiben jedoch bis nach dem Abkühlen auf etwa 40°C in der Molke und können nun durch eine Zentrifuge getrennt werden.

Molkenpulver

wird aus Lab- oder Sauermolke durch Vorkonzentrieren auf 45-50% Trockenmasse und anschließender → Walzen- oder → Sprühtrocknung gewonnen. M. enthält 12-13% Protein, 85% Lactose und 1-2% Mineralstoffe. Durch → Ultrafiltration gewonnenes Molkeneiweißpulver enthält bis zu 74% Pro-

189

Molkensahne

tein, 20% Lactose und 6% Mineralstoffe. Teilentzuckertes M. erhält man als Abprodukt bei
der Lactosegewinnung. Entmineralisiertes M.
entsteht durch die Anwendung der → Elektrodialyse oder durch Ionenaustausch. M. wird
in der Tierernährung, aber auch für Backwaren, Süßwaren, Getränke und für diätetische
Lebensmittel verwendet. → Trockenmilcher-
zeungis, → Milchpulverherstellung.

Molkensahne

(syn.: Molkenrahm) ist das bei der Entrahmung von Molke anfallende reine Milchfett
mit einem Mindestfettgehalt von 10%. M.
wird der Käsereimilch zur Fettgehaltseinstel-
lung zugesetzt oder als Kochbutter verwendet.

Molkenverwertung, aerobe

bezeichnet im allgemeinen die Verhefung von
→ Molke zur Herstellung von → Single Cell
Protein (SCP). Dabei wird Molke oder Lac-
toselösung unter Zusatz von Nährsalzen wie
Ammoniumsulfat, Ammoniumphosphat oder
Harnstoff bei 30 - 45°C (je nach Hefeart) und
intensiver Belüftung fermentiert. Lactose dient
als C-Quelle und die Nährsalze als N-Quelle
für die Hefen. Der pH-Wert liegt zwischen 3,5
und 5,5. Nach der Fermentation wird die Biomasse abgetrennt und konzentriert bzw. getrocknet. Die theoretische Ausbeute beträgt
27 g Zellmasse/l Molke. Als Mikroorganismen
kommen vor allem *Kluymeromyces fragilis, K.
lactis* in Betracht. Wichtig ist, daß der Mikroorganismus β-Galactosidase-positiv ist, damit
die Lactose gespalten werden kann.

Molkenverwertung, anaerobe

Zur anaeroben M. werden die Vergärung zu
Milchsäure, Alkohol und Methan gezählt. Bei
der *Milchsäuregewinnung* aus Molke finden
thermophile Milchsäurebakterien (z.B. *Lactobacillus delbrueckii subsp. bulgaricus*) Anwendung. Die gebildete Milchsäure wird mit
CaCO₃ abgepuffert oder durch Elektrodialyse entfernt. Der Verfahrensablauf ist in der
Abb. 122 dargestellt. Der Umsatz an Ethanol aus Lactose bei der Alkoholgewinnung aus
Molke erfolgt nach der Reaktionsgleichung:

$$C_{12} H_{22} O_{11} + H_2O \rightarrow 4 C_2 H_5 OH + 4 CO_2$$

Vor der Fermentation muß die Molke durch
die folgenden Prozeßschritte aufbereitet werden: Fettabtrennung (→ Zentrifugieren), →
Mikroorganismenabtötung (→ Pasteurisieren),
Eiweißabtrenung (→ z.B. Ultrafiltration), Ent-

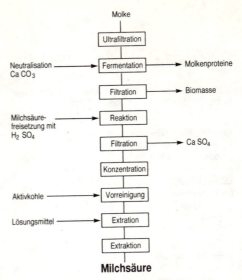

Bild 122. Verfahrensablauf der Milchsäuregewinnung aus Molke

salzen (→ Elektrodialyse). Als Mikroorganismus kommen vor allem *Kluymeromyces
fragilis* oder andere lactosevergärenden Organismen in Betracht. Auf der Basis von
Molke sind zahlreiche alkoholische bier- und
weinähnliche Produkte empfohlen worden.
Molke läßt sich auch zur *Methangewinnung*
nutzen. Der Prozeß läuft in zwei Stufen ab.
Zunächst werden die organischen Bestandteile der Molke in kurzkettige organische Säuren
mikrobiell abgebaut. In der zweiten Stufe werden diese Verbindungen unter strikt anaeroben
Bedingungen zu vorwiegend Methan und CO_2
umgewandelt. Als Mikroorganismen kommen
z.B. *Methanosarcina* und *Methanococcus* in
Betracht. Der Methananteil im Faulgas beträgt
etwa 50%.

Monheimer Salzsauer-Verfahren

ist ein einstufiges Sauerteigverfahren, bei dem
der Teig direkt aus dem Salzsauer bereitet
wird. Es ist durch eine hohe Reifezeit, eine
hohe Tagesausbeute, eine Stehzeit bis zu 3 Tagen charakterisiert. Der Sauerteiganteil beträgt
je nach Brotart 30 - 40% der Roggenmehlmenge, der Anstellsaueranteil zum Salzsauer wird
mit 20% der Sauerteigmehlmenge angegeben.
Der Zusatz des Kochsalzes bereits zum Sauer-
teigansatz bewirkt eine Hemmung des Wachstums der Mikroorganismen. In **Abb. 123** ist

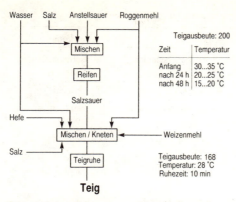

Bild 123. Schema des Monheimer Salzsauer-Verfahrens

Tabelle 51. Gesättigte und ungesättigte aliphatische Monocarbonsäuren

IUPAC-Name	Trivialname	Siedetemperatur in °C
Methansäure	Ameisensäure	100,5
Ethansäure	Essigsäure	118
Propansäure	Propionsäure	141
Butansäure	Buttersäure	163
Pentansäure	Valeriansäure	187
Hexansäure	Capronsäure	205
Octansäure	Caprylsäure	238
Decansäure	Caprinsäure	270
Dodecansäure	Laurinsäure	–
Tetradecansäure	Myristinsäure	–
Hexadecansäure	Palmitinsäure	–
Octadecansäure	Stearinsäure	–
Propensäure	Acrylsäure	140
Octadecensäure	Ölsäure	–

das M.S.-V. im Schema dargestellt. Der M.S. eignet sich als Wochensauer, d.h. als Sauerteig der samstags angesetzt und für die laufende Woche als Anstellsauer verwendet werden kann.

Monilia-Fäule
(Sclerotinia-Fäule), verursacht durch *Sclerotinia fructigena* (Konidienform *Monilia fructigena*) und *S. laxa* (*M. cinerea*), infiziert die Früchte bereits am Baum und befällt besonders Steinobst, teils auch Kernobst. Charakteristisch ist die ringförmige graue Mycelbildung. Gleichzeitig entwickelt sich eine braune Naßfäule (Braunfäule), die bei ausbleibender Fruktifikation in Schwarzfäule übergeht.

Monocarbonsäuren
(Alkansäuren) sind organische Säuren, die durch Oxidation von primären Alkoholen entstehen. Sie spielen im Lebensmittel eine wichtige Rolle, wie z.B. bei Fetten und Aromen. **Tab. 51** enthält die gesättigten und ungesättigten aliphatischen M.

Morio-Muskat
ist eine aus Silvaner und Weißburgunder gezüchtete → Weißweinsorte.

Mortadella
ist eine → Brühwurst, die grob gewürfelten Speck in feingekutterter Grundmasse enthält. Sie wird meist in Hüllen großen Kalibers gefüllt. M. ist ursprünglich ein italienisches Produkt, das heute aber weite Verbreitung gefunden hat.

Mostgewicht
gibt das Dichteverhältnis von Most an. Es liegt bei Traubenmost etwa bei 1,070 bis 1,110 und wird in °Oechsle angegeben. 1,0°Oe entspricht einer Dichte von 1,001. Somit hat ein Most mit einer Dichte von 1,070 = 70°Oe. Das M. wird mit der Mostwaage (auch Oechslewaage) bestimmt. 1°Oe entspricht etwa 2,5 g Zucker/l Most minus der Nichtzuckerstoffe. Ab 70°Oe kann ein Wein selbständig hergestellt werden. Liegt das M. darunter, muß nachgezuckert werden. Qualitätsweine mit Prädikat dürfen jedoch nicht gezuckert werden.

Mozzarella
ist ein italienischer → Frischkäse von weicher, gelartiger Konsistenz. Er unterscheidet sich in der Herstellung von anderen Frischkäsesorten dadurch, daß nach der Molkenentfernung der Bruch geschnitzelt und einer Heißwasserbehandlung von 60-70°C unterzogen wird. Auf diese Weise wird der Wassergehalt reguliert und die Voraussetzung für die charakteristische Struktur geschaffen. Die Schnitzel werden anschließend geknetet, geformt, gekühlt und ins Salzbad gebracht. → Käse, → Labkäse, → Labkäseherstellung.

Mühlen
→ Zerkleinerungsmaschinen, → Vermahlungsmaschinen.

Müller-Thurgau
ist eine aus Riesling und Silvaner gekreuzte → Weißweinsorte, benannt nach seinem Züchter Müller aus Thurgau (1882).

Multienzymkomplex

Tabelle 52. Mycotoxine, ihre Wirkungen, wesentliche Produzenten und Vorkommen

Mycotoxin	Fungi	Wirkung	Vorkommen
Aflatoxine	Aspergillus flavus, A. parasiticus	Krebs, Leberschäden	Getreide, Nüsse, Milch
Byssochlaminsäure	Byssochlamys fulva	Blutungen	Obstsäfte
Citrinin	Penicillium citrinum, Aspergillus terreus	Nierenschäden, Blutungen	Mehl, Reis, Bohnen
Cladosporinsäure	Cladopsporium epiphyllum, C. fagi	alimentäre toxische Aleukie	Getreide
Cyclopiazonsäure	Penicilium cyclopium. A. versicolor	Leberschäden, Krebs	Mehl, Bohnen
Fusariogenine	Fusarium poae	alimentäre toxische Aleukie	Getreide
Islanditoxin	P. islandicum	Leberschäden	Reis
Luteoskyrin	P. islandicum	Leberschäden	Reis
Maltorycin	A. oryzae	Leberschäden	Malzkeime
Nivalenol	Fusarium nivale	Übelkeit, Abmagerung	Weizen, Bohnen
Ochratoxine	A. ochraceus, A. melleus	Fettleber	Getreide, Gemüse, Fisch
Patulin	Penicillium spp., Aspergillus spp.	generelles Zellgift	Obst, Obstsäfte
Rubratoxin	Penicillium rubrum	Leberschäden	Getreide
Sterigmatocystin	Aspergillus versicolor, A. nidulans	Leberschäden, Krebs	Mehl

Multienzymkomplex

ist ein aus mehreren → Enzymen bestehendes Multienzym, das meist durch nichtkovalente Bindungen verknüpft ist und ganze Stoffwechselsequenzen katalysieren kann. Die auf mikrobiellem Weg produzierten M.'e bezeichnet man auch als Komplexpräparate.

Münsterkäse

→ Weichkäse, → Labkäse.

Mürbeteig

(Weichkeksteig), bestehend aus Fett (mindestens 20% bezogen auf den Mehlanteil), Zucker, auch aus Ölsamen, Ei, Kakaoerzeugnissen, sowie chemischen → Teiglockerungsmitteln, wird zu Dauerbackwaren (Schnittgebäck, Spritzgebäck, Spekulatius) und zu Mürbteigböden verarbeitet. Schwere Teige mit hohem Fettanteil werden physikalisch durch Wasserdampf gelockert. Die Teigherstellung ist durch einen raschen Mischeffekt mit gleichmäßiger Verteilung der Zutaten oh-

ne Teigerwärmung charakterisiert. Die geringe Flüssigkeitsmenge im M. läßt eine krümelige Teigstruktur entstehen.

Muskat

(*Myristica fragans Houtt.*) ist ein Gewürz, dessen hauptsächliche Inhaltsstoffe ätherisches Öl mit Pinen, Sabienen, Terpinen-4-ol, Elemicin, Myristicin sowie fettes Öl und Stärke sind.

Muskateller

ist eine Weißweinsorte, die Weine mit würzigem Muskatgeschmack ergibt.

Muskelspritzung

→ Pökelverfahren.

Muttersäfte

sind Obstsäfte, die ohne Nachpressen und ohne Verwendung von Konzentrat, teils auch chemisch konserviert hergestellt wurden und zur weiteren Verarbeitung bestimmt sind. Meist sind M. wegen des hohen natürlichen Säuregehaltes der verwendeten Früchte nicht zum unmittelbaren Verzehr geeignet, wie z.B. Beerenobst, Steinobst.

Mycotoxine

sind von Schimmelpilzen gebildete Toxine mit sehr unterschiedlichen pathophysiologischen Effekten. M. sind in der Regel hitzeresistent. Die wichtigsten lebensmittelrelevanten M., ihre Wirkungen, wesentliche Produzenten und Vorkommen enthält **Tab. 52**.

Myofibrillen

Die Skelettmuskulatur ist aus quergestreiften Muskelzellen (Muskelfasern) aufgebaut. Die Oberfläche der Muskelfaser, das Sarcolemma besteht aus drei Schichten (Bindegewebsschicht, mittlere amorphe Schicht, Plasmamembran). Das Innere der Muskelfaser ist von in der Längsrichtung liegenden M. erfüllt, die aus feinen Eiweißfäden aufgebaut sind. Die M. haben die Eigenschaft, sich aufgrund reversibler chemischer Umsetzungen zu verkürzen und dadurch die Muskelkontraktion zu bewir-

ken. Der Durchmesser der M. beträgt etwa 1 μm.

Myoglobin

besteht aus einem Eiweißanteil, dem Globin und einer eisenhaltigen farbigen Verbindung, dem Häm und ist der Farbstoff der Warmblütermuskulatur. Physiologisch hat M. die Aufgabe der Sauerstoffübertragung und -bevorratung. Zusammen mit Nitrit spielt es die entscheidende Rolle bei der → Umrötung. Bei Erhitzung und Sauerstoffeinwirkung bildet sich das graubraune Metmyoglobin.

Myosin

ist ein aus sechs Polypeptidketten aufgebautes Muskelprotein, das strangartig angeordnet ist. Die funktionellen Eigenschaften werden wesentlich durch die SH-Gruppen (42-Thiolgruppen) bestimmt. Durch enzymatischen Angriff (Papain und Trypsin) lockert sich die Struktur des Stranges, wodurch die Zartheit des Fleisches erhöht wird.

N
_____

Naßfäule
tritt bei Befall von *Botrytis cinerea* bei unreifen Trauben und nasser Witterung auf und
führt in diesem Zustand zum Verderb. Bei
vollreifen Trauben kommt es zur → Edelfäule.

Naßkonserven
→ Konservenherstellung.

Naßpökelung
→ Pökelverfahren.

Naßvermahlung
→ Vermahlung.

Natamycin
(*Pimaricin*) ist ein Antibiotikum von *Strep-
tomyces natalensis* und wird zur antimykoti-
schen Oberflächenbehandlung von Hartkäse,
Schnittkäse und halbfestem Schnittkäse mit
geschlossener Rinde verwendet (→ Käse).
Die Höchstmengenbegrenzung ist mit 2 mg/
dm^2 bei einer maximalen Eindringtiefe von
5 mm festgelegt.

Natriumbenzoat
ist ein → Konservierungsstoff der Zusatzstoffverkehrsordnung.

Natriumdisulfit
ist ein → Konservierungsstoff der Zusatzstoffverkehrsordnung.

Natriumformiat
ist ein → Konservierungsstoff der Zusatzstoffverkehrsordnung.

Natriumglutamat
(Mononatriumglutamat) ist ein → Ge-
schmacksverstärker und ein Natriumsalz der
→ Glutaminsäure.

Natriumhydrogensulfit
ist ein → Konservierungsstoff der Zusatzstoffverkehrsordnung.

Natriumnitrit
(1) ist ein → Konservierungsstoff der Zusatzstoffverkehrsordnung.

(2) Natriumsalz der salpetrigen Säure. Verwendung für Lebensmittel im → Nitritpökelsalz.

Natriumorthophenylphenolat
ist ein → Konservierungsstoff der Zusatzstoffverkehrsordnung.

Natriumsorbat
ist ein → Konservierungsstoff der Zusatzstoffverkehrsordnung.

Natriumsulfit
ist ein → Konservierungsstoff der Zusatzstoffverkehrsordnung.

Natto
ist ein fermentiertes → Gemüse, das vorwiegend in Japan mit Hilfe von *Bacillus subtilis*
aus Sojabohnen hergestellt wird.

Natursauer
→ Spontansauer.

Neutralfette
sind die Fettsäureester des Glycerols. Sie unterscheiden sich in der Zusammensetzung ihrer → Fettsäuren.

Newton-Zahl
→ Sedimentation.

Newton'sche Flüssigkeit
ist eine Flüssigkeit, deren → Viskosität vom
Spannungs- bzw. Deformationszustand unabhängig ist. Flüssigkeiten, die in ihrem Verhalten davon abweichen, werden als Nicht-
Newton'sche Flüssigkeiten bezeichnet. Ihre
Viskosität ist vom Spannungs- bzw. Deformationszustand abhängig.

Nitritpökelsalz
(NPS) besteht aus Natriumchlorid und 0,5 -
0,6% Natriumnitrit ohne oder mit 0,9 - 1,0%
Natriumnitrat. Es wird als → Pökelstoff zum
→ Pökeln von Fleischwaren eingesetzt. Die
Herstellung, Lagerung und der Versand von
N. ist gesetzlich geregelt.

Nivalenol
→ Mycotoxin.

NIZO-Verfahren
→ Butterherstellung.

Norbixin
→ Carotinoide, → Farbstoff.

Nudeln
→ Teigwaren.

Tabelle 53. Hauptbestandteile von Nüssen (bezogen auf den eßbaren Anteil) in %

Nußart	Wasser	Eiweiß	Fett	Kohlenhydrate	Rohfaser	Mineralstoffe
Kokosnuß	38,0 - 47,0	3,4 - 4,2	35,0 - 40,0	9,8 - 11,0	3,2 - 3,4	1,0 - 1,6
Mandeln, süß	4,7 - 6,3	17,7 - 19,0	53,0 - 56,0	13,0 - 17,0	2,7 - 3,7	2,3 - 3,0
Haselnuß	5,4 - 7,1	12,7 - 14,1	60,0 - 62,7	11,0 - 12,9	3,0 - 3,3	2,2 - 2,7
Kaschunuß	2,7 - 5,3	15,2 - 20,2	34,2 - 47,8	28,0 - 34,0	1,1 - 1,4	2,7 - 3,1
Marone	47,0 - 54,0	2,3 - 3,5	1,5 - 2,8	36,0 - 46,0	1,0 - 1,9	1,0 - 1,43

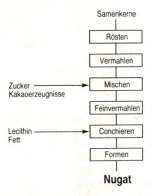

Bild 124. Verfahrensablauf der Nugatherstellung

Nugat
ist eine Mischung aus einer Nugatmasse und höchstens der halben Gewichtsmenge Zucker. Ein Teil des Zuckers kann durch Sahne und/oder Milchpulver ersetzt werden. Es gelten folgende Festlegungen: Nußnugatmasse (max. 50% Zucker, mind. 30% Fett, max. 2% Feuchtigkeit), Mandelnugatmasse oder Mandelnußnugatmasse (max. 50% Zucker, mind. 28% Fett, max. 2% Feuchtigkeit), Sahnenugat (mind. 5,5% Milchfett aus Sahnepulver oder Sahne), Milchnugat (mind. 3,2% Milchfett, 9,3% fettfreie Milchtrockenmasse). **Abb. 124** zeigt den Verfahrensablauf der Nugatherstellung. In der handwerklichen Herstellung wird häufig von der Vorstufe → Krokant ausgegangen.

Nugatmassen
sind konzentrierte Halberzeugnisse weicher bis schnittfester Konsistenz, hergestellt aus Samenkernen, Zucker und Kakaoerzeugnissen nach der Technologie der Herstellung von → Nugat. Als Kakaoerzeugnisse können neben Schokolade auch Schokoladenpulver, → Ka-

kaopulver, Kakaomasse, → Kakaobutter und → Kuvertüren verwendet werden.

Nugatwaren
sind Zuckerwaren aus → Nugat, wie Nugatpralinen, Schichtnugat, Nugatformartikel, Nugat als Schokoladenfüllung, Zusatz zu Schokolade (Nugatschokolade).

Nuoc-mam
ist eine vietnamesische, hellbraune Fischsoße aus kleinen Seefischen der Arten *Clupeidae* und *Carangidae*, die als Würzmittel zu Reisgerichten verwendet wird. Die Fische werden zerkleinert und mit Salz in Steinguttöpfe gefüllt, luftdicht verschlossen und vergraben. Nach mehrmonatiger Reifezeit wird die entstandene Flüssigkeit im Steinguttopf von den Festbestandteilen getrennt. Die industrielle Herstellung erfolgt in Holzfässern.

Nüsse
unterscheidet man in echte N. und unechte N. Echte N. sind hartschalige einsamige Früchte, die zum Schalenobst gehören. Unechte N. sind botanisch unterschiedlicher Herkunft, z.B. Erdnuß, → Hülsenfrucht, Kokosnuß und Mandel sind getrocknete Früchte. Zur Erzeugung von Speiseöl wird besonders die Kokosnuß und die Erdnuß eingesetzt. Weitere Verwendung finden Nüsse in der Süßwarenindustrie (→ Marzipan, → Makronen, → Krokant, → Nugat). Die eßbare Samenanlage der Nüsse ist meistens von einer harten ungenießbaren Schale umgeben. Die Hauptbestandteile von Nüssen enthält **Tab. 53.**

Nusselt-Zahl
ist der dimensionslose Wärmeübergangskoeffizient, wobei l ein charakteristischer geometrischer Faktor, die Wärmeübergangszahl α und die Wärmeleitfähigkeit λ ist.

$$Nu = \alpha \cdot \frac{l}{\lambda}$$

O

Oberflächenaktivität
(1) bezeichnet die Fähigkeit einer gelösten Substanz, die → Oberflächenspannung eines Lösungsmittels zu erniedrigen. Dieser Effekt beruht auf einer Anreicherung des gelösten Stoffes an der Oberfläche der Lösung.
(2) bezeichnet das auf der Ausbildung großer innerer Oberflächen beruhende starke Adsorptionsvermögen einiger Stoffe, wie → Aktivkohle, → Bleicherden u.a. → Adsorption.

Oberflächenspannung
σ ist die Arbeit W, die benötigt wird, um eine Flüssigkeitsoberfläche A von $1\,cm^2$ neu zu bilden. Somit entspricht die O. der parallel zur Oberfläche einer Flüssigkeit gerichteten, auf 1 cm Randlänge l bezogenen Kraft F, gegen die bei der Vergrößerung der Oberfläche Arbeit zu leisten ist.

$$\sigma = \frac{W}{A} \quad \text{oder} \quad \frac{F}{l}$$

Auftretende Spannungen zwischen Phasengrenzen werden als → Grenzflächenspannungen bezeichnet.

Obergärige Biere
sind aus Gersten- und/oder Weizenmalz, Wasser und Hopfen durch Maischen und Kochen hergestellte, mit obergäriger Hefe vergorene Getränke.

Obst
ist die Sammelbezeichnung für alle in rohem Zustand genießbaren Früchte von mehrjährigen Pflanzen. Einige genießbare Samenkerne werden zum Obst gerechnet. **Tab. 54** zeigt eine gebräuchliche Einteilung für O. O. ist ernährungsphysiologisch insbesondere wegen seines hohen Vitamingehaltes, Ballaststoff- und Mineralstoffanteils sowie seines geringen Fettgehaltes (Ausnahmen: z.B. Nüsse, Sojasamen) wertvoll. Aus O. werden u.a. folgende Erzeugnisse hergestellt:

→ Obstkonserven, → Süßmoste, → Fruchtsäfte, → Fruchtsirup, → Marmeladen, → Konfitüren, → Fruchtsaftkonzentrate, Dickzuckerfrüchte.

Obstbrände
→ Spirituosen.

Obstdessertweine
werden aus Äpfeln und/oder Birnen hergestellt und haben mindestens 13 Vol.-% Alkohol, 4 g/l nichtflüchtige und höchstens 1,4 g/l flüchtige Säuren. Zu den O.'n gehören Apfeldessertwein (Cider), Birnendessertwein und Verschnitte daraus.

Obsterzeugnisse
ist ein Sammelbegriff für alle aus → Obst hergestellte und zum Verzehr bestimmte Erzeugnisse wie: → Fruchtsaft (auch konzentriert und getrocknet), → Fruchtnektar, → Fruchtsirup, → Konfitüren, → Marmeladen, Pflaumenmus, Gelee und → Obstkraut. Näheres regelt die Fruchtsaft-VO, die VO über Fruchtnektare und Fruchtsirup, VO über Obsterzeugnisse und die Lebensmittelkennzeichnungs-VO.

Obstessig
ist ein durch Gärung ausschließlich aus Obstwein hergestellter Essig. Bei Verwendung von Apfelwein als Ausgangsprodukt wird die Bezeichnung „Apfelessig" geführt.

Obstgeist
→ Spirituosen.

Tabelle 54. Einteilung von Obst

Gruppen-einteilung	Obstart
Beerenobst	Erdbeeren, Stachelbeeren, Johannisbeeren, Heidelbeeren, Preiselbeeren, Himbeeren, Weintrauben (Weinbeeren) u.a.
Kernobst	Äpfel, Birnen, Quitten u.a.
Schalenobst	Haselnüsse, Mandeln, Walnüsse, Paranüsse, Erdnüsse u.a.
Steinobst	Aprikosen, Kirschen, Pfirsiche, Pflaumen u.a.
Südfrüchte	Ananas, Bananen, Mandarinen, Orangen, Zitronen u.a.

Obstkonserven

sind ausschließlich durch Wärmebehandlung in luftdicht verschlossenen Behältnissen haltbar gemachte Erzeugnisse. Die Behältnisse enthalten nicht mehr Flüssigkeit als technisch unvermeidbar ist. Angegebene Zuckerkonzentrationen beziehen sich auf das Fertigerzeugnis. Als O. werden insbesondere hergestellt: Erdbeeren, Himbeeren, Pflaumen, Mirabellen, Reineclauden, Äpfel, Kirschen, Sauerkirschen, Aprikosen, Pfirsiche, Birnen, Stachelbeeren, Johannisbeeren, Heidelbeeren, Preiselbeeren, Brombeeren, Ananas und Mandarinen. → Obst.

Obstkraut

ist ein → Obsterzeugnis, das aus Äpfeln oder Birnen unter Zusatz von etwas Wasser gekocht, abgepreßt und der Saft anschließend bis zu höchstens 35% Wassergehalt eingedampft und teils mit Zucker gesüßt wird. Man unterscheidet: Apfelkraut ohne Zusatz, Apfelkraut gesüßt, Birnenkraut und Apfel-Birnenkraut. O. wird als Brotaufstrich verwendet.

Obstler

ist die süddeutsche Bezeichnung für → Obstbranntweine. → Spirituosen.

Obstmühlen

sind Apparate zur mechanischen Zerkleinerung von Obst. Die wichtigsten Apparategrundtypen sind: Flügelwalzenmühlen, Rätzmühlen, Schleuderfräsen und Hammermühlen. Die *Flügelwalzenmühle* wird zur Zerkleinerung von → Beeren- und → Steinobst verwendet und besteht aus zwei verstellbaren gegenläufig rotierenden Flügelwalzen. Die Zerkleinerung erfolgt vorwiegend durch Quetschen der Früchte. Die *Rätzmühle* dient vor allem zur Zerkleinerung von → Kernobst. In einem zylindrischen Mahlraum befindet sich ein mehrflügeliger Rotor, durch den das Obst durch den Zylinder transportiert wird. Im unteren Teil des Zylinders befinden sich austauschbare, gezähnte Messer, die das Zerkleinern des Obstes bewirken. Die *Schleuderfräse* wird ebenfalls zur Zerkleinerung von Kernobst eingesetzt. Das Obst wird durch einen mehrflügeligen Rotor durch einen Zylinder transportiert. In den Mahlraum ragen messerartige Sieblöcher, durch die das Mahlgut ausgetragen wird. Auch *Hammermühlen* werden für die Kernobstzerkleinerung eingesetzt. In einem Siebmantel befindet sich ein Rotor mit pendelnd angebrachten Prallorganen, den sog.

Hämmern, die das Mahlgut durch die Siebmantellöcher drücken. Auch bei der Weinherstellung werden O. verwendet, die jedoch produktschonender arbeiten. → Traubenmühlen.

Obstpreßsäfte

sind durch Pressen von frischen, nicht angegorenen, reifen Früchten gewonnenen Säfte. → Obstsäfte.

Obstsäfte

→ Fruchtsäfte.

Obstschaumweine

sind schaumweinähnliche Getränke, meist aus Kernobstwein, mit mindestens 5,0 Vol.-% Alkohol, 4 at CO_2-Druck bei 20°C und 4 g/l nichtflüchtigen sowie höchstens 1,2 g/l flüchtigen Säuren. Die Obstart kann angegeben werden (z.B. Apfelschaumwein).

Obsttresterbrannt

→ Spirituosen.

Obstverarbeitung

ist die gewerbliche, küchentechnische Vorbereitung der Rohware mit anschließender Haltbarmachung durch → Sterilisation oder → Pasteurisation, → Trocknen, → Tiefgefrieren, → Kandieren, chemisches Konservieren und Einlegen in Alkohol. → Konservierung.

Obstweine

sind nach dem deutschen Weingesetz „weinähnliche Getränke". Der mengenmäßig größte Anteil entfällt auf Äpfel und Birnen, neben Johannisbeeren, Heidelbeeren, Stachelbeeren, Erdbeeren, Hagebutten, Kirschen und teilweise Brombeeren, Himbeeren und Preiselbeeren, die zu → Beerenweinen verarbeitet werden. Da frische Äpfel noch einen hohen Stärkeanteil haben, werden sie zur Obstweinbereitung zwischengelagert, damit sich die Stärke in Zucker umwandelt. Ein Zusatz von Quitten verbessert das Aroma bei Apfelwein und erleichtert die Klärung. Die Früchte werden gewaschen, entstielt und mittels → Obstmühlen gemahlen. Zum Keltern von Kernobstmaischen verwendet man meist → Packpressen oder für Obst- und Beerenmaischen die horizontale Willmes-Presse. Um eine Verfärbung durch Oxidasen zu vermeiden, muß sofort geschwefelt werden. Die Trester können mit 10% Wasser aufgeschwemmt und erneut abgepreßt werden. Das Mostgewicht bei Apfel- und Birnenmosten wird auf etwa 55°Oe aufgezuckert und der Säuregehalt mit Milchsäure angeglichen. In der Regel wird der Most mit

Ochratoxine

Reinzuchthefen vergoren, da sich reintönige Weine mit den nativen Hefen kaum erzielen lassen. Die weitere Verarbeitung entspricht im wesentlichen der → Weißweinherstellung.

Ochratoxine
sind → Mycotoxine. Man unterscheidet drei Toxine: Ochratoxin A, B und C. Sie werden vorwiegend von Schimmelpilzen der Gattungen *Aspergillus* und *Penicillium* auf Getreide, Erdnüssen und Gemüse gebildet.

Öchslegrade
zeigen an, um wieviel Gramm ein Liter Most bei 18°C mehr wiegt als ein Liter Wasser der gleichen Temperatur.

Ogi
→ Getreideprodukte, fermentierte.

Öle, modifizierte
→ Fette, modifizierte.

olfaktorisch
ist die Wahrnehmung von sensorischen Eindrücken durch die Riechzellen der Nase. → Sensorik.

Ölfraktionierung
→ Fettfraktionierung.

Ölsaaten
sind Nüßchen oder Samen einjähriger Pflanzen, die für die Ölgewinnung eingesetzt werden. Die bedeutendsten Ö. sind Sonnenblumensaat, Raps, Rübsen, Sojabohne, Erdnuß, Baumwollsaat. Weitere Ö. sind: Leinsaat, Mohnsaat, Sesamsaat, Nigersaat, Senf, Leindotter, Ölrauke. Den Fettgehalt ausgewählter Ö. und die Erstarrungspunkte ihrer Öle enthält **Tab. 55.**

Oliven, fermentierte
sind → Sauergemüse, die vor der → Fermentation mit schwacher Natronlauge zur Entfernung eines bitteren Glycosids behandelt wer-den. Erst danach setzt die → Milchsäuregärung zögernd ein, so daß teils mit gärender Lake beimpft wird. Die Milchsäurekonzentration steigt während der Gärung auf 0,4 - 1,0% an.

Olivenöl
ist ein → Pflanzenöl, das aus Oliven (*Olea europaea*) durch Pressung gewonnen wird. Oliven werden vorwiegend in den Mittelmeerländern angebaut. Das Fruchtfleisch enthält 14 - 25% Öl und die Kerne etwa 12% Öl. Der Anteil an gesättigten → Fettsäuren beträgt 10 - 12%, der an ungesättigten Fettsäuren 88 - 90%. Der geringe Gehalt an Linolsäure führt zu hoher Oxidationsstabilität. O. zählt zu den qualitativ besten Speiseölen. Es gelten international geregelte Begriffsbestimmungen. *Natives Olivenöl*: Wird durch mechanischen Preßvorgang (Kaltpressung) und anschließender Reinigung, Dekantier-Zentrifugierung und Filtrierung gewonnen. Man unterscheidet: natives Olivenöl extra (aus erster Pressung, einwandfreier Geschmack, freie → Fettsäuren < 1% Gew.-%), natives Olivenöl fein (einwandfreier Geschmack, freie Fettsäuren < 1,5 Gew.-%) und natives Olivenöl mittelfein (guter Geschmack, freie Fettsäuren < 3,0 Gew.-%). *Raffiniertes Olivenöl*: Wird von nativem O. durch Raffination (→ Rohölraffination) gewonnen. *Reines Olivenöl*: Sind Mischungen von nativem und raffiniertem Olivenöl. *Oliventresteröl*: Rohöl, das aus den Preßrückständen (Oliventrester) mit einem organischen Lösungsmittel und durch anschließende → Rohölraffination gewonnen wird.

Oolong-Tee
auch Gelber Tee, ist ein halbfermentierter Tee, der kurz vorgetrocknet und handgerollt wird. Danach wird er einem kurzem Fermentationsprozeß unterzogen und abschließend getrocknet. → Teefermentation, → Tee.

optisch
ist die Wahrnehmung von sensorischen Eigenschaften durch die Stäbchen und Zäpfchen der Netzhaut. → Sensorik.

Orangeat
→ kandierte Fruchtschale.

Orleon
→ Carotinoide, → Farbstoffe.

Tabelle 55. Fettgehalt ausgewählter Ölsaaten und Erstarrungspunkt ihrer Öle

Ölsaat	Fettgehalt des Samens in %	Erstarrungs- punkt in °C
Sonnenblume	25 – 30	-18 – -20
Raps	38 – 42	0 – -2
Erdnuß	42 – 52	- 2 – +3
Soja	19 – 24	- 8 – -18
Lein	30 – 45	-18 – -27

Orthophenylphenol
ist ein → Konservierungsstoff der Zusatzstoffverkehrsordnung.

Osborne Fraktionierung
bezeichnet die Trennung der Proteine des Getreides in Abhängigkeit ihrer Löslichkeit in die
Fraktionen → Albumine, → Globuline, Prolamine, Gluteline. Dabei werden Albumine mit
Wasser, Globuline mit einer Salzlösung, Prolamine mit 70%igem wäßrigem Ethanol aus
dem Mehl extrahiert. Gluteline verbleiben im
Rückstand. Die Osborne Fraktionen der verschiedenen Getreidearten werden mit eigenem
Namen versehen, z.B. das Prolamin des Weizens wird als Gliadin, das Glutelin des Weizens als Glutenin bezeichnet.

Osietra
→ Kaviar.

osmophil
bezeichnet man Mikroorganismen, die bei
stark erhöhtem Zuckergehalt wachsen können.

osmotisches Gleichgewicht
ist die Koexistenz zwischen zwei flüssigen
Phasen, von denen die eine aus einem gelösten
Stoff der Konzentration c_1 in einem Lösungsmittel, die andere aus dem reinen Lösungsmittel besteht, die durch eine semipermeable Membran getrennt sind. Im Gleichgewicht
stellt sich auf der Seite der Lösung ein um
Δp höherer Druck ein als auf seiten des
reinen Lösungsmittels. Diese Druckdifferenz
heißt osmostischer Druck.

Ouzo
→ Spirituosen.

oxidierte Stärke
→ Stärke, modifizierte.

P

Paarmethode

ist eine Methode zur → sensorischen Analyse, bei der Probenpaare mit geringen Unterschieden einzelner oder komplexer Sinneseindrücke nach folgender Fragestellung geprüft werden: 1. Ist ein Unterschied zwischen beiden Proben erkennbar?, 2. Welche Probe ist in einer bestimmten Eigenschaft stärker ausgeprägt? 3. Welche Probe wird bevorzugt? Sie dient dem Prüfen von sensorisch feststellbaren Unterschieden zwischen zwei Proben.

Packhilfmittel

sind Stoffe oder Gegenstände, wie Klebstoffe, Nägel, Bänder, Etiketten u.ä., die zusammen mit dem → Packmittel zum Verpacken, Verschließen und/oder Versandfertigmachen eines Packgutes dienen.

Packmittel

sind Erzeugnisse zum Umhüllen oder Umschließen von Packgut, wie Flaschen, Dosen, Kisten, Beutel, Schachteln, Hohlgläser u.a., um es verkehrs-, lager- und/oder verkaufsfähig zu machen. Der Werkstoff zum Herstellen von P.'n ist der Packstoff, wie Papier, Karton, Kunststoff, Holz, Glas, Metall u.a.

Packpressen

dienen zur Saftgewinnung bei der → Obst-und→ Gemüseverarbeitung. Das Preßgut wird in mehreren 5 - 15 cm hohen Schichten, die durch Holz- bzw. Plastikroste voneinander getrennt und in Nylontücher eingeschlagen sind, aufgestapelt. Das Pressen erfolgt in vertikaler Richtung. P. werden heute als 2- oder 3-Bett-Pressen (auch Biet-Pressen) gebaut. Während des Preßvorganges eines Bettes wird ein neues Bett gepackt und das dritte Bett vorgepreßt. Die Stundenleistung dieser P. liegen bei 5000 kg Maische. Die Entsaftungsanteile der Stufen sind etwa: Vorlauf 50 - 55%, Anpressung und Vorpressung 30 - 35% und Hochdruckpressung 5 - 10%. P. werden auch als vollautomatische Ausführungen angeboten. → Vertikal-Korbpressen.

Packstoff

→ Packmittel.

Packung

ist ein mit → Verpackung umhülltes Packgut.

Padang-Korintji-Cassia

ist ein Gewürz mit würzig-brennendem, süßlichem, angenehmen Geschmack, das aus der Rinde des Zimtcassiabaumes (*Cinnamomum burmanii*) gewonnen wird.

Paddyreis

→ Reis.

PHB-Ester

→ Konservierungsstoffe.

Pain

ist ein pastetenähnliches → Feinkosterzeugnis, das hauptsächlich aus Fleisch, aber auch aus Milch, Eiern und pflanzlichen Produkten hergestellt wird. P. wird häufig als → Dauerkonserve in Dosen angeboten.

Palatinit

(Isomalt) ist ein → Zuckeraustauschstoff, dessen Verwendung in der ZZulV geregelt ist. P. ist eine äquimolekulare Mischung der Isomeren α-D-Glucopyranosido-1,6-Mannit (GPM) und α-D-Glucopyranosido-1,6-Glucit (GPG).

Palatinose

→ Isomaltulose.

Palmitinsäure

→ Fettsäuren.

Palmkernfett

→ Cocosfett.

Palmöl

ist ein Pflanzenfett, das aus dem Fruchtfleisch der Palme (*Elaeis guineensis*), die im tropischen Afrika beheimatet ist, gewonnen wird. P. ist ein schmalzartiges Fett mit einem Schmelzpunkt von 22 - 40°C (je nach Anteil an freien → Fettsäuren). Es enthält etwa 52% ungesättigte Fettsäuren, davon 10% Linolsäure. → Fette.

Palmzucker

ist der aus dem Saft der Blüten oder Blattstengel von Palmen (*Cocos nucifera, Phoenix sylvestris*) gewonnene → Zucker, der als Sirup oder Trockenprodukt verwendet wird (→ Primitivzuker). P. wird in Indien, Burma, teils in Indonesien und auf den Philippinen hergestellt.

Panela
→ Primitivzucker.

Pansen
ist der erste Abschnitt des Wiederkäuermagens, in dem die grob zerkleinerte Nahrung durch Mikroorganismen einem Gärprozeß unterzogen wird. In der Fleischverarbeitung ist der P. von untergeordneter Bedeutung und wird zu Kutteln, meist jedoch zu Tierfutter verarbeitet.

Pantothensäure
→ Vitamine.

Papain
ist ein eiweißspaltendes → Enzym, das ähnlich wie Pepsin wirkt. P. ist im Milchsaft der unreifen Papayafrucht enthalten. Es läßt sich als Fleischzartmacher verwenden und wird meist als Mischung mit Salz und/oder Gewürzen im Handel angeboten. Die gewerblich technologische Nutzung unterliegt gesetzlichen Restriktionen.

Paprika
(*Capsicum annuum L.*) ist ein Gewürz, dessen hauptsächliche Inhaltsstoffe Capsaicin und Scharfstoffe je nach Sorte, sowie ätherisches Öl und Carotinoide sind.

Paprikaflocken
sind in Streifen geschnittene, meist luftgetrocknete Halbfabrikate aus → Paprika, die am Ursprungsort zu dieser Form verarbeitet, verpackt und versandt werden. Sie dienen zur weiteren Verarbeitung zu Gewürzen, → Trockensuppen, Fertiggerichten u.a.

Paprikapüree
ist ein durch mechanisches → Zerkleinern oder/und enzymatischen Aufschluß (→ pektolytische Enzyme) hergestelltes pastöses oder durch → Trocknen zu Pulver verarbeitetes Produkt.

Parallelströmung
ist eine elementare Potentialströmung, deren Stromlinien parallele Geraden sind. Der Geschwindigkeitsvektor ist nach Größe und Richtung konstant.

Parameter
sind die für einen mathematischen oder physikalischen Sachverhalt charakteristischen Größen. In der Thermodynamik unterscheidet man innere und äußere P., d.h., innere und äußere → Zustandsgrößen.

Tabelle 56. Vitamingehalt von Rohreis, Weißreis, Parboiled Reis

	Gehalt in mg/kg		
	Thiamin	Riboflavin	Niacin
Rohreis	3,4	0,55	54,1
Weißreis	0,5	0,19	16,4
parboiled Reis	2,5	0,38	32,2

Parboiled Reis
→ Parboiling-Verfahren.

Parboiling-Verfahren
ist eine Vorbehandlung von Paddyreis (→ Reis) unter Überdruck mit Wasserdampf vor der → Reismüllerei mit dem Ziel der Erhaltung von Vitaminen und Mineralstoffen, die dabei aus den Randschichten ins Innere des Kornes wandern und somit nicht durch Trocknen und Schleifen verloren gehen. In **Tab. 56** ist der Vitamingehalt von Rohreis, Weißreis und parboiled Reis angegeben. Der parboiled Reis hat verbesserte Kocheigenschaften, er bleibt beim Wiederaufwärmen körnig.

parfümierter Tee
ist ein → schwarzer Tee, dem 5% ätherische Öle unmittelbar vor dem Verpacken durch Aufsprühen in einer sich drehenden Trommel zugesetzt werden. Teilweise werden diesen Tees auch aromatisierende Pflanzenteile zugegeben.

Parmesan
(Grana Padano) ist ein italienischer → Hartkäse. Der Teig ist geschlossen und strohgelbfarbig. Sein Geschmack ist würzigaromatisch und er wird als Tafelkäse und Streukäse verwendet. → Käse, → Labkäseherstellung.

Partialdruck
ist derjenige Druck, den ein Bestandteil einer gasförmigen Mischung zum Gesamtdruck beiträgt und den dieser Bestandteil ausüben würde, wenn er allein im Gasraum vorhanden wäre. Der P. eines im Raum enthaltenen Dampfes heißt Dampfdruck.

Partikelgrößenverteilung
dient zur Charakterisierung von Partikelkollektiven. Zur graphischen Darstellung einer P. werden bestimmten → Partikelmerkmalen bzw. → Äquivalentdurchmessern zugeordnete Mengenanteile aufgetragen. Man unterscheidet zwei Mengenmaße: → Verteilungssumme, → Verteilungsdichte.

Partikelmerkmale

sind physikalische Partikeleigenschaften, wie Masse, Volumen, Projektionsfläche, Oberfläche, Sinkgeschwindigkeit und dienen zur Kennzeichnung disperser Systeme, deren disperse Phase ein Festkörper ist.

Passagen

ist der Begriff für Stufen eines mehrstufigen Verarbeitungsprozesses bzw. einer mehrstufigen → Prozeßeinheit.

Passieren

ist der Begriff für das zwangsgeführte Durchdringen eines konsistenten Stoffes durch eine Siebfläche mit dem Ziel der Erzeugung einer pastösen Konsistenz bei gleichzeitigem Abtrennen fester Bestandteile.

Pasteurisation

ist die Erhitzung auf Temperaturen unterhalb 100°C, die keine vollständige Inaktivierung bzw. Abtötung von Mikroorganismen bewirkt, jedoch pathogene Mikroorganismen ausschaltet. Pasteurisierte Lebensmittel sind daher nur begrenzt haltbar. Es bedarf meist anderer Prozeßfaktoren, wie z.B. Kühlung, pH-Wert und a_w-Wert-Absenkung, um befriedigende Haltbarkeiten zu erreichen. → Sterilisation, → Erhitzungsverfahren.

Pastillen

sind maschinell tablettierte oder ausgestanzte und nachgetrocknete → Zuckerwaren von fester bzw. harter Konsistenz.

Pastis

→ Spirituosen.

Patentblau V

ist ein Lebensmittelfarbstoff der Zusatzstoffverkehrsordnung. → Farbstoffe

pathogen

= krankheitserregend, Gegensatz: apathogen.

Patna-Reis

→ Reis.

Paternostergefrierapparat

→ Bandgefrierapparat, → Gefrierapparate.

Patulin

ist ein von zahlreichen Schimmelpilzen, wie *Penicillium spp., Aspergillus spp.* und *Byssochlamys spp.* vorwiegend im Obst gebildetes → Mycotoxin. P. ist wasserlöslich und hitzeresistent. Es wird durch SO_2 langsam und durch SH-Gruppen rasch abgebaut.

Pektinasen

→ Technische Enzyme.

Pektine

sind partielle Methylester sowie Alkali- und Erdalkalisalze der Poly-D-Galacturonsäure. Das Verhältnis der veresterten zu den freien Säuregruppen bestimmt die Geleigenschaften. P. sind → Hydrokolloide, die hoch- oder niederverestert sein können. Die Gelbildung bei hochverestertem P. entsteht durch Wasserstoffbrücken, die durch die Zugabe von organischen Säuren als Folge des Zurückdrängens der Dissoziation der freien Carboxylgruppen begünstigt wird. Bei niederverestertem P. erfolgt die Gelbildung durch Hauptvalenzbindungen von Erdalkalibrücken. Die Zugabe von z.B. Calciumsalzen begünstigt somit die Gelbildung. Hochveresterte P. verdanken ihre aggregierende Wirkung den hydrophoben Wechselwirkungen zwischen den Methylgruppen und der Bildung von Wasserstoffbrücken. Sie sind deshalb nicht auf das Vorhandensein von Ca^{++}-Ionen angewiesen. Im sauren Milieu wird durch Protonisierung der freien Carboxylgruppen zu undissoziierten Carboxylgruppen die elektrostatische Abstoßung der Kettensegmente vermindert und die Gelbildung gefördert.

Pektinesterasen

sind → pektolytische Enzyme.

Pektinstoffe

sind Bestandteile des pflanzlichen Gewebes und saure, inhomogen aufgebaute, hochmolekulare Polyuronide, die vorwiegend aus α-1,4-glucosidisch verknüpften, partiell methylveresterten D-Galacturonsäureeinheiten bestehen. In die Hauptkette ist Rhamnose in α-1,2-glucosidischer Form eingebaut. Über die C_1- und C_3-Atome der monomeren Bausteine ist Xylose monomer sowie Galactose und Arabinose kovalent gebunden.

pektolytische Enzyme

sind → Hydrolasen, die → Pektinstoffe abbauen. Nach der spezifischen biochemischen Reaktion unterscheidet man Pektinesterasen (Abspaltung von Methoxygruppen), Polygalacturonasen (Spaltung von Pektinsäuren), Pektinlyasen (Spaltung von hochverestertem Pektin) und Pektatlyasen (Spaltung von niederverestertem Pektin). Handelsübliche Enzympräparate enthalten verschiedene Begleitenzyme und werden in zwei Gruppen unterteilt: Maische- bzw. Schönungsenzyme und

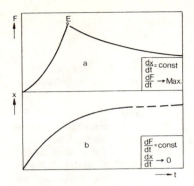

Bild 125. Penetrationskurven für **a)** $\frac{dx}{dt}$ = const. und **b)** $\frac{dF}{dt}$ = const.

Mazerationsenzyme. Sie finden in der Obst- und Gemüseverarbeitung Anwendung.

Pelletieren
→ Agglomerieren.

Pendelhakensystem
→ Schweineschlachtung.

Penetrometer
ist ein Meßgerät zur Bestimmung der rheologischen Eigenschaften halbfester Lebensmittel. In Abhängigkeit von der Art und Größe des zu messenden Materials dringt ein Stempel zylindrischer, kegelförmiger oder kugelförmiger Gestalt mit der Geschwindigkeit v derart in das Untersuchungsmaterial ein, daß er in der Zeit dt die Strecke dx zurücklegt. Bei konstanter Eindringgeschwindigkeit nimmt die Deformationskraft F mit zunehmender Eindringtiefe zu (**Abb. 125a**). Andere Geräte messen die Änderung der Eindringstrecke bei konstanter Deformationskraft (**Abb. 125b**).

Penicillium
ist eine Schimmelpilzgattung und gehört zur Familie *Moniliaceae* mit wattig-filzigen Kolonien, verschiedener Farbe, septierten Hyphenträgern symmetrisch oder asymmetrisch angeordnet und mit meist runden zu Ketten angeordneten Konidien. P. ist außerordentlich weit verbreitet und hat sowohl als 1) Verderbserreger als auch als 2) Kulturorganismus lebensmitteltechnologische Bedeutung. Vertreter von 1) sind: *P.chrysogenum, P. expansum, P. italicum, P. patulum, P. griseofulvum, P. notatum, P. luteum* und *P. nigricans*. Vertreter von 2)

sind: *P. roquefortii, P. caseicolum, P. nalgiovensis, P. camembertii*.

Penicillium camembertii
ist eine Subspecies der Gattung *Penicillium* und sehr eng mit *P. caseicolum* verwandt. *P. camembertii* bildet ein leicht bläuliches Mycel und ist der Ursprungsschimmelpilz für die Herstellung von französischem Camembert und Brie. Heute werden jedoch meist Kulturen von *P. caseicolum* wegen ihres weißen Mycels verwendet.

Penicillium caseicolum
(syn. *P. candidum*), ist eine Species der Gattung *Penicillium* und der heute in der Regel verwendete Schimmelpilz zu Herstellung von Camembert und Brie. *P. caseicolum* zeichnet sich durch sein reinweißes Mycel aus. → *P. camembertii*, → Weichkäse.

Penicillium chrysogenum
ist eine Species der Gattung *Penicillium* mit türkisfarbigem Aussehen. *P. chrysogenum* hat vorwiegend als Kontaminat bei Fleischerzeugnissen und zur Herstellung von Penicillin Bedeutung.

Penicillium digitatum
ist eine Species der Gattung *Penicillium* mit türkisfarbigem Aussehen. *P. digitatum* spielt als Fäulnisorganismus auf Citrusfrüchten eine Rolle.

Penicillium expansum
ist eine Species der Gattung *Penicillium* mit türkisfarbigem bis grünem Aussehen. *P. expansum* spielt als Fäulniserreger auf verschiedenen Lebensmitteln eine Rolle. Er ist in der Lage das → Mycotoxin → Patulin zu bilden.

Penicillium islandicum
ist eine Species der Gattung *Penicillium* mit türkisfarbigem bis grünem Aussehen. *P. islandicum* kommt häufig auf Getreiden und Früchten vor und ist in der Lage das → Mycotoxin → Luteoskyrin zu bilden.

Penicillium italicum
ist eine Species der Gattung *Penicillium* mit türkisfarbigem Aussehen. Er dominiert als Fäulniserreger auf Citrusfrüchten.

Penicillium nalgiovensis
ist eine Species der Gattung *Penicillium* mit weiß-grauem Aussehen. Er wird als Kulturorganismus zur Herstellung von oberflächenbeschimmelten Fleisch- und Wursterzeugnissen verwendet.

Penicillium notatum
ist eine Species der Gattung *Penicillium* mit
türkisfarbigem Aussehen. Er hat Bedeutung
als Verderbserreger bei Fleisch- und Wursterzeugnissen. *P. notatum* ist zur Bildung von
Penicillin befähigt.

Penicillium roquefortii
ist eine Species der Gattung *Penicillium* mit
türkisfarbigem Aussehen. Er wird als Kulturorganismus zur Herstellung von Roquefortkäse, Blauschimmel- bzw. Edelpilzkäse
verwendet.

Penicillium viridicadum
ist eine Species des Gattung *Penicillium*
mit türkisfarbigem Aussehen. Er kommt
auf Fleischerzeugnissen und auf Obst vor.
P.viridicadum ist in der Lage die → Mycotoxine Citrinin und → Ochratoxin zu bilden.

Pentosane
sind eine Kohlenhydratfraktion, die vorwiegend für die Verarbeitung von Getreide von
technologischer Bedeutung ist. Sie werden in
lösliche und unlösliche P. differenziert. Die
unlöslichen P. haben gute Quelleigenschaften und sind daher für das Backverhalten von
Mehlen wichtig. → Roggenmehle sind besonders pentosanreich (6 - 8%), → Weizenmehle
haben hingegen nur einen P.-gehalt von 2 -
3%. → Hemicellulosen.

Pentosen
sind → Kohlenhydrate mit 5 C-Atomen, wie
Ribose, Xylose und Lyxose.

Pepsin
→ Gerinnungsenzym.

Peptide
entstehen durch die Verknüpfung mehrerer →
Aminosäuren. Diese Peptidverbindung ist eine Reaktion der Carboxyl- und der Aminogruppe jeweils zweier Aminosäuren. Auf diese Weise entstehen Aminosäureketten, Peptid-
und schließlich Proteinstrukturen.

Peptone
sind ein Gemisch von → Peptiden mit meist
unterschiedlicher Molekülgröße. Sie werden
durch chemische oder enzymatische → Hydrolyse von Eiweißen gewonnen.

Peptonisierung
ist der Begriff für den Abbau von Eiweißen
zu → Peptonen.

Pergamentkaffee
→ Kaffee.

Perkolation
ist das → Extrahieren bei langsam durch-
fließender Flüssigkeit durch den Extraktions-
apparat.

Perkolationsverfahren
ist die Bezeichnung für einen Extraktionsprozeß bei der → Zuckergewinnung. Über das etwa 1 m hohe Zuckerrohr-Festbett wird die Extraktionsflüssigkeit gegeben und reichert sich
beim Durchströmen mit Saccharose an. Sodann wird sie in der nächsten Extraktionsstu-
fe im Gegenstrom zur Feststofförderrichtung
geführt und wiederum durch das Festbett geleitet. Am Ende der Extraktion bagassensei-
tig wird Wasser zugegeben. Die Länge des
Perkolationsapparates beträgt etwa 60 m. Die
Durchlaufzeit liegt bei 45 - 60 min.

Perlweine
sind meist kleine, unselbständige Weine, die
unter Zusatz von Zucker in Drucktanks vergoren werden. Die Gärung wird durch Abkühlen
unterbrochen, wenn noch genügend Rest-
zucker im Wein vorhanden ist und bereits
genügend CO_2 gebildet wurde. Die Klärung
erfolgt durch Druckfiltration. P. dürfen höchstens 40 g/l unvergorenen Zucker enthalten
und sollen einen CO_2-Druck von 1 - 2,5 bar
aufweisen. P. sind nach dem Weinrecht keine → Schaumweine, sondern Weine.

Permeation
bezeichnet das Diffundieren (→ Diffusion) eines Gases aus der äußeren Atmosphäre durch
das Wandmaterial bei einer gegebenen Temperatur. Lebensmitteltechnologisch haben Per-
meationsprozesse vor allem bei der Beurteilung von Packstoffen eine Bedeutung.

Pernod
→ Spirituosen.

Peroxidasen
sind → Enzyme und zählen zu den Oxidoreduktasen. P. oxidieren Substanzen mit Wasserstoffperoxid. Sie werden meist aus Meerret-
tichwurzeln gewonnen. Wegen ihrer Hitzestabilität läßt sich ein Erhitzungsnachweis über
die P. führen (z.B. Hocherhitzungsnachweis
von Milch).

Peroxidzahl
POZ, gibt die Menge an aktivem Sauerstoff in
Milliäquivalenten an, die in 1 kg Fett enthalten

ist, und ein Anhaltspunkt für oxidative Fett-
veränderungen ist. Sie beträgt z.B. bei nativem
→ Olivenöl bis zu 15,0, bei → Speiseölen bis
zu 10,0 und bei → Tierfetten bis zu 4,0. Das
Fett wird zur Bestimmung der P. in ein Gemisch aus Chloroform und Eisessig mit Ka-
liumjodid gegeben. Das freigesetzte Jod wird
mit Thiosulfatlösung filtriert. Das Ergebnis ist
ein Maß für die vorhandenen Hydroperoxide.

Persipan

ist eine → Zuckerware, die aus Persipanroh-
masse (geschälte Aprikosenkerne mit höchstens 35% zugesetztem Zucker, höchstens
17% Feuchtigkeit) und höchstens der ein-
einhalbfachen Menge Zucker, der teils auch
durch Stärkesirup und/oder Sorbit ersetzt sein
kann. Die Herstellung von P. entspricht weitgehend der von → Marzipan.

Petzholdt-Verfahren
→ Conche.

Pervaporation

ist ein Membrantrennverfahren, bei dem bei
niedrigen Temperaturen Gemische von niedermolekularen Bestandteilen mit mindestens einer flüchtigen Komponente getrennt werden.
Zu unterscheiden sind:
– Gemische eines flüchtigen Lösungsmittels
  mit nichtflüchtigen Substanzen,
– Gemische flüchtiger Flüssigkeiten.
Besonders für die Trennung von Gemi-
schen flüchtiger Flüssigkeiten bestehen An-
wendungsmöglichkeiten im Lebensmittelbereich, da die Trennung bei sehr geringer thermischer Belastung erfolgen kann. Die Selektivität der Lösungs-Diffusions-Membranen
(→ Membrantrennverfahren) beruht auf der
unterschiedlichen Löslichkeit der zu trennenden, flüchtigen Komponenten. Das Prinzip einer Vakuumpervaporationsanlage ist in der
Abb. 126 dargestellt. Der Stofftransport stellt
sich ein, wenn ein Partialdruckgefälle an der
permeatseitigen Membranoberfläche und in
der Folge ein Konzentrationsgefälle innerhalb
der Membran auftritt.

Pfeffer

(*Piper nigrum L.*), der als schwarzer, weißer
oder grüner P. verwendet wird, ist ein Gewürz,
dessen hauptsächliche Inhaltsstoffe ätherisches Öl mit Pinen, Limonen, Caryophyllen,
Phellandren sowie Piperin sowie Stärke und
fettes Öl sind.

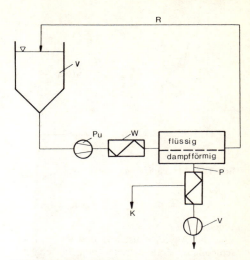

Bild 126. Prinzip einer Vakuumpervaporationsanlage. *R* Retentat, *P* Permeat, *V* Vakuumpumpe, *K* kon-
densiertes Permeat, *Pu* Pumpe, *W* Wärmeaustauscher, *V* Vorlaufgefäß

Pfefferminzbruch

ist eine → Zuckerware aus → Fondant und →
Pfefferminzöl. P. wird im Pulvergußverfahren
zu Platten in Schichten gegossen.

Pfefferminzöl

ist ein ätherisches Öl. Es wird durch Wasserdampfdestillation aus den Blättern der Pflanze
Mentha piperita L. gewonnen.

Pflanzeneiweiße

sind die in Pflanzen enthaltenen oder aus
Pflanzen gewonnenen → Proteine unterschiedlicher chemischer Zusammensetzung.
Sie tragen zu einem erheblichen Teil zur Ei-
weißversorgung der Menschen bei. Cerealien
haben biologisch geringwertigere P. Legumi-
nosen enthalten überwiegend → Globuline.

Pflanzenfette

sind Nahrungsfette von fetthaltigem Fruchtfleisch oder Samen. Die wichtigsten Frucht-
fleischfette sind: → Olivenöl, → Palmöl; die
wichtigsten Samenfette sind: → Cocosfett,
Palmkernfett, → Kakaobutter, Baumwollöl,
→ Erdnußöl, → Rapsöl, Sesamöl, → Sojaöl,
→ Sonnenblumenöl, → Leinsamöl, → Weizenkeimöl u.a. → Fette.

Pflanzenöle
→ Pflanzenfette.

Phasen

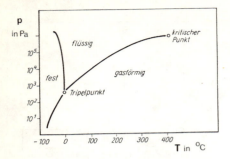

Bild 127. Phasendiagramm für Wasser

Phasen

sind die Aggregatzustände und deren unterschiedliche Modifikationen von Stoffen. Den Übergang von einer in eine andere Phase bezeichnet man als Phasenumwandlung. Dabei tritt eine sprunghafte Änderung verschiedener physikalischer Eigenschaften des Stoffes ein (z.B. Dichte). Jede P. ist in sich homogen. Mehrere feste und mehrere flüssige Phasen können miteinander im Gleichgewicht stehen, jedoch gibt es immer nur eine gasförmige P., da sich verschiedene Gase vollständig miteinander mischen. Die Zustände eines einzigen, chemisch einheitlichen Stoffes lassen sich im Phasendiagramm darstellen. **Abb. 127** zeigt als Beispiel das Phasendiagramm für Wasser. Darin kann man die Dampfdruckkurve (Übergang flüssig-gasförmig), die Schmelzdruckkurve (Übergang fest-flüssig) und die Sublimationsdruckkurve (Übergang fest-gasförmig) erkennen, die im Tripelpunkt zusammenlaufen (für Wasser: $p = 6,1 \, \text{mbar}$, $T = 273,16 \, \text{K}$). Die Oberfläche einer Phase ist die Phasengrenzfläche. Die Wechselwirkungen der Moleküle oder Teilchen an der Phasengrenzfläche können sich wesentlich von denen in der Phase unterscheiden.

Phasendiagramm

→ Phasen.

Phasengleichgewicht

ist ein thermodynamisches Gleichgewicht, an dem mehrere Phasen beteiligt sind und der Anteil einer Phase zu Lasten der anderen zu- oder abnehmen kann. Beispiele für P.'e sind das Schmelz-, Verdampfungs-, Sublimations- und Lösungsgleichgewicht.

Phasenübergänge

bezeichnen die Umwandlungen eines Stoffes aus einer → Phase in eine andere bei charakteristischen Werten von Temperatur und Druck. Aus der thermodynamischen Gleichgewichtsbedingung folgt für das → Phasengleichgewicht während des Phasenüberganges die Gleichheit der spezifischen freien → Enthalpien der koexistierenden Phasen.

Phenoloxidasen

sind → Enzyme und gehören zu den Oxidoreduktasen. Sie oxidieren phenolische Verbindungen, wie Kaffeesäure, Chlorogensäure u.a. zu braunen Verbindungen. P. sind in den meisten Früchten und Gemüsen vorhanden und dort an der Braunverfärbung bei Luftsauerstoffzutritt beteiligt. → Antioxidantien, wie → Ascorbinsäure, schweflige Säure und/oder niedrige pH-Werte verhindern bzw. verzögern diese Reaktion.

Phenylalanin

ist eine essentielle → Aminosäure.

PHmV

Pflanzenschutzmittel-Höchstmengenverordnung.

Phosphate

sind die Salze der Phosphorsäure. Sie werden umfangreich in der Lebensmitteltechnologie verwendet; z.B. als → Schmelzsalze zur Herstellung von → Schmelzkäse, Bestandteil von → Backpulver, Geliersalze für Pudding, zur Wasserbindung in Wursterzeugnissen, Bestandteil von Eierzeugnissen, → Kondensmilch u.a.

Phospholipasen

sind → Enzyme und gehören zur Gruppe der Hydrolasen. Sie sind in der Lage Phospholipoide zu spalten. Nach der Art der Spaltung unterscheidet man verschiedene Typen dieses Enzyms.

Phospholipide

sind Verbindungen, die als strukturbestimmendes Merkmal Phosphorsäure neben Fettsäure enthalten. Zusammen mit → Cholesterol bilden sie den Hauptteil der Zell-Lipide und kommen ubiquitär in Tieren, Pflanzen und Mikroorganismen vor. Aufgrund ihrer molekularen Zusammensetzung werden die P. in Glycerin- und Sphingosinphospholipide unterteilt. → Lecithine sind die bedeutendsten Glycerinphospholipide. Sie enthalten noch Glykolipide mit Mono- und Disacchariden als typische Bestandteile. Sphingosinphospholipide kommen vorwiegend im tierischen Organismus vor, sind als Lebensmittelbestandteil jedoch von untergeordneter Bedeutung. P. stabilisieren O/W- und W/O- Emulsionen durch Anreicherung in der Grenzfläche. Sie werden verwendet: → Margarineherstellung, → Trennfette, → Backwaren, → Schokolade, instandisierte Lebensmittel, als Antioxidans (→ Antioxidantien) u.a. Daneben haben sie zur Frischhaltung von Lebensmitteln Bedeutung.

pH-Wert
ist der negativ dekadische Logarithmus der Wasserstoffionenkonzentration.

Phycomycetes
ist eine Klasse der niedrigen Algen- und Fadenpilze.

Phyllophoran
ist ein → Hydrokolloid, das aus der Rotalge *Phyllophoran sp.* hergestellt wird. Dieses Polysaccharid besteht aus Galactanketten, die nur zum Teil sulfatiert sind. Die Gelbildung erfolgt in Anwesenheit von K⁺ Ionen. Das Gelbildungsverhalten von P. ist mit Agarose vergleichbar. P. kann als → Dickungs- und Geliermittel verwendet werden.

Pichia
ist eine Gattung der echten Hefen. P. hat in der Lebensmittelmikrobiologie vor allem als wilde Hefe und → Kahmhefe Bedeutung. Kommt als Verderberreger bei Fleischprodukten, mayonnaisehaltigen Produkten, Feinkostsalaten und in Salzlake vor. Vertreter sind: *P.farinosa, P. fermentans, P. polymorpha, P. membranefaciens.*

Pikieren
bezeichnet den Vorgang des Anstechens von bestimmten Lebensmitteln zur 1) Beschleunigung des → Kandierens bei Früchten, 2) Sauerstoffversorgung des Schimmelpilzes bei der Edelpilzkäseherstellung, so daß der Pilz entlang der Stichkanäle wachsen kann.

Pilsbiere
(Pilsner) sind helle, untergärige Vollbiere mit stark betontem Hopfencharakter. Die ursprüngliche Herkunftsbezeichnung hat sich zur Biersortenbezeichnung gewandelt. Die Bezeichnung „Pilsner Urquell" darf jedoch nur das in Pilsen (CR) gebraute Bier führen. Norddeutsche P. haben etwas höhere Bitterwerte als süddeutsche. → Biersorten, → Bierherstellung.

Pilze, eingesalzene
sind → Speisepilze, die im ganzen oder im geschnittenen Zustand entweder blanchiert oder auch ohne diese Vorbehandlung durch Zusatz von Kochsalz bis zu einer Konzentration von 15-20% im Enderzeugnis für längere Zeit haltbar gemacht werden.

Pilze, getrocknete
sind → Speisepilze, deren Wassergehalt durch geeignete Verfahren auf unter 12% reduziert wurde. Getrocknet werden in erster Linie Edelpilze aber auch sonstige Pilze.

Pilze, tiefgefroren
sind → Speisepilze, die die Bedingungen für → tiefgefrorene Lebensmittel erfüllen.

Pilzerzeugnisse
sind Pilznaßkonserven (sterilisierte Pilze), getrocknete Pilze, Pilzgrieß, Pilzpulver, Essigpilze, eingesalzene Pilze, tiefgefrorene Pilze, Pilzextrakte, Pilzkonzentrate und Pilztrockenkonzentrate. Sie werden teils unter Nutzung von Salz, Milch-, Citronen- und Ascorbinsäure, Essig und Gewürzen hergestellt.

Pilzextrakt
ist ein wäßriger Auszug von → Speisepilzen, unter Verwendung von höchstens 20% Kochsalz haltbar gemacht.

Pilzgrieß
sind grob vermahlene, getrocknete → Speisepilze mit einem Wassergehalt von höchstens 9%.

Pilzkonzentrat
ist ein wäßriger Auszug von → Speisepilzen, durch Eindicken unter Zusatz von höchstens 20% Kochsalz haltbar gemacht.

Pilznaßkonserven
sind sterilisierte, in luftdichten Behältnissen verpackte → Speisepilze mit einem Aufguß und sind so praktisch unbegrenzt haltbar. P. werden im allgemeinen aus frischen Speisepilzen, vornehmlich aus Edelpilzen, hergestellt. P. aus Essigpilzen, getrockneten Pilzen oder eingesalzenen Pilzen sind entsprechend kenntlich zu machen.

Pilzpulver
sind fein vermahlene, getrocknete → Speisepilze mit einem Wassergehalt von höchstens 9%.

Pilztrockenkonzentrat

ist ein wäßriger Auszug von → Speisepilzen, durch Eindicken und Trocknen, bei einem Salzgehalt von höchstens 5% und einem Wassergehalt von höchstens 9%, haltbar gemacht.

Piment

(*Pimenta dioca (L.) Merr.*) ist ein Gewürz, dessen hauptsächliche Inhaltsstoffe ätherisches Öl mit Eugenol, Eugenolmethyläther, Cineol, Phellandren, Caryophyllen sowie Gerbstoffe und Zucker sind.

Pistoriusbecken

→ Lutterkasten.

Plansichter

wird bei der Vermahlung von Getreide zur Separierung der Getreidemahlerzeugnisse nach der Teilchengröße und Dichte eingesetzt (**Abb. 128**). Der P. besteht im wesentlichen aus Sieben unterschiedlicher Maschenweite, die in kastenartigen Behältern befestigt sind. Kanäle verbinden diese Behälter. Durch schüttelnde und kreisende Bewegungen der Siebe senkrecht zur Durchgangsrichtung des Siebgutes wird das Mahlgut in Fraktionen getrennt.

Plasmolyse

bezeichnet das Schrumpfen und Ablösen des Zellplasmas als Folge höherer osmotischer Druckunterschiede zwischen Zellinnerem und umgebender Lösung.

plastische Deformation

ist die irreversible Formänderung durch äußere anisotrope Kräfte. Nach dem Überschreiten der Fließgrenze unterliegen die Atome, Moleküle oder dispersen Teilchen einem Platzwechsel. Die zur Formänderung aufgebrachte Energie unterliegt der Dissipation. → Modelle, rheologische, → plastische Körper.

plastische Körper

haben eine Fließgrenze und fließen nicht durch eigene Schwerkraft. Die Deformation ist irreversibel. Sie sind formstabil. → Modelle, rheologische, → plastische Deformation.

Plastizität

ist die irreversible Formänderung fester Körper unter der Einwirkung äußerer, deformierender Kräfte. → plastische Deformation, → plastische Körper.

plastoelastische Körper

sind durch plastische und elastische Eigenschaften gekennzeichnet. Sie haben keine Fließgrenze und sind relativ formstabil. Ansonsten entsprechen sie → viskoelastischen Körpern. Als typisches Beispiel ist Weizenteig zu nennen. → plastische Körper, → elastische Körper.

Plattengefrierapparat

dient vorwiegend zum → Tiefgefrieren von formstabilen verpackten Flachgütern. Das Gefriergut befindet sich zwischen waagerecht oder senkrecht angeordneten oder rotierenden Metallplatten, die durch verdampfendes Kältemittel gekühlt werden. → Gefrierapparate.

Plattenverdampfer

sind → Verdampfer, bei denen die zu verdampfende Flüssigkeit als Film über meist vertikal angeordnete Platten geleitet wird, die von der Gegenseite mit Dampf beheizt sind (**Abb. 129**). Sie ermöglichen ein relativ schonendes und kontinuierliches Eindampfen.

Plattenwärmeaustauscher

Beim P. werden die wärmetauschenden Medien durch eine Platte voneinander getrennt.

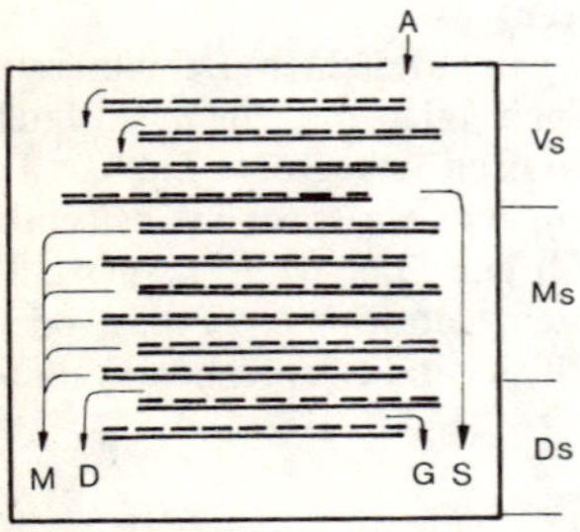

Bild 128. Wirkprinzipdarstellung eines Plansichters. *A* Aufgabe, *M* Mehl, *D* Dunst, *G* Grieß, *S* Schale, *Vs* Vorsiebe, *Ms* Mehlsiebe, *Ds* Dunstsiebe

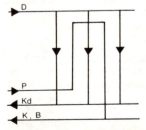

Bild 129. Schematische Darstellung eines Segmentes eines Plattenverdampfers. *D* Dampf, *P* Produkt, *Kd* Kondensat, *K* Konzentrat, *B* Brüden

Er besteht aus aneinandergereihten Platten, Anschlußstücken zwischen den Platten, einer Kopfplatte und einer Druckplatte. Die Flüssigkeiten werden durch die Anschlußstücke über die Druck- und Kopfplatte zu- und abgeleitet. Die Platten sind durch Dichtgummi voneinander getrennt. Durch Prägenocken und Kanäle wird die gleichmäßige Flüssigkeitsverteilung über die gesamte Platte erreicht. Rippen auf der Platte erzeugen eine turbulente Strömung.

Plunderteig
ist ein gezogener Hefeteig, d.h. durch wiederholtes Ausrollen und Zusammenfalten wird das Fett (24...30% bezogen auf die Menge Getreidemahlerzeugnisse) in den Teig eingezogen, wodurch das fertige Gebäck seinen blättrigen Charakter erhält.

pneumatische Förderer
dienen zum Fördern trockener Schüttgüter. Man unterscheidet Saugluftförderanlagen und Druckluftförderanlagen. Saugluftförderanlagen können mit einer maximalen Druckdifferenz von 0,8 bar arbeiten und haben deshalb im Vergleich zu Druckluftförderanlagen eine geringe Förderhöhe.

Pökelaroma
ist auf eine Reaktion von Nitrit mit Muskelbestandteilen (wasserlösliche Fleischproteine, dialysierbare Fleischbestandteile) zurückzuführen. An der Bildung des P.'s ist die Mikroflora der Pökellake (u.a. *Micrococcus spp.* und *Achromobacter spp.*) beteiligt. Welche Stoffe im einzelnen das typische P. hervorrufen, ist derzeit noch nicht bekannt.

Pökelfarbe
→ Umrötung.

Pökelfleischerzeugnisse
sind entweder roh oder durch Kochen verarbeitete, gepökelte Fleischstücke. Dabei dienen größtenteils Teilstücke des Schweines als Ausgangsprodukt. Kochpökelwaren werden ausschließlich „naß" gepökelt, wogegen die rohen P. entweder „trocken" oder durch ein kombiniertes Verfahren gepökelt werden. Durch Räuchern oder Lufttrocknung werden die P. weiterbehandelt. Beispiele von P.'n sind in der folgenden **Tab. 57** wiedergegeben:

Pökelhilfsstoffe
Wesentliche P. sind Ascorbinsäure (Vitamin C), Zucker, Gluconsäure-delta-Lacton (GdL),

Tabelle 57. Beispiele für Pökelfleischerzeugnisse

Rohpökelwaren	Kochpökelwaren
Knochenschinken	Hinterschinken
Schwarzwälder Schinken	Kasseler
Lachsschinken	gekochter Bauchspeck
Bündner Fleisch	Eisbein

Nicotinsäure, Nicotinsäureamid. Ascorbinsäure reduziert sehr rasch das Nitrit und beschleunigt damit die Umrötung. Auch das Natriumsalz der Ascorbinsäure (Na-Ascorbat) hat eine analoge Wirkung. Die Zusatzmengen liegen bei 20-50 g Ascorbinsäure/100 kg Gesamtmasse. Zucker (Dextrose, Saccharose, Maltose, auch Stärkehydrolysate) werden zur Begünstigung der Entwicklung der Pökelflora zugesetzt, d.h. sie unterstützen die Selektion der für die Pökelung erwünschten Mikroorganismen und begünstigen deren Wachstum. Durch Art und Menge des Zuckerzusatzes kann der pH-Wert während der Reifung und auch im Endprodukt reguliert werden. Die Zusatzmengen schwanken je nach Art des Produktes und Art des Zuckers zwischen 0,3-1,5%. Gluconsäure-delta-Lacton, eine in wäßriger Lösung stark sauer reagierende Substanz, wird zur pH-Wert-Senkung eingesetzt, d.h. die keimhemmende Wirkung des Nitrits wird erhöht und die Bedingungen für das Wachstum von Verderbniskeimen werden verschlechtert. Die Zusatzmenge von GdL wird durch seinen sauren Geschmack begrenzt. Nicotinsäureamid, in der Praxis weniger eingesetzt, erhöht die Stabilität der Pökelfarbe bei Lichteinfluß.

Pökellake
ist eine wäßrige Lösung von Kochsalz und Nitrat oder von Nitratpökelsalz und eventuell auch Kochsalz verschiedener Konzentrationen, die zur Herstellung von Pökelfleisch eingesetzt wird. Das Fleisch wird in die P. eingelegt (→ Naßpökelung) oder sie wird in die Muskulatur (→ Muskelspritzverfahren) oder in das Blutgefäßsystem des zu pökelnden Fleisches (→ Aderspritzverfahren) eingespritzt. Bei der Zusammensetzung der Laken ist zu beachten, daß die Bestandteile Kochsalz und Nitrat bzw. Nitrit gesondert einzustellen sind, da die Kochsalz-Konzentration den Charakter des Pökelfleisches wesentlich bestimmt, während die Pökelstoffe nur in zugelassenen Mengen zugesetzt werden dürfen.

Pökeln

Pökeln

ist das Versetzen von Fleisch mit → Pökelstoffen (Nitrat, Nitrit) mit dem Ziel, das Produkt haltbar zu machen und ihm eine typische Farbe (Pökelfarbe) und ein charakteristisches Aroma (→ Pökelaroma) zu verleihen. Zum P. wird meist Schweinefleisch verwendet. Besonders geeignet sind dabei bindegewebsarme Muskelfleischteile mit oder ohne anhaftendem Fettgewebe (Speck). Neben der Fleischauswahl ist auch eine gute Säuerung des Fleisches eine Voraussetzung für ein gutes Pökelergebnis, da nur gut gesäuertes Fleisch eine Struktur mit geöffneten Zwischenzellräumen aufweist, durch die die Pökelstoffe gut hineindiffundieren können. Es gibt verschiedene → Pökelverfahren. Beim P. gelangen die Pökelstoffe durch Diffusion in die Fleischstücke und entfalten dort ihre spezifischen Wirkungen. Gleichzeitig kommt es durch die hohen Salzkonzentrationen zu osmotischen Effekten. Da Nitrit Methämoglobinämien hervorrufen kann, muß man beim P. darauf achten, möglichst niedrige Restnitritgehalte im fertig gepökelten Fleisch anzustreben. Dieses erreicht man u.a. dadurch, indem man Nitrit nicht in reiner Form, sondern im Gemisch mit Kochsalz und anderen Zusätzen (→ Pökelstoffe, → Pökelhilfsstoffe) verwendet.

Pökelsalz

ist der Oberbegriff für → Nitritpökelsalz und → Kaliumnitrat (Salpeter) als Kochsalz-Kaliumnitrat-Mischung zur Herstellung von umröteten Fleischerzeugnissen (Höchstmenge an Nitrat in Rohschinken 0,06%, in Rohwürsten 0,03%).

Pökelstoffe

sind die beim → Pökeln verwendeten Salzgemische aus Nitrat oder Nitrit. Nitrit darf dabei ausschließlich in Mischungen mit Kochsalz verwendet werden (→ Nitritpökelsalz, NPS), wobei der Nitritanteil maximal 0,4 - 0,5% beträgt. Nitrat kann in reiner Form, aber auch in Mischungen mit Kochsalz verwendet werden. Mitunter werden den P.'n auch sog. Pökelhilfsstoffe zugesetzt. Eine Pökelwirkung (Hemmwirkung auf Mikroorganismen und Umrötung) entfaltet Nitrit. Nitrat muß daher zunächst zu Nitrit reduziert werden. Dieses geschieht durch Mikroorganismen, insbesondere *Micrococcus spp..* Andere Mikroorganismen der Pökelflora unterstützen durch Milchsäurebildung die bakterizide Wirkung des Nitrits und sind für die Ausbildung des

Tabelle 58. Pökelverfahren für Rohpökel-Stückware

Konventionelle Pökelung	Schnellpökelung
mit Eigenlake	Aderspritzverfahren
Trockenpökelung	Spritzpökelung
ohne Eigenlake	Muskelspritzverfahren
Naßpökelung (Tauchpökelung)	Vakuumpökelung
Kombinierte Trocken-/ Naßpökelung	Wiltshire-Verfahren
Impfpökelung	Schallschwingungspökelung
	Warmpökelung

spezifischen → Pökelaromas mit verantwortlich. Die keimhemmende Wirkung der P. ist vom pH-Wert abhängig. Je tiefer der pH-Wert ist, desto größer ist die Hemmwirkung des Nitrits auf Mikroorganismen, desto schlechter sind aber auch die allgemeinen Wachstumsbedingungen für Verderbniskeime.

Pökelverfahren

für → Pökelfleischerzeugnisse werden in **Tab. 58** unterschieden nach der konventionellen Pökelung und nach der Schnellpökelung. Bei der *Trockenpökelung* wird das Pökelgut manuell oder maschinell (Einsalzmaschinen) mit gebrauchsfertigen Pökelstoffmischungen oder einer Pökelsalzmischung, bestehend aus 30 - 50 g Nitritpökelsalz bzw. Kochsalz mit entsprechender Menge Salpeter (→ Pökelstoffe) pro 1 kg Fleisch, eingerieben. Das Pökelgut wird auf Regalen gelagert, wobei die sich bildende Eigenlake während des Pökelvorganges das Pökelgut umgibt. Das Pökelgut in den Behältern wird mindestens einmal umgepackt. Die Pökeldauer beträgt etwa 2 - 2 1/2 Tage. Unter *Naßpökelung,* auch Tauch- oder Schwimmpökelung genannt, versteht man das vollständige Einlegen des Pökelgutes in die Schwimmlake, die außer Pökelstoffen, Pökelhilfsstoffen, Kochsalz und Gewürze enthalten kann. Der während des Pökelvorganges abnehmende Salzgehalt der Lake wird mittels Lakespindel kontrolliert und durch entsprechende Zugaben von Nitritpökelsalz oder Kochsalz korrigiert. Frisch angesetzte Laken werden häufig mit 10 - 20% Stammlake beimpft. Stammlaken sind bis zu 4 Jahren verwendbar. Laken enthalten auch gram-negative Bakterien (Vibrio), die eine Gefahr für Säuerung oder Fäulnis sind, dabei steigt der pH-Wert bis ca. 6,5. Der Verderb der Laken kann durch Kaltsterilisation mittels UV-Strahlen, Erhitzung und Entkeimungsfiltration vorgebeugt werden. Die Pökeldauer bei der Naßpökelung beträgt 2 Tage pro kg Fleisch, das Lake/Fleischverhältnis 1:1 bis 1:2. Die *Impfpökelung* wird bei Schinken mit großem Durchmesser (Knochenschinken) vor der Trockenpökelung durchgeführt. Bei der *Aderspritzung* erfolgt die Verteilung der Pökelstoffe über das Gefäßsystem in alle Gewebsbezirke mit einem Handinjektor. So können nur Tierkörperteile mit geschlossenem Gefäßsystem, z.B. Schinken, Schulter, Zunge, gepökelt werden. Die *Muskelspritzung* wird bei ausgelösten und knochenhaltigen Fleischstücken angewendet. Sie wird mit Handinjektoren (mit einer oder mehreren Hohlnadeln) oder maschinell mit Hilfe eines Pökelinjektors unter Druck bis max. 1,5 - 2 bar durchgeführt. Die *Vakuumpökelung* von Kochpökel- oder Rohpökelwaren erfolgt in evakuierbaren Pökelbehältnissen mit Be- und Entlüftungsmöglichkeit. Das Gewebe wird durch das Evakuieren gelockert und die Diffusion der Pökellake beschleunigt. Beim *Wiltshire-Verfahren* werden Schweinehälften einer aufwendigen Spritzpökelung unterzogen und anschließend in Pökelbehältern mit Aufgußlake bedeckt (Pökeldauer: 5 Tage). Die *Warmpökelung* wird bei Pökelwaren mit geringer Haltbarkeit eingesetzt. Die Pökelzeiten werden durch die Verwendung warmer Pökellake bei der Spritz- oder Naßpökelung verkürzt.

Polarisation
ist bei → Zucker das Maß für den Gehalt an Saccharose im Endprodukt. Die P. wird mittels Polarimeter bestimmt.

Poliermaschine
bezeichnet eine Bürstenmaschine mit integrierten Hochdruckduschen, die zur Reinigung und zum Nachputzen in der → Schweineschlachtung Anwendung findet.

Poltern
auch → Tumbeln (engl. to tumble – hinabfallen, purzeln) genannt, ist eine mechanische Bearbeitung von Kochschinken (→ Massieren). Es wird auch für Form-, Preß- oder Mosaikschinken angewendet. Das P. erfolgt, wie

das → Massieren, in Poltermaschinen, bei denen das Material in einer Trommel durch vertikale Drehbewegungen der mechanischen Verformung unterzogen wird.

Polyamid
PA ist ein klarer Kunststoff mit guter Dichtigkeit gegenüber Fetten, Ölen, Aromen, Gasen sowie guter Steifigkeit, hoher Heißsiegeltemperatur (180°C), teils sterilisierbar, bedruckbar. PA wird zum Verpacken von Schnittkäse, Schnittwurst, als Wursthülle, evakuierte Beutel für Frischfleisch, Sterilpackstoff u.a. verwendet.

Polybutylen
ist ein leicht trüber Kunststoff mit hoher Zähigkeit, Schlagfestigkeit und hohem Erweichungspunkt, der für Kochbeutel u.a. verwendet wird.

Polyethylen
PE, ist ein Kunststoff mit guter Reißfestigkeit, geringer Wasserdampf-, Sauerstoff- und Aromadurchlässigkeit, nicht ölbeständig, geringe Steifigkeit, schweißbar und heißsiegelbar. PE dient als Folie für Säcke, Beutel, Tuben, Kochbeutel, Flaschentransportkästen u.a.

Polydextrose
ist ein hochvernetztes Glucan aus Glucoseeinheiten. Bei den Vernetzungen der Glucosereste herrscht die 1,6-glycosidische Bindung vor. Die P. wird bei hohen Temperaturen im Vakuum unter katalytischen Bedingungen aus einer Mischung aus Glucose und Sorbit hergestellt. Dabei handelt es sich um einen Polymerisationsprozeß. Die Eigenschaften der P. ähneln den der Polysaccharide. Sie kommt als kalorienarmer Austauschstoff für Fett oder Zucker in Betracht.

Polyglycerinester
ist ein Fettsäureester mit Polyglycerin, der als Emulgator mit stark hydrophilen Eigenschaften verwendet wird.

Polymere
sind Makromoleküle mit einer Molekularmasse von mehr als 103, die durch Aneinanderlagerung und chemische Bildungen einer Vielzahl von gleichen oder mehreren verschiedenen Monomeren, entstehen.

Polyphosphate
sind Salze kondensierter Phosphorsäuren. Nach der Anzahl der Phosphorsäuren unterscheidet man Di-, Tri-, Tetra, ..., Polyphos-

phate. P. werden als → Schmelzsalze für die Herstellung von → Schmelzkäse, als → Kutterhilfsmittel bei der → Brühwurstherstellung u.a. verwendet.

Polypropylen
PP ist ein Kunststoff mit hohen Dichtigkeitseigenschaften und hoher Reißfestigkeit, glasklar und heißsiegelbar. PP wird für Beutel, Becher und Einwickler aller Art verwendet.

Polysaccharide
sind hochmolekulare Verbindungen aus Monosaccharideinheiten.

Polystyrol
ist ein Kunststoff mit hoher Steifigkeit und Berstfestigkeit sowie niedriger Sauerstoffdurchlässigkeit. P. wird zur Verpackung von kohlensäurehaltigen Getränken u.a. Produkten in Flaschen, Bechern usw. verwendet.

Polyurethan
ist ein Kunststoff, der vorwiegend als Schaumstoff verwendet wird.

Polyvinylchlorid
ist ein Kunststoff mit hoher Aromadichtigkeit (außer Ketone), Steifigkeit, klar, bedruckbar, alterungsbeständig, geringe Sauerstoffdurchlässigkeit und feuchtigkeitsunempfindlich. Er wird für Becher, Flaschen u.a. verwendet, steht jedoch zunehmend aus ökologischen Gründen in der Kritik.

Polyvinylpolypyrrolidon(PVPP)-Schönung
ist eine Methode der → Schönung. PVPP ist ein dreidimensional vernetzter Kunststoff mit hohem spezifischen Adsorptionsvermögen für polyphenolische Substanzen. Die notwendige Dosis beträgt 50 - 200 g/hl Saft. Sie ist in Deutschland verboten.

Pommes frites-Herstellung
Pommes frites sind → Kartoffelverarbeitungsprodukte. Die Kartoffeln werden gewaschen, geschält, in Streifen geschnitten und verlesen. Zur Inaktivierung der → endogenen Enzyme erfolgt ein → Blanchieren bei 60 - 70°C und anschießendes Kühlen auf 20°C und erneutes Erwärmen auf 60 - 80°C. Durch diese Behandlung werden die äußeren reduzierenden Zucker ausgewaschen. Um eine gleichmäßige Bräunung zu erreichen, besprüht man die Kartoffelstreifen mit einer etwa 3%igen Dextroselösung. Anschließend werden die Pommes frites in einem Bandtrockner (→ Konvektionstrockner) bei etwa 160 - 190°C in einer Bratanlage gebraten. Die Pommes frites kommen entweder gekühlt (< +6°C) oder tiefgekühlt (−18°C) auf den Markt.

Popcorn
ist ein Produkt aus Maiskörnern spezieller Sorten. Die Maiskörner werden konduktiv erhitzt, wodurch sie aufplatzen und der Inhalt als weiße, unregelmäßig geformte Masse austritt. Dabei verdampft das Wasser schlagartig. P. wird ungewürzt, gesüßt oder gesalzen verzehrt.

Porphyran
ist ein → Hydrokolloid, das aus der Rotalge *Porphyra sp.* hergestellt wird. Dieses Polysaccharid bildet in Anwesenheit von K^+ Ionen Gele. Die linearen Ketten werden aus in (1,3)- oder (1,4)-verknüpften D-Galactose- und L-3-6-Anhydrogalactose-einheiten gebildet. In C_6-Stellung können die Galactosebausteine mit Sulfatestergruppen derivatisiert und ein Teil der OH-Gruppen an C_6 methyliert sein. P. kann als → Dickungs- und → Geliermittel verwendet werden.

Portugieser
ist eine Rotweinsorte, der Weine mit wenig Bouquet liefert.

Portwein
wird aus blauen Trauben gewonnen. Der junge Wein wird noch vor dem Gärungsende auf Fässer aus Kastanienholz gezogen und gelagert. Die Gärung wird durch einen Zusatz von 5 - 10% Weindestillat unterbrochen. Bei jedem Abstich wird Weindestillat bis zum Erreichen des Endalkoholgehaltes von 16 - 20 Vol.% zugesetzt. Nach dem letzten Abstich wird der P. in Eichenholzfässern eingelagert und entwickelt sein feines Aroma durch eine 3 - 4jährige Lagerung auf der Flasche.

Postmix-Verfahren
ist ein Mischverfahren, das dadurch gekennzeichnet ist, daß die Mischungskomponenten erst unmittelbar vor ihrer Verwendung als Lebensmittel zusammengebracht werden. Die wichtigste Anwendung des P.-V. ist die Herstellung von Getränken.

postmortale Vorgänge
bezeichnen alle Vorgänge, die im Muskelgewebe nach der Schlachtung ablaufen. Durch die Unterbrechung des Blutkreislaufes entwickeln sich anaerobe Bedingungen und die vorhandenen Phosphate (Creatininphosphat, ATP, ADP) werden abgebaut. Das vorhande-

ne → Glycogen wird durch → Glycolyse zu Milchsäure umgewandelt, die im Muskel verbleibt. Der pH-Wert sinkt dadurch auf etwa 5,8 ab. Mit zunehmenden ATP-Abbau verliert der Muskel seine weiche Konsistenz und wird hart und spröde (→ Rigor mortis). Die Geschwindigkeit des pH-Abfalls und der sich einstellende End-pH-Wert sind für das → Wasserbindevermögen des Fleisches von großer Bedeutung. Eine rasche Kühlung des Fleisches führt zu einem wesentlich erhöhtem Wasserbindevermögen als bei langsamer Temperaturabsenkung. Der Rigor mortis löst sich beim Rind nach etwa 2 - 3 d und die Fleischreifung schließt sich an.

Präferenzanalyse
ist eine Methode zur → sensorische Analyse bei der vergleichende Verbraucherbefragungen für mehrere Lebensmittel einer Art durchgeführt und meist statistisch ausgewertet werden.

Pralinen
→ Schokolade.

Pralinenherstellung
erfolgt in Abhängigkeit von der Struktur und Konsistenz der Füllung nach zwei prinzipiellen Verfahren. Standfeste Füllungen passieren zunächst auf einem laufenden Band eine Boden-Vortaucheinrichtung mit anschließender Kühlung bevor sie einen Schleier temperierter Schokolade durchlaufen und so einen Überzug erhalten. Im Kühlkanal erfolgt die Verfestigung der Pralinen. Bei flüssigen Füllungen wird erst ein Schokoladenkörper geschleudert. Der Hohlkörper wird gefüllt, mit Schokolade verschlossen und anschließend gekühlt. Das Verpacken der Pralinen wird zunehmend, insbesondere bei Mischungen, mittels Robotern vorgenommen.

Prallmühlen
sind → Zerkleinerungsmaschinen, bei denen das Mahlgut durch einen Rotor oder Strahl Prallbeanspruchungen unterworfen wird. In Rotor-P. werden Partikelgeschwindigkeiten von 6 - 120 m/s, bei Strahl-P. von 250 m/s erreicht. Durch den Aufprall kommt es zum → Zerkleinern der Partikeln.

Präserven
sind durch kombinierte Anwendung von Wärme und chemischen Konservierungsstoffen befristet haltbargemachte Lebensmittel. → Halbkonserven.

Premix-Verfahren
Premix ist ein Begriff für Erzeugnisse oder Halbfertigerzeugnisse, die dadurch gekennzeichnet sind, daß alle Rohstoffkomponenten dosiert und gemischt und dabei teils produktspezifischen Behandlungen (z.B. Emulgieren, Mischen) unterzogen werden, bevor sie in einer oder mehreren nachgeschalteten Prozeßstufen ihren endgültigen Zustand erhalten. P.-V. werden angewendet zur Herstellung von Speiseeismischungen, Limonaden, Fruchsaftgetränken und Margarinefettmischungen.

Pressen
(1) bezeichnet einen mechanischen Trennprozeß, bei dem durch die Anwendung eines Druckes Flüssigkeit aus einem strukturiertem Stoffsystem abgetrennt wird. Das P. ist in der Regel mit der mechanischen Zerstörung der Struktur des Stoffsystems verbunden. Gleichzeitig laufen mit dem P. eine Reihe von chemischen und biochemischen Vorgängen ab bzw. werden eingeleitet.
(2) sind → Apparate zum mechanischen → Trennen von flüssig-festen Stoffsystemen. Man unterscheidet diskontinuierliche P., wie → Packpressen, vertikale → Korbpressen, hydraulische, mechanische und pneumatische horizontale Korbpressen und kontinuierliche P., wie → Schraubenpresse, → Bandpresse u.a.

Pressen, kontinuierliche
dienen zur Saftgewinnung bei der → Obst- und → Gemüseverarbeitung oder zur Gewinnung von → Kakaobutter. Es sind kontinuierlich arbeitende Systeme. Die wichtigsten Apparate sind: Schraubenpressen und Bandpressen(nicht für Kakaobutter), von denen es zahlreiche konstruktive Varianten gibt. Die *Schraubenpresse* (auch Schneckenpresse) besteht aus einem perforierten Zylinder, (horizontal oder vertikal) in dem eine sich verjüngende Schnecke rotiert. Durch die Drehbewegung wird das Gut transportiert und durch den sich verengenden Raum gepreßt (**Abb. 130**). Bei *Bandpressen* erfolgt die Entsaftung zwischen zwei endlosen horizontal laufenden Bändern, deren Abstand entlang der Laufrichtung geringer wird.

Preßhefe
ist eine handelsübliche Verkaufsform von → Backhefe (*Sacchomyces cerevisiae*). → Backhefeherstellung.

Preßhilfsmittel

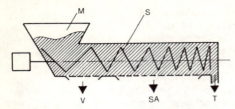

Bild 130. Schematische Darstellung einer Schraubenpresse. *M* Maische, *S* Schnecke, *V* Vorlauf, *SA* Saft, *T* Trester

Preßhilfsmittel
sind Einrichtungen oder Stoffe, mit denen die Struktur des Preßgutes, die innere Oberfläche und damit der Saftabfluß während des → Pressens bei der Obst- und Gemüseverarbeitung verbessert werden kann. Als P. werden vorwiegend Cellulosefasern, Reiskleie und Perlit genutzt.

Preßlinge
auch Komprimate genannt, sind → Zuckerwaren, die aus Zuckern, meistens Puderzucker und/oder Traubenzucker unter Zusatz ggf. geringer Mengen von Bindemitteln z.B. Gelatine, Traganth, Gummi arabicum und Gleitmitteln, z.B. Magnesiumstearat, sowie geruchs-, geschmacksgebenden, färbenden und die Struktur beeinflussenden Stoffen bestehen. Die P. werden mit Tablettenpressen oder im sogenannten Teigverfahren, bei dem aus dem Zucker und anderen Bestandteilen eine Teigmasse angewirkt wird, aus der die Körper ausgestochen und anschließend im Heißluftkanal getrocknet werden, hergestellt.

Preßpülpen
→ Preßschnitzel.

Preßschnitzel
sind die Extraktionsrückstände im Prozeß der → Zuckergewinnung aus Zuckerrüben. Sie werden auch als Preßpülpen bezeichnet.

Primasprit
ist ein von Nebengeruch und -geschmack freies Ethanol zur Herstellung von → Spirituosen, der ausschließlich von der Bundesmonopolverwaltung in den Handel gebracht werden darf. P. hat 96,4 Vol.-% Ethanol.

Primitivzucker
ist der aus dem Saft von Zuckerrohr, Zuckerahorn oder Palmen durch Eindampfen gewonnene Festzucker, der keine definierte Qualität aufweist. Während bei Zuckerahorn und Palmen der Saft durch das Abzapfen direkt verfügbar ist, wird aus dem Zuckerrohr in Walzenpressen der Preßsaft gewonnen. In die Eindampfpfanne wird $Ca(OH)_2$ zur Ausfällung von Nichtsaccharosestoffen zugesetzt, die sich während des Kochens als Schaum auf der Oberfläche absetzen und entfernt werden. Durch die Temperatur kommt es zur Karamelisierung, wodurch der P. seine gelbe bis dunkelbraune charakteristische Farbe bekommt. Am Ende der Eindampfzeit wird die zähe dickflüssige Lösung in Formen gegossen und gekühlt. Der Muttersirup verbleibt im Produkt. P. hat lokale Bezeichnungen, die aus der Form (Panela-Columbien, Gula mangkok-Indonesien), der Farbe (Gula merah-Indonesien) oder der Herkunft (Gula java-Indonesien) abgeleitet sind.

Profilanalyse
ist ein Methode zur → sensorischen Analyse, bei der eine Bewertung mehrerer sensorischer Eigenschaften einzeln nach einer Intensitätsskala erfolgt (**Abb. 131**). Dabei werden den Geruchs-, Geschmacks- und Textureigenschaften in Reihenfolge erfaßt und bewertet.

Prolin
ist eine nichtessentielle → Aminosäure.

Prooxidantien
sind Stoffe, meist in ionisierter Form, die die → Autoxidation katalytisch beschleunigen. Bei der Fettautoxidation sind das insbesondere Metallionen.

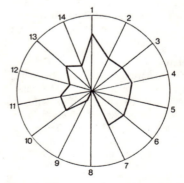

Bild 131. Profilanalyse für Edelpilzkäse. *1* Gesamteindruck, *2* fruchtig, *3* milchsauer, *4* Fettsäuren, *7* seifig, *8* off-flavour, *9* stinkig, *10* scharf, *11* roquefort-artig, *12* pilzartig, *13* salzig, *14* bitter

Propellerrührer
→ Rührer.

Propionibacterium
ist eine Gattung grampositiver, unbeweglicher, sporenloser, pleomorpher, aerober und anaerober, Katalase- positiver kokkoider Stäbchen. P. haben lebensmitteltechnologisch bei der Hartkäseherstellung eine Bedeutung.

Proteasen
→ Technische Enzyme.

Proteide
sind Eiweißkörper mit prosthetischer Gruppe. Man unterscheidet: Chromoproteide (z.B. → Myoglobin, → Hämoglobin), Nucleoproteide, → Glycoproteide, Phosphoproteide (z.B. → Casein), → Lipoproteide und Enzyme mit verschiedenen prosthetischen Gruppen.

Proteine
entstehen durch säureamidartige Verbindungen von → Aminosäuren. Ihre Eigenschaften werden im wesentlichen durch ihre Struktur geprägt. Sie ist gekennzeichnet durch die Primärstruktur (Sequenz der Aminosäuren), die Sekundärstruktur (Konformation der Polypeptidkette), die Tertiärstruktur (räumliche Anordnung der Polypeptidkette) sowie die Quartärstruktur (nicht kovalente Assoziierung von Proteinen).

Proteine, myofibriläre
sind kontraktile Proteine. Das Myosin ist ein Strukturprotein mit enzymatischen Eigenschaften, die die Abspaltung der endständigen Phosphorsäuregruppe aus ATP katalysieren, so daß Energie zur Muskelkontraktion freigesetzt werden. Man kennt heute etwa 14 Proteine, die den myofibrillären P.'n zugerechnet werden.

Proteinhydrolysate
sind hydrolysierte pflanzliche Eiweißträger, HPP (Hydrolized Plant Protein) bzw. HVP (Hydrolized Vegetable Protein), die als → Würzen bezeichnet werden. Sie werden in den verschiedensten Geschmacksrichtungen, von intensivem Rindfleischgeschmack über milden Fleischgeschmack mit Rauchnote bis Brathuhngeschmack hergestellt.

proteolytische Enzyme
sind → Enzyme, die Peptidbindungen spalten können. Man unterscheidet: *Endopeptidasen* (spalten Eiweiß unregelmäßig innerhalb der Kette zu → Peptiden) und *Exopeptidasen* (spalten jeweils nur eine endständige Ami-

nosäure). Lebensmitteltechnologisch sind die p.E. außerordentlich bedeutsam z.B. bei der Labgerinnung, Reifungsbeschleunigung, Kleberbeeinflussung und beim Zartmachen von Fleisch u.a.

Proteus
ist eine Gattung der → *Enterobacteriaceae* mit gramnegativen, aeroben oder anaeroben, begeißelten Stäbchen. P. ist ubiquitär und hat eine Bedeutung als potentieller Lebensmittelvergifter. Vertreter sind: *P. vulgaris, P. mirabilis.*

Provolone
ist ein italienischer → Hartkäse mit mindestens 45% Fett i.T. Der Teig ist geschlossen und weißgelb bis gelb. Sein Geschmack ist süßlich bis pikant. Er wird als Tafelkäse oder Streukäse verwendet. → Labkäseherstellung.

Prozeßeinheit
ist die technologische Grundeinheit einer → Verfahrensstufe bzw. eines → Verfahrens, in der der technologische Makroprozeß abläuft. Die P. ist räumlich durch den Apparat bzw. die Maschine begrenzt.

PSE-Fleisch
→ Fleisch, PSE-.

Pseudomonas
ist eine Gattung der *Pseudononadaceae* mit gramnegativen, aeroben, begeißelten, nicht sporenbildenden, Katalase positiven stäbchenförmigen Bakterien. P. ist weit verbreitet in Boden, Abwasser, Wasser und verderbenden Lebensmitteln. Vertreter sind: *P. aeruginosa, P. flurescens, P. putida, P. ovalis.*

psychrophile Mikroorganismen
sind Mikroorganismen, die eine Wachstumstemperatur von: Minimum $-8 - 0°C$, Optimum $0 - 4°C$ und Maximum $15 - 20°C$ bevorzugen.

psychrotrope Mikrooganismen
sind Mikroorganismen, die eine Wachstumstemperatur von: Minimum $-5 - 0°C$, Optimum $10 - 20°C$ und Maximum $25 - 30°C$ bevorzugen.

Puderstärke
ist die pulverförmige Handelsform von → Stärke.

Puderzucker
ist ein durch Vermahlen von → Kristallzucker pulverförmiges Produkt mit einer Korngröße $< 0,1$ mm.

Puffreis

ist ein durch → Extrudieren gelockerter, wesentlich vergrößerter, verzehrsfertiger und leicht verdaulicher Weißreis (→ Reis), der in dieser Form auch gefärbt, auch mit Schokolade überzogen oder in anderer Form in den Handel kommt.

Pufftrocknung

ist ein Prozeß, bei dem Produkte in einer Druckkammer aufgeheizt und anschließend schlagartig entspannt werden, so daß volumenvergrößerte, poröse Endprodukte (z.B. Erdnußflips, Kartoffelsnacks) entstehen. Die Nutzung der schlagartigen Druckentspannung zur Herstellung von volumenvergrößerten Produkten wird als → Extrudieren bezeichnet.

Pulpe

(1) auch Pülpe, Obstpulpen (syn. Fruchtpulpen) sind aus frischen Früchten hergestellte Halbfertigerzeugnisse, die nicht zum unmittelbaren Verzehr bestimmt sind. Sie werden durch Tiefgefrieren oder durch Konservierungsstoffe begrenzt haltbar gemacht.

(2) Das von der Kaffeekirsche im Prozeß der Kaffeebohnengewinnung (→ Kaffee) entfernte Fruchtfleisch.

(3) Die im Prozeß der → Zuckergewinnung aus Zuckerrüben nach der Feststoffextraktion anfallenden Schnitzel (→ Naßpülpe) bzw. Feinbestandteile (Feinpülpe).

Pulpenextrakt

wird aus Citrusfrüchten mittels eines Gegenstrom-Extraktionssystems gewonnen. Als Extraktionsmittel dient Wasser. Moderne Extraktionsanlagen arbeiten 4-stufig. Der wäßrige Extrakt (Pulp wash) wird mit → pektolytischen Enzymen in seiner Viskosität vermindert, so daß eine Konzentrierung möglich ist.

Pulverkaffee

→ Kaffeeextraktpulver.

Pumpenkennlinien

charakterisieren das Betriebsverhalten von Pumpen. Es wird der Druck p in der Flüssigkeit als Funktion der Fördermenge $\dot{V}$ aufge-

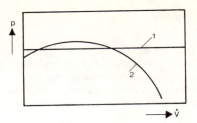

Bild 132. Pumpenkennlinien. *1* Kolbenpumpe, *2* Kreiselradpumpe

nommen. **Abb. 132** zeigt P. für die Kolbenpumpe und die Kreiselradpumpe.

Pumpernickel

ist eine aus Roggenbackschrot oder Roggenvollkornschrot in geschlossenen Backkästen hergestellte → Brotsorte, die bis zu 10% andere → Getreidemahlerzeugnisse enthalten kann. P. wird mit Dampf in geschlossenen Backkammern mindestens 16 Stunden gebacken. Die Verzuckerung der Stärke, enzymatische Reaktionen sowie die lange Backzeit führen zu der charakteristischen dunklen Farbe und dem süßlichen Geschmack.

Punschextrakte

sind → Spirituosen, die dazu bestimmt sind, verdünnt getrunken zu werden. Weinpunschextrakte enthalten mind. 15 Vol.-% Wein. Rum- oder Arrakpunsch enthalten mind. 5% Originalrum oder 10% Originalarrak bezogen auf den Gesamtalkoholgehalt.

Pürieren

ist der Begriff für das → Zerkleinern von Lebensmitteln auf mechanischem oder seltener enzymatischem Wege.

Pyrometer

ist ein Gerät zur Messung der Backtemperatur in Öfen. Eine Bimetallspirale reicht in den Ofen hinein und wird bei Erhitzung in eine Drehbewegung versetzt, die auf einer Skala die jeweilige Temperatur anzeigt. Meist ist das P. mit einem Elektroschalter gekoppelt, so daß die Temperatur regelbar ist.

Q

Q_{10}-Wert

drückt die Temperaturabhängigkeit der Reaktionsgeschwindigkeit (r_1 Reaktionsgeschwindigkeit bei T_1; r_2 Reaktionsgeschwindigkeit bei T_2) aus:

$$Q_{10} = \frac{r_2}{r_1}$$

wobei gilt: $T_2 = T_1 + 10$
Er gibt an, um wieviel schneller die Abtötung von Mikroorganismen in einem Medium verläuft, wenn die Erhitzungstemperatur um 10 K erhöht wird. Somit steht der Q_{10}-Wert in direktem Zusammenhang zum z-Wert über die Beziehung:

$$Q_{10} = 10^{\frac{10}{z}}$$

Qualität

eines Lebensmittels ist im allgemeinen die Summe aller wertbestimmenden Eigenschaften. Zur differenzierten Beurteilung wird die Q. in Qualitätskomponenten unterteilt, denen bestimmte Qualitätsmerkmale zugeordnet werden (**Tab. 59**).

Qualitätsschaumwein b.A.

sind → Schaumweine, hergestellt aus → Qualitätsweinen b.A. mit den Anforderungen für Qualitätsschaumwein. Sie müssen einen mind. Alkoholgehalt von 10 Vol.-% haben und nicht mehr als 200 mg/l schweflige Säure enthalten.

Qualitätswein b. A.

ist die Bezeichnung für inländische Weine eines bestimmten Anbaugebietes. Sie müssen festgelegte Voraussetzungen für die Zuteilung einer Prüfungsnummer erfüllen. Diese sind: ausschließlich aus empfohlenen, zugelassenen oder vorübergehend zugelassenen Rebsorten hergestellt; verwendete Weintrauben sind aus einem einzigen „bestimmten Anbaugebiet" geerntet und verarbeitet; erreicht den festgesetzten natürlichen Mindestalkoholgehalt; ohne Verwendung konzentrierten Traubenmostes; Wein ist frei von sensorischen Fehlern und ist rebsortentypisch, zulässiger Hektarertrag wurde nicht überschritten und Wein erfüllt die übrigen weinrechtlichen Bestimmungen. → Rebsorten, → Rotweinsorten, → Weißweinsorten.

Qualitätsprüfung, Methoden der

dienen der Ermittlung der qualitätsbestimmenden Eigenschaften eines Lebensmittels. Sie werden in chemische, physikochemische, physikalische, mikrobiologische und sensorische Methoden unterteilt. Welche Methoden in welchem Umfang genutzt werden, ist vom jeweiligen Lebensmittel und der geforderten Aussageintensität abhängig. → Sensorische Analyse.

Quargel

sind → Sauermilchkäse mit charakteristischer Scheibenform von etwa 1 cm Höhe und 5 cm Durchmesser, die als Gelbkäse hergestellt werden.

Quark

→ Speisequark.

Quellen

ist die Fähigkeit von Stoffen Wasser aufzunehmen und dabei ihr Volumen zu vergrößern. Bei der unbegrenzten Quellung geht die Substanz in eine Lösung über. Bei der begrenzten Quellung entsteht eine Suspension. Die Quellfähigkeit ist neben der chemischen Struktur des Stoffes von zahlreichen anderen Faktoren, wie Temperatur, pH-Wert, abhängig.

Quellgemüse

ist eine Bezeichnung für getrocknete → Gemüse. Die Aufbereitung des Rohstoffes und die Prozeßführung des → Trocknens sind so gestaltet, daß die Rehydratation des Gemüses möglichst rasch und ohne signifikanten Qualitätsverlust erfolgt.

Quellmehl

ist ein quellungsförderndes → Backmittel, das die Wasseraufnahme von Roggen- und Mischbrotteigen erhöht, in dem es selbst relativ große Wassermengen bindet. Der Einsatz von ca. 2-3% der Mehlmasse bewirkt trocknere und verarbeitungsfähigere Teige sowie eine höhere Teig- und Gebäckausbeute. Das Q. wird aus gemahlenem Getreide (Weizen, Roggen, Reis, Hirse u.a.) durch Verkleisterung der Stärke, Trocknung und Nachvermahlung hergestellt. Teilweise wird Johannisbrotkernmehl, Guarmehl oder Alginat zugesetzt. Q.

Quellmittel

Tabelle 59. Qualitätskomponenten und -merkmale von Lebensmitteln (n. Böckenhoff)

Qualitätskomponente	Qualitätsmerkmale
Nährwert (ernährungsphysiologische Qualität)	Gehalt und Qualität an Energie, Kohlenhydraten, Fett, Eiweiß, Vitaminen, Mineralstoffen, Spurenelementen, Ballaststoffen und sonstigen Zusatzwerten
Gesundheit (hygienisch-toxikologische Qualität)	Gehalt an wertmindernden Inhaltsstoffen und an äußerlich anhaftenden Stoffen, Bekömmlichkeit
Eignungs-, Gebrauchswert (technisch-physikalische Qualität)	Technische Eignung für Lagerung, Auf- und Zubereitung, Ausbeute
Genußwert (sensorische Qualität)	Form, Farbe, Geruch, Geschmack, Konsistenz, Gehalt an Genußstoffen
Ideeller Wert (psychologischer Wert)	Produktionsverfahren (z.B. alternative Landbauformen, Tierhaltungsformen), Herkunftsland

wird auch zur Herstellung von → Trockensauer eingesetzt.

Quellmittel
→ Backmittel.

Quellstärke
ist eine in kaltem Wasser lösliche, quellbare und gelbildende Stärke, die durch Verkleisterung mit wenig Wasser und anschließender →

Walzentrocknung hergestellt wird. Die wichtigsten Anwendungsgebiete sind Puddings, Instanderzeugnisse und Backmittel.

Quellwasser
ist als → Trinkwasser meist ohne Aufbereitung verwendbares Wasser, das natürlichen oder künstlich erschlossenen Quellen entspringt.

R

Radappertization
ist die Strahlensterilisierung. Zur letalen Schädigung von *Clostridium botulinum*-Sporen ist eine -Strahlen-Dosis von 45 kGy erforderlich (1 Gy = 100 rad = 1 J/kg).

Radicidation
ist die Strahlenpasteurisation, d.h., die Abtötung nicht-sporenbildender pathogener Mikroorganismen. Sie wird bereits bei 2,5 kGy (1 Gy = 100 rad = 1 J/kg) erreicht. Zur Haltbarkeitsverlängerung als Folge der Reduktion der Verderbsform genügen bereits weniger als 0,5 kGy. Zur Desinfestation (Infestation = Verseuchung) von Cerealien und Trockenfrüchten ist eine Dosis von 0,25 bis 1,0 kGy ausreichend.

Radler
→ Alsterwasser.

Rätzmühlen
→ Fräsmühlen, → Zerkleinerungsmaschinen.

Raffinade
ist ein besonders reiner Zucker, der in verschiedenen Sorten unterschiedlicher Korngröße und Form hergestellt wird. Die Reinheitsanforderungen sind in der Zuckerarten-VO geregelt.

Raffination
ist der Begriff für Reinigung bzw. Entfernung von Verunreinigungen, einschließlich solcher Stoffe, die den Geruch, den Geschmack, das Aussehen und/oder die Haltbarkeit eines Rohstoffes oder Lebensmittels negativ beeinflussen. In der Lebensmitteltechnologie wird die R. vor allem bei Fetten und Ölen (→ Entschleimung, → Entsäuerung, Bleichung u.a.) sowie bei → Zucker (mehrere Raffinationsschritte, → Zuckergewinnung) durchgeführt.

Raffinierte Kakaobutter
→ Kakaobutter.

Raffinose
ist ein Trisaccharid aus Glucose, Galactose und Fructose. Die → Süßkraft der R. beträgt etwa 20% der der Saccharose. R. wird durch
– Galactosidase in Galactose und Saccharose sowie durch
– Fructosidase in Fructose und Melibiose gespaltet.

Ragi
→ Getreideprodukte, fermentierte.

Rahm
→ Sahne.

Rahmeis
ist ein Speiseeis, das mindestens 60% → Schlagsahne, jedoch keine gesäuerten Milcherzeugnisse enthält (auch Sahneeis genannt). → Speiseeisverordnung.

Rahmentgasung
dient der Entfernung unerwünschter Geruchs- und Geschmacksstoffe im Rahm. Dem Rahm wird bei der R. auch Luftsauerstoff entzogen, so daß Fettoxidationsprozesse minimiert werden. Die R. erfolgt über offene Rieselflächen, die zwischen Separator und Vorlaufgefäß geschaltet sind oder mittels Vakuumentgaser, bei dem ein partieller Verdampfungsprozeß durch Siedepunktserniedrigung vollzogen wird.

Rahmerhitzung
ist eine Prozeßstufe bei der → Butterherstellung. Sie dient den Zielen: Abtötung pathogener und technologisch unerwünschter Mikroorganismen, Inaktivierung lipolytischer und proteolytischer Enzyme sowie Oxidoreduktasen und der Viskositätsverminderung. Die R. soll auf mindestens 85°C erfolgen, wird meist jedoch bei höheren Temperaturen von 95-110°C durchgeführt. Bei diesen Temperaturen werden die endogenen Enzyme sicher inaktiviert und eine gute Destabilisierung der Fettkügelchenhüllen erreicht. Teils kann dabei aber ein leichter Kochgeschmack auftreten.

Rahmerzeugnisse
→ Sahneerzeugnisse.

Rahmfrischkäse
→ Frischkäse, → Käse.

Rahmgefrieren
ist ein Verfahren zur Tiefgefrierlagerung von Rahm. Der Rahm wird mit Kältemittel von etwa −30°C gefroren und bei < −18°C gelagert. Tiefgefrorener Rahm dient zum Verschneiden von Winterrahm mit etwa 20-40%

Rahmreifung

Sommerrahm zur Qualitätsverbesserung von Butter bezüglich der Konsistenz, des Vitamingehaltes und der Farbe. Des weiteren können Schwankungen der Rahmmengen ausgeglichen werden. Im diskontinuierlichen Verfahren wird der Rahm auf einen Fettgehalt von 40 - 50% eingestellt, erhitzt und auf 5 - 10°C vorgekühlt und anschließend in Gefrierkammern in etwa 40 - 50 min auf eine Kerntemperatur von −18°C tiefgefroren. Beim kontinuierlichen Verfahren wird ein Walzengefrierer verwendet. Die auf −30°C gekühlte Walze taucht in den in einer Wanne befindlichen Rahm ein. Während einer Walzenumdrehung gefriert die Rahmschicht, die durch einen Schaber entfernt und als Granulat in Säcken und Beuteln oder in Kühlsilos bei −18°C gelagert wird.

Rahmreifung

ist eine Prozeßstufe der → Butterherstellung. Sie dient der Vorbereitung des Rahms auf die Butterung, bei der physikalische Vorgänge zur Beeinflussung der Fettkristallisation und zur Minderung der Hüllenfestigkeit und biochemische Vorgänge zur Säuerung und Aromabildung ablaufen.

Rahmüberlagerung

bezeichnet die Verfahrensweise der Überstapelung von Rahm bis zur Verbutterung. Man kann ungesäuerten und gesäuerten Rahm überlagern. Die Lagerung erfolgt in Rahmreifern oder Silotanks bis zu 60.000 l Fassungsvermögen. Der Rahm wird durch Schockkühlung auf 4 - 8°C gekühlt und 24 - 48 h gelagert. Ungesäuerter Rahm wird dann einer Warmsäuerung (15 - 20°C/11°C) unterzogen. Gesäuerter Rahm wird mittels Plattenwärmeaustauscher unmittelbar vor dem Verbuttern auf Butterungstemperatur gebracht.

Raki

→ Spirituosen.

Rangfolgeprüfung

ist eine Methode der → sensorischen Analyse, bei der mehrere Proben (max. 7) mit Unterschieden einzelner oder komplexer Sinneseindrücke nach deren Intensität oder Präferenz geordnet und in Rangfolge gestellt werden. Sie dient der Feststellung von Unterschieden der Sinneseindrücke zwischen mehreren Proben.

Ranzigkeit

bezeichnet die chemischen und enzymatischen Veränderungen von Fetten und Ölen, hervorgerufen durch Lichteinwirkung, Oxidationsprozesse, Feuchtigkeit (Verseifung) und lipolytische Enzyme (freie Enzyme, mikrobieller Stoffwechsel), die schließlich zur Genußuntauglichkeit führen.

Raps

(*Brassica napus L.*) gehört zur Familie der Cruciferen. Der Samen des R.'es hat einen Ölgehalt von etwa 35 - 40% und wird deshalb verbreitet zur Ölgewinnung genutzt.

Rapsöl

ist ein → Pflanzenfett, das aus verschiedenen Arten von Raps (*Brassica campestris*) gewonnen wird. R. enthält 6 - 9% gesättigte → Fettsäuren und 91 - 94% ungesättigte Fettsäuren, davon 45 - 55% Erucasäure, 12 - 24% Ölsäure, 12 - 15% Linolsäure und 2 - 9% Linolensäure. → Fette.

Ratio

ist ein in der Fruchtsaftindustrie verwendeter Begriff für das Verhältnis zwischen Gesamtzucker und Gesamtsäure eines → Fruchtsaftes, berechnet als → Weinsäure. R. liegt meist zwischen 8:1 (saurer Geschmackseindruck) und 15:1 (süßer Geschmackseindruck).

Rätzmühlen

werden vor allem zum → Zerkleinern von Kernobst eingesetzt. Das Obst wird durch einen mehrflügligen Rotor gegen die Wand des zylindrischen Mahlraumes geschleudert und entlang des Zylindermantels transportiert. In der unteren Hälfte des Mantels sind gezähnte Messer axial eingelegt, durch die das Obst zerkleinert wird. Durch Schlitze kann es aus dem Mahlraum austreten. Der Zerkleinerungsgrad wird durch die Größe der Zähnung bestimmt. Die Messer lassen sich austauschen. Allgemein gilt, daß härteres Obst fein, weiches Obst grob gerätzt wird. → Obstmühlen.

Raucharoma

ist der komplexe Geschmackseindruck, der von Rauchbestandteilen ausgeht. Reaktionsprodukte zwischen Rauchbestandteilen und Bestandteilen des Räuchergutes tragen auch zum Rauchgeschmack bei. Für den typischen Rauchgeschmack sind hauptsächlich phenolische Verbindungen entscheidend.

Räucherfische

sind Erzeugnisse aus verschiedenen → Frischfischen, tiefgefrorenen, gefrorenen oder gesalzenen → Fischen oder → Fischteilen, die durch Behandlung mit Rauch hergestellt wer-

Tabelle 60. Räucherverfahren

Verfahren	Temperatur	Zeit	Anwendungsbeispiele
Kalträuchern	bis 18°C	mehrere Tage bis Wochen	Rohwürste, Kochwürste
Feuchträuchern (selten)	< 30°C	2 - 3 Tage	schnellgereifte Rohwürste
Warmräuchern (selten)	< 50°C	1 - 3 h	großkalibrige Brühwurst
Heißräucherung	60 - 100°C	20 - 60 min.	Brühwurst, Kochwurst

den. Heißgeräucherte Fische werden mit einer Wärmeeinwirkung von über 60°C, kaltgeräucherte Fische von unter 30°C geräuchert.

Räucherflüssigkeit
sind geräucherte Flüssigkeiten oder Kondensate von Rauch, in die Lebensmittel, meist → Fleischerzeugnisse, zur Erzeugung eines Rauchgeschmacks eingelegt werden. In D verboten.

Räucherlachs
(geräucherter → Lachs) wird aus den Seiten oder Stücken von gesalzenen Lachsarten oder gesalzener Meerforelle durch Kalträuchern hergestellt.

Räuchern
ist das Einwirkenlassen von Gasen und Dämpfen unvollständig verbrannter Pflanzenteile, meistens von Holz, auf Lebensmittel. Mit dem R. erzielt man eine günstige Veränderung des Gefüges, der Farbe, des Geruches und des Geschmacks sowie eine Erhöhung der Haltbarkeit. Im Rauch sind Verbindungen enthalten, die bakterizide und antioxidative Wirkungen haben. Wichtige Rauchbestandteile sind Phenole, Carbonylverbindungen, Säuren etc.. R. wird angewendet bei Fleisch, Fleischwaren, Fisch, Käse, Bier, Whisky. Das Räuchern wird oft mit dem Pökeln oder Trocknen und/oder Erhitzen kombiniert. Man unterscheidet Kalt- und Heißräuchern. Beim *Kalträuchern* von Wursterzeugnissen wird eine Temperatur von 16 - 28°C und eine rel. Luftfeuchtigkeit von 60 - 100% angewendet. Das *Heißräuchern* erfolgt bei etwa 70°C. Daneben gibt es noch andere → Räucherverfahren.

Räucherpräparate
sind durch Kondensation von Räucherrauch oder/und → Räuchern von Salzen, Gewürzen und Flüssigkeiten erhaltene Produkte, die zur Übertragung des → Raucharomas auf das Lebensmittel dienen. → Räucherflüssigkeit.

Räucherrauch
ist der zum Räuchern von Lebensmitteln verwendete Rauch, der durch unvollständige Verbrennung von Räuchermitteln entsteht. Die Raucherzeugung kann nach verschiedenen technischen Methoden erfolgen (→ Räucherverfahren). Der Abbau der Räuchermittel wird durch die Temperatur und die Sauerstoffzufuhr beeinflußt. Der R. enthält folgende wichtigen Substanzgruppen (1 m^3 dichter Rauch enthält 3 g Substanz): gasförmige Stoffe: Phenole, organische Säuren, Carbonyle; nichtflüchtige partikuläre Stoffe: Teer, Harze, Asche, Ruß. Vor allem die gasförmigen Bestandteile des R.'es haben bactericide und aromabildende Wirkung. Die Bildung polycyclischer aromatischer Kohlenwasserstoffe, z.B. der am stärksten kanzerogenen Substanz Benzo (a) pyren, erfolgt, wenn Fett bei Temperaturen ab 400°C verbrannt wird.

Räucherverfahren
Man unterscheidet R. nach der in der Rauchkammer herrschenden Temperatur während der Räucherung. In **Tab. 60** sind die R., Räuchertemperaturen, Räucherzeit und Anwendungsbeispiele aufgeführt. Als Räuchermittel werden Holzspäne, Sägemehl, Holzscheite, bei speziellen Räucherverfahren Torf und Heidemoos (Katenrauch) oder Wurzelholz harzreicher Nadelhölzer (Schwarzräucherung) verwendet. Nach der Art der Raucherzeugung differenziert man in:
- Glimmrauch,
- Reiberauch (Friktionsrauch),
- Dampfrauch,
- Fluidisationsrauch,
- Schwelrauch.

Bei kontinuierlicher Räucherung durchläuft das Räuchergut die Räucheranlage. Die diskontinuierliche Räucherung, bei der die Räucherkammer mit dem Produkt vor der Räucherung gefüllt wird, ist dominant.

Rauchtee
ist ein fermentierter → Schwarzer Tee, der kurz vorgetrocknet und handgerollt wird. Danach wird er einem kurzem Fermentationsprozeß unterzogen und abschließend getrocknet → Teefermentation, → Tee.

Rauhbrand

bezeichnet man die erste Destillation in → Brenngeräten ohne besondere Verstärkervorrichtung, bei der der Alkohol möglichst vollständig aus der → Maische entfernt wird. R. wird auch als Rohbrand, Lutter oder Rohbranntwein bezeichnet. Das Abbrennen einer Blasenfüllung nennt man → Abtrieb.

Reaktion, Ordnung einer

gibt an, wie die Geschwindigkeit der Reaktion von der Konzentration der Reaktanden abhängt. Danach unterscheidet man: (1) *Reaktion nullter Ordnung*: die Reaktionsgeschwindigkeit ist unabhängig von den Konzentrationen der Ausgangsstoffe. Dieser Fall tritt in der Regel bei heterogenen katalytischen Reaktionen auf, wenn die Konzentration der Ausgangsstoffe so hoch ist, daß die Katalysatorkonzentration zum geschwindigkeitsbestimmenden Faktor wird. (2) *Reaktion erster Ordnung*: die Geschwindigkeit der Reaktion ist der Konzentration der Ausgangsstoffe A proportional.

$$A \longrightarrow P$$

$$-\frac{d[A]}{dt} = k[A]$$

darin sind: $[A]$ molare Konzentration, k Reaktionsgeschwindigkeitskonstante, P Produkt. (3) *Reaktion zweiter Ordnung*: die Reaktionsgeschwindigkeitskonstante ist entweder der Konzentration zweier Reaktionspartner A, B

$$A + B \longrightarrow P$$

$$-\frac{d[A]}{dt} = k[A][B]$$

oder dem Quadrat der Konzentration eines Ausgangsstoffes A proportional

$$2A \longrightarrow P$$

$$-\frac{dA}{dt} = k[A]^2$$

Reaktionsbedingungen

definieren den Zustand, unter dem eine chemische, physikalische und/oder biochemische Reaktion abläuft. Charakteristische Größen sind Temperatur, Druck, Konzentration, spezifische Oberfläche, Vermischungsgrad, Kontaktzeit u.a.

Reaktionsaromen

entstehen durch Erhitzen von verschiedenen Ausgangsstoffen als Folge chemischer Reaktionen, wie z.B. die → Maillard-Reaktionen u.a.

Reaktionskinetik

ist die Lehre von der Reaktionsgeschwindigkeit chemischer Reaktionen. Ordnung einer → Reaktion.

Reaktionskolonne

auch Reaktionstürme, ist ein Oberbegriff für senkrecht stehende → Reaktoren mit Einbauten und/oder Füllkörperschüttungen. Ihre Bezeichnung erfolgt nach den Einbauten (z.B. → Glockenbodenkolonne) oder den Strömungsbedingungen (z.B. → Blasensäule). R.'n werden für Gas/Flüssig-Reaktionen verwendet.

Reaktionssystem

bezeichnet die an einer Reaktion beteiligten Stoffe in einem System. Man unterscheidet homogene Reaktionssysteme (reagierende Stoffe haben denselben Aggregatzustand) und heterogene Reaktionssysteme (reagierende Stoffe haben verschiedene Aggregatzustände).

Reaktionswärme

ist die durch den Energieumsatz einer → Reaktion entstehende (exotherme Reaktion) oder verbrauchte Wärme (endotherme Reaktion).

Reaktoren

sind die → Apparate einer Produktionsanlage, in der die chemischen, thermischen, katalytischen oder biochemischen Reaktionen ablaufen. Man unterscheidet diskontinuierlich arbeitende (z.B. → Rührkessel) und kontinuierlich arbeitende (z.B. → Schlaufenreaktor, → Rohrreaktor, → Glockenbodenkolonne, → Füllkörperkolonne, → Blasensäule und → Wirbelschichtreaktor) Reaktoren.

Rebsorten

Heute sind etwa 8000 R. weltweit bekannt. In Deutschland werden rund 50 R. angebaut, von denen die → Weißweinsorten Riesling, Müller-Thurgau, Silvaner, Ruländer (Grauer Burgunder), Weißer Burgunder, Traminer und die Gutedelsorten sowie die → Rotweinsorten Blauer Spätburgunder, Müllerrebe, Portugieser, Blauer Limberger (Blaufränkisch) und Trollinger von besonderer Bedeutung sind. Man unterscheidet empfohlene, zugelassene und vorübergehend zugelassene Rebsorten. Die Weinländer führen Rebsortenlisten, in denen die Zuordnung der R. zu bestimmten Standorten vorgenommen wird.

Redoxpotential

bezeichnet die durch Ladungsänderungen von Reduktions- und Oxidationsvorgängen als Folge der Übergänge von Elektronen bei chemischen Reaktionen auftretenden Spannungen und ist somit ein Maß für die Energiemenge, die bei der Aufnahme bzw. Abgabe von Elektronen frei wird.

$$A^{++} \rightleftharpoons A^{+++} + e$$

reduzierte Form   oxidierte Form

Es gibt die Tendenz zur Elektronenabgabe im Vergleich zu einer mit Wasserstoff umspülten Bezugselektrode (Platinelektrode) unter Standardbedingungen an. Das Potential E_o kennzeichnet die gleiche Konzentration der oxidierten und der reduzierten Stufe bei pH 0. Nach der Nernst'schen Gleichung errechnet sich unter Einbeziehung der Gaskonstante R, der absoluten Temperatur T, der Anzahl der Elektronen n und der Faraday'schen Konstante F:

$$E_h = E_0 + \frac{R \cdot T}{n \cdot F} \cdot \ln \frac{c_{ox}}{c_{red}}$$

Das Verhältnis der oxidierten zur reduzierten Substanz wird im Lebensmittel wesentlich von seiner Zusammensetzung beeinflußt.

Reifen

ist ein Begriff, der summarisch die chemischen, physiko-chemischen und biochemischen Vorgänge zur erwünschten Veränderung eines Lebensmittels, Halbfabrikates oder Rohstoffes beschreibt. Beispiele: → Rahmreifung, Käsereifung, Rohwurstreifung u.a.

Reifungshormone

sind verschiedene Substanzen, insbesondere Ethylen, die als Signalstoff biochemische Interaktionen bei höheren Organismen aber auch mit Mikroorganismen vermitteln. Sie haben Bedeutung zur synthetischen Reiferegulation bei Obst.

Reinheitsgebot

für Bier ist das älteste, ein Lebensmittel betreffendes Gesetz in Deutschland (Biersteuergesetz von 1516). Es wurde vom Bayerischen Herzog Wilhelm IV erlassen. Es schreibt vor, daß zum Bierbrauen nur Gerstenmalz, Hopfen und Wasser verwendet werden dürfen (später um Hefe erweitert). Bis 1987 durfte in Deutschland nur Bier in den Verkehr gebracht werden, das dem R. entsprach. Durch

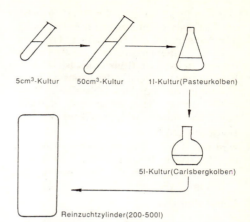

5cm³-Kultur   50cm³-Kultur   1l-Kultur(Pasteurkolben)

5l-Kultur(Carlsbergkolben)

Reinzuchtzylinder(200-500l)

Bild 133. Schema der Reinzuchthefeführung in der Brauerei

eine Entscheidung des Europäischen Gerichtshofes 1987 dürfen auch Biere in Deutschland in den Handel gebracht werden, die in anderen EG-Staaten zugelassen sind.

Reinzuchthefe

ist die nach Isolierung und Kultivierung erhaltene Reinkultur einer Hefespecies. Die R. ist besonders bedeutsam bei der → Bierherstellung und Weinherstellung (→ Weißweinherstellung, → Rotweinherstellung). In Brauereien erfolgt die Kulturführung der R. als wichtiger technologischer Schritt zur Herstellung eines qualitativ hochwertigen Bieres. **Abb. 133** zeigt das Schema der Reinzuchthefeführung.

Reinzuchtsauer

→ Sauerteigstarter.

Reis

(*Oryza sativa L.*) ist das wichtigste → Getreide in tropischen und subtropischen Regionen. R. ist ein von Samen- und Fruchtschalen, → Aleuronschicht sowie Keimling weitgehend befreites Cerealienprodukt, das in dieser Form auch als Weißreis, Speisereis oder geschliffener Reis bezeichnet wird. Beim Naturreis oder Vollkornreis sind die nicht eßbaren Strohhülsen entfernt, jedoch das Silberhäutchen (Perikap) erhalten. Paraboiled Reis wird entweder noch in der Strohhülse oder nach dem Schälen, jedoch vor der weiteren Bearbeitung in Wasser eingeweicht, hydrothermisch behandelt und getrocknet. Dieses Verfahren wird als → Parboiling-Verfahren bezeichnet. Der R. kann auch einem Überdruck oder Vakuum bei der Bearbeitung ausgesetzt sein. Als Beurteilungsmerkmal für R. verwendet man Reisklassen (Rundkorn-, Mittelkorn-, Langkornreis) und Qualitätsmerkmale, die zur Einstufung in Bruchreis, Naturreis, Haushaltreis, Standardreis, Spitzenreis und Patna-Spitzenreis führen. → Reismüllerei.

Reisbackmehl
wird aus Bruchreis durch Kochen, Trocknen und Vermahlen hergestellt. Es wird Teigen zugesetzt und fördert die Verkleisterung der Stärke im jeweiligen Mehl.

Reisbranntwein
→ Arrak.

Reismehl
wird aus Reis gewonnen. Es hat einen hohen Stärke- und einen niedrigen Klebergehalt und ist daher zum Backen ungeeignet. R. wird zur Diät- und Babyernährung verwendet.

Reismüllerei
ist ein Teilbereich der → Schälmüllerei und umfaßt die Verarbeitungsstufen vom Braunreis (Cargoreis) bis zum gereinigten Fertigprodukt. Der Verfahrensablauf ist in **Abb. 134** dargestellt. Die Reinigung erfolgt wie bei der Getreideverarbeitung (→ Schwarzreinigung, → Weißreinigung, → Schleifen). Mit den weiteren Prozeßschritten wird die jeweils gewünschte Oberflächenbeschaffenheit des Kornes erreicht.

Rekonstituieren
bezeichnet den Prozeß des Wiederauflösens, -quellens und/oder -emulgierens von Trockenprodukten, meist mit der für das Ursprungsprodukt typischen Wassermenge.

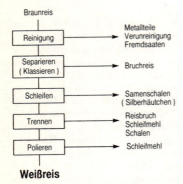

Weißreis

Bild 134. Verfahrensablauf der Reismüllerei

rekonstituierte Milch
ist ein durch Wiederauflösen, -quellen und/ oder -emulgieren von getrockneten konzentrierten → Milcherzeugnissen gewonnenes Erzeugnis.

Rekristallisation
bezeichnet das Kristallwachstum eines polykristallinen Materials.

Rektifikation
→ Rektifizieren.

Rektifizieren
ist eine spezifische Art der → Destillation, die auch als Gegenstromdestillation bezeichnet wird. Die Destillation wird zusätzlich um eine Trennsäule erweitert (**Abb. 135**). Bei einer bestimmten Temperatur ist die Zusammensetzung der im Gleichgewicht stehenden Dampf- und Flüssigkeitsphasen unterschiedlich, wobei in der Dampfphase eine höhere Anreicherung an Leichtersiedendem vorliegt. Durch wiederholtes → Verdampfen und Kondensieren läßt sich so das Gemisch trennen. Dieser Zusammenhang läßt sich graphisch darstellen (**Abb. 136**). Würde die Gleichgewichtskurve mit der Diagonale zusammenfallen, dann hätten Dampf und Flüssigkeit die gleiche Konzentration und eine Destillation wäre nicht möglich. Je größer die Abweichung desto leichter die Trennung der Komponenten. Die Verdampfungswärme wird am Boden zugeführt und die Kondensationswärme im Kühler abgeführt. In den Zwischenstufen 1, 2 und 3 findet eine Durchmischung beider Phasen statt und es stellt sich ein neues Gleichgewicht ein.

Remoulade
ist ein → Feinkosterzeugnis, das aus mit Kräutern versetzter → Mayonnaise und anderen Zutaten besteht und einen Fettgehalt von mind. 50% hat.

Rennin
→ Gerinnungsenzym.

Resorption
bezeichnet den Vorgang der Aufnahme von Stoffen über den Dünndarm in die Blut- und Lymphbahn.

Restbrot
bezeichnet die bei der Brot- oder Kleingebäckherstellung anfallenden Brotabschnitte bzw. Brotschnitte. Sie werden in aufbereiteter bzw. enzymatisch aufgeschlossener Form

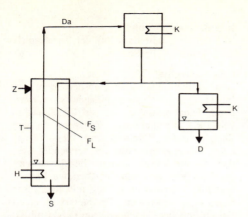

Bild 135. Prinzipdarstellung der Rektifikation. *T* Trennsäule, *Z* Zulauf, *H* Heizen, *S* Sumpf, *K* Kühlung, *D* Destillat, *Da* rektifizierter Dampf, F_S Anreicherung des Flüssigkeitsrücklaufes an schwerer siedendem Bestandteil, F_L Anreicherung des aufsteigenden Dampfes an leichter siedendem Bestandteil

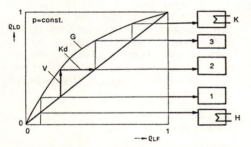

Bild 136. Gleichgewichtsdiagramm zur Rektifikation (Beispiel). ρ_{LD} Anteil des Leichtersiedenden im Dampf, ρ_{LF} Anteil des Leichtersiedenden in der Flüssigkeit, *G* Gleichgewichtskurve, *Kd* Kondensieren, *V* Verdampfen, *H* Heizen, *K* Kühlen

in definiertem Umfang bei der Teigbereitung wiederverwendet.

Restzuckergehalt
(syn.: Süßreserve, Restsüße), ist der im Wein verbliebene unvergorene Zucker. Ein R. kann hergestellt werden durch das sog. „Totschwefeln", Pateurisieren und EK-Filtration. In der Regel wird die Süßreserve durch den Zusatz von Traubensaft gewährleistet.

Retrogradation
bezeichnet den Übergang eines Stoffes vom gelösten oder dispergierten Zustand in ei-

nen unlöslichen, entquollenen, mikrokristallinen Zustand, bei dem die zuvor gebundene Flüssigkeit frei wird. Die R. von → Dickungsmitteln wird durch niedrige Temperaturen, neutrale pH-Werte und hohe Konzentrationen gefördert und kann durch die Anwesenheit grenzflächenaktiver Stoffe (→ Tenside) verhindert werden. Bei Stärke erfolgt die Reaktion beim Abkühlen, wobei sich Wasserstoffbrücken zwischen den Hydroxylgruppen nebeneinanderliegender Stärkemoleküle ausbilden. → Alterung des Brotes

retsinierte Weine
sind trockene griechische Landweine, denen zur Konservierung und Aromatisierung während der Gärung Strandkieferharz zugesetzt wurde.

reversible Vorgänge
im Sinne der Thermodynamik, sind Vorgänge, die durch bloße Umkehr rückgängig gemacht werden können, ohne daß dabei dauernde → Zustandsänderungen gegenüber dem ursprünglichen Zustand zurückbleiben. → irreversible Vorgänge.

Reynolds-Zahl
ist ein Ähnlichkeitskriterium zur Charakterisierung erzwungener Strömungen von Flüssigkeiten und Gasen. Es gilt:

$$Re = \frac{V \cdot \rho \cdot l}{\eta}$$

(ρ Dichte, η Viskosität, v Geschwindigkeit des Fluids gegenüber dem Körper, l charakteristischer geometrischer Faktor). Die R.-Zahl dient zur Kennzeichnung laminarer und turbulenter Strömung:
laminare Strömung: $10^{-4} < Re < 2$,
Übergangsbereich: $2 < Re < 500$,
turbulente Strömung: $500 < Re$.

Rheologie
ist die Wissenschaft von der Deformation einschließlich des Fließens fluider und fester Körper unter Einwirkung mechanischer Kräfte. Die Teilgebiete der R. sind die → Makrorheologie, die → Mikrorheologie und die → Texturanalyse.

Rheologie, Grundregeln der
I. Grundregel: Unter isotropem Druck verhalten sich alle nichtporösen Materialien rein elastisch.

II. Grundregel: Jeder reale Körper hat alle rheologischen Eigenschaften, jedoch in unterschiedlichem Maß.

III. Grundregel: Es gibt eine Rangordnung der idealen Körper, die dem unterschiedlichen rheologischen Verhalten realer Körper zugeordnet werden kann. Die rheologischen Gleichungen des einfacheren Körpers (niedere Rangordnung) können aus der rheologischen Gleichung komplizierterer Körper (höhere Rangordnung) abgeleitet werden.

rheologische Zustandgleichung

stellt konstitutive Beziehungen zwischen den dynamischen und den kinematischen Größen eines Stoffsystems her. Dabei wird der Zusammenhang zwischen dem symmetrischen Spannungstensor und den räumlichen und zeitlichen Ableitungen des Bewegungsfeldes beschrieben.

Rheometrie

bezeichnet die meßtechnischen Methoden zur Bestimmung rheologischer Stoffwerte. → Rheologie.

Rheopexie

liegt vor, wenn die effektive Viskosität mit der Erhöhung des Geschwindigkeitsgradienten zeitverzögert zunimmt und bei Verringerung des Geschwindigkeitsgradienten zeitverzögert abnimmt.

Rhizopus

ist eine Gattung der *Mucoraceae* und bildet hohes, meist graues, unverzweigtes, sich rasch ausbreitendes Luftmycel mit einem endständigen dunklen Sporangium. Im Gegensatz zu *Mucor* bildet es ein wurzelartiges Substratmycel. R. ist vor allem als Fäulniserreger häufig zu finden auf Obst, Gemüse, Getreide und Getreideerzeugnissen. Vertreter sind: *R. stolonifer, R. oryzae, R. roseolus, R. arrhizus, R. nigricans.*

Rhodotorula

ist eine Gattung der imperfekten Hefen und gehört zu der Familie *Crytococcaceae.* R. hat runde bis ovale, häufig auch längliche Zellen und bildet rote oder gelbe Pigmente. Führt auf Lebensmitteln zu deren Verfärbung.

Rhodoxantin

→ Xanthophylle, → Farbstoffe.

Riboflavin

ist die Bezeichnung für Vitamin B_2. → Vitamine.

Riboflavin-5-phosphat

ist ein Lebensmittelfarbstoff der Zusatzstoffverordnung. → Farbstoffe.

Ribonucleotide

sind Zellkerninhaltsstoffe, insbesondere die Inosin- und die Guanosinphosphorsäure bzw. deren Dinatriumsalze, die als Geschmacksverstärker für nicht-süße Lebensmittel, wie Suppen, Soßen, Fleisch- und Wursterzeugnisse, Gemüsekonserven u.a. verwendet werden. Großtechnisch werden die R. vorwiegend aus proteinreichen Geweben, wie Fleisch und Fisch durch Behandlung mit alkalischer Salzlösung gewonnen. R. bewirken einen fleischähnlichen Geschmack im Lebensmittel.

Ribose

ist eine Pentose und als Bestandteil der Ribonucleinsäuren in allen lebenden Zellen vorhanden.

Richtwerte, mikrobiologische

(guidelines) sind allgemeingültige Keimzahlen mit empfehlendem Charakter, die nicht überschritten werden sollten. Sie dienen in erster Linie der innerbetrieblichen Kontrolle von Roh-, Zwischen- und Endprodukten. Es gibt auch gesetzlich vorgeschriebene R., wie z.B. die Gesamtkeimzahl von 100 aeroben Keimen, die in 1 ml → Trinkwasser nicht überschritten werden soll.

Rieselhilfsmittel

→ Trennmittel.

Rieslaner

ist eine weiße Keltertraube, gekreuzt aus Grüner Silvaner und Weißer Riesling mit → Sortenschutz seit 1969.

Riesling

ist eine → Weißweinsorte, die in guten Lagen angebaut wird und relativ spät reift.

Riffelwalzen

→ Walzenstuhl.

Rigor mortis

(Totenstarre) tritt etwa 2 bis 6 h nach der Schlachtung ein. Mit der → Glycolyse kommt es zu keiner Neubildung von → ATP, das im Lebendzustand des Tieres das muskelkontrahierende Actomysin spaltet. Dadurch kommt es zu einer andauernden Muskelkontraktion. Die Muskeleiweiße Myosin und Actin bilden Actomysin, das nun nicht mehr gespalten wird. Gleichzeitig sinkt der pH-Wert von etwa 7 auf

5,5. Damit verbunden ist eine geringere Wasserbindefähigkeit.

Rinderfett
→ Rindertalg.

Rinderschlachtung
Bei der R. unterscheidet man folgende Grundtypen an Schlachtsystemen: das *stationäre System*, das *Mehrphasensystem*, das *Schlachtstraßensystem*, das *Fließbandschlachtsystem*. Das *Stationäre System* findet nur noch in kleinen Betrieben oder bei sanitären Schlachtungen kranker Tiere Anwendung. Die hygienischen Bedingungen bei der Schlachtung sind z.T. unzureichend. Das Rind wird am Boden liegend entblutet, die Vorenthäutung wird auf Enthäuteschragen vorgenommen, die Entnahme der inneren Organe und das Spalten erfolgt von ebener Erde aus. Das *Mehrphasensystem* findet z.T. noch Anwendung. Die hygienischen Anforderungen werden erfüllt, wenn die räumliche Trennung für Entbluten, Entfernen von Füßen, Kopf und Haut sowie Entnahme der Bauch- bzw. Brustorgane gegeben ist. Das Entbluten erfolgt im Hängen, die nachfolgenden Arbeitsschritte werden arbeitsteilig ausgeführt. Das *Schlachtstraßensystem* ist dadurch charakterisiert, daß die Arbeitsschritte an verschiedenen Arbeitsplätzen durchgeführt werden und der Transport der Tiere an Förderbahnen manuell erfolgt. Der Verfahrensablauf ist schematisch in **Abb. 137** dargestellt. Nach der Betäubung werden die Tiere an einem Bein in einer Schlingkette hängend, mittels Aufzug auf die Entblutebahn gebracht. Nach dem Entbluten, dem Absetzen von Vorderfüßen, Kopf und Hinterfüßen werden die Tiere an den Fersenbeinen auf die Arbeitslinie umgehängt, wo die Körper von Podesten aus enthäutet werden. Nach einer Vorenthäutung ist dies maschinell möglich. Die Haut wird umgehend aus der Schlachthalle entfernt. Die Baucheingeweide werden am Pansentisch entnommen und sortiert in Behältern oder auf Bändern abtransportiert bzw. der Untersuchung zugeführt. Auch die Brustorgane und der gereinigte und enthäutete Kopf sowie die Zunge mit dem Kehlkopf werden untersucht. Der Tierkörper wird manuell oder durch eine automatische Spaltsäge geteilt. Die Tierkörperhälften werden untersucht und danach abgebraust. Die Leistung von Schlachtstraßen beträgt 25 - 30 Tiere pro Stunde. Die *Fließbandschlachtung* ist weitgehend automatisiert. Das Betäuben,

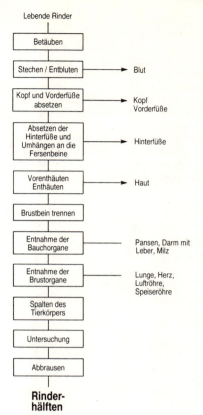

Bild 137. Verfahrensablauf der Rinderschlachtung

das Stechen, das Absetzen der Füße und des Kopfes, das Vorenthäuten und das Ausweiden erfolgt jedoch manuell oder mit manuell geführten Werkzeugen. Die kontinuierliche Fortbewegung der Tierkörper auf der Entblutebahn, bzw. auf dem Arbeitsband, charakterisiert die Fließbandschlachtung. Die Arbeiten sind in zeitgleiche Abschnitte aufgeteilt. Die Leistungsfähigkeit der Schlachtanlage (ca. 80 Rinder pro Stunde) ist durch die automatischen Einrichtungen, wie Enthäutemaschinen und Spaltsäge, gegeben.

Rindertalg
ist ein → Tierfett, das aus Rohtalg des Rindes oder Hammels nach Reinigen, Waschen, Zerkleinern und nassem Ausschmelzen bei 60 - 65°C zu Speisetalg verarbeitet wird. Den aus ausgesuchten frischen Anteilen des Rohtalges gewonnenen R. nennt man Feintalg. → Fette.

Ringkolbenzähler
ist ein Volumenmeßgerät zur Masseermittlung von Flüssigkeiten, die im Durchfluß durch den R. in Kubikdezimetern (dm³) gemessen werden. Beim R. ist das Gehäuse als Meßkammer mit genauer definiertem Volumen ausgebildet, in der ein Ringkolben mit ebenso festgelegtem Volumen durch Rotation die Flüssigkeitsmenge vom Eintritt zum Austritt der Kammer befördert. Die Umdrehungen des Kolbens werden auf ein Anzeigewerk übertragen. Die Meßgenauigkeit wird durch Lufteinschüsse in der Flüssigkeit und in der Zuleitung beeinflußt.

Rispengetreide
sind Hafer, Reis und Hirse. → Getreide.

Röggelchen
→ Weizenhefegebäck.

Rogen
sind unbefruchtete Eier der Fische, die vielfach zu Fischerzeugnissen verarbeitet werden. → Kaviar.

Roggen
(*Secale cereale L.*) ist eines der wichtigsten Brotgetreide.

Roggenbrot
ist eine → Brotsorte aus mind. 90% Roggenerzeugnissen.

Roggenmehl
ist das aus Roggen durch → Vermahlung gewonnene Mehl, das im Gegensatz zum → Weizenmehl keine auswaschbaren → Kleber besitzt. Seine Backfähigkeit ist insbesondere von der Art der Stärke und der Quellstoffe (→ Pentosane) und dem enzymatischen Zustand des Mehles abhängig. R. kommt in veschiedenen → Mehltypen in den Handel.

Roggenmischbrot
ist eine → Brotsorte, deren Anteil an Roggenerzeugnissen größer als der des Weizens ist.

Roggenstärke
→ Stärke.

Rohbrand
→ Rauhbrand.

Rohbranntwein
→ Rauhbrand.

Rohcasein
ist das aus → Magermilch durch Säurefällung gewonnene, durch Waschen von → Lacto-
se und Milchsäure weitgehend befreite, getrocknete → Casein. R. findet vorwiegend für technische Zwecke Verwendung. Ein ähnliches Produkt, jedoch mit deutlich höherem Säuregrad, ist der → Sauermilchquark, das Zwischenprodukt für die Herstellung von → Sauermilchkäse.

Rohfettgewinnung
→ Rohölgewinnung.

Rohfrucht
bezeichnet man unvermälzte Getreide, wie Reis, Mais oder Gerste, die bis zu 40% statt Malz bei der → Bierherstellung eingesetzt werden. Um den Stärkeabbau der Getreide zu erreichen, müssen Amylasen verwendet werden. In manchen Ländern werden bis zu 20% des Malzes durch bestimmte Zucker, wie Saccharose, Invertzucker oder Glucose ersetzt. Die Stoffe, die anstatt Malz bei der Bierherstellung verwendet werden, bezeichnet man als Malzsurrogate.

Rohkaffee
ist der nach Entfernen von Fruchtfleisch, Pergament- und Silberhaut und Polieren entstandene Samen der Kaffeefrucht (→ Kaffee). Er enthält: etwa 12% Wasser, 44-53% Polysaccharide (davon 5-7% Cellulose sowie D-Manose, D-Galactose und L-Arabinose, in Spuren Stärke und Pektin), 7-9% Oligosaccharide (vorwiegend Saccharose), Monosaccharide in Spuren, Lipide, sortenabhängig 10-15% (davon 75% als Triglyceride), 8-12% Proteine, 4,5-11% Chlorogensäure, 3-5,5% Mineralstoffe (hauptsächlich Kalium) und sortenabhängig 0,9-2,6% Coffein.

Rohkaffeesorten
werden nach dem internationalen Kaffeeabkommen von 1962 nach ihrer Herkunft unterschieden in: „Colombian Mild Arabicas" aus Kolumbien, Kenia, Tansania. „Other Mild Arabicas" aus Costa Rica, Dominikanische Republik, El Salvador, Guatemala, Honduras, Jamaica, Mexiko, Nicaragua, Panama, Peru, Venezuela, Haiti, Burundi, Rwanda, Indien, Papua-Neu-Guinea. „Unwashed Arabicas" vorwiegend aus Brasilien, Bolivien, Paraguay, Äthiopien. „Robustas" aus Kamerun, Elfenbeinküste, Zaire, Indonesien, Madagaskar, Uganda, Togo, Nigeria, Angola, Liberia, Guinea, Benin, Gabun, Ghana, Kongo, Sierra Leone, Tobago, Trinidad, Zentralafrikanische Republik.

Rohmassen

sind Halberzeugnisse zur Herstellung von Süßwaren, wie Marzipanrohmasse, Nugatmasse. → Marzipan, → Nugat.

Rohmilch

ist ein Rohstoff für die Herstellung von Milcherzeugnissen, der durch regelmäßiges Ausmelken des Euters gewonnen und anschließend gekühlt wird. Die Qualität der R. wird bestimmt durch ihre Zusammensetzung, ihre chemischen, physikalischen, mikrobiologischen, zytologischen und sensorischen Eigenschaften.

Rohölgewinnung

Man unterscheidet die R. aus → Tierfetten und → Pflanzenfetten. Das gebräuchlichste Verfahren der *Gewinnung tierischer Fette* ist das → Ausschmelzen. Pressen und → Extrahieren mit Lösungsmitteln wird zur Gewinnung von → Fischölen und Knochenfetten angewendet. Die *Gewinnung pflanzlicher Fette* ist schematisch in **Abb. 138** aufgezeigt. Sie beginnt mit der Reinigung der Ölsaaten durch Magnetscheiden und Siebsichten. Das → Schälen erfolgt mit Walzen und Schlagwerken für einige Rohstoffe, wie Sonnenblumensaat und Baumwollsaat, wird jedoch nicht bei Extraktionsverfahren angewendet. Zum → Zerkleinern werden Stachelwalzen (→ Brecher), → Walzenstühle (Riffel- oder Glattwalzen) verwendet. Die hydrothermische Behandlung dient dem Konditionieren. Dabei werden die Zellen aufgerissen und Eiweiße teils denaturiert. Vorgepreßt wird bis zu einem Restölgehalt von etwa 18%. Das dabei ablaufende Rohöl wird mittels Filterpressen oder → Zentrifugen vorgereinigt. Der Preßrückstand wird vorzerkleinert durch Walzenbrecher, → Hammermühlen oder Quetschwalzstühle. Als Extraktionsmittel dient Hexan. Die Fettlösung wird gefiltert und in Verdampferanlagen destilliert. Das gewonnene Rohöl muß sodann entlecithiniert (→ Entlecithinieren) und ggf. getrocknet werden, bevor es als weiter verwertbares Rohöl vorliegt. Für ölhaltiges Fruchtfleisch wird ein vereinfachtes Verfahren, das auch am Ernteort anwendbar ist, durchgeführt. Das Fruchtfleisch wird mit Wasser ausgekocht oder gedämpft und anschließend unter Dampf zur Verbesserung des Trenneffektes mittels Siebschleudern getrennt. Bei Olivenöl geht man immer häufiger zur Pressung über, da die Dampfbehandlung den Geschmack negativ beeinflußt.

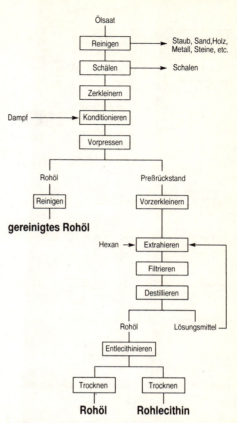

Bild 138. Verfahrensablauf der Rohölgewinnung

Rohölraffination

dient der Entfernung von Stoffen, die den Genußwert, die Haltbarkeit etc. negativ beeinflussen. Das sind insbesondere Schleimstoffe, freie → Fettsäuren, Farbstoffe und unerwünschte Geschmacksstoffe. Für → Speiseöle erfolgt im allgemeinen eine Vollraffination (Ausnahme sind kaltgepreßte Öle, die nicht raffiniert werden) und für Speisefette vielfach nur eine Halbraffination, da diese Produkte nach der → Hydrierung nachraffiniert werden. Der Verfahrensablauf der R. ist in **Abb. 139** aufgezeigt. Das Rohöl wird zunächst durch Ausfällung entschleimt und anschließend durch Verseifung entsäuert, wobei die Restseife, die sich nicht abzentrifugieren läßt, ausgewaschen wird. Die Restfeuchteentfernung erfolgt durch → Sprühtrocknung. Zur Entfernung von Farbstoffen, wie → Ca-

Rohpökelwaren

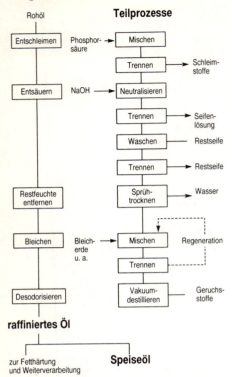

Bild 139. Verfahrensablauf der Rohölraffination

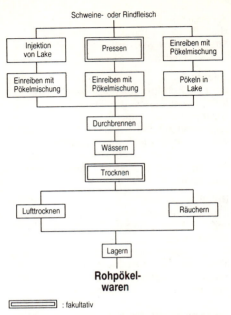

Bild 140. Verfahrensablauf der Rohpökelwarenherstellung

rotinoide, Chlorophyll, und Seifenresten wird das Rohöl mit Bleicherden, Aktivkohle, Naturerden etc. gebleicht (→ Bleichung). Die → Desodorisierung erfolgt durch Vakuum-Wasserdampf-Destillation. Das raffinierte Öl wird entweder als Speiseöl verwendet oder gelangt zur Weiterverarbeitung.

Rohpökelwaren
→ Pökelfleischerzeugnisse.

Rohpökelwarenherstellung
Der Verfahrensablauf der Rohpökelwarenherstellung ist in **Abb. 140** schematisch dargestellt. Rohpökelwaren können verschiedenen → Pökelverfahren unterzogen werden. Dem Pökelvorgang schließt sich das → Durchbrennen an. Bei überhöhten Salzkonzentrationen in der Randzone wird das Pökelgut mit lauwarmen Wasser abgewaschen und je nach Größe des Stückes bis zu 12 Stunden in kaltem, fließendem Wasser gewässert. Den Rohpökelwaren, wie z.B. Schwarzwälder Schinken, Katenschinken, verleiht der Räucherprozeß sei-

nen spezifischen Charakter (→ Raucharoma, Rauchfarbe), sie werden ausschließlich einer Kalträucherung (→ Räucherverfahren) unterzogen. Für Rohpökelwaren, die nicht geräuchert werden, ist zwecks Haltbarmachung ein über längere Zeit dauernder Trocknungsprozeß bei natürlichen oder gesteuerten Klimabedingungen erforderlich. Die sich anschließende Lagerung, die eine Nachreifung bewirken soll, kann bei einer Temperatur von 16 - 18°C und bei einer relativen Luftfeuchtigkeit von 70 - 75% erfolgen, andererseits wird eine Lagertemperatur von 5 - 10°C und eine relative Luftfeuchtigkeit von 75 - 80% angestrebt.

Röhrenwärmeaustauscher
Beim R. durchströmt das Produkt Rohre, die von außen her beheizt oder gekühlt werden. Je nach Art der Rohre ist das Arbeiten unter hohem Druck möglich. Dadurch eignet sich der R. vor allem für den Wärmeaustausch bei hohen Temperaturen. **Abb. 141** zeigt das Prinzip eines R.'s.

Rohrreaktor
ist ein kontinuierlich arbeitender → Reaktor, bei dem die Reaktanten durch ein gewunde-

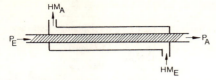

Bild 141. Prinzip eines Röhrenwärmeaustauschers. P_E Produkteintritt, P_A Produktaustritt, HM_E Heizmitteleintritt, HM_A Heizmittelaustritt

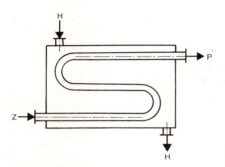

Bild 142. Schematische Darstellung eines Rohrreaktors. *Z* Zulauf, *P* Produkt, *H* Heizkreislauf

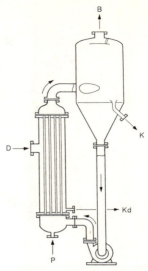

Bild 143. Schematische Darstellung eines Rohrverdampfers mit Zwangsumlauf. *D* Dampf, *B* Brüden, *K* Konzentrat, *Kd* Kondensat, *P* Produkt

nes, häufig mit Füllkörpern bestücktes Rohr, das im Block oder mit Doppelmantel temperiert wird, strömen (**Abb. 142**). Der R. wird vorwiegend für Gas-/Gas-Reaktionen, aber auch für Gas-/Flüssig- und Flüssig/Flüssig-Reaktionen verwendet.

Rohrströmung
ist die Strömung durch gerade zylindrische Rohre. Man unterscheidet zwischen der inkompressiven und der kompressiven R. Bei der *imkompressiven R.* liegt ein rechteckiges Geschwindigkeitsprofil vor, zu dessen Erzeugung ein Druckabfall erforderlich ist. Sie ist für Flüssigkeiten charakteristisch. Infolge der Wandreibung bildet sich eine → Grenzschicht aus, die mit zunehmender Lauflänge dicker wird. Die Kernströmung in der Kernmitte wird dadurch beschleunigt, da nach der Kontinuitätsgleichung durch alle Querschnitte die gleiche Menge fließen muß. Die Beschleunigung führt zu einem Druckabfall längs des Rohres. Sie kann nach der Bernoulli'schen Gleichung berechnet werden. Wenn die Grenzschicht in der Rohrmitte zusammenkommt, ändert sich das Geschwindigkeitsprofil mit der Lauflänge nicht mehr. Der Umschlag von laminarer in turbulente Strömungsformen wird

durch die → Reynoldszahl charakterisiert. Die *kompressive R.* ist für Gase charakteristisch. Der längs des Rohres auftretende starke Druckabfall ist mit einer beträchtlichen Verminderung der Dichte verbunden, so daß die Geschwindigkeit längs des Rohres ansteigt.

Rohrverdampfer
sind → Verdampfer, bei denen die einzudampfende Flüssigkeit durch meist vertikal in einem Heizraum angeordnete Rohrbündel strömt. Der Dampf kondensiert an den Außenwänden der Rohre, wobei Kondensationswärme abgegeben wird (**Abb. 143**). Die klassischen Bauformen haben zahlreiche Weiterentwicklungen erfahren, die im wesentlichen eine reduzierte Verweilzeit bei geringerer thermischer Belastung zum Ziel hatten. Heute werden als R. vorwiegend Fallfilm- oder Fallstromverdampfer eingesetzt. Die zu vedampfende Flüssigkeit wird gleichmäßig auf Rohre verteilt und fließt unter Wirkung der Schwerkraft als dünner Film nach unten. Durch den Temperaturgradienten, verursacht durch das Heizmedium, wird eine schonende, rasche Verdampfung erreicht (**Abb. 144**).

Rohrzucker
→ Zucker.

231

Rohsaft

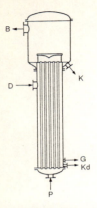

Bild 144. Schematische Darstellung eines Fallstromverdampfers. *P* Produkt, *D* Dampf, *Kd* Kondensat, *G* Gase, *B* Brüden, *K* Konzentrat

Rohsaft
ist der bei der → Zuckerherstellung anfallende Extrakt nach der Fest-Flüssig-Extraktion von Zuckerrübenschnitzeln bzw. dem Preßprozeß des zerkleinerten Zuckerrohres. → Saccharoseextraktion, → Extraktionsturm, → Trogextraktion, → Trommelextraktion.

Rohsaftreinigung
ist eine Prozeßstufe bei der → Zuckergewinnung, die aus mehreren Teilprozessen besteht. Dies sind: Fällung, Sedimentation, Filtration. Zur Füllung verwendet man CaO bzw. $Ca(OH)_2$, CO_2 und SO_2, teilweise Phosphat bzw. H_3PO_4 zur Verbesserung der Sedimentation. Auch andere Flockungshilfsmittel werden eingesetzt. Als Filtrationshilfsmittel werden Kieselgur, Cellulosepräparate oder Feinbagasse verwendet. Zum Entfärben des Rohsaftes werden Aktivkohle oder Ionenaustauschharze genutzt.

Rohtalg
→ Rindertalg.

Rohwurst
besteht aus rohem zerkleinertem Fleisch, Speck, Salpeter, Salz (Nitritpökelsalz) und Gewürzen. Sie ist streichfähig oder schnittfest. R. wird geräuchert und getrocknet oder nur gereift und getrocknet. Die Standardrezeptur für schnittfeste R. ist 1/3 Rindfleisch, 1/3 Schweinefleisch und 1/3 Speck. Durch das Zusammenwirken zahlreicher Faktoren, insbesondere die pH-Wert-Absenkung und der Anstieg der Trockenmasse während der Reifung,

Tabelle 61. Beispiele für Rohwürste

Schnittfeste Rohwurst	Streichfähige Rohwurst
Schinkenplockwurst	Mettwurst
Salami, ungarische Art	Schmierwurst
Salami, italienische Art	Teewurst
Kantwurst	grobe Mettwurst (bedingt streichfähig)
Cervelatwurst	Landjäger
Debreciner	Knoblauchwurst

die konservierende Wirkung des NaCl (ggf. in Kombination mit Salpeter), des Nitritpökelsalzes und des Rauches im Räucherprozeß, ist sie begrenzt lagerfähig. Die mikrobiell bedingten Reifungsvorgänge werden ausgelöst sowohl durch die natürliche Mikroflora, die aus vorwiegend *Lactobacillus spp.* (*L. plantarum, L. brevis, L. curvatus, L. sake*), *Micrococcus spp.* und Hefen besteht, als auch durch zugesetzte → Rohwurststarterkulturen. Die Zugabe von Zucker in Form von Mono- und Disacchariden dient vorhandenen Mikroorganismen als C-Quelle. Durch den Stoffwechsel kommt es zu einer pH-Wert-Absenkung, die entscheidenden Einfluß auf das Schnittfestwerden, die Umrötung, das Aroma und die Keimselektion hat. Teils wird der R. auch → Glucono-delta-Lacton (GdL) zugesetzt. R.'e werden entweder mit Nitritpökelsalz (26 - 30 g/kg Rohwurstmasse) oder der Kombination Kochsalz/Salpeter hergestellt. Die Zugabe des Salzes ist unerläßlich für die Geschmacksbildung, die Farbstoffbildung, die Beeinflussung des mikrobiellen Wachstums und das Schnittfestwerden. Für die Qualität der R. sind → Rohwurstreifeverfahren von Bedeutung. Beispiele für Rohwürste sind in der **Tab. 61** zusammengestellt.

Rohwurstherstellung
Der Verfahrensablauf der R. ist in **Abb. 145** schematisch dargestellt. In der Regel erfolgt die Rohmaterialzerkleinerung im Kutter. Die meisten Rohwurstsorten lassen sich aber auch nur unter Verwendung des Wolfes, teils mit verschiedenen Lochscheibengrößen, herstellen. Für die Qualität des Schnittbildes ist die Temperatur vor und während des Zerkleinerungsvorganges von entscheidender Bedeutung. Die R. für schnittfeste Rohwurst kann einphasig oder zweiphasig erfolgen. Beim ein-

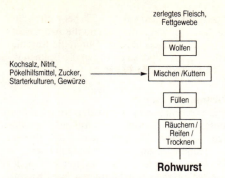

zerlegtes Fleisch,
Fettgewebe

↓

Wolfen

Kochsalz, Nitrit,
Pökelhilfsmittel, Zucker, ────→ Mischen /Kuttern
Starterkulturen, Gewürze

↓

Füllen

↓

Räuchern /
Reifen /
Trocknen

↓

Rohwurst

Bild 145. Verfahrensablauf der Rohwurstherstellung

phasigen Verfahren wird das gefrorene Magerfleisch bis zu einer bestimmten Korngröße gekuttert und anschließend erfolgt die Zugabe des gefrorenen Speckes. Die Endtemperatur des Brätes darf 2°C nicht übersteigen. Beim zweiphasigen Verfahren wird das gewolfte Magerfleisch zusammen mit der gesamten Salzmenge über Nacht gekühlt und sodann zusammen mit dem gefrorenen Speck und den Gewürzen gekuttert. Bei streichfähiger Rohwurst wird in der Regel das gekühlte bzw. leicht gefrorene Rohmaterial gewolft und anschließend gekuttert. Die Endtemperatur des Brätes beträgt 14 - 16°C. Sowohl die Rohwurstreifung (→ Rohwurst, -reifeverfahren) als auch das → Räucherverfahren richten sich nach dem gewünschten Endprodukt und können sehr stark variieren. Bei streichfähiger Rohwurst wird häufig auf eine direkte Räucherung verzichtet, stattdessen wird geräucherter Speck, Räuchersalz oder geräuchertes Gewürz verwendet.

Rohwurstreifeverfahren
Man unterscheidet die Naturreifung, die Klimareifung und modifizierte Naturreifeverfahren. Bei der *Naturreifung* sind die Reifebedingungen im Reiferaum von den örtlichen Klimaverhältnissen vorgegeben. Rohwürste, nach diesem Verfahren gereift (z.B. Salamiarten), sind langsam gereifte Dauerwürste. Die Lagerdauer beträgt mehrere Wochen/Monate. Die Reifungstemperatur liegt bei 12 - 14°C, die relative Luftfeuchtigkeit bei ca. 80%. Die *Klimareifung* ist eine programmierte Reifung, bei der Temperatur, relative Luftfeuchtigkeit und Luftbewegung gesteuert werden. Die Reifung der Wurst kann als Schnellverfahren oder

Langsamverfahren durchgeführt werden. Die *Schnellreifung* ist charakterisiert durch: Temperatur 22 - 26°C, Reifungsdauer: max 10 Tage, schrittweise Absenkung der relativen Luftfeuchtigkeit von 95% auf 75%, Einsatz von GdL und/oder Rohwurststarterkulturen, Verwendung von vorwiegend Nitritpökelsalz. Die *Langsamreifung* ist charakterisiert durch: Reifungstemperatur ≤ 15°C, teilweise auch 15 - 20°C, schrittweise Absenkung der relativen Luftfeuchtigkeit von 95% auf 65%, Einsatz von Kochsalz und Salpeter. In Italien und Frankreich sind teilweise davon abweichende Reifungsbedingungen beschrieben. Modifizierte Naturreifeverfahren sind z.B. das *Preßreifungsverfahren* (Rohwürste werden in durchlöcherten Kästen unter Druck gelagert, z.B. Blocksalami), die *Schwitzreifung* (erfolgt in nahezu wasserdampfgesättigter Atmosphäre bei alterierendem Temperaturwechsel), das *Feuchträucherverfahren* (Vortrocknung, Reifung und Räucherung werden in einem Arbeitsgang vorgenommen), die *Lakereifung* (Einlegen der Rohwürste in eine 6 - 12%ige Lake); die *Salzreifung* (die Rohwurst wird zum Vortrocknen und Reifen in Salz gelegt mit anschließender Nachreifung bei 8 - 12°C), die Vakuumreifung (Einlegen der Rohwurst in ein luftdicht zu verschließendes Behältnis bei Temperaturen von 20 - 22°C).

Rohzucker
→ Zuckergewinnung.

Rohzuckerwert
ist der Bezugswert der internationalen Zuckerstatistik, der auf den Weißzuckerwert 100:92 umgerechnet wird.

Rollbreaker
ist ein Apparat zum Lockern von festgerollten Blattmaterial, der bei der Herstellung von → Tee eingesetzt wird.

Roll-in-Verfahren
bezeichnet das Beschicken des Backraumes mit dem Backgut mittels Stikken. → Stikkenofen.

Romadur
→ Weichkäse, → Labkäse.

Röntgenstrahlen
sind elektromagnetische Wellenstrahlen mit einem Wellenlängenbereich von etwa 80 nm bis 10 - 5 nm. Das entspricht einer Quantenenergie von 15 eV bis 150 MeV.

Roquefortkäse
→ Edelpilzkäse.

Rösche
bezeichnet die qualitätsbestimmende sensorische Beschaffenheit von Kruste und → Krume von → Backwaren. Das Gebäckstück ist durch eine charakteristische, spröde Konsistenz gekennzeichnet.

Rosé
→ Weinkategorien, → Rotweinherstellung.

Rosinenweine
sind Süßweine, die aus getrockneten Rosinen, Alkohol und → Mistellen hergestellt werden. R. enthalten höchstens 22,5 Vol.-% Alkohol. Die Gärung wird durch den Zusatz von Zucker und Alkohol unterbrochen. Gelagert werden R. in ganz voll gefüllten Fässern. R. sind in D nicht verkehrsfähig, jedoch in Österreich zugelassen.

Rosmarin
(*Rosmarinus officinalis L.*) ist ein Gewürz, dessen hauptsächliche Inhaltsstoffe ätherisches Öl mit Pinen, 1,8-Cineol, Campher sowie Flavone und Labiatensäure sind.

Röstdextrine
(syn.: Pyrodextrine) werden aus nativen trokkenen Stärken bei Temperaturen oberhalb der Verquellungspunkte unter Zusatz von Säuren, die als Katalysatoren dienen, hergestellt. Dabei kommt es zur physikalischen Auflösung der Molekülorientierung innerhalb der Stärkekornstruktur und bei andauernder Erhitzung zur Spaltung von 1,6- und 1,4-glycosidischen Bindungen, wobei es unter intra- und intermolekularer Wasserabspaltung zu 1,6-Kondensationen zwischen D-Glucose-Einheiten kommt.

Rösten
ist ein thermischer → Grundprozeß der Lebensmittelverarbeitung, bei dem die Wärmeübertragung durch direkten Kontakt mit einer Heizfläche (Wärmeleitung), durch Wärmestrahlung oder durch bewegte Heißluft (Konvektionswärme) erfolgt.

Röstkaffee
entsteht durch kontinuierliches oder diskontinuierliches (Chargen) Rösten von → Rohkaffee in Trommeln unter ständiger Bewegung der Bohnen oder im Wirbelschichtverfahren durch Heißluft bei etwa 200 - 220°C (→ Röstmaschinen). Dabei verringert sich die Feuch-

tigkeit der Bohnen auf 1,5 - 3% bei gleichzeitiger Volumenvergrößerung und die Aromastoffe werden aufgeschlossen. Durch die Karamelisierung der Glucose enthalten die Bohnen ihre charakteristische Farbe.

Röstmaschinen
sind Apparate zum → Rösten von Lebensmitteln, vornehmlich → Kaffee, → Kakao, → Nüsse. Die gebräuchlichsten R. sind → Trommelröster, → Zentrifugalröster und → Fließbettröster neben zahlreichen anderen technischen Ausführungen wie Kugel-, Teller-, Schach- und Rieselröster. Das Rösten wird sowohl diskontinierlich (Chargenbetrieb) als auch kontinuierlich durchgeführt. Die Wärmeübertragung erfolgt durch Konvektion oder Leitung. Zum Beheizen wird Gas oder Öl verwendet, das teilweise mit Mikrowellenerhitzung oder Infrarotstrahlung kombiniert wird. Wesentlich ist die Aufrechterhaltung eines gleichmäßigen Temperaturfeldes im Röstgut. Dem Röstprozeß schließt sich unmittelbar die Produktkühlung an.

Rotationsviskosimeter
ist ein Meßgerät zur Bestimmung der rheologischen Eigenschaften flüssiger Lebensmittel. Das R. mit koaxialen Zylindern (**Abb. 146**) ist für Newtonsche Flüssigkeiten und das R. mit Kegelplatte für Newton'sche und nicht-Newton'sche Flüssigkeiten verwendbar. Gemessen wird die Änderung des Drehmomentes M als Folge des Widerstandes, den das flüssige Material im Meßspalt zwischen Innenzylinder und Außenzylinder mit den Radien r_i und r_a der Drehbewegung mit einer Winkelgeschwindigkeit entgegensetzt. Daraus läßt sich die Viskosität des flüssigen Lebensmittels wie

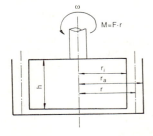

Bild 146. Prinzipdarstellung des Rotationsviskosimeters mit koaxialen Zylindern

folgt berechnen:

$$\eta = \frac{1}{4}\frac{M}{\omega h \pi}\left(\frac{1}{r_i^2} - \frac{1}{r_a^2}\right)$$

Für das maximale und minimale auftretende Schergefälle $\dot{\gamma}$ gilt:

$$\dot{\gamma}_{max} = \frac{2\omega}{1 - (r_i/r_a)^2}$$

$$\dot{\gamma}_{min} = \frac{2\omega}{(r_a/r_i)^2 - 1}$$

Rotberger
ist eine rote Keltertraube, gekreuzt aus Blauer Trollinger und Weißer Riesling mit → Sortenschutz seit 1971.

Rotling
ist ein durch Verschneiden von Weißweintrauben, teils auch gemaischt, und Rotweintrauben hergestellter Wein mit hellroter Farbe, der als Schillerwein bezeichnet wird. R. wird vorwiegend in Baden-Württemberg bereitet. Ansonsten ist ein Verschnitt aus Weiß- und Rotweintrauben zur Weinherstellung nicht gestattet.

Rotorvane
ist eine bei der Herstellung von → Tee fleischwolfähnliche Zerkleinerungsmaschine. Eine innen laufende Schnecke führt das Blattgut rotierenden Messern zu und zerkleinert es. Der R. wird vielfach mit einer CTC-Maschine gekoppelt, so daß eine kontinuierliche Prozeßgestaltung möglich wird. → CTC-Verfahren.

Rotschmiere
ist die Trivialbezeichnung für die sich auf einigen Käsesorten bildende schmierige, gelbe bis orange Schicht. Die R. entsteht als Folge mikrobieller Abbauvorgänge an der Käseoberfläche, an denen Hefen und Bakterien beteiligt sind. Die Verfärbung wird in erster Linie durch → *Brevibacterium linens* hervorgerufen.

Rotschmierekäse
sind → Sauermilch- und → Labkäse, die als Folge mikrobieller Abbauvorgänge eine schmierige, gelbe bis orange Oberfläche aufweisen. → Rotschmiere.

Rotwein
ist der ausschließlich aus Rotweintrauben hergestellte Wein. → Rotweinsorten, → Rotweinherstellung.

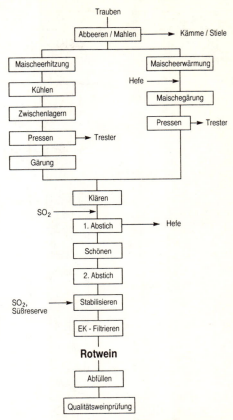

Bild 147. Verfahrensablauf der Rotweinherstellung

Rotweinherstellung
Um die vorwiegend in den Beerenhülsen enthaltenen Farbstoffe (→ Anthocyane) in den Wein zu bekommen, ist bei Rotwein eine Maischegärung oder Maischeerhitzung erforderlich. Darin besteht auch der wesentliche Unterschied zur → Weißweinherstellung. Der Verfahrensablauf der R. ist in **Abb. 147** dargestellt. Heute dominiert die Kurz-Hocherhitzung auf etwa 80°C. Nach dem Rückkühlen werden in der Zwischenlagerung → pektolytische Enzyme verwendet, um eine gute Farbausbeute zu erreichen. Die Gärtemperatur liegt mit 22-24°C am Anfang höher als bei Weißwein. Im Fall der Maischegärung muß stärker geschwefelt werden. Abgepreßt wird, wenn die Oechslezahl von 70-80°Oe auf 15-25°Oe gesunken ist. Beim Weinausbau sind in der Regel zwei Abstiche kombiniert

235

Rotweinsorten

Anwendungsbereich	Rührerbezeichnung	Rührerprinzip
niedrige Viskosität	Scheibenrührer	
	Impellerrührer	
	Propellerrührer	
	Schaufelrührer	
	(Turbinenrührer)	
mittlere bis hohe Viskosität	Kreuzbalkenrührer	
	Gitterrührer	
	Blattrührer	
sehr hohe Viskosität	Ankerrührer	
	Fingerrührer	
	Wendelrührer	

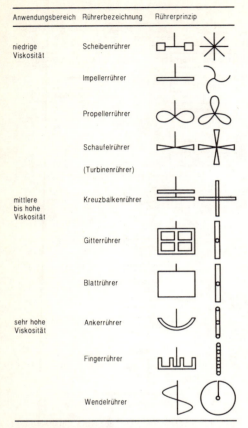

Bild 148. Gebräuchliche Rührer und ihre Anwendungsbereiche

mit Schönungsmaßnahmen ausreichend. Am Ende des Ausbaus steht eine EK-Filtration (EK-Filter). Der fertige Rotwein wird abgefüllt, ausgestattet und ggf. der Qualitätsweinprüfung zugeführt. Weißgekelterter Rotwein ist ein Rosé (Weißherbst, Schillerwein in Württemberg (teils Mischung aus Rotwein- und Weißweintrauben), Süßabdruck in der Schweiz).

Rotweinsorten
Die bekanntesten R. sind → Blauer Spätburgunder, Müllerrebe, Samtrot, → Blauer Frühburgunder, Blauer Arbst, St. Laurent, Blauer Affentaler, → Portugieser, → Blauer Limberger (Blaufränkisch) und → Trollinger. Der Blaue Spätburgunder nimmt in den nördlichen Weinanbaugebieten Europas die obersten Qualitätsstufen ein.

Rotwurst
ist die Sammelbezeichnung für alle Sorten von → Blutwurst.

Rubixanthin
→ Xanthophylle, → Farbstoffe.

Rubratoxin
→ Mycotoxin.

rückverdünnter Fruchtsaft
ist das aus → Fruchtsaftkonzentrat durch Zugabe von speziell aufbereiteten Trinkwasser auf seine ursprüngliche Saftkonzentration eingestellte Produkt mit gleichen analytischen Eigenschaften wie der Preßsaft.

Rührer
Die Gestaltungsformen der R. hängen von dem jeweiligen Anwendungsbereich ab. Die wichtigsten Einflußfaktoren auf die Auswahl eines R. bezüglich des Produktes sind:
– Menge,
– rheologische Eigenschaften,
– Strukturempfindlichkeit,
– Angestrebte Rührgüter,
– Rührbehältergeometrie.
Die gebräuchlichsten Rührer sind geordnet nach Anwendungsbereichen schematisch in der **Abb. 148** dargestellt.

Rührjoghurt
→ Joghurt.

Rührkessel
ist ein → Reaktor aus Edelstahl, emailliertem Stahl, Stahl oder anderem Material mit Heizmantel und Rührwerk, meist mit Innenwandschikanen zur besseren Durchmischung der Reaktionspartner sowie Zu- und Ablauf und Meßinstrumenten (**Abb. 149**). Der R. wird in diskontinuierlicher Arbeitsweise betrieben.

Rührmassen
→ Massen.

Rührmeßgerät
→ Amylogramm.

Ruländer
auch Grauer Burgunder genannt, ist eine → Weißweinsorte, die feurige, sehr volle Weine von eigenartig zartem Bouquet ergibt.

Rum
→ Spirituosen.

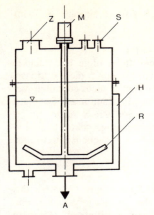

Bild 149. Rührkessel. *Z* Zulauf, *A* Ablauf, *H* Heizmantel, *M* Getriebemotor, *R* Rührwerk, *S* Meßstutzen

Rumverschnitt
ist ein Trinkbranntwein, der mind. 5% des anzugebenden Übersee-Rums, neben dem Alkohol aus anderen Ausgangsstoffen, enthalten muß.

Rupipigment BK
(Litholrubin) ist ein Lebensmittelfarbstoff der Zusatzstoffverkehrsordnung. → Farbstoffe.

Rupfen
ist ein Prozeß zum Entfernen von Federn und Kielen bei Schlachtgeflügel. Fingerartige, profilierte Arbeitsorgane aus Gummi ziehen in der Haut eingelassene Hornbildungen aus.

S

Saccharimeter
ist ein Polarimeter zur Bestimmung des Zuckergehaltes in wäßrigen Lösungen. Es besteht im wesentlichen aus einer Lichtquelle, einem Prisma und einem Analysator, auf dessen Skale man den Zuckergehalt direkt ablesen kann.

Saccharin
ist ein cyclisches Imid der o-Sulfobenzoesäure, das als → Süßstoff verwendet wird. S. hat eine etwa 500fache → Süßkraft der → Saccharose. Zur Verbesserung der Löslichkeit wird S. meist mit Natriumhydrogencarbonat versetzt.

Saccharomyces
ist eine Gattung der *Saccharomycetaceae* mit ovalen, runden bis fadenförmigen Zellen, die sowohl vereinzelt als auch in Zellverbänden vorkommen. Die Vermehrung erfolgt sexuell durch Ascusbildung, sonst durch Sprossung. S. verwertet keine → Lactose. S. ist eine lebensmitteltechnologisch außerordentlich bedeutsame Hefe. Vertreter: *S. cerevisiae*.

Saccharose
ist ein Disaccharid, das aus gleichen Teilen → Glucose und Fructose besteht. Sie wird bei der Verdauung enzymatisch durch α-Glucosidase gespalten und resorbiert. S. dient als Maßstab zur Süßkraftbeurteilung aller übrigen → Süßungsmittel (Saccharose = 100%).

Saccharoseextraktion
ist eine Fest-Flüssig-Extraktion, bei der der Zellsaft aus dem Gewebe der Pflanzenteile, meist Zuckerrübenschnitzel, mittels einer Extraktionsflüssigkeit gewonnen wird. Dieser Prozeß wird in der Zuckerindustrie auch als „Diffusion" bezeichnet. Zur Verbesserung der Extraktionswirkung werden die Schnitzel mit heißem Rübensaft von ca. 75°C behandelt, wodurch es zum partiellen Zellaufschluß kommt. Die Extraktion erfolgt im Gegenstrom. Sie wird meist in → Extraktionstürmen mit vorgeschalteter Schnitzelmaische durch-

geführt. Auch → Trogextraktion, → Trommelextraktion.

Saccharose-Polyester
sind nichtkalorienhaltige, ölige bis wachsartige Verbindungen, die durch die → Lipasen des Magen-Darm-Traktes nicht gespalten werden. Es liegen 5 - 8 Fettsäuren am Saccharosemolekül verestert vor. Die S. haben ein potentiell breites Anwendungsspektrum, sind jedoch zur Verwendung in Lebensmitteln nicht zugelassen.

Safran
(*Crocus sativus L.*) ist ein Gewürz, dessen hauptsächliche Inhaltsstoffe ätherisches Öl mit Safranal sowie Bitterstoff (Picrocrocin) und Farbstoffe (u.a. Crocin, Crocetin-Farbstoffderivate, Carotinoid-Farbstoffe) sind.

Safthaltevermögen
bezeichnet die Eigenschaft des Fleisches, den Fleischsaft während der Lagerung und Verarbeitung, insbesondere beim → Erhitzen, zu binden.

Saftkonzentrierungsverfahren
Nach dem physikalischen Wirkprinzip unterscheiden sich die S. (**Tab. 62**).
Die thermische Konzentrierung erfolgt durch Eindampfung ohne und mit Aromagewinnung. Flüchtige Aromastoffe gehen beim Eindampfen fast vollständig verloren, so daß in der Regel Säfte vor und während des Eindampfungsprozesses entaromatisiert werden. Die aromahaltigen Brüden werden durch Gegenstromdestillation 1:100 bis 200 konzentriert. Aroma- und Saftkonzentrat werden getrennt gelagert. → Verdampfung, → Kristallisation, → Diffusion, → Sublimation, → Trocknen, → Gefrierkonzentrieren, → Umkehrosmose, → Ultrafiltration, → Gefriertrocknen.

Tabelle 62. Einteilung der Saftkonzentrierungsverfahren

physikalisches Wirkprinzip	technologisches Verfahren
Verdampfung	Eindampfen, Trocknen
Kristallisation	Gefrierkonzentrieren
Diffusion	Umkehrosmose, Ultrafiltration
Sublimation	Gefriertrocknen

Sago

ist gekörnte Stärke, die zu kugelförmigen Produkten von etwa 3 mm Durchmesser durch teilweise Verkleisterung industriell hergestellt wird. Dazu werden die Sagokörner aus einem dicken Stärketeig durch Siebe gestrichen und anschließend erfolgt eine Rundung der Körner auf Rüttelwerken und das Sortieren. Die Trocknung wird in heißen Metallpfannen durchgeführt. Sog. „echter Sago" bezeichnet nur Palmsago, der aus dem Mark der Sagopalme gewonnen wird.

Sahne

(Rahm) ist eine mit mindestens 10 % Milchfett angereicherte Fett in Wasser-Emulsion, die beim Abscheiden von Magermilch aus Rohmilch gewonnen wird (→ Entrahmen). S. wird pasteurisiert und teils auch homogenisiert in den Handel gebracht.

Sahneerzeugnisse

sind aus Milch durch Abtrennung von Magermilch und Einstellung des Fettgehaltes auf mind. 10% hergestellte Produkte. S. sind Kaffeesahne und Schlagsahne (30% Fett). Kaffeesahne wird aus etwa 20%-igem Rahm auf den gewünschten Fettgehalt mit Vollmilch eingestellt. Bei der Schlagsahneherstellung ist der Fettgehalt direkt am Separator einzustellen, da eine nachträgliche Korrektur die Schlagfähigkeit negativ beeinflußt. Kaffeesahne wird → homogenisiert, auf 90 - 95°C erhitzt, entgast und schockartig gekühlt. Schlagsahne wird nach dem Separator auf 20 - 22°C temperiert und mit 0,2 - 0,3% Buttereikultur versetzt (teils heute auch ohne Kulturzusatz hergestellt). Nach Erreichen eines pH- Wertes von etwa 6,6 wird sie auf 85°C erhitzt und sofort auf 2 - 4°C gekühlt. Die Schlagfähigkeit ist nach einer Reifung von zwei Tagen gewährleistet.

Sahnehaltemittel

sind Mittel, die der Sahne vor dem Schlagen oder Verschäumen zur Stabilisierung des Schaumes zugesetzt werden. Es sind meist Verdickungsmittel, wie Gelatine, modifizierte Stärkeerzeugnisse u.a.

Sahnejoghurt

→ Joghurt.

Sahnelikör

ist ein Emulsionslikör. → Spirituosen.

Sahnepulver

→ Trockenmilcherzeugnis, → Milchpulverherstellung, → Butterpulver.

Sahneschokolade

→ Schokolade.

Saitling

ist eine sehr zarte → Wursthülle, hergestellt aus dem Dünndarm des Schafes durch Entfernen der Schleimhaut, Teilen der Muskelschicht und der Serosa.

Sake

ist ein Reiswein, der in Japan und China weit verbreitet ist. Zur Verzuckerung der Reismaische wird *Aspergillus oryzae* verwendet. S. hat 4 - 14 Vol.-% Ethanol.

Salami

→ Rohwurst.

Salatdressing

ist ein → Feinkosterzeugnis mit einem Fettgehalt unter 50%. Es ist eine mayonnaiseartige Salatsoße, die zahlreiche weitere Zutaten enthalten können.

Salbei

(*Salvia officinalis L.*) ist ein Gewürz, dessen hauptsächlicher Inhaltsstoff ätherisches Öl mit Cineol, Borneol, Campher und Thujone ist.

Salmonella

ist eine Gattung der Enterobacteriaceae mit gramnegativen, aeroben und anaeroben, begeißelten, nichtsporenbildenden, mesophilen Stäbchen. Es gibt zahlreiche Serotypen. S. kommt vor allem im Darm von Mensch und Tier vor und spielt eine entscheidende Rolle bei Lebensmittelvergiftungen, vor allem Salmonellosen. Vertreter sind: *S. enteritidis, S. arizonae, S.typhi, S. typhimurium*.

Salzbad

ist die häufigste Art des Salzens von Käse (**Abb. 150**). Dazu wird eine Salzlake bereitet, die für Hart- und Schnittkäse eine NaCl-Konzentration von 19 - 23% und für Weichkäse 16 - 18% hat. Die Verweilzeit im Salzbad ist von der Käseart abhängig und beträgt:
1 - 2 Std.   für Camembert, Brie,
3 - 4 Std.   für Romadur, Limburger,
1 - 2 Tage für Schnittkäse,
3 - 5 Tage für Emmentaler.
Die Temperaturen des S.'es betragen 12 - 16°C für Hart- und Schnittkäse und 16 - 20°C für Weichkäse. Der pH-Wert sollte etwa 5,2 be-

Salzen

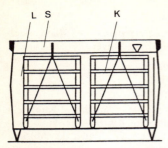

Bild 150. Salzbadvorrichtung. *L* Lake, *S* Salzbadwanne, *K* Käsehorden

tragen. Der Salzgehalt der Käse liegt zwischen 0,5 und 4%. Durch das S. werden der Molkenaustritt gefördert, unerwünschte Mikroorganismen gehemmt und eine gleichmäßige Salzdurchdringung erreicht. Der Salzverbrauch wird mit 2-4 kg Salz pro 100 kg Käse angegeben.

Salzen
ist bei Überschreiten einer bestimmten NaCl-Konzentration ein → Konservierungsverfahren. Der Effekt des S.'s beruht auf der Senkung des → a_w-Wertes. Zusätzlich kommt es beim S. zur Plasmolyse von Bakterienzellen und zur Senkung der Sauerstofflöslichkeit und damit zu Hemmeffekten auf aerobe Bakterien.

Salzfisch
→ Salzheringe.

Salzfleisch
ist ein durch Zusatz von mind. 6% NaCl haltbar gemachtes Fleisch. Für die Stabilität des Produktes ist eine möglichst gleichmäßige Salzkonzentration bedeutsam. Wegen der geschmacklichen Beeinträchtigung durch das → Salzen wird dieses Verfahren kaum noch angewendet.

Salzgemüse
sind → Gemüseerzeugnisse, bei denen durch einen Kochsalzgehalt von etwa 20% der → a_w-Wert auf 0,75 - 0,85 abgesenkt wird, so daß die Entwicklungsmöglichkeiten für Mikroorganismen stark eingeschränkt werden.

Salzheringe
sind gekehlte oder ungekehlte, unterschiedlich stark gesalzene Heringe, die auch ohne Kopf hergestellt werden. Neben Hering werden auch andere Fische, wie Kabeljau, Seelachs usw. zu Salzfischen verarbeitet.

Samengemüse
→ Gemüse.

Samos
→ Likörweine.

Sandmasse
ist eine Mischung aus Mehl, Stärke, Fett, Eiern und Zucker, wobei die Mindestanteile, berechnet auf die Masse, ca. 20% Margarine/Butter sowie 20% Vollei betragen. S. ist eine aufgeschlagene Masse, d.h. sie wird durch Lufteinschlag physikalisch und durch Backpulver chemisch gelockert.

Sanfrancisco-Sour-dough-Brot
(Französisches Sauerteigbrot) ist eingesäuertes Weizenbrot, das seit über 100 Jahren vorwiegend um San Francisco hergestellt und in andere Staaten der USA exportiert wird.

Sardellen
werden mit körnigem Salz hartgesalzen und enzymatisch gereift.

Sättigungsgrad
ist in der technischen Thermodynamik ein relatives Maß für den Dampfgehalt eines Dampf-Luft-Gemisches. Der S. errechnet sich als Quotient aus dem Wassergehalt des Gemisches x in kg Wasser und Dampf je kg trockener Luft und dem Dampfgehalt des Gemisches x' je kg trockener Luft.

$$S = x/x'$$

Sauergemüse
sind Gemüseerzeugnisse, die durch Milchsäuregärung oder durch Zusatz von Essig gesäuert, unter Verwendung von Gewürzen, Kochsalz und Zucker haltbar gemacht worden sind. Während der Gärung werden verwertbare Kohlenhydrate zu Milchsäure metabolisiert. Die Milchsäurebakterien kommen über die Gemüserohstoffe oder als → Starterkulturen in den Verarbeitungsprozeß. Die wichtigsten Milchsäurebakterien hierfür sind: *Leuconostoc spp., Lactobacillus plantarum, L. fermentum* und *L. brevis*. Sie können zusätzlich in luftdicht verschlossenen Behältnissen pasteurisiert sein. Das wirtschaftlich bedeutendste S. ist das → Sauerkraut. Daneben haben → Mixed Pickles, saure Gurken und Oliven als S. eine Bedeutung. → Gemüse, fermentierte → Gurkenkonserven, → Essigpilze.

Sauerkonserven

bezeichnet man → Konserven, die durch natürliche Milchsäuregärung oder durch den Zusatz von Essig gesäuert und dadurch haltbar gemacht wurden. Teils werden S. noch thermisch in der Verbrauchsverpackung behandelt.

Sauerkraut

ist ein → Sauergemüse, das durch eine mehrstufige milchsaure Fermentation hergestellt wird. In der ersten aeroben Phase entwickelt sich eine Mischflora aus verschiedenen Bakterien, Hefen und teils auch Schimmelpilzen. Durch den mikrobiellen Stoffwechsel tritt in der zweiten Phase Sauerstoffmangel ein, so daß die → Milchsäuregärung vorwiegend durch heterofermentative Milchsäurebakterien einsetzt. Neben der Milchsäure werden zahlreiche andere Metaboliten gebildet. Die dritte Phase ist durch eine intensive Milchsäuregärung, unter zunehmender Beteiligung homofermentativer Milchsäurebakterien, gekennzeichnet. In der vierten Phase vergären heterofermentative → Milchsäurebakterien schwerer abbaubare Kohlenhydrate bis es schließlich zur Autinhibierung der Mikroorganismen kommt. Die → Fermentation wird diskontinuierlich als batch Fermentation in Holzfässern, Holzbottichen, gefließten Becken, Edelstahlbehältern u.ä. durchgeführt.

Säuerlinge

auch Sauerbrunnen, sind → Mineralwässer mit einem natürlichen Gehalt von mindestens 1000 mg freiem Kohlendioxid pro kg, die außer dem Zusatz von Kohlendioxid keine willkürliche Veränderung erfahren haben. → Mineralwasser, → Tafelwasser, → Sprudel.

Sauermilch

→ Buttermilch.

Sauermilcherzeugnisse

sind Produkte aus Magermilch, teilentrahmter Milch, Vollmilch, Rahm mit eingestelltem Fettgehalt und Süßrahmbuttermilch, die unter Verwendung bestimmter Milchsäurebakterien hergestellt werden. Nach der Art der verwendeten Kulturen lassen sich unterscheiden: *S. mit thermophilen Milchsäurebakterien* (→ Joghurt, → Acidophilusmilch, Bifidobakterienmilch u.a.), *S. mit mesophilen Milchsäurebakterien* (fermentierte Süßrahmbuttermilch, → Sauermilch, → Dickmilch, fermentierte Magermilch und Vollmilch, → Langfil, → Tettmjolk, → saure Sahne, u.a.)

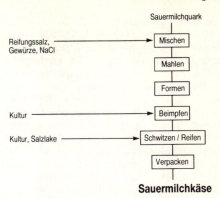

Sauermilchquark

Bild 151. Biologischer Säureabbau

Sauermilchkäse

wird aus → Sauermilchquark unter Zusatz von 0,5 - 1,0% Reifungssalzen und für die jeweilige Käsesorte spezifischen Mikroorganismenkulturen hergestellt. Die Gelbkäse werden unter Nutzung von *Brevibacterium linens*, das als Nativflora in den Reiferäumen vorhanden ist oder als Mikroorganismenkultur auf den Käse gesprüht wird, gefertigt. Bei Schimmelkäse werden *Penicillium caseicolum* oder *Penicillium camembertii* angewendet. Der Verfahrensablauf der Sauermilchkäseherstellung ist in **Abb. 151** dargestellt. Der Sauermilchquark wird mit dem Reifungssalz auf eine SH-Zahl von 110 - 130 abgestumpft und unter Zugabe von 2 - 3% Natriumchlorid und teils Gewürzen gemahlen und gemischt. Das Formen erfolgt maschinell in Stangen oder Scheiben. Die geformten S. werden auf → Horden einem Schwitzprozeß (20 - 25°C, 90% rel. Luftfeuchtigkeit) und dem anschließenden Reifeprozeß (10 - 16°C, 90 - 95% rel. Luftfeuchtigkeit) unterzogen. Nach 3 - 4 Tagen bildet sich bei Gelbkäse ein Schmierefilm, bei Schimmelkäse ein Mycel. Nach der Käse-VO unterscheidet man Gelbkäse, Edelschimmelkäse und Kräuterkäse. Als Standardsorten sind festgelegt: Harzer Käse, Mainzer Käse (als Gelbkäse), Handkäse, Bauernkäse, Korbkäse, Stangenkäse, Quargel (als Gelbkäse oder Edelschimmelkäse) und Kräuterkäse. → Käse.

Sauermilchquark

ist ein Halbfertigerzeugnis, bei dem die Koagulation des Caseins ausschließlich durch Säure in Verbindung mit Wärme herbeigeführt

Sauermolke

wird. Man unterscheidet die Kalt- (21 - 28°C) und Warmsäuerung (40 - 42°C). Entsprechend werden entweder mesophile Milchsäurebakterien (*Lactococcus spp.*) oder thermophile Mischkulturen (*Streptococcus salivarius subsp. thermophilus, Lactobacillus delbrueckii subsp. bulgaricus, Lactobacillus helveticus* u.a.) verwendet. Die Gerinnungsdauer beträgt bei der Kaltsäuerung 15 - 18 h und bei der Warmsäuerung 2 - 3 h. Die Herstellung erfolgt in Quarkwannen oder Käsefertigern mit Rühr- und Schneidvorrichtung. Nach der Koagulation wird das Gel in 10 - 20 cm Abstand geschnitten und allmählich bei immer kräftigerem Rühren auf 35 - 45°C erwärmt. Der Bruch wird im Quarkablaufwagen gelassen und gepreßt. Das Trennen ist auch mit Hilfe von → Dekantern möglich. Die Trockenmasse des S.'es soll bei 32% liegen. Vor dem Verpacken wird der S. in Quarkmühlen oder Quarkwölfen zerkleinert und auf < 10°C gekühlt.

Sauermolke
ist das Nebenprodukt bei der Herstellung von → Sauermilchquark.

Säuern
ist ein chemischer bzw. biochemischer → Grundprozeß, dessen prozeßcharakterisierendes Merkmal die Absenkung des pH-Wertes ist. Das erfolgt durch → Genußsäuren, die einem Lebensmittel zugesetzt werden (z.B. → Essiggemüse) oder auf fermentativem Weg (z.B. → Sauergemüse, → Sauermilch).

Sauerrahm
(1) umgangssprachliche Bezeichnung für gesäuerte → Sahne.
(2) ist das Ausgangsprodukt für die Herstellung von Sauerrahmbutter (→ Butter). Dabei wird der Rahm mit einem Fettgehalt von 40 - 45% in Rahmreifern unter Verwendung einer → Buttereikultur auf einen pH- Wert von etwa 5,0 - 5,2 gesäuert.

Sauerrahmbutter
→ Butter.

Sauerteig
ist ein aus Mehl oder Schrot mit Wasser bereiteter Teig, in dem Mikroorganismen, vorwiegend Milchsäurebakterien und Hefen, durch ihren Stoffwechsel eine stetige Säuerung und Kohlendioxidbildung bewirken. Diese biochemischen Vorgänge können spontan oder durch den Zusatz einer über Reinzucht gewonnenen Mischkultur von Sauerteighefen und

Bild 152. Verfahrensablauf der Sauermilchkäseherstellung

Säurebildnern (→ Sauerteig-Starter) erfolgen. Demnach unterscheidet man Natursauer (→ Spontansauer) und Reinzuchtsauer. Teile eines S.'es können als Impfgut (→ Anstellsauer) für neue S.'e verwendet werden. Einflußfaktoren der Sauerteiggärung sind in **Abb. 152** dargestellt. S. hat für die Roggen- und Mischbrotherstellung aufgrund der → Backeigenschaften des → Roggenmehles besondere Bedeutung. Aber auch zur Weizenbrotherstellung wird Roggen- oder teils Weizensauerteig heute eingesetzt. Die S.'e werden nach verschiedenen → Sauerteigführungen hergestellt.

Sauerteig, revitalisierbar
ist ein Sauerteig in Trockenform, der eine große Anzahl der ursprünglich im Teig vorhandenen Mikroorganismen in lebensfähiger Form enthält.

Sauerteigbackversuch
→ Backversuch.

Sauerteigführung
Zur Herstellung von roggenmehlhaltigem Brot (selten Weizenbrot) werden verschiedene S.'en eingesetzt, die durch die Anzahl der Stufen, über die die Vermehrung des → Anstellsauers zur benötigten Sauerteigmenge erfolgt, und durch die Dauer der Führung, die 3 - 24 Stunden beanspruchen kann, charakterisiert sind. Bei Roggenbrot werden dreistufige Führungen, bei Roggen-, Weizenmischbrot und Weizenbrot auch zwei- oder einstufige Führungen angewendet. Die klassische Sauerteigführung in 3 Stufen dient der Erzeugung eines gut gesäuerten, gärkräftigen Teiges aus einer kleinen Menge Anstellsauer. In **Abb. 153** ist der Verfahrensablauf der klassischen 3-stufigen S. dargestellt. Jede Stufe hat unter Beachtung von Reifezeit, Temperatur und Teigausbeute eine bestimmte Aufgabe zu erfüllen. In **Tab. 63** sind diese Parameter aufgeführt.

Tabelle 63. Sauerteigstufen der klassischen 3-stufigen Sauerteigführung mit dazugehörigen Reifezeiten, Temperaturen und Teigausbeuten

Sauerteigstufe	Aufgabe	Reifezeit (h)	Reifetemperatur (°C)	Teigausbeute
1. Stufe Anfrischsauer	Hefevermehrung	5 - 8	25 - 26	200 - 220
2. Stufe Grundsauer	Säure- und Aromabildung	6 - 10	23 - 28	150 - 165
3. Stufe Vollsauer	Optimierung der Gärleistung und Säurebildung	3 - 10	25 - 32	180 - 20

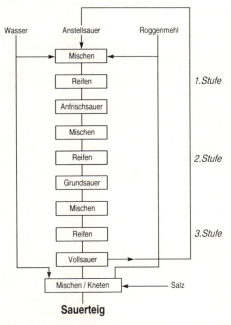

Bild 153. Einflußfaktoren der Sauerteiggärung (nach Spicher)

Verkürzte S.'en (Zweistufenführungen und Einstufenführungen) haben das Ziel, die Teigbereitungszeiten zu verkürzen und automatisierte Teigbereitungsanlagen einzusetzen. Die Verkürzung der 3-stufigen S. kann u.a. durch den Einsatz höherer Anteile an reifen Vorstufen, Zusatz von Säure bzw. Hefe und unter Einhaltung der optimalen Reifezeit, -temperatur und Teigausbeute erreicht werden. Neben den klassischen S. werden angewendet:
→ Detmolder S. (drei-, zwei- oder einstufig),
→ Monheimer Salzsauer-Verfahren (einstu-

fig), → Berliner Kurzsauerführung (einstufig), → Weizensauerteigführung (ein- oder zweistufig).

Sauerteigschädlinge
können bei schwacher Säuerung des Teiges auftreten und führen zu Fehlgärungen mit geschmacklich und backtechnisch nachteiligen Folgen. Sie führen zur Verschiebung der üblichen Mengenanteile organischer Säuren als Folge des mikrobiellen Stoffwechsels. In erster Linie handelt es sich dabei um sauerteigtypische *Lactobacillus spp.*, (z.B. Essigstich), *Enterobacteriaceae* (z.B. fader, bitterer Geschmack), *Micrococcus spp.* (fader Geschmack, ungleichmäßige Porung, essigstichig) u.a..

Sauerteigsilos
werden zur Erhöhung der Kontinuität der → Sauerteigführung verwendet. Sie sind übereinander angeordnet, so daß der Ablauf des reifen Sauerteiges in das darunter befindliche Silo erfolgen kann. In den S. vollzieht sich nur der Reifungsprozeß, die Teigbereitung erfolgt in der Knetmaschine. Teils werden S. auch als Bunkersysteme ausgeführt.

Sauerteigstarter
sind Starterkulturen, die als Einstamm- oder Mischkulturen eine definierte mikrobielle Zusammensetzung aufweisen, frei von verderbniserregenden und pathogenen Mikroorganismen sind und zur Herstellung von Teigen aus Mahlerzeugnissen des Getreides mit dem primären Ziel der Förderung der Milchsäuregärung verwendet werden. Als Milchsäurebakterien werden *Lactobacillus spp.* genutzt. Die S. werden in flüssiger, pastöser, getrockneter oder gefriergetrockneter Form angeboten und enthalten in der Regel Angaben zur Zusammensetzung und Zelldichte. Gute S. haben

Säuerungsmittel

Zelldichten von $> 10^9$ cfu/g Trockenmasse. Die S. können auch einen Hefeanteil (*Saccharomyces cerevisiae*) enthalten. Die S. sind von ihrem Äußeren her dem Sauerteig oder trockenem Sauerteig ähnlich und werden so auch als „Reinzuchtsauer" bezeichnet. Sie enthalten aber meist noch andere Substanzen, die als Substrat zur Fermentation der Mikroorganismen benötigt werden.

Säuerungsmittel

sind → Zusatzstoffe, die als Geschmacksträger oder -verbesserer dienen, indem sie bestimmte Geschmacksrichtungen intensivieren, mischen oder markieren. Sie wirken als Puffer zur Steuerung und Aufrechterhaltung eines bestimmten pH-Wertes. Als synergistische → Antioxidantien verhindern sie Ranzigwerden und enzymatische Bräunungen. Sie können die rheologischen Eigenschaften von Teigen beeinflussen und werden als Zusätze für Fleischwaren verwendet. Gleichzeitig haben S. konservierende Wirkung. Als S. kommen → Milchsäure, Essigsäure, → L (+) Weinsäure, → Citronensäure u.a. zur Anwendung.

Säureabbau, biologischer

läuft meist spontan auf bakteriellem Wege ab, wobei die → Äpfelsäure in → Milchsäure und Kohlendioxid zerfällt (**Abb. 154**). Dieser Vorgang spielt beim → Ausbau des Weines eine wichtige Rolle. Als Mikroorganismen kommen Arten von *Micrococcus, Leuconostoc, Lactobacillus* und *Pediococcus* in Betracht. Teilweise entstehen durch den Stoffwechsel negative Geschmacksstoffe wie Acetoin und Diacetyl oder Histamin, das Kopfschmerzen hervorruft.

Säurecasein

ist das durch → Säuern ausgefällte, gewaschene und getrocknete → Casein mit einem Ei-

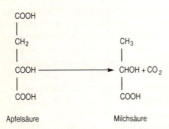

Apfelsäure   Milchsäure

Bild 154. Verfahrensablauf der 3-stufigen Sauerteigführung

weißgehalt von mind. 78% und einem max. Wassergehalt von 12%. Es werden auch Mineralsäuren zur Ausfällung des Caseins genutzt. S. findet in der Lebensmittelverarbeitung aber auch für technische Zwecke Verwendung.

Säuregrad

ist ein teils noch verwendetes Maß für den Gehalt an organischen Säuren in einem Lebensmittel. Er wird volumetrisch über die zur Neutralisation der freien Säuren benötigte Menge an Lauge definierter Konzentration bestimmt. Der S. wurde für Milch als Soxhlet-Henkel-Zahl (SH-Zahl) und für Fette und Öle als Azäditätsmaß verwendet.

Säureregulatoren

sind → Zusatzstoffe, die einen pH-Wert oder -Bereich in einem Lebensmittel einstellen bzw. gewährleisten. Es sind basisch oder sauer reagierende Stoffe mit Pufferwirkung. Ein Stoff hat eine Säureregulatorfunktion, wenn aus technologischen Gründen ein bestimmter pH-Bereich und nicht nur eine Säuerung erreicht werden soll. S. werden zur Herstellung von → Kondensmilch, → Sahneerzeugnissen, → Sauermilchkäse, → Speiseeis, → Laugengebäck, → Konfitüre, Sülzen u.a. verwendet.

Saurer-Fritz

ist ein Sauerteigbereiter (Ismar-Sauerteigbereiter), der aus einem doppelwandigen, mittels Kühlwasser temperiertem Bottich, dem Rührwerk, einer automatischen Steuerung und einer Pumpe zur Entnahme über zeitlich gesteuerte Dosierung, besteht. Je nach Art des herzustellenden Sauerteiges können Reifezeit, Temperatur, Rührintervalle, Steh- und Kühlzeiten eingestellt werden. Sauerteigbereiter dieser Art werden mit einem Fassungsvermögen von 200 - 1300 kg angeboten.

Saure Sahne

ist ein mit einer mesophilen Milchsäurebakterienkultur (→ Buttereikultur) fermentiertes → Sahneerzeugnis. Die im Fettgehalt eingestellte Sahne (meist 10% Fett) wird auf 15 - 20°C temperiert und mit 2 - 4% Kultur beimpft und meist in Becher abgefüllt. Nach erfolgter Endsäuerung werden die Becher auf 2 - 6°C gekühlt.

Säurewecker

ist die Bezeichnung für die Betriebskultur (letzte Intermediärkultur vor der Zugabe zum Produktionsbehältnis, wie → Käsefertiger, → Butterfertiger, Joghurttank), bestehend aus

Einstamm- oder Mehrstammkulturen von → Milchsäurebakterien oder anderen Mikroorganismen. Die Bezeichnung wird häufig nach dem Verwendungszweck erweitert zu z.B. Buttereisäurewecker, Käsereisäurewecker. → Starterkulturen, → Buttereikultur

Säurezahl
ist eine Kennzahl für den Gehalt an freien organischen Säuren in Lebensmitteln. Die S. wird zur Aziditätskennzeichnung von Fetten und Ölen, für Teige und → Teigsäuerungsmittel u.a. verwendet.

Sauser
→ Federweißer.

Sbrinz
ist ein Schweizer → Hartkäse mit geschützter Herkunftsbezeichnung. → Käse.

Scanning
ist das systematische Abtasten eines Informationsträgers mit einem Licht- oder Elektronenstrahl.

Schächten
ist eine rituelle Schlachtmethode, wobei das Tier ohne vorher betäubt zu werden, durch den Halsschnitt zum Blutentzug gebracht wird.

Schafkäse
ist ein Käse, der ausschließlich aus Schafmilch oder einem Gemisch aus Schaf- und Kuhmilch hergestellt wurde. Der echte Roquefort, Feta u.a. sind S. Durch die unterschiedliche Fettsäurezusammensetzung im Vergleich zu Kuhmilch entstehen Käse mit besonders kräftigem und pikantem Geschmack.

Schäldarm
bezeichnet künstliche → Wursthüllen, meist auf Cellulosebasis. Sie werden vor dem Verzehr der Würste wieder entfernt.

Schälen
ist ein Prozeß zum Entfernen von Schalen (Samenschalen bei Getreide und Knöterichgewächsen, Hülsen bei Hülsenfrüchten, Entfernen des nichteßbaren Anteiles bei Obst und Gemüse) durch mechanische oder chemisch-physikalische Verfahren. Das → *mechanische S.* wird aus wirtschaftlichen Gründen kaum noch angewendet. Beim *chemischen S.* (auch → Laugenschälen) wird die Schale in einem Laugenbad bei 75-95°C, 2,5-5% NaOH und 1-5 min. gelockert. In einer Trommelwaschmaschine werden dann die Schalen entfernt. Beim *thermischen S.* wird das Gut kurzzeitig in ein schwaches Laugenbad und anschließend in einen Hochdruck-Dampfschäler (8-9 bar) gebracht. Durch eine Vorrichtung im Dämpfer wird der Überdruck schlagartig entspannt, die Oberflächenschicht läßt sich in Trommelwaschmaschinen entfernen. → Lochscheibenschälen, → Konturschälen, → Bürstenschälen, → Hitzeschälen.

Schalenobst
→ Obst.

Schalenöl
ist in Drüsen der äußeren epidermalen Zellschichten von Citrusfrüchten enthalten. Es wird beim → Entsaften gewonnen, in dem im Moment des Entsaftungsvorganges das Flavedo mit Wasser besprüht wird. Der Entsaftungsdruck öffnet auch die Öldrüsen und das S. wird durch Emulsionsbildung ausgewaschen und gelangt in eine Öl-Passiermaschine. Die Abtrennung des Öls aus der Emulsion erfolgt mittels Klärseparator.

Schalentiere
ist die Sammelbezeichnung für → Weichtiere, Schnecken und Muscheln.

Schälgang
→ Vermahlungsmaschine.

Schälmüllerei
ist ein spezieller Zweig der Müllereitechnologie, deren Prozeßziel in der schonenden Entfernung von Hülsen oder Schalen bei weitgehendem Erhalt der wertgebenden Inhaltsstoffe für bestimmte Getreidesorten (Reis, Hafer, Gerste, Hirse u.a.), Hülsenfrüchte (Erbsen, Bohnen, Linsen u.a.) und Knöterichgewächse (Buchweizen) besteht. Die Reinigung der Rohprodukte erfolgt wie bei der Getreideverarbeitung (→ Schwarzreinigung; → Weißreinigung). Die weiteren Prozeßstufen der S. sind → Schälen, Sortieren der Schälprodukte, Schleifen der geschälten Körner, Polieren der Kornoberfläche, wobei die beiden letztgenannten Schritte bei der → Reismüllerei Anwendung finden. Bei verschiedenen Rohstoffen wird durch schonendes Dämpfen und → Darren vorwiegend durch die Inaktivierung endogener Enzyme die Lagerfähigkeit der Endprodukte erhöht. Bei einigen Produkten schließt sich eine weitere Verarbeitung zu → Getreideflocken, Grütze oder Grieß (→ Vermahlung) an.

Schältomaten
→ Tomatenerzeugnisse.

Schaufelrührer
→ Rührer.

Schaumbett-Trocknung
ist ein Verfahren zum → Trocknen von flüssigen oder pastösen Gütern im Luftstrom. Das Produkt wird vor dem Trocknen, teils unter Verwendung von → Emulgatoren, verschäumt und dem Band, das den Trockner durchläuft, zugeführt. Die Trockenprodukte behalten zunächst ihre poröse Struktur und werden anschließend mechanisch pulverisiert und teils granuliert. Das Verfahren wird teilweise in den USA für Tomatenmark, Fruchtsäfte, Pürees, Kaffee-, Tee- und Fleischextrakt u.a. angewendet. Nachteilig ist bei den meisten Produkten der Sauerstoffeintrag während der Trocknung, der zu unerwünschten Veränderungen führen kann.

Schaumbrechen
ist ein → Grundprozeß, bei dem gebildete Schäume mechanisch oder kolloidchemisch mit dem Ziel der Trennung von Flüssigkeit und Gas zerstört werden (→ Schäume). Zum S. werden Öle, Alkohole, Ester, Ether, Ketone u.a. Substanzen zur Veränderung der Grenzflächenspannung oder mechanische Schaumbrecher, -zentrifugen oder -absauger verwendet. Bei der mechanischen Zerstörung wird die Schwerkraftempfindlichkeit der Schaumblasen genutzt.

Schäume
sind Gasdispersionen in flüssigen Dispersionsmitteln. Bei Verfestigung der flüssigen Phase entstehen feste Schäume. In der Regel erfolgt die Dispergierung unter Anwesenheit von Stabilisatoren oder durch Kondensation gelöster Gase.

Schaummassen
werden aus Zucker unter Verwendung eiweißhaltiger Schaumbildner, jedoch nicht Eiklar, ohne Mehl hergestellt. → Baiser.

Schaumsauerverfahren
Beim S. handelt es sich um eine 5-stufige Sauerteigführung, bei der die Prozeßführung auf eine starke Hefevermehrung ausgerichtet ist und die Säurebildung gering gehalten wird. Die aus diesem Teig hergestellten Brote weisen einen milden Geschmack auf. Die Stufen werden sehr weich geführt und teilweise durch Einbringen von Luft zu einer schaumigen Masse geschlagen (auch Schlagsauerverfahren genannt).

Schaumverhüter
sind → Zusatzstoffe, die unerwünschte Schaumbildungen während der Lebensmittelverarbeitung verhindern. Technologisch wirksam sind Substanzen, die keine grenzflächenaktiven Eigenschaften besitzen oder auch Emulgatoren, die in der schäumenden flüssigen → Phase löslich sein müssen und so einen Film an der → Phasengrenzfläche bilden. Schaumbildende Inhaltsstoffe von Lebensmitteln sollen aus der Grenzfläche zwischen Luft und wäßriger Phase verdrängt und somit die Schaumbildung verhindert werden. Vielfach kommen Gemische hydrophiler Fettsäureester zur Anwendung. S. werden zur Herstellung von → Konfitüren, → Marmelade, → Gelee, Milchprodukten u.a. verwendet.

Schaumwein
wurde schon im 15. und 16. Jh. in Frankreich und Italien bereitet. Jedoch gelang Dom Pérignon (1638 - 1715) in der Champagne (F) als erstem die Entfernung der Hefe aus der Flasche. Er ist dadurch gekennzeichnet, daß das bei der Gärung entstehende CO_2 weitgehend im Wein verbleibt. → Champagner, → Sekt, → Schaumweinherstellung.

Schaumweinherstellung
Als Ausgangsprodukt wird Wein mit einem genügenden Säuregehalt mit feinem, nicht aufdringlichem Bukett verwendet. Die S. erfolgt entweder nach einem 2-stufigen Gärungsverfahren oder nach dem Imprägnierverfahren. Beim *Gärungsverfahren* wird die Gärung in der 1. Stufe frühzeitig gestoppt, so daß der Wein noch einen hohen → Restzuckergehalt und damit einen geringen Alkoholgehalt hat und vergleichsweise viel CO_2 aufweist. Die 2. Stufe der Gärung erfolgt nach dem: → Flaschengärverfahren, → Transvorsirverfahren oder dem → Großraumgärverfahren (Tankgärverfahren). Der vom Trub befreite Rohsekt erhält einen Zusatz von „Likör" (Dosage). Früher verwendete man dafür Cognac, Dessertwein, Gewürz- und Bukettstoffe, heute jedoch vorwiegend den gleichen Grundwein, ggf. mit Zucker aufgesüßt. Für Diabetiker wird der Rohsekt ohne Likör hergestellt oder statt mit Zucker mit → Sorbit gesüßt. Nach dem → Restzuckergehalt werden die Schaumweine eingeteilt in: Brut < 15 g/l, extra dry 12 - 20 g/l, trocken 17 - 35 g/l, halb-

trocken 33 - 50 g/l, mild > 50 g/l. Beim *Imprägnierverfahren* wird der Wein künstlich mit CO_2 versetzt. Dazu erhält der Grundwein eine Dosage und wird im stark gekühlten Zustand mit CO_2 angereichert. Da der Alkoholgehalt der sonst üblichen 2. Gärstufe fehlt, muß der Grundwein einen höheren Alkoholgehalt aufweisen. Die CO_2-Bindung ist bei diesem Verfahren deutlich schwächer als bei Erzeugnissen der Gärverfahren. Das Imprägnierverfahren wird auch für Obstweine angewendet. Es muß deklariert werden.

Schaumzuckerwaren

sind gas-flüssig-Dispersionen, bei denen das Dispersionsmittel eine halbflüssige Eiweiß-Zuckersiruplösung ist. Diesen → Dispersionen werden → Stabilisatoren, wie Agar-Agar, Pektin oder Gelatine sowie Farb- und Aromastoffe zugesetzt.

Scheibenmühle

→ Vermahlungsmaschine.

Scheibenrührer

→ Rührer.

Scherfestigkeitsprüfgerät

→ Mechanische Prüfverfahren.

Scheuermaschine

wird bei der Weißreinigung von Getreide verwendet. In ihr reiben die Körner an rauhen Schmirgel- oder Stahlflächen, wodurch die Fruchtschale teilweise und Verunreinigungen entfernt werden. Die gelösten Schalen werden mit Hilfe von Luft durch einen Schlitzlochmantel entfernt. Das Trennkriterium ist die Haftfestigkeit der Schalen-, Faser- oder Schmutzbestandteile auf der Kornoberfläche. Andere Apparate zur Reinigung des Getreides sind Schäl- und Bürstenmaschinen. Sie unterscheiden sich in der Art der Oberflächenbeanspruchung (z.B. Bürsten, Schleifringe, Schlägerleisten).

Scheurebe

ist eine aus → Silvaner und → Riesling gekreuzte → Weißweinsorte, benannt nach seinem Züchter Scheu (1916).

Schichtenfilter

sind Apparate zur → Filtration. Sie bestehen aus einem Gestell, in dem quadratische Filterplatten (40 × 40 cm; 60 × 60 cm; 100 × 100 cm) aus Metall oder Kunststoff vertikal angeordnet sind. Die Filterplatten sind Rippenplatten oder Hohlrahmen mit Loch-

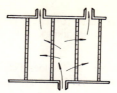

Bild 155. Funktionsprinzip der Filterplattenanordnung eines Schichtenfilters

blechplatten, die so angeordnet sind, daß sich wechselweise Trub- oder Filtratkammern ergeben (**Abb. 155**). Zwischen die Platten werden Schichten (Cellulose-Kieselgur-Schichten, Entkeimungsschichten) eingesetzt. Die Wahl der Schichten wird beeinflußt durch Art der Flüssigkeit, Durchsatzleistung, mechanische Festigkeit, Dicke, Kompressibilität, Faserfertigkeit u.a. S. werden häufig in der Getränke- und der obst- und gemüseverarbeitenden Industrie angewendet.

Schichtkäse

ist ein in seiner Konsistenz festerer → Speisequark in der Fettstufe Halbfettkäse. Der Bruch wird in etwa 10 × 10 cm Formen in drei Schichten geschöpft. Die mittlere Schicht ist mit Käsefarbe eingefärbt.

Schillerwein

ist ein Verschnittwein aus Weiß- und Rotweintrauben, auch gemaischt. → Rose, → Weinkategorien, → Rotweinherstellung.

Schizosaccharomyces

ist eine Gattung der Familie *Saccharomycetaceae* mit runden, ovalen oder zylindrischen Zellen, die sich durch Spaltung oder Querteilung vermehrt. S. kommt auf Früchten, Fruchtsirupen u.a. vor. Vertreter sind: *S. pombe* und *S. octosporus*.

Schlachten

ist das schmerzlose und fachgerechte Töten von Tieren mit nachfolgender Bearbeitung und weitgehender Zerlegung des Tierkörpers. Dabei schließt das S. die Behandlung von Mägen, Därmen, Köpfen, Füßen, Blut und Schlachtabfällen sowie die Gewinnung von Schlachtnebenprodukten mit ein. Das S. kann in die folgende technologischen Schlachtphasen unterteilt werden: Betäuben, Entbluten, Enthäuten (Rinder, teils Schweine), Brühen (Schweine), → Ausweiden, Spalten der Tierkörper und Fleischzerlegung. Die Prozesse sind meist tierartspezifisch und variieren mehr oder weniger stark (→ Schweineschlachtung, → Rinderschlachtung).

Schlachtfette

sind die beim → Schlachten anfallenden Fette, die ausgeschmolzen oder extrahiert werden. → Talg, → Schmalz.

Schlachttiere

ist der Sammelbegriff für Haussäugetiere, die vorwiegend zur Fleischgewinnung gehalten werden. Die bedeutsamsten S. sind: Rind, Schwein, Schaf, Ziege, Pferd, Kaninchen.

Schlagmaschine

→ Vermahlungsmaschine.

Schlagsauerverfahren

→ Schaumsauerverfahren.

Schlaufenreaktor

ist ein kontinuierlich arbeitender → Reaktor, bei dem der Stoffstrom im Kreis geführt wird. Er ist mit Heiz- bzw. Kühlmantel, Zu- und Ablauf sowie Meßinstrumenten ausgestattet (**Abb. 156**). Im S. werden vorwiegend Flüssig-/Flüssig-Reaktionen durchgeführt.

Schleifen

ist das Bearbeiten der Oberfläche von Getreidekernen oder Grießteilchen. Eine besondere Bedeutung hat das S. in der → Reismüllerei. Das S. erfolgt in einem Schleifgang. Man unterscheidet zwei Prinzipien: Reibung von Reiskorn gegen Stein und Reibung von Reiskorn gegen Reiskorn.

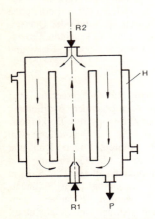

Bild 156. Schematische Darstellung eines Schlaufenreaktors. *R1* Reaktant 1, *R2* Reaktant 2, *P* Produkt, *H* Heiz- bzw. Kühlmantel

Schlempen

sind die Rückstände der Destillation beim → Brennen. Der Rohproteingehalt der Obstschlempen ist deutlich geringer als bei Getreide- oder Kartoffelschlempen.

Schleuderfräse

→ Obstmühlen, → Fräsmühlen, → Zerkleinerungsmaschinen.

Schleuderhonig

ist der durch → Zentrifugieren (Ausschleudern) der entdeckelten Waben gewonnene → Honig.

Schlütermehl

ist ein Spezialmehl, das aus dem vollen Korn gewonnen wird, wobei die → Kleie zur besseren Erschließung ihrer Inhaltsstoffe hydrothermisch behandelt und mechanisch zerkleinert wird. Es dient zur Herstellung eines Spezialbrotes, dem Schlüterbrot.

Schmalz

ist der Oberbegriff für bei Zimmertemperatur streichfähiges ausgelassenes Fett, wie z.B. Schweineschmalz, Butterschmalz.

Schmelzdruckkurve

→ Phasen.

Schmelzen

ist der isotherme Übergang eines Stoffes vom festen in den flüssigen Aggregatzustand. Das S. ist technologisch ein thermischer → Grundprozeß mit einer Phasenänderung. Führt man einem festen Körper Wärme zu, so schmilzt er bei einer bestimmten Temperatur. Diese Temperatur nennt man die Schmelztemperatur. Sie ist druckabhängig. Die Wärmemenge Q, die notwendig ist, um die Masse m vom festen in den flüssigen Zustand ohne Temperaturerhöhung zu überführen, ist die spezifische Schmelzwärme eines Stoffes.

$$q_S = \frac{Q}{m}$$

Sie beträgt für Eis 334 kJ/kg. → Phasen, → Erstarren.

Schmelzkäse

sind Erzeugnisse, die aus → Labkäse unter Verwendung von Zusatzstoffen in einem thermischen Schmelzprozeß hergestellt werden. S. kann auch als Schmelzkäsezubereitung unter Verwendung anderer Milcherzeugnisse oder beigegebener Lebensmittel hergestellt werden. Die Rohware wird entsprechend dem herzustellenden Endprodukt zusammengestellt und entweder direkt in die Großraumschmelzmaschine gegeben oder erst in einem Wasserbad zur Weiche gebracht. Zur Förderung des Schmelzverhaltens werden Schmelzsalze, im wesentlichen Citrat- und/oder Phosphatgemische zugesetzt. Für schnittfeste S. spielen die Citrate und für streichfähige S. die Phosphate eine besondere Rolle. Zum Schmelzen wird Dampf sowohl direkt als auch indirekt über den doppelwandigen Kessel zugeführt. Die Schmelztemperaturen liegen zwischen 90 und 130°C und werden je nach Produkt festgelegt (für Scheiben etwa 90°C, für streichfähige Produkte etwa 130°C). Das Schmelzen geschieht unter ständigem Rühren. Zur Scheibenherstellung wird der Schmelzkäseteig auf gekühlte Trommeln in gleichmäßiger Schichtdicke aufgebracht und anschließend in Streifen und Scheiben geschnitten. Streichfähige Schmelzkäse werden in Formmaschinen portioniert und anschließend verpackt.

Schmelzkäsepulver
→ Trockenmilcherzeugnis, → Milchpulverherstellung.

Schmelzkäsezubereitungen
sind aus Schmelzkäse oder/und Käse sowie unter Zusatz von anderen Lebensmitteln durch Aufschmelzen und Vermischen unter Verwendung von → Schmelzsalzen gewonnene Zubereitungen. S. werden in unterschiedlichen Fettstufen hergestellt.

Schmelzmargarine
→ Margarinesorten.

Schmelzsalze
sind → Zusatzstoffe und haben die Aufgabe, den Molkeaustritt bei → Schmelzkäse zu verhindern und ihn streichfähig zu halten. Als S. werden Phosphate und Citrate verwendet. Sie bewirken die Quell- und Emulgierfähigkeit des Eiweißes. Es entsteht Na-Paracaseinat mit guten Lösungseigenschaften, so daß eine Eiweiß-in-Fett-Emulsion gebildet wird.

Schmoren
ist die Kombination der thermischen → Garprozesse Überdruckkochen und → Braten.

Schneckenblancheur
ist ein kontinuierlich arbeitender Wärmetauscher für stückige und pastöse Güter. In einem zylindrischen Reaktionsraum wird das Gut mittels einer oder zweier Vollschnecken

transportiert und durch direkte Dampfinjektion oder/und indirekte Wärmezuführung je nach Produkt auf 40 bis 80°C erhitzt. Bei der direkten Erhitzung gelangt das Kondensat in das Produkt. Der S. wird in der Obst-und Gemüseverarbeitung, teils auch bei der Weinherstellung eingesetzt.

Schneckenförderer
dient zum Fördern von pastösen Gütern oder körnigen Schüttgütern. Er besteht aus einer Förderschnecke aus Stahlguß, Edelstahl, Stahlblech u.a., die sich in einem Gehäuse dreht, so daß das Fördergut durch die schraubenförmige Bewegung transportiert wird.

Schneckenpresse
→ Pressen, kontinuierliche.

Schnellknetmaschinen
sind dadurch charakterisiert, daß die Geschwindigkeit von Knettrog und Knetarm bzw. Knetwerkzeug, die Hubzahl des Knetarmes und die Kinetik der Knetbewegung variiert werden können. Teils werden sie als Karussellknetmaschinen bei schnell rotierendem Knettrog bezeichnet. In der **Abb. 157** ist das Funktionsprinzip einer S. schematisch dargestellt.

Schnellkochreis
ist ein Reis, dessen Kochzeit durch verschiedenartige physikalische Verfahren wesentlich herabgesetzt wurde. → Reis.

Schnellpökeln
bezeichnet die Spritzpökelung. → Pökelverfahren.

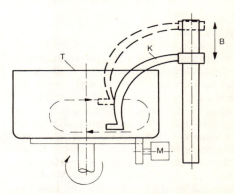

Bild 157. Funktionsprinzip der Schnellknetmaschine. *M* Antrieb, *K* Knetraum, *T* Knettrog, *B* Bewegungsvorrichtung

Schnittkäse

Tabelle 64. Auswahl von Schnittkäseparametern (Angaben als Durchschnittswerte)

Käsesorte	Einlab-pH-Wert	Brenn-temp. °C	Salzbad Zeit d	Salzbad Temp. °C	pH nach Salzen	NACl %	Reifung Temp. °C	Reifung Zeit Mon.
Gouda	6,6	39	1	12 - 16	5,2 - 5,3	2,2	12 - 14	1 - 6
Edamer	6,6	39	1	12 - 16	5,1 - 5,3	2,2	12 - 14	1 - 2
Tilsiter	6,5	35	2	12 - 16	5,1 - 5,3	2,5	12 - 14	1 - 2
Steinbuscher	6,5	35	2	12 - 16	5,0 - 5,3	2,8	10 - 14	1 - 2
Butterkäse	6,4		2	12 - 16	4,8 - 5,0	2,0	6 - 8	1 - 4
Weißlaker	6,4		2 - 3	12 - 16	4,7 - 4,9	5 - 7	6 - 8	4 - 10

Schnittkäse

ist der Sammelbegriff für eine Gruppe von → Labkäse. Dazu gehören: → Gouda, → Edamer, → Tilsiter und Wilstermarschkäse und die halbfesten S.: → Edelpilzkäse, → Butterkäse, → Weißlaker, → Steinbuscher, → Roquefortkäse, → Gorgonzola, Stiltonkäse → Doppelschimmelkäse u.a.m. Ihre Fertigung erfolgt im wesentlichen nach der Technologie der → Labkäseherstellung. Einige wichtige Parameter für ausgewählte S. enthält **Tab. 64** Bei S. wird das Bruch-Molke-Gemisch über perforierte Wände getrennt und die Molke abgelassen. Der Bruch wird mit Platten gepreßt und anschließend in definierte, rechteckige Größen geschnitten. Bei milderen Käsesorten wird der Bruch gewaschen. Dazu werden etwa 15 - 25% warmes Wasser, bezogen auf die Milchmenge, verwendet.

Schnittlauch

(*Allium schoenoprasum L.*) ist ein Gewürz, dessen hauptsächliche Inhaltsstoffe ätherisches Öl mit Di- und Trisulfiden (u.a. S-Verbindungen) und S-haltige Aminosäure-Derivate sind.

Schokolade

ist eine Zubereitung aus → Kakaokernen, → Kakaomasse, → Kakaopulver, auch stark entöltem Kakaopulver und Zucker (Saccharose). Sie kann mit oder ohne Zusatz von → Kakaobutter, → Lecithin, natürlichen und künstlichen → Essenzen, → Gewürzen, sonstigen Geruchs- und Geschmacksstoffen und anderen Lebensmitteln hergestellt sein. S. hat vorgeschriebene Mindestkakaobestandteile (Kakao-VO). Die Bezeichnungen „bitter" oder „halbbitter"/„zartbitter" schreiben einen Mindestkakaoanteil von 60% bzw. 50% vor. Eine Einteilung der S. bzw. Schokoladenerzeugnisse kann erfolgen in: S., *Haushaltschokolade* (unterscheiden sich in Gehalt wasserfreier Kakaobestandteile von 35 bzw. 30%), *Milchschokolade, Haushaltmilchschokolade* (enthalten → Milch, → Sahne, → Trockenmilcherzeugnisse, → Kondensmilcherzeugnisse mit oder ohne Zusatz von → Milchfett oder → Butter), *Schokoladenstreusel, -flocken, Milchschokoladenstreusel, -flocken* (aus S. bzw. Milchschokolade mit geringfügig anderen Lebensmitteln außer Zucker), *Gianduja-Haselnußschokolade, -Haselnußmilchschokolade* (mind. 20%, max. 40% bzw. mind. 15%, max. 40% feingemahlenen Haselnußanteil, jedoch teils Abweichungen von Anforderungen an S.), *Weiße Schokolade* (enthält Kakaobutter, Saccharose, Milch, Sahne, Trockenmilcherzeugnisse, Kondensmilcherzeugnisse, mit oder ohne Zusatz von Milchfett oder Butter, jedoch ohne Zusatz fettfreier Kakaotrockenmasse), gefüllte S. (Füllung mit S. umhüllt, mind. 25% S. bezogen auf Gesamtgewicht), *Sahneschokolade* (enthält Kakaomasse, Saccharose und Sahne oder → Sahnepulver mit und ohne Zusatz von Kakaobutter, Milchfett, Vollmilch, Vollmilchpulver oder Kondensmilcherzeugnisse), *Magermilchschokolade* (enthält Kakaomasse, Saccharose, Magermilch oder Magermilchpulver mit oder ohne Zusatz von Kakaobutter), *Pralinen* (Bißgröße bestehen aus (1) gefüllter Schokolade, (2) aufeinanderliegenden Schichten aus Schokoladenarten bzw. anderer Lebensmitteln, (3) Gemisch aus Schokoladenarten mit mind. 25% Schokoladenerzeugnisse bezogen auf Gesamtgewicht).

Schokoladenherstellung

Der Verfahrensablauf der S. ist in **Abb. 158** dargestellt. Um ein gleichmäßiges Gefüge zu erhalten, wird der Kristallzucker vor dem Mischen mit der → Kakaomasse und den anderen Bestandteilen gemahlen. Das Mischen und Kneten erfolgt in diskontinuierlich oder kontinuierlich arbeitenden Mischknetern, wie

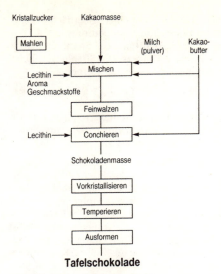

Kristallzucker Kakaomasse

Mahlen

Milch (pulver) Kakao-butter

Lecithin
Aroma
Geschmackstoffe

Mischen

Feinwalzen

Lecithin → Conchieren

Schokoladenmasse

Vorkristallisieren

Temperieren

Ausformen

Tafelschokolade

Bild 158. Verfahrensablauf der Schokoladenherstellung

Doppelmulden-, Kontikneter, Melangeure u.a. (→ Knetmaschinen) bis zu einer zähplastischen Konsistenz. Beim Feinwalzen werden Korngrößen von < 20 μm erreicht. Dabei nutzt man ein hydraulisch steuerbares und wassergekühltes Fünfwalzwerk. Die einzelnen Walzen können mit unterschiedlicher Umfangsgeschwindigkeit, von Walze 1 nach 5 zunehmend, betrieben werden. Der Zerkleinerungsprozeß fördert die Benetzung der Komponenten mit Fett. Beim anschließenden → Conchieren wird die erforderliche Fließfähigkeit der Schokoladenmasse erreicht und das Aroma kann sich voll entfalten. Der Prozeß, in dessen Verlauf noch → Lecithin und → Kakaobutter zugesetzt wird, verläuft in drei Phasen. Der Fettgehalt wird produktabhängig auf z.B. 28 - 33% bei Tafelschokolade, 40 - 46% bei Hohlkörpersprühmasse eingestellt. Die Kristallisation des Fettes hängt entscheidend von der Kühltemperatur und Verweilzeit der Schokoladenmasse ab. Eine intensive Scherbeanspruchung der Schmelze führt zur Beschleunigung der Kristallbildung und es entstehen hochschmelzende Kristallmodifikationen. Während der Temperierung erfolgt ein alternierendes Abkühlen und Wiederaufschmelzen der niedrig schmelzenden Fraktionen bis sich feine stabile Kristallisationskeime gebildet haben. Die so erhaltenen Schokoladenmassen werden in Formen gegossen und verfestigt.

Schokoladenmassen
nur in der Schokoladentechnologie übliche allgemeine Bezeichnung für verschiedene Arten geschmolzener, ungeformter Schokolade. S. sind häufig Medium zur Beurteilung des Einflusses verschiedener Substanzen auf die rheologischen Eigenschaften der → Schokolade.

Schokoladenpulver
ist ein umgangssprachlicher Begriff für gezuckertes → Kakaopulver.

Schokoladenstreusel
→ Schokolade.

Schokoladenüberzugsmassen
→ Kuvertüren.

Schönung
dient der Entfernung von Trubstoffen und anorganischen Bestandteilen bei Fruchtsäften, Mosten und Weinen. Die wichtigsten S.-Verfahren sind die → Aktivkohleschönung, die → Blauschönung, die → Gelatineschönung, die → Bentonitschönung, die → Eiweiß-Schönung, die → Hausenblase-Schönung und die → Hefeschönung. Die Wirkung der Schönungsmittel beruht auf ihrer Oberflächenanziehung oder sekundär auf eine Flockenbildung mit den Gerbstoffen. Die S. erfolgt mit dem Ziel der Klärung, Stabilisierung und der geschmacklichen Verbesserung.

Schorf
(Lagerschorf) wird durch *Venturia inaequalis* beim Apfel und *V. perina* bei der Birne und bei Steinobst verursacht. Die Infektion tritt bereits vor der Ernte auf, wobei sich der S. meist erst nach mehreren Monaten Lagerzeit ausbildet.

Schorle
ist ein Mischgetränk aus Wein oder weinähnlichen Getränken und dem gleichen Anteil Mineralwasser oder Citronenlimonade.

Schraubenpressen
→ Pressen, kontinuierliche.

Schrot
ist ein → Getreidemahlerzeugnis, das aus gereinigtem Getreide durch Zerkleinern und Sieben in verschiedenen Feinheitsgraden mit einer Korngröße > 500 μm hergestellt wird.

Schrotbrot

Tabelle 65. Schüttgutlager für Lebensmittel

Art	Schüttgüter
Kleinsilos	Getreide, Mehl, Zucker
Großsiloanlagen	Getreide, Vermahlungsprodukte, Zucker, Ölsaaten, Kakaobohnen, Hülsenfrüchte
Bunker	Getreide, grobstückige Massengüter
Speicher/Hallen	Getreide, Kartoffeln, Gemüse
Haldenlager	Kartoffeln, Zuckerrüben

Alle Bestandteile des Getreidekorns sind im S. enthalten.

Schrotbrot
ist eine → Brotsorte, die mind. 90% Backschrot oder Vollkornschrot des Weizens oder Roggens bei max. 10% Anteil anderer Mahlprodukte enthalten muß.

Schroten
→ Vermahlung.

Schrotlinge
→ Weizenhefegebäck.

Schüttgutlager
dienen der Zwischenlagerung von Rohstoffen und Halbfertigprodukten. Die gebräuchlichen S. für Lebensmittel sind in **Tab. 65** zusammengestellt.

Schwadenapparat
ist ein Bestandteil moderner → Backöfen. Er dient der Befeuchtung der Backstücke und somit zur optimalen Krustenbildung.

Schwarten
sind Teile der gebrühten und enthaarten Haut des Schweines.

Schwartenzug
ist der bindegewebsreiche Speck unter der → Schwarte.

Schwarzbeinigkeit
ist eine Verderbsform bei Kohl, verursacht durch *Xanthomonas campestris*, bei der die Kohlblätter vergilben und sich die Blattadern schwarz verfärben. Auch Rettich und Kartoffeln können von der S. befallen werden.

Schwarzer Körper
bezeichnet einen Körper, der die gesamte auf ihn auftreffende elektromagnetische Strahlung absorbiert. Nach dem Stefan-Boltzmann-Gesetz ist der von einer Oberfläche abgestrahlte Wärmestrom proportional der 4. Potenz der Temperatur und der Strahlungszahl s des schwarzen Körpers. Die Strahlungszahl ist für den absolut schwarzen Körper:

$$s = 5,67 \cdot 10^{-8} \text{ in W/m}^2 \text{ K}^4 = \text{J/s m}^2 \text{ K}^4$$

Alle realen Körper strahlen weniger Energie ab als der schwarze Körper, d.h., ihre Strahlungszahl ist kleiner als s.

Schwarzer Tee
ist ein → Tee, der durch → Welken, Rollen, Fermentieren, Rösten und Trocknen hergestellt wird. Das Welken erfolgt bei 25 - 35°C und führt zur Wasserreduktion auf etwa 50% des Blattgewichtes. Das Rollen wird zunächst leicht zur gleichmäßigen Verteilung der Phenoloxidasen enthaltenden Zellen (Konditionierung), anschließend mehrmals kräftig zur Saftentfernung und Zellstrukturzerstörung durchgeführt. Damit ist ein Oxidationsprozeß verbunden. Die sich anschließende → Teefermentation erfolgt bei 35 - 40°C über etwa 4 h. Beim → CTC-Verfahren und → Legg-Cut-Verfahren liegt die Fermentationstemperatur bei etwa 28°C. Das Rösten und Trocknen wird bei 90 - 95°C für 20 - 25 min durchgeführt.

Schwarzfäule
→ Monilia-Fäule.

Schwarzkümmel
(*Nigella sativa L.*) ist ein Gewürz, dessen hauptsächliche Inhaltsstoffe ätherisches Öl mit Thymochinon sowie Saponin und fettes Öl sind.

Schwarzreinigung
ist eine Prozeßstufe der Getreidereinigung vor dem Vermahlen. Dabei werden grobe Verunreinigungen (Unkrautsamen, Metall, Erdklumpen, Steine, artfremde Sämereien) abgetrennt. Die S. erfolgt mit dem → Aspirateur, → Steinausleser, → Trieur und Metallmagnet.

Schwefeldioxid
ist ein → Konservierungsstoff der Zusatzstoffverkehrsordnung. Anstelle von S. können schweflige Säure oder deren neutrale und saure Na- und Ca-Salze verwendet werden.

Schwefeln
wird teilweise bei der → Fruchtsaftherstellung als auch bei der Weinherstellung durchgeführt. S. verhindert Farbveränderungen, die Entwicklung schädlicher Mikroorganismen, die

Oxidation und hemmt die Enzymtätigkeit. Geschwefelt wird mit festem Schwefel (meist nur noch zur Konservierung leerer Fässer (Einbrennen)), Kaliumdisulfit, verflüssigtem SO_2-Gas oder mit schwefliger Säure.

Schweinebrühverfahren
Bei der → Schweineschlachtung kommen verschiedene S. zur Anwendung. Im *Brühkessel*, der mit thermostatisch geregelter Heizung, Umwälzpumpe sowie Wasserzu- und abfluß ausgestattet ist, beträgt die Brühtemperatur 60 - 62°C, die Brühdauer ca. 5 - 6 Minuten, Temperatur und Zeit können variiert werden. Die Vorreinigung der Schweine ist notwendig, um den Keimgehalt des Brühwassers niedrig zu halten. Eine pH-Wert-Erhöhung des Brühwassers mit z.B. ungelöschtem Kalk vermindert dessen Keimgehalt. Das Eindringen von Brühwasser in die Stichstelle und die Lungen kann durch die Verwendung von Rachenkolben weitgehend verhindert werden. Ein anderes B. ist das *Sprühwasserbrühen* bei hängendem oder bei liegendem Tierkörper. Die Brühzeit beträgt 3 - 4 Minuten, die Brühwassertemperatur 61°C. Beim Brühen mit kondensiertem Wasserdampf durchlaufen die Schweine einen *Brühtunnel*. Bei dem in Schweden entwickelten *„Ekstam-System"* kommen die Schweine mit dem Brühwasser nicht in Berührung. Dampf wird außerhalb des inneren Tunnels nach oben und von dort aus mittels Ventilatoren in den Brühtunnel geleitet, wobei der Dampf durch ein Kühlwassersystem auf 62 - 64°C abgekühlt und kondensiert wird. Der Brühvorgang wird durch die dabei entstehenden Heißwassertröpfchen, die auf die Oberfläche der Schweine gelangen, bewirkt. Die Brühdauer beträgt 6,5 - 7 Minuten. Eine gründliche Vorreinigung der Schweine zur Erreichung eines niedrigen Oberflächenkeimgehaltes nach dem Brühprozeß ist günstig. Bei *kombinierten Brüh- und Enthaarungsmaschinen* werden die Tierkörper in der Längsrichtung durch die Transport- und Schlägerwalze gedreht und befördert, wobei das Brühen nach der Sprühwasserbrühmethode erfolgt.

Schweineschlachtung
Bei der S. unterscheidet man folgende Grundtypen an Schlachtsystemen: Jochspreizensystem, Pendelhakensystem und Fließbandschlachtsystem. Beim *Pendelhakensystem werden* die Tierkörper mittels zweier Pendelhaken an den Hinterbeinen auf parallel ver-

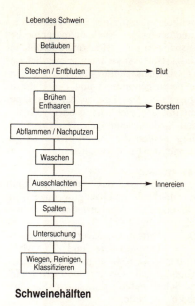

Schweinehälften

Bild 159. Verfahrensablauf der Schweineschlachtung

laufende Rohrbahnen gehängt. Der Schlächter muß zur Ausschlachtung und Spaltung des Tierkörpers zwischen die auf den Rohrbahnen hängenden Tierkörper treten. Die Tierkörper werden manuell weitertransportiert. Im Gegensatz zum Pendelhakensystem wird beim *Jochspreizensystem* nur eine Rohrbahn benötigt. Die Bearbeitung der Tierkörper erfolgt von der Seite aus, sie ist auch während des Fördervorganges möglich. Das *Fließbandsystem*, das vorwiegend in größeren Schlachtbetrieben angewendet wird, ist charakterisiert durch den kontinuierlichen Fördervorgang während des gesamten Schlachtprozeßes. In **Abb. 159** ist der Verfahrensablauf der S. schematisch dargestellt. Die betäubten Tiere gelangen nach dem → Entbluten, falls eine Enthäutung (→ Crouponieren) nicht vorgesehen ist, in die Brüheinrichtung (→ Brühverfahren), die entweder in der Förderlinie enthalten ist, oder an einem gesonderten Förderband steht. Aus dem Förderband ausgekoppelt ist die sich anschließende → Enthaarungsmaschine. Es gibt auch kombinierte Brüh- und Enthaarungsmaschinen. Der Tierkörper wird nun manuell nachenthaart oder mit Trockenpeitschen-/Trockenbürstenmaschinen oder im Flamm- oder → Sengofen und anschließend mit einer Schwarzkratzmaschine und/oder einer Nachputzmaschine bearbeitet, sowie in einer Hochdruckduschkabine gereinigt. Beim Ausschlachten werden Augen und Ohrenausschnitte entfernt, die Eingeweide herausgenommen und der Untersuchung zugeführt. Das Spalten der Tierkörper geschieht mit der Elektrosäge oder vollautomatischen Spalteinrichtungen. Nach der Untersuchung werden die Tierkörperhälften gewogen, abgebraust und klassifiziert.

Schweineschmalz

ist ein → Tierfett, das schonend durch Trocken- oder Naßschmelzen gewonnen wird. Sein Schmelzpunkt liegt zusammensetzungsabhängig bei 26 - 40°C. S. hat etwa 37% gesättigte → Fettsäuren, davon 11% Stearinsäure, 24% Palmitinsäure und 2% Myristinsäure und etwa 63% ungesättigte Fettsäuren, hauptsächlich Ölsäure und 10% Linolsäure. Schweinefette sind sehr oxidationsempfindlich. → Fette.

Schwellenprüfung

ist eine Meßmethode zur → sensorischen Analyse, bei der mehrere Proben mit steigender Konzentration eines Sinneseindruckes getestet werden und die Erkennungsschwelle benannt wird. Nach der Art der Methode unterscheidet man: Reizschwelle, Erkennungsschwelle, Sättigungsschwelle und Unterschiedsschwelle.

Schwemmkanal

dient dem Obsttransport vom → Silo zur Waschanlage bzw. → Obstmühle, ist jedoch nur für relativ stoßunempfindliche Obstarten (z.B. Äpfel) geeignet. Da Äpfel Dichtezahlen von unter 1 aufweisen, lassen sie sich schwimmend im Wasserstrom transportieren. Der Wasserdurchsatz muß etwa fünf- bis sechsmal so groß wie die geförderte Obstmenge sein. Das Wasser kann nach Passieren eines Absetzbeckens wiederverwendet werden.

Scleroglucan

(β-D-Glucan) ist ein mikrobielles Polysaccharid, das durch Fermentation von *Sclerotium glucanicum* gewonnen wird. S. hat in der Lebensmittelherstellung nur geringe Bedeutung und wird gelegentlich für Schutzüberzüge oder als → Dickungsmittel verwendet. → Hydrokolloid.

SCP

single cell protein; = Einzellerprotein.

Sedimentation

Ablagerung disperser fester Teilchen in Gasen oder Flüssigkeiten unter dem Einfluß der Schwerkraft aufgrund ihrer höheren Dichte. → Sedimentieren.

Sedimentationsgleichgewicht

bezeichnet die Verteilung von schwereren Teilchen in Gasen oder Flüssigkeiten durch das Gleichgewicht zwischen der Schwerkraftwirkung und der Brown'schen Bewegung der Teilchen.

Sedimentationsverfahren

dienen dem Trennen von Partikeln aus fluiden Medien (→ Sedimentation). Man unterscheidet: diskontinuierliche und kontinuierliche S. Für *diskontinuierliche S.* errechnet sich die Absetzzeit t_a aus der Höhe des Sedimentationsweges h dividiert durch die Sinkgeschwindigkeit v_e (= Endgeschwindigkeit).

$$t_a = \frac{h}{v_e}$$

Zur Berechnung der Sinkgeschwindigkeit benutzt man die modifizierte Newton- und → Reynolds-Zahl. Mit dem Partikeldurchmesser D, der Dichte des Partikels ρ_P und des Mediums ρ, der Viskosität η und der Erdbeschleunigung g kann man aus:

$$Ne' \cdot Re^2 = \frac{4}{3}D^3 \cdot \rho \, (\rho_P - \rho) \cdot \frac{g}{\eta^2}$$

unter Einbeziehung der kinematischen Viskosität ν

$$v_e = Re \cdot \frac{\nu}{D}$$

berechnen. Bei *kontinuierlichen S.* durchströmt das → disperse System einen Apparat, so daß das Partikel eine Transportgeschwindigkeit in der Strömung v_t und eine Sinkgeschwindigkeit v_e hat. Es kommt zur Sedimentation, wenn die Absetzzeit $t_a \leq$ der Transportzeit t_t ist. Der Volumendurchsatz $\dot{V}$ ist dann das Produkt aus Absetzfläche A und der Transportgeschwindigkeit v_t.

$$\dot{V} = A \cdot v_t$$

Sedimentieren

ist das Trennen der dispersen Phase von der kontinuierlichen Phase durch Schwerkraftwirkung. Die charakteristische Größe zur Beurteilung des Prozesses ist die Sinkgeschwindigkeit im Schwerefeld. Es stellt sich ein

Gleichgewichtszustand zwischen Schwerkraft der Teilchen und dem hydrodynamischen Widerstand der kontinuierlichen Phase ein. Bei sehr kleinen Teilchen und Makromolekülen wirkt zusätzlich die Brown'sche Molekularbewegung. Die Teilchendichte der suspendierten Teilchen nimmt exponentiell mit der Höhe ab. Ein Teilchen in einer Suspension sinkt, wenn seine Dichte größer als die Dichte der Flüssigkeit ist. Die Trägheits- und Reibungskräfte, die bei der Relativbewegung eines Partikels im fluiden Medium auftreten, werden durch die → Reynolds- und durch die modifizierte Newton-Zahl beschrieben. Die modifizierte Newton-Zahl kennzeichnet das Verhältnis aus der Reibungskraft am Partikel F_R und der Relativgeschwindigkeit zwischen Partikel und Medium v, der Dichte des Mediums ρ und dem Partikeldurchmesser D.

$$Ne' = \frac{2F_R}{\frac{\pi}{4}D^2 v \cdot \rho}$$

Für die Sedimentation gilt, daß die Reibungskraft gleich der Beschleunigungskraft und gleich dem Partikelgewicht minus Auftrieb ist. Demnach gilt:

$$F_R = \frac{\pi}{6}D^3 g\,(\rho_P - \rho)$$

Seefische
sind alle zum Verzehr bestimmten Fische, die nicht zu den → Süßwasserfischen zählen.

Seetieröle
→ Tierfette.

Sekt
ist die Bezeichnung für Qualitätsschaumweine mit einem Alkoholgehalt von mind. 10 Vol.% und < 200 mg/l schweflige Säure. Die Herstellungsdauer muß mind. 9 Monate betragen. Qualitätsschaumwein b.A. (bestimmtes Anbaugebiet) muß aus → Qualitätsweinen b.A. hergestellt sein. → Schaumwein, → Champagner, → Schaumweinherstellung.

Sellerie
(*Apium graveolens L.*) ist auch ein Gewürz, dessen hauptsächliche Inhaltsstoffe organische Säuren und ätherisches Öl mit Limonen, Myrcen, Phtaliden sind.

Selters
auch Selterswasser, ist ein natürliches, kohlensäurehaltiges → Mineralwasser aus Niederselters (Hessen). Der Begriff wird aber auch für künstliche Mineralwässer, die mit Kohlensäure versetzt sind, verwendet.

Senf
(Speisesenf, Mostrich, Mostert, Tafelsenf) ist eine verzehrsfertige, mehr oder weniger scharf schmeckende Paste, die auf der Grundlage von Senfkörnern und durch Zusatz von → Essig, Salz und Gewürzen nach verschiedenen Verfahren hergestellt wird und zum Würzen von Speisen bestimmt ist. Als Ausgangsprodukt werden Braunsenfsaaten, wie Schwarzer Senf (*Brassica nigra L.*), Sarepta-Senf (*B. juncea C.*), Indischer Braunsenf (*B. integrifolia*) oder Gelbsenfsaaten, wie Weißer Senf (*Sinapis alba L.*) und Gardal-Senf (*S. dissecta L.*) verwendet. Das Hauptgewürz ist → Curcuma. Daneben werden → Estragon, → Koriander, → Piment, → Pfeffer, → Lorbeer, → Muskat u.a. genutzt. → Stabilisatoren dienen der Verhinderung der → Synärese. Die wesentlichsten Senfsorten sind: Delikateß- oder Tafelsenf, Milder Senf, Mittelscharfer Senf, Scharfer und Extrascharfer Senf, Süßer Senf, Dijon-Senf, Würz- und Kräutersenfsorten wie Kräuter-Senf, Estragonsenf, Meerrettichsenf u.a.

Senfgurken
→ Gurkenkonserven.

Senfherstellung
beginnt mit der Aufbereitung der Senfsaat, die gereinigt (→ Sieben, → Bürstenmaschinen, → Steinabscheider, Magnetabscheider), geschrotet oder gemahlen (→ Walzenstuhl, Stiftmühle) und meist entölt (Spindelpresse, → Pressen) wird. Der entstandene Preßkuchen wird in einem → Brecher grob und in einer Mühle (→ Vermahlungsmaschinen) fein zerkleinert. Die eigentliche S. erfolgt je nach Sorte nach drei Verfahren: Deutsches oder Bordeaux-Verfahren, Dijon-Verfahren und Englisches Verfahren. Das *Deutsche Verfahren* ist das am häufigsten angewendete Verfahren zur Herstellung von milden oder mittelscharfen Senf (**Abb. 160**). Die Zutaten werden mit dem Senfschrot bzw. -mehl eingemaischt. Die Maische wird über einen Flachmahlgang (→ Flachmüllerei) oder über eine Scheibenmühle (→ Vermahlungsmaschinen) naß vermahlen und anschließend auf 20°C im → Plattenwärmeaustauscher oder → Röhrenwärmeaustauscher gekühlt. Die eingearbeitete Luft wird mittels Vakuumentlüfter entfernt. In einem Bottich erfolgt

255

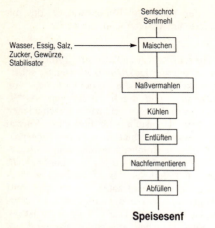

Bild 160. Verfahrensablauf der Herstellung von Speisesenf nach dem Deutschen Verfahren

die Nachfermentation, bei der das typische Aroma und die endgültige Konsistenz entsteht. Das Abfüllen muß luftfrei durchgeführt werden. Bayerischer Senf (Weißwurstsenf) wird bei grober Vermahlung der Senfkörner ebenfalls nach diesem Verfahren hergestellt, jedoch mit erhöhtem Zuckeranteil. Das *Dijon-Verfahren* geht von nicht entölten Braunsenfsorten aus und wird zur Herstellung von scharfen oder extrascharfen Senf angewendet. Die Saat wird über Nacht in Essig gequollen und anschließend unter Zugabe einer Würzlösung im Naßkornbrecher aufgerissen. In einer speziellen Siebeinrichtung, der Tamiseuse, wird das Mark der Körner durch rotierende Gummiwalzen durch ein Sieb passiert, wobei die Schalen zurückgehalten werden. Die Nachfermentation dauert etwa zwei Tage. Beim *Englischen Verfahren* wird die Senfsaat in der → Hochmüllerei zu trockenem Senfpulver fein vermahlen und mit den Zutaten zu einem Teig geknetet, der einige Tage reift bevor er abgefüllt wird.

Senföl
ist ein → Pflanzenfett, das aus den Samen verschiedener Brassica- und Sinapisarten stammt. Es hat ähnliche Zusammensetzung wie → Rapsöl.

Sengofen
ist ein gas- oder ölbeheizter Flammofen (gelegentlich auch eine beheizte Kammer), der zum Nachenthaaren im Prozeß der → Schweine-

schlachtung teilweise Anwendung findet. Das Sengen erfolgt bei 600°C für 6-8 Sekunden. Bei diesem Prozeß schrumpft das native Kollagen der Haut und die Poren werden verschlossen. Es gibt zahlreiche technologische Varianten des Sengens.

Sensorik
(lat. sensus = Sinn) bezeichnet ein System von Methoden zur wissenschaftlich begründeten organoleptischen Qualitätsprüfung von Lebensmitteln. Die dabei angewendeten Methoden basieren auf genau definierten Begriffen, intensiv geschulten und trainierten Prüfern sowie einer mathematisch-statistischen Auswertung der Ergebnisse. Die S. ist somit zu einem zuverlässigen, objektiven und hinreichend genauen System der Qualitätsprüfung geworden. Methoden der S. werden in der Lebensmittelindustrie angewendet für: Produktentwicklung, Produktoptimierung, Prüfung der Lagerstabilität von Rohstoffen, Halb- und Endprodukten, Test des Mindesthaltbarkeitsdatums, Qualitätskontrolle von Rohstoffen, Zwischen- und Endprodukten, Verbraucherreklamationen, Auswahl für Produktpräsentationen, Verbraucherakzeptanztests, Beliebtheitstests und Vergleichsprüfungen von Wettbewerbsprodukten.

sensorische Analyse
umfaßt die Untersuchungen der qualitätsbestimmenden Eigenschaften von Lebensmitteln durch geprüfte Sinnesorgane des Menschen unter Bedingungen und durch Methoden, die reproduzierbare und dem Sachverhalt entsprechende Ergebnisse gewährleisten. Dazu ist erforderlich: Gutachter zu schulen, testen und trainieren, standardisierte Prüfbedingungen einzuhalten und zweckentsprechende Prüf- und Bewertungsmethoden anzuwenden. Die wichtigsten sensorischen Analysenmethoden sind: → Rangfolgeprüfung, → Paarmethode, → Duo-Trio-Prüfung, → Dreiecksprüfung, Prüfung mit Skala (ungewichtete Punkteskala, akustische Skala oder Strahlskala), → Profilanalyse, → Präferenzanalyse und → Schwellenprüfung.

sensorische Prüfverfahren
dienen der Ermittlung der sensorischen Eigenschaften eines Lebensmittels. Man unterscheidet: subjektive (hedonische) Prüfungen und objektive (analytische) Prüfungen. Während bei der subjektiven Prüfung die Prüfpersonen nach ihrer persönlichen Einstel-

lung zum Produkt befragt werden, um Informationen über Beliebtheit, Akzeptanz, Bevorzugung und Kaufbereitschaft eines Produktes zu erhalten, wird bei der objektiven Prüfung nach genau festgelegten Kriterien eine Probe von geschulten Prüfern bewertet. → Sensorische Analyse.

Separation
→ Zentrifugieren.

Separator
= → Zentrifuge; begrifflich meist verwendet für Zentrifugen zur Feststoffabtrennung.

Sesamöl
ist ein → Pflanzenfett, das aus dem Sesamsamen gewonnen wird. Es hat nahezu gleiche Anteile an Ölsäure und Linolsäure.

Sevruga
→ Kaviar.

Sherry-Weine
(syn.: Sherry, Jerez, Xerez), sind → Likörweine ursprünglich aus der Provinz Cadiz bei Jerez. Zur Erhöhung des Zuckergehaltes läßt man die Trauben noch einige Zeit am Stock und in der Sonne trocknen. Der Traubenmost wird in 200‑300 l-Fässer (Criaderees) vergoren. Die Fässer stehen in langen, meist dreifach geschichteten Faßreihen („Solares-System"). Die S. verbleiben in diesen Fässern 2‑5 Jahre. Auf der Oberfläche der zu dreiviertel gefüllten Fässer bildet sich eine dicke Haut echter Weinhefe („Flor del vino"). Nach dem Ausbau wird der Wein aus dem Faß entnommen, ohne die Hefeschicht zu zerstören. Dabei beginnt man mit der untersten Faßreihe und füllt mit der darüber liegenden Schicht wieder auf.

Shigella
ist eine Gattung der Familie *Enterobacteriaceae* mit gramnegativen, aeroben und anaeroben, begeißelten, nichtsporenbildenden mesophilen Stäbchen. S. ist pathogen als Erreger der Shigella-ruhr. Es gibt zahlreiche Serotypen. Vertreter sind: *S. dysenteriae, S. flexneri, S. boydii* und *S. sonnei.*

SHmV
→ Schadstoff-Höchstmengenverordnung.

Shortenings
sind Fettgemische, die zum → Backen und → Braten geeignet sind. Sie liegen als → Suspensionen von Fettkristallen in Öl mit einem Zusatz von Mono- und Diglyceriden und

einem Wassergehalt von max. 0,2% vor. Sie verändern die Plastizität von → Stärke und → Gluten bei der Teigbereitung, erleichtern die Einarbeitung von Luft in Teige und haben verkürzende Wirkung (shortening) auf den Teig. In ihren Eigenschaften entsprechen sie in vielem den → Backfetten. → Margarinesorten.

Shoyu
→ Gemüse, fermentiertes.

Shredder
sind Hammerbrecher, die zum Zerkleinern von Zuckerrohrstengeln bei der → Zuckergewinnung in der Prozeßstufe der Rohstoffaufbereitung verwendet werden.

Sichten
ist das Trennen von Partikeln unterschiedlicher Dichte oder Größe. Man unterscheidet Plansichten (→ Plansichter) und → Windsichten (→ Windsichter). Das S. wird vorwiegend in der Getreideverarbeitungstechnologie angewendet. Das charakteristische Trennkriterium ist die Schwebegeschwindigkeit der Teilchen. Sichter werden meist in Kombination mit Siebmaschinen (z.B. Siebsichter mit Zyklonabscheider) angewendet. → Klassieren.

Siebanalyse
ist eine → Kornanalyse für feinkörniges bis mittelgrobes Gut. Dazu werden mehrere Prüfsiebe mit jeweils definiertem Maschenabstand verwendet. Den Prüfsiebsatz mit nach unten kleiner werdenden Siebmaschenweiten stellt man so zusammen, daß der gesamte Korngrößenbereich des zu prüfenden Partikelkollektivs erfaßt ist. Durch das Sieben entstehen je nach Anzahl der Prüfsiebe Fraktionen bzw. Kornklassen. Trägt man die Rückstandsmengen über der jeweiligen Kornklasse auf, so erhält man ein Diagramm der → Verteilungsdichte.

Sieben
ist das Trennen von Partikeln nach ihrer Korngröße in Siebrückstand und Siebdurchlauf. S. kann in trockenem und im nassen Zustand erfolgen. Das Trennkriterium ist die geometrische Gestalt der Partikeln. Ein in der Lebensmitteltechnologie häufig angewendetes Prinzip ist das Horizontalsieben (→ Plansichten). → Klassieren, → Sieben.

Sieden
ist der Übergang vom flüssigen in den gasförmigen Aggregatzustand. Für reine Stof-

Siedepunktserhöhung

fe ist die Siedetemperatur während des S.'s
konstant. Die Siedetemperatur einer Flüssigkeit ist druckabhängig und läßt sich nach
der Gleichnung von → Clausius-Clapeyron
beschreiben. Bei verdünnten Lösungen liegt
die Siedetemperatur höher als die des reinen
Lösungsmittels (→ Siedepunktserhöhung).

Siedepunktserhöhung
eines Lösungsmittels tritt durch gelöste schwerer flüchtige Stoffe ein. Die Ursache der S. ist
die Dampfdruckernierdrigung.

Silberung
ist die Bezeichnung für ein Verfahren zur Entkeimung von Trinkwasser. Es beruht auf der
mikrobiziden Wirkung von Silberionen, die in
unterschiedlicher Form dem Wasser beigegeben werden. In einem Liter Trinkwasser darf
nicht mehr als 0,1 mg Silber enthalten sein.

Silo
ist ein meist zylindrisches, nach unten konisch
auslaufendes Zwischenlager für Rohstoffe und
Zwischenprodukte, mit oder ohne Mischein-
richtung (→ Siloschneckenmischer), sowie einer Austragvorrichtung. Von besonderer Bedeutung sind als Großsiloanlagen Getreidesi-
los und Mehlsilos in Mühlen- und industriellen Backwarenbetrieben und als Kleinsilos
Mehlsilos für Backwarenbetriebe. → Schüttgutlager.

Siloschneckenmischer
sind → Mischapparate mit einem hohlke-
gelförmigen Mischbehälter, an dessen Innen-
wand eine schräg gestellte Schnecke langsam am Kegelumfang läuft (**Abb. 161**). Dadurch erfolgt eine fortlaufende Umwälzung
und Durchmischung der Schüttung. Lebensmitteltechnologisch sind S. im Bereich der Getreideverarbeitung von Bedeutung.

Silvaner
ist eine → Weißweinsorte, die angenehm
mundige, milde Weine ergibt.

Sinkgeschwindigkeit
→ Sedimentationsverfahren.

Skyr
ist ein isländisches fermentiertes → Milcherzeugnis.

Sodawasser
→ künstliches Mineralwasser.

Softeis
→ Speiseeis.

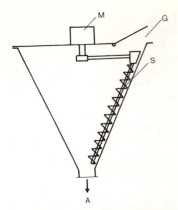

Bild 161. Prinzipdarstellung eines Siloschnecken-
mischers. *M* Antrieb, *G* Mischguteintrag, *A* Misch-
gutaustrag, *S* Mischschnecke

Sojabohnen
→ Hülsenfrüchte.

Sojaeiweiß
ist das aus der Sojabohne gewonnene pflanzliche Eiweiß, das sich je nach Verarbeitung in
unterschiedlichen Konzentrationen in → So-
jaerzeugnissen befindet.

Sojaerzeugnisse
sind Produkte, die aus der Sojabohne hergestellt werden. In den meisten Fällen dient
die entfettete → Sojaflocke als Ausgangsprodukt für die weitere Verarbeitung zu → Sojamehl (teils aufgefettet bzw. lecithiniert), →
Sojakonzentraten, → Sojaisolaten, → Sojamilch, → Tofu, strukturierten Sojaprotein, hy-
drolisierten Pflanzenprotein, Sojaöl u.a. Andere sind → Miso, → Tempeh, → Sojasoße, Sojakeime, Sojakleie u.a. Sowohl die
ölhaltigen als auch die proteinhaltigen S.
sind ernährungsphysiologisch besonders wertvoll, da sie reich an mehrfach ungesättigten
Fettsäuren bzw. essentiellen → Aminosäuren
sind. Neben der Verwendung von S.'n in der
Humanernährung ist Sojaschrot das wichtigste
Eiweißfuttermittel in der Tierernährung.

Sojaflocken
sind ein → Sojaerzeugnis, das aus konditionierten Sojabohnen (→ Hülsenfrüchte) hergestellt wird. Die Bohnen werden in einem →
Walzenstuhl mit Riffelwalzen zerkleinert, wodurch sich gleichzeitig die Schalen lösen, so
daß sie separat durch → Sichten gewonnen
werden können. Anschließend erfolgt das →

Flockierwalzen mittels Glattwalzen der von den Schalen befreiten Sojabohnen zu Flocken einer Dicke von 0,2 - 0,3 mm. Zur Entfettung werden die Flocken mittels eines lipophilen Kohlenwasserstoffes bis zu einem Restölgehalt von < 1% extrahiert (→ Extrahieren). Das Lösungsmittel wird durch Verdampfung aus den S. entfernt. Dieser Erwärmungsprozeß wird auch als Toastung bezeichnet. Die S. sind das Ausgangsprodukt für zahlreiche → Sojaerzeugnisse, wie → Sojaproteinkonzentrate, → Sojaprotein, → Sojamehl, → Sojaisolate.

Sojagrieß

entsteht durch Grobvermahlung von → Sojaflocken. → Sojamehl.

Sojaisolate

sind → Sojaerzeugnisse, die aus → Sojaflocken gewonnen werden. Die Flocken werden in Wasser zur Lösung gebracht und zentrifugiert. Das gelöste Protein wird mittels Säure ausgefällt, gewaschen und getrocknet. Die nativen Proteine der Sojaflocken sind zu etwa 80% wasserlöslich. Die Proteinausbeute beträgt etwa 50%. Der Rohproteingehalt des Endproduktes liegt bei 95%. Die anfallende → Sojamolke wird getrocknet als Futtermittel genutzt. S. zeichnen sich durch zahlreiche → funktionelle Eigenschaften, wie Emulgierung, Gelierung, Viskositätserhöhung, Aufschlagsfähigkeit u.a. aus. Sie werden in Fleisch- und Wursterzeugnissen, Getränken, diätetischen Lebensmitteln und zur Herstellung molkereiähnlicher Produkte verwendet.

Sojakonzentrate

sind → Sojaerzeugnisse, die durch Konzentrierung der Proteinfraktion in den → Sojaflocken durch Lösungs- oder Extraktionsprozesse mittels Wasser, Alkohol oder Säuren gewonnen werden. In Lösung gehen Kohlenhydrate, Farbstoffe, Geschmackskomponenten und ein geringer Teil der Proteine. Der Prozeß wird als Entzuckerung bezeichnet, da der Zucker in Lösung geht. Die zurückbleibende feste Phase wird getrocknet. Diese S. enthalten mind. 70% Protein in der Trockenmasse. Sie werden als Wasser- und Fettbindemittel in Fleisch- und Fischzubereitungen u.a. verwendet.

Sojamehl

wird aus → Sojaflocken durch → Vermahlung gewonnen. Je nach Vermahlungsgrad entsteht Sojagrieß oder S. Die Eigenschaften der

S.'e werden wesentlich durch den Erhitzungsprozeß bei der Lösungsmittelentfernung der Sojaflocken bestimmt. Höhere Temperaturen führen zur Denaturierung der Proteine und somit zur Verschlechterung der Löslichkeitseigenschaften. S.'e werden teils wieder aufgefettet oder lecithiniert. Sie werden vielfältig in Lebensmitteln verwendet. Für Toast- und Weißbrot wird enzymaktives S., das noch Lipoxygenase enthält, eingesetzt.

Sojamilch

ist ein aus der → Sojabohne bzw. → Sojaflocken durch wässrige Extraktion gewonnenes Erzeugnis, das in Zusammensetzung, Aussehen und Geschmack der Kuhmilch ähnlich ist. Sie dient auch als Ausgangsprodukt für Sojamilch-Mischgetränke (Flavoured milk) mit Kakao-, Fruchtzusätzen u.a., Sojasauermilchprodukte wie Sojabuttermilch und Sojaquark, Eiskremmix, Suppenpulver u.a. Die Sojabohnen werden gereinigt und nach vorheriger Dampfbehandlung entschalt. Anschließend werden die Bohnen eingeweicht und mehrstufig sehr fein vermahlen. Das so gewonnene Püree wird gekocht, um den Trypsininhibitor zu inaktivieren. Mit dem Kochen werden gleichzeitig unerwünschte flüchtige Stoffe entfernt (Desodorierung). Die noch in der S. enthaltenen Feststoffe werden durch → Zentrifugieren entfernt. Die Feststoffe enthalten Zellwände, Kohlenhydrate und Mineralstoffe und eignen sich für die Human- und Tierernährung (in Asien als Okara bezeichnet). Nach dem Kühlen werden der S. verschiedene Zutaten, wie Zucker, Fett, Aromen u.a. hinzugefügt. Abschließend erfolgt die Abpackung der S. bzw. Sojamilchzubereitung.

Sojamolke

→ Tofu.

Sojaöl

ist ein → Pflanzenfett, das aus den Sojabohnen der Leguminose *Soja max* gewonnen wird. Der Ölgehalt der Samen beträgt 13 - 26%. Das Öl hat 12 - 15% gesättigte Fettsäuren, hauptsächlich Palmitinsäure, und 85 - 88% ungesättigte Fettsäuren, davon 20 - 34% Ölsäure, 49 - 55% Linolsäure und 4 - 12% Linolensäure. S. ist leicht oxidierbar. → Fette.

Sojasoße

ist ein fleischähnlich schmeckendes, salziges Würzmittel von brauner Farbe, die als Geschmacksverbesserer verwendet wird. Die S.'n unterliegen regionalen Unterschieden und va-

Sole

riieren in der Bezeichnung: Japan (Koikuchi Shoya), China (Chiang Yiu), Indonesien (Ketjap) und Philippinen (Taosi) u.a. und Herstellungsart. Der traditionelle Herstellungsprozeß ist durch extrem lange Fermentationszeiten bis zu einem Jahr gekennzeichnet. Neuere Verfahren nutzen die Säurehydrolyse mit Salzsäure zur Verkürzung der Herstellungszeit. Der Prozeß läßt sich in fünf Teilprozesse unterteilen: I. Rohmaterialaufbereitung, II. Koji-Herstellung, III. Maischebereitung, IV. Trennprozeß, V. Raffination (**Abb. 162**). I. Sojabohnen werden konditioniert und mit vorbehandeltem Weizen gemischt. II. Mittels *Aspergillus oryzae* oder *A. soyae* fermentierter Reis wird der Mischung hinzugefügt. Das nach zwei bis drei Tagen entstandene Zwischenprodukt nennt man Shoyu-Koji. III. Es wird mit Salzlake und halophilen Mikroorganismen gemischt und unter Rühren sowie kontrollierter Belüftung fermentiert. Die sich anschließende Reifung dauert von 12 Monaten bis zu zwei Jahren. IV. Das Produkt wird mit Hilfe einer hydraulischen Filterpresse in Filtrat und Retentat getrennt, es entsteht Roh-Shoya. V. Die abgepreßte Sojasoße scheidet sich im Tank in drei Phasen, wobei die oberste Ölphase und die untere Sedimentphase verworfen wird. Die mittlere Phase wird zu einem klaren Endprodukt filtriert, das bei 70 - 80°C pasteurisiert und in Flaschen abgefüllt wird.

Sole

(1) ist ein natürliches, salzreiches Wasser oder durch Wasserentzug im Gehalt an Salzen angereichertes Wasser mit mindestens 14 g gelösten Salzen (überwiegend NaCl) pro kg.
(2) ist eine NaCl- oder Ca-Lösung für technische Zwecke (z.B. Kühlsole).

Solid-State-Fermentation
→ Fermentation.

Solvatation
bezeichnet die Wasseraufnahme bei Quell- und Lösungsvorgängen. Dabei kommt es zur Abnahme der freien → Enthalpie. Durch die S. der Makromoleküle wird anfangs Wärme frei. Im weiteren Verlauf der Quellung ist die Aufnahme des Lösungsmittels durch eine positive Mischungsentropie bestimmt und Wärme wird aufgenommen.

Solvathülle
sind extrem dünne Flüssigkeitsfilme um disperse Teilchen und bilden sich bei starken

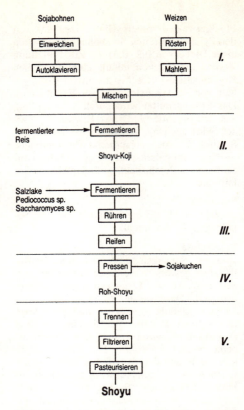

Bild 162. Verfahrensablauf zur Herstellung von japanischer Sojasoße

Wechselwirkungen zwischen Oberflächenmolekülen einer dispersen Phase mit den Molekülen eines Dispersionsmittels heraus. Dabei handelt es sich meist um chemische Bindungskräfte oder Wasserstoffbrücken. Die S. trägt wesentlich zur Stabilisierung eines → dispersen Systems bei.

Sonnenblumenöl
ist ein → Pflanzenfett, das aus dem Samen der Sonnenblume (*Helianthus annuus L.*) gewonnen wird. Es enthält 6 - 14% gesättigte → Fettsäuren und 86 - 94% ungesättigte Fettsäuren, davon 30 - 40% Ölsäure und 50 - 64% Linolsäure. → Fette.

Sorbinsäure
ist ein → Konservierungsstoff der Zusatzstoffverkehrsordnung. Anwendung vor allem gegen Schimmelpilze und Fäulnisbakterien.

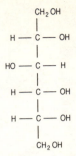

Bild 163. Chemische Struktur von Sorbit

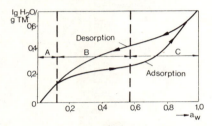

Bild 164. Sorptionsisotherme. *A* festgebundenes Wasser, *B* Wasser mit eingeschränkter Verfügbarkeit, *C* freies Wasser

Sorbit
ist ein Zuckeralkohol (**Abb. 163**), der durch Hydrierung von Glucose hergestellt wird. S. wird verzögert resorbiert und findet als → Zuckeraustauschstoff Verwendung. Die → Süßkraft beträgt etwa die Hälfte von Saccharose.

Sorption
bezeichnet die Bindung eines gasförmigen oder gelösten Stoffes im Inneren (→ Absorption) oder an der Oberfläche (→ Adsorption) eines festen oder flüssigen Stoffes.

Sorptionsisotherme
charakterisieren den Zusammenhang zwischen der Wasseraktivität, a_w der Umgebung und dem Wassergehalt des Lebensmittels. Dabei unterscheiden sich Wasseraufnahme (Adsorption) und Wasserabgabe (Desorption). Die S.'n geben Aufschluß darüber, in welcher Form das Wasser vorliegt (**Abb. 164**).

Sortieren
ist das Trennen von Partikelkollektiven nach stofflichen Gesichtspunkten (physikalische Eigenschaften). Entsprechend dem Wirkungsprinzip unterscheidet man Dichtesortieren,

Magnetscheiden und Elektrosortieren. Beim Dichtesortieren erfolgt die Trennung vorwiegend im Schwerkraftfeld, d.h. die Dichte ist das wesentliche Trennmerkmal. Beim Magnetscheiden nutzt man unterschiedliche magnetische Eigenschaften. Im Fall des Elektrosortierens durchlaufen die Feststoffteilchen ein Hochspannungsfeld und laden sich negativ auf. Leitende und nichtleitende Partikeln werden über eine rotierende Trommel positiven Potentials getrennt.

Soßen
sind dünnflüssige, sämige oder dünnbreiige Zubereitungen. Sie unterscheiden sich von den → Suppen durch ihren auf den Verwendungszweck abgestimmten Geschmack. Die Herstellung als Trockensoßen entspricht der Suppenherstellung.

Soxhlet-Henkel-Zahl
Die SH-Zahl gibt an, wieviel cm^3 Natronlauge mit der Konzentration c (NaOH) von 0,25 mol je 1 cm^3 (N/4) nötig sind, um 100 cm^3 Milch zu neutralisieren. Als Indikator wird etwa 1 cm^3 einer 2-%igen alkoholischen Phenolphtaleinlösung verwendet. Die SH-Zahl wird in der Milchwirtschaft immer stärker durch die pH-Wert-Messung ersetzt.

Spaghetti
→ Teigwaren.

Spaltsäge
ist ein Gerät zum Spalten von Tierkörpern (→ Rinderschlachtung, → Schweineschlachtung).

Spannungsrelaxationsmeßgerät
→ Mechanische Prüfverfahren.

Spätlese
(1) Die S. erfolgt zur Gewinnung wertvoller Weine nach der Hauptlese. Die Trauben müssen harte Hülsen haben und werden mit der Schere geschnitten. Die → Lese erfolgt nur bei trockenem Wetter.
(2) S. ist ein Qualitätswein mit Prädikat, bei dem die Weintrauben in einer späten Lese, d.h. nicht früher als 7 Tage nach Beginn der → Hauptlese für die jeweilige Rebsorte, und in vollreifem Zustand geerntet sein müssen.

Speck
ist das unter der Haut des Schweines liegende Fettgewebe ohne Schwarte, das auch Reste von Skelettmuskulatur enthält. Backenspeck schließt eingelagerte Speicheldrüsen, Bauch-

Speiseeis

speck die Brust- und Bauchmuskulatur sowie nicht laktierende Milchdrüsen ein.

Speiseeis

ist eine durch Lufteinschlag (auch Stickstoff) hergestellte Zubereitung aus Flüssigkeit (Milch, Sahne, Wasser), Zuckerarten oder Honig, Geschmacksstoffzusätzen und/oder Fruchterzeugnissen, Binde- und Emulgationsmitteln, teils auch Ei und Eiprodukten, in gefrorenem Zustand, die zum Verzehr bestimmt ist. Man unterscheidet → Kremeis (Eierkremeis), → Fruchteis, → Rahmeis (Sahneeis), → Milchspeiseeis, → Eiskrem, → Einfacheiskrem, → Kunstspeiseeis. Einzelheiten sind in der Speiseeisverordnung geregelt. Zucker kann auch durch diabetische Zuckeraustauschstoffe ersetzt werden.

Speiseeisherstellung

ist in **Abb. 165** dargestellt. Dosieren und Mischen erfolgen meist diskontinuierlich in Rührkesseln, die in der industriellen S. programmgesteuert sind. Zur Verbesserung des Misch- und Löseeffektes werden die Rohstoffe teilweise im Rührkessel auf 55 - 68°C erhitzt. Das so entstandene Gemisch wird auf 68 - 75°C im → Plattenwärmetauscher erhitzt und im → Homogenisator mit einem Druck von 150 - 220 bar durch Mikrospaltöffnungen gepreßt, um einen definierten Dispergierungszustand zu erreichen (→ Premix-Verfahren). Die Partikelgrößen liegen bei 1 μm. Der Emulgator dient zur Stabilisierung des dispersen Systems. Die Pasteurisation im Plattenwärmetauscher erfolgt nach dem Hochtemperatur-Kurzzeitverfahren (80 - 85°C, 20 - 40 s) bei anschließender Kühlung auf 2 - 4°C. Während der Zwischenlagerung laufen im Eismix Reifungsprozesse ab, die insbesondere durch die Härtung der Fettpartikeln, den Aufschluß der Milchproteins und die Hydratation des Bindemittels gekennzeichnet sind. Die Eisbereitung wird in Speiseeisgefrierern (→ Gefrierzylinder), auch Freezer genannt, durchgeführt. Die zum Aufschlagen benötigte Luftmenge ist regelbar und wird dem Mixstrom kontinuierlich zugeführt. Die Mikroschaumstruktur wird durch eine rotierende Messerschlagwelle erzeugt. Es bilden sich Eiskristalle von 10 - 30 μm aus. Die Austrittstemperatur liegt zwischen −3 und −6°C. Das Produkt wird mit plastischer Konsistenz abgefüllt und wird in → Tiefgefriertunnelanlagen oder in Plattenfrostern auf −18°C gekühlt.

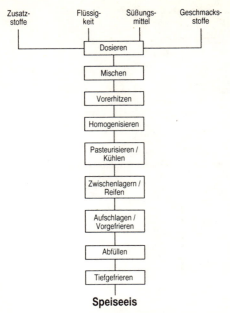

Speiseeis

Bild 165. Verfahrensablauf der Speiseeisherstellung

Speiseeisverordnung

vom 15.7.1933 i.d.F. vom 3.12.1987 ist die lebensmittelrechtliche Grundlage für → Speiseeis. Sie enthält die Begriffsbestimmungen für die einzelnen Sorten, die Verwendung von Zusatzstoffen sowie Verbote zum Schutz der Gesundheit und vor Täuschung. Die hygienischen Anforderungen an die Herstellung und den Verkehr mit Speiseeis werden ebenfalls durch die S. § 4 sowie durch das Bundesseuchengesetz §§ 17 und 18 geregelt.

Speisefette

sind bis 20°C streichbare oder feste Fette, die für die menschliche Ernährung bestimmt sind. → Speiseöle.

Speiseöle

sind bei 20°C flüssige → Fette pflanzlicher Herkunft. Im allgemeinen werden S., außer → Olivenöl, neutralisiert, gebleicht und desodorisiert. S., die nach einer Ölpflanze bezeichnet sind, dürfen nur aus dem betreffenden Öl bestehen (z.B. → Sonnenblumenöl). S. mit den Bezeichnungen Tafelöl, Speiseöl, Backöl, Mischöl u.ä. können beliebige Ölmischungen sein. Werden S. als kaltgeschlagen bezeichnet, so müssen sie ohne Hitzezufuhr gepreßt und nicht raffiniert sein (→ Rohölraffination).

Wird auf einen hohen Anteil an mehrfach ungesättigten → Fettsäuren hingewiesen, so muß der Linolsäureanteil, bezogen auf den Gesamtfettsäuregehalt mehr als 50% betragen.

Speisepilze

sind die eßbaren Fruchtkörper der höheren Pilze, unterteilt in Edelpilze und sonstige Pilze (**Tab. 66**). Für den Frischmarkt müssen sie möglichst rasch nach ihrer Einbringung dem Verbraucher zugeführt werden. S., die zu haltbaren Erzeugnissen verarbeitet werden sollten, müssen nach ihrer Einbringung unmittelbar der Verarbeitung zugeführt werden.

Speisequark

ist ein → Frischkäse mit pastöser Konsistenz und unterscheidet sich dadurch von anderen Frischkäsesorten, wie → Schichtkäse, → Cottage Cheese (Hüttenkäse). → Käse.

Speisequarkherstellung

→ Frischkäse.

Speisetalg

→ Rindertalg.

Speisewürze

→ Würzen.

Spiralknetmaschine

ist eine Schnellknetmaschine, die mit einem schnell rotierenden Knetarm ausgerüstet ist. Ein rasches und intensives Verarbeiten von kleinen und großen Teigmengen wird durch zwei Knetgeschwindigkeiten und zwangsweisem Trogantrieb, der von Rechts- auf Linkslauf umschaltbar ist, möglich. Die Drehzahl des Knetarmes beträgt 40 bzw. 70 U/min.

Spirituosen

sind aus stärkehaltigen Rohstoffen, wie Weizen, Roggen, Gerste, Reis, Hirse, Kartoffeln und/oder zuckerhaltigen Rohstoffen, wie Melasse, Zuckerrüben, Obst, Trauben, die zu alkoholhaltigen Maischen vergoren wurden, durch → Destillation gewonnene Getränke, deren wertbestimmender Bestandteil Alkohol ist. Man unterscheidet: → Branntweine (Branntweine aus Wein heißen → Weinbrand), → Liköre, → Punschextrakte und alkoholhaltige Mischgetränke. Die wesentlichen S. und die Hauptrohstoffe zu ihrer Herstellung sind: *Brände/Destillate*: Arrak (Reis, Zuckerrohrmelasse), Rum (Rohrzucker), Whisky (Gerstendarrmalz, Getreide, Mais), Korn (Weizen, Gerste, Roggen, Hafer, Buchweizen), Branntwein (Wein, Wein-

Tabelle 66. Zusammenstellung der Speisepilzarten

Hauptgruppe	Trivialname[1]/botanischer Name
Edelpilze	Kulturchampignon (*Psalliota bispora L.*)
	Waldchampignon (*P. silvatica S.*)
	Wiesenchampignon (*P. campestris L.*)
	Anischampignon (*P. arvensis S.*)
	Pfifferling (*Cantharellus cibarius Fr.*)
	Steinpilz (*Boletus edulis Fr.*)
	Trüffel (*Tuber aestivum V.*)
	Morchel (*Morchella esculenta P.*)
Sonstige Pilze	Apfeltäubling (*Russula paladosa B.*)
	Birkenpilz (*Leccinum scabrum Fr.*)
	Brätling (*Lactarius volemus Fr.*)
	Butterpilz (*Suillus lutens Fr.*)
	Elfenbeinröhrling (*Suillus placidus S.*)
	Geballter Ritterling (*Lyophyllum conglobatum V.*)
	Frauentäubling (*Russula cyanoxantha S.*)
	Goldröhrling (*Suillus grevillei K.*)
	Grünling (*Tricholoma flavovirens F.*)
	Hallimasch (*Armillariella mellea Fr.*)
	Hexenröhrling (*Boletus erythropus Fr.*)
	Kuhmaul (*Gomphidius glutinosus Fr.*)
	Grauer Lärchenröhrling (*Suillus aeruginascens S.*)
	Maipilz (*Tricholoma georgii Fr.*)
	Maronenröhrling (*Xerocomus badius Fr.*)
	Perlpilz (*Amanita rubescens Fr.*)
	Reifpilz (*Rozites caperata Fr.*)
	Echter Reizker (*Lactarius deliciosus Fr.*)
	Riesenbovist (*Valvatia gigantea B.*)
	Grauer Ritterling (*Tricholoma portentosum Fr.*)
	Violetter Ritterling (*Lepista nuda Fr.*)
	Rotkappen (*Leccinum aurantiacum G.*)
	Junger Sandröhrling (*Suillus variegatus K.*)
	Junger Schafporling (*Polyporus ovins Fr.*)
	Safranschirmpilz (*Macrolepiota rhacodes V.*)
	Riesenschirmpilz (*Macrolepiota procera Fr.*)
	Speisetäubling (*Russula vesca Fr.*)
	Grünschuppiger Täubling (*Russula virescens Fr.*)
	Ziegenlippe (*Xerocomus subtomentosus*)
	Kaiserling (*Amanita caesarea S.*)
	Scheidling (*Volvariella volvacea*)
	Shiitakepilz (*Lentinus edodes B.*)
	Austernseitling (*Pleurotus ostreatus J.*)

[1] teils mehrere unterschiedliche Bezeichnungen

destillat, Zucker, Zuckerkulör), Grappa, Marc, Trester (Weintrester), Weinhefebrand (Wein-

Spirituosenherstellung

hefe), Obstbrände (Früchte), Obstgeist (nicht-vergorene Früchte, Neutralalkohol) Obsttre-sterbrand (Obsttrester), Wodka (Korn, Kartof-fel), Wurzel- und Knollenbrände wie Enzi-an, Bärwurz, Topinambur (jeweils vergorene Maische), Wacholderbrände wie Steinhäger, Gin, Genever (Wacholderbeeren, Kornde-stillate, würzende Stoffe), Anis-und Fen-chelbrände wie Ouzo, Raki, Pernod, Pa-stis (Anis-, Fenchelextrakte, Neutralalkohol), Aquavit (Neutralalkohol, Kümmelextrakte), Bitterspirituosen (Neutralalkohol, Bitterstof-fe, Drogen). Qualitätsbranntweine sind z.B. → Cognac, Deutscher Weinbrand und Bran-dy. *Liköre*: Liköre, allgemein (Neutralalkohol mind. 100 g Zucker/l, Lebensmittelgrundstof-fe), Liköre-Creme (Liköre mit mind. 250 g Zucker/l), Fruchtsaftliköre (Neutralalkohol, Fruchtsäfte, natürliche Aromen), Fruchtaro-maliköre (Neutralalkohol, Fruchtsaft, natürli-che und naturidentische Aromen, Farbstof-fe), Eierliköre (Eigelb, Eiweiß, Zucker, Neu-tralalkohol), Emulsionsliköre (Sahne, Milch, Kakao, Schokolade) Kräuter-, Gewürz-, Bit-terliköre (Kräuterextrakte, Drogen, Gewürze, Aromen), *Punschextrakte; alkoholhaltige Mischgetränke*: Punschextrakte (Neutralalko-hol, Zucker, Rum, Arrak, Gewürze, Wein, Aromen, Fruchtsäfte), Cocktails (Spirituosen, Fruchtsäfte, alkoholfreie Erfrischungsgetränke usw.).

Spirituosenherstellung

ist dadurch gekennzeichnet, daß Rohstoffe (z.B. Weizen, Melasse, Obst) mechanisch, thermisch und enzymatisch im Maischepro-zeß aufgeschlossen und durch Hefen (*Saccha-romyces cerevisiae*) vergären sowie einem Destillations- bzw. Rektifikationsprozeß zur Abtrennung des Alkohols unterzogen werden (**Abb. 166**). Die so gewonnenen ethanolhal-tigen Zwischenprodukte werden entsprechend der Rezepturen mit → Trinkwasser, Zucker, → Fruchtsäften, geschmackgebenden Stoffen oder → Essenzen, → Kakao, → Sahne u.a. vermischt ggf. emulgiert und teilweise einer Zwischenlagerung, teils auch in der Versand-verpackung, unterzogen. → Spirituosen, → Brenngeräte

Spontansauer

ist ein Sauerteig, der ohne Zugabe einer Star-terkultur (→ Sauerteigstarter) angesetzt wor-den ist. Die Säuerung erfolgt hierbei durch die Aktivität mehl- oder schroteigener Mi-kroorganismen, bzw. durch solche, die über

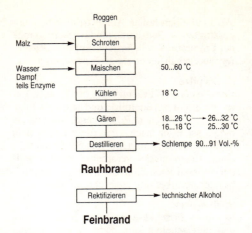

Bild 166. Verfahrensablauf der Feinbrandherstel-lung

die Luft an den Teig gelangen. Um einen S. zu erhalten, wird zunächst ein → Getreide-mahlerzeugnis angeteigt und bei nicht zu tie-fen Temperaturen aufgestellt. Nach 3 - 4 Tagen zeigt der Teig Merkmale einer Gärung. Der Teig wird einige Male angefrischt, d.h. Mehl und Wasser werden erneut zugesetzt. Es gibt verschiedene Verfahren zur Heranführung ei-nes S.'s. Diese unterscheiden sich hinsichtlich der Parameter wie Teigausbeute, Temperatu-ren, die Reifezeit und die Zahl angewandter Stufen.

Sprit

häufig verwendete Bezeichnung für hochrei-nen Alkohol zur Trinkbranntweinherstellung. Die Bereitstellung von S. obliegt der Bundes-monopolverwaltung in Form von → Prima-sprit bzw. extra fein filtrierten Sprit.

Sproßgemüse
→ Gemüse.

Sprudel

sind → Mineralwässer, die aus einer natürli-chen oder künstlich erschlossenen Quelle im wesentlichen unter natürlichem Kohlendioxid-druck hervorsprudeln, teils durch Belüftung enteisent oder/und entschwefelt und unter Kohlendioxidzusatz abgefüllt werden. → Mi-neralwässer, → Tafelwasser, → Säuerlinge.

Sprüh-Dünnschicht-Verfahren
→ Conche.

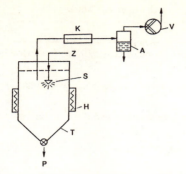

Bild 167. Prinzipdarstellung einer Sprühtrocknungsanlage. *T* Turm, *Z* Zulauf, *P* Produkt, *H* Heizung, *S* Sprühkopf, *K* Kondensator, *A* Abscheider, *V* Vakuumpumpe

Sprühgefrieren
→ Flüssigstickstoffgefrieranlagen.

Sprühtrocknung
ist ein Prozeß des → Trocknens von flüssigen Produkten. Zur Vergrößerung der Oberfläche wird die Flüssigkeit durch Einstoff-, Zweistoffdüsen oder rotierende Scheiben in heißer Luft versprüht, so daß eine schnelle und schonende Trocknung erreicht wird. (**Abb. 167**). Die Heißlufteintrittstemperatur beträgt 150 - 220°C und die Verdunstungstemperatur der Tröpfchen 40 - 50°C. Im trockenen Zustand nehmen die Produktteile maximal die Temperatur der Abluft an. Die Tröpfchengröße ist < 300 μm. → Trocknungsverfahren, → Konvektionstrocknen.

Stabilisatoren
sind → Zusatzstoffe, die in Lebensmitteln physikalische, chemische und/oder mikrobiologische Veränderungen verzögern oder verhindern. Man spricht von S., wenn die zugesetzten Stoffe allgemein stabilisierende Eigenschaften haben und mit dem Ziel der stabilisierenden Wirkung verwendet werden. Wirkungen dieser Art besitzen auch → Emulgatoren, → Geliermittel, → Dickungsmittel, → Antioxidantien und → Konservierungsstoffe. S. stabilisieren bereits bestehende Systeme mit homogener Phasendurchdringung. Sie besitzen keinen bipolaren Aufbau, die hydrophilen Gruppen können über das ganze Molekül verteilt sein. Die Stabilisatorwirkung der Phosphate beruht vor allem auf den Wechselwirkungen mit Eiweiß. S. besitzen ein Puffervermögen und beeinflussen den pH-Wert.

Phosphate können Ca^{++}-Ionen binden und dadurch ein Ausfällen von Eiweiß verhindern. Sie erhöhen das Wasserbindevermögen bei → Brühwürsten, erhöhen das Aufschlagvolumen bei Eiweißschäumen, verbessern das Safthaltevermögen und die Farbe von Fleischwaren u.a. Farbstabilisierend wirken Schwefeldioxid und Ascorbinsäure. Generell beeinflussen S. das kolloidchemische und physikalische Verhalten von Lebensmitteln. Sie werden zur Herstellung von Brühwürsten, Schlagsahne, → Speiseeis, → Kartoffeltrockenprodukten, Puddingpulver, → Kondensmilch u.a. verwendet.

Stammwürzegehalt
ist der Gehalt der ungegorenen Anstellwürze an gelösten Stoffen (Extrakt) eines Bieres angegeben in Gew.-%. Nach dem S. werden die → Biergattungen unterteilt.

Standards, mikrobiologische
sind gesetzlich festgelegte Grenzwerte, die im Gegensatz zu den mikrobiologischen → Richtwerten nicht überschritten werden dürfen. Sie schreiben z.B. die Abwesenheit pathogener Mikroorganismen oder von Indikator-Mikroorganismen verbindlich vor. Auch die Höchstmengen an Aflatoxinen in Lebensmitteln sind als Grenzwerte in der Aflatoxin-VO festgelegt. Die Einhaltung der S. wird amtlich überwacht.

Stangenkäse
→ Sauermilchkäse.

Staphylococcus
ist eine Gattung der Familie *Micrococcaceae* mit grampositiven, aeroben oder fakultativ anaeroben, unbeweglichen, Katalasepositiven, traubenförmig angeordneten Kokken. S. ist ubiquitär und verursacht eitrige Prozesse, Furunkulosen und Lebensmittelvergiftungen. Vertreter sind: *S. aureus, S. epidermis* und *S. saprophyticus*.

Starkbiere
sind untergärige, besonders stark eingebraute Biere, die auch als „Bock" (mind. 16% → Stammwürzegehalt), „Doppelbock" oder „...ator" (mind. 18% Stw.) bezeichnet werden. S. kommen als helle oder dunkle Biere in den Verkehr. Sie werden regional oft nur zu bestimmten Jahreszeiten ausgeschenkt. Eine Spezialität ist der „Eisbock", dessen Stammwürzegehalt durch → Ausfrieren auf 25 - 28% konzentriert wird. → Biersorten, → Bierherstellung.

Stärke

Tabelle 67. Stärken und ausgewählte Eigenschaften in Lebensmitteln (nach Moore und Mitch)

Stärke	Eigenschaften
Getreidestärke	Füllstoff, Ausbildung elastischer, undurchsichtiger kurzer Gele, „Brechen" der Gele bei niedrigen Temperaturen und Gefrieren
Wachsmaisstärke	Amylopektingehalt von 99%, klare Gele von hoher Elastizität und Viskosität; Stabilisator
Kartoffelstärke	hoch viskose Gele mit starker Neigung zur Retrogradation und Synärese bei Unterkühlung
Sagostärke	hohe Gelstabilität, Einsatz quellender Stärkekugeln möglich
Reisstärke	geringe Stärkekorngröße
Tapiokastärke	klare, kohäsive Gelbildung, hervorragende Geschmackseigenschaften, ersetzt in vielen Bereichen die wachsartigen Stärken

Stärke

ist ein hochmolekulares Polysaccharid mit der Bruttoformel $(C_6 H_{10} O_5)n$. Sie besteht zu etwa 80% aus dem wasserunlöslichen → Amylopektin und zu etwa 20% aus der wasserlöslichen → Amylose. S. wird als Reservestoff in den Speicherorganen verschiedener Pflanzen eingelagert. Sie nimmt dabei charakteristische Strukturen an, so daß eine Unterscheidung in einfache, zentrische und azentrische Stärkekörner vorgenommen wird. Nach der Herkunft unterscheidet man Weizen-, Mais-, Kartoffel-, Reis- und Hirsestärke. Aber auch aus anderen Pflanzen, wie Roggen, Gerste und Sago, läßt sich Stärke gewinnen. In **Tab. 67** sind einige Stärken und deren Eigenschaften in Lebensmitteln aufgeführt.

Stärkeester

sind → Stärken, modifizierte, bei denen funktionelle Gruppen mit anorganischen oder organischen Säuren verestert sind. Sie finden als Dickungs- und Bindemittel, Quellstoff, Schutzüberzug oder als Mittel zur Bindung von Aromen zur Herstellung von Backwaren, Trockensuppen und -soßen, Puddings u.a. Anwendung.

Stärkegewinnung

erfolgt vorwiegend aus Mais, Weizen und Kartoffeln. Die *Maisstärkegewinnung* erfolgt nach dem Naßverfahren. Bei ihr werden die Maiskörner einer Quellextraktion unterzogen und anschließend grob zerkleinert. In dieser Form lassen sich die fettreichen Keime abtrennen. Nach einem Nachvermahlungsschritt werden die restlichen Keime entfernt, bevor die Feinvermahlung und die Abtrennung der

Schalen und Fasern erfolgt. Durch Separieren wird die Stärke vom Gluten getrennt. Die so gewonnene Rohstärke muß in mehreren Raffinationsstufen bei allen Stärkegewinnungsverfahren aufbereitet werden. Das beinhaltet das Auswaschen restlicher Faser-, Eiweiß- und Mineralbestandteile, das Konzentrieren mit → Hydrozyklonen, das Entwässern mittels Zentrifugen oder Vakuumdrehfilter und das Trocknen in pneumatischen Steigrohrtrocknern. Bei der *Weizenstärkegewinnung* geht man vom Weizenmehl aus, das in kontinuierlichen Knetmaschinen zu einem Teig verarbeitet und anschließend der Stärkeextraktion unterzogen wird. Die Aufbereitung der Rohstärke erfolgt wie oben. Als Nebenprodukt der Extraktion wird Weizenkleber gewonnen, der in getrockneter Form zur Mehlverbesserung als → Backmittel eingesetzt wird. Bei der *Kartoffelstärkegewinnung* werden die gereinigten Kartoffeln zu Reibsel zerkleinert und das Vegetationswasser („Fruchtwasser") wird durch → Dekanter abgetrennt. Die dabei gewonnenen Faser- und Schalenbestandteile werden Pülpe genannt und als Viehfutter verwendet. Die Stärkerohmilch wird durch Separation in Rohstärke überführt, deren weitere Raffination wie oben beschrieben, erfolgt. Der Verfahrensablauf der Stärkegewinnung ist in **Abb. 168** schematisch dargestellt.

Stärkehydrolyse

→ Stärkeverzuckerung.

Stärken, modifizierte

sind Produkte, bei denen → Stärke durch verschiedene physikalische, chemische oder biologische Maßnahmen derivatisiert ist, wo-

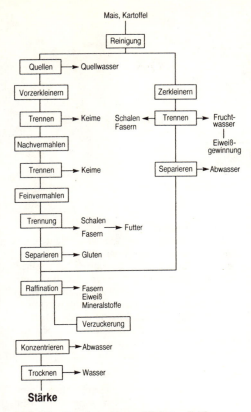

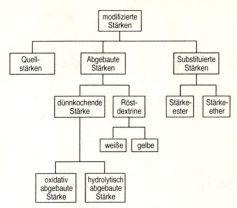

Bild 169. Verfahrensablauf der Stärkegewinnung. (links: Maisstärke, rechts: Kartoffelstärke)

Bild 168. Einteilung der modifizierten Stärken

bei die Kornstruktur oder die Stärkemoleküle weitgehend erhalten bleiben, jedoch die Eigenschaften signifikant verändert werden. Die wesentlichsten modifizierten S. (**s. Abb. 169**) sind Quellstärken, abgebaute Stärken und substituierte Stärken. Die Modifizierung bei Quellstärken erfolgt durch hydrothermische Behandlung der nativen Stärke, wodurch sich die Quellbarkeit wesentlich erhöht. Abgebaute Stärken sind dadurch gekennzeichnet, daß durch Säuren oder Enzyme ein geringfügiger Abbau (dünnkochende Stärken) oder mit Oxidationsmitteln eine geringe Depolymerisation (oxidierte Stärken) herbeigeführt wird. Oxidativ modifizierte Stärken dürfen in Deutschland nur mit Peressigsäure, Hypochlorit und Kaliumpermanganat hergestellt werden. Bei substituierten Stärken erfolgt das Einführen von funktionellen Gruppen durch Veresterung, Veretherung oder Vernetzung in das Stärkemo-

lekül. Als funktionelle Gruppen des Stärkemoleküls stehen die Hydroxylgruppen der Glucoseeinheit an den C-Atomen 2, 3 und 6 zur Verfügung. Auf diese Weise entstehen Stärkeester oder Stärkeether. Bei der Vernetzung wird die Stärke durch polyfunktionelle Reagenzien stabilisiert, so daß sie weitgehend wasserbeständig wird.

Stärkesirup
ist ein durch Hydrolyse von Stärke mit Säuren und/oder Enzymen gewonnener Glucosesirup. Seine Zusammensetzung ist je nach Prozeßbedingungen z.T. sehr unterschiedlich. → Stärkeverzuckerung.

Stärkeverkleisterung
tritt nach dem Mischen von Mehl und Wasser auf. Die Verkleisterungstemperatur ist bei Roggen- und Weizenstärke unterschiedlich (Roggen: 55 - 58°C; Weizen: 63 - 85°C). Dieser Vorgang hat für die Teigbereitung und den Backprozeß Bedeutung. Im unverkleisterten Zustand ist der Stärkeabbau durch α-Amylase nur gering, bei verkleisterter Stärke tritt jedoch rasch ihre Verflüssigung ein.

Stärkeverzuckerung
auch Stärkehydrolyse, ist die hydrolytische Umwandlung von Stärke zu niedermolekularen Sacchariden. Sie kann durch Säurehydrolyse, Säure-Enzymhydrolyse und reine Enzymhydrolyse erfolgen. Die Hauptprozeßstufen sind Hydrolyse, Raffination und Eindampfung. In **Abb. 170** sind die herstellbaren Verzuckerungsprodukte in Abhängigkeit von der Hydrolyseart übersichtsmäßig zu-

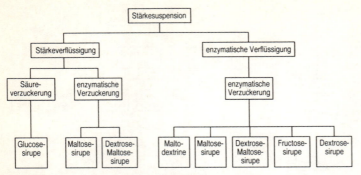

Bild 170. Produkte der Stärkeverzuckerung in Abhängigkeit von der Hydrolyseart

sammengestellt. Um die Stärke in eine hydrolysierbare Form zu überführen, wird sie in wäßrigen Suspensionen verkleistert. Bei gleichzeitiger Anwesenheit von Säure oder Enzymen kommt es zur Verflüssigung, so daß sich die Raffinationsstufen anschließen können. Dabei werden Peptide, Aminosäuren, Mineralstoffe, Degradationsprodukte von Dextrose, Farbstoffe u.a. entfernt.

Starterkulturen
sind Kulturen von lebenden Mikroorganismen in flüssiger, gefrorener, tiefgefrorener oder getrockneter (lyophilisierter) Form mit technologisch bedeutsamen Stoffwechselpotential, die zur Anwendung in der Lebensmittelverarbeitung bestimmt sind. Sie können als Bakterien, Schimmelpilze oder Hefen in Einzel- (eine Species) oder Mischkultur (mehrere Species oder mehrere Stämme einer Species) vorliegen. Sie kommen im Lebensmittelbetrieb zur Bereitung der Betriebskulturen (Intermediärkulturen) oder in konzentrierter Form direkt in der Lebensmittelverarbeitung zur Anwendung. **Tab. 68** gibt Anwendungsbeispiele für S. in der Lebensmittelverarbeitung.

statischer Mischer
→ Strömungsmischer.

Staudenmajoran
(*Origanum heracleoticum L.*), auch als falscher Oregano bezeichnet, ist ein Gewürz, dessen hauptsächlicher Inhaltsstoff ätherisches Öl mit Carvacrol und Thymol ist.

Stearinsäure
→ Fettsäure.

Stechhohlmesser
auch Blutablaßmesser genannt, dient dem Entzug des Stoßblutes aus dem Tierkörper beim Schlachtprozeß. Es besteht aus einer Klinge, einem Rohr, in dem das Blut mit stark geschlossenem Strahl in einen Auffangbehälter fließt, und einer Begrenzungsscheibe, die die Eindringtiefe des Messers festlegt. Die Konstruktion des S.'s bewirkt einen niedrigen Keimgehalt und eine hohe Fließgeschwindigkeit des Blutes.

Stechkarussell
wird bei der → Schweineschlachtung zum Entbluten von Schweinen eingesetzt. Ein Hohlmesser (→ Stechhohlmesser), das in das eröffnete Blutgefäß gestochen wird, ist mit einem Schlauch an ein Auffanggefäß angeschlossen. Durch eine Absaugvorrichtung wird der Blutabfluß beschleunigt. Gerinnungshemmende Stoffe können schon in der Blutkanüle zugegeben werden.

Steinausleser
wird bei der → Schwarzreinigung von Getreide verwendet. Das Getreide wird gleichmäßig auf schwingende Siebflächen verteilt, die sich in einem geschlossenen Gehäuse befinden. Durch die Dichte- und Korngrößenunterschiede und durch den Aufbau eines Luftpolsters werden die Steine vom Getreide getrennt.

Steinbuscher
ist ein halbfester → Schnittkäse der Dreiviertel-, Vollfett- oder Rahmstufe in Backsteinform. Sein Geschmack ist leicht pikant. → Labkäseherstellung.

Steinhäger
→ Spirituosen.

Tabelle 68. Starterkulturen und ihre Haupteigenschaften in der Lebensmittelverarbeitung (Beispiele)

Anwendung	Mikroorganismus	Haupteigenschaft
Joghurt	Streptococcus salivarius subsp. thermophilus Lactobacillus delbrueckii subsp. bulgaricus,	Säuerung, Aromabildung
Bioghurt	L. delbrueckii subsp. acidophilus	Säuerung, Aromabildung
Sauerrahmbutter	Lactococcus lactis subsp. lactis L. lactis subsp. cremoris L. lactis subsp. diacetylactis Leuconostoc mesenteriodes subsp.	
Labkäse 　Edelpilzkäse 　Camembert, Brie 　Romadur, 　Limburger 　Schnittkäse	L. lactis subsp. Penicillium roquefortii P. caseicolum Brevibacterium linens Streptococcus salivarius subsp. thermophilus, Lactobacillus helveticus, Propionibacterium freudenreichii	Säuerung Reifung, Aromabildung Lochbildung
Rohwurst	Lactobacillus spp., Staphylococcus spp. Micrococcus spp.	Säuerung, Aromabildung Umrötung
Gemüse, Gemüsesäfte	Lactobacillus spp. Lactococcus spp.	Säuerung, Aromabildung
Sauerteig	Lactobacillus spp. Saccharomyces cerevisiae	Säuerung, Gas-, Aromabildung
Wein, Bier	Saccharomyces cerevisiae	Gärung, Aromabildung
Sojasoße	Aspergillus oryzae, Pediococcus spp., Lactobacillus spp.	Säuerung, Reifung, Aromabildung
Essig	Acetobacter aceti, Gluconobacter oxydans	Säurebildung, Aromabildung

Fl. Güter　　Pastöse Güter　　Stückige Güter

Bild 171. Wärmeübertragung bei Sterilisationsprozessen

Steinobst
→ Obst.

Stellhefe
→ Backhefeherstellung.

Sterigmatocystin
→ Mycotoxin.

Sterilisation
ist die weitgehende Inaktivierung bzw. Abtötung von lebenden Mikroorganismen an und in dem zu sterilisierenden Material mit physi-kalischen Verfahren oder chemischen Methoden. Häufig wird der Begriff S. in der Lebensmitteltechnologie nur für die thermische S. verwendet. Die anderen Verfahren ordnet man vielfach in die → Konservierungsverfahren ein. Bei der thermischen S. muß man zwischen der S. der Lebensmittel und der S. von Geräten, Apparaten, Rohrleitungen, Verpackungsmaterial (→ aseptisches Verpacken) u.a. unterscheiden. Zur Beurteilung und Berechnung thermischer Sterilisationsprozesse zieht man den → D-Wert, → z-Wert, → F-Wert, L-Wert und C-Wert heran. Für die technologische Gestaltung sind zu unterscheiden: S. flüssiger, pastöser und stückiger Güter (**Abb. 171**). Bei der S. *flüssiger Güter* erfolgt die → Wärmeübertragung überwiegend durch → Konvektion, in den Randzonen durch → Wärmeleitung unabhängig von der Art der Wärmezuführung. Bei *pastösen Gütern* überwiegt die Wärmeleitung, jedoch gibt es im

Sterilisatoren

Mikrobereich Konvektion. Die Wärmeübertragung bei *stückigen Gütern* erfolgt unmittelbar in den Stücken durch Wärmeleitung, in der umgebenden Flüssigkeit je nach Konsistenz durch Konvektion und/oder Wärmeleitung.

Sterilisatoren
→ Autoklaven.

Sterilisieren
→ Konservierungsverfahren, → Sterilisation.

Stikkenofen
auch Schragen-, Wagen- oder Ständerofen, ist ein → Backofen, der mit fahrbaren Backgutträgern (Stikken, Schragen) beschickt wird. Meistens werden die Stikken in dem schrankförmigen Backraum direkt mit Heißluft umströmt.

Stilles Mineralwasser
ist die Bezeichnung für ein Mineralwasser mit einem Kohlendioxidgehalt von unter 4 g/l.

Stiltonkäse
→ Käse, → Schnittkäse.

Stockfisch
→ Fische, getrocknete.

Stoffbilanz
Nach dem Massenerhaltungsgesetz wird durch chemische Reaktionen oder Stoffbearbeitungsvorgänge Materie weder geschaffen noch vernichtet, d.h. die Gesamtmasse bleibt konstant. Im Bilanzraum gilt, die Masse

$$\sum m_Z = \sum m_A + \sum m_V = \text{const}$$

der zugeführten Stoffe m_Z ist gleich der Masse der abgeführten Stoffe m_A plus der Stoffverluste m_V. Es gilt die allgemeine Transportgleichung der Nichtgleichgewichtsthermodynamik. Technologisch charakteristische Größen, die sich aus der S. ableiten, sind die Ausbeute, definiert als Verhältnis der Menge Endprodukt zur Menge der Ausgangsstoffe und die Durchsatzleistung als Menge pro Zeiteinheit.

Stoffkonstanten
sind feststehende, für einen Stoff charakteristische Zahlenwerte, die die physikalischen Eigenschaften des betreffenden Stoffes widerspiegeln.

Stofftransport
beeinflußt wesentlich die Geschwindigkeit der Gleichgewichtseinstellung innerhalb der Phasen und durch die Phasengrenzflächen bei

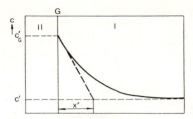

Bild 172. Konzentrationsverlauf beim Stofftransport. C Konzentration, x Ortskoordinate, I Phase I, II Phase II, G Grenzfläche

thermischen Prozessen. Die Stofftransportmechanismen sind → Diffusion und → Konvektion. In ruhenden Phasen ist die Diffusion alleiniger Transportmechanismus. Es gilt das 1. Fick'sche Gesetz, wonach der Diffusionsstrom $\dot{J}_i$ senkrecht durch eine Fläche A sich aus dem Konzentrationsgradienten dc_i/dx in Richtung des Diffusionsstromes und dem Diffusionskoeffizienten k_D der Komponente i errechnet:

$$\dot{J}_i = -k_{Di} \cdot A \frac{dc_i}{dx}$$

Im stationären → Zustand ist der Konzentrationsgradient zeitlich und für einen Strom durch eine ebene Schicht x' räumlich konstant. Es gilt vereinfacht (**Abb. 172**):

$$\dot{J}_i = k_{Di} \cdot A \frac{\Delta c_i}{x'}$$

Im instationären Fall gilt das 2. Fick'sche Gesetz für eine Richtung:

$$\frac{dc_i}{dt} = k_D \frac{d^2 c_i}{dx^2}$$

und im Raum:

$$\frac{dc_i}{dt} = k_D \left(\frac{d^2 c_i}{dx^2} + \frac{d^2 c_i}{dy^2} + \frac{d^2 c_i}{dz^2} \right)$$

In Flüssigkeiten und Gasen wird der S. im wesentlichen durch Konvektion bewirkt, d.h., die Konzentration ist innerhalb der fluiden Phase praktisch konstant. Nur in der Grenzschicht zur festen Phase ändert sich die Konzentration c_{Si} und erreicht die Sättigungskonzentration $\dot{J}_i$. Man kann somit für die pro Zeiteinheit gelöste Menge an Feststoff $\dot{J}_i$ unter Einbeziehung eines Proportionalitätsfaktors β_i schreiben:

$$\dot{J}_i = \beta_i \cdot A (c_{Si} - c_i)$$

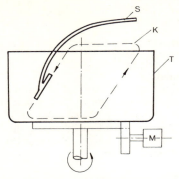

Bild 173. Funktionsprinzip einer Stoßhebelknetmaschine. *T* Teigtrog, *S* Stoßhebel, *K* Knetbahn, *M* Antrieb

Darin ist *A* die Oberfläche des Feststoffes (Phasengrenzfläche). Wenn man annimmt, daß in der Grenzschicht laminare Strömung vorliegt und der Stofftransport hier allein durch Diffusion erfolgt, dann gilt im stationären Zustand:

$$\dot{J}_i = k_{Di} \cdot A \frac{\Delta c_i}{x'} = \beta_i \cdot A \cdot \Delta c_i$$

Somit gilt für den Stoffübergangskoeffizienten β_i:

$$\beta_i = \frac{k_{Di}}{x'}$$

Stollen
→ Weizenhefegebäck.

Stoßhebelknetmaschine
ist ein Langsamkneter. Das Knetwerkzeug bewegt sich in einer der Ellipsenform ähnlichen Bahnkurve. Der Kneteffekt wird durch stoßende oder ziehende Bewegung des Knetarms erzielt. Die Rohstoffe werden dabei vermischt, der sich bildende Teig wird geschert und geknetet bei gleichzeitiger Einarbeitung von Luft. Die Knetzeit wird von der Knetgeschwindigkeit beeinflußt. Die Hubzahl des Knetarmes beträgt 25 - 40 U/min. S'n werden für feste und große Teigmengen (z.B. Roggen-, Weizen-, Mischbrotteige) und als Meng- und Mischmaschinen in Fleischereien eingesetzt. In **Abb. 173** ist das Funktionsprinzip einer S. schematisch dargestellt.

Strahlungskühlung
Reine S. ist technologisch von untergeordneter Bedeutung. Durch erzwungene Konvektion kann man eine → Luftkühlung erreichen.

Strahlungstrocknung
ist ein Prozeß des → Trocknens, bei dem die Wärme auf das Gut durch elektromagnetische Wellen von einem heißen Körper durch Strahlung oder mittels eines hochfrequenten elektrischen Wechselfeldes übertragen wird. Die reine S. ist in der Lebensmitteltechnologie selten.

Streptococcaceae
ist eine Familie grampositiver Kokken mit zahlreichen lebensmitteltechnologisch relevanten Gattungen, wie → *Lactococcus*, → *Enterococcus*, → *Leuconostoc*, → *Pediococcus*.

Streptococcus
ist eine Gattung der *Streptococcaceae* mit grampositiven, fakultativ anaeroben oder mikroaerophilen, Katalase-negativen, meist paarweise oder kettenförmig angeordneten Kokken. S. ist außerordentlich weit verbreitet in Lebensmitteln. Zahlreiche Species sind von lebensmitteltechnologischer Bedeutung. S. wird in serologische Gruppen unterteilt. Zur serologischen Gruppe A gehört *S. pyrogenes* (pathogen), zur Gruppe B *S. agalactiae* (pathogen), zur Gruppe C *S. equisimilis* (pathogen), zur Gruppe D *Enterococcus faecium, E. faecalis, E. durans* (teils Bedeutung bei der Käsereifung), zur Gruppe N *Lactococcus lactis* mit mehreren Subspecies (Bedeutung als → Starterkulturen bei der Milchverarbeitung, aber auch in Rohwurst, Sauerkraut u.a. Gruppen. Ein Streptococcus ohne Antigen ist *Streptococcus salivarius subsp. thermophilus* mit technologischer Bedeutung bei der Joghurtherstellung und bei Hartkäse.

Stromtrockner
ist ein Apparat zum → Trocknen. Das zu trocknende Produkt wird am unteren Ende eines mit Heißluft durchströmten Steigrohres eingebracht und während der Förderstrecke getrocknet. Am Ende des Steigrohres erfolgt der Produktaustrag. Temperatur der Heißluft, Feuchtigkeitgehalt des Produktes, durchströmende Luftmenge und Strömungsgeschwindigkeit sind die wesentlichen Parameter, die das Trocknungsergebnis bestimmen. Der S. wird zum Trocknen von → Stärke, → Getreide, → Mehl u.ä. verwendet.

Strömungsgeschwindigkeit

v ist als Quotient aus Durchflußvolumen pro Zeiteinheit $\dot{V}$ und Querschnittsfläche A definiert:

$$v = \frac{\dot{V}}{A}$$

Die geflossene Masse m errechnet sich aus der Dichte ρ des strömenden Stoffes, der Querschnittsfläche A, der Strömungsgeschwindigkeit v und der Zeit t:

$$m = \rho \cdot A \cdot v \cdot t$$

Bei Querschnittsveränderungen gilt dann:

$$A_1 \cdot v_1 = A_2 \cdot v_2$$

Strömungslehre

ist ein Teilgebiet der Mechanik, das sich mit der Bewegung von Flüssigkeiten und Gasen beschäftigt. Die Bewegung inkompressibler Medien behandelt die Hydrodynamik, die Bewegung kompressibler Medien die Gasdynamik.

Strömungsmischer

sind → Mischapparate zum → Mischen dünnflüssiger Flüssigkeiten oder Gase, bei denen der Mischeffekt durch feste Strömungsverteilungseinbauten, wie z.B. Lamellen, in einem Mischrohr erreicht wird. S. dieser Art werden auch als statische Mischer bezeichnet. Dabei wird der Produktstrom in mehrere Teilströme aufgespalten, umgelenkt und wieder zusammengeführt, so daß die zu mischenden Stoffe sich ineinander verteilen.

Stömungswiderstand

ist die Kraft, die auf einem Körper in Strömungsrichtung wirkt.

Strohweine

werden aus Trauben hergestellt, die in gesundem, reifem und zuckerreichem Zustand auf Stroh- oder Schilfmatten zum Eintrocknen gelagert und erst später gekeltert werden. Dieses Verfahren wird in südlichen Ländern angewendet (z.B. bei Refosca passito, Italien). In Deutschland ist die Herstellung von Strohweinen verboten.

strukturierte Sojaprodukte

werden vorwiegend aus → Sojamehl, → Sojaisolaten und → Sojakonzentraten, die in rieselfähiger Form vorliegen, durch thermoplastische Extrusion unter Zusatz von Farb- und Aromastoffen hergestellt.

Stückgare

→ Teigruhe.

Stufenkontrolle

→ HACCP-Konzept.

Stummschwefeln

ist die Verbindung von mikrobiellen und enzymatischen Veränderungen von Säften durch den Zusatz von schwefliger Säure (etwa 1000 - 2000 mg SO_2/l Saft). Wird vor allem in südlichen Ländern bei Traubensäften, aber auch bei Orangensaft durchgeführt.

Stuten

→ Weizenhefegebäck.

Sublimationsdruckkurve

→ Phasen.

Sublimieren

ist ein → thermischer Grundprozeß mit einer Phasenänderung vom festen in den gasförmigen Zustand. Die dazu notwendige Sublimationswärme wird dem Stoff und der Umgebung entzogen. Die Sublimation kann nur entlang der Sublimationskurve erfolgen (→ Phasen). Das S. findet technologisch bei der Gefriertrocknung Anwendung.

Submersfermentation

→ Fermentation.

Substrat

ist ein Begriff in der → Biotechnologie für Substanzen, die durch den Biokatalysator verwertet bzw. umgewandelt werden.

Südfrüchte

→ Obst.

Sufu

ist ein chinesisches Produkt, das aus pasteurisierten, mit Pilzkulturen beimpften und in Salzlake gereiften Tofuwürfeln hergestellt wird („Sojabohnenkäse").

Sulfidex-Schönung

ist eine Methode der → Schönung. Sie nutzt die oberflächenaktive Wirkung von unlöslichen Silberhalogenen, wie Ag Cl (auch Ag Br, Ag J) zur Bindung von Schwefelwasserstoff und Mercaptan. Die Silberhalogene werden meist auf neutrale Träger aufgebracht. Die S. ist in Deutschland seit 1979 verboten.

Sulfithefen

sind → Reinzuchthefen, die mehr oder weniger große Mengen freier schwefliger Säure ertragen können, ohne an Gärkraft einzubüßen.

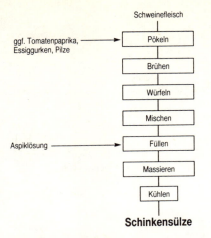

Schinkensülze

Bild 174. Verfahrensablauf der Sülzwurstherstellung am Beispiel Schinkensülze

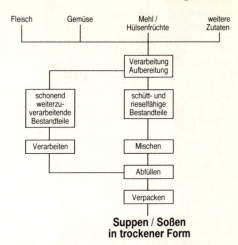

**Suppen / Soßen
in trockener Form**

Bild 175. Verfahrensablauf der Herstellung von Suppen/Soßen in trockener Form

Sülzwurst

Bei S. unterscheidet man S. mit klarer Gallerte und S., deren Gallerte feinzerkleinertes Bindegewebe (Schwarte, z.T. mit Brät oder Leber vermischt) enthält. Je nach Qualität der S. besteht das Einlagematerial aus unterschiedlich hohen Anteilen von umröteten mageren bis fettgewebereichen Schweinefleisch. Bei gehobenen Qualitäten wird ausgewähltes, sorgfältig geschnittenes Fleisch (mindestens 50%) auch vom Rind, Kalb oder Geflügel eingesetzt. Wurstsülzen haben als Einlage Fleischsalatfarce oder Brühwurst (→ Sülzwurstherstellung).

Sülzwurstherstellung

Der Verfahrensablauf der S. ist in **Abb. 174** schematisch dargestellt. Die für die S. notwendige Gallerte wird entweder aus Speisegelatine hergestellt oder durch Auskochen von bindegewebigen Material, z.B. Schwarten, gewonnen, die dabei erhaltene Gelatinelösung ist trüb und muß deshalb gefiltert und mit 1% Hühnereiweiß geklärt werden. Der Aspiklösung werden Essig, ggf. Gewürze sowie das gepökelte Fleisch mit ggf. Einlagen zugegeben.

Super-Mix-Kneter

ist ein Intensivkneter, bei dem Misch- und Knetzeit kombiniert mit unterschiedlichen Knetgeschwindigkeiten getrennt über einen Zeitvorwahlschalter eingestellt werden können. Das Dosieren der Rohstoffe und das

Einfahren des Knettroges erfolgt manuell, alle weiteren Arbeitsgänge laufen automatisch ab. Verschiedene austauschbare Knetwerkzeuge bieten vielseitige Einsatzmöglichkeiten.

Suppen

sind dünnflüssige, sämige oder dünnbreiige Zubereitungen, die als tafelfertige, konzentrierte und kochfertige Erzeugnisse angeboten werden. Nahezu alle S. lassen sich auch in trockener Form herstellen. Die Zutaten werden meist einzeln verarbeitet, bevor sie gemischt zu Trockensuppen zusammengestellt und verpackt werden (**Abb. 175**).

Suppengewürz

ist ein Gemisch von Gewürzen, insbesondere Kräutern und würzenden Gemüsen.

Suspendieren

ist das Herbeiführen einer → Suspension, bei der die disperse Phase eine möglichst stabile und annähernd gleiche Verteilung aufweist. Die wird erreicht, wenn ein Gleichgewicht zwischen Strömungs- und Schwerkraft besteht. Die Aufrechterhaltung dieses Gleichgewichtszustandes kann in Abhängigkeit von der Teilchengröße bewirkt werden durch: mechanische Verfahren (Rühren, Pumpen) und kolloidchemische Verfahren (Zwischenpartikulare Wechselwirkungen, Braun'sche Bewegung).

273

Suspensionen

Tabelle 69. Süßwerte einiger Zucker und Zuckeralkohole

Stoff	Süßwert
Saccharose	100
D-Glucose	69
D-Galactose	63
D-Fructose	114
Lactose	39
Maltose	46
Invertzucker	95
D-Mannit	69
D-Mannose	59
Xylit	102
D-Xylose	67

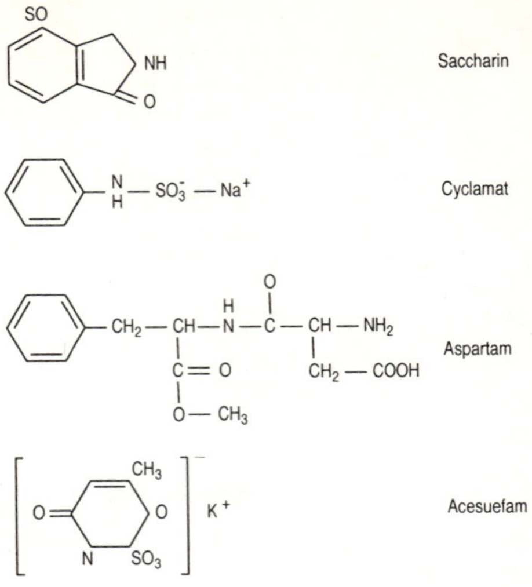

Bild 176. Chemische Struktur von Süßstoffen

Suspensionen

sind Dispersionen von Feststoffteilchen in Flüssigkeiten. Es sind metastabile Systeme bezüglich Aggregation und Sedimentation. Im Gegensatz zu molekulardispersen und kolloiddispersen Suspensionen ist bei grobdispersen Suspensionen die Braun'sche Bewegung nicht mehr wirksam.

Süßabdruck

ist die Bezeichnung für weißgekelterte Rotweine in der Schweiz. → Rotweinherstellung.

Süßkraft

bezeichnet die Süßeeigenschaften eines Stoffes bezogen auf Saccharose (auch Süßwert genannt). Die **Tab. 69** enthält Süßwerte einiger Zucker und Zuckeralkohole.

Süßmost

→ Fruchtnektar.

Süßrahm

(1) → Schlagsahne,
(2) nichtgesäuerter Butterungsrahm zur Herstellung von Süßrahmbutter. → Butter, → Butterungsverfahren.

Süßrahmbutter

→ Butter.

Süßreserve

→ Restzuckergehalt.

Süßstoffe

sind Nichtzuckerstoffe mit wesentlich höherer → Süßkraft als Saccharose. Sie kommen insbesondere als Zuckerersatz für energiereduzierte Lebensmittel oder für Diätlebensmittel zur Anwendung. Wegen ihrer geringen Applikationsmengen ist ihr Nährwertanteil im Lebensmittel vernachlässigbar. S. sind lebensmittelrechtlich Zusatzstoffe und unterliegen bezüglich ihrer Anwendung der ZZulV. Die wichtigsten S. sind: Saccharin, Cyclamat, Aspartam und Acesulfam (**Abb. 176**).

Süßwaren

ist eine Gruppenbezeichnung für Lebensmittel, die Saccharose und/oder andere Zuckerarten bzw. -austauschstoffe als für Geschmack und Charakter maßgeblichen Bestandteil enthalten. Ferner werden zu den S. Erzeugnisse gezählt, die wenig oder keinen Zucker enthalten, jedoch von der Süßwarenindustrie hergestellt werden. Die wichtigsten S. sind: → Zuckerwaren, Schokoladen- und Kakaoerzeugnisse, → Dauerbackwaren, → Speiseeis, Rohmassen aus Samenkernen sowie mit Zucker angewirkte Masse daraus, Chips, → Kunsthonig, → Flüssigzucker u.ä. Nicht zu den S. zählen trotz ihres hohen Zuckergehaltes → Konfitüre, → Marmelade, Konditoreierzeugnisse, → Frischbackwaren, → Limonaden u.ä.

Süßwasserfische

sind zum Verzehr bestimmte Fische aus Binnengewässern. Als S. gelten ebenfalls solche Fische, die sich zeitweilig auch im Meer aufhalten, wie Lachs, Forelle, Aal (Flußaal), Maifisch, Finte, Maräne, Schnäpel, Flußneunauge, Stint, Stör.

Synärese
ist die spontane Entquellung als Folge der Alterung bei Koagulationsstrukturen und makromolekularen Gelen, verbunden mit einer Schrumpfung der Struktur durch Absonderung von reinem Lösungsmittel. Die Teilchenabstände verringern sich dabei und die Strukturfestigkeit nimmt zu. Lebensmitteltechnologisch bedeutsam ist die S. bei Joghurt, Käsebruch, Teigen usw.

Synergismus
liegt vor, wenn die Wirkung eines Gemisches größer ist, als die der einzelnen Substanzen.

System
Im thermodynamischen Sinn unterscheidet man geschlossene S.'e, d.h. die Systemgrenzen sind für Materie undurchlässig und offene S.'e, d.h. die Systemgrenzen sind für Materie durchlässig.

Systeme, heterogene
liegen vor, wenn sich die physikalischen Eigenschaften an bestimmten Grenzflächen sprunghaft ändern. → Mehrphasensysteme sind stets heterogen.

Systeme, homogene
liegen vor, wenn die makroskopischen physikalischen Eigenschaften ortsunabhängig sind.

Szamorodny
→ Likörweine.

T

Tablettentee
→ Ziegeltee

Tablettieren
→ Agglomerieren

Tablieren
bezeichnet man den Prozeß der Kristallbildung bei der Herstellung von → Fondant, bei dem die übersättigte Zuckerlösung durch Kontaktkühlung in der → Tabliermaschine auskristallisiert wird. Das so entstandene Produkt wird anschließend vermahlen.

Tabliermaschine
ist ein gekühlter Schneckengang mit Rotor, der sich in einem Doppelhohlzylinder bewegt. T.'n dienen der Herstellung von → Fondant.

Tafelwasser
ist ein Wasser, das als → Erfrischungsgetränk ohne Geschmacksstoffe, meist mit CO_2-Zusatz, natürlich vorkommend oder künstlich hergestellt, in Flaschen abgefüllt in den Handel kommt. Dazu gehören: → Mineralwasser, → Säuerlinge, →Wasser, mineralarmes, → Mineralwässer, künstlich und → Sole. (Tafelwasser-VO).

Tafelwein
ist die Bezeichnung für Weine einer empfohlenen, zugelassenen oder vorübergehend zugelassenen Rebsorte eines „Weinbaugebietes" ausschießlich im EG-Raum (im Gegensatz zu „bestimmtes Anbaugebiet" bei → Qualitätsweinen). T. hat einen Alkoholgehalt von mind. 6,7 Vol.% und höchstens 11,9 Vol.%. Der in Weinsäure ausgedrückte Gesamtsäuregehalt beträgt mind. 4,5 g/l. → Rebsorten, → Rotweinsorten, → Weißweinsorten.

Talg
bezeichnet das Fett von Wiederkäuern mit höherem Schmelzpunkt und einem größeren Anteil an langkettigen gesättigten Fettsäuren. Seine Bezeichnung erfolgt meist in Verbindung mit dem Herkunftstiernamen (z.B. Rindertalg).

Talgöl
ist das aus Feintalg bei Temperaturen unter 30°C durch Abpressen gewonnene Öl.

Tamarinadenkernmehl
ist ein gelbildendes Polysaccharid der Tamarinde (*Tamarindus indica*), einem weitverbreiteten Baum in Indien. Es wird durch → Extraktion des gemahlenen Samens mit heißem Wasser und anschließender Trocknung gewonnen. Die Hauptkette des Polysaccharids wird von (1,4)-verknüpften Glucosemolekülen gebildet, von der Seitenketten aus D-Galactose, D-Xylose und L-Arabinose in (1,6)-Richtung abzweigen. T. wird als → Dickungs- und → Geliermittel zur Herstellung von → Gelee, → Konfitüre, → Marmelade, → Mayonnaise, → Eiscreme u.a. verwendet.

Tamiseuse
Siebmaschine, die bei der → Senfherstellung verwendet wird.

Tannin
ist ein im Pflanzenreich weit verbreiteter Gerbstoff, der in der Lebensmittelverarbeitung als Klärmittel für Getränke zur Ausfällung von Eiweiß, auch Alkaloiden und Gelatine verwendet wird. T. ist ein wasserlösliches, geruchloses, aus Galläpfeln gewonnenes Pulver.

Taoco
→ Gemüse, fermentiertes.

Tapiokastärke
→ Stärke.

Tarar
ist ein Gerät, das zur Entfernung von Schalen- und Staubteilchen bei der → Weißreinigung von Getreide dient. Das Getreide wird über kaskadenartig schrägstehende Wände geführt und dabei von einem Luftstrom durchstrichen, der Schalen- und Staubteilchen zu einer Abscheidekammer führt.

Tartrate
sind die Salze der → Weinsäure.

Tartrazin
ist ein Lebensmittelfarbstoff der Zusatzstoffverkehrsordnung. → Farbstoffe.

Tätte
ist ein → Sauermilcherzeugnis mit langer Haltbarkeit, das besonders in Schweden, Norwegen und Finnland hergestellt wird. Durch die Verwendung von symbiotisch wachsenden

Tabelle 70. Technische Enzyme der Lebensmittelverarbeitung

Bereich	Enzym	Anwendung
Stärke	α-/β-Amylasen Glucoamylasen Glucoseisomerase	Glucosesirup, Isoglucose, Maltosesirup
Alkohol/Brauerei	α-Amylase Glucoamylase Proteasen Pektinasen β-Glucanasen Cellulasen	Mazerierung, Rohfruchtverarbeitung, Stabilisierung, Filtrierbarkeitsverbesserung
Fruchtsaft/Wein	Pektinasen Mazerierungsenzyme ($\rightarrow$ pektolytische Enzyme) Amylasen Cellulasen	Maischen, Klärung, Trübungsabbau, Herstellung naturtrüber Säfte, Oxidationsschutz
Milch	Rennin (Labferment) Proteasen Lipasen Lactase Katalase	Käseherstellung, Reifung, Lactoseabbau, Konservierung
Backwaren	Amylasen Proteasen Lipoxigenase Pentosanase Lactase	Backmittel, Klebermodifzierung, $\rightarrow$ Mehlbleichung, Milchzusatz
Zucker/Süßwaren	Invertase Amylase Glucoseisomerase	Spezialprodukte, High-Fructose- Corn-Syrup
Kaffee/Tee	Hemicellulase Pektinase	Extraktion
Eiprodukte	Glucoseoxidase	Glucoseentfernung

Milchsäurebakterien und Hefen wird eine fadenziehende Struktur erzeugt.

Tauchgefrieren
ist ein Prozeß zum $\rightarrow$ Gefrieren von Lebensmitteln. Das undurchlässig verpackte Produkt wird in Sole oder andere Kälteträger getaucht. Anwendung findet das T. hauptsächlich bei Geflügel.

Taupunkt
bezeichnet die Temperatur, bei der durch Abkühlung aus einem Gasgemisch die erste Komponente kondensiert.

Tausendkorngewicht
(TKG) ist das Gewicht von 1000 ganzen Getreidekörnern, angegeben in g Trockenmasse. Das T. gibt Aufschluß über die Korngröße und

ist damit ein Indikator für potentielle Qualitätsmängel.

technische Enzyme
sind aus biologischem Material (Pflanzen-, Tierteile und Mikroorganismen) auf verschiedene Weise gewonnene $\rightarrow$ Enzyme unterschiedlicher Reinheit, die zur technologischen Anwendung bestimmt sind. In der Lebensmittelverarbeitung dominieren die Hydrolasen (etwa 80%), wie Amylasen, Proteasen, Pektinasen, Cellulasen, Lab-Enzym, Lipasen, Lactase, neben nichthydrolisierenden Enzymen wie Glucoseisomerase (Umwandlung von Glucose in Fructose), Glucoseoxidase (Verhinderung der Braunfärbung von Eiprodukten), Lipoxigenase (Hilfe bei der Teigverarbeitung) u.a. T.E. finden Anwendung bei: $\rightarrow$ Stärkeverzuckerung (Amylasen), Glucoseumwand-

lung in → High-Fructose-Corn-Syrup (Glucoseisomerase), Pulpeverflüssigung (Pektinasen, Cellulasen), Backwarenherstellung (Amylasen, Lipoxigenasen), Käseverarbeitung (LabEnzym), Lactosehydrolyse in Milch (Lactase), Glucoseentfernung aus Eipulver (Glucoseoxidase) u.a. Die wichtigsten technischen E. der Lebensmittelverarbeitung sind in **Tab. 70** aufgeführt.

technische Molke
bezeichnet die nach der Eiweißausfällung durch andere Stoffe als Lab, Labaustauschstoffe oder/und Milchsäure gewonnene Molke. In der Regel wird Schwefel- oder Essigsäure verwendet. Die t. M. fällt bei der Herstellung von → Säurecasein, das meist für technische Zwecke verwendet wird, an. Sie wird zur Lactosegewinnung oder als Futtermittel weitergenutzt.

Technologie
ist eine Wissenschaftsdisziplin, die die naturwissenschaftlich-technischen Gesetzmäßigkeiten von Produktionsprozessen zum Gegenstand hat und somit Bereiche der Naturwissenschaften, wie die Physik, Chemie und Biologie, die Ingenieurwissenschaften, wie die Verfahrenstechnik, Verarbeitungstechnik und Fertigungstechnik sowie andere angewandte Disziplinen umfaßt.

Tee
(1) sind Blätter, Blattknospen und junge Triebe des Teestrauches (*Camelia sinensis L., Camelia assamica*), die nach verschiedenen Verfahren aufbereitet werden. Man unterscheidet folgende Teetypen nach dem Fermentationsgrad: → Schwarzer Tee (fermentiert), → Grüner Tee (unfermentiert), → Gelber (OoLong) Tee (halbfermentiert), → Parfümierter Tee.
(2) Aufguß von (1).
(3) Bezeichnung für teeähnliche Erzeugnisse, die aus getrockneten Pflanzenteilen durch Aufbrühen bereitet werden, z.B. MalvenTee, Pfefferminz-Tee, Hagebutten-Tee. Produkte dieser Art, die für therapeutische Zwecke verwendet werden, unterliegen dem Arzneimittelgesetz.

Teebrot
→ Weizenhefegebäck.

Tee-Extrakt
ist der lösliche Auszug aus Tee oder Teemischungen, meist in konzentrierter flüssiger oder Pulverform (Instant-Tee).

Teefermentation
ist eine Prozeßstufe bei der Herstellung von → Tee. Die dabei ablaufenden biochemischen und mikrobiellen Prozesse sind außerordentlich komplex. Die enzymatisch und oxidativ vorbehandelten Teeblätter werden bei 35 - 40°C in 5 - 10 cm hohen Schichten in Fermentationsräumen ausgebreitet. Dabei färben sich in etwa 2 - 4 h die Blätter dunkel und riechen nach sauren Äpfeln. Seine typische dunkle Farbe erhält der Schwarze Tee während dem sich anschließenden Röst- und Trockenprozeß. → Schwarzer Tee.

Teeherstellung
→ Schwarzer Tee.

Teemischungen
sind Produkte, bei denen durch das Mischen verschiedener Sorten eine konstante Qualität zur Gewährleistung einer bestimmten Geschmacksrichtung eingestellt wird.

Teigausbeute
(TA) ist die Menge an Teig m_T, die aus 100 Gewichtsteilen Mehl m_M und den weiteren Rezepturbestandteilen unter Zugabe von Flüssigkeit gewonnen wird. Teige für Roggen- und Roggenmischbrote müssen weicher geführt werden (TA 160 bis 165) als Teige für Weizen- und Weizenmischbrote (TA 155 bis 160). Es gilt: $TA = \frac{m_T}{m_M} \cdot 100\%$

Teigbereitungsanlagen
dienen zur kontinuierlichen automatisierten Teigbereitung und kommen vornehmlich in Großbetrieben zur Weizen- und Roggenteigherstellung zur Anwendung. Die T. für die Weizenteigbereitung sind durch die Prozeßeinheiten (1) Hefeauflösung, (2) Vorteigaggregat, (3) Teigpumpe, (4) Gärbehälter (Fermenter) und (5) Knetmaschine gekennzeichnet. Bei den T. für Roggen- und Mischbrotteige ist vor der Teigpumpe ein Sauerteigaggregat (je nach → Sauerteigführungen technologisch angepaßt) installiert. In der **Abb. 177** ist das Fließschema für T. dargestellt. In einer anderen T. wird die Fermentationsstufe in einem Gärrohr geführt (System Anker-Reimelt).

Teigführung
bezeichnet summarisch alle → Prozeßeinheiten zur Herstellung eines Teiges. Dazu

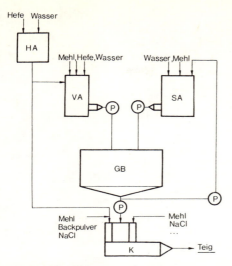

Hefe Wasser

HA

Mehl,Hefe,Wasser

Wasser,Mehl

VA

SA

P   P

GB

P

P

Mehl
Backpulver
NaCl

Mehl
NaCl
...

K   Teig

Bild 177. Fließschema für Teigbereitungsanlagen-Varianten für Weizen-, Roggen- und Mischbrotteige
Weizenteig (links): *HA* Hefeauflöser, *VA* Vorteigaggregat, *P* Teigpumpe
Roggenteig (rechts): *SA* Saueraggregat, *P* Sauerpumpe *GB* Gärbehälter, *K* Kneter

gehören Teigbereitung, → Teigruhe, Teigteilung, Zwischengare, → Wirken und Endgare (→ Sauerteigführung, → Weizenteigbereitungsverfahren). Die T. beeinflußt entscheidend die Gebäckqualität.

Teiglockerung
dient der Ausbildung der Teig- und Gebäckstruktur und der Herbeiführung einer gebäcktypischen Porung der Krume. Sie kann auf physikalischem Wege durch Einrühren, Einschlagen oder Einblasen von Lockerungsgasen (meist Luft oder Kohlendioxid) oder auf biologischem und chemischem Wege durch → Teiglockerungsmittel erfolgen. Ein wichtiges Kriterium für die T. ist das Gashaltevermögen des Teiges.

Teiglockerungsmittel
Man unterscheidet biologische und chemische T. Als biologisches T. kommt in erster Linie → Backhefe (*Saccharomyces cerevisiae*) in Betracht. Bei Sauerteigen tragen auch die heterofermentativen *Lactobacillus spp.* durch das beim Stoffwechsel entstehende Kohlendioxid bei. Die chemischen T. beruhen auf der Freisetzung von CO_2 als Folge von chemischen Reaktionen. Sie werden in Form von → Backpulver bei der Herstellung von Back-

waren verwendet. Daneben werden Pottasche und → Hirschhornsalz als chemische T. genutzt.

Teigruhe
ist die Zeit nach dem Kneten bis zum Aufmachen des Teiges. Sie wird auch als Abstehzeit, Teiggärung oder Reifezeit bezeichnet. Währenddessen kommen die mit dem Knetprozeß eingeleiteten Teigbildungs- und Quellvorgänge zum Abschluß. Bei → Hefeteigen wird durch die T. die für die Stückgare und den Backprozeß benötigte Triebleistung entwickelt. Ihre Zeitdauer schwankt je nach Teigzusammensetzung von 10 < 30 min und kann bei Roggenteigen teilweise ganz entfallen.

Teigsäuerung
wird bei der Herstellung von Backwaren unter Verwendung von Roggenmehl erforderlich, wenn sein Anteil ≥ 20% beträgt. Je weniger Roggenmehl im Teig vorliegt, um so höher muß der zu versäuernde Anteil des Roggenmehles sein. → Sauerteig, → Sauerteigführung.

Teigsäuerungsautomat
ist eine Anlage zur Herstellung von → Sauerteig mit automatischer Temperaturführung. Dabei handelt es sich um einen Doppelmantelbehälter mit Rührwerk, dessen Drehrichtung in Zeitintervallen änderbar ist. Über eine Niveauregulierung wird das Überlaufen des Sauerteiges durch die Abführung des CO_2 bei gleichzeitiger Teigkühlung verhindert. Die fertige Sauerteigmenge kann direkt in einen Knettrog gepumpt werden.

Teigsäuerungsmittel
sind Fermentationsprodukte mit hohem Säuregrad (meist ca. 200°S), zu deren Herstellung teigähnliche Substanzen verwendet werden. Teils werden die T. auch als Zubereitungen unter Verwendung von → Genußsäuren hergestellt. Einige T. enthalten zusätzlich Wein- und Citronensäure, Phosphat- und andere backtechnisch wirksame Zusätze. Gute T. werden jedoch nur aus teigtypischen Ausgangsstoffen hergestellt. Die Aufgabe der T. ist die Unterstützung der Säuerung bei der Teigbereitung und damit die Gewährleistung einer höheren Prozeßsicherheit. Sie kommen als pulverförmige Substanzen zur Anwendung.

Teigteilmaschinen
sind Maschinen zum Dosieren definierter Teigmengen bei der Herstellung von Gebäck-

Teigwaren

Tabelle 71. Teigwarenformate

Verarbeitungsart	Format	Produkte
Preßware	Matrizen	Spaghetti Maccaroni Sternchen Buchstaben Spätzle u.a.
Walzware	Matrizen-kammwalzen	Bandnudeln
Stanzware	Walzenstanze	Schleifchen Hütchen
Wickelware	Matrize oder Walze-Wickeln	Fadennester Bandnester
Aussiebware	Siebe	Granulat-formen „Riebele"

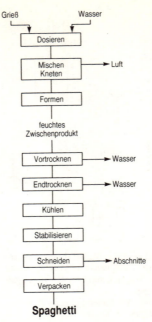

Spaghetti

Bild 178. Verfahrensablauf der Herstellung von Hartweizenspaghetti

stücken. Meist erfolgt das Dosieren in Kombination mit dem → Wirken (→ Wirkmaschine) und Formen. Charakteristisch für T. ist, daß die Teigstücke lediglich vorgeformt die Maschine verlassen. Das Teilen erfolgt im allgemeinen in Teilkammern, in die der Teig durch Zuführungswalzen gedrückt wird. Ein Teilmesser sorgt für die Zuführung einer bestimmten Teigmenge.

Teigwaren
sind aus eiweiß- und stärkereichen → Getreidemahlerzeugnissen, vorwiegend Weizen, Wasser und ggf. weiteren Zusätzen, hergestellte Produkte. Man unterscheidet in Abhängigkeit von den Zutaten Eierteigwaren, eifreie und T. besonderer Art (z.B. Gemüse-Kräuterteigwaren, Vollkornteigwaren, Roggenteigwaren, frische Teigwaren). Die ungesäuerten Teige werden bei einem Wassergehalt von 28-30% geformt und auf eine Endfeuchte von 12-13% getrocknet. Die wichtigsten Produkte sind Spaghetti, Maccaroni, Nudeln u.a..

Teigwarenformate
sind die zum Ausformen benutzten Matrizen, Walzen und Stanzwerkzeuge bei der → Teigwarenherstellung. In der **Tab. 71** sind Verarbeitungsart, Formate und Produkte zusammengestellt. Auch andere Unterteilungsprinzipien, z.B. nach der äußeren Form oder nach der Verwendungsart, werden für die T. verwendet.

Teigwarenherstellung
Die Rohmaterialien → Grieß, Wasser ggf. Eier und/oder andere Zutaten werden vermischt und zu einem homogenen Teig geknetet, bei einem Feuchtigkeitsgehalt von 28-30% ausgeformt und getrocknet bis zu einer gleichmäßigen Feuchtigkeitsverteilung von 12-13%. Das Prozeßziel besteht in der Herstellung kochfertiger, lange lagerfähiger Nahrungsmittel. Der Verfahrensablauf ist am Beispiel von Hartweizenspaghetti in **Abb. 178** dargestellt. Das Mischen erfolgt meist in Vakuummischern, so daß gleichzeitig eine Teigentgasung stattfindet. Das Formen wird mit Schneckenpressen unter Verwendung spezifischer Matrizen bewerkstelligt (→ Teigwarenformate). Die Trocknung der geformten Teigwaren wird in zwei Stufen durchgeführt, um eine gleichmäßige Strukturänderung und Endfeuchte zu erreichen. Die Trocknungsanlagen (→ Teigwarentrockner) sind in verschiedene Zonen unterteilt. Kurzwaren werden in Band- oder Trommeltrocknern ebenfalls zweistufig auf die Endfeuchte gebracht.

Teigwarentrockner
Man unterscheidet bei T.'n verschiedene Systeme:
Normaltrocknung, NT (50-55°C), Hochtemperaturtrocknung, HT (70-85°C), Superhoch-

temperaturtrocknung, HHT (100 - 130°C). Höhere Temperaturen führen zu kürzeren Trockenzeiten, was eine Verringerung der Apparategrößen zur Folge hat. Ferner unterscheiden sich die Trocknungsverläufe nach der Art der Teigwaren (Kurzwaren oder Langwaren). Die wichtigsten Apparate sind Durchlauftrocknungsanlagen, Band- und Trommeltrockner. Während Trommeltrockner diskontinuierliche Apparate sind, werden Trocknungsanlagen (mit Stabsystem) und Bandtrockner im Umlaufsystem quasikontinuierlich oder im Durchlaufsystem kontinuierlich gestaltet.

Teilprozeß
umfaßt geometrisch genau festgelegte Grenzen der Prozeßeinheit und die darin wirksamen Vorgänge unterschiedlicher Mechanismen. Die Einheit von Technologie und Konstruktion ist hierbei Gegenstand der Betrachtung.

Tempeh
wird in Indonesien aus Erdnuß-Preßkuchen (Tempeh Bonkrek) oder Sojabohnen (Tempeh Kedele) hergestellt. Sojabohnen werden vorgeweicht und 1 - 2 h gekocht, enthäutet und abgetrocknet. Als Animpfungsmaterial wird *Rhizopus oryzae* oder *R. oligosporus* auf Reis vorgezogen oder etwa Tempeh früherer Bereitung verwendet. Die Sojabohnen werden ganz oder zerkleinert mit dem Impfmaterial vermischt, ggf. zur Unterdrückung von Bakterienwachstum mit Milchsäure auf einen pH-Wert von etwa 4,0 eingestellt und in perforierten Gefäßen oder Beuteln zur Gewährleistung einer guten Belüftung 2 - 3 d bei 30 - 33°C inkubiert. Das klassische Verfahren der Tempehherstellung nutzt Bananenblätter zum Einwickeln der beimpften Sojabohnen. Der Schimmelpilz wächst unter Wärmeentwicklung zunächst schneeweiß an und verfärbt sich durch die Sporulation grau-schwarz. Fertiges T. ist eine feste, grau-schwarz marmorierte Masse, die gebraten oder gekocht, meist in Suppen verzehrt wird. In frischer Form ist T. nicht haltbar. Soll T. längere Zeit gelagert werden, wird es im Ofen oder an der Luft getrocknet.

Temperatur
ist das Maß für den Wärmezustand eines Körpers gemessen in °C oder K. Sie ist eine intensive Zustandgröße.

Tenside
sind grenzflächenaktive Stoffe, die sich besonders stark an den Phasengrenzen anreichern.

Insbesondere handelt es sich um organische Stoffe mit langer (hydrophober) Kohlenwasserstoffkette und einer die Wasserlöslichkeit begünstigende (hydrophile) Gruppe. Die hydrophobe Gruppe kann direkt als Alkylgruppe, aber auch in ungesättigter oder verzweigter Form vorliegen. Als hydrophile Gruppen kommen meistens Carboxylat, Sulfat, Phosphat und ampholyte Gruppen (z.B. Proteine) in Betracht.

Tetra-Packung
sind tetraederförmige Packungen, hergestellt aus kunststoffbeschichtetem, parafiniertem oder kaschiertem Papier bzw. Karton, die zur Abfüllung von Flüssigkeiten in der Lebensmittelindustrie verwendet werden.

Tettmjolk
ist ein nordisches fermentiertes → Milcherzeugnis. → Sauermilcherzeugnisse.

Texturanalyse
dient dem Ziel der Texturcharakterisierung. Man bedient sich:
– sensorischer Methoden (z.B. Kauen, Abbeißen, Tasten),
– meßtechnischer Methoden zur Bestimmung rheologischer Stoffwerte (Rheometrie) oder meßgeräteabhängiger Texturkennwerte,
– mikroskopischer, elektronenmikroskopischer und röntgendiffraktometrischer Untersuchungen zur Strukturcharakterisierung.

texturierte Proteine
bezeichnet man Eiweißprodukte, meist Pflanzeneiweiß, denen mit technologischen Mitteln eine fleischähnliche Struktur, z.B. durch gesteuerte Gelbildung oder Verspinnen von Eiweißlösungen zu Fäden, die dann durch Bindemittel und weitere Zusätze zusammengefügt werden, verliehen wurde. Sie sind insbesondere für die Bereitung vegetarischer Gerichte geeignet. Produkte sind: textured soya proteins (TSP), textured vegetable proteins (TVP).

Theobromin
(3,7-Dimethylxanthin) ist ein Alkaloid, das für die anregende Wirkung des Kakao neben → Coffein, verantwortlich ist.

Thermisieren
→ Milcherhitzungsverfahren.

Thermobreak
ist ein thermisches Obstzerkleinerungsverfahren. Dabei werden die Früchte auf etwa 80°C erhitzt, so daß die Protoplasmahäute

geschädigt und die Permeabilität des Gewebes erhöht wird. Damit verbunden ist ein erleichterter Saftaustritt. Als Wärmetauscher werden kontinuierlich arbeitende → Schneckenblancheure verwendet. Auch durch Gefrieren unter −5°C lassen sich die Zellwände durch die Eiskristallbildung mechanisch schädigen, wodurch der Saftaustritt erleichtert wird.

thermodynamisches System
ist ein durch ortsfeste oder ortsveränderliche Grenzen festgelegter Bereich, der zum Zwecke thermodynamischer Interpretation von seiner Umgebung abgetrennt wird.

Thermodynamik
ist ein Teilgebiet der Physik, das sich mit Wärmeerscheinungen beschäftigt. Insbesondes sind die thermodynamischen Zustandsänderungen und Wärmeleitvorgänge von technologischer Bedeutung. → Zustandsgleichungen.

thermophile Mikroorganismen
sind Mikroorganismen, die eine Wachstumstemperatur von: Minimum 25 - 45°C, Optimum 40 - 60°C und Maximum 70 - 80°C bevorzugen. Zu dieser Gruppe gehört z.B. die Joghurtkultur, bestehend aus *Streptococcus salivarius subsp. thermophilus* und *Lactobacillus delbrueckii subsp. bulgaricus.*

Thiabendazol
ist ein → Konservierungsstoff der Zusatzstoffverkehrsordnung zur Oberflächenbehandlung von Citrusfrüchten und Bananenschalen.

Thiamin
(1) wasserlösliches → Vitamin des B-Komplexes.
(2) erzeugt als → Geschmacksverstärker die Ausprägung von Wohlgeschmack und ein fleischähnliches → Aroma in Lebensmitteln. Hefe und Hefeextrakt enthalten große Mengen an T. und werden als würzende Zutat verwendet.

Thixotropie
Von T. spricht man, wenn die effektive Viskosität mit der Erhöhung des Geschwindigkeitsgradienten zeitverzögert auf den veränderten Gleichgewichtszustand zeitverzögert zunimmt.

Threonin
ist eine essentielle → Aminosäure.

Thrombin
ist ein proteolytisches → Enzym, das bei der → Blutgerinnung Fibrinogen in Fibrin überführt. Es wird aus der nichtenzymatischen Vorstufe Prothrombin während der Blutgerinnung gebildet.

Thua-nao
→ Gemüse, fermentiertes.

Thymian
(*Thymus vulgaris L.*) ist ein Gewürz, dessen hauptsächlicher Inhaltsstoff ätherisches Öl mit Thymol, Carvacrol, p-Cymol und Gamma-Terpinen ist.

Tiefgefrieren
bezeichnet den Prozeß des → Gefrierens von Lebensmitteln, bei denen eine Kerntemperatur von $\leq -18°C$ erreicht wird. → Tiefgefrorene Lebensmittel.

Tiefgefrierfisch
→ Fische, gefrorene, → Tiefgefrorene Lebensmittel.

tiefgefrorene Backwaren
sind tiefgefrorene verarbeitungsfertige Teige, backfertige Erzeugnisse und bereits gebackene Erzeugnisse.

tiefgefrorene Lebensmittel
sind tiefgefrorene Erzeugnisse, die mit dem Hinweis „tiefgefroren" oder unter gleichsinnigen Angaben oder solche mit dem Wortstamm „Frost" in den Verkehr gebracht werden. Zum Zeitpunkt des Gefrier-Endes muß die Kerntemperatur nach Temperaturausgleich −18°C oder tiefer sein, die Anwendung einer sachgerechten Gefriertechnik vorausgesetzt.

tiefgefrorenes Fleisch
→ tiefgefrorene Lebensmittel.

tiefgefrorenes Gemüse
ist durch → Tiefgefrieren, meist mit vorherigem → Blanchieren, haltbar gemachtes Gemüse, bei dem die Kerntemperatur $\leq -18°C$ und die Gefriergeschwindigkeit $\geq$ 1 cm/h beträgt. Der Verfahrensablauf ist schematisch in **Abb. 179** dargestellt.

Tiefkühlkost
→ Tiefgefrorene Lebensmittel.

Tierfette
sind Nahrungsfette von Land- und Seetieren. Die wichtigsten Landtierfette sind: → Schweineschmalz, → Rindertalg und → Milchfett, die wichtigsten Seetierfette sind: → Fischöle und → Leberöle. Seetierfette haben einen deutlich höheren Anteil an ungesättigten → Fettsäuren im Vergleich zu Landtierfetten und

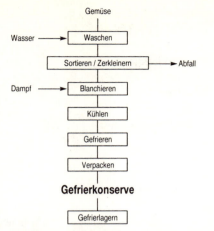

Bild 179. Verfahrensablauf der Herstellung von tiefgefrorenem Gemüse

sind deshalb von höherem ernährungsphysiologischem Wert. → Fette.

Tilsiter
ist ein → Schnittkäse der Dreiviertelfett- bis Doppelrahmstufe fester Konsistenz, meist als längliche Laibe. Der Teig ist kräftig gelb und hat charakteristische Schlitzlöcher. Sein Geschmack und Geruch ist pikant und leicht säuerlich. → Labkäseherstellung.

Titandioxid
ist ein Lebensmittelfarbstoff der Zusatzstoffverkehrsordnung. → Farbstoffe.

Toastbrot
eignet sich aufgrund der speziellen Rezepturbestandteile und Herstellverfahren besonders zum Toasten. Der Anteil an Fetten, Milch und Zuckerstoffen ist gegenüber anderen Weizenhefebroten höher, jedoch dürfen maximal 11% Fette und/oder Zucker, bezogen auf Getreideerzeugnisse, zugesetzt werden. Je nach Anteil der verwendeten Zutaten gibt es u.a. Weizentoastbrot, Toastbrot mit Schrotanteilen, Buttertoastbrot, Toastbrot mit 25% Roggen. T.'e werden in Kästen gebacken, die → Krume ist gleichmäßig geport und besonders fein. Der Zustand der Frische wird aufgrund des Fettgehaltes und der feinen Krumenstruktur länger erhalten als bei anderen → Weizenhefebroten. Die Mindesthaltbarkeit beträgt in der Regel 4 - 6 Tage.

Toasten
ist der aus dem Englischen stammende Begriff für → Rösten.

Toastung
bezeichnet die Prozeßeinheit der Lösungsmittelentfernung durch Erwärmung bei der Herstellung von → Sojaflocken.

Tocopherole
→ Vitamine.

Tofu
ist ein Sojaeiweißerzeugnis („Sojabohnenquark"), das aus → Sojamilch durch Ausfällung des Eiweißes unter Anwendung von Wärme und Fällsalzen (z.B. Calciumsulfat) gewonnen wird. Das Koagulat wird abgepreßt und verpackt. Der flüssige Rückstand ist die Sojamolke.

Tokayr
→ Likörweine.

Tomatenerzeugnisse
gehören eigentlich zu den → Gemüseerzeugnissen, haben aber wegen vielfältigen Verarbeitungsmöglichkeiten eine gewisse Eigenständigkeit erlangt. Die Verarbeitung von Tomaten erfolgt zu Tomatensaft (→ Gemüsesaft), Tomatenmark, Schältomaten, Tomatenpulpe und Tomatenpulver (**Abb. 180**). Die Tomaten werden direkt vom Fahrzeug mit Wasser zur Wasch- und Sortierlinie gespült und anschließend mit Frischwasser gewaschen. Nach dem Sortieren erfolgt das Zerkleinern in Trituratione bei 60 - 70°C oder unter Pektinerhaltung bei 90 - 95°C (Inaktivierung der → pektolytischen Enyzme). Mittels Tomatensieben werden Kerne und Schalen entfernt. Die Tomatensiebe sind hintereinander mit 1; 2; 0,7 und 0,4 mm Lochgröße angeordnet. Teils wird zur Ausbeutesteigerung auch zentrifugiert. Der Tomatensaft kann nach Trubstabilisierung abgefüllt werden. Bei einer Weiterverarbeitung wird er mehrstufig im Vakuum eingedampft (< 80°C). Teils erfolgt eine Vorkonzentrierung durch → Umkehrosmose auf 8 - 10% Trockenmasse. Die Endkonzentration des Tomatenmarks liegt je nach Verfahren bei etwa 30% bzw. 36 - 38% Trockenmasse. Die Abfüllung wird nach der Erhitzung im Durchlauferhitzer auf mind. 90°C in Dosen oder Tuben, meist unter aseptischen Bedingungen, vorgenommen. Tomatenmark bzw. Tomatenpulpe dient auch als Ausgangsprodukt für die Tomatenpulverherstellung. Das Trocknen er-

Tomatenflocken

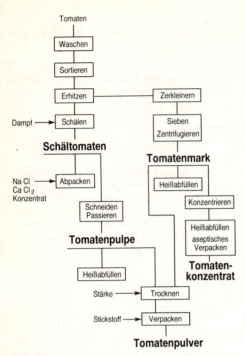

Bild 180. Verfahrensablauf der Herstellung von Tomatenerzeugnissen

folgt durch → Sprühtrocknung oder → Walzentrocknung. Zur Herstellung von Schältomaten werden die Früchte mit Dampf behandelt, so daß sich die Haut entfernen läßt. Unter Zusatz von Tomatenkonzentrat, NaCl und CaCl$_2$ werden sie verpackt.

Tomatenflocken
sind ein Halbfabrikat, hergestellt aus getrockneten Tomatenstücken, die zur Herstellung von → Gewürzen, → Suppen, → Soßen u.a. verwendet werden.

Tomatenketchup
ist eine aus Tomatenmark, Zwiebeln, Zucker, Salz, Essig und Gewürzen, teils auch → Anchovis, → Pilzen, → Senf, → Wein u.a. hergestellte Würzsoße. Die Tomatentrockenmasse des T. muß mind. 7% betragen. Zur Gewährleistung der Qualitätsmindestanforderungen an das Tomatenmark muß es einen Alkoholgehalt von unter 0,1 g/kg, einen Gehalt von organischen Säuren von unter 3 g/kg und ein Citronensäure/Gesamtsäure-Verhältnis von über 0,9 aufweisen.

Tomatenkonzentrat
→ Tomatenerzeugnisse.

Tomatenmark
→ Tomatenerzeugnisse.

Tomatenpulver
→ Tomatenerzeugnisse.

Tomatensaft
→ Tomatenerzeugnisse.

Topinambur
→ Spirituosen.

Totenstarre
→ Rigor mortis.

Toxine
sind Stoffe, die nach erfolgter Aufnahme durch den Körper zu Erkrankungen, teils auch zum Tode, führen können. Sie sind ein Stoffwechselprodukt der pflanzlichen oder tierischen Zelle oder werden im Lebensmittel durch chemische Reaktionen bzw. durch den Stoffwechsel von Mikroorganismen gebildet (z.B. Mycotoxine der Schimmelpilze, Endooder Exotoxine des bakteriellen Stoffwechsels).

Traganth
ist ein Pflanzengummi von verschiedenen in Kleinasien beheimateten Astragalus-Arten. Zur Gewinnung wird die Rinde der Pflanzen angeritzt und das austretende Harz an der Sonne getrocknet. T. ist ein quellfähiges, wasserunlösliches Polysaccharidgemisch, das zu 75% aus L-Arabinose, 12% aus D-Galactose und 3% aus D-Galacturonsäuremethylester und L-Rhamnose besteht. Dabei bildet das Polygalacturonsäuremolekül eine Hauptkette, von der Seitenketten aus verschiedenen Zuckerarten abgehen. Es wird zur Herstellung von → Speiseeis, Dressings und Füllungen von Backwaren u.a. verwendet.

Traminer
ist eine → Weißweinsorte, die volle, alkoholreiche Weine ergibt. Besonders aromatische T. nennt man Gewürztraminer.

Transesterifikation
→ Interesterifikation.

Transferasen
→ Enzyme.

Transportgleichung
Jeder Prozeß erfordert Material (Stoff), Energie und Impuls, deren Änderungen der allge-

meinen T. genügen. Die Änderungsgeschwindigkeit der Konzentration $\dot{c}_m = \frac{dc_m}{dt}$,

der Temperatur $\dot{T} = \frac{dT}{dt}$,

und des Impulses $\dot{I} = \frac{dI}{dt}$

ist proportional den linearen Gradienten der Fläche A, durch die der Transport erfolgt, den Stoffkonstanten Temperaturleitzahl a, Diffusionszahl D und kinematische Viskosität ν, die den jeweiligen Vorgang bestimmen und ist umgekehrt proportional dem Volumen V, in dem die Änderung stattfindet. Demnach gilt:

$$\dot{c} = -D\frac{A}{V} \cdot \frac{dc_m}{dx} \text{ für Konzentrationsänderung}$$

$$\dot{T} = -a\frac{A}{V} \cdot \frac{dT}{dx} \text{ für Temperaturänderung}$$

$$\dot{I} = -\nu\frac{A}{V} \cdot \frac{dI}{dx} \text{ für Impulsänderung}$$

Transvorsierverfahren
ist ein erst 1960 entwickeltes Verfahren der → Schaumweinherstellung. Dabei wird der Grundwein zusammen mit Zucker und Hefe auf Flaschen gefüllt und darin vergoren. Nach der Gärung entleert man die Flaschen unter Gegendruck in einen Tank. Der Schaumwein wird über einen Filter in einen anderen Tank gepumpt und mit → Dosage versetzt. Durch die Filtration erhält man klare Schaumweine. Das T. wird heute kaum noch angewendet.

Traubenkernöl
ist ein → Pflanzenfett, das aus den Traubenkernen gewonnen wird. Es hat einen besonders hohen Linolsäuregehalt (etwa 75%).

Traubenmühlen
sind spezielle → Obstmühlen, bei denen die Beeren zwischen spezielle Walzen aus Holz, Stein oder Aluminium zerquetscht werden. Nach der

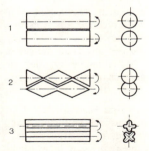

Bild 181. Walzengrundformen der Traubenmühlen. *1* Zylinderwalze, *2* Kegelwalze, *3* Flügelwalze

konstruktiven Ausführung unterscheidet man Zylinderwalzen, Kegelwalzen und Flügelwalzen (**Abb. 181**). Die Walzen rotieren gegenläufig und sind im Walzenabstand verstellbar. Teilweise erfolgt ein Zerquetschen und → Entrappen. teils auch nur Zerquetschen von Beeren. Die Kerne sollen dabei wegen ihres Gerbstoffgehaltes unbeschädigt bleiben.

Traubensaft
ist der → Fruchtsaft aus weißen oder roten Weintrauben. T. darf nicht mit Wasser oder Zucker versetzt werden, ausgenommen bei der Rückverdünnung von Traubensaftkonzentrat.

Traubenzuckerkomprimate
sind → Zuckerwaren aus D-Glucose, die ggf. unter Zusatz geringer Mengen von Binde- und Gleitmittel stückig gepreßt werden (→ Tablettieren).

Treber
ist die Bezeichnung für die festen Maischerückstände nach dem → Läutern bei der → Bierherstellung und bestehen im wesentlichen aus Spelzen und koaguliertem, unlöslichem Eiweiß. Sie finden als Tierfutter Verwendung.

Trehalose
ist ein Disaccharid aus → Glucose, der natürlich vorwiegend in Pilzen, Algen und Moosen vorkommt.

Treibgase
werden zu den → Zusatzstoffen gezählt. Sie dienen zur Herstellung von Lebensmittelaerosolen. Zu ihnen gehören Kohlendioxid, Distickstoffoxid und Stickstoff. Sie werden zur Herstellung von → Schlagsahne, Brat-, Backund Trennölen u.a. verwendet. In die gleiche Zusatzstoffklasse werden auch die Verpackungsgase eingeordnet. Sie haben konservierende und antixoidative Eigenschaften, in dem sie durch anaerobe Bedingungen obligat aerobe Mikroorganismen hemmen und das Lebensmittel vor unerwünschten oxidativen Reaktionen mit Luftsauerstoff schützen. Kohlendioxid verändert zudem den pH-Wert und greift in den Atmungsstoffwechsel ein. Verpackungsgase werden beim Abpacken von → Milcherzeugnissen, → Obstsäften, → Gemüsesäften, → Käse u.a. verwendet.

Trennen
ist ein Grundprozeß, bei dem ein Ausgangsstoff, der eine Komponenten- oder Phasenmischung sein kann, durch Ausnutzung von

Trennfette

Tabelle 72. Übersicht über Trennverfahren

Stoffgemische	Trennverfahren	Trennmechanismen
Feststoff-Gemische	Sortieren, Klassieren, Extrahieren	mechanisch, thermisch
Fest/Fl.-Gemische	Zentrifugieren, Filtrieren, Auspressen, Trocknen, Extrahieren	mechanisch, thermisch
Fl.-Gemische	Zentrifugieren, Dekantieren, Destillieren, Rektifizieren, Extrahieren	mechanisch, thermisch
Lösungen	Eindampfen, Kristallieren, Ausfrieren, Aussalzen	thermisch, chemisch
Gas-Gemische	Absorbieren, Adsorbieren	physikalisch/chemisch

Trennmerkmalen (z.B. Korngröße, Siedetemperatur) in mindestens zwei Produkte zerlegt wird. Von besonderer Bedeutung sind die mechanischen und die thermischen → Trennprozesse.

Trennfette
sind Zubereitungen, die bei der Herstellung von → Back- und → Süßwaren das Ankleben an Backblechen oder in Formen verhindern sollen. T. sind niederviskose Produkte. Acetylierte Lecithine mit niedrigem Gehalt an freien Aminogruppen und gleichzeitig hydroxyliert sind besonders wasserfreundlich und deshalb als T. geeignet.

Trennmittel
sind → Zusatzstoffe, die das Ankleben von Backstücken an Unterlagen z.B. durch Bestreichen oder Besprühen mit Wachsen und → Emulgatoren, verhindern. In Lebensmitteln verbessern sie die Streu- und Rieselfähigkeit (Rieselhilfsmittel) von Pulvern und Speisesalzen. Eine weitere Funktion besteht in der Verhinderung möglicher unerwünschter Reaktionen von Lebensmittelinhaltsstoffen untereinander (z.B. in → Backpulver). Rieselhilfsmittel umhüllen die zu schützenden Teilchen mit einer dünnen Schicht, erhöhen deren Abstand voneinander und setzen Kohäsionskräfte herab. Sie vermindern auch elektrostatisch bedingte Anziehungen von Teilchen. T. und Rieselhilfsmittel werden zur Herstellung von → Backwaren, → Süßwaren, → Zuckerwaren, → Kaugummi, Speisesalzen, → Backtriebmitteln u.a. verwendet.

Trennprozesse, mechanische
sind Prozesse, bei denen ein Ausgangsstoff (Komponenten- oder Phasengemisch) in mindestens zwei Produkte unterschiedlicher Zusammensetzung mit mechanischen Mitteln zerlegt wird. Man unterscheidet folgende T.: → Klassieren, → Sortieren, → Sedimentie-

ren, → Filtrieren, → Zentrifugieren, → Flotieren, → Elektroabscheiden und → Membrantrennverfahren. → Trennverfahren.

Trennprozesse, thermische
sind Prozesse, bei denen ein Ausgangsstoff (Komponenten- oder Phasengemisch) in mindestens zwei Produkte unterschiedlicher Zusammensetzung mit thermischen Mitteln zerlegt wird. Thermische T. sind mit Phasenänderungen verbunden. Man unterscheidet folgende thermische T.: → Extrahieren, → Trocknen, → Kristallisieren, → Ausfrieren, → Destillieren, → Rektifizieren und Eindampfen.

Trennverfahren
werden vielfältig bei der Lebensmittelverarbeitung genutzt. Das → Trennen der Stoffgemische erfolgt aufgrund unterschiedlicher physikalischer oder chemischer Eigenschaften. Neben den mechanischen und thermischen → Trennprozessen können T. auf elektrischen, magnetischen, chemischen oder physikalisch-chemischen Wirkungen beruhen. **Tab. 72** gibt eine Übersicht über Stoffgemische und anwendbare T.

Trennwolf
→ Wolf.

Trester
(1) Rückstand nach dem Auspressen von Weintrauben und Früchten. Aus Apfeltrestern wird Pektin gewonnen.
(2) Bezeichnung für den aus Traubentrestern gewonnenen Tresterbranntwein, der in Kurzform T. genannt wird.

Trichine
(*Trichinella spiralis*) sind Fadenwürmer. Geschlechtsreife, getrenntgeschlechtliche Würmer leben im Dünndarm (Darmtrichinen). Die Larven (Trichinen) dringen in Muskelfasern des Wirtes ein und kapseln sich dort ein (Trichinose). Die eingekapselten Trichinen

sind über viele Jahre lebensfähig, so daß es nach Verzehr dieses Fleisches zur Entwicklung bis zur Geschlechtsreife kommen kann. Bei der gesetzlich vorgeschriebenen → Fleischbeschau erfolgt auch die Kontrolle nach T.'n.

Trichosporon
ist eine Gattung der imperfekten Hefen der Familie *Cryptococcaceae* mit ovalen bis länglichen Zellen und der ausgeprägten Neigung zur Pseudomycelbildung. T. bildet Blasto- und Arthrosporen. T. hat eine gewisse Bedeutung beim Brotverderb (*T. pullulans*). Einige andere Arten sind humanpathogen, wie *T.capitatum* und *T. beigellii*.

Trichterkutter
→ Brätautomat.

Triebmittel
→ Teiglockerungsmittel.

Trieur
(Zellenausleser) ist eine Reinigungsmaschine, die in der ersten Reinigungsstufe, der → Schwarzreinigung von Getreide, zum Einsatz kommt. Dabei werden artfremde Körner und Unkrautsamen mit von Getreide abweichenden Formen mechanisch getrennt (**Abb 182**). Im T. wird das Getreide über das Innere einer sich drehenden Blechtrommel, in der sich Vertiefungen (Trieurzellen) befinden, geführt. Je nach Form der Zellen bleiben runde Samen (Rundkorntrieur) oder längliche Getreidekörner (Langkorntrieur) kurzzeitig in den Vertiefungen liegen und fallen dann in eine Mulde bzw. kippen in den Trieurmantel zurück. Nach der konstruktiven Ausführung unterscheidet man Zylindertrieur und Scheibentrieur.

Triglyceride
sind → Glyceride, bei denen alle vorhandenen Hydroxylgruppen des Glycerins verestert sind.

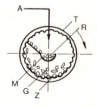

Bild 182. Funktionsprinzip eines Trieurs. *A* Produkteintrag, *Z* Auslesezellen, *T* Trommel, *M* Austragsmulde, *R* Rundkorn, *G* Korngemisch

T. sind der Hauptbestandteil aller natürlichen Fette und Öle.

Trimethylamin
ist neben Mono- und Dimethylamin Hauptkomponente des charakteristischen Fischgeruchs und -geschmacks. Im Verlauf der Lagerung von Fisch wird T. aus Trimethylaminoxid durch Mikroorganismen reduziert.

Trinkbranntwein
ist ein für den menschlichen Genuß bestimmter → Branntwein. → Spirituosen.

Trinkjoghurt
auch Rührjoghurt, ist ein trinkfertiger Joghurt sämiger Konsistenz. → Joghurt.

Trinkwasser
ist zum direkten Verzehr, zur Bereitung von Speisen im Haushalt sowie zur Herstellung und Verarbeitung von Lebensmitteln bestimmtes Wasser. Seine Gewinnung erfolgt aus Grund- (auch Quellwasser) oder Oberflächenwasser. T. muß frei von Krankheitserregern und gesundheitsschädlichen Stoffen, möglichst keimfrei (Colititer über 100), klar, kühl, frei von Geruch und Geschmack sein und sollte wenig Härtebildner, nicht zu viel Salz, wenig Eisen, Mangan und organische Stoffe haben. Bei Entnahme von T. aus Flüssen, Seen und Talsperren erfolgt eine Aufbereitung in öffentlichen Trinkwasserversorgungsanlagen, die von den Gesundheitsämtern überwacht werden.

Trinkwasseraufbereitung
bezeichnet die Verfahren zur Gewinnung von → Trinkwasser in öffentlichen Trinkwasseraufbereitungsanlagen. Die T. ist gesetzlich in der Trinkwasser-Aufbereitungs-VO geregelt. Danach kann die T. erfolgen durch: (1) Chlorierung, (2) Ozonierung auch unter Zusatz von (3) Phosphaten oder (4) Kieselsäure und ihren Natriumsalzen, (5) Zusatz von Silberverbindungen, (6) Zusatz von Carbonaten des Ca, Mg und sowie (7) Zusatz von Salzsäure und Schwefelsäure zur pH-Wert-Einstellung und Härteregulierung.

Trisaccharide
sind Oligosaccharide, die aus drei Monosacchariden, meist → Hexosen, bestehen.

Triticale
ist ein Hybrid aus Hart- oder Weichweizen (*Triticum*) und Roggen (*Secale*). Bislang diente T. vorwiegend als Futtergetreide. Zukünf-

tig sollen Züchtungen von T. für die Verwendung dieser Getreideart als Brotgetreide dienen. Man ist bemüht, die Qualitäten des Weizens, insbesondere die Backeigenschaften, mit der Widerstandsfähigkeit des Roggens zu kombinieren. T.-Brote ähneln in ihrem Erscheinungsbild Broten mit überwiegendem Weizenanteil.

Trituratione

ist eine Maschine zum → Zerkleinern (Zerhacken) von Früchten, vorzugsweise von Tomaten. Erfolgt das Zerkleinern bei 60 - 70°C, so spricht man von cold break, bei 90 - 95°C von hot break. → Tomatenerzeugnisse.

Trockenbackhefe

→ Backhefeherstellung.

Trockenbeerenauslese

ist ein → Qualitätswein mit Prädikat, bei dem nur weitgehend eingeschrumpfte edelfaule Beeren verwendet werden dürfen.

Trockenblutplasma

→ Blutplasma.

Trockenflachbrot

ist in seiner Zusammensetzung dem → Knäckebrot ähnlich. Zu seiner Herstellung wird die grieß- bis pulverförmige Rohstoffmasse kontinuierlich einem Koch- und Formprozeß unterzogen. Dabei findet eine Doppelschneckenextrudiermaschine Anwendung. Die Extrusion verläuft bei 120°C, 50 - 100 bar Masse-Druck und einer Verweilzeit von 120 - 150 s. Das Extrudat wird durch eine Abziehmaschine perforiert und in Stücke unterteilt einem Infrarotbräunungsofen zugeleitet und anschließend auf Verpackungstemperatur gekühlt.

Trockenfleisch

ist luftgetrocknetes mageres Fleisch mit weniger als 10% Wassergehalt. Produkte dieser Art sind u.a. Pemmikan (Nordamerika), Tassaja (Uruguay), Biltong (Afrika). T. ist sehr hart und kann nur dünn geschnitten oder nach Einlegen in Wasser verzehrt werden. Das → Bündner Fleisch, eine Schweizer Spezialität, ist luftgetrocknetes mageres Rindfleisch, dessen Wassergehalt jedoch höher liegt, um einen besseren Genußwert zu erzielen.

Trockenfondant

ist ein pulverförmiges → Fondant. Es wird durch → Sprühtrocknung bzw. Feinstvermahlung der Einzelkomponenten des Fondants

hergestellt und anschließend meist agglomeriert (→ Agglomerieren).

Trockenglucosesirup

ist ein durch → Sprühtrocknung von Glucosesirup gewonnenes pulverförmiges Produkt mit einem Wassergehalt von max. 5%.

Trockengemüse

→ Gemüse, getrocknetes.

Trockenhefen

sind Trockenprodukte, die biologisch aktive oder inaktive Hefen enthalten. Die aktiven Trockenhefen werden unter Zusatz von Schutzsubstanzen schonend bei etwa 25 - 30°C getrocknet. Hauptsächliches Produkt dieser Art ist → Backhefe (*Saccharomyces cerevisiae*). Inaktive Trockenhefen werden als eiweiß- und Vitamin B-reiche Nähr- und Futterhefen verwendet. Die Hefesuspensionen werden meist durch → Sprüh- oder → Walzentrocknung zu pulverförmigen, teils granulierten Produkten verarbeitet.

Trockenkartoffelherstellung

Trockenkartoffeln sind → Kartoffelverarbeitungsprodukte. Die durch Waschen, Schälen und Verlesen vorbehandelten Kartoffeln werden in Scheiben, Würfel oder Streifen geschnitten und erneut gewaschen und anschließend bei 95 - 100°C blanchiert, um die → endogenen Enzyme zu inaktivieren. Das → Trocknen erfolgt mittels Bandtrocknern (→ Konvektionstrockner) zunächst bei 120 - 140°C zur Entfernung der Oberflächenflüssigkeit und später bei 50 - 60°C als Diffusionstrocknung, um eine schonende Trocknung zu erreichen.

Trockenkleber

ist ein → Kleber, der durch Auswaschen und → Sedimentation zunächst mit einem Trockenmassegehalt von etwa 35 - 35% gewonnen wird. Anschließend wird das Zwischenprodukt getrocknet. Bei Anwendung schonender → Trocknungsverfahren, wie die Vakuumtrocknung, bleiben die Quellungs- und Dehnungseigenschaften gegenüber nativem Kleber weitgehend unverändert. Dieser Kleber wird auch als Vitalkleber bezeichnet. Bei weniger schonenden Trocknungsverfahren, wie der Walzentrocknung, kommt es zur partiellen Denaturierung des Eiweißes und somit zur Veränderung der ursprünglichen Eigenschaften (devitaler Kleber).

Trockenkonserven
→ Konservenherstellung.

Trockenkulturen
sind schonend, meist gefriergetrocknete →
Starterkulturen.

Trockenmilcherzeugnisse
sind Milch und Milcherzeugnisse in getrockneter Form. Meist kommt die → Sprüh-, →
Walzen- oder → Gefriertrocknung zur Anwendung. T. sind: → Milchpulver, → But-
termilchpulver, → Joghurtpulver u.a.

Trockenmittel
sind stark hygroskopische Substanzen, die in
wasserdurchlässiger Verpackung als getrennter Beipack wasserdampfdichten Packungen
beigegeben werden, um das Produkt vor unerwünschter Wasseraufnahme zu schützen. T.
sind z.B. gebrannter Kalk, Kieselgur, wasser-
freies Natriumsulfat.

Trockenobst
(Trockenfrüchte) wird durch möglichst schonenden Wasserentzug unter weitgehender Erhaltung der wertgebenden Inhaltsstoffe hergestellt. Traditionell dominiert die Lufttrocknung, aber auch moderne Trocknungsanlagen, einschließlich der → Gefriertrocknung,
werden angewendet. Die wichtigsten Produkte sind: Trockenäpfel, -birnen, -aprikosen,
-pflaumen, -pfirsiche, Rosinen, Datteln, Feigen. Lebensmittelrechtlich zählen auch Wal-
nüsse, Haselnüsse und Mandeln in der Schale
sowie Paranüsse zum T.

Trockenpökelung
→ Pökelverfahren.

Trockensalzen
wird teilweise bei der Käseherstellung angewendet. Dabei werden die Käse im Kochsalz
gewälzt oder mit Kochsalz gleichmäßig über-
streut. Dadurch soll der Molkenaustritt beschleunigt und unerwünschte Mikroorganismen gehemmt werden. Der Salzverbrauch beträgt etwa 5 - 7 kg/100 kg Käse.

Trockensauer
ist ein Produkt aus schonend getrocknetem
Sauerteig mit hohem → Säuregrad und →
Quellmehl, das meist in Verbindung mit →
Teigsäuerungsmitteln angewendet wird.

Trockenvermahlung
→ Vermahlung.

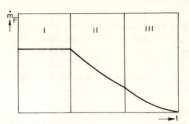

Bild 183. Zeitlicher Verlauf der Trocknung eines
hygroskopischen Gutes. $\dot{m}_F$ Trocknungsgeschwindigkeit, t Zeit, *I, II, III* Trocknungsabschnitte

Trockenzuckerung
eine vorwiegend bei der → Weißweinherstellung angewendete Methode, um einen Mangel
an natürlichem Zucker abzuhelfen oder eine zu
starke natürliche Säuerung auszugleichen. Die
T. ist in D bis max. 25% des Volumens gestattet. Sie wird mengenmäßig behördlich festgelegt.

Trocknen
ist das Entfernen oder die Verminderung von
Feuchtigkeit eines wasserhaltigen Feststoffes
durch → Verdunsten oder → Verdampfen.
Durch die Zufuhr von Wärme geht die Feuchtigkeit an das Trocknungsmittel über. Nach
der Art der Wärmezufuhr unterscheidet man:
Kontakt-, Konvektions- und Strahlungstrocknung. Eine spezielle Art des T.'s ist die → Gefriertrocknung (Sublimationstrocknung). Beim
T. sind mehrere Teilprozesse überlagert, die
den Trocknungsverlauf bestimmen. In erster
Linie sind das der Übergang der Feuchtigkeit in die Gasphase, der → Stofftransport
im Produkt und der Wärmetransport. Der
Trocknungsverlauf läßt sich für ein hygro-
skopisches Produkt in drei Abschnitte unterteilen (**Abb. 183**). Im ersten Trocknungsabschnitt herrscht eine konstante Trocknungsgeschwindigkeit, da an der Oberfläche des
Produktes freie Feuchte vorliegt. Im zweiten
Trocknungsabschnitt nimmt die Trocknungsgeschwindigkeit ab. Die freie Feuchte tritt
in das Gut zurück und an der Oberfläche
sinkt der Feuchtigkeitsgehalt auf die jeweilige
Gleichgewichtsfeuchte. Die → Wärmeübertragung setzt sich in dieser Phase aus dem
Wärmeübergang an die Oberfläche und der
Wärmeleitung im Gut zusammen. Im weiteren Verlauf wird die Trocknungsgeschwindigkeit durch den Diffusionswiderstand bestimmt. Der dritte Trocknungsabschnitt ist im

wesentlichen durch die Entfernung der sorptiv gebundenen Feuchtigkeit charakterisiert. Die Dampfdruckdifferenz wird immer kleiner und geht gegen Null, wenn sich im Zentrum des Produktes ein Gleichgewichtszustand einge-stellt hat. → Trocknungsverfahren

Trocknungsverfahren
Die wichtigsten lebensmitteltechnologisch ge-nutzten T. sind: die Zerstäubungs- oder → Sprühtrocknung, die → Walzentrocknung, die → Wirbelschichttrocknung, die → Gefrier-trocknung und die → dielektrische Trock-nung. Die Apparate lassen sich nach der Art der Wärmezufuhr in → Konvektionstrock-ner, → Kontakttrockner und Strahlungstrock-ner unterteilen.

Trogextraktion
ist ein teilweise zur → Zuckergewinnung an-gewendetes horizontales Extraktionsverfahren im Gegensatz zur häufiger genutzten Extrak-tion in → Extraktionstürmen. → Saccharo-seextraktion.

Trollinger
auch Vernatsch genannt, ist eine → Rotwein-sorte, die in Tirol und Südtirol weit angebaut wird.

Trommelextraktion
ist ein teilweise zur → Zuckergewinnung an-gewendetes horizontales Extraktionsverfahren im Gegensatz zur häufiger genutzten Extrak-tion in → Extraktionstürmen. → Extrahieren.

Trommelgrützschneider
werden zur Grützeherstellung verwendet (→ Getreideflocken, → Flockierung). Um eine rotierende Lochtrommel reichen von außen Stahlmesser heran. Die in den Trommellöchern befindlichen Getreidekerne werden durch die Messer zerschnitten. Eine oberhalb der Mes-ser angebrachte Stachelwalze hält die Löcher der Trommel frei.

Trommelpulper
ist ein Apparat zur Trennung von Fruchtfleisch und Bohnen im Prozeß der nassen Kaffee-aufbereitung (→ Kaffee). Die Kaffeekirschen werden über einen Trichter auf eine drehen-de Trommel aufgebracht und im Spalt zwi-schen Trommel und Brustplatte zerquetscht (**Abb. 184**). Die Brustplatte kann sowohl als geschlossene als auch mit Schlitzen versehe-ne Platte ausgeführt sein. Die anfallende → Pulpe wird als Dünger verwendet.

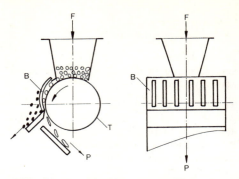

Bild 184. Trommelpulper mit geschlitzter Brust-platte. *F* Füllgutaufgabe, *B* geschlitzte Brustplatte, *E* entpulpte Bohnen, *P* Pulpe, *T* Trommel

Trommelröster
sind → Röstmaschinen, bei denen das Röst-gut in einer rotierenden Trommel bewegt wird. Bei älteren T.'n erfolgt die Wärmeübertragung durch Wärmeleitung von der Trommelwand auf das Röstgut. Modernere T. werden mit Heißgas betrieben, bei denen die Wärmeüber-tragung auf das Röstgut hauptsächlich durch Konvektion erfolgt. Die Chargengrößen rei-chen von 5 - 500 kg Röstgut.

Trommeltrockner
→ Konvektionstrockner.

Tropenkonserven
sind → Vollkonserven, jedoch erfolgt die Er-hitzung auf F_o bis zu 20, um mit Sicherheit auch alle Sporen der thermophilen Bakterien abzutöten. → F-Wert.

Trubstabilisierung
wird bei naturtrüben bzw. keltertrüben Säften erforderlich. Die T. wird beeinflußt durch das Verhältnis Pulpe/Serum, die Partikelgröße, den Pektin-, Gerbstoff-, Eiweiß- und Aminosäure-gehalt, den pH-Wert, die elektrische Ladung der Pulpeteilchen, die Dichtedifferenz zwi-schen flüssiger und fester Phase und die Ge-halte an Elektrolyten. Von entscheidender Be-deutung ist aber die Partikelgröße. Um eine Feinzerkleinerung zu erreichen, wird der Saft homogenisiert (→ Homogenisator). Das er-folgt meist mit Zahnkolloidmühlen.

Trüffelmasse
ist eine schokoladenähnliche Zubereitung aus → Schokolade oder → Kakaomasse, Zucker, → Kakaobutter mit Sahne, → Kondensmilch

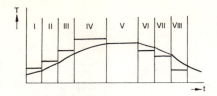

Bild 185. Qualitativer Temperatur-Zeit-Verlauf einer Tunnelpasteurisationsanlage. *I-III* Aufheizzonen mit Kälterückgewinnung, *IV* Überhitzungszone, *V* Heißhaltezone, *VI-VIII* Abkühlungszonen mit Wärmerückgewinnung

und/oder Butter sowie geschmackgebenden Stoffen, wie Rum, Nüsse.

Trüffeln
(1) (*Tuber melanosporum Vitt.*) sind Würzpilze, deren hauptsächliche Inhaltsstoffe aliphatische Alkohole und Aldehyde, 2-Butanon, Dimethylsulfid und Testosteron sind. → Speisepilze.
(2) → Zuckerware, ausgeformt aus → Trüffelmasse.

Tryptophan
ist eine essentielle → Aminosäure.

Tumpeln
→ Poltern.

Tunnelpasteurisationsanlagen
sind kontinuierlich arbeitende Anlagen zur → Pasteurisation von gefüllten, verschlossenen Behältnissen. Dabei durchwandern die Flaschen ein- oder zweistöckig den Pasteur und werden in einzelnen Zonen mit

Wasser unterschiedlicher Temperatur berieselt. Einen charakteristischen Temperaturverlauf zeigt **Abb. 185**

Tunneltrockner
→ Konvektionstrockner.

Turbinenrührer
→ Rührer.

Turbulenz
ist eine Strömungsform, bei der selbst unter stationären Randbedingungen die Geschwindigkeit und der Druck in einem festgehaltenem Raumpunkt nicht zeitlich konstant sind, sondern mit hoher Frequenz völlig unregelmäßig um einen zeitlichen Mittelwert schwanken. Im Gegensatz dazu sind bei der laminaren Strömung der Hauptbewegung keine Störbewegungen überlagert. → Reynolds-Zahl.

TVP
textured vegetable proteins, sind texturierte Proteine.

Typagen
sind Auszüge aus Pflanzenteilen, wie Pflaumen, Pflaumenkerne, Mandeln, Tee und grünen Walnüssen, von → Likörwein, Zuckersirup u.a., die zur Ausbildung und Abrundung des Geschmacks von → Spirituosen verwendet werden.

Typenzahl
→ Mehltype.

Tyramin
ist ein biogenes Amin, das aus der Aminosäure Tyrosin gebildet wird.

U

Überdruckkochen
→ Garprozesse, thermische

Überhitzung
ist ein thermodynamisch metastabiler Zustand, in dem ein Stoff in einer Temperatur vorliegt, bei der er sich schon in die nächsthöhere Phase hätte umwandeln müssen.

Überkritische Lösungsmittel
sind Gase, die sich im überkritischen → Zustand befinden und als Lösungsmittel verwendet werden. Bei Drücken von 100 - 300 atm verringert sich der Molekülabstand der Gase auf einen Größenbereich wie bei flüssigen Lösungsmitteln, jedoch mit erheblich abweichenden physikalisch-chemischen Eigenschaften, wie Viskosität und Diffusionseigenschaften bei vergleichbaren Dichten. Die Lösungsintensität überkritischer Fluide ist eine Funktion der Temperatur und des Drucks. Für die Lebensmittelverarbeitung wird fast ausschließlich überkritisches CO_2 als Extraktionsmittel angwendet. → Extraktion, überkritische.

Überzugsmittel
sind → Zusatzstoffe zum Umhüllen oder Überziehen von Lebensmitteln oder Substanzen, die der Oberfläche aus Schutzzwecken zugesetzt werden. Ü. dienen der Erzielung eines Glanzes, zum Schutz gegen Austrocknen bzw. Einwirkung von Luft und zur Verbesserung des Aussehens, der Vermeidung von unerwünschten Mikroorganismenwachstum, Aroma- und Vitaminverlusten. Ü. werden bei der Herstellung von → Zuckerwaren, → Kaugummi, → Käse, → Fleischerzeugnissen u.a. verwendet.

ubiquitär
weit verbreitet vorkommend.

UHT- Milch
ist ultrahocherhitzte Milch, d.h., sie wurde nach dem → UHT-Verfahren sterilisiert.

UHT-Verfahren
sind Ultrahocherhitzungsverfahren (→ Milcherhitzungsverfahren). Dieses Verfahren wurde ursprünglich als → Uperisation bezeichnet. Man unterscheidet das direkte und das indirekte UHT-V. Beim direkten UHT-V. wird Dampf von Trinkwasserqualität mit dem zu sterilisierenden Produkt vermischt. Nach dem Vorwärmen wird das Produkt durch eine Pumpe auf den erforderlichen Druck (150°C entsprechen 4,76 bar) gebracht und in einer Mischkammer direkt mit dem Dampf gemischt. Nach einer Heißhaltestrecke von 2 - 4 Sekunden gelangt das Produkt in das Expansionsvakuumgefäß. Durch das Expandieren des Gemisches erfolgt die Abkühlung und Verdampfung von Wasser. Die mit dem Dampf eingespeiste Wassermenge muß der bei der Expansion verdampfenden Wassermenge adequat sein. Beim indirekten UHT-V. erfolgt die Produktbeheizung über eine wärmetauschende Wand. Nach dem Vorwärmen wird die Milch homogenisiert und dem Wärmetauscher mit Vorheißhaltung, UHT-Erhitzung und Heißhaltung zugeführt. Anschließend wird das Produkt gekühlt. Nach der UHT-Erhitzung kann eine Entgasung zur Beseitigung unerwünschter Geruchs- und Geschmackskomponenten vorgenommen werden. Das Abfüllen der UHT-sterilisierten Produkte erfolgt aseptisch. Der Verfahrensablauf der direkten und indirekten UHT-Erwärmung ist in **Abb. 186** für das Beispiel der H-Milchherstellung dargestellt. → Verpacken, aseptisches

ULO
= ultra low oxygen; ist eine Verfahrensvariante der → CA-Lagerung bei extrem niedrigem Sauerstoffgehalt.

Ultrafiltration
UF ist ein → Membrantrennverfahren, das zum Abtrennen von Makromolekülen > 1 μm aus Flüssigkeiten geeignet ist. Das Wirkprinzip zeigt **Abb. 187**. Die selektive Trennung wird mittels einer semipermeablen Membran erreicht. Die Druckdifferenz über der Membran ist die treibende Kraft, die den Stofftransport bewirkt.

Ultrahocherhitzen
→ Milcherhitzungsverfahren, → UHT-Verfahren.

Ultraschall
sind Schallwellen, die in einem Frequenzbereich von 20 kHz bis 10^{10} Hz liegen. U. wird

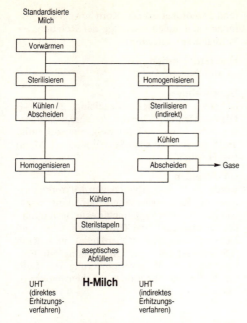

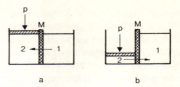

Bild 188. Wirkprinzip der Umkehrosmose. **a** Osmose, **b** Umkehrosmose mit Strömungsrichtung des Lösungsmittels *1* verdünnte Lösung, *2* konzentrierte Lösung

Bild 186. Verfahrensablauf der direkten und indirekten UHT-Erwärmung

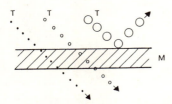

Bild 187. Wirkprinzip der Ultrafiltration. *M* Membran, *T* Makromoleküle unterschiedlicher Größe

technologisch teils zum Zellaufschluß in der Biotechnologie und der Obst- und Gemüseverarbeitung genutzt.

Ultraschallzellaufschluß
ist ein mechanisches Zellaufschlußverfahren, das Anwendung in der Biotechnologie zur Aufarbeitung von Biomasse und in der Obst- und Gemüseverarbeitung findet. Die optimale Frequenz ist zellartenabhängig und liegt bei $20 - 40\,\text{kHz}$ für Obst bis zu $> 10^8\,\text{Hz}$ für Mikroorganismen.

umami
ist neben salzig, sauer, süß und bitter eine Grundgeschmacksrichtung, im asiatischen Raum geprägt, die bei Verwendung von Extrakten pflanzlichen oder tierischen Ursprungs in Lebensmitteln entsteht. Sie bedeutet soviel wie köstlich oder wohlschmeckend und bezeichnet damit im wesentlichen den Effekt von → Geschmacksverstärkern.

Umesterung
→ Interesterifikation.

umgeesterte Fette
sind Fette und Öle, die in ihren Eigenschaften durch Umesterung (→ Interesterifikation), vor allem bezüglich ihrer Konsistenz und ihres Schmelzverhaltens, dem Verwendungszweck angepaßt wurden ("maßgeschneiderte Lebensmittel"). Der Prozeß wird meist chemisch katalytisch mit Natriummethylat durchgeführt. Dazu wird das getrocknete und entsäuerte Fett mit $0,1 - 0,3\%$ des Alkoholats bei $80 - 100°C$ gerührt. Nach erfolgter Umesterung wird der Katalysator unter Wasserzugabe inaktiviert und ausgewaschen. Bleichung und → Desodorisierung schließen sich an (→ Fetthärtung).

Umkehrosmose
auch RO (reverse osmosis), ist ein → Membrantrennverfahren, bei dem asymetrische Membranen zur Abtrennung von Partikeln bis deutlich kleiner $1\,\mu\text{m}$ (z.B. Salze) verwendet werden. Durch Vergrößerung des äußeren Druckes wird ein entgegen dem osmotischen Druck wirkender Lösungsmittelfluß erreicht, d.h. das Lösungsmittel fließt von der konzentrierten zur verdünnten Lösung, die durch eine semipermeable Schicht getrennt sind (**Abb. 188**).

Umlufttrockner
→ Konvektionstrockner.

Umrötung
ist die komplexe biochemische, enzymatische und mikrobielle Umsetzung in Fleisch- und

Wurstwaren von Myoglobin in Reaktion mit Nitrit und Nitrat nach vorheriger mikrobiell-enzymatischer Umwandlung zu Nitrit zu dem hitzestabilen Farbstoff Nitrosomyoglobin. Er verleiht gepökeltem Fleisch und verschiedenen Wurstwaren die charakteristische blaßrosa Färbung.

ungesättigte Fettsäuren
→ Fettsäuren.

Unterdruckkochen
→ Garprozesse, thermische.

Untergärige Biere
sind aus Gerstenmalz, Wasser und Hopfen durch Maischen und Kochen hergestellte, mit untergäriger Hefe vergorene Getränke.

Unterläuferschälgang
ist eine Maschine, die im Prozeß der Herstellung von → Getreideflocken zum → Schälen von Getreidekörnern eingesetzt wird. Das Korn wird zwischen zwei Scheiben mechanisch beansprucht, wobei die obere Scheibe feststehend und die untere Scheibe rotierend angeordnet ist. Das Korn bewegt sich von innen nach außen als Folge der Rotation. → Vermahlungsmaschinen.

Untersterilisation
→ Bombagen.

Uperisation
ist die ursprüngliche Bezeichnung für → UHT-Verfahren. Dieses Verfahren wurde durch die Alpura AG, Schweiz, eingeführt und dient in erster Linie zur Sterilisation von Milch (→ H-Milch).

UV-Strahlen
werden teils zum Abtöten von Mikroorganismen in der Lebensmittelverarbeitung angewendet. Dabei erfolgt eine direkte Bestrahlung der Lebensmittel, wie Trinkwasser, Obst- und Gemüseerzeugnisse (Oberfläche) und Käse (Oberfläche) oder eine Bestrahlung zur Entkeimung bzw. Keimverminderung von Luft, um die Rekontamination von Lebensmitteln zu minimieren.

V

Vakuumdestillation
ist eine Destillation unter vermindertem Druck
(→ Destillieren).

Vakuumdrehfilter
sind Apparate zur → Filtration stark trubhaltiger Flüssigkeiten. Sie bestehen aus einer motorgetriebenen, ein- oder mehrzelli-
gen Filtertrommel, deren Mantelfläche aus einem Edelstahlstützgewebe besteht und mit einem Filtertuch aus Polyamid- oder Polyester-
gewebe bespannt ist. In der Trommel wird
durch eine Vakuumpumpe über ein Leitungs-
system ein gleichmäßiger Unterdruck erzeugt
und zunächst eine Filterhilfsstoffschicht aus
Kieselgur oder Perlit aufgebracht. Die Trommel taucht in die zu filtrierende Flüssigkeit zu
etwa 40% ihrer Oberfläche ein. Die Trubstoffe werden permanent mittels eines Schabers
entfernt.

Vakuumkneter (Tweedy-Kneter)
ermöglichen Knetvorgänge mit kontrollierter
Luftmenge. Dadurch können z.B. Porengrößen
der Weizenbrotkrume reguliert werden. Das
Knetwerkzeug rotiert in einer zylindrischen
Knetkammer, in der Schikanen zur Erhöhung
der Schergefälle angebracht sind. Der V. ist
i.d.R. programmsteuerbar.

Vakuumkutter
→ Kutter.

Vakuumpökelung
→ Pökelverfahren.

Vakuumschaumtrocknung
wird zur Herstellung von Fruchtsaft- und
Gemüsesaftpulver angewendet. Die Säfte werden schonend auf einen möglichst hohen
Trockensubstanzgehalt vorkonzentriert und anschließend in dünnen Schichten unter Vakuum weiter getrocknet. Dadurch kommt es zum
Schäumen des Saftes, der mit fortschreitender
Trocknung erstarrt. Das poröse Produkt wird
abgeschabt und ergibt ein instantlösliches Pulver hoher Qualität. Es gibt diskontinuierlich

und kontinuierlich arbeitende Vakuumschaum-
trocknungsverfahren.

Vakuumtrocknung
ist ein Verfahren zum produktschonenden →
Trocknen und hat neben anderen → Trocknungsverfahren eine große Bedeutung in der
Lebensmittelverarbeitung. Durch Verminderung des Druckes kommt es zur Siedepunktserniedrigung und damit zur Verdampfung von
Wasser und anderen Substanzen bei Temperaturen weit unter 100°C. Dampf und Flüssigkeit
stehen dabei im Gleichgewicht und ihre Temperaturen sind jeweils eine Funktion des Satt-
dampfdruckes. Dieser Zustand läßt sich mit
der Clausius-Clapeyron'schen Gleichung beschreiben. Sie sagt aus, daß sich eine Satt-
dampfdruckänderung zur Änderung der absoluten Verdampfungstemperatur dp_D/dT wie
die Verdampfungswärme r zum Produkt aus
der absoluten Temperatur T und der Differenz
der spezifischen Dampf- und Flüssigkeitsvolu-
mina $V_D - V_{Fl}$ verhält.

$$\frac{dp_D}{dT} = \frac{r}{T(V_D - V_{Fl})}$$

Die V. wird vor allem zur Erhaltung hitzeempfindlicher Produkte, wie Aromen, Farbe, Vitamine u.a. angewendet. Teils werden
auch verschiedene Trocknungsverfahren miteinander kombiniert, wie z.B. die → Wirbelschichttrocknung mit der V.

Vakuumverpackung
sind Packungen aus Verbundfolien, Blech u.a.,
aus denen die Luft durch spezielle Absaug-
vorrichtungen, teils auch unter Austausch mit
Schutzgasen, entfernt wurde. V.'en werden
zum Verpacken sauerstoff- und aromaemp-
findlicher Produkte verwendet.

Valencay
ist ein französischer → Weichkäse aus Ziegenmilch in Pyramidenform.

Valin
ist eine essentielle → Aminosäure.

Vanaspati
ist eine wasserfreie → Margarine, die in Indien und anderen asiatischen Ländern aus
gehärteten → Pflanzenfetten hergestellt wird.
Tierische Fette dürfen aus rituellen Gründen
nicht verwendet werden.

Van-der-Waal'sche Wechselwirkungen
sind Kräfte zwischen Molekülen und Teilchen
einer → Dispersion, die ohne chemische Re-

aktion zur Anziehung untereinander führen. In polaren Flüssigkeiten oder bei Anwesenheit grenzflächenaktiver Stoffe können sich an der Phasengrenze der dispergierten Teilchen orientierte Dipolschichten ausbilden.

Vanille

(*Vanilla planifolia Andr.*) ist ein Gewürz, dessen hauptsächliche Inhaltsstoffe Vanillin, Vanillylalkohol, p-Hydroxybenzaldehyd und Zimtsäureester sind.

Vanillezucker

(1) eine → Gewürzzubereitung aus mind 5% Vanilleschoten mit → Zucker.
(2) ein natürliches Vanillearoma aus Vanilleextrakt und Zucker (Essenzen-VO).

Vanillin

ist ein Aromastoff der: (1) in der Vanillefrucht während der Fermentation gebildet (natürlicher Aromastoff) oder (2) auf synthetischem Weg überwiegend durch alkalische Hydrolyse von Lignin und oxidative Spaltung des dabei entstehenden Coniferylalkohols (naturidentischer Aromastoff) hergestellt wird. V. ist eine phenolische Verbindung, bei der die Carboxylgruppe der Benzoesäure reduziert ist. Verwendet wird V. meist in sehr hohen Verdünnungen (etwa 1:5.000 ... / 10.000).

V.D.Q.S.

(*Vin Delimite de Qualite Superieure*) ist die zweite französische Qualitätsweinstufe und entspricht nach den EG-Richtlinien einem → Qualitätswein b.A.

Verbundfolien

sind zwei- oder mehrlagige Folien unterschiedlichen Materials, die durch Beschichtung oder Kaschieren zusammengefügt sind. V. zeichnen sich durch höhere Dichtigkeitseigenschaften, wie Wasserdampf, Gase, Aroma, Fett aus. Als Materialien kommen vorwiegend Polyamid, Polyester, Aluminium u.a. zur Anwendung.

Verdampfen

ist ein → thermischer Grundprozeß mit einer Phasenänderung vom flüssigen in den gasförmigen Zustand. Da beiderseits der Phasenkurven jeweils nur eine Phase thermodynamisch existieren kann, kommt es bei äußerer Veränderung des Druckes p und/oder der Temperatur T beim Überschreiten der Dampfdruckkurve zum V. Während des Siedens des Wassers erfolgt jedoch trotz fortgesetzter Wärmezufuhr keine Temperaturerhöhung.

Die Energie wird zur Überführung der Flüssigkeit in den gasförmigen Zustand benötigt. Diese Wärmemenge ist eine spezifische Materialkonstante und wird als spezifische Verdampfungswärme r bezeichnet und errechnet sich aus der Wärmemenge Q und der Masse der erhitzten Flüssigkeit m.

$$r = \frac{Q}{m}$$

Wasser hat eine spezifische Verdampfungswärme von 2257 kJ/kg.

Verdampfer

sind Apparate zur Umwandlung von flüssigen in gasförmige Phasen durch → Verdampfung. Sie lassen sich einteilen in: → Röhrenverdampfer, → Plattenverdampfer, → Dünnschichtverdampfer, Radialstromverdampfer und → Zentrifugalverdampfer.

Verderbsfaktoren

hängen wesentlich von den Eigenschaften des Lebensmittels ab (intrinsic factors = Innenfaktoren), wie Zusammensetzung, Wasseraktivität (a_w-Wert), pH-Wert, Textur u.a., werden jedoch auch durch das Herstellungsverfahren (process factors – Herstellungsfaktoren) und die Lagerbedingungen (extrinsic factors – Außenfaktoren), wie Temperatur, Gaszusammensetzung, und Luftfeuchte beeinflußt. Die Geschwindigkeit, mit der diese Reaktionen ablaufen, bestimmen entscheidend die Haltbarkeitsdauer eines Lebensmittels.

Verdunsten

ist der sich bei jeder Temperatur nur an der Oberfläche einer Flüssigkeit abspielende Übergang aus dem flüssigen in den gasförmigen Zustand. Mit steigender Temperatur einer Flüssigkeit nimmt auch der Dampfdruck zu. Entlang der Dampfdruckkurve können die flüssige und die gasförmige Phase nebeneinander existieren (→ Phasen). Die zum V. benötigte Wärmeenergie wird der Flüssigkeit und der Umgebung entzogen, so daß Abkühlung eintritt, die als Verdunstungskälte bezeichnet wird.

Verfahren

umfaßt alle für die Herstellung eines Produktes und die damit verbundenen stofflichen Veränderungen notwendigen → Verfahrensstufen bzw. → Prozeßeinheiten in einer strukturellen Aggregation. Das V. schließt die Prozesse der Stoffaufbereitung, Stoffwandlung und Stoffnachbereitung ein.

Tabelle 73. Klassifizierung von Vermahlungsmaschinen

Wirkungsweise	Vermahlungs- maschinen	Prinzip
Druck	Schälgang	gegenläufige Glattwalzen mit gleicher Geschwindigkeit
Druck und Schub	Mahlgang	gegenläufige horizontale Scheiben
Druck, Schub und Scherung	Walzenstuhl	gegenläufige Glattwalzen unterschiedlicher Geschwindigkeit
Druck, Schub, Scherung und Schneiden	Walzenstuhl	gegenläufige Riffelwalzen unterschiedlicher Geschwindigkeit
Stoß und Scherung	Hammermühle Scheibenmühle Prallmühle Schlagmaschine	rotierende Mahlelemente mit Stoßwirkung auf das Korn

Verfahrensstufe

ist die Aggregation von → Prozeßeinheiten, die zur Realisierung relativ selbständiger Teilschritte einer Stoffumwandlung dienen. Sie ist nicht zwingend durch einen Apparat bzw. eine Maschine begrenzt, jeoch an eine stoffliche Einheit wie z.B. Teigbereitung gebunden.

Verkapselung

→ Coating.

Verkleisterung

bezeichnet das charakteristische Verhalten von → Stärke bei Erwärmung in Anwesenheit von Wasser. Die Stärkekörner quellen stark auf und gehen allmählich in kolloidale Lösungen bzw. in gelförmige Strukturen über. Die sich dabei einstellende → Viskosität ist konzentrationsabhängig. Der Prozeß der Verkleisterung ist irreversibel. Beim Abkühlen steigt die Viskosität von kolloidalen Lösungen an und Gele verfestigen sich mit der Zeit noch (Retrogradation). Die Verkleisterungstemperatur ist stärkeartabhängig und liegt bei etwa 50 - 80°C. Technologisch bedeutsam ist die Verkleisterung für die Herstellung von modifizierten Stärken und für die Ausbildung der → Krume beim → Backen. Getrocknete vorverkleisterte Stärke quillt bereits in kaltem Wasser (→ Quellstärke).

Vermahlung

ist ein Strukturumwandlungsprozeß der Lebensmittelverarbeitung. Die V. zählt zu den → Zerkleinerungsprozessen. Man unterscheidet Trockenvermahlung, bei der die disperse Phase ein Feststoff und die kontinuierliche Pha-

se eine Flüssigkeit ist. Die wichtigsten Produkte der Lebensmittelverarbeitung, die vermahlen werden, sind: Getreide, Kakaobruch, Obst, Gemüse, Kristallzucker, trockene Pilze. → Getreidevermahlung, → Obstmühlen.

Vermahlungsmaschinen

(1) sind Zerkleinerungsmaschinen, die zur → Vermahlung von Getreide, → Kakaokernen, → Kakaopreßrückständen, → Kakaomasse u.a. verwendet werden. → Getreidevermahlung. In **Tab. 73** erfolgt eine Klassifizierung von V. nach ihrer Wirkungsweise.

(2) → Obstmühlen.

Vermahlungsprodukt

→ Getreidemahlerzeugnisse, → Kakaoherstellung, → Zuckerherstellung, → Fruchtsaftherstellung.

Verpacken

bezeichnet die Prozeßeinheiten: Umhüllen von Packgütern, Füllen und Verschließen von Packmitteln und Transportfähigmachen.

Verpacken, aseptisches

ist das Abfüllen und keimdichte Verschließen vorsterilisierter und steriler Produkte in sterilen Packungen unter sterilen Bedingungen. Beim a.V. von Lebensmitteln lassen sich allgemein zwei verschiedene Anwendungsgebiete unterscheiden:

(1) Das V. von vorsterilisierten und sterilen Produkten, entweder um ein wärmebehandeltes Produkt mit verlängerter Haltbarkeit und Lagerfähigkeit bei normalen Temperaturen oder um eine Konserve zu

Verpackung

erhalten (z.B. H-Milch, Säfte, Suppenkonserven).

(2) Das V. von nichtsterilen Produkten zur Verhinderung einer Kontamination mit Fremdmikroorganismen, um eine verlängerte Haltbarkeit zu erzielen (z.B. Frischprodukte wie Joghurts und Desserts).

Verpackung
ist die Gesamtheit der → Packmittel und → Packhilfsmittel. Sie hat die Aufgabe: (1) Schutz vor mechanischer Einwirkung vom Hersteller bis zum Verbraucher, einschließlich des Transportes, (2) vollständiger oder weitgehender Erhalt der Gebrauchswerteigenschaften des Lebensmittels (Schutz vor klimatischen Einflüssen, Einwirkung tierischer Schädlinge und unerwünschter Mikroorganismen, Erhalt der sensorischen Eigenschaften und der äußeren Form) und (3) Träger der Kennzeichnung des Lebensmittels (häufig verbunden mit Elementen der Werbung). Eine Einteilung der V. erfolgt nach dem Verwendungszweck (z.B. Schokoladenverpackung), dem Bestimmungszweck (z.B. Versandverpackung) und der Art des Packmittels (z.B. Folienverpackung, Blechverpackung).

Verpackungsgase
→ Treibgase.

Versandhefe
→ Backhefeherstellung.

Verseifung
ist die Spaltung von Fetten oder Ölen durch Laugen unter Bildung von Seifen und → Glycerin.

Verseifungszahl
VZ gibt die Anzahl mg Kaliumhydroxid an, die notwendig ist, um 1 g Fett zu verseifen. Sie ist ein Maß für die in einem Fett enthaltenen freien und gebundenen → Fettsäuren.

Verteilungsdichte
q_r gibt die auf den Mengenanteil bezogenen Partikeln mit → Äquivalentdurchmesser d an. Das erfolgt in Merkmalsintervallen Δd, so daß man eine Verteilungsdichte $q_r(d)$ erhält. Ist die Verteilungssummenkurve $Q_r(d)$ eine stetige, differenzierbare Funktion, so erhält man die Verteilungsdichtekurve:

$$q_r(d) = \frac{dQ_r(d)}{dd}$$

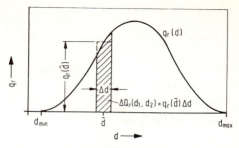

Bild 189. Verteilungsdichtekurve $q_r(d)$

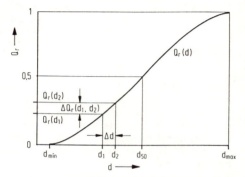

Bild 190. Verteilungssummenkurve (für $Q_r(d_{\min})$ = 0; $Q_r(d_{\max} = 1)$

Verteilungssumme
Q_r gibt die auf die Gesamtmenge bezogene, d.h. normierte Menge aller Partikeln mit → Äquivalentdurchmessern kleiner gleich d an. Der Zusammenhang von Verteilungssumme und Partikelmerkmal oder einem Äquivalentdurchmesser d wird als Verteilungssummenkurve $Q_r(d)$ dargestellt. → Verteilungsdichte.

Vertikal-Korbpressen
dienen zur Saftgewinnung bei der → Obst- und → Gemüseverarbeitung. Das Preßgut wird in ein zylindrisches Gefäß eingebracht, dessen Wandung aus Holz, Korbgeflecht, Edelstahl, Aluminium u.a. besteht und gelocht oder geschlitzt ist, und vertikal mittels eines Kolbens ausgepreßt wird. (**Abb. 191**). Korbpressen werden heute kaum noch industriell angewendet. Sie haben aber als hydraulische Labor-Korbpressen eine Bedeutung.

Verzuckerung
ist die Hydrolyse von Kohlenhydraten mittels Säuren oder → Enzymen (Hydrolasen). Sie

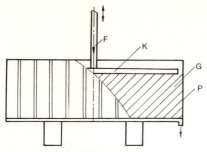

Bild 191. Schematische Darstellung einer Vertikal-Korbpresse. *F* Preßkraft, *K* Kolben, *G* Preßgut, *P* Preßkorb

kann bis zur Bildung von Monosacchariden geführt werden (z.B. → Stärkehydrolyse).

Vibrationsentsaften
Früchte, die nach dem Zerkleinern ihren Saft leicht abgeben, lassen sich durch Vibration über Schüttelsiebe wirksam vorentsaften. Das betrifft insbesondere Trauben. → Entsaften.

Vibrio
ist eine Gattung der → *Enterobacteriaceae* mit gramnegativen, aeroben und anaeroben, begeißelten, kommaförmigen bis geraden, kurzen Stäbchen. Einige Arten sind pathogen. Wegen ihrer Eigenschaft Nitrat zu reduzieren, sind apathogene Arten auch als Starterkulturen für die Rohwurstherstellung vorgeschlagen worden. Vertreter sind: *V.cholerae, V. parahaemolyticus, V. costicola.*

Viili
ist ein finnisches fermentiertes → Milcherzeugnis.

Vin de Table
französische Bezeichnung für → Tafelwein.

Violaxanthin
→ Xanthophylle, → Farbstoffe.

viruzid
= virusinaktivierend.

viskoelastische Körper
sind durch viskose und elastische Eigenschaften gekennzeichnet. Sie haben keine Fließgrenze und sind nicht formstabil. Die Deformation geht nach Aufhebung der Spannung nur teilweise und zeitlich verzögert zurück. → viskose Körper, → elastische Körper.

viskose Deformation
ist die irreversible Formänderung durch äußere anisotrope Kräfte oder Schwerkraft ohne Existenz einer Fließgrenze. Die Atome, Moleküle oder dispersen Teilchen unterliegen einem Platzwechsel. Die zur Formänderung aufgebrachte Energie unterliegt der Dissipation. → Modelle, rheologische, → viskose Körper.

viskose Körper
haben keine Fließgrenze und fließen durch eigene Schwerkraft. Die Deformation ist irreversibel. → Modelle, rheologische, → viskose Deformation.

Viskosität
faßt die auftretenden makroskopischen Tangentialkräfte, die einer Verschiebung von Teilchen in einer Flüssigkeit oder einem Gas entgegenwirken, zusammen. Für viele Flüssigkeiten gilt die Newton'sche Gleichung der Viskosität, wonach die Schubspannung T proportional dem Geschwindigkeitsgefälle dv/dx ist. Proportionalitätsfaktor ist die Viskosität η. Für Ähnlichkeitsbetrachtungen mit dimensionslosen Kenngrößen benutzt man häufig die kinematische Viskosität v, die sich aus dem Quotienten der Viskosität η und der Dichte der Flüssigkeit ρ ergibt.

$$v = \frac{\eta}{\rho}$$

Die V. wird wesentlich beeinflußt durch die Molekularstruktur, die Temperatur und den Druck. Bezüglich der Molekularstruktur unterscheidet man polare und apolare Flüssigkeiten. Bei polaren Flüssigkeiten liegen permanente Dipole mit höheren zwischenmolekularen Kräften vor. Eine besondere Rolle spielen dabei Wasserstoffbrückenbindungen von Dipolen. Moleküle mit vielen OH- oder H-Gruppen (z.B. Zucker, Polymere) haben intensive Wasserstoffbrückenbindungen und damit eine erhöhte V. Bei apolaren Flüssigkeiten treten im allgemeinen Wechselwirkungen der äußeren Atome auf, wie z.B.:

$C - H$ mit $C - H$,
$C - H$ mit $C - C$,
$C - C$ mit $C - C$.

Bei gewöhnlichen → Homologen nimmt die V. mit wachsender Anzahl der CH_2-Einheiten zu.

Vitamine
sind essentielle Wirkstoffe des lebenden Organismus, die funktionell den Hormonen

Vollbier

Tabelle 74. Vitamine und technologisch bedeutsame Eigenschaften

Vitamin	empfindlich gegenüber				löslich in	
	Hitze	O_2	Licht	UV	Wasser	Fett
Retinol: Vitamin A	-	++	++	+		x
Provitamin A β-Carotin						
Thiamin: Vitamin B$_1$	++	++	-	+	x	
Riboflavin: Vitamin B$_2$	++	-	-	++	x	
Nicotinsäure, Nicotinsäureamid	+	-	-	-	x	
Pyridoxamin: Vitamin B$_6$	++	-	-	++	x	
Cobalamin Vitamin B$_{12}$	-	-	+	-	x	
Ascorbinsäure: Vitamin C	++	++	++	-	x	
Ergacalciferol: Vitamin D$_2$ Cholecalciferol Vitamin D$_3$	-	++	-	+		x
Provitamine: Dehydrocholesterin, Egosterin						
Tocopherole: Vitamin E	-	++	+	-		x
Biotin (Vitamin H)	-	-	-	-	x	
Phyllochinon: Vitamin K	-	+	++	-		x
Folsäure	+	-	-	-	x	
Panthothensäure	+	-	+	-	x	

- unempfindlich, + gering empfindlich, ++ stark empfindlich, x jeweilig löslich in

und Enzymen ähnlich sind. Einige Vitamine sind Coenzyme. Vitaminmangel führt zu Erkrankungserscheinungen (Hypovitaminosen). Übermäßige Zufuhr kann nur bei Retinol und Ergo- bzw. Cholecalciferol zu Erkrankungen führen (Hypervitaminosen). **Tab. 74** enthält Vitamine und technologisch bedeutsame Eigenschaften.

Vollbier
→ Biergattung.

Vollfettkäse
→ ist ein → Käse mit der → Fettstufe „Vollfettstufe".

Vollhering
ist ein ungekehlter oder gekehlter, hartgesalzener Hering, ohne äußerlich erkennbare Milch oder Rogen.

Vollkonserven
sind kommerziell sterile Produkte, die durch Erhitzung auf $F_o > 5,0$ (→ F-Wert) haltbar gemacht werden und auch ohne Kühlung über einen langen Zeitraum lagerfähig sind.

Vollkornbrot
ist eine → Brotsorte, die aus dem ganzen Getreidekorn einschließlich Keimling und Schalen oder deren Mahlprodukten hergestellt

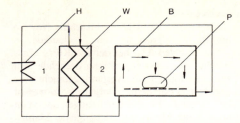

Bild 192. Heizgaskreisläufe beim Volvothermofen.
P Produkt, *B* Backofen, *W* Wärmeaustauscher,
H Heizung, *1* Heizkreislauf, *2* Backkreislauf

wird, wobei der Zusatz von Mehlen mit niedrigeren → Ausmahlungsgraden bis maximal 10% zulässig ist.

Vollmilch

→ Milch, → Milchbearbeitung.

Vollsauer

ist die letzte Stufe der → Sauerteigführung, der direkt zur Teigbereitung (ggf. abzüglich des → Anstellsauers) verwendet wird. Bis zum Vollsauer muß i.d.R. mindestens 40% des Mehles versäuert werden.

Volumenelement

ist die kleinste Betrachtungseinheit des Stoffsystems innerhalb eines Prozesses, die die Beschreibung der physikalischen, chemischen oder biologischen Prozeßläufe im Stoffsystem

unabhängig von der Gestalt des Apparates, in dem die Stoffwandlung durchgeführt wird, ermöglicht.

Volvothermofen

ist ein → Backofen, bei dem die erzeugte Wärme über einen Wärmetauscher an die Heizluft abgegeben wird. Die Heizluft wird in einem geschlossenen Kreislauf durch den V. unmittelbar an das Backgut gebracht (bewegte Backatmosphäre). Die Gaskreisläufe sind in **Abb. 192** schematisch dargestellt.

Vorentsaften

ist eine bei manchen Fruchtarten dem → Entsaften vorgelagerte Prozeßstufe. Durch die Zerkleinerung der Früchte läuft ein Teil des Saftes frei ab. Insbesondere bei leicht zu entsaftenden Früchten, wie Beeren und Trauben führt das V. zu wesentlichen Ausbeutesteigerungen.

Vorlese

erfolgt für frühe → Weinsorten, wie Müller-Thurgau und Portugieser und zum Herbsten schlechter Trauben.

Vorteig

→ Hefeteig.

Vorzugsmilch

ist eine völlig unbehandelte → Rohmilch, der nichts hinzugefügt und nichts entzogen wurde.

W

Wacholderbeeren

(*Juniperus communis L.*) ist ein Gewürz, dessen hauptsächliche Inhaltsstoffe ätherisches Öl mit Sabinen, Pinen, Myrcen, Terpinen-4-ol sowie Zucker, Gerbstoffe, Flavonglycoside und Harz sind.

Wachse

sind Ester hochmolekularer Fettsäuren (C_{24} - C_{36}) und hochmolekularer ein- oder zweiwertiger Alkohole (C_{16} - C_{36}). Sie haben im Bereich der Lebensmitteltechnologie vor allem als Bienenwachs, Seetieröle und als Wachsschicht auf der Cuticula von Pflanzen Bedeutung. W. führen bei Auskristallisation als Folge von Temperaturabsenkungen zur Trübung von Ölen.

Wachstumskurve

→ Batch-culture.

Wachstumsregulatoren

sind Wirkstoffe, die in den pflanzlichen Stoffwechsel eingreifen und eine gezielte Veränderung der vorwiegend Intermediärstoffwechselprodukte zur Folge haben. Sie beschleunigen z.B. die Fruchtreife.

Wachstumsrate

→ Batch-culture.

Waffeln

sind dünne, meist wabenähnliche → Dauerbackwaren, die aus Teig von → Getreidemahlerzeugnissen und oder Stärke teils unter Zusatz von Fett, Zucker, Milch, Sahne und Gewürzen durch thermische Behandlung zwischen erhitzten Platten hergestellt werden. Sie werden als ungefüllte, gefüllte und/oder mit Überzügen aus Schokolade u.ä. Produkte angeboten.

Walnußöl

ist ein → Pflanzenfett, das aus der Walnuß gewonnen wird. Es zeichnet sich durch einen hohen Gehalt an Linolsäure aus (etwa 63%).

Walzenstuhl

ist eine → Vermahlungsmaschine zur selektiven Zerkleinerung von → Getreide, → Hülsenfrüchten u.a., bei der die Körner bzw. Früchte zwischen gegenläufig drehende Walzen mit definiertem Abstand gebracht werden. Der Zerkleinerungsvorgang wird wesentlich durch die Einzugsbedingungen des Mahlgutes in den Mahlspalt, die Länge der Mahlzone, der Voreilung der Walzen (Weizen: 1:2,5; Roggen: 1:3) sowie dem Mahlgutdurchsatz beeinflußt. Man unterscheidet Glatt- und Riffelwalzen. Beim Einsatz von Riffelwalzen wird das Mahlergebnis durch die Anzahl der Riffel je cm, die Neigung der Riffel, die Ausbildung und Tiefe der Riffel und die Riffelstellung bestimmt. Glattwalzen weisen eine definierte Rauhtiefe auf. Je nach Art der verwendeten Walzen treten Druck-, Schub-, Scher- und Schneidwirkungen auf. Bei Scheiben-, Prall-, Hammermühlen und Schlagmaschinen wird das Getreidekorn einer Stoßwirkung ausgesetzt. Zur Vermahlung von Roggen kommen ausschließlich Riffelwalzen zu Anwendung. Bei der Weizenvermahlung werden Riffelwalzen hingegen nur in den Schrotpassagen verwendet. → Grieße und → Dunste des Weizens werden mit Glattwalzen vermahlen. In der **Abb. 193** ist das Wirkprinzip eines Doppelwalzenstuhles schematisch dargestellt.

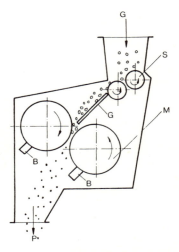

Bild 193. Wirkprinzip des Doppelwalzenstuhles. *G* Getreideeintrag, *S* Zug- und Speisewalzen, *M* Mahlwalzen, *B* Abstreifbürsten, *G* Gleitblech, *P* Mahlgut

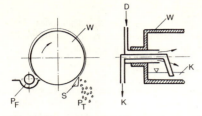

Bild 194. Prinzipdarstellung der Walzentrocknung. *W* Walze, P_F flüssiges Produkt, P_T trockenes Produkt, *D* Dampf, *K* Kondensat, *S* Schabemesser

Walzentrocknung

ist ein Prozeß des → Trocknens von flüssigen bis pastösen Produkten. Eine von innen beheizte Walze taucht in das flüssige Produkt und nimmt es beim Drehen als dünnen Film auf der Walzenoberfläche mit. Während der Drehbewegung verdampft die Flüssigkeit und das Trockenprodukt wird abgeschabt (**Abb. 194**). Die Produktfilmdicke beträgt 0,1 - 0,5 mm und die Dampftemperatur zum Beheizen der Trommel 120 - 165°C. Die Walzen moderner Anlagen haben eine Länge von 1 - 3 m, einen Durchmesser von 0,5 - 1,5 m und drehen sich mit einer Drehzahl von 5 - 30 min^{-1}. → Trocknungsverfahren, → Kontakttrockner.

Wälzkolbenzähler

ist ein Volumenmeßgerät zur Masseermittlung von Flüssigkeiten, bei dem zwei ovale, miteinander verzahnte Wälzräder in einer Meßkammer mit genau definiertem Volumen rotieren und dabei jeweils ein eindeutig festgelegtes Teilvolumen verdrängen.

Wälzmühlen

sind → Zerkleinerungsmaschinen, in denen das Mahlgut zwischen kugel- oder rollenförmigen Walzenkörpern und einer ebenen, kegel-, schüssel- oder ringförmigen Mahlbahn beansprucht wird (**Abb. 195**). Die älteste Bauform ist der Kollergang. Die unterschiedlichen technischen Ausführungen haben zu verschiedenen Bezeichnungen, wie Schüssel-, Ring-, Rollen-, Pendel- und Kugelmühlen geführt. W. sind zum Mahlen von weichen bis harten Stoffen bis zu Partikelgrößen unter 200 μm geeignet. Aufgrund des Luftdurchsatzes kann der Mahlvorgang mit einem Trocknungsprozeß gekoppelt werden.

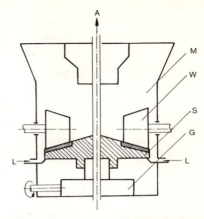

Bild 195. Prinzipdarstellung einer Wälzmühle. *M* Mahlgut, *W* Wälzkörper, *S* Mahlschüssel, *G* Getriebe, *L* Lufteintrag, *A* Mahlgutaustrag

Wärme, spezifische

Unter der spezifischen W. *c* versteht man die einem kg Stoff von gleichbleibendem Aggregatzustand zugeführte Wärmemenge, die die Temperatur des Stoffes um 1 K erhöht.

Wärmeäquivalent

bezeichnet den Umrechnungsfaktor der in Kalorien gemessenen Wärme in andere Energiemaßeinheiten der Mechanik oder Elektrizität. Es gilt: 1 kcal = 426,79 mkp und 1 cal = 4,1868 Nm.

Wärmeaustausch

tritt ein, wenn zwei Massenströme unterschiedlicher Temperatur durch eine Wand getrennt sind. Die Ströme können im Gleich- oder Gegenstrom geführt sein (**Abb. 196**). Die Temperatur ändert sich längs des Strömungsweges. Die Wärmemengen $\dot{Q}$ errechnen sich aus den Stoffmengen $\dot{m}$, den Temperaturen beim Stoffeintritt und -austritt und der spezifischen Wärme *c*. Es gilt:

Strom 1: $\dot{Q} = \dot{m}_1 c_1 \, (T_{E1} - T_{A1})$,
Strom 2: $\dot{Q} = \dot{m}_2 c_2 \, (T_{A2} - T_{E2})$.

Somit ergibt sich für Gleichstrom:

$$\Delta T_m = \frac{(T_{E1} - T_{E2}) - (T_{A1} - T_{A2})}{\ln \frac{T_{E1} - T_{E2}}{T_{A1} - T_{A2}}}$$

Gegenstrom:

$$\Delta T_m = \frac{(T_{E1} - T_{A2}) - (T_{A1} - T_{E2})}{\ln \frac{T_{E1} - T_{A2}}{T_{A1} - T_{E2}}}$$

Wärmediffusion

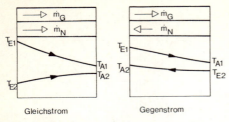

Gleichstrom   Gegenstrom

Bild 196. Temperaturverlauf beim Gleich-
und Gegenstrom. $\dot{m}_G$ Wärme abgebender Strom,
$\dot{m}_N$ Wärme aufnehmender Strom, T_E Eintrittstem-
peratur, T_A Austrittstemperatur

Wärmediffusion
bezeichnet das Wandern von Teilchen in festen
Körpern bei Temperaturunterschieden, die bei
inhomogenen Beanspruchungen entstehen, bei
denen unterschiedliche Teile des Körpers unter
unterschiedlichem Druck stehen.

Wärmekapazität, spezifische
c von Lebensmitteln, die aus mehreren Komponenten bestehen, kann additiv aus den spezifischen W.'en der Komponenten c_i und den
dazugehörigen Masseanteilen m_i der Komponenten i für $i = 1, \ldots, n$ berechnet werden.
Es gilt:

$$c = \sum_{i=1}^{n} c_i m_i \left[\frac{\text{kJ}}{\text{kg} \cdot \text{K}} \right]$$

Wärmeleitung
Jeder Stoff leitet beim Vorhandensein eines
$\frac{dT}{dx}$ Temperaturgradienten Wärme. Die dabei
transportierte Wärmemenge $\dot{Q}$ ist proportional
der Temperaturdifferenz ΔT und der Fläche
A sowie umgekehrt proportional der Länge
des Transportweges x. Der Proportionalitätsfaktor ist die Wärmeleitfähigkeit λ (stoffspe-
zifische Größe). Sie errechnet sich in allgemeiner Form nach dem Fourierschen Gesetz:

$$\dot{Q} = -\lambda \cdot A \frac{dT}{dx}$$

Wärmemenge
Q ist die äquivalente Größe zu einer Arbeit
oder Energie (Joule = J = N · m = kg m²(s²).

Wärmestrahlung
Der Wärmetransport bei Strahlung erfolgt in
Form von elektromagnetischen Wellen. Es
besteht kein direkter Kontakt zwischen den
wärmeaustauschenden Körpern (Wellenlänge

> $0,8 \cdot 10^{-6}$ m). Die Wärmestrahlung setzt
sich zusammen aus dem reflektierenden Teil
f_r, dem absorbierten Teil f_a und dem durch-
gelassenen Teil f_d. Folglich gilt:

$$f_r + f_a + f_d = 1$$

Nach dem Stefan-Boltzmannschen Gesetz ist
der von einer Oberfläche A abgestrahlte
Wärmestrom $\dot{Q}$ proportional der 4. Potenz der
Temperatur T und der Strahlungszahl σ_s des
schwarzen Körpers. Es gilt:

$$\dot{Q} = A \cdot \sigma_s \cdot T^4$$

mit

$$\sigma_s = 5,67 \cdot 10^{-8} \quad \text{W/m}^2\text{K}^4$$

(Stefan-Boltzmann-Konstante)

Wärmestrom
$\dot{Q}$ ist die äquivalente Größe zur Leistung oder
dem Energiestrom (W = J/s = N · m/s = kg
m²/s³).

Wärmetransport
→ Wärmeübertragung.

Wärmeübergang
→ Wärmeübertragung.

Wärmeübertragung
auch Wärmeübergang, ist der Transport von
Energie aufgrund eines Temperaturunterschie-
des als treibende Kraft. Die von einem System
niedriger Temperatur aufgenommene Wärmemenge Q_1 ist gleich der von einem System
höherer Temperatur abgegebene Wärmemenge Q_2. Man unterscheidet zwischen stationärer
und instationärer W. Bei der stationären W.
bestehen örtlich feste, zeitlich unveränderliche
Temperaturfelder. Sie sind charakteristisch für
kontinuierliche Wärmeübertragungsverfahren.
Die instationäre W. ist durch zeitlich veränderliche Temperaturfelder charakterisiert. Sie tritt
bei diskontinuierlichen Verfahren auf. Allgemein gilt, daß die übertragene Wärmemenge $\dot{Q}$ proportional der Temperaturdifferenz
ΔT zweier thermodynamischer Systeme und
der Wärmeaustauschfläche A ist. Proportionalitätsfaktor ist die Wärmeübergangszahl, auch
Wärmeübergangskoeffizient α.

$$\dot{Q} = A \cdot \alpha \cdot \Delta T$$

Es gibt drei Mechanismen der W., wobei in
realen Prozessen meist Mischformen vorkommen:

– → Wärmeleitung (Konduktion),
– Wärmeströmung (→ Konvektion),
– → Wärmestrahlung.

Warmextraktion
bezeichnet ein Verfahrensprinzip zum → Extraktionsentsaften. → DDS-Extraktor.

Warmpökelung
→ Pökelverfahren.

Warmräuchern
→ Räuchern.

Warmsäuerung
(1) ist ein Rahmbehandlungsverfahren, bei dem der Rahm auf etwa 18 - 21°C bis zu einem pH-Wert von 5,1 - 5,4 für etwa 4 - 6 h gehalten wird. Danach wird der Rahm auf 12 - 14°C gekühlt und verbuttert.
(2) ist ein Säuerungsverfahren bei der Sauermilchquarkherstellung. Dabei wird die Milch auf eine Säuerungstemperatur von 40 - 42°C eingestellt und mit 2 - 5% einer thermophilen Säuerungskultur versetzt. Die Gerinnungsdauer der Milch liegt bei 1,5 - 2 h.
→ Kaltsäuerung.

Wasser, mineralarmes
wird aus natürlichen oder künstlich erschlossenen Quellen gewonnen und ohne willkürliche Veränderungen außer einem Kohlendioxidzusatz am Quellort in die für den Verbraucher bestimmten Gefäße abgefüllt.

Wasseraktivität
→ a_w-Wert.

Wasseraufbereitung
→ Trinkwasseraufbereitung.

Wasserbindung
bezeichnet die Fähigkeit von Fleisch fleischeigenes oder zugesetztes Wasser zu binden. Ein hohes Wasserbindevermögen liegt vor, wenn Actin und Myosin, wie beim schlachtwarmen Fleisch, getrennt vorliegen. Die W. kann auch durch den Zusatz geeigneter Zusatzstoffe, wie Diphosphate, Kochsalz u.a. erhöht werden. → Rohwurstherstellung, → Brühwurstherstellung.

Wasserdampfdestillation
ist ein kombiniertes thermisches und mechanisches → Trennverfahren, bei dem Wasserdampf durch flüssige oder feste Stoffe geleitet wird und dabei flüchtige und vorwiegend wasserunlösliche Substanzen mitnimmt. Durch die

Kombinationseffekte werden auch Stoffe mit einem Siedepunkt über 100°C mitgenommen. Die im Kondensat enthaltenen Stoffe lassen sich meist leicht wieder abtrennen. Anwendung findet die W. z.B. bei der Gewinnung von ätherischen Ölen aus Pflanzen bzw. Pflanzenteilen. → Destillation, → Rektifikation, → Adsorption.

Wasserdampfdruck
ist der Druck, der sich bei einer bestimmten Temperatur über Wasser in einem geschlossenem System einstellt. Eine Dampfdruckerniedrigung gegenüber reinem Wasser findet statt, wenn Stoffe im Wasser gelöst sind. → Phasen.

Wasserenthärtung
bezeichnet Verfahren zur Entfernung oder Verringerung des Gehaltes an Calcium- oder Magnesiumsalzen. Die W. erfolgt: (1) durch Ausfällung zu unlöslichen Carbonaten oder Phosphaten; (2) Kationenaustausch, wobei die Calcium- und Magnesiumionen durch Natriumionen mit Natriumaluminiumsilicaten oder synthetischen Ionenaustauschern ersetzt werden; (3) komplexe Bindung von Calcium- und Magnesiumionen mit Polyphosphaten (für Lebensmittel nicht erlaubt).

Wasserentkeimung
ist ein Teilbereich der → Trinkwasseraufbereitung. Die W. erfolgt durch Filtration (→ Filtrieren) oder durch den Zusatz mikrobizider Substanzen, wie Chlor. → Trinkwasseraufbereitung.

Wasserkühlung
hat lebensmitteltechnologisch zum Kühlen von Geflügel, Fisch, Obst und Gemüse u.a. Bedeutung. Die W. erfolgt durch Tauchen oder Besprühen.

wasserlösliche Vitamine
→ Vitamine.

Wasserstoffperoxid
ist eine Verbindung aus gleichen Anteilen Wasserstoff und Sauerstoff. Es wirkt dadurch stark oxidierend unter allmählichem Zerfall. Der dabei freiwerdende Sauerstoff wirkt desinfizierend und bleichend. W. wird im allgemeinen als wäßrige Lösung von 3 - 25% verwendet. Es wird in der Lebensmittelindustrie zur Oberflächenbehandlung von Verpackungsfolien bei → aseptischen Verpackungen verwendet.

Weichfäule

Weichfäule
ist eine Verderbsform die bei Möhren, Sellerie, Kohl, Kartoffeln, Zwiebeln, grünen Bohnen, Chinakohl u.a. auftreten kann. Sie wird verursacht durch *Erwinia carotovora*, teils auch durch *Xanthomonas campestris*.

Weichfette
sind Fette mit einem Schmelzpunkt unter 36°C (Gegensatz Hartfette über 36°C).

Weichkaramellen
→ Karamellen.

Weichkäse
ist der Sammelbegriff für eine Gruppe von → Labkäse. Zu ihnen gehören: Camembert, Brie, Limburger, Romadur, Münsterkäse, → Fetakäse u.a. Ihre Herstellung entspricht im wesentlichen der → Labkäseherstellung. Die charakteristischen Prozeßparameter sind in **Abb. 197** den Hauptprozeßstufen zugeordnet. Zur Verbesserung der Labfähigkeit wird der Milch bei der Vorreifung CaCl₂ zugegeben. Je nach gewünschter Käsesorte werden neben der Säuerungskultur bei Camembert und Brie *Penicillium candidum* bzw. *Penicillium camembertii* und bei Limburger und Romadur *Brevibacterium linens* zugegeben. Die Einlabzeit liegt meist bei 40 - 60 min. Bei gewünschtem weichen Bruch wird bei 18 - 22°C mit reduzierter Labmenge und einer Dicklegungszeit von 20 - 24 h gearbeitet. Durch hohe Labmengen kann die Zeit auf 12 - 15 min reduziert werden. Weichkäse werden schonend ohne großen Molkenverlust in die Formen gefüllt und 4 - 10 mal gewendet. Heute werden zur Weichkäseherstellung verbreitet sog. Koagulatoren verwendet. Das sind Geräte, bei denen die Prozeßstufen Einlaben, Dicklegen, Bruchbearbeiten und Formen kontinuierlich erfolgen. Nach dem Salzbad werden die Rohkäse auf Chrom-Nickel-Stahl-Horden in die Reiferäume gebracht (→ Horden). Die Reifung ist käsesortenabhängig und schwankt zum Teil erheblich. Moderne Verfahren der Weichkäseherstellung nutzen die → Ultrafiltration. Die standardisierte Milch wird in einer UF-Anlage so konzentriert, daß anstelle des Molkenablaufs ein enteiweißtes Permeat abgeführt wird. Somit entfällt der Käsefertiger bzw. die Käsewanne. Das mit Kulturen und Lab versetzte Konzentrat wird direkt in die Formen gefüllt und zur Koagulation gebracht. Damit lassen sich erhebliche Ausbeutesteigerungen bis zu 30% erzielen.

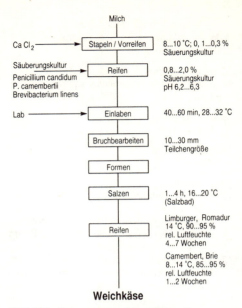

Weichkäse

Bild 197. Hauptprozeßstufen und Prozeßparameter der Weichkäseherstellung

Weichkrokant
→ Krokant.

Weichtiere
Als W. werden Muscheln (Austern, Miesmuscheln, Kamm-Muscheln) Schnecken (Weinbergschnecken), Tintenfische (Kalmar, Krake), Schildkröten (Suppenschildkröte) und Frösche bezeichnet. Austern werden vor allem zu Konserven verarbeitet. Muscheln, reich an Vitamin A und B-Vitaminen mit hohem Eiweißgehalt werden gekocht, gebraten oder mariniert verzehrt. Schnecken müssen aufgrund der begrenzten Haltbarkeit des Fleisches lebend oder konserviert in den Handel kommen. Tintenfische werden gebacken, fritiert, gekocht oder zu Salaten und Suppen verarbeitet. Froschschenkel werden gekocht, gebraten oder als Ragout gegessen.

Weichweizen
hat einen niedrigen Eiweißgehalt (4 - 8%) im Unterschied zum → Hartweizen. Er wird zur Herstellung von Backwaren und als Futtermittel eingesetzt.

Wein
ist ein Getränk, das durch alkoholische Gärung aus dem Saft von frisch vom Stock kommen-

den Trauben hergestellt wird. Bei Fruchtweinen muß die Frucht angegeben werden, aus der der Wein hergestellt wurde. Alkoholfreier W. muß ebenfalls vergoren werden, wobei der Alkohol nachträglich wieder entzogen wird. Er muß weniger als 0,5% Alkohol enthalten.

weinähnliche Getränke
ist ein lebensmittelrechtlicher Sammelbegriff für alkoholhaltige Getränke, die nicht aus Weintrauben hergestellt sind, wie → Obst-, Fruchtweine u.ä. und Zubereitungen aus diesen sowie Mischgetränke.

Weinbaugebiete, deutsche
sind (v. Westen nach Osten): Mosel-Saar-Ruwer, Ahr, Mittelrhein, Nahe, Rheinpfalz, Rheingau, Rheinhessen, Baden, Bergstraße, Württemberg, Franken, Unstrut und Elbe. Das flächenmäßig größte W. ist Baden, das kleinste W. ist ein Gebiet um Meissen an der Elbe.

Weinbauzonen
sind die Rebflächen der EG, bestehend aus den W. A, B, CI, CII und CIII. Das deutsche → Weinbaugebiet gehört zur Weinbauzone A, außer Baden (Weinbauzone B).

Weinbrand
ist ein → Branntwein aus Wein (→ Spirituosen), der dem Weingesetz unterliegt. Er darf als W. bezeichnet werden, wenn mind. 85 Vol.-% des Alkoholgehaltes aus im Herstellungsland gebrannten → Weindestillaten stammen, die Verarbeitung des Weindestillates und die weitere Verarbeitung des Branntweines bis zur Fertigstellung im selben Betrieb vorgenommen wurde, die zur Herstellung aller Weinbestandteile des W.'es aus empfohlenen oder zugelassenen → Rebsorten erfolgte, das gesamte verwendete Weindestillat mind. 6 Monate im Betrieb in Eichenholzfässern gelagert wurde, die Geruch- und Geschmacksstoffe mit keinem anderen Alkohol als vorstehend genannt in demselben Betrieb hergestellt wurden, bei der Herstellung kein → Likörwein zugesetzt wurde, der W. eine goldgelbe bis goldbraune Farbe aufweist und in Aussehen, Geruch und Geschmack frei von Fehlern ist und bei einem deutschen Erzeugnis mit einer Prüfnummer versehen ist. *Cognac* ist ein französischer Qualitätsbranntwein, aus Wein, ausschließlich aus Weinen der Charente (Hauptstadt: Cognac), der nach Versailler Friedensvertrag ausschließlich auf französische Erzeugnisse beschränkt ist. Die

Mindestlagerzeit beträgt 5 Jahre. Das Aroma wird teils durch → Typagen abgerundet.

Weindestillate
sind Zwischenprodukte bei der Branntweinherstellung aus Wein, dadurch gekennzeichnet, daß Wein, Brennwein, → Rauhbrand aus Wein oder aus Brennwein oder ein Verschnitt aus diesen Stoffen zu einem Destillat mit mind. 52 und max. 86 Vol.-% Alkohol abgebrannt wurde. Dem Destillat darf kein Stoff zugesetzt oder entzogen werden.

Weingeist
ist die monopolgesetzliche Bezeichnung für „reinen Alkohol". Er ist die Grundlage für die Vol.-%- und Gew.-%- Angaben.

Weinhefebrand
→ Spirituosen.

Weinheimer Qualitätssauerführung
Auf Empfehlung der Bundesfachschule des Deutschen Bäckerhandwerks in Weinheim wird die Detmolder Einstufenführung mit dem oberen Temperaturbereich von 27-28°C und dem Einsatz von 2% Anstellsauer aufgrund der guten Brotqualität als W.Q. bezeichnet.

Weinherstellung
→ Weißweinherstellung, → Rotweinherstellung.

Weinkategorien
Weine werden in W. (Weinarten) wie folgt unterteilt:

Weißwein	aus Weißweintrauben
Rotwein	aus rotgekeltertem Most von Rotweintrauben
Roséwein, Weißherbst	aus hellgekeltertem Most von Rotweintrauben
Rotling, Schillerwein, Badisch Rotgold	Wein von blaß- bis hellroter Farbe, aus einem Verschnitt von Weißwein- und Rotweintrauben
Perlwein	unter Kohlensäuredruck stehender und erkennbar perlender Wein

Weinqualitätsprüfung
ist obligatorisch für inländische Qualitätsweine mit und ohne Prädikat. Sie wird

von der zuständigen Landesbehörde durchgeführt und umfaßt eine Analyse (Alkohol, Extrakt, Zucker, Alkohol-Restzuckerverhältnis, Gesamtsäure, freie und gesamte schweflige Säure) und eine Sinnesprüfung (Farbe, Klarheit, Duft und Geschmack). Die Punktbewertung erfolgt nach einheitlichem Bewertungsschema.

Weinsäure
(Dihydroxybernsteinsäure) ist eine → Hydroxycarbonsäure und der Art nach eine Dicarbonsäure mit zwei OH-Gruppen. W. liegt in Früchten frei oder als Salz vor. Beim Lagern von Wein scheidet sich aus W. gebildeter Weinstein (Kaliumhydrogentartrat) ab.

Weinstein
ist Kaliumhydrogentartrat. → Weinsäure.

Weißbier
→ Weizenbiere.

Weißbrot
→ Weizenhefegebäck.

Weiße Schokolade
→ Schokolade.

Weißfäule
(*Sclerotinia*-Fäule), verursacht durch *Sclerotinia*-Arten, tritt bei Kohl, Salat, Möhren u.a. auf und ist durch die Bildung von weißem, watteartigem Mycel gekennzeichnet, in dem schwarze Sklerotien gebildet werden. Eine andere Art der W. wird durch *Fusarium solani* und *F. sulforeum* verursacht.

Weißherbst
→ Weinkategorien, → Rotweinherstellung.

Weißlacker
ist ein halbfester → Schnittkäse der Vollfettstufe mit höherem Salzgehalt. Die Laibe sind 1 - 2 kg schwer. Der W. hat einen pikanten, leicht scharfen Geschmack und bleibt äußerlich weiß-gelb. → Labkäseherstellung.

Weißreinigung
ist eine Prozeßstufe der Getreidereinigung vor dem Vermahlen. Dabei wird die Oberfläche des Getreidekornes von Staub, Schmutz, Bakterien, Schimmelpilzen, Samenhaaren und teilweise von oberen Schichten der Samenschale befreit. Die W. erfolgt in der Scheuer- oder → Schälmaschine und im → Tarar.

Weißwein
ist der aus Weißweintrauben hergestellte Wein. → Weißweinsorten, → Weißweinherstellung.

Weißweinburgunder
(Pinot blanc, F) ist eine → Weißweinsorte, die mittelfrüh reift und liebliche Weine ergibt.

Weißweinherstellung
Der Verfahrensablauf der W. ist in **Abb. 198** dargestellt. Um saubere reintönige Weine zu gewinnen, müssen die gelesenen Trauben noch am gleichen Tage gemahlen und gekeltert werden. Ist das nicht der Fall, ist eine Schwefelung der Maische zur Mikroorganismen- und Enzyminhibierung erforderlich. Bei reifen Trauben ist das → Entrappen nicht notwendig, da die Stiele trocken sind. Bei unreifen Trauben können jedoch beim Pressen Gerbstoffe aus den Stielen in den Most gelangen. Eine → Maischeerhitzung ist dann vorzunehmen, wenn nicht gleich gekeltert wird. Ein kurzes Stehenlassen ermöglicht die Trubabtrennung vom Most und somit eine reintönige Gärung. Wurde der Most nicht erhitzt, setzt eine spontane Gärung ein. Häufig wird die Gärung jedoch durch die Verwendung von Reinzuchthefen eingeleitet. Die Gärtemperatur liegt zu Beginn bei 12 - 15°C und erhöht sich dann auf etwa 20°C. Der Zusatz von schwefliger Säure ist ein Mittel zur gezielten Verzögerung der Gärung. Das Ende der Gärung kann am Absetzen der Hefe und des sich klärenden Weines erkannt werden. In der Regel genügen zwei Abstiche mit zwischengelagerten Schönungsmaßnahmen zum Ausbau des Weines. Ggf. wird der Wein mit SO_2 stabilisiert und → Süßreserve zugesetzt. Nach einer EK-Filtration wird der fertige Weißwein abgefüllt, ausgestattet und ggf. der Qualitätsweinprüfung zugeführt.

Weißweinsorten
Die bekanntesten W. sind Riesling, Müller-Thurgau, Silvaner, Ruländer (Grauer Burgunder), Weißer Burgunder, Auxerrois, Traminer, Gewürztraminer, Weißer Gutedel, Roter Gutedel, Königs-Gutedel, Früher weißer Elbling, Roter Elbling, Früher gelber Ortlieber, Früher gelber Malinger, Gelber Muskateller, Roter Muskateller, Schwarzblauer Muskateller und Muskat Ottonel. In den nordeuropäischen Weinbaugebieten haben der Riesling, Müller-Thurgau und Silvaner eine herausragende Bedeutung.

Weißzucker
ist Rohr- oder Rübenzucker mit definiertem Reinheitsgrad (s. Zuckerarten-VO). Die Bezeichnung ist lebensmittelrechtlich nur für

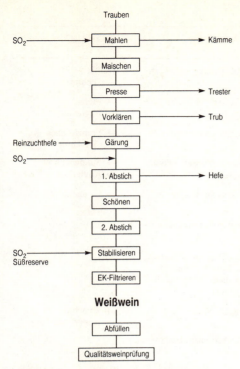

Trauben

SO$_2$ → Mahlen → Kämme

Maischen

Presse → Trester

Vorklären → Trub

Reinzuchthefe → Gärung
SO$_2$ →

1. Abstich → Hefe

Schönen

2. Abstich

SO$_2$ → Stabilisieren
Süßreserve

EK-Filtrieren

Weißwein

Abfüllen

Qualitätsweinprüfung

Bild 198. Verfahrensablauf der Weißweinherstellung

Saccharose mit mindestens 99,7°S Polarisation, höchstens 0,04% Invertzucker und 0,1% Trocknungsverlust zu verwenden.

Weizenbiere
süddeutsche Bezeichnung „Weißbiere", sind obergärige, schwach gehopfte, leicht milchsaure, spritzige, helle bis mittelfarbige, teils auch dunkle Vollbiere, die teils mit dem Hefetrub („Hefeweizen") oder filtriert („Kristallweizen") auf den Markt kommen. W. haben mind. 50% der Malzschüttung als Weizenmalz. → Biersorten, → Bierherstellung.

Weizenbrot
→ Weizenhefegebäck.

Weizenflocken
→ Getreideflocken, → Flockierung.

Weizenhefegebäck
W.'e sind → *Weizenbrote, Weizenkleingebäcke* und *Feine Backwaren aus Hefeteig*, die nach dem → Weizenteigbereitungsverfahren hergestellt werden. Rezepturbestandteile können

u.a. sein: → Weizenmehl (meist helle Mehle der Typen 550 und 812, dunklere Mehle der Type 1050, evtl. Vollkornmehle), Weizenschrot (auch Vollkornschrot, Weizenkeime), → Roggenmehl (als Zusatz für z.B. Weizenmischbrötchen), Wasser, Milch, → Hefe, Kochsalz, → Backmittel, andere Zusätze wie z.B. → Konservierungsmittel. In **Tab. 75** sind Weizenbrote bzw. Weizenkleingebäcke und Bestimmungen für deren Zusammensetzung sowie Beispiele dargestellt. *Weizenkleingebäcke* dürfen maximal 250 g wiegen, ihre geschmackliche Qualität kann durch Zusätze wie Milch und Milcherzeugnisse, Ölsamen, Früchte, Gewürze, Weizenkeime, Malz verändert werden. Bei → *Feine Backwaren aus Hefeteig* müssen auf 90 Teile Mehl (Getreideerzeugnisse) mindestens 10 Teile Fett und/oder Zucker enthalten sein. Beispiele sind Kuchen wie → Stuten, → Zöpfe, Kränze, → Stollen, Blechkuchen, Napfkuchen und Kleingebäcke wie Pfannkuchen, → Zwieback, Hörnchen, Schnecken, Taschen. Man unterscheidet je nach Höhe des Fettanteiles Gebäcke aus leichten, halbschweren und schweren Hefeteigen. Größtenteils werden Hefegebäcke gefüllt und/oder glasiert.

Weizenkeimöl
ist ein → Pflanzenfett, das aus den Keimen des Weizenkorns gepreßt wird. Es enthält etwa 22% gesättigte → Fettsäuren, davon 16% Palmitinsäure und 6% Stearinsäure sowie etwa 76% ungesättigte Fettsäuren, davon 12% Ölsäure, 57% Linolsäure und 7% Linolensäure. W. hat einen hohen Tocopherolgehalt, ist aber dennoch nur gering oxidationsstabil. → Fette.

Weizenkleber
→ Kleber.

Weizenmehle
sind wichtiger Bestandteil zahlreicher Backwaren. Die Hauptinhaltsstoffe sind Kohlenhydrate, Eiweiß, Fett, Rohfaseranteile, Vitamine, endogene Enzyme und Mineralstoffe (z.B. Chlor, Kalzium, Eisen, Magnesium). Die Kohlenhydrate der W. sind Stärke, Pentosane, Mono- und Disaccharide sowie Cellulose. Sie haben insbesondere bei der Teigbereitung in Verbindung mit den amylolytischen Enzymen- und β-Amylase als Kohlenhydrat-Amylasen-Komplex (KAK) Bedeutung. Im Weizenkorn liegt der Stärkean-

Weizenmehle

Tabelle 75. Weizenhefegebäck

Weizenbrot/ Weizenkleingebäck	Bestimmungen über die Zusammensetzung	Beispiel
Weizenbrot (Weißbrot)	wird hergestellt aus Weizenmehl, -schrot, -vollkornmehl, oder -vollkornschrot	Weißbrot → Teebrot
	ein Zusatz von Roggenmehl oder -schrot bis zu 10% ist statthaft	→ Flutes → Baguette
	der Anteil an Schrot (auch Weizenschrot) darf 10% nicht übersteigen	→ Französiches Weißbrot
	Von 100 Anteilen aus Getreideerzeugnissen müssen mindestens 90 aus Weizen stammen	→ Sandwichbrot → Kaviarbrot
Weizenschrotbrot	wird hergestellt aus Weizenbackschrot oder Weizenvollkornschrot	→ Grahambrot
Weizenvollkornbrot	wird hergestellt aus Weizenvollkornerzeugnissen (Mehl, Schrot, ganze Körner)	
	bis zu 10% andere Weizen- oder Roggenerzeugnisse und/oder andere Zugaben (z.B. Restbrot, Fettstoffe, Milcherzeugnisse, Früchte, Ölsamen, Stärkemehle, Backmittel	
Weizentoastbrot	es gelten die Bestimmungen wie für Weizenbrot	→ Toastbrot Buttertoast
	max. 11% Fettstoffe und/oder Zucker dürfen eingesetzt werden	
	Herstellung aus Weizenschrot	Weizenschrottoastbrot
Weizenbrötchen	von 100 Getreideandteilen sind mindestens 90% Weizenbestandteile	Kaisersemmel Rosenbrötchen
Weizenbrötchen mit Schrotanteilen	enthalten mehr als 10% Weizen- und/oder Roggenschrot	→ Schrotlinge
Weizenschrot-brötchen	werden aus Weizenbackschrot hergestellt	Grahambrötchen
Weizenvollkorn-brötchen	werden aus Weizenvollkornerzeugnissen hergestellt	Grahambrötchen
Weizenmisch-brötchen	enthalten mehr als 10% Roggenanteile	→ Röggelchen

teil bei 63...76% i.T. Beim Weizenmehl ist der Stärkeanteil abhängig vom → Ausmahlungsgrad (z.B. Weizenmehl 40% = 82,53% i.T.). Man unterscheidet zwei Stärkekomponenten, die → Amylose und das → Amylopektin. Die Stärke liegt nativ in Form von Stärkekörnern vor, deren Quellungseigenschaften temperaturabhängig sind. Bei Temperaturen zwischen 55...65°C kommt es zur vermehrten Wasseraufnahme der Stärkekörner als Folge steigender Hydratation der Polysaccharide. Bei weiterer Temperaturerhöhung kann die Stärke das 25...30-fache der eigenen Masse an Wasser aufnehmen. Im Temperaturbereich zwischen 80...100°C platzen die Stärkekörner und verkleistern. Die Pentosane bestehen vorwiegend aus D-Xylose, L-Arabinose und D-Galaktose. Als Mono- und Disaccharide kommen D-Glucose, D-Fructose, D-Maltose und Saccharose vor. Die Eiweiße im Weizenmehl entstammen dem Weizenkorn. Die Gluteneiweiße findet man im Endosperm und die Albumine und Globuline in der Aleuronschicht und im Keimling. Die

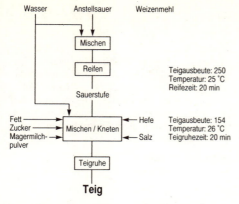

Wasser   Anstellsauer   Weizenmehl

Mischen

Reifen

Sauerstufe

Teigausbeute: 250
Temperatur: 25 °C
Reifezeit: 20 min

Fett ──→
Zucker ──→   Mischen / Kneten   ←── Hefe
Magermilch- ──→   ←── Salz
pulver

Teigausbeute: 154
Temperatur: 26 °C
Teigruhezeit: 20 min

Teigruhe

Teig

Bild 199. Schema einer einstufigen Weizensauerteigführung

Eiweiße haben für die Teigbereitung vorwiegend als Eiweiß-Proteinase-Komplex (EPK) Bedeutung.

Weizenmischbrot
ist eine → Brotsorte, deren Anteil an Weizenerzeugnissen größer als der des Roggens ist.

Weizensauerteigführung
Zur Herstellung von Backwaren aus Weizenmehl wird auch Sauerteig als Lockerungs- und Säuerungsmittel eingesetzt. Die W. kann ein- oder zweistufig erfolgen, wobei als Anstellsauer ein Roggensauerteig mit Anteilen von 0,1 - 1,0% der Sauerteigmehlmenge dient. Der Gesamtsauerteiganteil beträgt 5 - 20% der Gesamtmehlmenge. Entscheidend dafür ist die Weizenmehltype im Sauerteig und die Führungsweise. In **Abb. 199** ist eine einstufige W. für die Weizenbrotherstellung dargestellt.

Weizenstärke
→ Stärkegewinnung.

Weizenteig
kann nach verschiedenen Verfahren hergestellt werden (→ Weizenteigbereitungsverfahren). Im allgemeinen hat der W. die folgende Zusammensetzung (in %):

Weizenmehl	50
Wasser/Milch	25...35
Hefe	0,25...1,25
Salz	0,5...1,25
Fett	0...7,5
Zucker	0...10

(Fett und Zucker können bei Feinen Backwaren erheblich höhere Anteile haben). Zur Herstellung von Weizenbrot erfolgt i.d.R. keine Fett- und Zuckerzugabe. W.'e können auch mit Beimischungen anderer Mehle hergestellt werden, wobei der Weizenmehlanteil mindestens 90% betragen muß.

Weizenteigbereitungsverfahren
sind durch die Prozeßstufen → Mischen, → Kneten, Teigreifen und Teigausstoß gekennzeichnet. Die Verfahren der Teigbereitung lassen sich nach verschiedenen Gesichtspunkten unterteilen:
1. nach der Art und Reihenfolge der Prozeßstufen in
   – direkte Verfahren,
   – indirekte Verfahren;
2. nach der Kontinuität des Prozesses in
   – diskontinuierliche Verfahren,
   – kontinuierliche Verfahren;
3. nach der Intensität der Knetung
   – Langsamkneten,
   – Schnellkneten,
   – Intensivkneten.

Beim direkten Verfahren werden alle Rohstoffe (Weizenmehl, Hefe, Wasser, Milch) und Zutaten von Beginn an zusammengeführt und zu Teig verarbeitet. Der Vorteil dieser Verfahrensführung besteht vor allem in der Verkürzung der Prozeßdauer. Es kommt aber zu einer geringeren Aromaausbildung, was als entscheidender Nachteil dieser Verfahrensführung anzusehen ist. Das indirekte Verfahren geht hingegen zunächst von einem Vorteig aus, dem dann noch Weizenmehl, Wasser, Milch und gegebenenfalls Zutaten zugesetzt werden. Der Verfahrensablauf ist schematisch in der **Abb. 200** dargestellt. In kleineren Betrieben überwiegen diskontinuierliche Verfahren zur Weizenteigbereitung. Jedoch werden die Langsamknetmaschinen immer mehr durch Schnellknet- und Intensivknetmaschinen ersetzt. Die kontinuierlichen Verfahren haben besonders für Großbetriebe Bedeutung. Damit vereinfacht sich der gesamte Produktionsablauf bei gleichbleibender Teigqualität. Des weiteren sind bei dieser Verfahrensführung gute Voraussetzungen für eine Automatisierung des W.'s gegeben.

Welken
ist eine Prozeßstufe bei der Herstellung von → Schwarzem Tee. Man unterscheidet nach dem technologischen Niveau verschiedene Verfahren. Das einfachste Verfahren ist das *natürli-*

Welktrommel

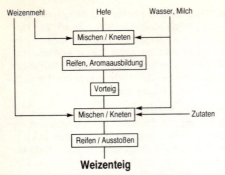

Weizenteig

Bild 200. Ablauf des indirekten Verfahrens zur Weizenteigbereitung

che Welken, bei dem die frischen Teeblätter auf Horden etwa 20 h an der Luft getrocknet werden. Beim *künstlichen Welken* liegen die Blätter in 20 cm dicken Schichten auf Drahtsieben, über denen sich ein Tunnel befindet, durch den erhitzte Luft strömt. Das *Trommelwelken* erfolgt in einer perforierten Stahltrommel, in die auf 55°C erhitzte Luft geblasen wird. Beim sogenannten *Kammerwelken* werden Förderkarren mit übereinander angeordneten Sieben kontinuierlich durch einen Tunnel transportiert, der wie beim Trommelwelken mit vorerhitzter Luft durchströmt wird. Die Welkdauer kann auf 2 - 4 h reduziert werden.

Welktrommel
→ Schwarzer Tee.

Wendelrührer
→ Rührer.

Wermut
(*Artemisia absinthium L.*), auch als Absinth bezeichnet, ist ein Gewürz, dessen hauptsächliche Inhaltsstoffe ätherisches Öl mit Sabinen, Thujon, Sabinol, Sabinylacetat, Azulene sowie Bitterstoffe (Absinthin, Artabsin) sowie Lactone, Flavone, Harze und Gerbsäuren sind.

Wermutwein
wird unter Verwendung von Wermutkraut oder Auszügen daraus hergestellt und muß einen Weinanteil von mind. 70% haben. Das Wermutkraut wird in Beuteln in den gärenden Most oder Wein eingehängt. Zusätzlich werden noch andere Kräuter, wie Thymian, Enzian, Chinarinde, Angelika, Koriander u.a. verwendet. Meist wird dem W. Alkohol, Zucker und Citronensäure zugegeben.

Whisky
→ Spirituosen.

Wiener Masse
ist eine Backmasse für Feine Backwaren (Tortenböden, Petit Fours), die aus Getreidemahlerzeugnissen und/oder Stärke, Zucker, Vollei (Anteil mindestens zwei Drittel bezogen auf die Getreidemahlerzeugnisse) und Fett (5 - 8% bezogen auf die Menge Getreidemahlerzeugnisse) hergestellt wird.

Wilstermarschkäse
→ Käse, → Schnittkäse.

Wiltshire-Verfahren
→ Pökelverfahren.

Windsichten
ist das Trennen von Phasen in mehrere Größenklassen in gasförmiger Umgebungsphase. W. gehört zu den Prozessen des → Klassierens. Man unterscheidet verschiedene Stromklassierungsprinzipien (**Abb. 201** und **Abb. 202**).

Winkelwolf
→ Automatenwolf.

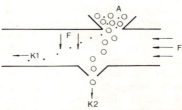

Bild 201. Wirkungsprinzip Stromklassieren (Querstromwindsichtung). *A* Aufgabegut, *F* Kraftfeld, *Fl* Fluid, *K1* Feingut, *K2* Grobgut

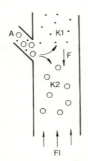

Bild 202. Wirkprinzip Stromklassieren (Gegenstromklassieren). *A* Aufgabegut, *F* Kraftfeld, *Fl* Fluid, *K1* Feingut, *K2* Grobgut

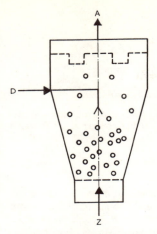

Bild 203. Schematische Darstellung eines Wirbelschichtreaktors. Z Lufteintritt, A Luftaustritt, D Sprühdüse.

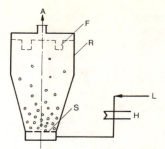

Bild 204. Prinzipdarstellung eines Wirbelschichttrockners. L Gebläse, H Heizung, S Siebplatte, R Reaktor, F Filter, A Abluft

Winterisierung

ist die Entfernung hochschmelzender → Fette, → Wachse und → Schalen von Ölfrüchten aus Ölen, die als Salatöle verwendet werden sollen. Sie verursachen eine Trübung bzw. Schlierenbildung bei der Kühllagerung. Die W. wird teils auch bei Sonnenblumenöl zur Erniedrigung des Wachsanteils angwendet. Das Öl wird auf 5 - 8°C gekühlt und bei dieser Temperatur filtriert.

Wirbelbettgefrieranlagen

→ Fließbettgefrieranlage.

Wirbelschichtreaktor

ist ein → Reaktor, in dem eine feinkörnige Feststoffschüttung zur Durchführung der Reaktion fluidiziert wird (**Abb. 203**). Die Lockerungsgeschwindigkeit ist erreicht, wenn der → Druckverlust Δp beim Durchströmen der Schüttung gleich der Schwerkraft der gesammten Schüttung wird. Als Parameter sind die Schichthöhe der ruhenden Schüttung h_o, die Dichten des Einzelpartikel ρ_p und der Luft ρ_L sowie die Porosität der ruhenden Schüttung ε_o ($\sim 0,4$) zu berücksichtigen. Damit gilt:

$$\Delta p = h_o g(\rho_P - \rho_L)(1 - \varepsilon_o)$$

$$\Delta p \approx 0,6 h_o g(\rho_P - \rho_L)$$

W.'en werden in der Lebensmittelindustrie zum Trocknen, mit Einsprühvorrichtung auch zum → Coating und → Fermentieren genutzt.

Wirbelschichttrocknung

ist ein Prozeß des → Trocknens, bei dem pulverförmiges oder körniges Gut durch einen Luftstrom, der als Trocknungsmittel fungiert, fluidiziert wird (**Abb. 204**). Das Gut befindet sich auf einem Siebboden, durch den die Luft strömt. Das Reaktionsgefäß weitet sich nach oben, wodurch der Druck abnimmt und die Partikeln wieder nach unten fallen. Die Lockerungsgeschwindigkeit ist erreicht, wenn der Druckverlust beim Durchströmen der Schüttung gleich der Schwerkraft der gesamten Schüttung wird. Die Schwerkraft der Schüttung errechnet sich aus der Schichthöhe der Schüttung h_o, der Dichte des Einzelkornes ρ_K und der Luft ρ_L sowie der Porosität der ruhenden Schüttung ε_o (meist $\varepsilon_o \sim 0,4$). Es gilt:

$$\Delta p = h_o g(\rho_K - \rho_L)(1 - \varepsilon_o)$$

→ Trocknungsverfahren, → Konvektionstrokkner.

Wirken

ist das Durcharbeiten einzelner Teigstücke mit dem Ziel der gleichmäßigen Lockerung des fertigen Gebäckes. Durch das W. wird im Teigstück eine Spannung erzeugt, die zur Formstabilität während des Backvorganges notwendig ist. Bei länglichen Gebäckstücken wird der Wirkeffekt durch Einschlagen und Abrollen des Teiges erzielt. Das W. wird manuell oder mit → Wirkmaschinen durchgeführt.

Wirkmaschinen

sind Maschinen zum Wirken von Teigstücken. Das Wirken und Formen kann gleichzeitig in einer Maschine oder nacheinander erfolgen. Die wichtigsten Prinzipien der W.

Wirkprinzip

sind das Kegelrundwirken, Bänderrundwirken, Langrollen, Einschlagrollen, Kammerrundwirken. Beim *Kegelrundwirker* werden die Teigstücke durch einen rotierenden Kegel erfaßt und in Drehbewegung versetzt. Dabei rollen sie in die Wirkrinne zur Kegelspitze und erhalten eine Kugelform. Beim *Bänderrundwirker* werden die Teigstücke zwischen v-förmig angeordneten, sich mit unterschiedlicher Geschwindigkeit bewegenden Bändern in eine Drehbewegung versetzt und dabei gewirkt und geformt. Der *Kammerrundwirker* ist eine Teigteil- und Wirkmaschine, bei der ein Walzensystem den Teig in die Rillen einer Walze drückt und so Längsstreifen formt und in Strangteile trennt. Die abgeteilten Teigstücke fallen anschließend in die Zellen einer Wirktrommel, in der sie rund gewirkt werden. Bei der *Einschlagrollmaschine* werden die Wirklinge zwischen einem Transportband und einer Walze flach ausgerollt und anschließend mittels einer Einschlagvorrichtung gefaltet und zwischen zwei Wirkbändern zu gleichmäßigen Teigstücken geformt. Der Langroller besteht aus einem Transport- und einem schneller laufenden Wirkband, wodurch die Teigstücke in Drehbewegung versetzt werden, so daß zylinderförmige Wirklinge entstehen. Von diesen Grundtypen von W. gibt es noch zahlreiche modifizierte konstruktive Ausführungen.

Wirkprinzip
bezeichnet den in Grundoperationen (Unit operations) oder Prozeßeinheiten angewandten naturwissenschaftlichen Mechanismus zur Erreichung des technischen Ziels.

Wirkungsgrad, energetischer
→ Energiebilanz.

Wochensauer
→ Monheimer Salzsauer-Verfahren.

Wodka
→ Spirituosen.

Wolf
dient zur mechanischen Zerkleinerung von Fleisch und anderem Material ähnlicher Konsistenz. Er besteht in seinem prinzipiellen Aufbau aus einem flachen, trichterförmigen Aufnahmebehälter, einem Schneckengehäuse mit Förder- bzw. Druckschnecke und dem Schneidsatz. Eine schematische Darstellung des W.'es ist in **Abb. 205** gezeigt. Der Schneidsatz kann je nach Verwendungs-

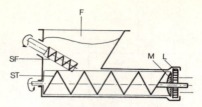

Bild 205. Prinzipieller Aufbau eines Wolfes. *F* Füllgutaufgabe, *SF* Förderschnecke, *ST* Transportschnecke, *M* Messer, *L* Lochscheibe, *P* Produktaustrag

zweck als Standard-, Rohwurst-, Schwarten-, Gefrierfleisch- und Trennschneidsatz zusammengesetzt werden (z.B. Standardschneidsatz 3-teilig: Vorschneider, Messer, Lochscheibe). Die Größe des W.'es reicht vom Tisch- oder Ladenwolf bis zum → Automatenwolf mit einer Durchsatzleistung von 15 t/h. Bauausführungen sind der Mischwolf, bei dem im Trichter ein zweiflügeliger Mischarm angeordnet ist, und der Gefrierfleischwolf, der mit Lochscheibendurchmessern bis zu 400 mm ausgestattet ist, so daß größere, tiefgefrorene Fleischstücke ohne Vorzerkleinerung gewolft werden können. Der Trennwolf sondert Sehnen, Knorpel und Knochensplitter durch die Anordnung von Fördermesser, Trennscheibe und Ausleitvorrichtung aus dem Gutsstrom aus.

Wolfen
bezeichnet das mechanische Zerkleinern von Fleisch z.B. zur Hackfleischherstellung, zur Vorzerkleinerung oder zur Standardisierung von Verarbeitungsmaterial (→ Brühwurstherstellung, → Rohwurstherstellung, → Kochwurstherstellung). Das Fleisch wird grob, mittel oder fein zerkleinert, was durch unterschiedliche Lochscheiben mit Lochdurchmessern von 2 - 20 mm erreicht wird. Das W. erfolgt mit verschiedenen Bauarten des → Wolfes.

Worcestersoße
auch Worcestershire-Soße, ist eine Gewürzsoße aus Sojabohnen, Essig, Zwiebeln, Limonen, Tamarindensaft und Gewürzen. W. kommt ursprünglich aus der westenglischen Grafschaft Worcestershire, deren Hauptstadt Worcester ist.

Wrackhering
ist ein beschädigter Salzhering.

Tabelle 76. Beispiele von natürlichen Wursthüllen und deren Verwendung

natürliche Wursthüllen	Brühwurst	Rohwurst	Kochwurst
Rind:			
Speiseröhre	Kochsalami		
Pansen	saure Rolle		
Dünndarm	Fleischwurst, Kochsalami, Krakauer	Mettwurst, Schmierwurst	Leberwurst, Blutwurst, Blutwürstchen z. Warmverzehr
Blinddarm (z.T. mit Grimmdarm)	Schinkenwurst, Gelbwurst		Berliner Zungenwurst
Mastdarm		Cervelat	
Harnblase	Bierwurst		
Schwein:			
Dünndarm	Bratwurst, Münchener Weißwurst Dicke Nürnberger	Luftgetr. Mettwurst, Mettwurst, Landjäger, Salametti	Leberwürstchen zum Warmverzehr
Mastdarm	Gelbwurst	Cervelatwurst Schlackwurst	Kalbsleberwurst Thüringer Rotwurst
Harnblase	Gelbwurst		
Magen			Preßsack
Schaf:			
Dünndarm	Wiener, Frankfurter, Saitenwürstchen	Saitling	

Wurstbindemittel
sind einweiß-, stärke- und dextrinhaltige Substanzen, die zur Verbesserung des Gefüges von Wurst- und Fleischwaren durch bessere Bindung von Wasser oder Emulgierung von Fett beitragen. Laut Fleisch-VO zugelassen sind unter bestimmten Voraussetzungen → Blutplasma, → Gelatine, → Milcheiweiß und Getreideerzeugnisse bei Cerealienwürsten. Andere W. sind grundsätzlich untersagt.

Wursthüllen
dienen der Aufnahme von Wurstbrät bzw. -masse. Sie sind z.T. eßbar, teils gefärbt oder mit Überzügen oder Tauchmassen versehen. Man unterscheidet natürliche W. (Naturdärme) (**Tab. 76**) und künstliche W. (Kunstdärme) (**Tab. 77**). Natürliche W. sind Därme, Schlünde, Mägen, Blasen, die vor ihrer Verwendung als W. unterschiedlich bearbeitet werden. Sie müssen gründlich gereinigt,

gewendet, zum Teil entschleimt und gewässert werden (→ Kuttelei).

Wurstkonserven
sind → Fleischerzeugnisse, bei denen das Wurstbrät (→ Brühwurst, → Kochwurst), oder ganze, meist in → Wursthüllen befindliche Würste in luftdicht verschließbare Behältnisse gegeben und durch thermische Behandlung (→ Sterilisation) haltbar gemacht werden. Nach der Intensität der Erwärmung unterscheidet man: Halb- (→ Präserven), Dreiviertel-, Voll- und Tropenkonserven (→ Sterilisation).

Wurstwaren
sind zubereitete schnittfeste oder streichfähige Gemenge aus zerkleinertem Fleisch, Fettgewebe und auf einzelne Sorten beschränkt, auch aus zum Verzehr geeignete Innereien, mit würzenden und technologisch notwendigen (festgelegt in der Fleisch-VO) Zutaten, geräuchert und ungeräuchert, meist in

Würze

Tabelle 77. Beispiele für künstliche Wursthüllen und deren Verwendung

künstliche Wursthüllen	Brühwurst	Rohwurst	Kochwurst
Zellglasdarm	Bierwurst	streichfähige R.	Leberwurst
	Schäldarm f. Würstchen	schnittfeste R.	Sülzwurst
Zellglasfaserdarm	mittel- und großkalibrige Brühwürste	streichfähige R. schnittfeste R.	Leberwurst
Hautfaserdarm	Wiener, Bockwurst	streichfähige R. schnittfeste R.	Blutwurst
Kunststoffdärme (Polyamid, Polyester, Polyethylen, Polypropylen, PVDC-Mischpolymerisate)	großkalibrige Brühwürste, Pasteten		Blutwurst Sülzwurst
Alginatdarm (aus Meeresalgen gewonnen, mit Kalziumsalz unlöslich gemacht)	Brüh- und Bratwürstchen		
Pergamentdarm			Blutwurst

→ Wursthüllen oder Behältnissen abgepackt.
→ Rohwurst, → Brühwurst, → Kochwurst,
→ Rohwurstherstellung, → Brühwurstherstellung, → Kochwurstherstellung.

Würze
ist der flüssige Maischebestandteil bei der → Bierherstellung. Der frei ablaufende Teil wird Vorderwürze genannt. Die durch Extraktion der → Treber mit heißem Wasser gewonnenen Fraktionen bezeichnet man als Nachgüsse. → Stammwürzegehalt.

Wurzelgemüse
→ Gemüse.

Würzen
sind flüssige oder pastöse Hydrolysate von Eiweißen, die als Zubereitungen einen fleischbrühähnlichen Geruch und Geschmack aufweisen. Die Hydrolyse erfolgt durch Salzsäure mit anschließender Neutralisation mit Natriumcarbonat oder Natriumhydroxid. Als Eiweißrohstoffe werden pflanzliche Eiweiße, wie Preßrückstände der Speiseölgewinnung und Getreidekleber oder selten tierische Eiweiße, wie Casein, Fleisch-, Fisch- oder Blutmehl und Keratin verwendet. Für das intensive Würzearoma sind als Geschmacksträger schwefelhaltige Aminosäuren und Lactose besonders wichtig. Geschmackverstärkend wirken Aminosäuren, Glutaminsäure und deren Salze. Die Würzeherstellung ist schematisch in **Abb. 206** dargestellt. Die Hydrolyse er-

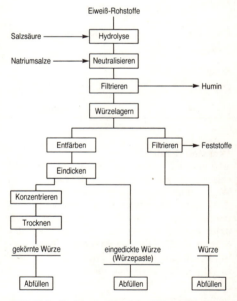

Bild 206. Verfahrensablauf der Würzeherstellung

folgt in Rührwerkautoklaven bei einer Temperatur von 120 - 125°C für 4 - 5 h mit 20 - 25%iger Salzsäure. Nach dem Neutralisieren werden die unlöslichen Rückstände, das sog. Humin, abfiltriert. Die Lagerung geht über mehrere Monate bevor eine Weiterverarbeitung, teils mit Entfärbung durch Bleichmittel (z.B. Aktivkohle), zu Würze, eingedickter Würze oder gekörnter Würze und deren Abfüllung erfolgt. Wichtig ist die Entfettung des Eiweißrohstoffes, da sonst das carcinogen wirkende Dichlorpropanol entstehen kann. → Proteinhydrolysate.

Würzepasten
→ Würzen.

Würzepfanne
ist ein Apparat bei der → Bierherstellung. Man unterscheidet W.'n mit Zweizonenheizung, mit Innenkocher für Niederdruckkochung und mit Außenkocher. Bei der Zweizonenheizung gibt es eine innere hochgezogene Heizfläche und eine äußere, so daß ein Kochkreislauf von innen nach außen entsteht. W.'n mit Innenkocher haben eine in die Flüssigkeit ragende Heizvorrichtung. Bei W.'n mit Außenkocher (**Abb. 207**) wird die Würze über ein Drosselventil in einen außerhalb der Pfanne liegenden Heizkreislauf gepumpt, so daß Temperaturen von 105 - 108°C im Kocher erreicht werden. In neueren Sudhäusern wird der Sudprozeß vollautomatisch gesteuert.

Würzmittel
sind Zubereitungen, die anderen Lebensmitteln einen charakteristischen Geruch und/oder Geschmack verleihen bzw. deren Eigengeschmack verstärken. Grundlage der W. sind → Geschmacksverstärker, die mit Kochsalz und/oder anderen geschmackgebenden Bestandteilen versetzt sind.

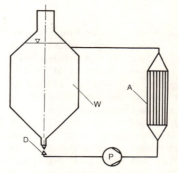

Bild 207. Würzepfanne mit Außenkocher. W Würzepfanne, A Außenkocher, P Pumpe, D Drosselventil

X

Xanthan

(D-Gluco-D-Manno-D-Glucuronan) ist ein mikrobielles Polysaccharid, das durch Fermentation von *Xanthomonas campestris* gewonnen wird. Das → Hydrokolloid besteht in der Hauptkette aus (1,4)-verknüpften β-Glucopyranoseresten, die durchschnittlich an jedem zweiten Glucoserest in C_3-Position ein Trisaccharid als Seitenkette trägt. Teils ist Mannose in C_6-Position acetyliert. Lösungen mit X. haben pseudoelastische Eigenschaften mit Fließgrenze und sind so als Stabilisator für Mehrphasensysteme besonders geeignet. X. wird für Salatsaucen u.a. verwendet.

Xanthophylle

ist eine Gruppe von in der Zusatzstoffverkehrsordnung aufgeführten → Farbstoffen. Zu ihr gehören: Flavoxanthin, Lutein, Kryptoxantin, Rubixanthin, Violaxanthin, Rhodoxantin und Canthaxanthin.

Xerosole

ist ein disperses System, bei denen die disperse Phase gasförmig, flüssig oder fest und das Dispersionsmittel fest ist.

Xylan

ist ein Polysaccharid, das aus D-Xylose-Einheiten besteht und in der Natur weit verbreitet ist. Großtechnisch wird es zusammen mit → Cellulose aus den Vorhydrolysaten der Holzverzuckerung gewonnen und zur Herstellung von → Xylose weiterverarbeitet, die wiederum zur Produktion von → Xylit dient.

Xylit

ist ein Polyalkohol (**Abb. 208**), der durch Hydrierung von → Xylose hergestellt wird. X. wird nur langsam resorbiert und findet als → Zuckeraustauschstoff Anwendung.

Xylose

ist eine Pentose, die in freier Form praktisch nicht vorkommt. Sie wird durch Hydrolyse mit verdünnten Säuren aus Xylan (Bestandteil von Holz, Stroh u.a.) gewonnen. X. hat etwa die Hälfte der → Süßkraft von Saccharose. → Xylit.

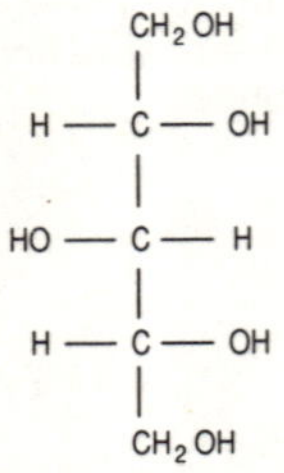

Bild 208. Chemische Struktur von Xylit

Y

Yamasstärken

sind aus Wurzelknollen verschiedener Yamaspflanzen (Dioskorea-Arten) gewonnene → Stärken.

Yersinia

ist eine Gattung der Familie → *Enterobacteriaceae*. Die meisten Species sind humanpathogen. Vertreter sind: *Y. pestis, Y. enterocolitica*.

Ymer

ist ein dänisches fermentiertes Milcherzeugnis.

Ysop

(*Hyssopus officinalis L.*) ist ein Gewürz, dessen hauptsächliche Inhaltsstoffe ätherisches Öl mit Pinen, Isopinocamphon, Pinocamphon, Campher sowie Bitterstoff sind.

Z

z-Wert

charakterisiert den Zusammenhang zwischen Temperaturwirkung und Abtötungszeit. Er gibt die Temperatur an, um welche die Sterilisationstemperatur erhöht werden muß, damit die Abtötungszeit auf 1/10 reduziert wird. **Abb. 209** zeigt den Zusammenhang zwischen → D-Werten und der Temperatur zur Definition des z-Wertes. Er errechnet sich aus:

$$z = \frac{T_2 - T_1}{\log D_2 - \log D_1}$$

Für vegetative Zellen gilt ein z-Wert von 4 - 7, für sporenbildende Bakterien 7 - 13.

Zabady

ist ein fermentiertes Milcherzeugnis, das durch Fermentation von *Lactobacillus spp.* und *Candida spp.* hergestellt wird. Dieses joghurtähnliche Erzeugnis wird in Ägypten bereitet.

Zartmacher

(tenderizer), sind pflanzliche (Papain, Bromelin) oder mikrobille Enzyme, die einen partiellen Proteinabbau im Fleisch bewirken und somit die Zartheit des Fleisches erhöhen. Pflanz-

liche Z. sind in D unter Kenntlichmachung für die gewerbliche Anwendung zulässig.

Zein

ist der Maiskleber, das Prolamin des Maiseiweißes. Z. enthält etwa 35% Glutaminsäure, 25% Leucin, jedoch kein Lysin und Tryptophan und ist somit biologisch geringwertig.

Zellglas

ist eine Verpackungsfolie aus Cellulosehydrat, die nicht zu den Kunststoffen gezählt wird. Z. ist klar, reißfest, dehnbar, gas-, aroma- und fettdicht, nicht siegelbar, mit geringer Wasserdampfdichtigkeit und hoher Feuchtigkeitsempfindlichkeit. Vielfach verwendet wird Z. mit verschiedenen Kunststoffbeschichtungen.

Zentrifugalentkeimung

→ Baktofugieren.

Zentrifugalröster

sind → Röstmaschinen, bei denen das Röstgut in einen schüsselförmigen, drehbaren Behälter eingebracht und durch Heißluft geröstet wird (**Abb. 210**). Die Apparate sind in der Regel mit Gasrezirkulation und katalytischer Nachverbrennung ausgerüstet.

Zentrifugalverdampfer

sind → Verdampfer, bei denen die Verdampfung auf rotierenden, kegelförmigen, dampfbeheizten Tellern erfolgt. Die Flüssigkeit wird von oben über ein Rohr in den Verdampfer eingebracht und über eine Düse gegen die Unterseite der Teller gesprüht. Sie breitet sich in dünnen Schichten über die gesamte Tellerfläche aus und verdampft. Das Konzentrat sammelt sich am äußeren Trommelmantel und wird durch ein Schälrohr nach oben geleitet. Dieses System wird auch als Centri-Therm-Verdampfer bzeichnet.

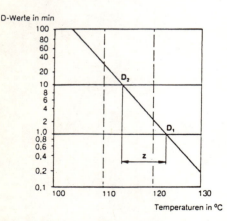

D-Werte in min

Temperaturen in °C

Bild 209. Zusammenhang zwischen D-Werten und der Temperatur zur Definition des z-Wertes

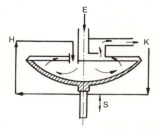

Bild 210. Schematische Darstellung eines Zentrifugalrösters. *E* Produkteintrag, *H* Heizgas, *K* Heizkreislauf, *S* Schwingvorrichtung

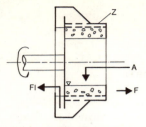

Bild 211. Schälzentrifuge. *E* Eintrag, *Z* Zentrifugenmantel, *F* Feststoffaustrag, *Fl* Flüssigkeitsaustritt

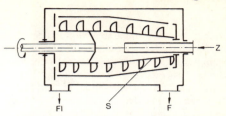

Bild 213. Vollmantelschneckenzentrifuge. *S* Schnecke, *Z* Zulauf, *F* Feststoffaustrag, *Fl* Flüssigkeitsaustritt

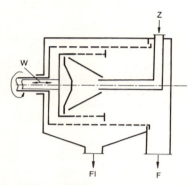

Bild 212. Schubzentrifuge. *W* bewegliche Welle, *Z* Zulauf, *F* Feststoffaustrag, *Fl* Flüssigkeitsaustritt

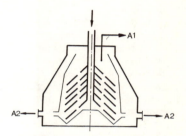

Bild 214. Tellerzentrifuge. *Z* Zulauf, *A1* Auslauf (Flüssigkeit geringerer Dichte), *A2* Auslauf (Flüssigkeit höherer Dichte)

Zentrifugen

sind → Apparate zum → Trennen von feinverteilten Feststoffteilchen aus einer → Suspension oder von Flüssigkeiten unterschiedlicher Dichte (→ Zentrifugieren) durch Fliehkraftsedimentation. Man unterscheidet diskontinuierlich und kontinuierlich arbeitende Z., die unterschiedliche konstruktive Ausführungen haben können. Die wichtigsten Zentrifugenarten sind: Schälzentrifuge (**Abb. 211**), Schub- oder Siebzentrifuge (**Abb. 212**), Vollmantelschneckenzentrifuge, auch → Dekanter genannt (**Abb. 213**) und Tellerzentrifuge (**Abb. 214**).

Zentrifugieren

ist das Trennen von markoskopisch bzw. mikroskopisch heterogenen Systemen im Zentrifugalfeld. Als Folge der Zentrifugalbewegung wirkt auf jedes Flüssigkeits- und Feststoffteilchen neben der Schwerkraft *g*, eine Fliehkraft F. Sie errechnet sich aus der Dichte ρ des Teilchens, der Drehzahl *n*, dem Radius *r* und dem Volumen *V*.

$$F = 4\pi^2 \cdot \rho \cdot V \cdot r \cdot n^2$$

Durch die Differenz der Dichte der Flüssigkeits- und Feststoffpartikeln kommt es zur Fliehkraftsedimention. Für die Sinkgeschwindigkeit w_p eines Teilchens mit dem Durchmesser d_p und der Dichte ρ_p im Zentrifugalfeld gilt:

$$w_p = \frac{d_p^2 \left(\rho_p - \rho_{FL}\right)}{18\eta}$$

mit der Schleuderziffer *Z*

$$Z = \frac{r \cdot \omega^2}{g} = \frac{1}{2}\left(d_a + d_i\right)\frac{\pi \cdot n^2}{1800g}$$

wobei d_a und d_i den Außen- und Innendurchmesser der Zentrifugentrommel und ω die Winkelgeschwindigkeit angeben. Als Maß für die Leistung einer Zentrifuge gilt die äquivalente Klärfläche als Produkt von Trommelfläche und Schleuderzahl. Sie gibt an, um wieviel mal stärker die Absetzwirkung in einer Zentrifuge im Vergleich zum Absetzen allein durch Schwerkraft ist.

Zerkleinern

ist das Zerteilen von festen Stoffen oder Partikelkollektiven bis zu einem definierten Zerkleinerungsgrad durch mechanische Beanspruchung. Das Prozeßziel besteht in der Erzeugung einer bestimmten Korngrößenverteilung, der Vergrößerung der spezifischen Oberfläche, dem Aufschluß von Wertstoffen, der Strukturveränderung und dem Einleiten chemischer Reaktionen. Für das Z. verwendet man verschiedene → Zerkleinerungsmaschinen.

Zerkleinerungsmaschinen

ist ein Oberbegriff für verschiedene Maschinen zum → Zerkleinern. Von besonderer lebensmitteltechnologischer Bedeutung sind → Vermahlungsmaschinen zum Mahlen von Getreide und Obst (→ Obstmühlen). Z. lassen sich allgemein nach ihrem Wirkprinzip unterteilen in: → Brecher, → Wälzmühlen, → Mahlkörpermühlen → Prallmühlen und Schlagmühlen (z.B. Stiftmühlen, Hammermühlen) sowie Schneidmühlen (z.B. Rätzmühlen, Flügelwalzenmühlen, Schleuderfräsen). Das Prozeßziel und das Stoffverhalten bestimmen die Auswahl der Z. für den jeweiligen Anwendungsfall.

Zerstäubungstrocknung
→ Sprühtrocknung.

Ziegeltee
auch Tablettentee, ist → Schwarzer oder → grüner Tee, der gedämpft und anschließend zu 20 - 30 cm großen und 1 cm dicken Platten unter hohem Druck gepreßt wird.

Ziehbutter
ist ein wasserhaltiges Milchfett mit mehr höher schmelzenden Anteilen als normale Butter (Winterbutter). Wegen des geringeren Ölgehaltes und der damit verbundenen höheren Plastizität ist Z. besonders zum dünnen Ausziehen von Teigen (→ Blätterteig) geeignet.

Ziehfette
sind plastische → Speisefette mit höher schmelzendem Fettanteil. Dadurch sind Z. besonders geeignet zur Herstellung von → Blätterteig.

Ziehmargarine
→ Margarinesorten

Zigerkäse
ist ein → Sauermilchkäse, der aus Trockenquark oder aus trockenem und gepreßtem Molkeneiweiß unter Zusatz von Zigerklee hergestellt wird. Die Reifezeit beträgt mehrere Monate. Der Z. erhält dabei durch die einsetzende Buttersäuregärung seinen charakteristischen Geschmack.

Zimt
(*Cinnamomum zeylanicum Bl.*) ist ein Gewürz, dessen hauptsächlicher Inhaltsstoff ätherisches Öl mit Zimtaldehyd, Eugenol, Phellandren und Linalool ist.

Zitronat
bezeichnet kandierte Fruchtschalen der Zitronatzitrone. Seine Herstellung erfolgt analog der → kandierten Früchte.

Zittwer
(*Curcuma zedoaria Rosc.*) ist ein Gewürz, dessen hauptsächliche Inhaltsstoffe ätherisches Öl mit Cineol, m Borneol, Sesquiterpenoide, Campher, sowie Stärke und Harze sind.

Zöpfe
→ Weizenhefegebäck.

Zucker
im technologischen Sinn sind aus Pflanzen gewonnene Süßungsmittel. Als Rohstoffe werden vor allem Zuckerrohr (*Saccharum officinarum L.*), Zuckerrüben (*Beta vulgaris saccharifera A.*), aber auch Ahornbaum (*Acer saccharum*) und Palmen (*Cocos nucifera*) verwendet, die zu flüssigen oder kristallinen Saccharoseprodukten verarbeitet werden. Daneben werden Stärkehydrolyseprodukte, z.B. Glucose direkt oder in enzymatisch umgewandelter Form, z.B. Isoglucose, als Süßungsmittel genutzt. Von großer wirtschaftlicher Bedeutung ist der High Fructose Corn Syrup, ein Gemisch aus → Glucose und → Fructose, das enzymatisch mittels Glucoseisomerase aus Maisstärkehydrolysat hergestellt wird. Neben der Saccharose, Isoglucose und Glucose sind noch die → Zuckerarten Fructose, → Lactose und → Maltose von Bedeutung. Nach der Art der Aufbereitung unterscheidet man zentrifugierten und nichtzentrifugierten Z. (→ Primitivzucker).

Zuckerarten
→ Zucker.

Zuckeralkohole
sind Polyalkohole, die durch Hydrierung von Zuckern gewonnen werden. Zu den Z.gehören auch solche → Zuckeraustauschstoffe, wie →

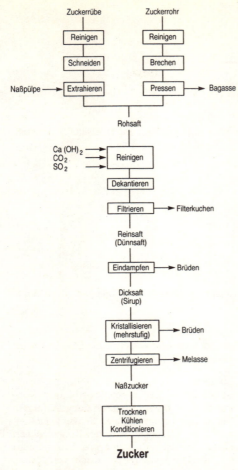

Bild 215. Verfahrensablauf der Zuckergewinnung (vereinfacht)

Sorbit, → Xylit, → Mannit, Lactit und Iso-maltit.

Zuckeraustauschstoffe
sind → Süßungsmittel, die anstelle von → Zucker aus diätetischen oder funktionellen Gründen zur Lebensmittelherstellung angewendet werden. Chemisch handelt es sich um Zucker oder Zuckeralkohole. Die wichtigsten Z. sind → Fructose, → Sorbit, → Mannit und → Xylit. Verfügbar sind darüber hinaus Maltulose, Isomaltulose, Maltit, Isomaltit, Lactulose, Lactit u.a.. Außer Fructose sind alle anderen Z. → Zusatzstoffe. Ihre Verwendung ist in der ZZulV geregelt. Sie werden zur Her-

stellung von Diabetikernahrung aller Art, → Hart- und → Weichkaramellen, → Kaugummi, → Süßwarenkomprimate u.a. verwendet.

Zuckergewinnung
Man unterscheidet Verfahren zur Gewinnung nichtzentrifugierter Zucker (→ Primitivzucker) und zentrifugierter Zucker. Der Verfahrensablauf für die Gewinnung zentrifugierter Zucker aus Zuckerrübe und Zuckerrohr ist in **Abb. 215** vereinfacht dargestellt. Nach der Reinigung der Rohstoffe wird die Zuckerrübe in Schneidmaschinen geschnitzelt und anschließend zur Gewinnung des → Rohsaftes extrahiert, der über mehrere Stufen aufgereinigt wird (→ Rohsaftreinigung, → Dünnsaft). Bei der Rohrzuckergewinnung erhält man den Rohsaft durch Auspressen des gebrochenen Zuckerrohres. Die Konzentrierung des Dünnsaftes zu → Dicksaft auf etwa 65-75% Trockensubstanz erfolgt durch Eindampfen, das aus energetischen Gründen meist mehrstufig vorgenommen wird. Man unterscheidet Vakuum- und Druckverdampfungsanlagen. Die Vakuumverdampfung wird vorrangig bei der Rohrzuckergewinnung (**Abb. 216**), die Druckverdampfung bei der Rübenzuckerherstellung (**Abb. 217**) angewendet. Die → Kristallisation wird als diskontinuierliche Verdampfungskristallisation mehrstufig durchgeführt. Voraussetzung dafür ist ein Übersättigungszustand der Zuckerlösung. Zur Aufrechterhaltung der Fließbandfähigkeit müssen die Kristallanteile immer wieder abgetrennt und zu Fertigprodukten (Weißzucker) verarbeitet oder in den Kristallgewinnungsprozeß zurück geführt werden (Rohzucker). Der nach Auflösung des Rohzuckers und erneuter Kristallisation erhaltende Weißzucker wird als Raffinade bezeichnet. Die Abtrennung des Kristallisates erfolgt mittels Siebkorbzentrifugen bzw. Siebtrommelzentrifugen (**Abb. 218**). Der Wassergehalt des Weißzuckers nach dem Austritt aus der Zentrifuge liegt im Bereich von 2,0-0,3%, so daß sich ein Trocknungs- und Kühlprozeß anschließen muß.

Zuckergurken
→ Gurkenkonserven.

Zuckerkulör
(auch Zuckercouleur) ist eine aus → Zuckerarten durch Erhitzen gewonnene, tiefbraune, wasserlösliche Substanz, der beim Schmelzprozeß geringe Mengen Alkalien, Ammo-

Zuckermais

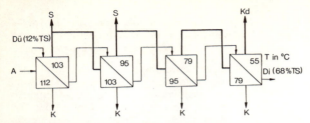

Bild 216. Schaltbild der Vakuumverdampfung (schematisch). *A* Abdampf, *Dü* Dünnsaft, *Di* Dicksaft, *S* Saftwärmung, *K* Kondensat, *Kd* Kondensation

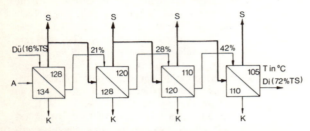

Bild 217. Schaltbild der Druckverdampfung (schematisch). *A* Abdampf, *Dü* Dünnsaft, *Di* Dicksaft, *S* Saftwärmung, *K* Kondensat

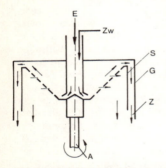

Bild 218. Funktionsprinzip der Siebtrommelzentrifuge. *E* Einlauf, *Zw* Zulauf Wasser, *A* Antrieb, *S* Siebtrommel, *G* Gehäuse, *Z* Zuckerablauf

niumsalze, anorganische und organische Säuren als → Zusatzstoffe zugegeben werden. Näheres regelt die Zusatzstoff-Zulassungs-VO. Es gibt keine deutliche Abgrenzung zu → Karamel. Dient vorwiegend zum Färben von Lebensmitteln, wie → Spirituosen, Fleischbrüherzeugnissen u.a. → Farbstoffe.

Zuckermais

(*Zea mays*) ist eine Variante des Stärkemaises, bei dem der Stärkeabbau verzögert abläuft. Seine Ernte erfolgt im milchreifen Zustand (August-Oktober). Die Körner haben eine Trockenmasse von etwa 22 - 25% und einen Zuckergehalt von 4 - 6%.

Zuckern

ist bei Überschreiten einer bestimmten Konzentration ein → Konservierungsverfahren. Der Effekt beruht auf der Senkung des → a_w-Wertes. Gezuckert wird mit Kristallzucker, Flüssigkzucker (Auflösung und Invertierung) und Stärkesirupen (enzymatisch verzuckerte Stärke). Je höher der Glucoseanteil ist, um so ausgeprägter ist der wasserbindende Effekt durch die stärkere a_w-Wert-Absenkung. Die → Süßkraft der Glucose liegt jedoch nur bei etwa 50% der → Saccharose.

Zuckerreif

entsteht auf der Oberfläche von Schokoladenerzeugnissen als Folge zu hoher relativer Luftfeuchte bei der Lagerung. Der Zucker wird gelöst und es setzt sich ein grauweißer Belag mikroskopisch kleiner Zuckerkristalle ab.

Zuckerrohr

(*Saccharum officinarum L.*) ist ein Rispengras, das als Rohstoff zur → Zuckergewinnung verwendet wird. Z. wird in den Tropen und Subtropen angebaut. Die Pflanze wird 2 - 5 m hoch und 3 - 5 cm dick und enthält etwa 10 - 16% → Saccharose.

Zuckerrohrmühlen

dienen zur Gewinnung des → Rohsaftes im Verfahren der Zuckerherstellung aus Zuckerrohr. Sie bestehen aus einem Walzensystem zu fünf bis sieben Einheiten, die hintereinander geschaltet sind. Der Walzenabstand beträgt je nach Preßmaterial 0,5 - 3 cm und ist einstellbar. Das Walzensystem hat eine Zuführungs- und Austragswalze zwischen denen eine Umlenkplatte, der sogenannte Bagassenbalken liegt, durch den die Bagasse der nächsten Preßstufe zugeführt wird. Zur Ausbeuteverbesserung wird auf die Bagasse vor dem letzten Mahlgang Wasser gegeben. Der anfallende Preßsaft wird gegenläufig der jeweils vorherigen Preßstufe zugeführt. Die Walzendrehzahl beträgt 4 - 6/min. Die Wasserzugabe (Inhibitionswasser) liegt bei etwa 30% bezogen auf die Zuckerrohrmenge. Der Extraktionswirkungsgrad beträgt 85 - 95%. Der Trockenmasseanteil der Endbagasse liegt bei 50%.

Zuckerrübe

(*Beta vulgaris*) ist eine Wurzelrübe, deren Anbau im Gegensatz zum → Zuckerrohr in gemäßigten Klimazonen erfolgt. Der → Rohsaft der Z. enthält 12 - 16% → Saccharose.

Zuckerwaren

sind eine Untergruppe der als Süßwaren bezeichneten Lebensmittel, die Zucker jeglicher Art, wie Stärkezucker, Maltose, Lactose, Invertzucker, hauptsächlich aber Saccharose als charakteristischen Bestandteil (oder auch aus Zucker allein) sowie durch Zusatz zahlreicher anderer Lebensmittel, wie Milcherzeugnisse, Fette, Kakaoerzeugnisse, Honig, Stärkesirup, Samenkerne, Früchte, Marmeladen, Schokoladen, Gewürze, Spirituosen, Genußsäuren, Vitamine, Geliermittel, ätherische Öle, natürliche und künstliche Essenzen, Lebensmittelfarbstoffe, hergestellt werden. Man unterscheidet: Hart- und Weichkaramellen (→ Karamellen), → Fondanterzeugnisse, → Gelee-Erzeugnisse und Gummibonbons, → Schaumzuckerwaren, → Dragees, → Kokosflocken, → Preßlinge, → Kanditen, → Krokant, → Nugaterzeugnisse, → Marzipan- und marzipanähnliche Erzeugnisse, → Trüffeln, → Lakritzen, → Eiskonfekt, → Kaugummi, → Limonaden- und Brausepulver, Füll- und → Glasurmassen wie z.B. Nugatmassen, Trüffelmassen, Knickebeinfüllungen, Praliné-Krem.

Z. sind in den „Begriffsbestimmungen und Verkehrsregeln" des BLL definiert.

Zusatzstoffe

im Sinne des → LMBG sind Stoffe, die dazu bestimmt sind, Lebensmitteln zur Beeinflussung ihrer Beschaffenheit oder zur Erzielung bestimmter Eigenschaften oder Wirkungen zugesetzt zu werden; ausgenommen sind Stoffe, die natürlicher Herkunft oder den natürlichen chemischen gleich sind und nach allgemeiner Verkehrsauffassung überwiegend wegen ihres Nähr-, Geruchs- oder Geschmackswertes oder als Genußmittel verwendet werden, sowie → Trink- und → Tafelwasser. Den Z.'n gleichgestellt sind: (1) Mineralstoffe und Spurenelemente sowie deren Verbindungen außer Kochsalz; Aminosäuren und deren Derivate; Vitamine A und D sowie deren Derivate; Zuckeraustauschstoffe (ausgenommen Fructose) und Süßstoffe. (2) Stoffe, mit Ausnahme der in Absatz 1 zweiter Halbsatz genannten, die dazu bestimmt sind: bei dem Herstellen von Umhüllungen, Überzügen und sonstigen Umschließungen im Sinne des § 21 Abs. 2 verwendet zu werden; der nicht zum Verzehr bestimmten Oberflächen von Lebensmitteln zugesetzt zu werden; bei dem Behandeln von Lebensmitteln in der Weise verwendet zu werden, daß sie auf oder in die Lebensmittel gelangen. (3) Treibgase oder ähnliche Sofffe, die zur Druckanwendung bei Lebensmitteln bestimmt sind und dabei mit diesen in Berührung kommen. Als Z. sind nur solche Stoffe erlaubt, die in Positivlisten aufgeführt sind. Alle anderen Stoffe sind somit verboten. Einzelheiten regelt die Zusatzstoff-Zulassungs-VO. Z. müssen laut § 12 LMBG neben ihrer gesundheitlichen Unbedenklichkeit eine technologische Notwendigkeit besitzen. Sie lassen sich in 20 Klassen unterteilen: Farbstoffe, → Konservierungsstoffe, → Antioxidantien, → Emulgatoren, → Stabilisatoren, → Dickungs- und → Geliermittel, → Säuerungsmittel, → Säureregulatoren, → Trennmittel/Rieselhilfsmittel, → Überzugsmittel, → Schaumverhüter, → Geschmacksverstärker, → Zuckeraustauschstoffe, künstliche → Süßstoffe, → Mehlbehandlungsmittel, → Backtriebmittel, → Feuchthaltemittel, → Treibgas, → Verpackungsgase, → Schmelzsalze, → Kaumassen und → Festigungsmittel.

Zustand

Innerhalb eines Systems hat die Materie bestimmte physikalische Eigenschaften, mit denen das System beschreibbar ist (Druck, Volumen, Masse etc.), die als Zustandsgrößen bezeichnet werden. Nehmen diese Variablen feste Werte an, ist ein Zustand definiert. Man unterscheidet zwischen äußeren Zustandsgrößen (Raumkoordinaten, Geschwindigkeit, Systemgrenzen ...) und inneren Zustandsgrößen (Druck, Dichte ...). Ein thermodynamisches System befindet sich im thermodynamischen Gleichgewicht, wenn sich die inneren Zustandsgrößen nicht ändern.

Zustand, thermodynamischer

ist die Gesamtheit der meßbaren und von der Gestalt des Systems unabhängigen Eigenschaften zu einem bestimmten Zeitpunkt. Die Parameter, die das Verhalten des Systems makroskopisch beschreiben, heißen Zustandsgrößen. Wenn die Zustandsgrößen keine zeitlichen Änderungen aufweisen, befindet sich das System im Gleichgewicht.

Zustand, überkritischer

bezeichnet man den Zustand eines Gases oberhalb der kritischen Temperatur und des kritischen Drucks. Oberhalb der kritischen Temperatur läßt sich ein Gas unabhängig von der Höhe des Drucks nicht mehr verflüssigen. Sie liegt beispielsweise für CO_2 bei 31,15°C. Dieser Sachverhalt ist die Grundlage für die Extraktion mit überkritischen Gasen. → Zustand, → Phasen, → Extraktion, überkritische.

Zustandsänderung

beschreibt das Verhalten eines thermodynamischen Systems bei partieller Änderung der Zustandsgrößen Druck p, Volumen V, Temperatur T und Wärmemenge Q. Danach unterscheidet man: isotherme Z. (T = const.), isochore Z. (V = const.), isobare Z. (p = const.) und adiabatische Z. (Q = const.), die zur Erläuterung des Zusammenhanges in **Abb. 219** schematisch dargestellt sind.

Zustandsgleichung, kalorische

beschreibt den Zusammenhang zwischen der Temperatur eines thermodynamischen Systems und seiner inneren Energie. Sie gilt für das System mit konstantem Volumen für die Wärmezufuhr. Danach ist die Änderung der inneren Energie ΔU gleich der Änderung der Temperatur ΔT, der spezifischen Wärmekapa-

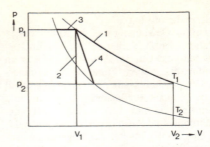

Bild 219. Zustandsänderungsdiagramm (schematisch). *1* isotherm, *2* isochor, *3* isobar, *4* adiabatisch

zität c_v und der Masse m des Systems.

$$\Delta U = m \cdot c_v \cdot \Delta T$$

Zustandsgleichung, thermodynamische

charakterisiert den funktionalen Zusammenhang zwischen den intensiven thermodynamischen → Zustandsgrößen Druck p, Temperatur T und dem spezifischen Volumen V, den man in seiner allgmeinsten Form als impliziten analytischen Ausdruck

$$f(p, T, V) = O$$

beschreiben kann.

Zustandsgrößen

sind Parameter, die das Verhalten eines Systems makroskopisch beschreiben. Man unterscheidet äußere (z.B. Systemgeschwindigkeit) und innere (z.B. Druck, Volumen, Temperatur) Zustandsgrößen.

Zustandsgrößen, thermodynamische

verwendet man zur Beschreibung des Gleichgewichtszustandes → thermodynamischer Systeme. Es sind oft einfache meßbare Größen wie Volumen, Druck, Temperatur.

ZVerkV

→ Zusatzstoff-Verkehrsordnung.

Zwieback

ist eine → Dauerbackware, die aus einem hefegetriebenen Teig besteht, in Formen gebacken und anschließend in Scheiben geschnitten einem Röstprozeß unterzogen wird.

Zwiebel

(*Allium cepa L.*) ist ein Gewürz, dessen hauptsächliche Inhaltsstoffe schwefelhaltige Aminosäure-Derivate, ätherisches Öl mit Mono-, Di- und Trisulfiden und Zucker sind.

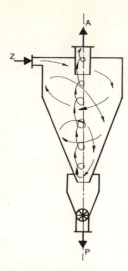

Bild 220. Schematische Darstellung eines Zyklons. Z partikelbeladenes Medium, P Partikelaustrag, A Mediumaustrag

Zyklone

sind Rotationsabscheider, in denen das fluide → disperse System durch tangentiales Einströmen in den nach unten konisch auslaufenden → Apparat zur Rotation gebracht wird (**Abb. 220**). Ist das fluide Medium eine Flüssigkeit, so spricht man von einem Hydro-

zyklon. Als Abscheidebedingung gilt, daß die Verweilzeit t_v größer als die Absetzzeit t_a sein muß. Dafür läßt sich ein Grenzdurchmesser der Partikeln D_G errechnen, die noch abgeschieden werden. Als Parameter sind der innere und äußere Radius R_i, R_a, die Anzahl der Drehungen im Zyklon n, die Viskosität des Mediums η, die Dichte des Mediums ρ und der Partikeln ρ_P sowie die Strömungsgeschwindigkeit v einzubeziehen. Es gilt:

$$D_G = 3 \frac{(R_a - R_i) \cdot \eta}{(\rho_P - \rho) \cdot \pi \cdot n \cdot v}$$

Bei Hydrozyklonen entstehen stets dünnflüssige Schlämme, so daß sie in der Regel nur zur Vorkonzentrierung verwendet werden.

Zyklothermofen

ist ein → Backofen, bei dem die Verbrennungsgase direkt genutzt werden, in dem sie um die Außenfläche der Backkammer geführt werden. Die Luft innerhalb des Backraumes ist ruhend, so daß die Wärmeübertragung vorwiegend durch Wärmestrahlung bewirkt wird. Die Heizquellen (z.B. Brenner, Heizstäbe) sind im unteren Teil des Kanalsystems angebracht. Die Heizgase werden durch die Umwalzgebläse im Kreislauf geführt.

ZZulV

→ Zusatzstoff-Zulassungsverordnung.

Springer-Verlag und Umwelt

Als internationaler wissenschaftlicher Verlag sind wir uns unserer besonderen Verpflichtung der Umwelt gegenüber bewußt und beziehen umweltorientierte Grundsätze in Unternehmensentscheidungen mit ein.

Von unseren Geschäftspartnern (Druckereien, Papierfabriken, Verpackungsherstellern usw.) verlangen wir, daß sie sowohl beim Herstellungsprozeß selbst als auch beim Einsatz der zur Verwendung kommenden Materialien ökologische Gesichtspunkte berücksichtigen.

Das für dieses Buch verwendete Papier ist aus chlorfrei bzw. chlorarm hergestelltem Zellstoff gefertigt und im ph-Wert neutral.